△

수학을 쉽게 만들어 주는 자

풍산자 개념완성

중학수학 2-2

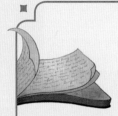

구성과 특징

»완벽한 개념으로 실전에 강해지는 개념기본서!

체계적인 개념과 꼭 필요한 핵심 문제로 확실하게 개념을 다지세요.

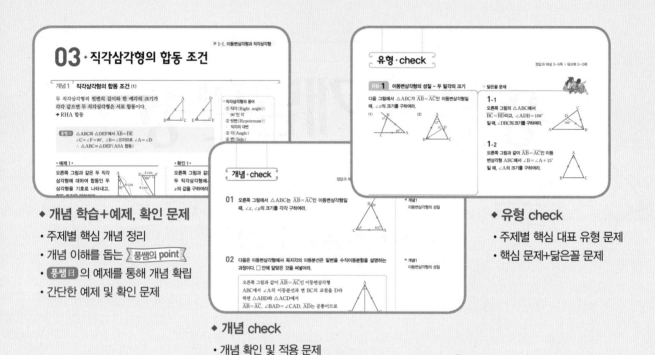

◆ **개념 학습+예제, 확인 문제**
- 주제별 핵심 개념 정리
- 개념 이해를 돕는 풍쌤의 point
- 풍쌤ㅌ 의 예제를 통해 개념 확립
- 간단한 예제 및 확인 문제

◆ **개념 check**
- 개념 확인 및 적용 문제

◆ **유형 check**
- 주제별 핵심 대표 유형 문제
- 핵심 문제+닮은꼴 문제

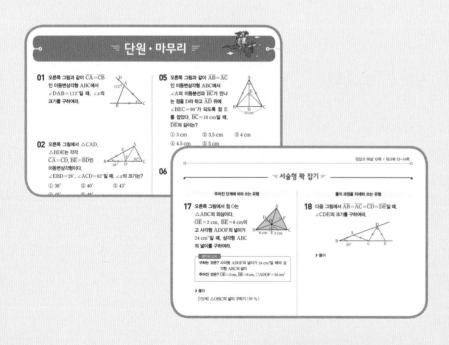

◆ **단원 마무리**
- 중단원별 문제 점검
- 서술형 꽉 잡기

풍산자 개념완성에서는

개념북으로 꼼꼼하고 자세한 개념 학습 후

워크북을 통해 개념북과 1 : 1 맞춤 학습을 할 수 있습니다.

워크북

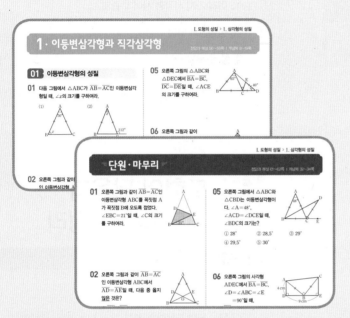

• 개념북과 소단원별 핵심 유형 1:1 맞춤 문제 링크
• 중단원별 마무리 문제 및 서술형 평가 문제

정답과 해설

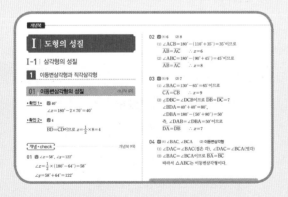

• 문제 해결을 위한 최적의 풀이 방법을 자세히 제공
• 자기주도학습이 가능한 명확하고 이해하기 쉬운 풀이

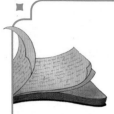

이 책의 차례

Ⅲ : 확률

» **워크북이 책 속의 책으로 들어있어요.**

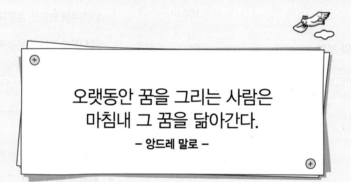

오랫동안 꿈을 그리는 사람은
마침내 그 꿈을 닮아간다.

- 앙드레 말로 -

Ⅰ. 도형의 성질

1. 삼각형의 성질

01 · 이등변삼각형의 성질

개념 1 ┃ 이등변삼각형의 성질

(1) 이등변삼각형: 두 변의 길이가 같은 삼각형

(2) 용어

   ① 꼭지각: 길이가 같은 두 변이 이루는 각

   ② 밑변: 꼭지각의 대변

   ③ 밑각: 밑변의 양 끝 각

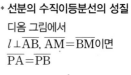

선분의 수직이등분선의 성질
다음 그림에서
$l \perp \overline{AB}$, $\overline{AM} = \overline{BM}$이면
$\overline{PA} = \overline{PB}$

(3) 이등변삼각형의 성질

   ① 이등변삼각형의 두 밑각의 크기가 같다.

     ➜ $\angle B = \angle C$

   ② 이등변삼각형의 꼭지각의 이등분선은 밑변을 수직이등분한다.

     ➜ $\overline{BD} = \overline{CD}$, $\overline{AD} \perp \overline{BC}$

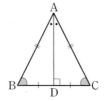

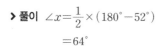 $\overline{AB} = \overline{AC}$인 이등변삼각형 ABC에서 다음은 모두 일치해.

     (꼭지각의 이등분선) = (밑변의 수직이등분선)

                  = (꼭짓점 A에서 밑변에 내린 수선)

                  = (꼭짓점 A와 밑변의 중점을 이은 선분)

◆ 예제 1 ◆

오른쪽 그림에서 △ABC는
$\overline{AB} = \overline{AC}$인 이등변삼각형일 때,
$\angle x$의 크기를 구하여라.

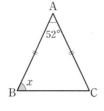

▶ 풀이 $\angle x = \dfrac{1}{2} \times (180° - 52°)$

          $= 64°$

▶ 답 $64°$

◆ 확인 1 ◆

오른쪽 그림에서 △ABC는
$\overline{AB} = \overline{AC}$인 이등변삼각형일 때,
$\angle x$의 크기를 구하여라.

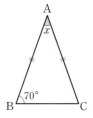

◆ 예제 2 ◆

오른쪽 그림에서 △ABC는
$\overline{AB} = \overline{AC}$인 이등변삼각형일
때, x의 값을 구하여라.

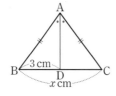

▶ 풀이 $\overline{BD} = \overline{CD}$이므로

        $x = 2 \times 3 = 6$

▶ 답   6

◆ 확인 2 ◆

오른쪽 그림에서 △ABC는
$\overline{AB} = \overline{AC}$인 이등변삼각형일 때,
x의 값을 구하여라.

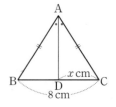

개념 check

01 오른쪽 그림에서 △ABC는 $\overline{AB}=\overline{AC}$인 이등변삼각형일 때, $\angle x$, $\angle y$의 크기를 각각 구하여라.

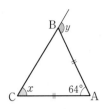

→ 개념1
이등변삼각형의 성질

02 다음은 이등변삼각형에서 꼭지각의 이등분선은 밑변을 수직이등분함을 설명하는 과정이다. □ 안에 알맞은 것을 써넣어라.

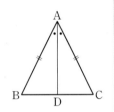

오른쪽 그림과 같이 $\overline{AB}=\overline{AC}$인 이등변삼각형 ABC에서 ∠A의 이등분선과 변 BC의 교점을 D라 하면 △ABD와 △ACD에서
$\overline{AB}=\overline{AC}$, ∠BAD=∠CAD, $\overline{AD}$는 공통이므로
△ABD≡△ACD(SAS 합동)이다. 즉
$\overline{BD}=$□　　……㉠
∠ADB=□이므로
∠ADB+∠ADC=180°에서
　∠ADB=∠ADC=□
　∴ $\overline{AD}\perp\overline{BC}$　　……㉡
㉠, ㉡에 의해 $\overline{AD}$는 $\overline{BC}$를 수직이등분한다.

→ 개념1
이등변삼각형의 성질

03 오른쪽 그림에서 △ABC는 $\overline{AB}=\overline{AC}$인 이등변삼각형일 때, x, y의 값을 각각 구하여라.

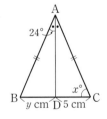

→ 개념1
이등변삼각형의 성질

04 오른쪽 그림의 △ABC에서 ∠C=72°이고 $\overline{BC}=\overline{BD}=\overline{AD}$일 때, $\angle x$의 크기를 구하여라.

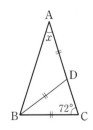

→ 개념1
이등변삼각형의 성질

02 · 이등변삼각형이 되는 조건

개념 1 이등변삼각형이 되는 조건과 그 활용

(1) 이등변삼각형이 되는 조건

두 내각의 크기가 같은 삼각형은 이등변삼각형이다.

→ △ABC에서 ∠B=∠C이면

$\overline{AB}=\overline{AC}$

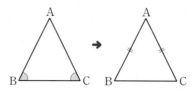

📌 풍쌤의 point 이등변삼각형이 되는 조건은 이등변삼각형의 성질을 거꾸로 생각한 것이야.

(2) 이등변삼각형이 되는 조건의 활용

오른쪽 그림과 같이 폭이 일정한 종이를 접으면

∠BAC=∠DAC(접은 각) ······ ㉠

$\overline{AD}/\!/\overline{BC}$이므로

∠BCA=∠DAC(엇각) ······ ㉡

㉠, ㉡에 의해 ∠BAC=∠BCA

따라서 △ABC는 $\overline{BA}=\overline{BC}$인 이등변삼각형이다.

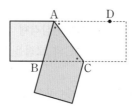

◆ 예제 1 ◆

오른쪽 그림의 ABC에서 ∠B=∠C일 때, x의 값을 구하여라.

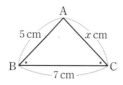

▶풀이 ∠B=∠C이면 △ABC는 $\overline{AB}=\overline{AC}$인 이등변삼각형이다.

∴ $x=5$

▶답 5

◆ 확인 1 ◆

오른쪽 그림의 ABC에서 ∠B=∠C일 때, x의 값을 구하여라.

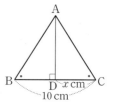

◆ 예제 2 ◆

오른쪽 그림의 △ABC에서 ∠A=∠C일 때, x의 값을 구하여라.

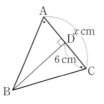

▶풀이 ∠A=∠C이면 △ABC는 $\overline{BA}=\overline{BC}$인 이등변삼각형이므로 $\overline{AD}=\overline{CD}$이다.

∴ $x=2\times6=12$

▶답 12

◆ 확인 2 ◆

오른쪽 그림의 △ABC에서 ∠A=∠B일 때, x의 값을 구하여라.

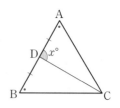

01 다음은 △ABC에서 ∠B=∠C이면 $\overline{AB}=\overline{AC}$임을 설명하는 과정이다. □ 안에 알맞은 것을 써넣어라.

→ 개념1
이등변삼각형이 되는 조건과
그 활용

∠A의 이등분선과 $\overline{BC}$의 교점을 D라 하면
△ABD와 △ACD에서 ∠BAD=□ …… ㉠
삼각형의 세 내각의 크기의 합이 180°이므로
∠ADB=180°−(∠B+∠BAD)
=180°−(∠C+∠CAD)
=□ …… ㉡
□는 공통 …… ㉢
㉠, ㉡, ㉢에 의해 △ABD≡△ACD(□ 합동)
∴ $\overline{AB}=\overline{AC}$

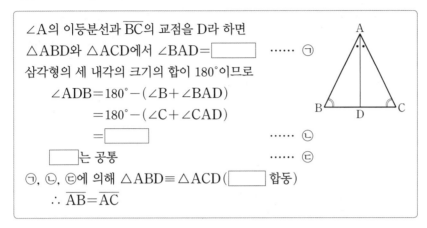

02 다음 그림과 같은 △ABC에서 x의 값을 구하여라.

→ 개념1
이등변삼각형이 되는 조건과
그 활용

(1)
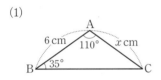

(2)
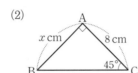

03 다음 그림과 같은 △ABC에서 x의 값을 구하여라.

→ 개념1
이등변삼각형이 되는 조건과
그 활용

(1)
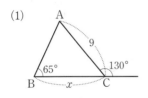

(2)
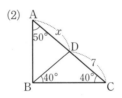

04 직사각형 모양의 종이를 오른쪽 그림과 같이 접었을 때, 다음 물음에 답하여라.

(1) ∠DAC와 크기가 같은 각을 모두 구하여라.

(2) △ABC는 어떤 삼각형인지 구하여라.

→ 개념1
이등변삼각형이 되는 조건과
그 활용

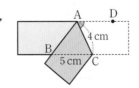

03 · 직각삼각형의 합동 조건

개념 1 │ 직각삼각형의 합동 조건 (1)

두 직각삼각형의 빗변의 길이와 한 예각의 크기가 각각 같으면 두 직각삼각형은 서로 합동이다.
➜ RHA 합동

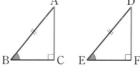

풍쌤티 △ABC와 △DEF에서 $\overline{AB}=\overline{DE}$
$\angle C=\angle F=90°$, $\angle B=\angle E$이므로 $\angle A=\angle D$
∴ △ABC≡△DEF(ASA 합동)

* 직각삼각형의 용어
① 직각(Right angle): 90°인 각
② 빗변(Hypotenuse): 직각의 대변
③ 각(Angle)
④ 변(Side)

◆ 예제 1 ◆

오른쪽 그림과 같은 두 직각삼각형에 대하여 합동인 두 삼각형을 기호로 나타내고, 합동 조건을 말하여라.

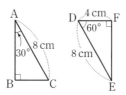

▶ 풀이 $\angle B=\angle F=90°$, $\overline{AC}=\overline{ED}$, $\angle E=90°-60°=30°$
이므로 $\angle A=\angle E$
∴ △ABC≡△EFD(RHA 합동)

▶ 답 △ABC≡△EFD(RHA 합동)

◆ 확인 1 ◆

오른쪽 그림과 같은 두 직각삼각형에서 x의 값을 구하여라.

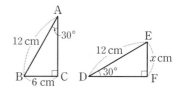

개념 2 │ 직각삼각형의 합동 조건 (2)

두 직각삼각형의 빗변의 길이와 다른 한 변의 길이가 각각 같으면 두 직각삼각형은 서로 합동이다.
➜ RHS 합동

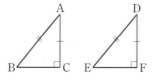

풍쌤티 △ABC와 △DEF에서 $\overline{AC}$, $\overline{DF}$를 맞붙여 놓으면
$\overline{AB}=\overline{AE}$이므로 △ABE는 이등변삼각형이다.
∴ $\angle B=\angle E$
따라서 두 직각삼각형의 빗변의 길이와 한 예각의 크기가 각각 같으므로 △ABC≡△DEF(RHA 합동)

* 직각삼각형은 한 내각의 크기가 90°로 결정되어 있으므로 다른 두 가지 조건이 합동 조건을 만족시키는지만 확인하면 된다.

◆ 예제 2 ◆

오른쪽 그림에서 합동인 두 직각삼각형을 기호로 나타내고, 합동 조건을 말하여라.

▶ 풀이 $\angle C=\angle E=90°$, $\overline{AB}=\overline{FD}$, $\overline{BC}=\overline{DE}$
∴ △ABC≡△FDE(RHS 합동)

▶ 답 △ABC≡△FDE(RHS 합동)

◆ 확인 2 ◆

오른쪽 그림과 같은 두 직각삼각형에서 x의 값을 구하여라.

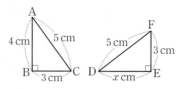

개념◆check

01 다음은 오른쪽 그림에서 $\overline{AP}=\overline{BP}$일 때, 두 직각삼각형 ACP, BDP가 합동임을 설명하는 과정이다. ☐ 안에 알맞은 것을 써넣어라.

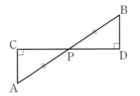

→ 개념1
직각삼각형의 합동 조건 (1)

$\triangle ACP$와 $\triangle BDP$에서

$\angle ACP = \boxed{} = 90°$ ······ ㉠

$\overline{AP}=\overline{BP}$ ······ ㉡

$\angle APC = \boxed{}$ (맞꼭지각) ······ ㉢

㉠, ㉡, ㉢에 의하여

$\triangle ACP \equiv \triangle BDP (\boxed{}$ 합동)

02 다음 〈보기〉의 직각삼각형 중에서 서로 합동인 것을 찾아 기호로 나타내고, 합동 조건을 말하여라.

→ 개념1, 2
직각삼각형의 합동 조건 (1), (2)

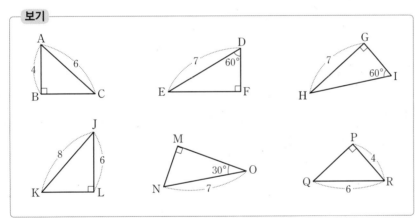

보기

03 다음 중 오른쪽 그림의 두 직각삼각형 ABC와 DEF가 서로 합동이 되는 경우가 <u>아닌</u> 것은?

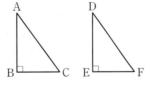

→ 개념1, 2
직각삼각형의 합동 조건 (1), (2)

① $\overline{AC}=\overline{DF}$, $\overline{BC}=\overline{EF}$

② $\overline{AB}=\overline{DE}$, $\overline{BC}=\overline{EF}$

③ $\angle A = \angle D$, $\overline{AC}=\overline{DF}$

④ $\overline{BC}=\overline{EF}$, $\angle C = \angle F$

⑤ $\angle A = \angle D$, $\angle C = \angle F$

04 ✦ 각의 이등분선의 성질

개념1 · 각의 이등분선의 성질 (1)

각의 이등분선 위의 한 점에서 그 각을 이루는 두 변까지의 거리는 같다.

➡ ∠AOP＝∠BOP이면 $\overline{PC}=\overline{PD}$

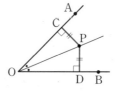

> **풍쌤티** △COP와 △DOP에서
> ∠PCO＝∠PDO＝90°, $\overline{PO}$는 공통, ∠COP＝∠DOP
> 따라서 △COP≡△DOP(RHA 합동)이므로 $\overline{PC}=\overline{PD}$

✦ 예제 1 ✦

오른쪽 그림에서 x의 값을 구하여라.

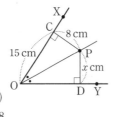

▶ **풀이** ∠XOP＝∠YOP이므로
△COP≡△DOP
(RHA 합동)
따라서 $\overline{PC}=\overline{PD}$이므로 $x=8$

▶ **답** 8

✦ 확인 1 ✦

오른쪽 그림에서 x의 값을 구하여라.

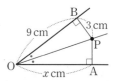

개념2 · 각의 이등분선의 성질 (2)

각을 이루는 두 변에서 같은 거리에 있는 점은 그 각의 이등분선 위에 있다.

➡ $\overline{PC}=\overline{PD}$이면 ∠AOP＝∠BOP

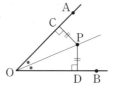

> **풍쌤티** △COP와 △DOP에서
> ∠PCO＝∠PDO＝90°, $\overline{PO}$는 공통, $\overline{PC}=\overline{PD}$
> 따라서 △COP≡△DOP(RHS 합동)이므로 ∠COP＝∠DOP
> 즉, 점 P는 ∠AOB의 이등분선 위에 있다.

✦ 예제 2 ✦

오른쪽 그림에서 x의 값을 구하여라.

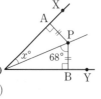

▶ **풀이** ∠BOP＝90°－68°＝22°
이때 $\overline{PA}=\overline{PB}$이므로
△AOP≡△BOP(RHS 합동)
따라서 ∠XOP＝∠YOP이므로 $x=22$

▶ **답** 22

✦ 확인 2 ✦

오른쪽 그림에서 x의 값을 구하여라.

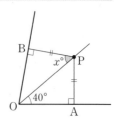

01 다음은 '각의 이등분선 위의 한 점에서 그 각을 이루는 두 변까지의 거리는 같다.' 가 성립함을 설명하는 과정이다. □ 안에 알맞은 것을 써넣어라.

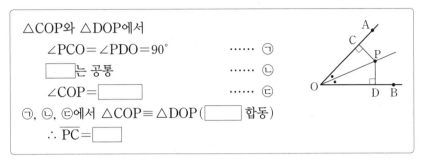

△COP와 △DOP에서

　　∠PCO = ∠PDO = 90° ······ ㉠

　　□는 공통 ······ ㉡

　　∠COP = □ ······ ㉢

　㉠, ㉡, ㉢에서 △COP ≡ △DOP (□ 합동)

　∴ $\overline{PC}$ = □

➜ **개념 1**
각의 이등분선의 성질 (1)

02 오른쪽 그림과 같이 ∠B = 90°, $\overline{AB} = \overline{BC}$인 직각이등변삼각형 ABC에서 ∠A의 이등분선이 $\overline{BC}$와 만나는 점을 D, 점 D에서 $\overline{AC}$에 내린 수선의 발을 E라 하자. $\overline{BD} = 4$ cm일 때, $x + y$의 값을 구하여라.

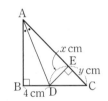

➜ **개념 1**
각의 이등분선의 성질 (1)

03 다음은 '각을 이루는 두 변에서 같은 거리에 있는 점은 그 각의 이등분선 위에 있다.'가 성립함을 설명하는 과정이다. □ 안에 알맞은 것을 써넣어라.

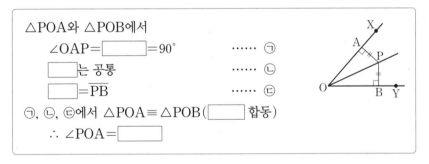

△POA와 △POB에서

　　∠OAP = □ = 90° ······ ㉠

　　□는 공통 ······ ㉡

　　□ = $\overline{PB}$ ······ ㉢

　㉠, ㉡, ㉢에서 △POA ≡ △POB (□ 합동)

　∴ ∠POA = □

➜ **개념 2**
각의 이등분선의 성질 (2)

04 오른쪽 그림에서 ∠PQO = ∠PRO = 90°, $\overline{PQ} = \overline{PR}$일 때, 다음 중 옳지 <u>않은</u> 것은?

① ∠QPO = ∠RPO 　　② △POQ ≡ △POR

③ ∠POQ = ∠POR 　　④ $\overline{PO} = \overline{RO}$

⑤ $\overline{QO} = \overline{RO}$

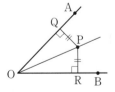

➜ **개념 2**
각의 이등분선의 성질 (2)

유형 · check

유형 · 1 이등변삼각형의 성질 – 두 밑각의 크기

다음 그림에서 △ABC가 $\overline{AB}=\overline{AC}$인 이등변삼각형일 때, $\angle x$의 크기를 구하여라.

(1)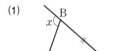

(2)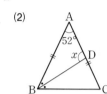

» 닮은꼴 문제

1-1

오른쪽 그림의 △ABC에서 $\overline{BC}=\overline{BD}$이고, $\angle ADB=108°$일 때, $\angle DBC$의 크기를 구하여라.

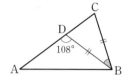

1-2

오른쪽 그림과 같이 $\overline{AB}=\overline{AC}$인 이등변삼각형 ABC에서 $\angle B=\angle A+15°$일 때, $\angle A$의 크기를 구하여라.

유형 · 2 이등변삼각형의 성질 – 꼭지각의 이등분선

오른쪽 그림과 같이 $\overline{AB}=\overline{AC}$인 이등변삼각형 ABC에서 $\overline{AD}$는 $\angle A$의 이등분선이다. $\angle C=68°$일 때, $\angle BAD$의 크기를 구하여라.

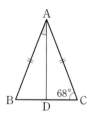

» 닮은꼴 문제

2-1

오른쪽 그림과 같이 $\overline{AB}=\overline{AC}$인 이등변삼각형 ABC에서 $\angle A$의 이등분선과 $\overline{BC}$의 교점을 D라 하자. $\overline{AD}$ 위의 한 점 E에 대하여 다음 중 옳지 <u>않은</u> 것은?

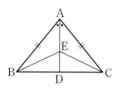

① $\overline{BD}=\dfrac{1}{2}\overline{BC}$　　② $\angle ADB=\angle ADC$

③ $\angle EBD=\angle ECD$　　④ $\triangle EBD\equiv\triangle ECD$

⑤ $\triangle ABE$는 이등변삼각형이다.

2-2

오른쪽 그림과 같이 $\overline{AB}=\overline{AC}$인 이등변삼각형 ABC에서 $\angle A$의 이등분선이 $\overline{BC}$와 만나는 점을 D, 점 D에서 $\overline{AB}$에 내린 수선의 발을 E라 하자. $\overline{AB}=5\,\text{cm}$, $\overline{AD}=4\,\text{cm}$, $\overline{DE}=\dfrac{12}{5}\,\text{cm}$일 때, $\overline{BC}$의 길이를 구하여라.

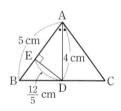

유형 · 3 이등변삼각형의 성질의 활용

오른쪽 그림과 같은
△ADE에서
$\overline{AB}=\overline{BC}=\overline{CD}=\overline{DE}$
이고 ∠BAC=19°일 때,
∠DEC의 크기는?

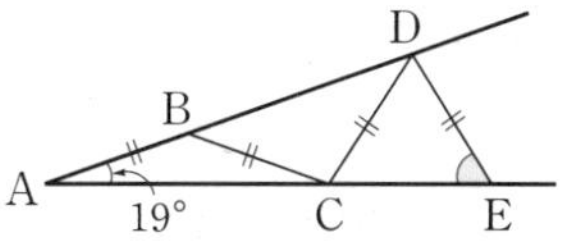

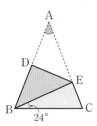

① 53°　　② 55°　　③ 57°

④ 59°　　⑤ 61°

» 닮은꼴 문제

3-1

오른쪽 그림과 같이
$\overline{AB}=\overline{AC}$인 이등변삼각형
ABC에서 ∠B의 이등분선
과 ∠C의 외각의 이등분선
의 교점을 D라 하자. ∠A=104°일 때, ∠BDC의 크기을
구하여라.

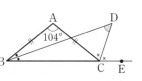

3-2

오른쪽 그림과 같이 $\overline{AB}=\overline{AC}$인 이
등변삼각형 ABC에서 $\overline{DE}$를 접는
선으로 하여 점 A가 점 B에 오도록
접었다. ∠EBC=24°일 때, ∠A의
크기를 구하여라.

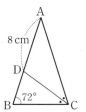

유형 · 4 이등변삼각형이 되는 조건

오른쪽 그림에서 △ABC는 $\overline{AB}=\overline{AC}$
인 이등변삼각형이고, 점 D는 ∠C의 이
등분선과 $\overline{AB}$의 교점이다. ∠B=72°,
$\overline{AD}=8$ cm일 때, $\overline{BC}$의 길이를 구하
여라.

» 닮은꼴 문제

4-1

오른쪽 그림과 같이 ∠B=90°
인 직각삼각형 ABC에서
$\overline{AD}=\overline{BD}$, $\overline{AB}=5$ cm,
∠C=30°일 때, $\overline{AC}$의 길이를
구하여라.

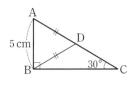

4-2

오른쪽 그림의 △ABC에서
∠A=40°, ∠BDC=80°이고 ∠C
의 외각의 크기가 100°이다. $\overline{AC}$ 위
의 점 D에 대하여 $\overline{AD}=7$ cm일
때, $\overline{BC}$의 길이를 구하여라.

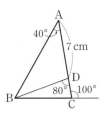

유형·5 **이등변삼각형이 되는 조건의 활용** **» 닮은꼴 문제**

직사각형 모양의 종이를 오른쪽 그림과 같이 접었다.

∠GEF=61°일 때, ∠x의 크기는?

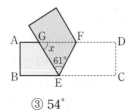

① 50° ② 52° ③ 54°

④ 56° ⑤ 58°

5-1

오른쪽 그림과 같이 $\overline{AB}=\overline{AC}$인 △ABC에서 ∠B와 ∠C의 이등분선의 교점을 D라 할 때, 다음 중 옳은 것을 모두 고르면? (정답 2개)

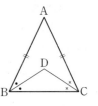

① ∠DAB=∠DBA

② ∠DBC=∠DCB ③ ∠DAC=∠DCA

④ $\overline{DA}=\overline{DC}$ ⑤ $\overline{DB}=\overline{DC}$

5-2

폭이 일정한 종이테이프를 오른쪽 그림과 같이 접었을 때, ∠EFG의 크기와 $\overline{FG}$의 길이를 각각 구하여라.

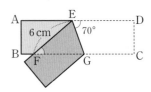

유형·6 **직각삼각형의 합동 조건 – RHA 합동** **» 닮은꼴 문제**

오른쪽 그림에서 △ABC는 ∠A=90°, $\overline{AB}=\overline{AC}$인 직각이등변삼각형이다. 두 꼭짓점 B, C에서 점 A를 지나는 직선 l에 내린 수선의 발을 각각 D, E라 할 때, 다음 물음에 답하여라.

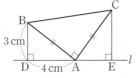

⑴ △ABD와 합동인 삼각형을 찾아라.

⑵ $\overline{AE}$의 길이를 구하여라.

6-1

오른쪽 그림에서 △ABC는 ∠A=90°, $\overline{AB}=\overline{AC}$인 직각이등변삼각형이다. 두 꼭짓점 B, C에서 점 A를 지나는 직선 l에 내린 수선의 발을 각각 D, E라 할 때, $\overline{DE}$의 길이를 구하여라.

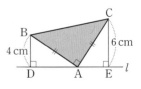

6-2

오른쪽 그림과 같이 ∠A=90°, $\overline{AB}=\overline{AC}$인 직각이등변삼각형 ABC의 두 꼭짓점 B, C에서 꼭짓점 A를 지나는 직선 l에 내린 수선의 발을 각각 D, E라 하자. $\overline{BD}=4$ cm, $\overline{CE}=6$ cm일 때, △ABC의 넓이를 구하여라.

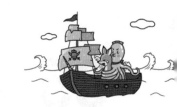

유형 · 7 직각삼각형의 합동 조건 – RHS 합동

오른쪽 그림과 같이 $\angle C=90^\circ$인 직각삼각형 ABC에서 $\overline{AB}\perp\overline{DE}$, $\overline{DC}=\overline{DE}$이다. $\angle B=32^\circ$일 때, $\angle ADC$의 크기는?

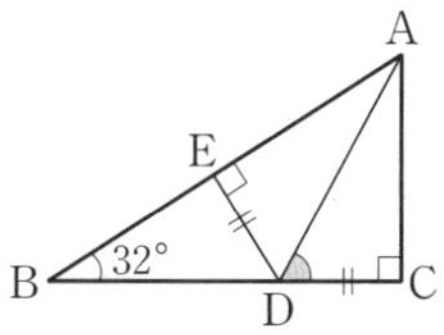

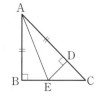

① 61°　② 62°　③ 63°
④ 64°　⑤ 65°

» 닮은꼴 문제

7-1

오른쪽 그림에서 $\triangle ABC$는 $\angle B=90^\circ$, $\overline{BA}=\overline{BC}$인 직각이등변삼각형이다. $\overline{AB}=\overline{AD}$, $\overline{AC}\perp\overline{DE}$일 때, 다음 중 옳지 않은 것은?

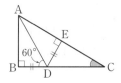

① $\triangle ABE\equiv\triangle ADE$
② $\triangle DEC$는 이등변삼각형이다.
③ $\overline{BE}=\overline{DC}$
④ $\overline{BE}=\overline{EC}$
⑤ $\angle DEC=\angle BAC$

7-2

오른쪽 그림과 같이 $\angle B=90^\circ$인 직각삼각형 ABC에서 $\overline{AC}\perp\overline{DE}$이고, $\overline{BD}=\overline{ED}$, $\angle ADB=60^\circ$일 때, $\angle ACB$의 크기를 구하여라.

유형 · 8 각의 이등분선의 성질

오른쪽 그림과 같이 $\angle B=90^\circ$이고 $\overline{AB}=\overline{BC}$인 직각이등변삼각형 ABC에서 $\angle BAD=\angle CAD$이고, $\overline{AC}\perp\overline{DE}$이다. $\overline{BD}=8$ cm일 때, $\triangle DCE$의 넓이는?

① 28 cm^2　② 32 cm^2　③ 36 cm^2
④ 40 cm^2　⑤ 44 cm^2

» 닮은꼴 문제

8-1

오른쪽 그림과 같이 $\angle C=90^\circ$인 직각삼각형 ABC에서 $\angle B$의 이등분선이 $\overline{AC}$와 만나는 점을 D라 하자. $\overline{AB}\perp\overline{DE}$, $\overline{AB}=20$ cm, $\overline{BC}=12$ cm, $\overline{DC}=6$ cm일 때, $\triangle AED$의 넓이를 구하여라.

8-2

오른쪽 그림과 같이 $\angle A=90^\circ$인 직각삼각형 ABC에서 $\angle B$의 이등분선이 $\overline{AC}$와 만나는 점을 D라 하자. $\overline{AD}=4$ cm, $\overline{BC}=12$ cm일 때, $\triangle BCD$의 넓이를 구하여라.

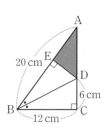

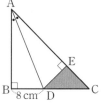

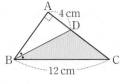

05 ✦ 삼각형의 외심과 그 성질

개념1 ┃ 삼각형의 외심

(1) 외접원과 외심

① 외접원: 한 다각형의 모든 꼭짓점이 한 원 위에 있을 때, 이 원을 외접원이라 한다.

② 외심: 외접원의 중심

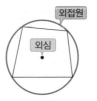

◆ 모든 다각형의 외접원이 항상 존재하는 것은 아니지만 모든 삼각형의 외접원은 항상 존재한다.

(2) 삼각형의 외심

① 삼각형의 세 변의 수직이등분선은 한 점에서 만나고, 이 점이 삼각형의 외심이다.

② 삼각형의 외심에서 세 꼭짓점에 이르는 거리는 같다.

➔ 점 O가 △ABC의 외심일 때,
$\overline{OA}=\overline{OB}=\overline{OC}$ (외접원의 반지름)

◆ △AOD ≡ △BOD
(RHS 합동)
△BOE ≡ △COE
(RHS 합동)
△COF ≡ △AOF
(RHS 합동)

✦ 예제 1 ✦

오른쪽 그림에서 점 O가 △ABC의 외심일 때, x의 값을 구하여라.

▶ 풀이 $\overline{CD}=\overline{BD}=6\,\text{cm}$이므로
$x=6$

▶ 답　6

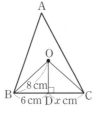

✦ 확인 1 ✦

오른쪽 그림에서 점 O가 △ABC의 외심일 때, x의 값을 구하여라.

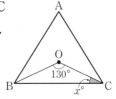

개념2 ┃ 삼각형의 외심의 위치

(1) 예각삼각형

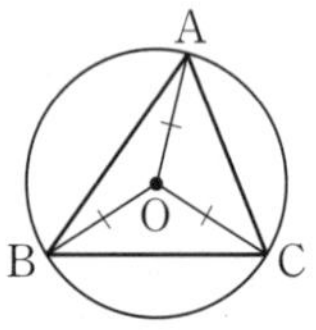

➔ 삼각형의 내부

(2) 둔각삼각형

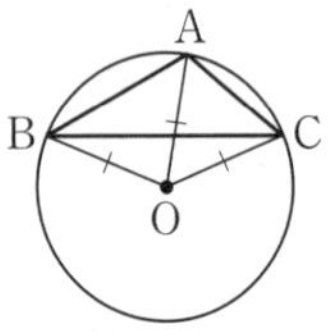

➔ 삼각형의 외부

(3) 직각삼각형

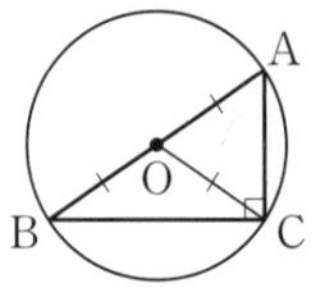

➔ 빗변의 중점

◆ 이등변삼각형의 외심의 위치

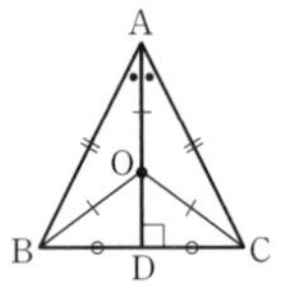

➔ 꼭지각의 이등분선 위

✦ 예제 2 ✦

다음 중 삼각형에 따른 외심의 위치가 옳은 것에 ○표, 옳지 않은 것에 ×표를 하여라.

(1) 예각삼각형: 삼각형의 외부　　　(　　)

(2) 둔각삼각형: 삼각형의 내부　　　(　　)

▶ 답　(1) ×　　(2) ×

✦ 확인 2 ✦

다음 중 삼각형에 따른 외심의 위치가 옳은 것에 ○표, 옳지 않은 것에 ×표를 하여라.

(1) 직각삼각형: 빗변의 중점　　　(　　)

(2) 정삼각형: 삼각형의 내부　　　(　　)

개념◆check

01 다음은 △ABC의 세 변의 수직이등분선은 한 점에서 만남을 설명하는 과정이다. □ 안에 알맞은 것을 써넣어라.

→ 개념1
삼각형의 외심

> 오른쪽 그림의 △ABC에서 $\overline{AB}$, $\overline{AC}$의 중점을 각각 D, E라 하고, $\overline{AB}$와 $\overline{AC}$의 수직이등분선의 교점을 O, 점 O에서 $\overline{BC}$에 내린 수선의 발을 H라 하면 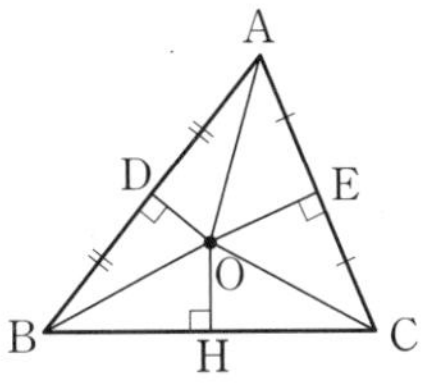
>
> $$\triangle AOD \equiv \triangle BOD \,(SAS \text{ 합동}),$$
> $$\triangle AOE \equiv \triangle COE \,(SAS \text{ 합동})$$
>
> 이므로
> $$\overline{OA}=\overline{OB}, \ \overline{OA}=\boxed{}$$
> $$\therefore \ \overline{OB}=\overline{OC} \qquad \cdots\cdots \ \text{㉠}$$
> 또, $\angle OHB=\boxed{}=90°\qquad \cdots\cdots \ \text{㉡}$
> $\overline{OH}$는 공통 $\qquad\qquad\qquad \cdots\cdots \ \text{㉢}$
> ㉠, ㉡, ㉢에 의해
> $$\triangle BOH \equiv \triangle COH \,(\boxed{} \text{ 합동}) \qquad \therefore \ \overline{BH}=\boxed{}$$
> 따라서 $\overline{OH}$는 $\overline{BC}$의 $\boxed{}$이므로 △ABC의 세 변의 수직이등분선은 한 점 O에서 만난다.

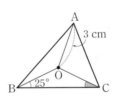

02 오른쪽 그림에서 점 O가 △ABC의 외심일 때, $\overline{OB}$의 길이와 ∠OCB의 크기를 각각 구하여라.

→ 개념1
삼각형의 외심

03 다음 그림에서 점 O가 직각삼각형 ABC의 외심일 때, x의 값을 구하여라.

→ 개념2
삼각형의 외심의 위치

(1)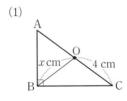

(2)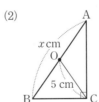

(3)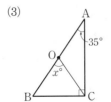

(4)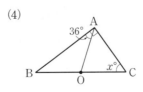

06 ◆ 삼각형의 외심의 활용

개념1 ▏ 삼각형의 외심의 활용 (1)

점 O가 △ABC의 외심일 때
$\angle OAB + \angle OBC + \angle OCA = 90°$

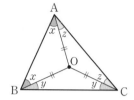

· $\overline{OA} = \overline{OB} = \overline{OC}$이므로
△OAB, △OBC, △OCA
는 모두 이등변삼각형이다.

> **풍쌤티** △ABC에서 $\overline{OA} = \overline{OB} = \overline{OC}$이므로
> $\angle A + \angle B + \angle C$
> $= (\angle x + \angle z) + (\angle x + \angle y) + (\angle y + \angle z)$
> $= 2\angle x + 2\angle y + 2\angle z$
> $= 2(\angle x + \angle y + \angle z) = 180°$
> $\therefore \angle x + \angle y + \angle z = 90°$

◆ **예제 1** ◆

오른쪽 그림에서 점 O가
△ABC의 외심일 때, $\angle x$의
크기를 구하여라.

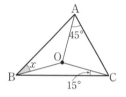

▶ **풀이** $\angle x + 15° + 45° = 90°$
　　　$\therefore \angle x = 30°$

▶ **답** $30°$

◆ **확인 1** ◆

오른쪽 그림에서 점 O가 △ABC의
외심일 때, $\angle x$의 크기를 구하여라.

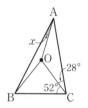

개념2 ▏ 삼각형의 외심의 활용 (2)

점 O가 △ABC의 외심일 때
$\angle BOC = 2\angle A$

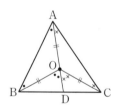

> **풍쌤티** $\overline{AO}$의 연장선과 $\overline{BC}$가 만나는 점을 D라 하면
> $\angle BOC = \angle BOD + \angle COD$
> 　　　　$= (\angle OAB + \angle OBA) + (\angle OAC + \angle OCA)$
> 　　　　$= 2\angle OAB + 2\angle OAC$
> 　　　　$= 2(\angle OAB + \angle OAC)$
> 　　　　$= 2\angle A$

◆ **예제 2** ◆

오른쪽 그림에서 점 O가 △ABC
의 외심일 때, $\angle x$의 크기를 구
하여라.

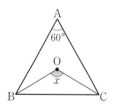

▶ **풀이** $\angle x = 2 \times 60° = 120°$

▶ **답** $120°$

◆ **확인 2** ◆

오른쪽 그림에서 점 O가 △ABC의
외심일 때, $\angle x$의 크기를 구하여라.

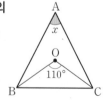

01 오른쪽 그림에서 점 O가 △ABC의 외심일 때, $\angle x + \angle y$의 크기를 구하여라.

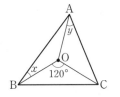

→ 개념1
삼각형의 외심의 활용 (1)

02 오른쪽 그림에서 점 O가 △ABC의 외심일 때, $\angle x$의 크기를 구하여라.

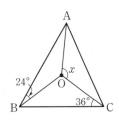

→ 개념1
삼각형의 외심의 활용 (1)

03 오른쪽 그림에서 점 O는 △ABC의 외심이다. $\angle ACB = 70°$일 때, $\angle x$의 크기를 구하여라.

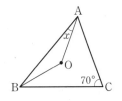

→ 개념2
삼각형의 외심의 활용 (2)

04 오른쪽 그림에서 점 O는 △ABC의 외심이다. $\angle OAB = 35°$일 때, $\angle C$의 크기를 구하여라.

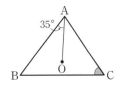

→ 개념2
삼각형의 외심의 활용 (2)

유형 · check

정답과 해설 6~7쪽 | 워크북 6~8쪽

유형 1 삼각형의 외심의 성질

오른쪽 그림에서 점 O가 △ABC의 외심일 때, 다음 중 옳지 않은 것을 모두 고르면? (정답 2개)

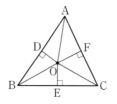

① $\overline{AF}=\overline{CF}$

② $\overline{OB}=\overline{OC}$

③ $\overline{OD}=\overline{OF}$

④ $\angle OBC=\angle OCB$

⑤ $\triangle OAD \equiv \triangle OAF$

» 닮은꼴 문제

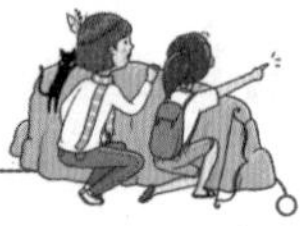

1-1

오른쪽 그림에서 점 O는 △ABC의 외심이다. 외접원의 넓이가 $25\pi\ cm^2$, $\overline{AB}=8$ cm일 때, △OAB의 둘레의 길이를 구하여라.

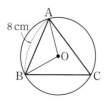

1-2

오른쪽 그림에서 점 O는 △ABC의 외심이다. $\overline{AB}=8$ cm이고, △OAB의 둘레의 길이가 20 cm일 때, $\overline{OC}$의 길이를 구하여라.

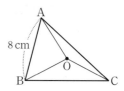

유형 2 직각삼각형의 외심

오른쪽 그림과 같이 $\angle B=90^\circ$인 직각삼각형 ABC에서 점 O가 △ABC의 외심일 때, △ABC의 외접원의 둘레의 길이는?

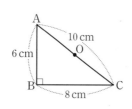

① 6π cm ② 8π cm ③ 10π cm

④ 12π cm ⑤ 16π cm

» 닮은꼴 문제

2-1

오른쪽 그림과 같이 $\angle A=90^\circ$인 직각삼각형 ABC에서 점 O는 △ABC의 외심이다. $\triangle ABC=30\ cm^2$일 때, △AOC의 넓이를 구하여라.

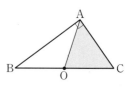

2-2

오른쪽 그림과 같이 $\angle A=90^\circ$인 직각삼각형 ABC에서 빗변의 중점을 M이라 하자. $\angle ABC=28^\circ$일 때, ∠AMC의 크기를 구하여라.

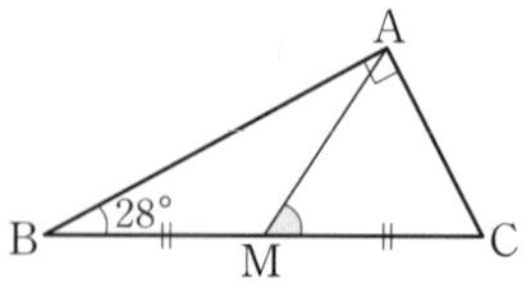

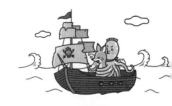

유형 3 삼각형의 외심의 활용 – 각의 크기 구하기

오른쪽 그림에서 점 O가 △ABC의 외심일 때, $\angle x$의 크기를 구하여라.

» 닮은꼴 문제

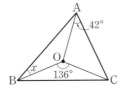

3-1

오른쪽 그림에서 점 O는 △ABC의 외심이다. $\angle A : \angle B : \angle C = 2 : 3 : 4$일 때, $\angle AOC$의 크기를 구하여라.

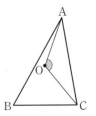

3-2

오른쪽 그림에서 점 O는 △ABC의 외심이다. $\angle OBC = 25°$, $\angle OCA = 30°$일 때, $\angle x$의 크기를 구하여라.

유형 4 삼각형의 외심의 활용 – 보조선 이용하기

오른쪽 그림에서 점 O가 △ABC의 외심일 때, $\angle BOC$의 크기를 구하여라.

» 닮은꼴 문제

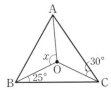

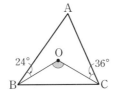

4-1

오른쪽 그림에서 점 O는 △ABC의 외심이다. $\angle ABC = 30°$, $\angle OBC = 20°$일 때, $\angle A$의 크기를 구하여라.

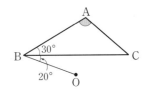

4-2

오른쪽 그림에서 점 O는 △ABC의 외심이고, $\overline{CO}$, $\overline{BO}$의 연장선이 $\overline{AB}$, $\overline{AC}$와 만나는 점을 각각 P, Q라 하자. $\overline{BP} = \overline{CQ} = \overline{PQ}$일 때, $\angle BOC$의 크기를 구하여라.

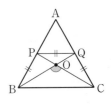

07 ◆ 삼각형의 내심과 그 성질

개념1 │ 삼각형의 내심과 그 성질

(1) 원과 만나는 직선

① 할선: 원과 두 점에서 만나는 직선

② 접선: 원과 한 점에서 만나는 직선

　　예 직선이 원과 한 점에서 만날 때, 직선이 원에 접한다고 한다.

③ 접점: 원과 접선이 만나는 점

　　➡ 원의 접선은 그 접점을 지나는 반지름에 수직이다.

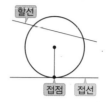

(2) 내접원과 내심

① 내접원: 한 다각형의 모든 변이 한 원에 접할 때, 이 원을
내접원이라 한다.

② 내심: 내접원의 중심

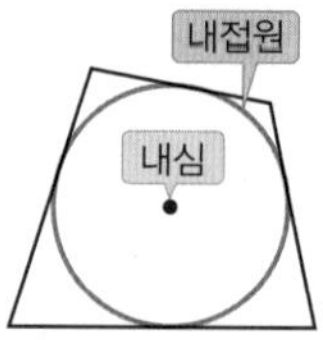

(3) 삼각형의 내심

① 내심: 삼각형의 세 내각의 이등분선의 교점

② 성질: 삼각형의 내심에서 세 변에 이르는 거리는 같다.

　　➡ $\overline{ID}=\overline{IE}=\overline{IF}$ (내접원의 반지름)

③ 위치: 삼각형의 내부

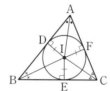

$\triangle IAD \equiv \triangle IAF$
　　　　　(RHA 합동)

$\triangle IBD \equiv \triangle IBE$
　　　　　(RHA 합동)

$\triangle ICE \equiv \triangle ICF$
　　　　　(RHA 합동)

◆ 예제 1 ◆

오른쪽 그림에서 선분 AB
는 원 O의 접선이고 점 A는
접점일 때, $\angle x$의 크기를 구
하여라.

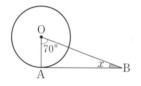

▶ 풀이 $\angle OAB = 90°$이므로 $\angle x = 90° - 70° = 20°$

▶ 답 　20°

◆ 확인 1 ◆

오른쪽 그림에서 선분 AB는 원
O의 접선이고 점 A는 접점일
때, $\angle x$의 크기를 구하여라.

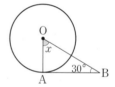

◆ 예제 2 ◆

오른쪽 그림에서 점 I가 △ABC
의 내심일 때, x의 값을 구하여라.

▶ 풀이 $\angle IAC = \angle IAB = 30°$이므로
　　　　$x = 30$

▶ 답 　30

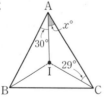

◆ 확인 2 ◆

오른쪽 그림에서 점 I가 △ABC
의 내심일 때, x의 값을 구하여라.

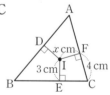

개념 ✦ check

01 다음은 △ABC의 세 내각의 이등분선은 한 점에서 만남을 설명하는 과정이다. □ 안에 알맞은 것을 써넣어라.

→ 개념1
삼각형의 내심과 그 성질

> △ABC에서 ∠A, ∠B의 이등분선의 교점을 I, 점 I에 서 세 변에 내린 수선의 발을 각각 D, E, F라 하면
> 　　△IBD≡△IBE(RHA 합동),
> 　　△IAD≡△IAF(RHA 합동)
> 이므로 $\overline{ID}=$□, $\overline{ID}=\overline{IF}$　∴ $\overline{IE}=\overline{IF}$
> 또, $\overline{IC}$는 공통, ∠IFC=∠IEC=90°이므로
> 　　△ICF≡△ICE(RHS 합동)　∴ ∠ICF=□
> 따라서 $\overline{IC}$는 ∠C의 □이므로 삼각형의 세 내각의 이등분선은 한 점 I에서 만난다.

02 오른쪽 그림에서 점 I는 △ABC의 내심이다. 점 I에서 세 변에 내린 수선의 발을 각각 D, E, F라 할 때, 다음 중 옳은 것을 모두 고르면? (정답 2개)

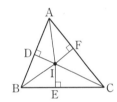

→ 개념1
삼각형의 내심과 그 성질

① ∠EBI=∠ECI
② $\overline{ID}=\overline{IE}=\overline{IF}$
③ $\overline{AD}=\overline{BD}$
④ 점 I를 중심으로 하는 △DEF의 내접원을 그릴 수 있다.
⑤ 점 I는 △DEF의 세 변의 수직이등분선의 교점이다.

03 다음 중 삼각형의 내접원에 대한 설명으로 옳지 <u>않은</u> 것을 모두 고르면? (정답 2개)

→ 개념1
삼각형의 내심과 그 성질

① 모든 삼각형은 반드시 내접원을 갖는다.
② 삼각형의 세 변에 모두 접하는 유일한 원이다.
③ 둔각삼각형의 내접원의 중심은 삼각형의 외부에 있다.
④ 삼각형의 내접원의 중심은 세 변의 수직이등분선의 교점이다.
⑤ 내접원의 중심에서 삼각형의 세 변에 이르는 거리는 같다.

04 오른쪽 그림에서 점 I는 △ABC의 내심이고, 점 I에서 세 변에 내린 수선의 발을 각각 D, E, F라 하자. △ABC의 내접원의 반지름의 길이가 3 cm일 때, $\overline{ID}+\overline{IE}+\overline{IF}$의 길이를 구하여라.

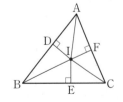

→ 개념1
삼각형의 내심과 그 성질

08 ◆ 삼각형의 내심의 활용

개념1 | 삼각형의 내심의 활용 (1)

점 I가 △ABC의 내심이고, $\overline{AI}$, $\overline{BI}$, $\overline{CI}$의 연장선이
$\overline{BC}$, $\overline{AC}$, $\overline{AB}$와 만나는 점을 각각 D, E, F라 할 때

(1) $\angle IAB + \angle IBC + \angle ICA = 90°$

> 예 △ABC에서 $2\angle x + 2\angle y + 2\angle z = 180°$
>
> $\therefore \angle x + \angle y + \angle z = 90°$

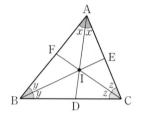

(2) $\angle BIC = 90° + \dfrac{1}{2}\angle A$

> 예 $\angle BID = \angle x + \angle y$, $\angle CID = \angle x + \angle z$이므로
>
> $\angle BIC = \angle BID + \angle CID = 2\angle x + \angle y + \angle z$
>
> $\angle x + \angle y + \angle z = 90°$, $\angle x = \dfrac{1}{2}\angle A$이므로
>
> $\angle BIC = (\angle x + \angle y + \angle z) + \angle x = 90° + \dfrac{1}{2}\angle A$

◆ 예제 1 ◆

오른쪽 그림에서 점 I가 △ABC
의 내심일 때, $\angle x$의 크기를 구
하여라.

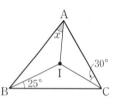

▶ 풀이 $\angle x + 25° + 30° = 90°$

$\therefore \angle x = 35°$

▶ 답 $35°$

◆ 확인 1 ◆

오른쪽 그림에서 점 I가 △ABC의 내심
일 때, $\angle x$의 크기를 구하여라.

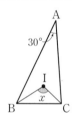

개념2 | 삼각형의 내심의 활용 (2)

(1) 삼각형의 넓이와 내접원의 반지름

△ABC의 세 변의 길이가 각각 a, b, c이고 내접원
의 반지름의 길이가 r일 때

$$\triangle ABC = \dfrac{1}{2}r(a+b+c)$$

> 예 $\triangle ABC = \triangle IBC + \triangle ICA + \triangle IAB$
>
> $= \dfrac{1}{2}ar + \dfrac{1}{2}br + \dfrac{1}{2}cr = \dfrac{1}{2}r(a+b+c)$

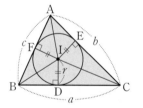

(2) 접선의 길이: $\overline{AE} = \overline{AF}$, $\overline{BD} = \overline{BF}$, $\overline{CD} = \overline{CE}$

◆ 예제 2 ◆

오른쪽 그림에서 점 I가 △ABC
의 내심일 때, x의 값을 구하여라.

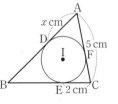

▶ 풀이 $\overline{CF} = \overline{CE} = 2$ cm이므로

$\overline{AD} = \overline{AF} = 5 - 2 = 3$(cm)

$\therefore x = 3$

▶ 답 3

◆ 확인 2 ◆

다음 그림에서 점 I가 △ABC의
내심일 때, x의 값을 구하여라.

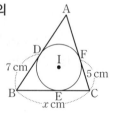

개념 ◆ check

정답과 해설 7쪽 | 워크북 10~12쪽

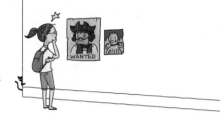

01 **오른쪽 그림에서 점 I는 △ABC의 내심이다. ∠IAB=25°, ∠IBA=30°일 때, ∠BCA의 크기는?**

① 55° ② 60° ③ 65° ④ 70° ⑤ 75°

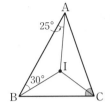

→ 개념1
삼각형의 내심의 활용 (1)

02 **오른쪽 그림에서 점 I는 △ABC의 내심이다. ∠BIC=118°일 때, ∠x의 크기는?**

① 27° ② 28° ③ 29° ④ 30° ⑤ 31°

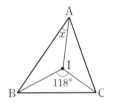

→ 개념1
삼각형의 내심의 활용 (1)

03 **오른쪽 그림과 같이 ∠B=90°인 직각삼각형 ABC에서 점 I는 △ABC의 내심이다. $\overline{AB}$=6 cm, $\overline{BC}$=8 cm, $\overline{CA}$=10 cm일 때, 내접원의 반지름의 길이를 구하여라.**

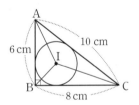

→ 개념2
삼각형의 내심의 활용 (2)

04 **오른쪽 그림에서 점 I는 △ABC의 내심이다. $\overline{AB}$=13 cm, $\overline{BC}$=15 cm, $\overline{CA}$=14 cm이고, 내접원의 반지름의 길이가 4 cm일 때, △ABC의 넓이를 구하여라.**

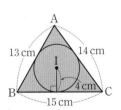

→ 개념2
삼각형의 내심의 활용 (2)

정답과 해설 7~8쪽 | 워크북 9~12쪽

유형·1 삼각형의 내심의 성질

오른쪽 그림에서 원 I는 △ABC의 내접원이다. 다음 중 옳은 것을 모두 고르면? (정답 2개)

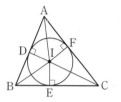

① ∠IAD = ∠IBD
② $\overline{BD} = \overline{BE}$
③ △IBE ≡ △ICE
④ $\overline{ID} = \overline{IE} = \overline{IF}$
⑤ $\overline{IA} = \overline{IB} = \overline{IC}$

》닮은꼴 문제

1-1

오른쪽 그림에서 점 I는 △ABC의 내심이다. ∠IAB=30°, ∠IBA=28°일 때, ∠BCA의 크기를 구하여라.

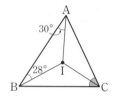

1-2

다음 〈보기〉 중 삼각형의 내심의 성질을 모두 고른 것은?

보기
ㄱ. 내심에서 세 변에 이르는 거리는 같다.
ㄴ. 내심에서 세 꼭짓점에 이르는 거리는 각각 같다.
ㄷ. 세 변의 수직이등분선의 교점이다.
ㄹ. 세 내각의 이등분선의 교점이다.
ㅁ. 항상 삼각형의 내부에 있다.
ㅂ. 직각삼각형의 빗변 위에 있다.

① ㄱ, ㄴ, ㄷ ② ㄱ, ㄷ, ㅁ ③ ㄱ, ㄹ, ㅁ
④ ㄴ, ㄷ, ㅂ ⑤ ㄷ, ㄹ, ㅂ

유형·2 삼각형의 내심의 활용 (1)

오른쪽 그림에서 점 I는 △ABC의 내심이다. ∠IAC=32°, ∠C=80°일 때, ∠x의 크기를 구하여라.

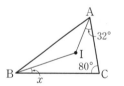

》닮은꼴 문제

2-1

오른쪽 그림에서 점 I는 △ABC의 내심이다.
∠AIC : ∠AIB : ∠BIC = 9 : 10 : 11일 때, ∠ABC의 크기를 구하여라.

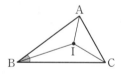

2-2

오른쪽 그림에서 점 I는 △ABC의 내심이다. $\overline{BC}$=12 cm이고, △ABC의 둘레의 길이가 36 cm, 넓이가 72 cm²일 때, △IBC의 넓이를 구하여라.

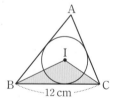

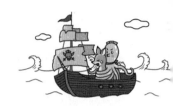

유형 · 3 삼각형의 내심의 활용 (2)

오른쪽 그림에서 점 I는 $\triangle ABC$의 내심이다. $\overline{DE} /\!/ \overline{BC}$이고 $\overline{AB}=10\text{ cm}$, $\overline{AC}=8\text{ cm}$일 때, $\triangle ADE$의 둘레의 길이는?

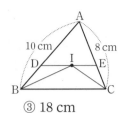

① 14 cm ② 16 cm ③ 18 cm ④ 20 cm ⑤ 22 cm

» 닮은꼴 문제

3-1

오른쪽 그림에서 점 I는 $\triangle ABC$의 내심이다. $\overline{DE} /\!/ \overline{BC}$이고 $\overline{AB}=12\text{ cm}$, $\overline{AD}=8\text{ cm}$, $\overline{AC}=15\text{ cm}$, $\overline{AE}=10\text{ cm}$일 때, $\overline{DE}$의 길이를 구하여라.

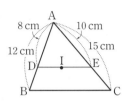

3-2

오른쪽 그림에서 점 I는 $\triangle ABC$의 내심이고, 세 점 D, E, F는 각각 내접원과 세 변 AB, BC, CA의 접점이다. $\overline{BD}=7\text{ cm}$, $\overline{AC}=8\text{ cm}$, $\overline{BC}=11\text{ cm}$일 때, $\overline{AD}$의 길이를 구하여라.

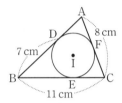

유형 · 4 삼각형의 외심과 내심의 활용

오른쪽 그림에서 두 점 O, I는 각각 $\triangle ABC$의 외심과 내심이다. $\angle BOC=100°$일 때, $\angle BIC$의 크기는?

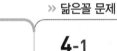

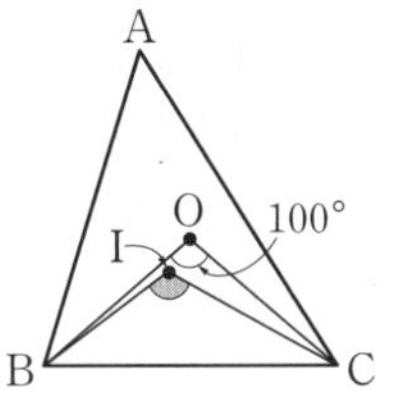

① 105° ② 108° ③ 110° ④ 112° ⑤ 115°

» 닮은꼴 문제

4-1

오른쪽 그림에서 두 점 O, I는 각각 $\triangle ABC$의 외심과 내심이다. $\angle BIC=125°$일 때, $\angle BOC$의 크기를 구하여라.

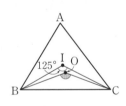

4-2

오른쪽 그림과 같이 $\overline{AB}=\overline{AC}$인 이등변삼각형 ABC에서 두 점 O, I는 각각 $\triangle ABC$의 외심과 내심이다. $\angle A=74°$일 때, $\angle x$의 크기를 구하여라.

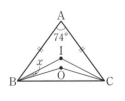

01 오른쪽 그림과 같이 $\overline{CA}=\overline{CB}$ 인 이등변삼각형 ABC에서 $\angle DAB=112°$일 때, $\angle x$의 크기를 구하여라.

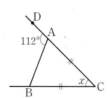

02 오른쪽 그림에서 △CAD, △BDE는 각각 $\overline{CA}=\overline{CD}$, $\overline{BE}=\overline{BD}$인 이등변삼각형이다. $\angle EBD=28°$, $\angle ACD=62°$일 때, $\angle x$의 크기는?

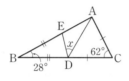

① 38°   ② 40°   ③ 43°

④ 45°   ⑤ 48°

03 오른쪽 그림에서 △ABC, △BCD는 각각 $\overline{AB}=\overline{AC}$, $\overline{CB}=\overline{CD}$인 이등변삼각형이다. $\angle A=84°$이고, $\overline{CD}$가 $\angle BCA$의 외각의 이등분선일 때, $\angle x$의 크기를 구하여라.

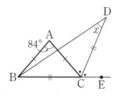

04 오른쪽 그림과 같이 $\overline{AB}=\overline{AC}$인 이등변삼각형 ABC의 $\overline{BC}$ 위에 $\overline{CD}=\overline{CA}$, $\overline{BE}=\overline{BA}$가 되도록 두 점 D, E를 잡았다. $\angle DAE=30°$일 때, $\angle B$의 크기는?

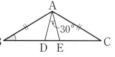

① 20°   ② 25°   ③ 30°

④ 35°   ⑤ 40°

05 오른쪽 그림과 같이 $\overline{AB}=\overline{AC}$인 이등변삼각형 ABC에서 $\angle A$의 이등분선과 $\overline{BC}$가 만나는 점을 D라 하고 $\overline{AD}$ 위에 $\angle BEC=90°$가 되도록 점 E를 잡았다. $\overline{BC}=10$ cm일 때, $\overline{DE}$의 길이는?

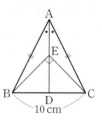

① 3 cm   ② 3.5 cm   ③ 4 cm

④ 4.5 cm   ⑤ 5 cm

06 폭이 일정한 직사각형 모양의 종이를 오른쪽 그림과 같이 접었다. $\angle BFE=130°$일 때, $\angle x$의 크기를 구하여라.

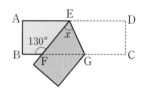

07 오른쪽 그림과 같이 $\overline{CA}=\overline{CE}$인 직각이등변삼각형 ACE의 두 꼭짓점 A, E에서 꼭짓점 C를 지나는 직선 l에 내린 수선의 발을 각각 B, D라 하자. $\overline{AB}=8$ cm, $\overline{ED}=6$ cm일 때, △ACE의 넓이는?

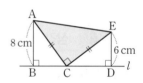

① 48 cm^2 ② 50 cm^2 ③ 56 cm^2

④ 66 cm^2 ⑤ 74 cm^2

08 오른쪽 그림과 같이 $\angle B=90°$인 직각삼각형 ABC에서 $\angle A$의 이등분선이 $\overline{BC}$와 만나는 점을 D라 하자. $\overline{BD}=3$ cm이고 △ACD의 넓이가 15 cm^{2}일 때, $\overline{AC}$의 길이를 구하여라.

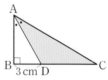

09 오른쪽 그림에서 점 O는 △ABC의 외심이다. ∠BAC=50°일 때, ∠x−∠y 의 크기를 구하여라.

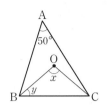

10 오른쪽 그림에서 △ABC 는 ∠B=90°인 직각삼각 형이다. $\overline{AB}$=6 cm, ∠ACB=30°일 때, $\overline{AC}$의 길이를 구하여라.

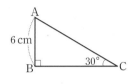

11 오른쪽 그림과 같이 ∠A=90°인 직각삼각형 ABC에서 빗변의 중점을 D, 점 A에서 $\overline{BC}$에 내린 수선의 발을 H라 하자. ∠B=26°일 때, ∠DAH의 크기는?

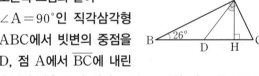

① 34° ② 35° ③ 36°

④ 37° ⑤ 38°

12 오른쪽 그림의 △ABC에서 점 I가 내심이고, ∠BAC=50°, ∠ICB=33°일 때, ∠x+∠y 의 크기는?

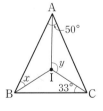

① 140° ② 148°

③ 154° ④ 162° ⑤ 169°

13 오른쪽 그림과 같이 ∠A=90°인 직각삼각 형 ABC에서 점 I는 △ABC의 내심이다. $\overline{AB}$=12 cm, $\overline{BC}$=13 cm, $\overline{AC}$=5 cm일 때, △IBC의 넓이를 구하여라.

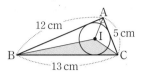

14 오른쪽 그림에서 점 I는 △ABC의 내심이다. $\overline{DE}$∥$\overline{BC}$이고 $\overline{AB}$=8 cm, $\overline{AC}$=12 cm, $\overline{BC}$=13 cm 일 때, △ADE의 둘레의 길이를 구하여라.

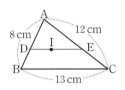

15 오른쪽 그림에서 점 I는 △ABC의 내심이고, 세 점 D, E, F는 각 변에 접하는 접점이다. $\overline{AB}$=14 cm, $\overline{AF}$=5 cm일 때, $\overline{BE}$의 길이는?

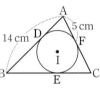

① 6 cm ② 7 cm ③ 8 cm

④ 9 cm ⑤ 10 cm

16 오른쪽 그림에서 두 점 O, I는 각각 △ABC의 외심과 내심이다. ∠ABC=64°, ∠BIC=108°일 때, ∠OBI의 크기는?

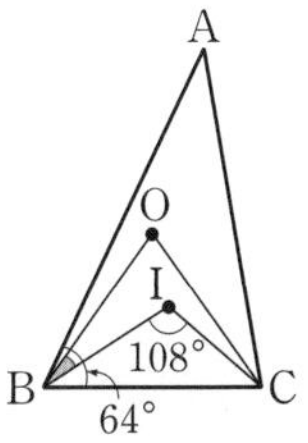

① 18° ② 20°

③ 22° ④ 23° ⑤ 24°

≡ 서술형 꽉 잡기 ≡

주어진 단계에 따라 쓰는 유형

17 오른쪽 그림에서 점 O는 △ABC의 외심이다. $\overline{OE}=2$ cm, $\overline{BE}=6$ cm이고 사각형 ADOF의 넓이가 24 cm²일 때, 삼각형 ABC의 넓이를 구하여라.

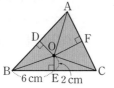

> **· 생각해 보자 ·**
> 구하는 것은? 사각형 ADOF의 넓이가 24 cm²일 때의 삼각형 ABC의 넓이
> 주어진 것은? $\overline{OE}=2$ cm, $\overline{BE}=6$ cm, □ADOF=24 cm²

> 풀이

[1단계] △OBC의 넓이 구하기 (30 %)

[2단계] △OAB+△OAC 구하기 (40 %)

[3단계] △ABC의 넓이 구하기 (30 %)

> 답

풀이 과정을 자세히 쓰는 유형

18 다음 그림에서 $\overline{AB}=\overline{AC}=\overline{CD}=\overline{DE}$일 때, ∠CDE의 크기를 구하여라.

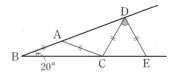

> 풀이

> 답

19 오른쪽 그림에서 원 I는 △ABC의 내접원이고, $\overline{GH}$는 원 I에 접한다. 이때 △AGH의 둘레의 길이를 구하여라.

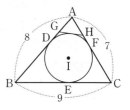

> 풀이

> 답

I. 도형의 성질

2. 사각형의 성질

09 ✦ 평행사변형의 성질

개념 1 │ 평행사변형의 성질

(1) 사각형 기호

사각형 ABCD를 기호로 □ABCD와 같이 나타낸다.

(2) 평행사변형

두 쌍의 대변이 각각 서로 평행한 사각형을 평행사변형 이라 한다.

➔ $\overline{AB}\,/\!/\,\overline{DC}$, $\overline{AD}\,/\!/\,\overline{BC}$

> ✦ 사각형에서 서로 마주 보는 변을 대변, 서로 마주 보는 각을 대각이라 한다.
>

(3) 평행사변형의 성질

① 평행사변형의 두 쌍의 대변의 길이는 각각 같다.
  ➔ $\overline{AB}=\overline{DC}$, $\overline{AD}=\overline{BC}$

② 평행사변형의 두 쌍의 대각의 크기는 각각 같다.
  ➔ $\angle A=\angle C$, $\angle B=\angle D$

  예 평행사변형에서 이웃하는 두 내각의 크기의 합은 180°이다.
    ➔ $\angle A+\angle B=180°$ 또는 $\angle A+\angle D=180°$

③ 평행사변형의 두 대각선은 서로 다른 것을 이등분한다.
  ➔ $\overline{AO}=\overline{CO}$, $\overline{BO}=\overline{DO}$

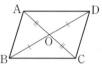

✦예제 1✦

오른쪽 그림에서 □ABCD가 평행사변형일 때, x, y의 값을 각각 구하여라.

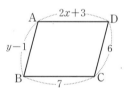

▶ **풀이** $2x+3=7$ ∴ $x=2$
        $y-1=6$ ∴ $y=7$

▶ **답** $x=2$, $y=7$

✦확인 1✦

오른쪽 그림에서 □ABCD가 평행사변형일 때, $\angle x$, $\angle y$의 크기를 각각 구하여라.

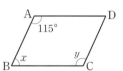

✦예제 2✦

오른쪽 그림에서 □ABCD가 평행사변형일 때, x, y의 값을 각각 구하여라.

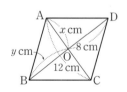

▶ **풀이** 평행사변형의 두 대각선은 서로 다른 것을 이등분하 므로
  $x=\dfrac{1}{2}\times12=6$, $y=\overline{OD}=8$

▶ **답** $x=6$, $y=8$

✦확인 2✦

오른쪽 그림에서 □ABCD가 평행사변형일 때, x, y의 값을 각각 구하여라.

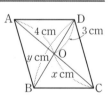

01 오른쪽 그림과 같은 평행사변형 ABCD에서 $\angle x$, $\angle y$의 크기를 각각 구하여라.

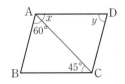

→ 개념1
평행사변형의 성질

02 오른쪽 그림과 같은 평행사변형 ABCD에서 $\overline{AB}=5\ cm$, $\overline{AD}=8\ cm$일 때, 평행사변형 ABCD 의 둘레의 길이는?

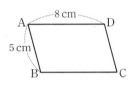

① 13 cm   ② 18 cm   ③ 21 cm

④ 26 cm   ⑤ 30 cm

→ 개념1
평행사변형의 성질

03 오른쪽 그림과 같은 평행사변형 ABCD에서 $\angle A=100°$, $\angle DBC=30°$일 때, $\angle x$, $\angle y$의 크기를 각 각 구하여라.

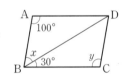

→ 개념1
평행사변형의 성질

04 오른쪽 그림과 같은 평행사변형 ABCD에서 점 O는 두 대각선의 교점이다. $\overline{AC}=20\ cm$, $\overline{BD}=18\ cm$, $\overline{BC}=15\ cm$일 때, $\triangle OBC$의 둘레의 길이를 구하여라.

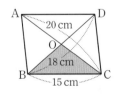

→ 개념1
평행사변형의 성질

10 · 평행사변형이 되는 조건

개념 1 │ 평행사변형이 되는 조건

다음의 어느 한 조건을 만족하는 □ABCD는 평행사변형이 된다.

(1) **두 쌍의 대변이 각각 서로 평행하다.** (평행사변형의 뜻)
→ $\overline{AB} /\!/ \overline{DC}$, $\overline{AD} /\!/ \overline{BC}$

(2) **두 쌍의 대변의 길이가 각각 같다.**
→ $\overline{AB}=\overline{DC}$, $\overline{AD}=\overline{BC}$

(3) **두 쌍의 대각의 크기가 각각 같다.**
→ $\angle A = \angle C$, $\angle B = \angle D$

(4) **두 대각선이 서로 다른 것을 이등분한다.**
→ $\overline{AO}=\overline{CO}$, $\overline{BO}=\overline{DO}$

(5) **한 쌍의 대변이 서로 평행하고, 그 길이가 같다.**
→ $\overline{AD} /\!/ \overline{BC}$, $\overline{AD}=\overline{BC}$
(또는 $\overline{AB} /\!/ \overline{DC}$, $\overline{AB}=\overline{DC}$)

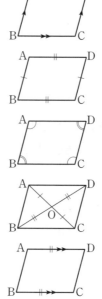

> **풍쌤의 point** 평행사변형이 되는 조건은 평행사변형의 뜻과 성질을 거꾸로 생각하면 돼.

◆ 예제 1 ◆

오른쪽 그림의 사각형은 평행사변형이다. 그 이유를 말하여라.

▶ **풀이** 두 쌍의 대각의 크기가 각각 같다.

▶ **답** 풀이 참조

◆ 확인 1 ◆

오른쪽 그림의 사각형은 평행사변형이다. 그 이유를 말하여라.

◆ 예제 2 ◆

오른쪽 그림과 같은 □ABCD가 평행사변형이 되도록 하는 x, y의 값을 각각 구하여라.

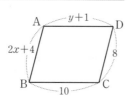

▶ **풀이** $\overline{AB}=\overline{DC}$, $\overline{AD}=\overline{BC}$이어야 하므로
$2x+4=8$, $y+1=10$
∴ $x=2$, $y=9$

▶ **답** $x=2$, $y=9$

◆ 확인 2 ◆

오른쪽 그림과 같은 □ABCD가 평행사변형이 되도록 하는 x, y의 값을 각각 구하여라. (단, 점 O는 두 대각선의 교점이다.)

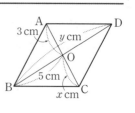

정답과 해설 11쪽 ㅣ 워크북 17~18쪽

01 다음은 □ABCD에서 ∠A=∠C, ∠B=∠D이면 □ABCD는 평행사변형임을 설명하는 과정이다. □ 안에 들어갈 것으로 옳지 <u>않은</u> 것은?

→ 개념1
평행사변형이 되는 조건

> 오른쪽 그림과 같이 ∠A=∠C, ∠B=∠D인
> □ABCD에서 $\overline{AB}$의 연장선 위의 한 점을 E라 하자.
> ∠A+∠B+∠C+∠D=∠A+∠B+∠A+∠B
> = ①
> 이므로 ∠A+∠B= ②
> 또한, ∠B+∠CBE= ③ 이므로 ∠A=∠CBE
> 따라서 ④ 의 크기가 같으므로 $\overline{AD}$∥$\overline{BC}$ ····· ㉠
> 또, ∠C=∠CBE(엇각)이므로 $\overline{AB}$∥ ⑤ ····· ㉡
> ㉠, ㉡에 의해 □ABCD는 평행사변형이다.

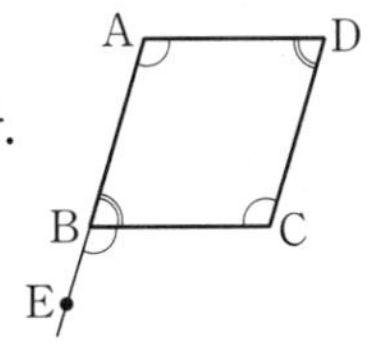

① 360°   ② 180°   ③ 180°

④ 엇각   ⑤ $\overline{DC}$

02 다음 중 □ABCD가 평행사변형이 되는 것은 그 조건을 〈보기〉에서 골라 ( ) 안에 기호를 쓰고, 평행사변형이 되지 <u>않는</u> 것에는 ×표를 하여라.

→ 개념1
평행사변형이 되는 조건

> **보기**
> ㄱ. 두 쌍의 대변이 각각 평행하다.
> ㄴ. 두 쌍의 대변의 길이가 각각 같다.
> ㄷ. 두 쌍의 대각의 크기가 각각 같다.
> ㄹ. 두 대각선이 서로 다른 것을 이등분한다.
> ㅁ. 한 쌍의 대변이 평행하고 그 길이가 같다.

(1)

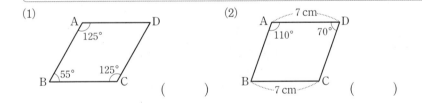

( )

(2)

( )

03 오른쪽 그림과 같은 □ABCD에서 $\overline{AD}$=$(2y-7)$cm, ∠A=105°일 때, □ABCD가 평행사변형이 되도록 하는 x, y의 값을 각각 구하여라.

→ 개념1
평행사변형이 되는 조건

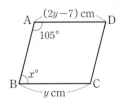

11 · 평행사변형이 되는 조건의 활용

개념1 평행사변형이 되는 조건의 활용

□ABCD가 평행사변형일 때, 다음 조건을 만족시키는 □EBFD는 모두 평행사변형이다.

(1) $\overline{AP}=\overline{PD}=\overline{BR}=\overline{RC}$, $\overline{AQ}=\overline{QB}=\overline{DS}=\overline{SC}$
→ 두 쌍의 대변이 각각 서로 평행하다.
($\overline{EB}/\!/\overline{DF}$, $\overline{ED}/\!/\overline{BF}$)

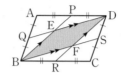

(2) $\angle ABE=\angle EBF$, $\angle EDF=\angle FDC$
→ 두 쌍의 대각의 크기가 각각 같다.
($\angle EBF=\angle FDE$, $\angle DEB=\angle BFD$)

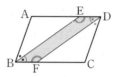

(3) $\overline{EO}=\overline{FO}$ 또는 $\overline{AE}=\overline{CF}$
→ 두 대각선이 서로 다른 것을 이등분한다.
($\overline{EO}=\overline{FO}$, $\overline{BO}=\overline{DO}$)

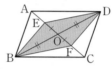

(4) $\overline{EB}=\overline{DF}$ 또는 $\overline{AE}=\overline{CF}$
→ 한 쌍의 대변이 서로 평행하고 그 길이가 같다.
($\overline{EB}/\!/\overline{DF}$, $\overline{EB}=\overline{DF}$)

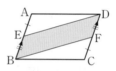

(5) $\angle AEB=\angle CFD=90°$
→ 한 쌍의 대변이 서로 평행하고 그 길이가 같다.
($\overline{EB}/\!/\overline{DF}$, $\overline{EB}=\overline{DF}$)

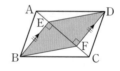

> **◆ 평행사변형이 되는 조건**
> ① 두 쌍의 대변이 각각 서로 평행하다.
> ② 두 쌍의 대변의 길이가 각각 같다.
> ③ 두 쌍의 대각의 크기가 각각 같다.
> ④ 두 대각선이 서로 다른 것을 이등분한다.
> ⑤ 한 쌍의 대변이 서로 평행하고, 그 길이가 같다.

◆ 예제 1 ◆

오른쪽 그림과 같은 평행사변형 ABCD에서 $\overline{AE}=\overline{CF}$일 때, 다음 물음에 답하여라.

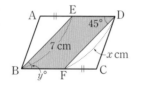

(1) 다음 □ 안에 알맞은 것을 써넣어라.

> □EBFD에서 $\overline{BF}/\!/$ ☐,
> $\overline{BF}=\overline{BC}-\overline{CF}=\overline{AD}-\overline{AE}=$ ☐
> 따라서 □EBFD는 평행사변형이다.

(2) □EBFD가 평행사변형이 되는 조건을 말하여라.

(3) x, y의 값을 각각 구하여라.

> **풀이** (2) 한 쌍의 대변이 서로 평행하고, 그 길이가 같다.
> (3) $\overline{BE}=\overline{FD}$이므로 $x=7$
> $\angle EDF=\angle EBF$이므로 $y=45$

> **답** (1) $\overline{ED}$, $\overline{ED}$　(2) 풀이 참조　(3) $x=7$, $y=45$

◆ 확인 1 ◆

오른쪽 그림과 같은 평행사변형 ABCD에서 대각선 BD 위에 $\overline{BE}=\overline{DF}$가 되도록 두 점 E, F를 잡았을 때, 다음 물음에 답하여라.

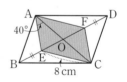

(1) 다음 □ 안에 알맞은 것을 써넣어라.

> □AECF에서 $\overline{AO}=$ ☐,
> $\overline{EO}=\overline{BO}-\overline{BE}=$ ☐ $-\overline{DF}=$ ☐
> 따라서 □AECF는 평행사변형이다.

(2) □AECF가 평행사변형이 되는 조건을 말하여라.

(3) $\overline{AF}$의 길이와 $\angle ACF$의 크기를 각각 구하여라.

개념 ◆ check

01 오른쪽 그림과 같은 평행사변형 ABCD에서 각 변의 중점을 E, F, G, H라 할 때, □PBQD가 평행사변형이 되는 이유로 가장 알맞은 것은?

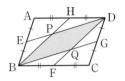

① 두 쌍의 대변의 길이가 각각 같다.

② 두 쌍의 대변이 각각 서로 평행하다.

③ 두 쌍의 대각의 크기가 각각 같다.

④ 두 대각선이 서로 다른 것을 이등분한다.

⑤ 한 쌍의 대변이 서로 평행하고, 그 길이가 같다.

→ 개념1
평행사변형이 되는 조건의 활용

02 오른쪽 그림과 같은 평행사변형 ABCD에서 ∠ABE=∠EBF, ∠FDE=∠CDF이다. $\overline{AD}$=10 cm, $\overline{CD}$=6 cm일 때, 다음 중 옳지 <u>않은</u> 것은?

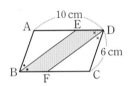

① $\overline{AB}$=6 cm   ② $\overline{AE}$=6 cm   ③ $\overline{BF}$=4 cm

④ $\overline{BE}$=10 cm   ⑤ $\overline{BE}$∥$\overline{FD}$

→ 개념1
평행사변형이 되는 조건의 활용

03 오른쪽 그림과 같이 평행사변형 ABCD의 두 꼭짓점 A, C에서 대각선 BD에 내린 수선의 발을 각각 E, F라 할 때, 다음 중 옳지 <u>않은</u> 것은?

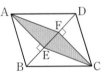

① $\overline{AE}$=$\overline{CF}$ ② ∠EAF=∠FCE

③ $\overline{AE}$=$\overline{CE}$ ④ △ABE≡△CDF

⑤ $\overline{AF}$∥$\overline{CE}$

→ 개념1
평행사변형이 되는 조건의 활용

04 다음은 오른쪽 그림과 같은 평행사변형 ABCD에서 $\overline{AE}$=$\overline{CF}$가 되도록 두 점 E, F를 잡을 때, □EBFD는 평행사변형임을 설명하는 과정이다. □ 안에 알맞은 것을 써넣어라.

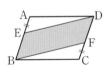

→ 개념1
평행사변형이 되는 조건의 활용

> □ABCD가 평행사변형이므로
> $\overline{AB}$∥$\overline{DC}$, 즉 $\overline{EB}$∥☐
> □EBFD에서
> $\overline{EB}$=$\overline{AB}$−☐=☐−$\overline{CF}$=$\overline{DF}$
> 따라서 ☐☐☐하고 그 ☐가 같으므로 □EBFD는 평행사변형이다.

12 ✦ 평행사변형과 넓이

개념1 ┃ 평행사변형과 넓이 (1)

평행사변형 ABCD에서

(1) △ABC＝△BCD＝△CDA＝△DAB

$$= \frac{1}{2} \square ABCD$$

└── 평행사변형의 넓이는 한 대각선에 의해 이등분된다.

(2) △AOB＝△BOC＝△COD＝△DOA

$$= \frac{1}{4} \square ABCD$$

└── 평행사변형의 넓이는 두 대각선에 의해 4등분된다.

> ✦ 평행사변형의 넓이
> 평행사변형의 넓이는 한 대각선에 의해 이등분되고, 두 대각선에 의해 사등분된다.

✦ 예제 1 ✦

오른쪽 그림과 같은 평행사변형 ABCD에서 △ACD의 넓이가 6 cm²일 때, □ABCD의 넓이를 구하여라.

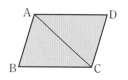

▶ 풀이 □ABCD＝2△ACD＝2×6＝12(cm²)

▶ 답 12 cm²

✦ 확인 1 ✦

오른쪽 그림과 같은 평행사변형 ABCD에서 □ABCD의 넓이가 12 cm²일 때, △BOC의 넓이를 구하여라.

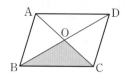

개념2 ┃ 평행사변형과 넓이 (2)

평행사변형의 내부의 임의의 점 P에 대하여

$$\triangle PAB + \triangle PCD = \triangle PDA + \triangle PBC = \frac{1}{2} \square ABCD$$

> [풍쌤ⲐΞ] 평행사변형 ABCD에서 점 P를 지나고 $\overline{AB}$, $\overline{BC}$에 평행한 직선을 각각 그으면
> △PAB＋△PCD
> ＝①＋②＋③＋④＝△PDA＋△PBC
> $= \frac{1}{2} \square ABCD$

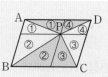

✦ 예제 2 ✦

오른쪽 그림과 같은 평행사변형 ABCD의 내부의 한 점 P에 대하여 □ABCD의 넓이가 40 cm²일 때, 색칠한 부분의 넓이를 구하여라.

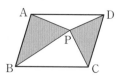

▶ 풀이 $\triangle PAB + \triangle PCD = \frac{1}{2} \times \square ABCD$

$$= \frac{1}{2} \times 40 = 20 (cm^2)$$

▶ 답 20 cm²

✦ 확인 2 ✦

오른쪽 그림과 같은 평행사변형 ABCD의 내부에 한 점 P를 잡았다. □ABCD＝18 cm²일 때, △PAB＋△PCD의 넓이를 구하여라.

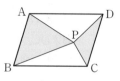

개념 ✦ check

정답과 해설 12쪽 ㅣ 워크북 19~20쪽

01 오른쪽 그림과 같은 평행사변형 ABCD의 두 대각선의 교점을 O라 하자. △ACD의 넓이가 12 cm²일 때, △BCD의 넓이를 구하여라.

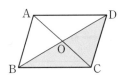

→ 개념1
평행사변형과 넓이 (1)

02 오른쪽 그림과 같은 평행사변형 ABCD의 두 대각선의 교점을 O라 하자. △AOD의 넓이가 6 cm²일 때, □ABCD의 넓이는?

① 12 cm²　　② 18 cm²　　③ 24 cm²

④ 30 cm²　　⑤ 36 cm²

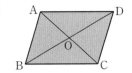

→ 개념1
평행사변형과 넓이 (1)

03 오른쪽 그림과 같은 평행사변형 ABCD에서 $\overline{BC}=\overline{CE}$, $\overline{DC}=\overline{CF}$가 되도록 두 점 E, F를 잡았다. △ACD의 넓이가 7 cm²일 때, □BFED의 넓이는?

① 14 cm²　　② 21 cm²　　③ 28 cm²

④ 35 cm²　　⑤ 42 cm²

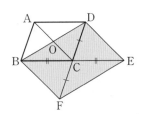

→ 개념1
평행사변형과 넓이 (1)

04 오른쪽 그림과 같은 평행사변형 ABCD의 내부의 한 점 P에 대하여 □ABCD의 넓이가 32 cm², △PBC의 넓이가 4 cm²일 때, △PDA의 넓이를 구하여라.

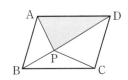

→ 개념2
평행사변형과 넓이 (2)

정답과 해설 12~14쪽 ｜ 워크북 15~20쪽

유형 · 1 평행사변형

오른쪽 그림과 같이 평행사변형 ABCD에서 두 대각선의 교점을 O라 할 때, 다음 중 옳지 않은 것은?

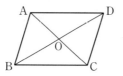

① $\angle ABO = \angle CDO$ ② $\angle ADO = \angle CBO$

③ $\angle BCO = \angle DAO$ ④ $\angle BAO = \angle CDO$

⑤ $\angle BAO = \angle DCO$

》 닮은꼴 문제

1-1

오른쪽 그림과 같은 평행사변형 ABCD에서 $\angle A = 110°$, $\angle CBE = 45°$일 때, $\angle ABE$의 크기를 구하여라.

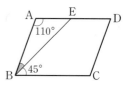

1-2

오른쪽 그림의 평행사변형 ABCD에서 $\angle A = 62°$이다. $\overline{AB}$의 연장선 위의 점 E에 대하여 $\overline{AD} = \overline{BD} = \overline{BE}$일 때, $\angle x$의 크기를 구하여라.

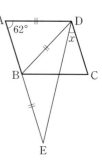

유형 · 2 평행사변형의 성질 (1)

오른쪽 그림과 같은 평행사변형 ABCD에서 $y - x$의 값은?

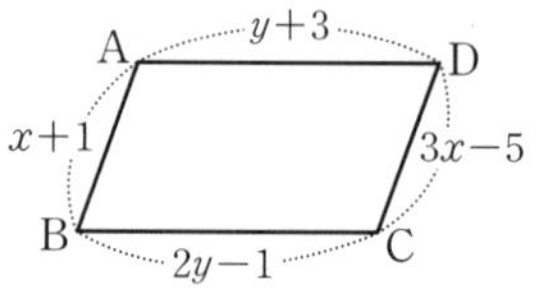

① 1   ② 2

③ 3   ④ 4

⑤ 5

》 닮은꼴 문제

2-1

오른쪽 그림의 좌표평면에서 □AOCD가 평행사변형일 때, 점 D의 좌표를 구하여라.

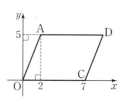

2-2

오른쪽 그림의 평행사변형 ABCD에서 $\angle A$, $\angle D$의 이등분선과 $\overline{BC}$와의 교점을 각각 E, F라 하자. $\overline{AD} = 5$ cm, $\overline{CD} = 4$ cm일 때, $\overline{EF}$의 길이를 구하여라.

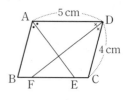

≫ 닮은꼴 문제

오른쪽 그림의 평행사변형 ABCD에서 ∠A : ∠B=5 : 4일 때, ∠C의 크기는?

① 95°   ② 100°

③ 105°   ④ 110°

⑤ 115°

3-1

오른쪽 그림과 같은 평행사변형 ABCD에서 ∠B=60°, ∠CDE=20°일 때, ∠CED의 크기를 구하여라.

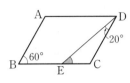

3-2

오른쪽 그림과 같은 평행사변형 ABCD에서 ∠BAC=60°, ∠ADB=30°일 때, ∠x+∠y의 크기를 구하여라.

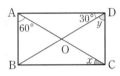

≫ 닮은꼴 문제

오른쪽 그림과 같은 평행사변형 ABCD에서 ∠A의 이등분선이 $\overline{BC}$와 만나는 점을 E, 꼭짓점 B에서 $\overline{AE}$에 내린 수선의 발을 F라 하자. ∠C=104°일 때, ∠x의 크기를 구하여라.

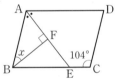

4-1

오른쪽 그림의 평행사변형 ABCD에서 ∠CAD의 이등분선과 $\overline{BC}$의 연장선이 만나는 점을 E라 하자.
∠B=76°, ∠ACD=54°일 때, ∠AEC의 크기를 구하여라.

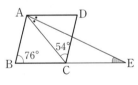

4-2

오른쪽 그림의 평행사변형 ABCD에서 ∠B, ∠C의 이등분선의 교점을 E라 할 때, ∠BEC의 크기를 구하여라.

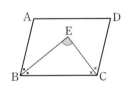

오른쪽 그림과 같이 평행사변형 ABCD의 두 대각선의 교점 O를 지나는 한 직선이 $\overline{AD}$, $\overline{BC}$와 만나는 점을 각각 P, Q라 할 때, $\overline{PO}=\overline{QO}$임을 보이려고 한다. 이때 필요하지 <u>않은</u> 것은?

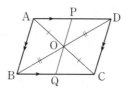

① $\angle OAP = \angle OCQ$

② $\angle AOP = \angle COQ$

③ $\overline{AO} = \overline{CO}$

④ $\overline{AP} = \overline{CQ}$

⑤ $\triangle AOP \equiv \triangle COQ$

» 닮은꼴 문제

5-1

오른쪽 그림과 같은 평행사변형 ABCD에서 두 대각선의 교점을 O라 하자. $\overline{AD}=3x+1$, $\overline{AO}=2x$, $\overline{BC}=2x+4$일 때, $\overline{AC}$의 길이를 구하여라.

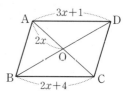

5-2

오른쪽 그림과 같은 평행사변형 ABCD에서 두 대각선의 교점을 O라 하자. $\overline{AB}=7$ cm이고 $\triangle AOB$의 둘레의 길이가 20 cm일 때, 평행사변형 ABCD의 두 대각선의 길이의 합을 구하여라.

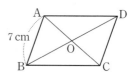

다음 중 □ABCD가 평행사변형이 되는 조건이 <u>아닌</u> 것은? (단, 점 O는 두 대각선의 교점이다.)

① $\overline{AB}=\overline{DC}=5$ cm, $\overline{AD}=\overline{BC}=8$ cm

② $\angle A=105°$, $\angle B=75°$, $\angle D=75°$

③ $\overline{AD}/\!\!/\overline{BC}$, $\overline{AB}/\!\!/\overline{DC}$

④ $\overline{AO}=\overline{CO}=3$ cm, $\overline{BO}=\overline{DO}=4$ cm

⑤ $\overline{AB}/\!\!/\overline{DC}$, $\overline{AD}=\overline{BC}=7$ cm

» 닮은꼴 문제

6-1

오른쪽 그림과 같은 □ABCD가 다음 조건을 만족할 때, 평행사변형이 되는 것을 모두 고르면?

(정답 2개)

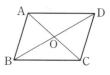

① $\overline{AO}=\overline{BO}$, $\overline{CO}=\overline{DO}$

② $\overline{AD}=\overline{BC}$, $\angle DAC=\angle BCA$

③ $\overline{AD}=\overline{BC}$, $\overline{AB}=\overline{DC}$

④ $\overline{AB}=\overline{DC}$, $\overline{AD}/\!\!/\overline{BC}$

⑤ $\angle A+\angle B=180°$, $\angle C+\angle D=180°$

6-2

오른쪽 그림과 같은 □ABCD가 평행사변형이 되도록 하는 x, y에 대하여 $x+y$의 값을 구하여라.

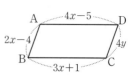

유형·7 평행사변형이 되는 조건의 활용

오른쪽 그림과 같이 평행사변형 ABCD의 두 대각선 AC, BD 위에 $\overline{AE}=\overline{CG}$, $\overline{BF}=\overline{DH}$가 되도록 네 점 E, F, G, H를 잡았다. 다음 중 □EFGH가 평행사변형임을 보이는 조건으로 가장 알맞은 것은?

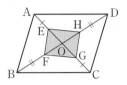

① $\overline{EF}\,/\!/\,\overline{GH}$, $\overline{EH}\,/\!/\,\overline{FG}$

② $\overline{EF}=\overline{GH}$, $\overline{EH}=\overline{FG}$

③ $\angle E=\angle G$, $\angle F=\angle H$

④ $\overline{EO}=\overline{GO}$, $\overline{FO}=\overline{HO}$

⑤ $\overline{EF}\,/\!/\,\overline{HG}$, $\overline{EF}=\overline{HG}$

7-1

오른쪽 그림과 같은 평행사변형 ABCD의 두 꼭짓점 B, D에서 $\overline{AC}$에 내린 수선의 발을 각각 E, F라 하자. ∠BFE=50°일 때, ∠EDF의 크기를 구하여라.

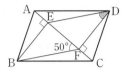

7-2

오른쪽 그림과 같은 평행사변형 ABCD에서 ∠A, ∠C의 이등분선이 $\overline{BC}$, $\overline{AD}$와 만나는 점을 각각 E, F라 하자. $\overline{AB}=9$ cm, $\overline{BC}=12$ cm, ∠D=60°일 때, □AECF의 둘레의 길이를 구하여라.

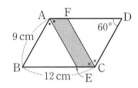

유형·8 평행사변형과 넓이

오른쪽 그림과 같은 평행사변형 ABCD의 내부에 있는 한 점 P에 대하여 △PAB=6 cm², △PCD=3 cm², △PDA=5 cm²일 때, △PBC의 넓이는?

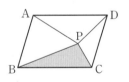

① 2 cm²　　② 3 cm²　　③ 4 cm²

④ 5 cm²　　⑤ 6 cm²

8-1

오른쪽 그림과 같은 평행사변형 ABCD에서 두 대각선의 교점 O를 지나는 한 직선이 $\overline{AD}$, $\overline{BC}$와 만나는 점을 각각 E, F라 하자. □ABCD의 넓이가 24 cm²일 때, 색칠한 부분의 넓이를 구하여라.

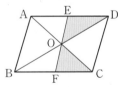

8-2

오른쪽 그림과 같은 평행사변형 ABCD의 넓이가 16 cm²일 때, $\overline{AD}$ 위의 한 점 E에 대하여 색칠한 부분의 넓이를 구하여라.

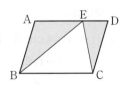

13 ◆ 여러 가지 사각형 (1)

개념 1 ┃ 직사각형

(1) 뜻: 네 내각의 크기가 모두 같은 사각형
　　➡ ∠A=∠B=∠C=∠D

(2) 성질: 두 대각선은 길이가 같고 서로 다른 것을 이등분
　　한다.
　　➡ $\overline{AC}=\overline{BD}$, $\overline{AO}=\overline{BO}=\overline{CO}=\overline{DO}$

(3) 평행사변형이 직사각형이 되는 조건
　　① 한 내각의 크기가 90°일 때
　　② 두 대각선의 길이가 같을 때

◆ 직사각형은 두 쌍의 대각의 크기가 각각 같으므로 평행사변형이기도 하다.

◆ 예제 1 ◆

오른쪽 그림과 같은 직사각형 ABCD에서 $\overline{AO}$=3 cm일 때, 다음을 구하여라.

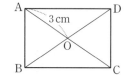

(1) $\overline{BO}$의 길이

(2) $\overline{BD}$의 길이

▶ 풀이 (2) $\overline{BD}=2\overline{BO}=2\times3=6(cm)$

▶ 답 　(1) 3 cm 　　(2) 6 cm

◆ 확인 1 ◆

오른쪽 그림에서 □ABCD가 직사각형일 때, x의 값을 구하여라.

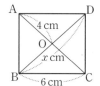

개념 2 ┃ 마름모

(1) 뜻: 네 변의 길이가 모두 같은 사각형
　　➡ $\overline{AB}=\overline{BC}=\overline{CD}=\overline{DA}$

(2) 성질: 두 대각선은 서로 다른 것을 수직이등분한다.
　　➡ $\overline{AO}=\overline{CO}$, $\overline{BO}=\overline{DO}$, $\overline{AC}\perp\overline{BD}$

(3) 평행사변형이 마름모가 되는 조건
　　① 이웃하는 두 변의 길이가 같을 때
　　② 두 대각선이 서로 수직일 때

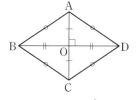

◆ 마름모는 두 쌍의 대변의 길이가 각각 같으므로 평행사변형이기도 하다.

◆ 예제 2 ◆

오른쪽 그림과 같은 마름모 ABCD에 대하여 다음을 구하여라.

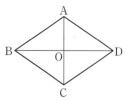

(1) $\overline{AB}$=4 cm일 때,
　　□ABCD의 둘레의 길이

(2) ∠AOB의 크기

(3) $\overline{BD}$=10 cm일 때, $\overline{DO}$의 길이

▶ 답 　(1) 16 cm 　　(2) 90° 　　(3) 5 cm

◆ 확인 2 ◆

오른쪽 그림에서 □ABCD가 마름모일 때, ∠x, ∠y의 크기를 각각 구하여라.

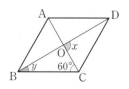

개념 ✦ check

정답과 해설 14쪽 | 워크북 21~22쪽

01 오른쪽 그림과 같은 직사각형 ABCD에서
∠CAD=25°일 때, ∠x, ∠y의 크기를 각각 구하여라.

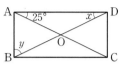

→ 개념1
직사각형

02 오른쪽 그림과 같은 평행사변형 ABCD가 직사각형이
되는 조건이 <u>아닌</u> 것은?

① ∠ADC=90°

② ∠ACB=30°

③ $\overline{BO}$=3 cm

④ $\overline{AB}$=5 cm

⑤ $\overline{BD}$=6 cm

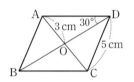

→ 개념1
직사각형

03 오른쪽 그림과 같은 마름모 ABCD에서 ∠BAO=55°,
$\overline{AD}$=6 cm일 때, x, y의 값을 각각 구하여라.

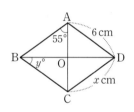

→ 개념2
마름모

04 오른쪽 그림과 같은 평행사변형 ABCD에서
∠ADB=25°, ∠ACB=65°, $\overline{AB}$=4 cm일 때,
□ABCD의 둘레의 길이를 구하여라.

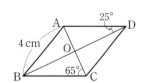

→ 개념2
마름모

14 ◆ 여러 가지 사각형 (2)

개념1 | 정사각형

(1) 뜻: 네 변의 길이가 모두 같고, 네 내각의 크기가 모두 같은 사각형

→ $\begin{cases} \overline{AB}=\overline{BC}=\overline{CD}=\overline{DA} \\ \angle A=\angle B=\angle C=\angle D \end{cases}$

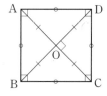

> ◆ 정사각형은 직사각형과 마름모의 성질을 모두 만족한다.

(2) 성질: 두 대각선은 길이가 같고 서로 다른 것을 수직이등분한다. → $\overline{AC}=\overline{BD}(\overline{AO}=\overline{BO}=\overline{CO}=\overline{DO})$, $\overline{AC} \perp \overline{BD}$

(3) 직사각형이 정사각형이 되는 조건
  ① 이웃하는 두 변의 길이가 같을 때
  ② 두 대각선이 서로 수직일 때

(4) 마름모가 정사각형이 되는 조건
  ① 한 내각의 크기가 90°일 때
  ② 두 대각선의 길이가 같을 때

◆ 예제 1 ◆

오른쪽 그림에서 □ABCD가 정사각형일 때, x, y의 값을 각각 구하여라.

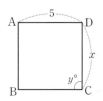

▶ 풀이 $\overline{CD}=\overline{AD}$이므로 $x=5$,
  $\angle C=90°$이므로 $y=90$

▶ 답 $x=5, y=90$

◆ 확인 1 ◆

오른쪽 그림에서 □ABCD가 정사각형일 때, x, y의 값을 각각 구하여라.

개념2 | 등변사다리꼴

(1) 뜻: 밑변의 양 끝각의 크기가 같은 사다리꼴 → $\angle B = \angle C$

(2) 성질
  ① 평행하지 않은 한 쌍의 대변의 길이가 같다.
    → $\overline{AB}=\overline{DC}$
  ② 두 대각선의 길이가 같다. → $\overline{AC}=\overline{DB}$

> ◆ 사다리꼴은 한 쌍의 대변이 서로 평행한 사각형이다.

풍쌤의 point ▷ 등변사다리꼴은 사다리꼴이지만, 평행사변형은 될 수 없어.

◆ 예제 2 ◆

오른쪽 그림에서 □ABCD가 등변사다리꼴일 때, x, y의 값을 각각 구하여라.

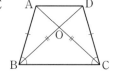

▶ 풀이 $\overline{AB}=\overline{DC}$이므로 $x=6$,
  $\angle A+\angle B=180°$이고 $\angle B=\angle C$이므로 $y=70$

▶ 답 $x=6, y=70$

◆ 확인 2 ◆

오른쪽 그림에서 □ABCD가 등변사다리꼴일 때, x, y의 값을 각각 구하여라.

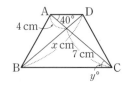

개념 ✦ check

정답과 해설 14쪽 ㅣ 워크북 23~24쪽

01 오른쪽 그림과 같은 정사각형 ABCD에 대한 설명으로 옳지 <u>않은</u> 것은?

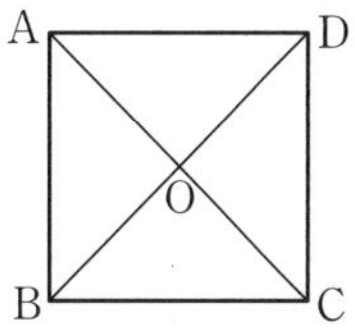

① △ABO는 직각이등변삼각형이다.
② □ABCD는 직사각형이다.
③ □ABCD는 마름모이다.
④ ∠OAD＝45°
⑤ $\overline{BC}＝\overline{OC}$

➜ 개념1
정사각형

02 오른쪽 그림과 같은 정사각형 ABCD에서 $\overline{AO}＝2$ cm일 때, □ABCD의 넓이를 구하여라.

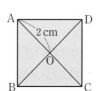

➜ 개념1
정사각형

03 오른쪽 그림의 사각형 ABCD는 ∠B＝∠C인 등변사다리꼴이다. 다음 중 옳지 <u>않은</u> 것은?

① $\overline{AD}/\!/\overline{BC}$ ② $\overline{AB}＝\overline{DC}$
③ ∠A＝∠D   ④ $\overline{AC}＝\overline{DB}$
⑤ ∠AOD＝90°

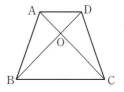

➜ 개념2
등변사다리꼴

04 오른쪽 그림과 같은 등변사다리꼴 ABCD에서 $\overline{AD}＝\overline{DC}$이고 ∠B＝70°일 때, ∠$x$의 크기를 구하여라.

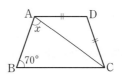

➜ 개념2
등변사다리꼴

15 ◆ 여러 가지 사각형 사이의 관계

개념 1 │ 여러 가지 사각형 사이의 관계

(1) 여러 가지 사각형 사이의 관계

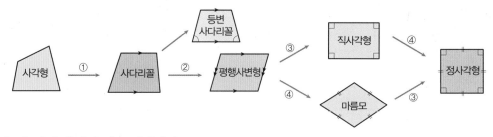

① 한 쌍의 대변이 서로 평행하다.
② 다른 한 쌍의 대변이 서로 평행하다.
③ 한 내각의 크기가 90°이거나 두 대각선의 길이가 같다.
④ 이웃하는 두 변의 길이가 같거나 두 대각선이 서로 수직이다.

(2) 여러 가지 사각형의 대각선의 성질
 ① 평행사변형: 두 대각선은 서로 다른 것을 이등분한다.
 ② 직사각형: 두 대각선은 길이가 같고 서로 다른 것을 이등분한다.
 ③ 마름모: 두 대각선은 서로 다른 것을 수직이등분한다.
 ④ 정사각형: 두 대각선은 길이가 같고 서로 다른 것을 수직이등분한다.
 ⑤ 등변사다리꼴: 두 대각선은 길이가 같다.

(3) 사각형의 각 변의 중점을 연결하여 만든 사각형
 ① 사각형   ② 평행사변형   ③ 직사각형   ④ 마름모   ⑤ 정사각형   ⑥ 등변사다리꼴

◆ 예제 1 ◆

다음 사각형에 대한 설명 중 옳은 것에는 ○표, 옳지 않은 것에는 ×표를 (   ) 안에 써 넣어라.

(1) 마름모는 평행사변형이다.　　　　(　　)

(2) 마름모는 직사각형이다.　　　　　(　　)

▸답　(1) ○　　(2) ×

◆ 확인 1 ◆

다음 사각형에 대한 설명 중 옳은 것에는 ○표, 옳지 않은 것에는 ×표를 (   ) 안에 써 넣어라.

(1) 직사각형은 마름모이다.　　　　(　　)

(2) 정사각형은 마름모이다.　　　　(　　)

◆ 예제 2 ◆

평행사변형 ABCD가 다음 조건을 만족하면 어떤 사각형이 되는지 말하여라.

(1) $\overline{AC} \perp \overline{BD}$　　　　　　(2) $\angle A = 90°$

▸풀이　(1) 두 대각선이 서로 직교하므로 마름모가 된다.
　　　　(2) 한 각의 크기가 직각이므로 직사각형이 된다.

▸답　(1) 마름모　　(2) 직사각형

◆ 확인 2 ◆

평행사변형 ABCD가 다음 조건을 만족하면 어떤 사각형이 되는지 말하여라.

(1) $\overline{AC} = \overline{BD}$　　　　　(2) $\angle A = 90°$, $\overline{AB} = \overline{BC}$

개념·check

정답과 해설 14~15쪽 ┃ 워크북 25~26쪽

01 다음은 사각형의 대각선의 성질을 표로 나타낸 것이다. 옳은 것에는 ○표, 옳지 않은 것에는 ×표를 하여라.

→ 개념1
여러 가지 사각형 사이의 관계

	등변 사다리꼴	평행사변형	직사각형	마름모	정사각형
두 대각선이 서로 다른 것을 이등분한다.					
두 대각선의 길이가 같다.					
두 대각선이 서로 수직이다.					
대각선이 내각을 이 등분한다.					

02 다음 그림은 여러 가지 사각형 사이의 관계를 나타낸 것이다. (1)~(4)에 알맞은 조건을 각각 〈보기〉에서 모두 찾아 써라.

→ 개념1
여러 가지 사각형 사이의 관계

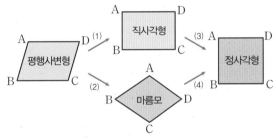

> **보기**
> ㄱ. $\angle A = 90°$ ㄴ. $\overline{AB} = \overline{AD}$ ㄷ. $\overline{AC} \perp \overline{BD}$ ㄹ. $\overline{AC} = \overline{BD}$

03 다음은 평행사변형 ABCD에서 각 변의 중점을 E, F, G, H라 할 때, □EFGH는 평행사변형임을 설명하는 과정이다. □ 안에 알맞은 것을 써넣어라.

→ 개념1
여러 가지 사각형 사이의 관계

> △AFE≡△CHG(SAS 합동)이므로
> $\overline{EF} = \boxed{}$ ······ ㉠
> 또, △BGF≡$\boxed{}$(SAS 합동)
> 이므로 $\overline{FG} = \boxed{}$ ······ ㉡
> ㉠, ㉡에서 $\boxed{}$으므로 □EFGH는 평행사변형이다.

16 ◆ 평행선과 넓이

개념 1 평행선과 넓이

두 직선 l과 m이 평행할 때, $\triangle ABC$와 $\triangle DBC$는 밑변 BC가
공통이고 높이는 h로 같으므로 넓이가 서로 같다.

➔ $l /\!/ m$이면 $\triangle ABC = \triangle DBC$

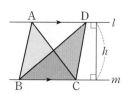

◆ 예제 1 ◆

오른쪽 그림에서 $l /\!/ m$일 때,
□ 안에 알맞은 것을 써넣어라.

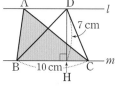

(1) $\triangle ABC$와 넓이가 같은
  삼각형은 □이다.

(2) $\triangle ABC = \triangle DBC = \dfrac{1}{2} \times 10 \times$ □
  $=$ □ (cm^2)

▶ 풀이 (2) $\triangle ABC = \triangle DBC = \dfrac{1}{2} \times 10 \times 7 = 35(cm^2)$

▶ 답 (1) $\triangle DBC$ (2) 7, 35

◆ 확인 1 ◆

오른쪽 그림에서 $l /\!/ m$이고
$\overline{BC} = 6\,cm$, $\overline{DH} = 5\,cm$일 때,
$\triangle ABC$의 넓이를 구하여라.

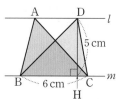

개념 2 삼각형과 넓이

높이가 같은 두 삼각형의 넓이의 비는 밑변의 길이의 비와
같다.

➔ $\triangle ABD : \triangle ADC = a : b$

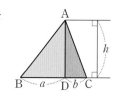

> ◆ 삼각형과 넓이
> $\triangle ABD : \triangle ADC$
> $= \dfrac{1}{2}ah : \dfrac{1}{2}bh = a : b$

◆ 예제 2 ◆

오른쪽 그림과 같은 $\triangle ABC$
에서 $\overline{AE} = 10\,cm$,
$\overline{BD} = 6\,cm$, $\overline{DC} = 10\,cm$이
다. 다음을 구하여라.

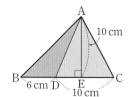

(1) $\triangle ABD$의 넓이

(2) $\triangle ADC$의 넓이

(3) $\triangle ABD : \triangle ADC$

▶ 풀이 (1) $\triangle ABD = \dfrac{1}{2} \times 6 \times 10 = 30(cm^2)$

  (2) $\triangle ADC = \dfrac{1}{2} \times 10 \times 10 = 50(cm^2)$

  (3) $\triangle ABD$와 $\triangle ADC$는 높이가 10 cm로 같으므로
    넓이의 비는 밑변의 길이의 비와 같다.
    $\therefore \triangle ABD : \triangle ADC = 6 : 10 = 3 : 5$

▶ 답 (1) 30 cm^2 (2) 50 cm^2 (3) 3 : 5

◆ 확인 2 ◆

오른쪽 그림의 $\triangle ABC$에서
$\overline{BC} = 8\,cm$, $\overline{DC} = 5\,cm$일 때,
$\triangle ABD : \triangle ADC$를 구하여라.

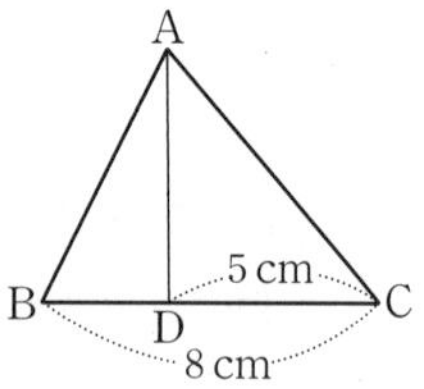

정답과 해설 15쪽 | 워크북 27~28쪽

01 오른쪽 그림과 같은 평행사변형 ABCD에서 △DBC의 넓이가 $20\ cm^2$일 때, △PBC의 넓이를 구하여라.

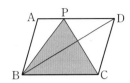

→ 개념1
평행선과 넓이

02 오른쪽 그림에서 $\overline{AE}/\!/\overline{DB}$일 때, 다음을 구하여라.

(1) △EBD와 넓이가 같은 삼각형

(2) △DEC의 넓이가 $25\ cm^2$일 때, □ABCD의 넓이

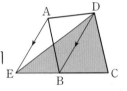

→ 개념1
평행선과 넓이

03 오른쪽 그림과 같이 $\overline{AD}/\!/\overline{BC}$인 □ABCD의 두 대각선의 교점을 O라 할 때, 다음을 구하여라.

(1) △ABC와 넓이가 같은 삼각형

(2) △ABD와 넓이가 같은 삼각형

(3) △ABO와 넓이가 같은 삼각형

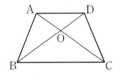

→ 개념1
평행선과 넓이

04 오른쪽 그림에서 △ABC의 넓이는 $45\ cm^2$이고 $\overline{BD}=6\ cm$, $\overline{DC}=4\ cm$일 때, △ABD와 △ADC의 넓이의 차는?

① $6\ cm^2$ ② $7\ cm^2$ ③ $8\ cm^2$

④ $9\ cm^2$ ⑤ $10\ cm^2$

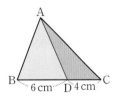

→ 개념2
삼각형과 넓이

유형 · check

정답과 해설 15~17쪽 | 워크북 21~28쪽

유형 · 1 직사각형의 성질

오른쪽 그림과 같은 직사각형 ABCD에서 $\overline{BD}=10$ cm, $\angle ABD=50°$일 때, $x+y+z$의 값은?

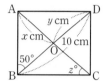

① 45 ② 50 ③ 55
④ 60 ⑤ 65

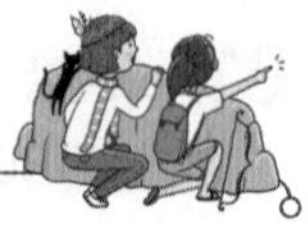

» 닮은꼴 문제

1-1

오른쪽 그림과 같은 평행사변형 ABCD가 직사각형이 되는 조건을 모두 고르면? (정답 2개)

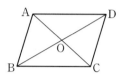

① $\overline{AO}=\overline{CO}$ ② $\overline{AO}=\overline{DO}$
③ $\angle B=90°$ ④ $\overline{AC}\perp\overline{BD}$
⑤ $\overline{AB}=\overline{AD}$

1-2

오른쪽 그림과 같은 직사각형 ABCD에서 $\angle BAC$의 이등분선이 $\overline{BC}$와 만나는 점을 E라 하자. $\overline{EA}=\overline{EC}$일 때, $\angle AEB$의 크기를 구하여라.

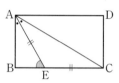

유형 · 2 마름모의 성질

오른쪽 그림과 같은 마름모 ABCD에서 $\angle BDC=42°$, $\overline{AB}=7$일 때, $\angle BAD$의 크기와 x의 값을 각각 구하여라.

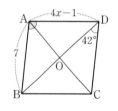

» 닮은꼴 문제

2-1

오른쪽 그림과 같은 평행사변형 ABCD가 마름모가 되기 위해 필요한 조건은?

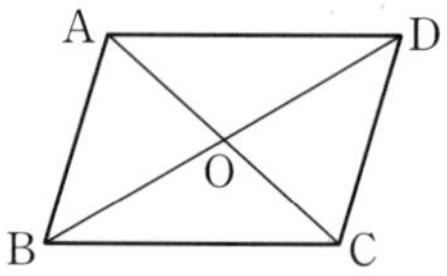

① $\overline{AD}=\overline{BC}$ ② $\overline{BO}=\overline{DO}$
③ $\overline{AB}=\overline{CD}$ ④ $\angle AOD=90°$
⑤ $\overline{AC}=\overline{BD}$

2-2

오른쪽 그림과 같은 마름모 ABCD의 꼭짓점 C에서 $\overline{AB}$에 내린 수선의 발을 H라 하자. $\angle BAD=132°$일 때, $\angle x$의 크기를 구하여라.

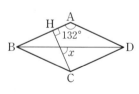

유형·3   정사각형의 성질

>> 닮은꼴 문제

오른쪽 그림과 같은 정사각형 ABCD에서 대각선 AC 위의 한 점 P에 대하여 ∠ADP＝20°일 때, ∠x의 크기는?

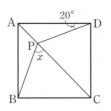

① 45°   ② 50°

③ 55°   ④ 60°

⑤ 65°

3-1

오른쪽 그림과 같은 정사각형 ABCD에서 $\overline{DC}=\overline{DE}$, ∠DCE＝75°일 때, ∠$x$의 크기를 구하여라.

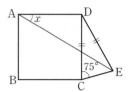

3-2

오른쪽 그림과 같은 정사각형 ABCD에서 ∠EOF＝90°이고 $\overline{BE}=2$, $\overline{DF}=4$일 때, □OECF의 넓이를 구하여라.

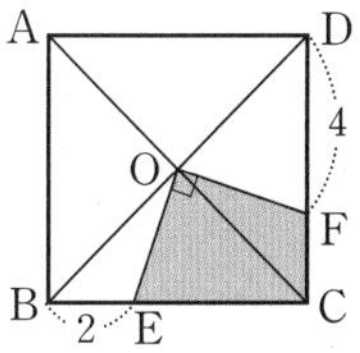

유형·4   등변사다리꼴의 성질

>> 닮은꼴 문제

오른쪽 그림과 같은 등변사다리꼴 ABCD에서 $\overline{AD}=5$ cm, $\overline{AB}=6$ cm, ∠B＝60°일 때, $\overline{BC}$의 길이는?

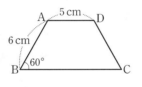

① 7 cm   ② 8 cm   ③ 9 cm

④ 10 cm   ⑤ 11 cm

4-1

오른쪽 그림과 같은 등변사다리꼴 ABCD에서 점 D를 지나고 $\overline{AC}$에 평행한 직선이 $\overline{BC}$의 연장선과 만나는 점을 E라 하자. ∠DBC＝40°일 때, ∠x의 크기를 구하여라.

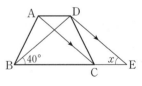

4-2

오른쪽 그림과 같이 $\overline{AD} /\!/ \overline{BC}$인 등변사다리꼴 ABCD의 점 A에서 $\overline{BC}$에 내린 수선의 발을 E라 하자. $\overline{AD}=8$ cm, $\overline{BC}=14$ cm일 때, $\overline{BE}$의 길이를 구하여라.

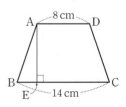

≫ 닮은꼴 문제

유형 · 5 여러 가지 사각형 사이의 관계

다음 〈보기〉 중 두 대각선이 서로 다른 것을 이등분하는 사각형의 개수를 a, 두 대각선이 서로 수직인 사각형의 개수를 b, 두 대각선의 길이가 같은 사각형의 개수를 c라 할 때, $a+b+c$의 값은?

보기

ㄱ. 평행사변형	ㄴ. 직사각형
ㄷ. 마름모	ㄹ. 사다리꼴
ㅁ. 등변사다리꼴	ㅂ. 정사각형

① 7　　　　　② 8　　　　　③ 9
④ 10　　　　　⑤ 11

≫ 닮은꼴 문제

5-1

다음 사각형 중에서 두 대각선의 길이가 같지 <u>않은</u> 것을 모두 고르면? (정답 2개)

① 평행사변형　　② 직사각형　　③ 마름모

④ 정사각형　　　⑤ 등변사다리꼴

5-2

오른쪽 그림과 같이 평행사변형 ABCD의 네 내각의 이등분선의 교점을 각각 E, F, G, H라 할 때, □EFGH는 어떤 사각형인지 구하여라.

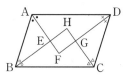

유형 · 6 사각형의 각 변의 중점을 연결하여 만든 사각형

≫ 닮은꼴 문제

다음 중 오른쪽 그림과 같이 마름모 ABCD의 각 변의 중점을 연결하여 만든 □EFGH에 대한 설명으로 옳지 않은 것을 모두 고르면? (정답 2개)

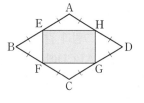

① 두 대각선이 서로 다른 것을 이등분한다.
② 두 대각선이 서로 수직이다.
③ 두 대각선의 길이가 같다.
④ 이웃하는 내각의 크기가 같다.
⑤ 이웃하는 변의 길이가 같다.

6-1

다음 중 사각형과 그 사각형의 각 변의 중점을 연결하여 만든 사각형이 잘못 짝지어진 것을 모두 고르면? (정답 2개)

① 평행사변형 － 평행사변형
② 직사각형 － 마름모
③ 마름모 － 직사각형
④ 정사각형 － 마름모
⑤ 등변사다리꼴 － 직사각형

6-2

오른쪽 그림과 같은 정사각형 ABCD의 각 변의 중점을 연결하여 만든 □EFGH에 대하여 $\overline{EH}=7$ cm일 때, □EFGH의 넓이를 구하여라.

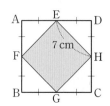

유형 7 평행선과 삼각형의 넓이

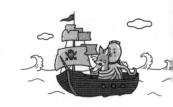

오른쪽 그림과 같은 평행사변형 ABCD에서 $\overline{BD} /\!/ \overline{EF}$일 때, 다음 중 넓이가 다른 하나는?

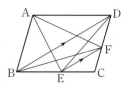

① △ABE ② △DBE ③ △DBF ④ △AFD ⑤ △AEF

» 닮은꼴 문제

7-1

오른쪽 그림과 같은 □ABCD에서 점 D를 지나고 $\overline{AC}$와 평행한 직선이 $\overline{BC}$의 연장선과 만나는 점을 E라 하자. △ABE, △ABC의 넓이가 각각 21 cm^2, 10 cm^2일 때, △ACD의 넓이를 구하여라.

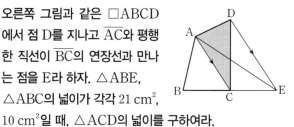

7-2

오른쪽 그림과 같이 $\overline{AD} /\!/ \overline{BC}$인 사다리꼴 ABCD에서 △ABC=72 cm^2, △OCD=24 cm^2일 때, △OBC의 넓이를 구하여라.

유형 8 높이가 같은 두 삼각형의 넓이의 비

오른쪽 그림과 같이 $\overline{AD} /\!/ \overline{BC}$인 사다리꼴 ABCD에서 $\overline{BO}:\overline{OD}=2:1$이고 △COD의 넓이가 2 cm^2일 때, △ABC의 넓이를 구하여라.

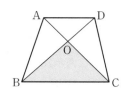

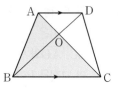

» 닮은꼴 문제

8-1

오른쪽 그림에서 평행사변형 ABCD의 넓이는 120 cm^2이다. $\overline{AC} /\!/ \overline{EF}$이고, $\overline{CF}:\overline{FD}=3:2$일 때, △ACE의 넓이를 구하여라.

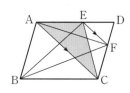

8-2

오른쪽 그림에서 $\overline{BD}:\overline{DC}=3:4$이고, $\overline{AE}:\overline{EC}=3:2$이다. △ABC=70 cm^2일 때, △DCE의 넓이를 구하여라.

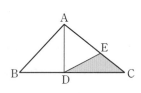

01 오른쪽 그림과 같은 평행사변형 ABCD에서 ∠A의 이등분선이 $\overline{BC}$와 만나는 점을 E라 할 때, $\overline{CE}$의 길이는?

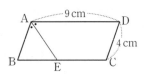

① 3 cm   ② 4 cm   ③ 5 cm

④ 6 cm   ⑤ 7 cm

02 오른쪽 그림과 같은 평행사변형 ABCD에서 ∠A=76°, ∠ADB=36°, ∠BEC=90°일 때, ∠x의 크기를 구하여라.

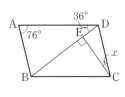

03 오른쪽 그림의 평행사변형 ABCD에서 ∠A의 이등분선과 $\overline{BC}$의 교점을 E라 하자. ∠AEB=63°일 때, ∠x의 크기는?

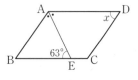

① 52°   ② 53°   ③ 54°

④ 55°   ⑤ 56°

04 오른쪽 그림과 같은 사각형 ABCD가 평행사변형이 되는 조건이 아닌 것은?

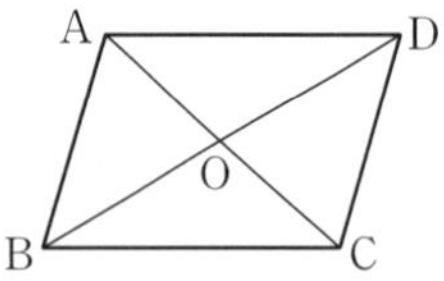

① $\overline{AB}=\overline{CD}$, $\overline{AB} /\!/ \overline{CD}$

② $\overline{AC}=2\overline{AO}$, $\overline{BD}=2\overline{BO}$

③ ∠DAC=∠BCA, $\overline{AD}=\overline{BC}$

④ ∠A=∠B, ∠C=∠D

⑤ ∠ABD=∠BDC, $\overline{AB}=\overline{CD}$

05 오른쪽 그림에서 평행사변형 ABCD의 넓이는 48 cm²이다. 내부의 한 점 P에 대하여 △PDA의 넓이가 16 cm²일 때, △PBC의 넓이를 구하여라.

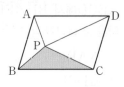

06 오른쪽 그림과 같은 평행사변형 ABCD가 마름모가 되기 위한 조건을 모두 고르면? (정답 2개)

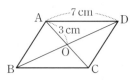

① ∠A=∠C   ② $\overline{AB}$=7 cm

③ $\overline{BC}$=7 cm   ④ $\overline{BO}$=3 cm

⑤ $\overline{AC}\perp\overline{BD}$

07 오른쪽 그림과 같은 평행사변형 ABCD에서 $\overline{CD}$의 연장선 위의 점을 E, F라 할 때, $\overline{AD}=2\overline{AB}$이고, $\overline{EC}=\overline{CD}=\overline{DF}$이다. 두 점 A, E와 두 점 B, F를 이은 각각의 선분이 $\overline{BC}$, $\overline{AD}$와 만나는 점을 각각 G, H라 하고 $\overline{AE}$, $\overline{BF}$의 교점을 P라 할 때, ∠GPH의 크기를 구하여라.

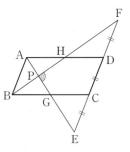

08 오른쪽 그림의 마름모 ABCD에 대하여 점 A에서 $\overline{CD}$에 내린 수선의 발을 H, $\overline{AH}$와 $\overline{BD}$의 교점을 E라 하자. ∠ABO=40°일 때, ∠x+∠y의 크기는?

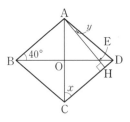

① 40°   ② 50°   ③ 60°

④ 70°   ⑤ 80°

09 오른쪽 그림과 같은 정사각형 ABCD에서 $\overline{AE}=\overline{DF}$가 되도록 $\overline{AB}$, $\overline{AD}$ 위에 각각 두 점 E, F를 잡는다. $\overline{CF}$와 $\overline{DE}$의 교점을 G라 할 때, ∠CGE의 크기를 구하여라.

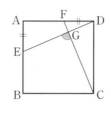

10 오른쪽 그림과 같이 $\overline{AD}\#\overline{BC}$인 등변사다리꼴 ABCD에서 $\overline{AD}=\overline{CD}$ 이고 ∠BDC=90°일 때, ∠x의 크기를 구하여라.

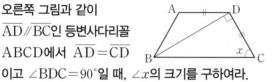

11 다음 설명 중 옳은 것을 모두 고르면? (정답 2개)

① 한 내각이 직각인 평행사변형은 직사각형이다.

② 평행사변형은 마름모이다.

③ 두 대각선의 길이가 같은 마름모는 정사각형이다.

④ 두 대각선의 길이가 같은 사각형은 직사각형이다.

⑤ 한 쌍의 대각의 크기의 합이 180°인 평행사변형은 마름모이다.

12 다음 중 사각형의 각 변의 중점을 연결하여 만든 사각형이 마름모가 되는 사각형끼리 모아 놓은 것은?

① 평행사변형, 직사각형

② 직사각형, 마름모

③ 등변사다리꼴, 마름모

④ 등변사다리꼴, 직사각형

⑤ 정사각형, 평행사변형

13 오른쪽 그림과 같은 ABCD에서 네 변의 중점을 각각 E, F, G, H라 하자. ∠EFG=70°일 때, EFGH에 대한 다음 설명 중 옳지 않은 것은?

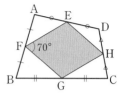

① $\overline{EF}=\overline{GH}$

② $\overline{FG}\#\overline{EH}$

③ ∠EHG=110°

④ ∠FGH=110°

⑤ ∠EFG+∠FGH=180°

14 오른쪽 그림과 같은 ABCD에서 점 D를 지나고 $\overline{AC}$와 평행한 직선이 $\overline{BC}$의 연장선과 만나는 점을 E라 하자. $\overline{BC}:\overline{CE}=2:3$이고 $\overline{AB}=6$ cm, $\overline{BE}=10$ cm일 때, △ACD의 넓이를 구하여라.

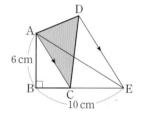

15 오른쪽 그림과 같이 $\overline{AD}\#\overline{BC}$인 사다리꼴 ABCD에서 $\overline{BO}:\overline{DO}=4:3$ 이고 △BOC의 넓이가 16 cm²일 때, ABCD의 넓이를 구하여라.

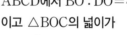
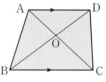

16 오른쪽 그림에서 평행사변형 ABCD의 넓이는 36 cm²이다. $\overline{AE}:\overline{ED}=2:1$, $\overline{AF}:\overline{FC}=1:2$일 때, △CEF의 넓이는?

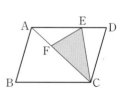

① 5 cm² ② 6 cm² ③ 7 cm²

④ 8 cm² ⑤ 9 cm²

═ 서술형 꽉 잡기 ═

주어진 단계에 따라 쓰는 유형

17 오른쪽 그림과 같은 정사각형 ABCD에서 대각선 BD 위의 한 점 P에 대하여 ∠BPC=66°일 때, ∠x의 크기를 구하여라.

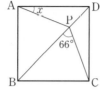

> · 생각해 보자 ·
>
> 구하는 것은? 정사각형의 성질을 이용하여 ∠x의 크기 구하기
>
> 주어진 것은? ① □ABCD는 정사각형
> ② ∠BPC=66°

> **풀이**
>
> [1단계] △ABP≡△CBP임을 설명하기 (50 %)

> [2단계] ∠BAP의 크기 구하기 (30 %)

> [3단계] ∠x의 크기 구하기 (20 %)

> **답**

풀이 과정을 자세히 쓰는 유형

18 오른쪽 그림과 같은 평행사변형 ABCD에서 점 E는 $\overline{AD}$의 중점이다. $\overline{AB}$=6 cm, $\overline{BE}$=9 cm, $\overline{BC}$=10 cm일 때, △BCF의 둘레의 길이를 구하여라.

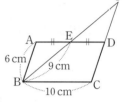

> **풀이**

> **답**

19 오른쪽 그림과 같은 △ABC에서 $\overline{AC}$, $\overline{BC}$ 위에 $\overline{AP} : \overline{PC}$=2 : 3, $\overline{BQ} : \overline{QC}$=3 : 1이 되도록 각각 두 점 P, Q를 잡았다. △ABC의 넓이가 20 cm²일 때, △CPQ의 넓이를 구하여라.

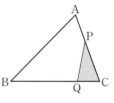

> **풀이**

> **답**

Ⅱ. 도형의 닮음과 피타고라스 정리

1. 도형의 닮음

17 · 닮은 도형과 닮음의 성질

개념1 닮은 도형과 닮음의 성질

(1) 닮은 도형
   ① 닮음: 한 도형을 일정한 비율로 확대 또는 축소한 도형이 다른 도형과 합동일 때, 이 두 도형은 서로 닮음인 관계에 있다고 한다.
   ② 닮은 도형: 닮음인 관계에 있는 두 도형
   ③ 기호: 두 삼각형 ABC와 DEF가 닮음일 때 ➡ $\triangle ABC \backsim \triangle DEF$

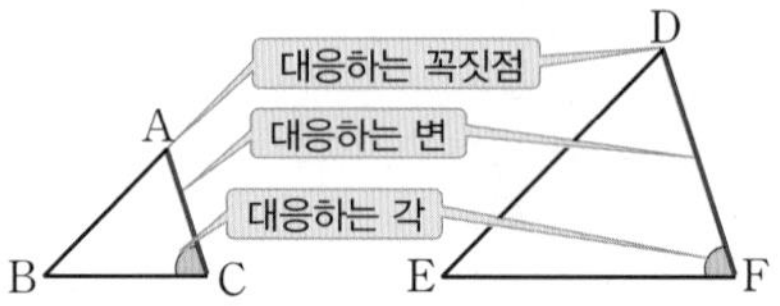

대응하는 꼭짓점
대응하는 변
대응하는 각

(2) 평면도형에서의 닮음의 성질
   서로 닮은 두 평면도형에서
   ① 대응하는 변의 길이의 비는 일정하다.
   ② 대응하는 각의 크기는 같다.

(3) 입체도형에서의 닮음의 성질
   서로 닮은 두 입체도형에서
   ① 대응하는 모서리의 길이의 비는 일정하다.
   ② 대응하는 면은 서로 닮은 도형이다.

(4) 닮음비: 닮은 두 도형에서 대응하는 변 또는 모서리의 길이의 비를 닮음비라 한다.

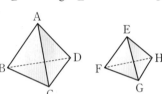

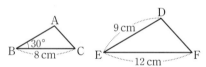

◆ 닮음비
① 닮음비는 가장 간단한 자연수의 비로 나타낸다.
② 닮음비가 1 : 1인 두 도형은 합동이다.

◆ 예제 1 ◆

오른쪽 그림에서
$\triangle ABC \backsim \triangle DEF$
일 때, 다음을 구하여라.

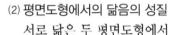

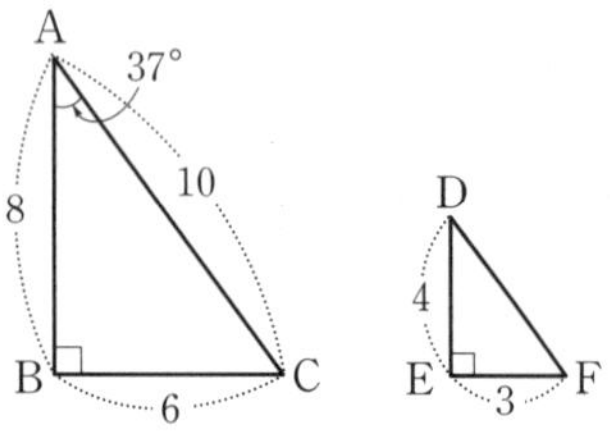

(1) 닮음비
(2) $\overline{DF}$의 길이
(3) ∠D의 크기

❯ 풀이 (1) $\overline{AB} : \overline{DE} = 8 : 4 = 2 : 1$
     (2) $10 : \overline{DF} = 2 : 1$ ∴ $\overline{DF} = 5$
     (3) ∠D = ∠A = 37°

❯ 답 (1) 2 : 1 (2) 5 (3) 37°

◆ 확인 1 ◆

아래 그림에서 $\triangle ABC \backsim \triangle DEF$일 때, 다음을 구하여라.

(1) $\triangle ABC$와 $\triangle DEF$의 닮음비
(2) $\overline{AB}$의 길이
(3) ∠E의 크기

◆ 예제 2 ◆

오른쪽 그림에서 두 직육면체가 서로 닮은 도형이고 □ABCD와 □A′B′C′D′이 대응하는 면일 때, 다음을 구하여라.

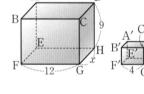

(1) 닮음비   (2) x, y의 값

❯ 풀이 (1) $\overline{FG} : \overline{F'G'} = 12 : 4 = 3 : 1$
     (2) $x : 2 = 3 : 1$이므로 $x = 6$, $9 : y = 3 : 1$이므로 $y = 3$

❯ 답 (1) 3 : 1 (2) $x = 6, y = 3$

◆ 확인 2 ◆

오른쪽 그림에서 두 직육면체가 서로 닮은 도형이고 □ABCD와 □A′B′C′D′이 대응하는 면일 때, 다음을 구하여라.

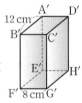

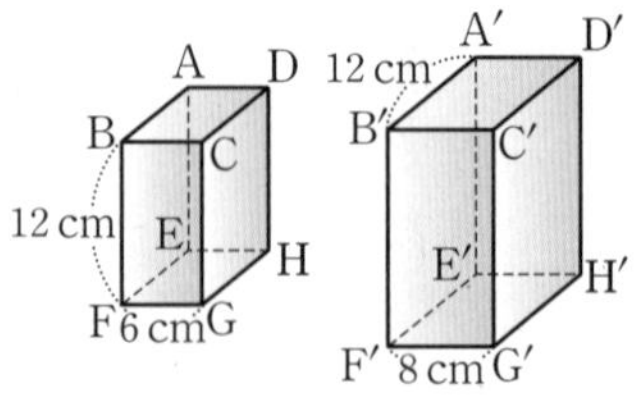

(1) 닮음비
(2) $\overline{AB}$의 길이
(3) $\overline{B'F'}$의 길이

개념 ⁺ check

정답과 해설 19쪽 | 워크북 31쪽

01 다음 〈보기〉 중 항상 닮은 도형인 것을 모두 고르면?

> ⇥ 개념1
> 닮은 도형과 닮음의 성질

보기

ㄱ. 두 원뿔   ㄴ. 두 정팔면체   ㄷ. 두 사각뿔
ㄹ. 두 이등변삼각형 ㅁ. 두 마름모   ㅂ. 두 반원

① ㄱ, ㄴ   ② ㄴ, ㄹ   ③ ㄴ, ㅂ
④ ㄱ, ㅁ, ㅂ   ⑤ ㄷ, ㄹ, ㅁ

02 오른쪽 그림에서 △ABC∽△DEF일 때, 다음 중 옳지 <u>않은</u> 것은?

> ⇥ 개념1
> 닮은 도형과 닮음의 성질

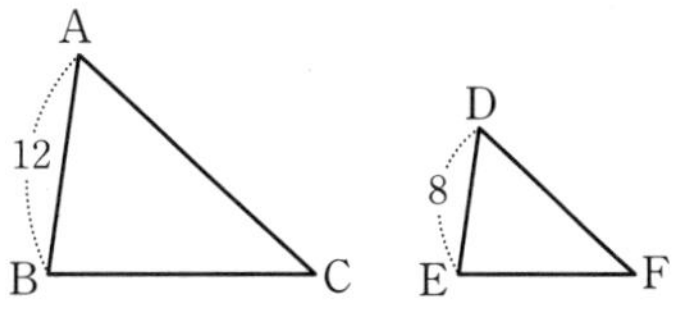

① 점 B에 대응하는 점은 점 E이다.
② $\overline{AC}$에 대응하는 변은 $\overline{DF}$이다.
③ ∠A=∠E
④ △ABC와 △DEF의 닮음비는 3 : 2이다.
⑤ $\overline{BC}$: $\overline{EF}$=3 : 2

03 오른쪽 그림에서 두 사면체 V−ABC, V′−A′B′C′이 서로 닮은 도형일 때, 다음 중 옳지 <u>않은</u> 것은?

> ⇥ 개념1
> 닮은 도형과 닮음의 성질

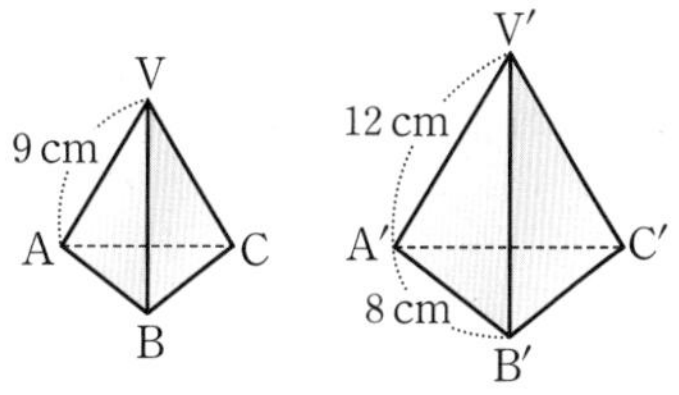

① $\overline{AB}$=6 cm
② 닮음비는 3 : 4이다.
③ ∠ABC=∠A′B′C′
④ △ABC≡△A′B′C′
⑤ $\overline{BC}$: $\overline{B′C′}$=$\overline{VA}$: $\overline{V′A′}$

04 오른쪽 그림에서 두 원뿔이 서로 닮은 도형일 때, 작은 원뿔의 밑면의 둘레의 길이는?

> ⇥ 개념1
> 닮은 도형과 닮음의 성질

① 6π cm   ② 8π cm
③ 10π cm   ④ 12π cm
⑤ 15π cm

18 ◆ 삼각형의 닮음 조건

개념 1 ┃ 삼각형의 닮음 조건

두 삼각형이 다음의 어느 한 조건을 만족하면 서로 닮음이다.

(1) SSS 닮음: 세 쌍의 대응하는 변의 길이의 비가 같다.

→ $a:a'=b:b'=c:c'$

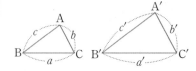

(2) SAS 닮음: 두 쌍의 대응하는 변의 길이의 비가 같고, 그 끼인각의 크기가 같다.

→ $a:a'=c:c'$, $\angle B=\angle B'$

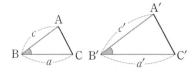

(3) AA 닮음: 두 쌍의 대응하는 각의 크기가 각각 같다.

→ $\angle B=\angle B'$, $\angle C=\angle C'$

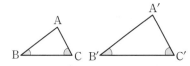

> ◆ 삼각형의 합동 조건
> ┌ ① SSS 합동
> │ ② SAS 합동
> └ ③ ASA 합동
> → S: 변의 길이가 같다.
>   A: 각의 크기가 같다.
> ◆ 삼각형의 닮음 조건
> ┌ ① SSS 닮음
> │ ② SAS 닮음
> └ ③ AA 닮음
> → S: 변의 길이의 비가 같다.
>   A: 각의 크기가 같다.

〔풍쌤의 point〕 두 쌍의 대응하는 각의 크기가 각각 같으면 나머지 한 쌍의 대응하는 각의 크기는 반드시 같으므로 AAA 닮음이라고 하지 않아.

◆ 예제 1 ◆

다음 그림의 두 삼각형이 닮음일 때, 닮음 조건을 말하여라.

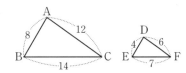

▶ 풀이 △ABC와 △DEF에서
$\overline{AB}:\overline{DE}=8:4=2:1$, $\overline{BC}:\overline{EF}=14:7=2:1$,
$\overline{AC}:\overline{DF}=12:6=2:1$
따라서 세 쌍의 대응하는 변의 길이의 비가 같으므로
△ABC∽△DEF(SSS 닮음)

▶ 답 SSS 닮음

◆ 확인 1 ◆

다음 그림의 두 삼각형이 닮음일 때, 닮음 조건을 말하여라.

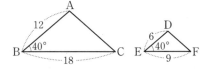

◆ 예제 2 ◆

오른쪽 그림에서 닮음인 삼각형을 찾아 기호로 나타내고, 닮음조건을 말하여라.

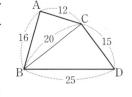

▶ 풀이 △ABC와 △CBD에서
$\overline{AB}:\overline{CB}=16:20=4:5$
$\overline{BC}:\overline{BD}=20:25=4:5$, $\overline{AC}:\overline{CD}=12:15=4:5$
따라서 세 쌍의 대응하는 변의 길이의 비가 같으므로
△ABC∽△CBD(SSS 닮음)

▶ 답 △ABC∽△CBD(SSS 닮음)

◆ 확인 2 ◆

오른쪽 그림에서 닮음인 삼각형을 찾아 기호로 나타내고, 닮음조건을 말하여라.

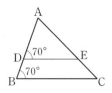

개념 ✦ check

정답과 해설 19쪽 ㅣ 워크북 32~33쪽

01 다음 〈보기〉 중 서로 닮음인 삼각형을 찾고, 닮음 조건을 말하여라.

→ 개념1
삼각형의 닮음 조건

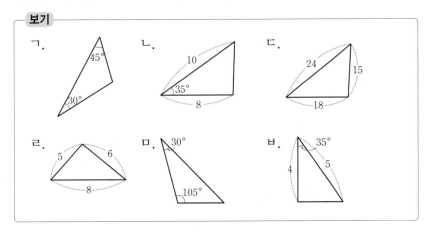

02 오른쪽 그림에서 $\overline{AB}$의 길이를 구하여라.

→ 개념1
삼각형의 닮음 조건

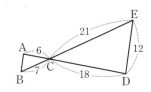

03 오른쪽 그림에서 $\overline{AC}$의 길이는?

① 7 　　　　② 8
③ 9 　　　　④ 10
⑤ 11

→ 개념1
삼각형의 닮음 조건

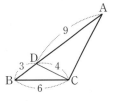

04 오른쪽 그림에서 $\overline{BC}/\!/\overline{DE}$일 때, 닮음인 두 삼각형을 찾아 기호로 나타내고, 닮음 조건을 말하여라.

→ 개념1
삼각형의 닮음 조건

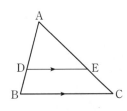

19 ✦ 직각삼각형의 닮음

개념 1 | 직각삼각형의 닮음

(1) 직각삼각형의 닮음

한 예각의 크기가 같은 두 직각삼각형은 닮음이다.

> **풍쌤曰** 오른쪽 그림의 △ABC와 △AED에서
> ∠A는 공통, ∠ACB = ∠ADE = 90°이므로
> △ABC∽△AED(AA 닮음)

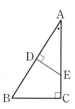

(2) 직각삼각형의 닮음의 응용

오른쪽 그림과 같이 ∠A = 90°인 직각삼각형 ABC의 꼭짓점
A에서 $\overline{BC}$에 내린 수선의 발을 H라 하면
△ABC∽△HBA∽△HAC

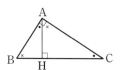

① △ABC∽△HBA이므로
$\overline{AB} : \overline{HB} = \overline{BC} : \overline{BA}$
➡ $\overline{AB}^2 = \overline{BH} \times \overline{BC}$

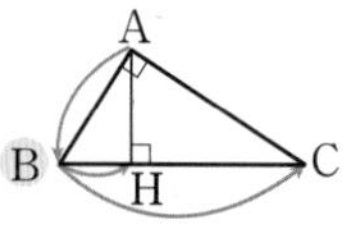

② △ABC∽△HAC이므로
$\overline{AC} : \overline{HC} = \overline{BC} : \overline{AC}$
➡ $\overline{AC}^2 = \overline{CH} \times \overline{CB}$

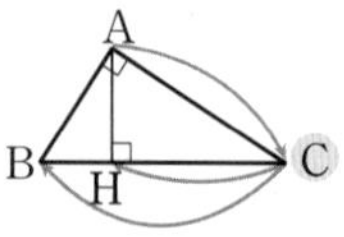

③ △HBA∽△HAC이므로
$\overline{AH} : \overline{CH} = \overline{BH} : \overline{AH}$
➡ $\overline{AH}^2 = \overline{BH} \times \overline{CH}$

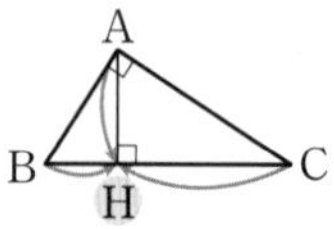

> **풍쌤曰** 오른쪽 그림의 직각삼각형 ABC에서
> $\triangle ABC = \frac{1}{2} \times \overline{AB} \times \overline{AC} = \frac{1}{2} \times \overline{BC} \times \overline{AH}$
> ➡ $\overline{AB} \times \overline{AC} = \overline{BC} \times \overline{AH}$

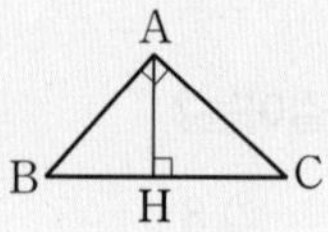

✦ 예제 1 ✦

오른쪽 그림에서 $\overline{AH} \perp \overline{BC}$일
때, x의 값을 구하여라.

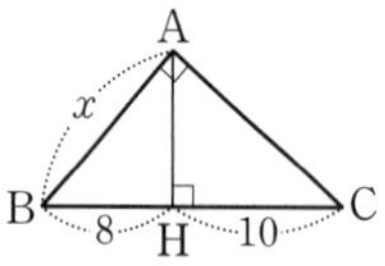

> **풀이** $\overline{AB}^2 = \overline{BH} \times \overline{BC}$이므로
> $x^2 = 8 \times 18 = 144 = 12^2$ ∴ $x = 12$ ($\because x > 0$)

> **답** 12

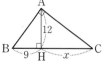

✦ 확인 1 ✦

오른쪽 그림에서 $\overline{AH} \perp \overline{BC}$일 때,
x의 값을 구하여라.

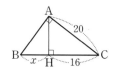

✦ 예제 2 ✦

오른쪽 그림에서 $\overline{AH} \perp \overline{BC}$일
때, x의 값을 구하여라.

> **풀이** $\overline{AH}^2 = \overline{BH} \times \overline{CH}$이므로
> $12^2 = 9 \times x$ ∴ $x = 16$

> **답** 16

✦ 확인 2 ✦

오른쪽 그림에서 $\overline{AH} \perp \overline{BC}$일 때,
x의 값을 구하여라.

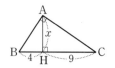

개념·check

01 오른쪽 그림에서 ∠A=90°, $\overline{BC}\perp\overline{DE}$일 때, 다음 물음에 답하여라.

(1) 닮음인 삼각형을 찾아 기호로 나타내고, 이때 사용한 닮음 조건을 말하여라.

(2) $\overline{BE}$의 길이를 구하여라.

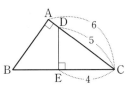

→ 개념1
직각삼각형의 닮음

02 오른쪽 그림과 같이 ∠B=90°인 직각삼각형 ABC에서 점 M은 빗변 AC의 중점이다. $\overline{AC}\perp\overline{DM}$일 때, $\overline{BC}$의 길이를 구하여라.

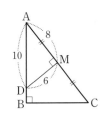

→ 개념1
직각삼각형의 닮음

03 오른쪽 그림에서 $\overline{AH}\perp\overline{BC}$일 때, x의 값을 구하여라.

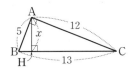

→ 개념1
직각삼각형의 닮음

04 오른쪽 그림과 같이 ∠A=90°인 직각삼각형 ABC에서 $\overline{AD}\perp\overline{BC}$일 때, $x+y$의 값은?

① 11　　　　② 12

③ 13　　　　④ 14

⑤ 15

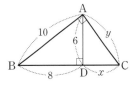

→ 개념1
직각삼각형의 닮음

유형 • check

정답과 해설 20~21쪽 | 워크북 31~35쪽

유형 • 1 삼각형의 닮음 조건

다음 중 △ABC와 △DEF가 닮음이 아닌 것은?

① $\overline{AB}=\overline{DE}$, $\overline{BC}=\overline{EF}$, $\overline{CA}=\overline{FD}$

② $\angle A=\angle D$, $\angle C=\angle F$

③ $\overline{AB}:\overline{DE}=\overline{AC}:\overline{DF}$, $\angle A=\angle D$

④ $2\overline{BC}=\overline{EF}$, $2\overline{AC}=\overline{DF}$, $\angle A=\angle D$

⑤ $\angle A=\angle D=30^\circ$, $\angle B=50^\circ$, $\angle F=100^\circ$

» 닮은꼴 문제

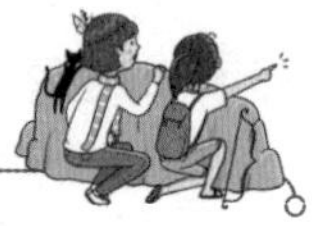

1-1

다음 그림에서 △ABC∽△DEF이기 위해 추가해야 할 조건으로 알맞은 것은?

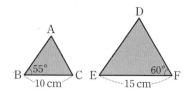

① $\overline{AC}=8$ cm, $\overline{DF}=12$ cm

② $\overline{AC}=10$ cm, $\overline{DE}=15$ cm

③ $\overline{AB}=12$ cm, $\overline{DE}=18$ cm

④ $\angle C=50^\circ$, $\angle D=75^\circ$

⑤ $\angle A=65^\circ$, $\angle E=55^\circ$

유형 • 2 삼각형의 닮음 조건의 활용

오른쪽 그림과 같은 △ABC에서 $\overline{AB}$의 길이를 구하여라.

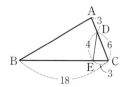

» 닮은꼴 문제

2-1

오른쪽 그림과 같은 평행사변형 ABCD에서 점 M은 $\overline{BC}$의 중점이다. $\overline{AM}$과 $\overline{BD}$의 교점을 E라 할 때, $\overline{BE}$의 길이를 구하여라.

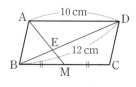

2-2

오른쪽 그림과 같은 정삼각형 ABC에서 $\angle ADE=60^\circ$가 되도록 두 점 D, E를 잡았다. $\overline{BD}=3$ cm, $\overline{CD}=9$ cm일 때, $\overline{CE}$의 길이를 구하여라.

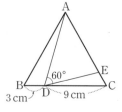

유형·3 직각삼각형의 닮음

>> 닮은꼴 문제

오른쪽 그림에서 $\overline{AC} \perp \overline{BE}$,
$\overline{AE} \perp \overline{BD}$, $\overline{DE} \perp \overline{BF}$일 때,
다음 중 △ABC와 닮음이
아닌 삼각형은?

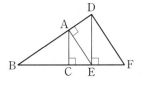

① △EBA ② △DBE ③ △DEA

④ △FBD ⑤ △EAC

3-1

오른쪽 그림과 같이 직사
각형 ABCD에서 $\overline{CE}$를
접는 선으로 하여 점 B가
점 F에 오도록 접었다.
이때 $\overline{DF}$의 길이를 구하
여라.

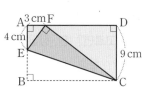

3-2

오른쪽 그림과 같이 직사각형
모양의 종이를 $\overline{BD}$를 접는 선으
로 하여 접었다. 이때 $\overline{EF}$의 길
이를 구하여라.

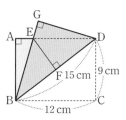

유형·4 직각삼각형의 닮음의 활용

>> 닮은꼴 문제

오른쪽 그림과 같이 ∠A=90°
인 직각삼각형 ABC에서
$\overline{AD} \perp \overline{BC}$이고 $\overline{AD}=8$ cm,
$\overline{CD}=6$ cm일 때, $\overline{AC}$의 길이
는?

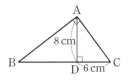

① 9 cm ② 10 cm ③ 11 cm

④ 12 cm ⑤ 13 cm

4-1

오른쪽 그림과 같은 직사각형
ABCD에서 $\overline{BD} \perp \overline{CE}$일 때,
$\overline{BE}$의 길이를 구하여라.

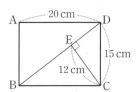

4-2

오른쪽 그림과 같이
∠A=90°인 직각삼각형
ABC에서 점 M은 $\overline{BC}$의 중
점이다. $\overline{AD} \perp \overline{BC}$,
$\overline{DH} \perp \overline{AM}$일 때, $\overline{AH}$의 길이를 구하여라.

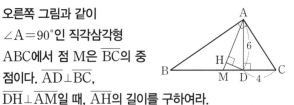

01 닮은 도형에 대한 다음 설명 중 옳지 <u>않은</u> 것을 모두 고르면? (단, 정답 2개)

① 닮음비가 1 : 1인 두 닮은 도형은 합동이다.

② 닮은 두 입체도형에서 대응하는 면의 넓이는 각각 같다.

③ 닮은 두 평면도형에서 대응하는 각의 크기는 각각 같다.

④ 크기가 다른 두 정사각형은 닮은 도형이 아닐 수도 있다.

⑤ 두 정육면체는 항상 닮은 도형이다.

02 오른쪽 그림에서 □ABCD ∽ □A′BC′D′일 때, $\overline{AD} : \overline{A′D′}$은?

① 3 : 1   ② 3 : 2

③ 5 : 1   ④ 5 : 2

⑤ 5 : 4

03 오른쪽 그림에서 □ABCD는 □EFGH를 $\frac{3}{2}$배 확대하여 그린 것일 때, 다음 중 옳지 <u>않은</u> 것은?

① $2\overline{AB} = 3\overline{EF}$ ② ∠B = ∠F

③ $\overline{CD} = \frac{3}{2}\overline{GH}$ ④ ∠D = $\frac{3}{2}$∠H

⑤ $\dfrac{\overline{AD}}{\overline{EH}} = \dfrac{3}{2}$

04 A3 용지를 오른쪽 그림과 같이 절반으로 나눌 때마다 만들어지는 종이의 크기를 각각 A4, A5, A6, …이라 할 때, A3 용지와 A7 용지는 닮은 도형이다. 이때 닮음비는?

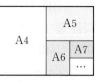

① 3 : 1   ② 3 : 2   ③ 4 : 1

④ 4 : 3   ⑤ 5 : 1

05 오른쪽 그림에서 두 원기둥은 서로 닮은 도형이다. 큰 원기둥을 회전축을 포함하는 평면으로 자를 때 생기는 단면의 넓이는?

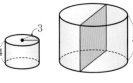

① 48   ② 52   ③ 64

④ 82   ⑤ 96

06 오른쪽 그림과 같은 원뿔 모양의 그릇에 전체 높이의 $\frac{2}{3}$만큼 물을 채울 때, 물의 부피를 구하여라.

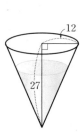

07 오른쪽 그림과 같은 △ABC에서 x의 값은?

① 4   ② 5

③ 6   ④ 7

⑤ 8

08 오른쪽 그림과 같은 △ABC에서 ∠ADC＝115°일 때, ∠BAC의 크기는?

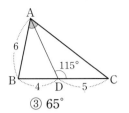

① 55° ② 60° ③ 65°

④ 70° ⑤ 75°

09 오른쪽 그림에서 $|x-y|$의 값은?

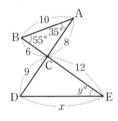

① 15 ② 20

③ 25 ④ 30

⑤ 35

10 오른쪽 그림에서 ∠ACB＝∠AED일 때, 다음 〈보기〉 중 옳은 것을 모두 고르면?

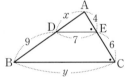

보기

ㄱ. $x=6$ ㄴ. $y=\dfrac{21}{2}$

ㄷ. $\overline{BC}/\!/\overline{DE}$ ㄹ. $5\overline{AD}=2\overline{AB}$

ㅁ. △ABC와 △ADE의 닮음비는 3 : 2이다.

① ㄱ, ㄴ ② ㄱ, ㄷ, ㄹ

③ ㄱ, ㄷ, ㅁ ④ ㄴ, ㄷ, ㅁ

⑤ ㄷ, ㄹ, ㅁ

11 오른쪽 그림과 같은 △ABC의 두 꼭짓점 B, C에서 $\overline{AC}$, $\overline{AB}$에 내린 수선의 발을 각각 D, E라 할 때, $\overline{BE}$의 길이는?

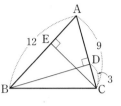

① 6 ② $\dfrac{13}{2}$ ③ 7

④ $\dfrac{15}{2}$ ⑤ 8

12 오른쪽 그림에서 □ABCD는 직사각형이고 $\overline{EF}\perp\overline{BD}$일 때, $\overline{EO}$의 길이를 구하여라.

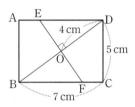

13 오른쪽 그림과 같은 직사각형 ABCD에서 $\overline{BE}$를 접는 선으로 하여 점 C가 점 C′에 오도록 접었다. $\overline{AB}=10$ cm, $\overline{C'D}=4$ cm일 때, $\dfrac{\overline{AC'}}{\overline{DE}}$의 값을 구하여라.

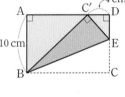

14 오른쪽 그림과 같이 ∠A＝90°인 직각삼각형 ABC에서 $\overline{AD}\perp\overline{BC}$일 때, △ABD의 넓이는?

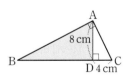

① 16 cm² ② 24 cm² ③ 36 cm²

④ 48 cm² ⑤ 64 cm²

≡ 서술형 꽉 잡기 ≡

주어진 단계에 따라 쓰는 유형

15 오른쪽 그림에서
$\overline{DE} : \overline{DG} = 1 : 3$이고
$\overline{AH} = 10$ cm,
$\overline{BC} = 12$ cm일 때, $\overline{DE}$의
길이를 구하여라.

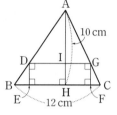

> • 생각해 보자 •
>
> 구하는 것은? 조건을 만족시키는 닮음인 삼각형에서 비례
> 식을 세우고 $\overline{DE}$의 길이 구하기
> 주어진 것은? ① $\overline{DE} : \overline{DG} = 1 : 3$
> ② $\overline{AH} = 10$ cm, $\overline{BC} = 12$ cm

> ❯ 풀이

[1단계] $\overline{DE} = x$ cm로 놓고 $\overline{DG}$의 길이를 x로 나타내기

(20 %)

[2단계] $\triangle ABC \backsim \triangle ADG$임을 보이기 (20 %)

[3단계] $\triangle ABH \backsim \triangle ADI$임을 보이기 (20 %)

[4단계] 비례식을 이용하여 $\overline{DE}$의 길이 구하기 (40 %)

> ❯ 답

풀이 과정을 자세히 쓰는 유형

16 오른쪽 그림과 같은 정삼각
형 ABC에서 $\overline{DF}$를 접는 선
으로 하여 점 A가 점 E에
오도록 접었다. 이때 $\overline{CF}$의
길이를 구하여라.

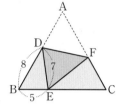

> ❯ 풀이

> ❯ 답

17 오른쪽 그림과 같은 직사
각형 ABCD의 두 점
A, C에서 $\overline{BD}$에 내린
수선의 발을 각각 P, Q
라 할 때, $\overline{PQ}$의 길이를 구하여라.

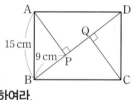

> ❯ 풀이

> ❯ 답

II. 도형의 닮음과 피타고라스 정리

2. 닮은 도형의 성질

20 ◆ 삼각형에서 평행선과 선분의 길이의 비 (1)

개념1 삼각형에서 평행선과 선분의 길이의 비 (1)

△ABC에서 한 직선이 $\overline{AB}$, $\overline{AC}$ 또는 그 연장선과 만나는 점을 각각 D, E라
할 때

(1) $\overline{BC}\,/\!/\,\overline{DE}$이면 $\boxed{\overline{AB}:\overline{AD}=\overline{AC}:\overline{AE}=\overline{BC}:\overline{DE}}$

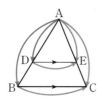 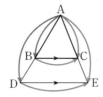

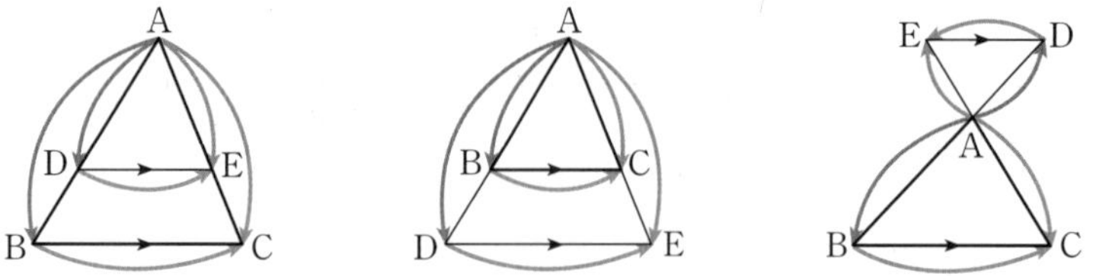

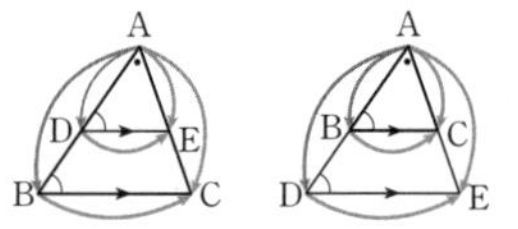

△ABC∽△ADE(AA 닮음)
→ $\overline{AB}:\overline{AD}=\overline{AC}:\overline{AE}$
　　$=\overline{BC}:\overline{DE}$

(2) $\overline{BC}\,/\!/\,\overline{DE}$이면 $\boxed{\overline{AD}:\overline{DB}=\overline{AE}:\overline{EC}}$　$\neq\overline{BC}:\overline{DE}$임에 주의한다.

 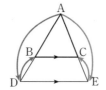

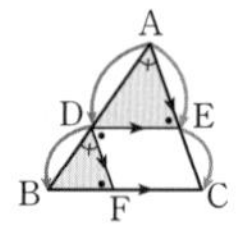

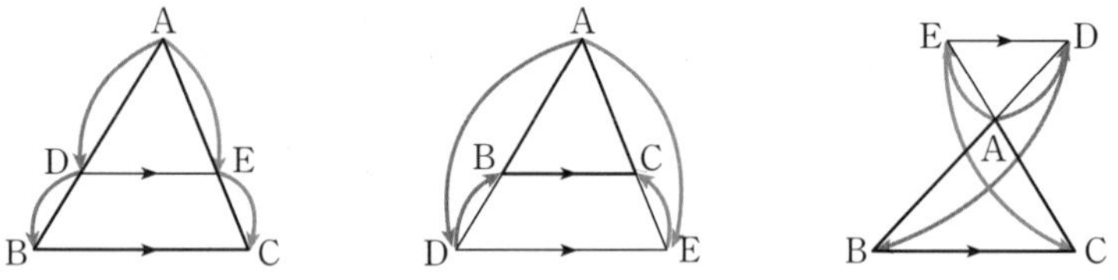

 삼각형에서 평행선과 선분의 길이의 비를 공식으로 외우기보다는
　　　　　　 △ABC∽△ADE임을 떠올리며 기억하는 것이 좋아.

△ADE∽△DBF(AA 닮음)
→ $\overline{AD}:\overline{DB}=\overline{AE}:\overline{DF}$
　　　　　$(\neq\overline{BC}:\overline{DE})$
즉, $\overline{AD}:\overline{DB}=\overline{AE}:\overline{EC}$

◆ 예제 1 ◆

오른쪽 그림에서 $\overline{BC}\,/\!/\,\overline{DE}$일 때,
x의 값을 구하여라.

▶ 풀이 $\overline{AB}:\overline{AD}=\overline{BC}:\overline{DE}$이므로
　　　 $8:5=x:4,\ 5x=32$
　　　　　 $\therefore x=\dfrac{32}{5}$

▶ 답 $\dfrac{32}{5}$

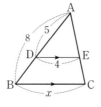

◆ 확인 1 ◆

오른쪽 그림에서 $\overline{BC}\,/\!/\,\overline{DE}$일
때, x의 값을 구하여라.

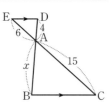

◆ 예제 2 ◆

오른쪽 그림에서 $\overline{BC}\,/\!/\,\overline{DE}$일
때, x의 값을 구하여라.

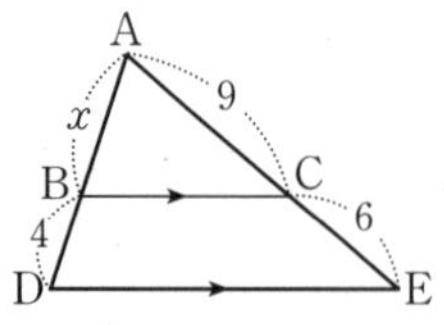

▶ 풀이 $\overline{AB}:\overline{BD}=\overline{AC}:\overline{CE}$
　　　 이므로
　　　　 $x:4=9:6,\ 6x=36$
　　　　　 $\therefore x=6$

▶ 답 6

◆ 확인 2 ◆

오른쪽 그림에서 $\overline{BC}\,/\!/\,\overline{DE}$일
때, x의 값을 구하여라.

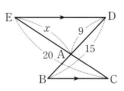

01 오른쪽 그림과 같은 △ABC에서 $\overline{BC} \# \overline{DE}$일 때, x, y의 값은?

① $x=2$, $y=10$

② $x=2$, $y=12$

③ $x=3$, $y=10$

④ $x=3$, $y=12$

⑤ $x=4$, $y=14$

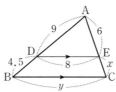

➔ **개념1**
삼각형에서 평행선과 선분의 길이의 비 (1)

02 오른쪽 그림과 같은 △ABC에서 $\overline{BC} \# \overline{DE}$일 때, $x+y$의 값은?

① 12   ② 13   ③ 14

④ 15   ⑤ 16

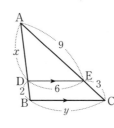

➔ **개념1**
삼각형에서 평행선과 선분의 길이의 비 (1)

03 오른쪽 그림에서 $\overline{BC} \# \overline{DE}$일 때, $x-y$의 값을 구하여라.

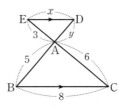

➔ **개념1**
삼각형에서 평행선과 선분의 길이의 비 (1)

04 오른쪽 그림에서 $\overline{BC} \# \overline{DE}$일 때, △ADE의 둘레의 길이를 구하여라.

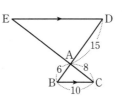

➔ **개념1**
삼각형에서 평행선과 선분의 길이의 비 (1)

21 · 삼각형에서 평행선과 선분의 길이의 비 (2)

개념1 삼각형에서 평행선과 선분의 길이의 비 (2)

△ABC에서 한 직선이 $\overline{AB}$, $\overline{AC}$ 또는 그 연장선과 만나는 점을 각각 D, E라 할 때

(1) $\overline{AB} : \overline{AD} = \overline{AC} : \overline{AE} = \overline{BC} : \overline{DE}$이면 $\overline{BC} /\!/ \overline{DE}$

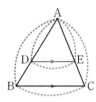

△ABC와 △ADE에서
$\overline{AB} : \overline{AD} = \overline{AC} : \overline{AE}$, ∠A는 공통
∴ △ABC ∽ △ADE (SAS 닮음)
∴ ∠B = ∠D(동위각) ➡ $\overline{BC} /\!/ \overline{DE}$

(2) $\overline{AD} : \overline{DB} = \overline{AE} : \overline{EC}$이면 $\overline{BC} /\!/ \overline{DE}$

△ABC와 △ADE에서
$\overline{AB} : \overline{AD} = \overline{AC} : \overline{AE}$
∠BAC = ∠DAE(맞꼭지각)
∴ △ABC ∽ △ADE (SAS 닮음)
∴ ∠B = ∠D(엇각) ➡ $\overline{BC} /\!/ \overline{DE}$

《풍쌤의 point》 삼각형에서 평행선과 선분의 길이의 비 (2)는 (1)의 반대 과정이야.

◆ 예제 1 ◆

다음 그림 중에서 $\overline{BC} /\!/ \overline{DE}$인 것을 골라라.

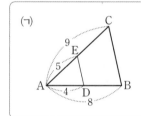 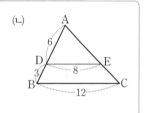

▶ 풀이 (ㄱ) $\overline{AB} : \overline{AD} = 8 : 4 = 2 : 1$, $\overline{AC} : \overline{AE} = 9 : 5$
　　　　즉, $\overline{AB} : \overline{AD} \neq \overline{AC} : \overline{AE}$
　　　(ㄴ) $\overline{AB} : \overline{AD} = (6+3) : 6 = 3 : 2$,
　　　　$\overline{BC} : \overline{DE} = 12 : 8 = 3 : 2$
　　　　즉, $\overline{AB} : \overline{AD} = \overline{BC} : \overline{DE}$

▶ 답 　(ㄴ)

◆ 예제 2 ◆

오른쪽 그림에서 $\overline{BC} /\!/ \overline{DE}$가 되도록 x의 값을 정하여라.

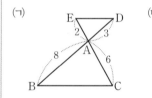

▶ 풀이 $\overline{AD} : \overline{DB} = \overline{AE} : \overline{EC}$이어야
　　　　하므로
　　　　$3 : 2 = x : 3$, $2x = 9$ ∴ $x = \dfrac{9}{2}$

▶ 답 $\dfrac{9}{2}$

◆ 확인 1 ◆

다음 그림 중에서 $\overline{BC} /\!/ \overline{DE}$인 것을 모두 골라라.

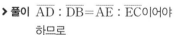 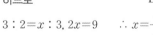

◆ 확인 2 ◆

오른쪽 그림에서 $\overline{BC} /\!/ \overline{DE}$가 되도록 x의 값을 정하여라.

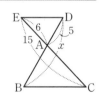

개념◆check

정답과 해설 23쪽 ㅣ 워크북 39쪽

01 다음 중 $\overline{BC}$∥$\overline{DE}$인 것을 모두 고르면? (정답 2개)

①

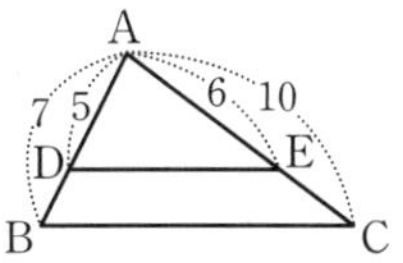

②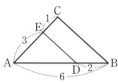

③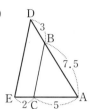

④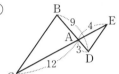

⑤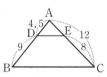

→ 개념1
삼각형에서 평행선과 선분의 길이의 비 (2)

02 다음 중 $\overline{BC}$∥$\overline{DE}$가 **아닌** 것은?

①

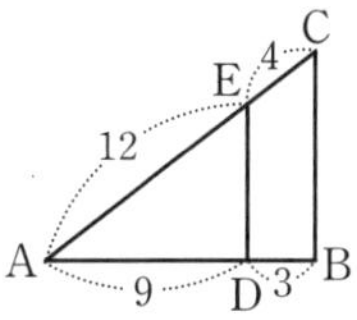

②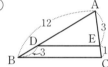

③

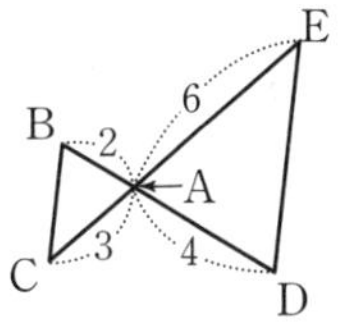

④

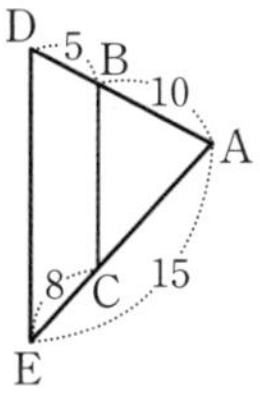

⑤

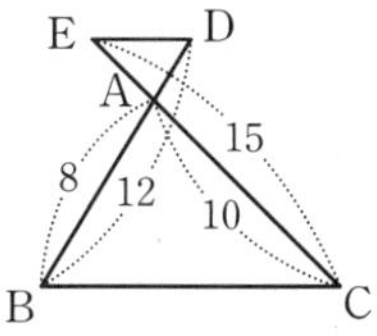

→ 개념1
삼각형에서 평행선과 선분의 길이의 비 (2)

03 오른쪽 그림과 같은 △ABC에서 $\overline{AD}:\overline{DB}=\overline{AE}:\overline{EC}$일 때, 다음 중 옳지 <u>않은</u> 것을 모두 고르면? (정답 2개)

① $\overline{AD}:\overline{DB}=7:5$

② △ABC∽△ADE

③ $\overline{BC}$∥$\overline{DE}$

④ $\overline{DE}=\dfrac{17}{3}$ cm

⑤ $\overline{BC}:\overline{DE}=7:5$

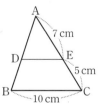

→ 개념1
삼각형에서 평행선과 선분의 길이의 비 (2)

22 · 삼각형의 내각과 외각의 이등분선

개념 1 삼각형의 내각의 이등분선의 성질

△ABC에서 ∠A의 이등분선이 $\overline{BC}$와 만나는 점을 D라 하면
$$\overline{AB} : \overline{AC} = \overline{BD} : \overline{CD}$$

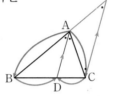

◆ $\overline{AD} /\!/ \overline{EC}$이므로
∠BEC=∠BAD(동위각)
∠ACE=∠CAD(엇각)
∠BAD=∠CAD
　　　(∠A의 이등분)
∴ ∠BEC=∠ACE
➔ △ACE는 이등변삼각형

풍쌤팁 점 C를 지나고 $\overline{AD}$에 평행한 직선이 $\overline{AB}$의 연장선과 만나는 점을 E라 하면
$\overline{BA} : \overline{AE} = \overline{BD} : \overline{DC}$이고, △ACE는 이등변삼각형이므로 $\overline{AE} = \overline{AC}$
∴ $\overline{AB} : \overline{AC} = \overline{BD} : \overline{CD}$

◆ 예제 1 ◆

오른쪽 그림의 △ABC에서
$\overline{AD}$가 ∠A의 이등분선일 때, x
의 값을 구하여라.

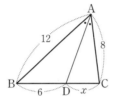

▶ **풀이** $12 : 8 = 6 : x$, $12x = 48$
　　　∴ $x = 4$

▶ **답** 4

◆ 확인 1 ◆

오른쪽 그림의 △ABC에서
$\overline{AD}$가 ∠A의 이등분선일 때,
x의 값을 구하여라.

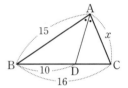

개념 2 삼각형의 외각의 이등분선의 성질

△ABC에서 ∠A의 외각의 이등분선이 $\overline{BC}$의 연장선과 만나는 점을 D라 하면
$$\overline{AB} : \overline{AC} = \overline{BD} : \overline{CD}$$

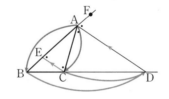

◆ $\overline{AD} /\!/ \overline{EC}$이므로
∠AEC=∠FAD(동위각)
∠ACE=∠CAD(엇각)
∠FAD=∠CAD
　　　(∠A의 외각의 이등분)
∴ ∠AEC=∠ACE
➔ △ACE는 이등변삼각형

풍쌤팁 점 C를 지나고 $\overline{AD}$에 평행한 직선이 $\overline{AB}$와 만나는 점을 E라 하면
$\overline{BA} : \overline{EA} = \overline{BD} : \overline{CD}$이고, △AEC는 이등변삼각형이므로 $\overline{AE} = \overline{AC}$
∴ $\overline{AB} : \overline{AC} = \overline{BD} : \overline{CD}$

◆ 예제 2 ◆

오른쪽 그림의 △ABC에서
$\overline{AD}$가 ∠A의 외각의 이등분
선일 때, x의 값을 구하여라.

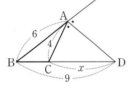

▶ **풀이** $6 : 4 = 9 : x$, $6x = 36$
　　　∴ $x = 6$

▶ **답** 6

◆ 확인 2 ◆

오른쪽 그림의 △ABC에서
$\overline{AD}$가 ∠A의 외각의 이등분
선일 때, x의 값을 구하여라.

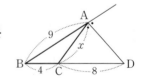

개념◆check

정답과 해설 23∼24쪽 ㅣ 워크북 40쪽

01 오른쪽 그림의 △ABC에서 $\overline{AD}$가 ∠A의 이등분선이고, 점 C를 지나고 $\overline{AD}$에 평행한 직선이 $\overline{AB}$의 연장선과 만나는 점을 E라 할 때, 다음을 구하여라.

(1) $\overline{AE}$의 길이

(2) $\overline{BD}$의 길이

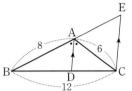

→ **개념1**
삼각형의 내각의 이등분선의 성질

02 오른쪽 그림과 같은 △ABC에서 $\overline{AD}$가 ∠A의 이등분선일 때, x의 값을 구하여라.

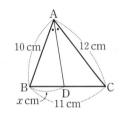

→ **개념1**
삼각형의 내각의 이등분선의 성질

03 오른쪽 그림의 △ABC에서 $\overline{AD}$가 ∠A의 외각의 이등분선일 때, $\overline{BC}$의 길이를 구하여라.

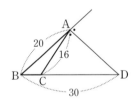

→ **개념2**
삼각형의 외각의 이등분선의 성질

04 오른쪽 그림의 △ABC에서 $\overline{AD}$가 ∠A의 외각의 이등분선일 때, $\overline{CD}$의 길이를 구하여라.

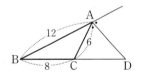

→ **개념2**
삼각형의 외각의 이등분선의 성질

23 ◆ 평행선 사이의 선분의 길이의 비

개념 1 │ 평행선 사이의 선분의 길이의 비

세 개 이상의 평행선이 다른 두 직선과 만날 때, 평행선 사이에 있는 선분의 길이의 비는 같다.

즉, $l /\!/ m /\!/ n$이면 $a : b = a' : b'$

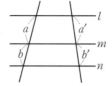
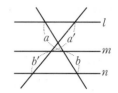

> **풍쌤Ⅱ** 오른쪽 그림과 같이 점 A를 지나고 $\overline{A'C'}$에 평행한 직선 AE를 그으면
> □ADB'A', □DEC'B'은 평행사변형이므로
> $\overline{AD} = \overline{A'B'} = a'$, $\overline{DE} = \overline{B'C'} = b'$
> △ACE에서 $\overline{AB} : \overline{BC} = \overline{AD} : \overline{DE}$이므로
> $a : b = a' : b'$
> 이때 $a : a' = b : b'$ 또는 $a : (a+b) = a' : (a'+b')$도 성립한다.

◆ 예제 1 ◆

오른쪽 그림에서 $l /\!/ m /\!/ n$일 때, $a : b$를 구하여라.

▶ 답 $2 : 3$

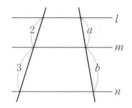

◆ 확인 1 ◆

오른쪽 그림에서 $l /\!/ m /\!/ n$일 때, $a : b$를 구하여라.

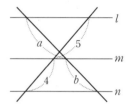

◆ 예제 2 ◆

오른쪽 그림에서 $l /\!/ m /\!/ n$일 때, x의 값을 구하여라.

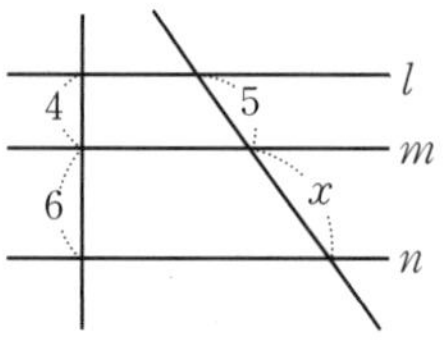

▶ 풀이 $4 : 6 = 5 : x$, $4x = 30$

$\therefore x = \dfrac{15}{2}$

▶ 답 $\dfrac{15}{2}$

◆ 확인 2 ◆

오른쪽 그림에서 $l /\!/ m /\!/ n$일 때, x의 값을 구하여라.

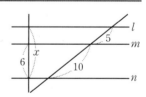

◆ 예제 3 ◆

오른쪽 그림에서 $l /\!/ m /\!/ n$일 때, x의 값을 구하여라.

▶ 풀이 $6 : x = 9 : 12$, $9x = 72$

$\therefore x = 8$

▶ 답 8

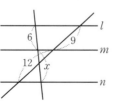

◆ 확인 3 ◆

오른쪽 그림에서 $l /\!/ m /\!/ n$일 때, x의 값을 구하여라.

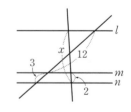

01 다음은 오른쪽 그림과 같이 평행한 세 직선 l, m, n이 두 직선과 만날 때, $\overline{AB} : \overline{BC} = \overline{DE} : \overline{EF}$임을 설명하는 과정이다. ☐ 안에 알맞은 것을 써넣어라.

➔ 개념1
평행선 사이의 선분의 길이의 비

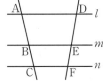

$\overline{CD}$와 직선 m의 교점을 G라 하면
△ACD에서 $\overline{AD} /\!/ \overline{BG}$이므로
$\overline{AB} : \overline{BC} = \overline{DG} : \boxed{}$
또, △DCF에서 $\overline{CF} /\!/ \overline{GE}$이므로
$\overline{DG} : \overline{GC} = \boxed{} : \overline{EF}$
따라서 $\overline{AB} : \boxed{} = \overline{DE} : \boxed{}$이다.

02 오른쪽 그림과 같이 평행한 세 직선 l, m, n이 두 직선과 만나고 $\overline{AF}$와 직선 m의 교점을 G라 할 때, 다음 중 옳지 <u>않은</u> 것을 모두 고르면? (정답 2개)

➔ 개념1
평행선 사이의 선분의 길이의 비

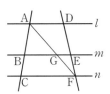

① $\overline{AB} : \overline{BC} = \overline{AG} : \overline{GF}$
② $\overline{AB} : \overline{BC} = \overline{DE} : \overline{EF}$
③ $\overline{AB} : \overline{BC} = \overline{BG} : \overline{CF}$
④ $\overline{DE} : \overline{EF} = \overline{AG} : \overline{GF}$
⑤ $\overline{DE} : \overline{EF} = \overline{AD} : \overline{GE}$

03 오른쪽 그림에서 $l /\!/ m /\!/ n$일 때, $x+y$의 값을 구하여라.

➔ 개념1
평행선 사이의 선분의 길이의 비

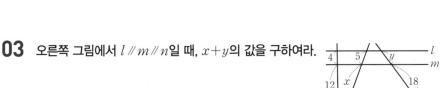

04 오른쪽 그림에서 $l /\!/ m /\!/ n$일 때, $x+y$의 값은?

➔ 개념1
평행선 사이의 선분의 길이의 비

① 32　　　　② 33
③ 34　　　　④ 35
⑤ 36

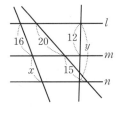

24 · 사다리꼴에서 평행선 사이의 선분의 길이의 비

개념1 | 사다리꼴에서 평행선 사이의 선분의 길이의 비

(1) 사다리꼴에서 평행선 사이의 선분의 길이의 비

$\overline{AD} \parallel \overline{BC}$인 사다리꼴 ABCD에서 $\overline{EF} \parallel \overline{BC}$일 때

$$\overline{EF} = \frac{an+bm}{m+n}$$

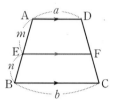

풍쌤타 보조선을 그어 $\overline{EF}$의 길이 구하기

[방법 1]

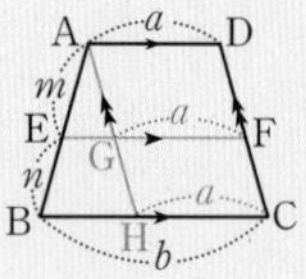

△ABH에서 $\overline{EG} : (b-a) = m : (m+n)$
□AHCD에서 $\overline{GF} = \overline{HC} = \overline{AD} = a$
➡ $\overline{EF} = \overline{EG} + \overline{GF} = \dfrac{an+bm}{m+n}$

[방법 2]

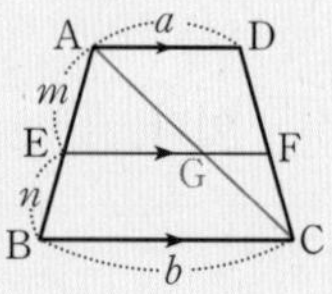

△ABC에서 $\overline{EG} : b = m : (m+n)$
△CDA에서 $\overline{GF} : a = n : (m+n)$
➡ $\overline{EF} = \overline{EG} + \overline{GF} = \dfrac{an+bm}{m+n}$

(2) 평행선과 선분의 길이의 비의 활용

$\overline{AC}$와 $\overline{BD}$의 교점을 E라 하고 $\overline{AB} \parallel \overline{EF} \parallel \overline{DC}$일 때

① $\overline{EF} = \dfrac{ab}{a+b}$

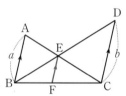

풍쌤타 보조선을 그어 $\overline{EF}$의 길이 구하기

△ABE∽△CDE(AA 닮음)이므로 $\overline{AE} : \overline{CE} = \overline{BE} : \overline{DE} = a : b$
△CAB에서 $\overline{EF} : \overline{AB} = \overline{CE} : \overline{CA} = b : (a+b)$ ⎫
△BCD에서 $\overline{EF} : \overline{DC} = \overline{BE} : \overline{BD} = a : (a+b)$ ⎬ ➡ $\overline{EF} = \dfrac{ab}{a+b}$

② $\overline{BF} : \overline{FC} = a : b$

➡ △BCD에서 $\overline{BF} : \overline{FC} = \overline{BE} : \overline{ED} = a : b$

⁌예제1⁌

오른쪽 그림과 같은 사다리꼴 ABCD에서 $\overline{AD} \parallel \overline{EF} \parallel \overline{BC}$일 때, 다음을 구하여라.

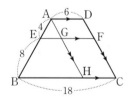

(1) $\overline{EG}$의 길이
(2) $\overline{GF}$의 길이
(3) $\overline{EF}$의 길이

▶**풀이** (1) △ABH에서 $4 : (4+8) = \overline{EG} : (18-6)$
　　　　$12\overline{EG} = 48$ ∴ $\overline{EG} = 4$
　　(2) □AHCD가 평행사변형이므로 $\overline{GF} = \overline{AD} = 6$
　　(3) $\overline{EF} = \overline{EG} + \overline{GF} = 4 + 6 = 10$

▶**답** (1) 4 　(2) 6 　(3) 10

⁌확인1⁌

오른쪽 그림과 같은 사다리꼴 ABCD에서 $\overline{AD} \parallel \overline{EF} \parallel \overline{BC}$일 때, 다음을 구하여라.

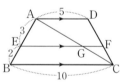

(1) $\overline{EG}$의 길이
(2) $\overline{GF}$의 길이
(3) $\overline{EF}$의 길이

개념 ✦ check

정답과 해설 24쪽 | 워크북 42~43쪽

01 오른쪽 그림과 같은 사다리꼴 ABCD에서 $\overline{AD} /\!/ \overline{EF} /\!/ \overline{BC}$일 때, $\overline{EF}$의 길이를 구하여라.

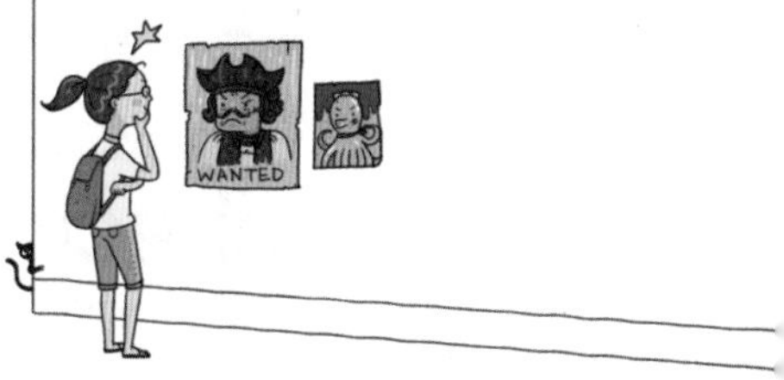

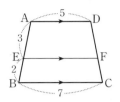

→ 개념1
사다리꼴에서 평행선 사이의 선분의 길이의 비

02 오른쪽 그림과 같은 사다리꼴 ABCD에서 $\overline{AD} /\!/ \overline{EF} /\!/ \overline{BC}$일 때, x, y의 값을 각각 구하여라.

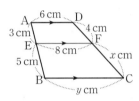

→ 개념1
사다리꼴에서 평행선 사이의 선분의 길이의 비

03 오른쪽 그림에서 $\overline{AB} /\!/ \overline{EF} /\!/ \overline{DC}$일 때, 다음을 구하여라.

(1) $\overline{EF}$의 길이 (2) $\overline{BF}$의 길이

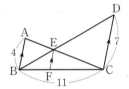

→ 개념1
사다리꼴에서 평행선 사이의 선분의 길이의 비

04 오른쪽 그림에서 $\overline{AB} /\!/ \overline{EF} /\!/ \overline{DC}$일 때, $x+y$의 값은?

① $\frac{13}{2}$ ② 7
③ $\frac{15}{2}$ ④ 8
⑤ $\frac{17}{2}$

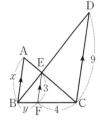

→ 개념1
사다리꼴에서 평행선 사이의 선분의 길이의 비

유형 · check

정답과 해설 25~26쪽 | 워크북 38~43쪽

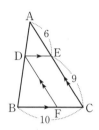

유형 · 1 삼각형에서 평행선과 선분의 길이의 비

오른쪽 그림에서 $\overline{GF} /\!/ \overline{BC} /\!/ \overline{DE}$일 때, $x+y$의 값은?

① 23 ② 25

③ 26 ④ 29

⑤ 31

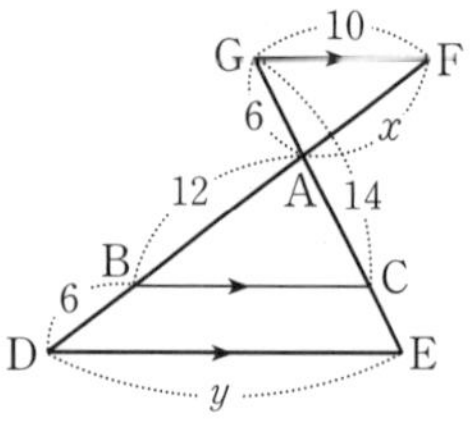

» 닮은꼴 문제

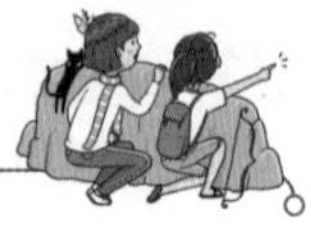

1-1

오른쪽 그림의 △ABC에서 $\overline{BC} /\!/ \overline{DE}$, $\overline{DF} /\!/ \overline{EC}$일 때, $\overline{BF}$의 길이를 구하여라.

1-2

오른쪽 그림에서 $\overline{BC} /\!/ \overline{DE}$, $\overline{AC} /\!/ \overline{FG}$일 때, $\overline{FG}$의 길이를 구하여라.

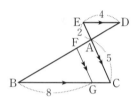

유형 · 2 삼각형에서 평행선과 선분의 길이의 비의 활용

오른쪽 그림과 같은 △ABC에서 $\overline{BC} /\!/ \overline{DE}$일 때, $x+y$의 값은?

① 15 ② 16

③ 18 ④ 20

⑤ 24

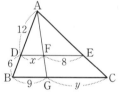

» 닮은꼴 문제

2-1

오른쪽 그림과 같은 △ABC에서 $\overline{BC} /\!/ \overline{DE}$일 때, $\overline{FE}$의 길이를 구하여라.

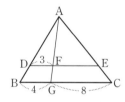

2-2

오른쪽 그림에서 $\overline{BC} /\!/ \overline{DF}$, $\overline{BF} /\!/ \overline{DE}$일 때, $\overline{AE}$의 길이를 구하여라.

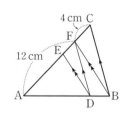

유형·3 삼각형의 내각의 이등분선

오른쪽 그림의 △ABC에서 $\overline{AD}$, $\overline{BE}$는 각각 ∠A, ∠B 의 이등분선일 때, $x+y$의 값을 구하여라.

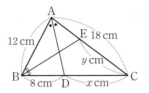

» 닮은꼴 문제

3-1

오른쪽 그림의 △ABC에서 $\overline{AD}$ 는 ∠A의 이등분선이고 $\overline{AB} /\!/ \overline{ED}$일 때, $\overline{ED}$의 길이를 구하여라.

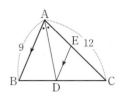

3-2

오른쪽 그림과 같은 ABC에서 $\overline{AD}$는 ∠A의 이등분선이고 $\overline{AC}=\overline{AE}=6$ cm, $\overline{BE}=2$ cm, $\overline{BD}=4$ cm일 때, $\overline{DE}$의 길이를 구하여라.

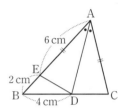

유형·4 삼각형의 외각의 이등분선

오른쪽 그림의 △ABC에서 $\overline{AD}$는 ∠A의 외각의 이등분선이고 $\overline{AD} /\!/ \overline{EC}$일 때, $x+y$의 값을 구하여라.

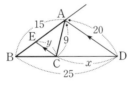

» 닮은꼴 문제

4-1

오른쪽 그림과 같은 △ABC에서 $\overline{AD}$와 $\overline{AE}$가 각각 ∠A의 내각과 외각의 이등분선일 때, $\overline{CD}$의 길이를 구하여라.

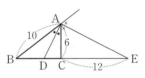

4-2

오른쪽 그림과 같은 △ABC에서 ∠A의 외각 의 이등분선과 $\overline{BC}$의 연장 선이 만나는 점을 D라 하 고, ∠B의 이등분선과 $\overline{AD}$가 만나는 점을 E라 할 때, $\overline{AE}:\overline{ED}$를 가장 간단한 자연수의 비로 나타내어라.

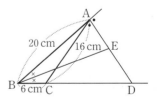

오른쪽 그림과 같은 △ABC에
서 $\overline{AD}$는 ∠A의 이등분선이다.
△ABC의 넓이가 81 cm²일
때, △ABD의 넓이를 구하여라.

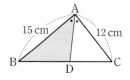

» 닮은꼴 문제

5-1

오른쪽 그림의 △ABC에서
$\overline{AD}$가 ∠A의 외각의 이등분
선이고 △ABC의 넓이가
40 cm²일 때, △ACD의 넓
이를 구하여라.

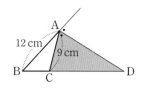

5-2

오른쪽 그림과 같은 △ABC
에서 $\overline{AD}$는 ∠A의 외각의 이
등분선이다. △ACD의 넓이
가 42 cm²일 때, △ABD의
넓이를 구하여라.

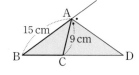

오른쪽 그림에서 $l /\!/ m /\!/ n$일 때,
xy의 값은?

① 10　　　　② 20

③ 30　　　　④ 40

⑤ 50

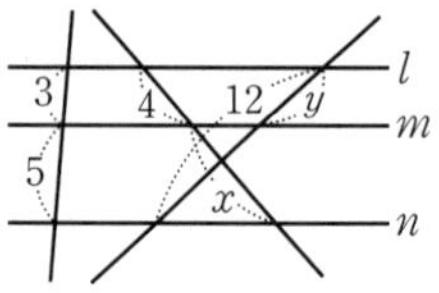

» 닮은꼴 문제

6-1

오른쪽 그림에서 $l /\!/ m /\!/ n$일 때,
x의 값을 구하여라.

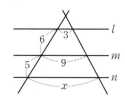

6-2

오른쪽 그림에서 $l /\!/ m /\!/ n$일
때, x, y의 값을 각각 구하여라.

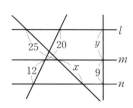

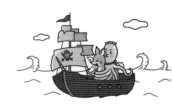

유형 · 7 사다리꼴에서 평행선 사이의 선분의 길이의 비

오른쪽 그림과 같은 사다리꼴 ABCD에서 $\overline{AD} /\!/ \overline{EG} /\!/ \overline{FH} /\!/ \overline{BC}$이고, $\overline{AE}=\overline{EF}=\overline{FB}$일 때, $\overline{FH}$의 길이는?

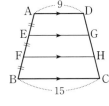

① 10 ② 11 ③ 12 ④ 13 ⑤ 14

» 닮은꼴 문제

7-1

오른쪽 그림과 같은 사다리꼴 ABCD에서 $\overline{AD} /\!/ \overline{EF} /\!/ \overline{BC}$이고 $\overline{AE}:\overline{EB}=3:1$이다. $\overline{AD}=12$, $\overline{BC}=16$일 때, $\overline{PQ}$의 길이를 구하여라.

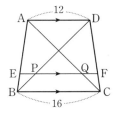

7-2

오른쪽 그림과 같은 사다리꼴 ABCD에서 $\overline{AD} /\!/ \overline{PQ} /\!/ \overline{BC}$이고, $\overline{AC}$, $\overline{BD}$, $\overline{PQ}$가 한 점 O에서 만날 때, $\overline{PQ}$의 길이를 구하여라.

유형 · 8 평행선과 선분의 길이의 비의 활용

오른쪽 그림의 △ABC와 △BCD에서 $\overline{AB}$, $\overline{EF}$, $\overline{DC}$는 모두 $\overline{BC}$에 수직일 때, 다음 중 옳지 않은 것은?

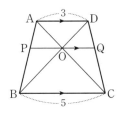

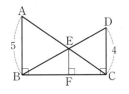

① $\overline{AE}:\overline{EC}=5:4$

② $\overline{BE}:\overline{ED}=5:4$

③ $\overline{EF}=\dfrac{20}{9}$

④ $\overline{EF}:\overline{CD}=5:4$

⑤ $\overline{EF}:\overline{AB}=4:9$

» 닮은꼴 문제

8-1

오른쪽 그림의 △ABC와 △BCD에서 $\overline{AB}$, $\overline{EF}$, $\overline{DC}$가 모두 $\overline{BC}$에 수직일 때, △BCD의 넓이를 구하여라.

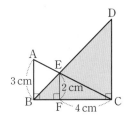

8-2

오른쪽 그림의 △ABC와 △GCD에서 $\overline{AB} /\!/ \overline{EF} /\!/ \overline{DC}$일 때, $\overline{EF}$의 길이를 구하여라.

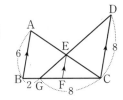

25 ◆ 삼각형의 두 변의 중점을 연결한 선분의 성질

개념1 | **삼각형의 두 변의 중점을 연결한 선분의 성질 (1)**

$\triangle ABC$에서 $\overline{AM}=\overline{MB}$, $\overline{AN}=\overline{NC}$이면

$\overline{MN}//\overline{BC}$, $\overline{MN}=\dfrac{1}{2}\overline{BC}$

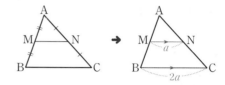

> **풍쌤탑** $\triangle AMN$과 $\triangle ABC$에서 $\overline{AM}:\overline{AB}=\overline{AN}:\overline{AC}=1:2$, $\angle A$는 공통
> 이므로 $\triangle AMN \backsim \triangle ABC$ (SAS 닮음)
> 따라서 $\angle AMN=\angle ABC$ (동위각)이므로 $\overline{MN}//\overline{BC}$이고
> $\overline{MN}:\overline{BC}=1:2$이므로 $\overline{MN}=\dfrac{1}{2}\overline{BC}$

◆ 예제 1 ◆

오른쪽 그림의 $\triangle ABC$에서 두 점 M, N이 각각 $\overline{AB}$, $\overline{AC}$의 중점일 때, x의 값을 구하여라.

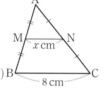

> 풀이 $\overline{MN}=\dfrac{1}{2}\overline{BC}=\dfrac{1}{2}\times 8=4(\text{cm})$
>
> $\therefore x=4$

> 답 4

◆ 확인 1 ◆

오른쪽 그림의 $\triangle ABC$에서 두 점 M, N이 각각 $\overline{AB}$, $\overline{AC}$의 중점일 때, x의 값을 구하여라.

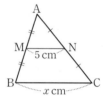

개념2 | **삼각형의 두 변의 중점을 연결한 선분의 성질 (2)**

$\triangle ABC$에서 $\overline{AM}=\overline{MB}$, $\overline{MN}//\overline{BC}$이면
$\overline{AN}=\overline{NC}$

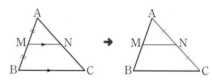

> **풍쌤탑** $\triangle AMN$과 $\triangle ABC$에서 $\angle AMN=\angle ABC$ (동위각), $\angle A$는 공통
> 이므로 $\triangle AMN \backsim \triangle ABC$ (AA 닮음)
> 따라서 $\overline{AN}:\overline{NC}=\overline{AM}:\overline{MB}=1:1$이므로 $\overline{AN}=\overline{NC}$

> **풍쌤의 point** 삼각형의 두 변의 중점을 연결한 선분의 성질 (2)는 성질 (1)의 반대 과정이야.

◆ 예제 2 ◆

오른쪽 그림의 $\triangle ABC$에서 점 M이 $\overline{AB}$의 중점이고 $\overline{MN}//\overline{BC}$일 때, x, y의 값을 각각 구하여라.

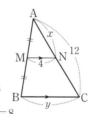

> 풀이 $\overline{AN}=\overline{NC}$이므로 $x=\dfrac{1}{2}\times 12=6$
>
> $\overline{BC}=2\overline{MN}=2\times 4=8$ $\therefore y=8$

> 답 $x=6$, $y=8$

◆ 확인 2 ◆

오른쪽 그림의 $\triangle ABC$에서 점 M이 $\overline{AB}$의 중점이고, $\overline{MN}//\overline{BC}$일 때, x, y의 값을 각각 구하여라.

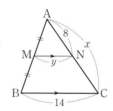

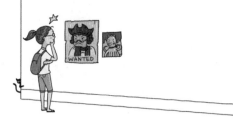

개념 • check

정답과 해설 26~27쪽 | 워크북 44~45쪽

01 오른쪽 그림과 같은 $\triangle ABC$에서 $\overline{AB}$, $\overline{BC}$의 중점을 각각 D, E라 할 때, x, y의 값을 각각 구하여라.

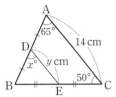

→ 개념1
삼각형의 두 변의 중점을 연결한 선분의 성질 (1)

02 오른쪽 그림에서 네 점 M, N, P, Q는 각각 $\overline{AB}$, $\overline{AC}$, $\overline{DB}$, $\overline{DC}$의 중점이다. $\overline{BC}=8$일 때, $\overline{MN}+\overline{PQ}$는?

① 8 ② 9 ③ 10 ④ 11 ⑤ 12

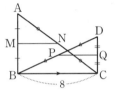

→ 개념1
삼각형의 두 변의 중점을 연결한 선분의 성질 (1)

03 오른쪽 그림에서 두 점 M, N은 각각 $\overline{AB}$, $\overline{AC}$의 중점이고, 두 점 P, Q는 각각 $\overline{DB}$, $\overline{DC}$의 중점이다. $\overline{MN}=5\text{ cm}$일 때, $x+y$의 값은?

① 11 ② 12 ③ 13 ④ 14 ⑤ 15

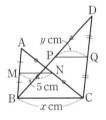

→ 개념1
삼각형의 두 변의 중점을 연결한 선분의 성질 (1)

04 오른쪽 그림과 같은 $\triangle ABC$에서 $\overline{AE}=\overline{EB}$이고 $\overline{BC}/\!/\overline{EF}$이다. 또, $\triangle EBD$에서 $\overline{EG}=\overline{GD}$, $\overline{CD}=3\text{ cm}$일 때, $\overline{BD}$의 길이를 구하여라.

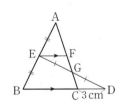

→ 개념2
삼각형의 두 변의 중점을 연결한 선분의 성질 (2)

26 ◆ 사각형의 각 변의 중점을 연결하여 만든 사각형

개념1 │ 사각형의 각 변의 중점을 연결하여 만든 사각형

(1) 사각형의 네 변의 중점을 연결하여 만든 사각형은 평행사변형이다.

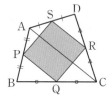

> 풍쌤티 △ABC에서 $\overline{PQ}/\!/\overline{AC}$, $\overline{PQ}=\frac{1}{2}\overline{AC}$, △ACD에서 $\overline{SR}/\!/\overline{AC}$, $\overline{SR}=\frac{1}{2}\overline{AC}$
> 따라서 $\overline{PQ}/\!/\overline{SR}$, $\overline{PQ}=\overline{SR}$이므로 □PQRS는 평행사변형이다.

(2) 등변사다리꼴의 네 변의 중점을 연결하여 만든 사각형은 마름모이다.

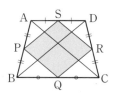

> 풍쌤티 $\overline{PQ}=\overline{SR}=\frac{1}{2}\overline{AC}$, $\overline{PS}=\overline{QR}=\frac{1}{2}\overline{BD}$
> 이때 □ABCD가 등변사다리꼴이므로 $\overline{AC}=\overline{BD}$
> 따라서 $\overline{PQ}=\overline{QR}=\overline{RS}=\overline{SP}$이므로 □PQRS는 마름모이다.

◆예제 1◆

오른쪽 그림과 같이 □ABCD에서 네 변의 중점을 각각 P, Q, R, S라 하자. $\overline{AC}=20$ cm, $\overline{BD}=16$ cm일 때, $\overline{PS}$, $\overline{SR}$의 길이를 각각 구하여라.

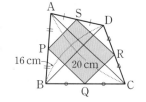

> 풀이 $\overline{PS}=\frac{1}{2}\overline{BD}=8(\text{cm})$, $\overline{SR}=\frac{1}{2}\overline{AC}=10(\text{cm})$

> 답 $\overline{PS}=8$ cm, $\overline{SR}=10$ cm

◆확인 1◆

오른쪽 그림과 같이 $\overline{AD}/\!/\overline{BC}$인 등변사다리꼴 ABCD의 네 변의 중점을 각각 P, Q, R, S라 하자. $\overline{BD}=24$ cm일 때, $\overline{SR}$의 길이를 구하고 □PQRS는 어떤 사각형인지 말하여라.

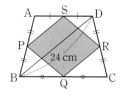

개념2 │ 사다리꼴에서 삼각형의 두 변의 중점을 연결한 선분의 성질의 활용

$\overline{AD}/\!/\overline{BC}$인 사다리꼴 ABCD에서 $\overline{AB}$, $\overline{CD}$의 중점을 각각 M, N이라 하면

(1) $\overline{AD}/\!/\overline{MN}/\!/\overline{BC}$ (2) $\overline{MN}=\frac{1}{2}(\overline{AD}+\overline{BC})$

(3) $\overline{PQ}=\frac{1}{2}(\overline{BC}-\overline{AD})$ (단, $\overline{BC}>\overline{AD}$)

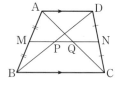

◆예제 2◆

오른쪽 그림과 같이 $\overline{AD}/\!/\overline{BC}$인 사다리꼴 ABCD에서 $\overline{AB}$, $\overline{CD}$의 중점을 각각 M, N이라 할 때, x의 값을 구하여라.

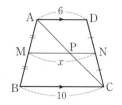

> 풀이 $\overline{MP}=\frac{1}{2}\overline{BC}=5$, $\overline{PN}=\frac{1}{2}\overline{AD}=3$
> $\therefore x=\overline{MP}+\overline{PN}=5+3=8$

> 답 8

◆확인 2◆

오른쪽 그림과 같이 $\overline{AD}/\!/\overline{BC}$인 사다리꼴 ABCD에서 $\overline{AB}$, $\overline{CD}$의 중점을 각각 M, N이라 할 때, x의 값을 구하여라.

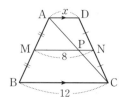

01 오른쪽 그림과 같은 □ABCD에서 네 변의 중점을 각각 P, Q, R, S라 할 때, 다음 중 옳지 <u>않은</u> 것은?

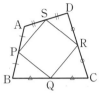

① $\overline{PS}=\overline{QR}$ ② $\overline{PQ}=\overline{SR}$

③ $\overline{PS}=\overline{PQ}$ ④ $\overline{PQ}/\!/\overline{SR}$

⑤ □PQRS는 평행사변형이다.

➔ 개념1
사각형의 각 변의 중점을 연결하여 만든 사각형

02 오른쪽 그림과 같이 $\overline{AD}/\!/\overline{BC}$인 등변사다리꼴 ABCD에서 네 변의 중점을 각각 P, Q, R, S라 하자. $\overline{AC}=20$ cm일 때, □PQRS의 둘레의 길이는?

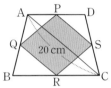

① 35 cm   ② 40 cm   ③ 45 cm

④ 50 cm   ⑤ 55 cm

➔ 개념1
사각형의 각 변의 중점을 연결하여 만든 사각형

03 오른쪽 그림과 같이 $\overline{AD}/\!/\overline{BC}$인 사다리꼴 ABCD에서 $\overline{AB}$, $\overline{CD}$의 중점을 각각 M, N이라 하자. $\overline{AD}=11$ cm, $\overline{BC}=17$ cm일 때, $\overline{PQ}$의 길이를 구하여라.

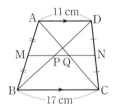

➔ 개념2
사다리꼴에서 삼각형의 두 변의 중점을 연결한 선분의 성질의 활용

04 오른쪽 그림과 같이 $\overline{AD}/\!/\overline{BC}$인 사다리꼴 ABCD에서 $\overline{AB}$, $\overline{CD}$의 중점을 각각 M, N이라 할 때, $\overline{AD}$의 길이는?

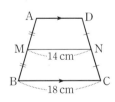

① 8 cm   ② 9 cm   ③ 10 cm

④ 11 cm   ⑤ 12 cm

➔ 개념2
사다리꼴에서 삼각형의 두 변의 중점을 연결한 선분의 성질의 활용

유형 · check

정답과 해설 27~29쪽 | 워크북 44~46쪽

유형 · 1 삼각형의 두 변의 중점을 연결한 선분의 성질

오른쪽 그림에서 $\overline{AD} /\!/ \overline{EQ} /\!/ \overline{BC}$이고 점 E는 $\overline{AB}$의 중점이다. $\overline{AD}=6$ cm, $\overline{BC}=10$ cm일 때, $\overline{PQ}$의 길이는?

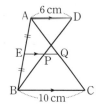

① 1 cm ② 2 cm ③ 3 cm ④ 4 cm ⑤ 5 cm

» 닮은꼴 문제

1-1

오른쪽 그림과 같이 $\angle B=90°$인 직각삼각형 ABC에서 점 D는 $\overline{BC}$의 중점이다. $\overline{BC}\perp\overline{ED}$이고, $\overline{CD}=8$ cm, $\overline{CE}=10$ cm, $\overline{DE}=6$ cm일 때, □ABDE의 넓이를 구하여라.

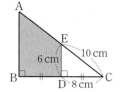

1-2

오른쪽 그림과 같은 △ABC에서 $\overline{AM}=\overline{MB}$이고 △MBD에서 $\overline{MG}=\overline{GD}$이다. $\overline{BD}=15$ cm일 때, $\overline{BC}$의 길이를 구하여라.

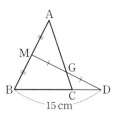

유형 · 2 삼각형의 두 변의 중점을 연결한 선분의 성질의 활용

오른쪽 그림과 같은 △ABC에서 $\overline{AB}$를 삼등분하는 점을 각각 D, E라 하고, $\overline{AC}$의 중점을 F라 하자. $\overline{DF}=3$ cm일 때, $\overline{FG}$의 길이를 구하여라.

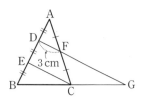

» 닮은꼴 문제

2-1

오른쪽 그림과 같은 △ABC에서 세 변의 중점을 각각 D, E, F라 하자. △DEF의 둘레의 길이가 12 cm일 때, △ABC의 둘레의 길이를 구하여라.

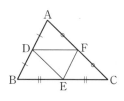

2-2

오른쪽 그림과 같은 △ABC에서 점 D는 $\overline{BC}$의 중점이다. $\overline{AE}:\overline{EC}=1:2$이고 $\overline{BE}=16$ cm일 때, $\overline{BF}$의 길이를 구하여라.

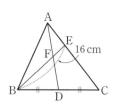

오른쪽 그림과 같은 □ABCD에서 네 변의 중점을 각각 P, Q, R, S라 하자. □PQRS의 둘레의 길이가 28 cm일 때, □ABCD의 두 대각선의 길이의 합은?

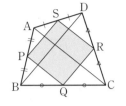

① 24 cm ② 25 cm ③ 26 cm
④ 27 cm ⑤ 28 cm

» 닮은꼴 문제

3-1

오른쪽 그림과 같은 직사각형 ABCD에서 네 변의 중점을 각각 P, Q, R, S라 하자. $\overline{BD}$=28 cm일 때, □PQRS의 둘레의 길이를 구하여라.

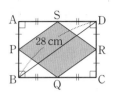

3-2

오른쪽 그림과 같이 정사각형 ABCD의 네 변의 중점을 각각 P, Q, R, S라 하자. $\overline{AC}$=8 cm일 때, □PQRS의 넓이를 구하여라.

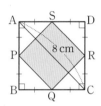

오른쪽 그림과 같이 $\overline{AD}/\!/\overline{BC}$인 사다리꼴 ABCD에서 $\overline{AB}$, $\overline{CD}$의 중점을 각각 M, N이라 하고, $\overline{MN}$과 $\overline{BD}$, $\overline{AC}$의 교점을 각각 P, Q라 하자. $\overline{MP}=\overline{PQ}=\overline{QN}$이고 $\overline{AD}$=4 cm일 때, $\overline{BC}$의 길이를 구하여라.

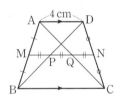

» 닮은꼴 문제

4-1

오른쪽 그림과 같이 $\overline{AD}/\!/\overline{BC}$인 사다리꼴 ABCD에서 $\overline{AB}$, $\overline{CD}$의 중점을 각각 M, N이라 하자. $\overline{AD}$=8 cm, $\overline{EN}$=3 cm일 때, $\overline{ME}+\overline{BC}$의 길이를 구하여라.

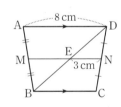

4-2

오른쪽 그림과 같이 $\overline{AD}/\!/\overline{BC}$인 사다리꼴 ABCD에서 $\overline{AB}$, $\overline{CD}$의 중점을 각각 M, N이라 할 때, $\overline{BC}$의 길이를 구하여라.

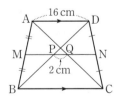

27 · 삼각형의 중선과 무게중심

개념 1 삼각형의 중선과 넓이

(1) 중선: 삼각형의 한 꼭짓점과 그 대변의 중점을 이은 선분

(2) 중선의 성질: 삼각형의 중선은 그 삼각형의 넓이를 이등분한다.

→ $\overline{\text{AM}}$은 △ABC의 중선이므로

△ABM = △ACM

밑변의 길이가 같고, 높이가 같으므로 넓이가 같다.

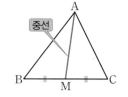

풍쌤의 point ① 이등변삼각형은 두 중선의 길이가 같아.
② 정삼각형은 세 중선의 길이가 모두 같아.

◆ 예제 1 ◆

오른쪽 그림에서 $\overline{\text{AD}}$는
△ABC의 한 중선이다.
△ABC의 넓이가 26 cm²일
때, △ABD의 넓이를 구하여라.

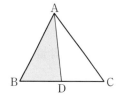

▶ 풀이 $\triangle\text{ABD} = \dfrac{1}{2}\triangle\text{ABC} = \dfrac{1}{2} \times 26 = 13(\text{cm}^2)$

▶ 답 13 cm²

◆ 확인 1 ◆

오른쪽 그림에서 $\overline{\text{AD}}$는
△ABC의 중선이다.
△ACD = 50 cm²일 때,
△ABC의 넓이를 구하여라.

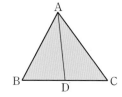

개념 2 삼각형의 무게중심

(1) 삼각형의 무게중심: 삼각형의 세 중선의 교점

(2) 삼각형의 무게중심의 성질: 삼각형의 무게중심은 세 중선의 길이를 각 꼭짓점으로부터 2 : 1로 나눈다.

→ △ABC의 무게중심 G에 대하여

$\overline{\text{AG}} : \overline{\text{GD}} = \overline{\text{BG}} : \overline{\text{GE}} = \overline{\text{CG}} : \overline{\text{GF}} = 2 : 1$

$\overline{\text{CG}} = \dfrac{2}{3}\overline{\text{CF}}, \ \overline{\text{GF}} = \dfrac{1}{3}\overline{\text{CF}}$

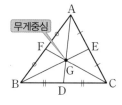

◆ 예제 2 ◆

오른쪽 그림에서 점 G가
△ABC의 무게중심일 때, x의
값을 구하여라.

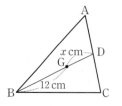

▶ 풀이 $\overline{\text{BG}} : \overline{\text{GD}} = 2 : 1$이므로

$12 : x = 2 : 1$

$2x = 12$ ∴ $x = 6$

▶ 답 6

◆ 확인 2 ◆

오른쪽 그림에서 점 G가 △ABC
의 무게중심일 때, x의 값을 구하
여라.

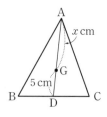

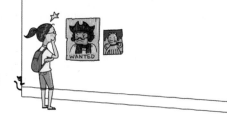

개념 + check

정답과 해설 29쪽 | 워크북 47~48쪽

01 오른쪽 그림과 같은 $\triangle ABC$에서 점 M은 $\overline{BC}$의 중점이고, 점 N은 $\overline{AM}$의 중점이다. $\triangle ABC$의 넓이가 $36\ cm^2$일 때, $\triangle ANC$의 넓이는?

① $8\ cm^2$　② $9\ cm^2$　③ $12\ cm^2$　④ $15\ cm^2$　⑤ $18\ cm^2$

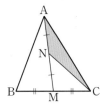

→ 개념1
삼각형의 중선과 넓이

02 오른쪽 그림에서 점 G가 $\triangle ABC$의 무게중심일 때, x, y의 값을 각각 구하여라.

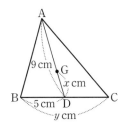

→ 개념2
삼각형의 무게중심

03 오른쪽 그림에서 점 G가 $\triangle ABC$의 무게중심일 때, $x+y$의 값은?

① 16　② 17　③ 18　④ 19　⑤ 20

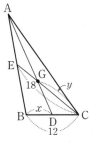

→ 개념2
삼각형의 무게중심

04 오른쪽 그림에서 점 G는 $\triangle ABC$의 무게중심이고, 점 M은 중선 AD의 중점이다. $\overline{AD}=12\ cm$일 때, $\overline{GM}$의 길이를 구하여라.

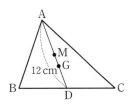

→ 개념2
삼각형의 무게중심

28 ᐧ 삼각형의 무게중심과 넓이

개념 1 삼각형의 무게중심과 넓이 (1)

삼각형의 세 중선에 의해 나누어진 6개의 삼각형의 넓이는 모두 같다.

➜ △ABC에서 $\overline{AD}$, $\overline{BE}$, $\overline{CF}$가 중선일 때

$$△GAF = △GBF = △GBD = △GCD = △GCE = △GAE$$
$$= \frac{1}{6} △ABC$$

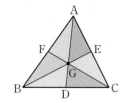

[풍쌤Ti] $\underbrace{△ABG : △BDG}_{\overline{AG}:\overline{GD}} = \underbrace{△BCG : △CEG}_{\overline{BG}:\overline{GE}} = \underbrace{△CAG : △AFG}_{\overline{CG}:\overline{GF}} = 2 : 1$ └─ 밑변의 길이의 비

✦ 예제 1 ✦

오른쪽 그림에서 점 G는
△ABC의 무게중심이다.
△ABC의 넓이가 42 cm²일
때, △GBD의 넓이를 구하여라.

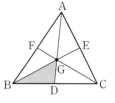

❯ 풀이 $△GBD = \frac{1}{6}△ABC$
$$= \frac{1}{6} \times 42 = 7(\text{cm}^2)$$

❯ 답 7 cm²

✦ 확인 1 ✦

오른쪽 그림에서 점 G는
△ABC의 무게중심이다.
△ABC의 넓이가 54 cm²일
때, △GCE의 넓이를 구하여라.

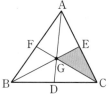

개념 2 삼각형의 무게중심과 넓이 (2)

삼각형의 세 꼭짓점과 무게중심을 이어서 생기는 세 삼각형의 넓이는 모두
같다.

➜ 점 G가 △ABC의 무게중심일 때

$$△GAB = △GBC = △GCA = \frac{1}{3}△ABC$$

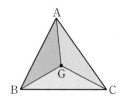

✦ 예제 2 ✦

오른쪽 그림에서 점 G는
△ABC의 무게중심이다.
△ABC의 넓이가 48 cm²일
때, △GBC의 넓이를 구하여라.

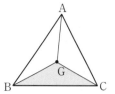

❯ 풀이 $△GBC = \frac{1}{3}△ABC$
$$△GBC = \frac{1}{3} \times 48 = 16(\text{cm}^2)$$

❯ 답 16 cm²

✦ 확인 2 ✦

오른쪽 그림에서 점 G는
△ABC의 무게중심이다.
△ABC의 넓이가 27 cm²일
때, △GAB의 넓이를 구하여라.

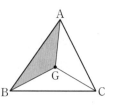

정답과 해설 29쪽 ㅣ 워크북 49~50쪽

개념 ◆ check

01 오른쪽 그림에서 점 G는 △ABC의 무게중심이다.
△ABC$=36$ cm^{2}일 때, 색칠한 부분의 넓이를 구하여라.

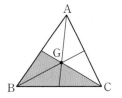

→ 개념1
삼각형의 무게중심과 넓이 (1)

02 오른쪽 그림에서 점 G는 △ABC의 무게중심이다.
△ABC$=54$ cm^{2}일 때, □EBDG의 넓이를 구하여라.

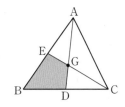

→ 개념1
삼각형의 무게중심과 넓이 (1)

03 오른쪽 그림에서 점 G는 △ABC의 무게중심이다.
△ABC$=48$ cm^{2}일 때, 색칠한 부분의 넓이를 구하여라.

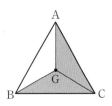

→ 개념2
삼각형의 무게중심과 넓이 (2)

04 오른쪽 그림과 같이 ∠C$=90°$인 직각삼각형 ABC에
서 점 G가 △ABC의 무게중심일 때, △GBC의 넓이
를 구하여라.

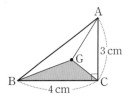

→ 개념2
삼각형의 무게중심과 넓이 (2)

29 ◆ 평행사변형에서 삼각형의 무게중심의 활용

개념 1 ┃ 평행사변형에서 삼각형의 무게중심의 활용

평행사변형 ABCD의 두 대각선의 교점을 O, △ABC의 중선 $\overline{AM}$, △ACD의 중선 $\overline{AN}$과 $\overline{BD}$의 교점을 각각 P, Q라 하면

(1) **점 P는 △ABC의 무게중심**이다.
　　└─ 두 중선 $\overline{BO}$, $\overline{AM}$의 교점

　➡ △ABC에서 $\overline{AO}=\overline{CO}$, $\overline{BM}=\overline{CM}$
　　즉, 점 P가 △ABC의 두 중선의 교점이므로 점 P는 △ABC의 무게중심이다.

(2) **점 Q는 △ACD의 무게중심**이다.
　　└─ 두 중선 $\overline{DO}$, $\overline{AN}$의 교점

　➡ △ACD에서 $\overline{AO}=\overline{CO}$, $\overline{CN}=\overline{DN}$
　　즉, 점 Q가 △ACD의 두 중선의 교점이므로 점 Q는 △ACD의 무게중심이다.

(3) $\overline{BP}=\overline{PQ}=\overline{QD}$

(4) $\triangle ABP=\triangle APQ=\triangle AQD=\dfrac{1}{3}\triangle ABD=\dfrac{1}{6}\square ABCD$

◆ 예제 1 ◆

오른쪽 그림과 같은 평행사변형 ABCD에서 두 점 M, N은 각각 $\overline{BC}$, $\overline{CD}$의 중점이다. $\overline{BD}=18$ cm일 때, 다음을 구하여라.

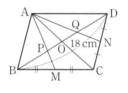

(1) $\overline{BO}$의 길이　　　(2) $\overline{PQ}$의 길이

▶ 풀이　(1) $\overline{BO}=\dfrac{1}{2}\overline{BD}=\dfrac{1}{2}\times18=9$(cm)

　　　　(2) $\overline{PQ}=\dfrac{1}{3}\overline{BD}=\dfrac{1}{3}\times18=6$(cm)

▶ 답　(1) 9 cm　　(2) 6 cm

◆ 확인 1 ◆

오른쪽 그림과 같은 평행사변형 ABCD에서 두 점 M, N은 각각 $\overline{BC}$, $\overline{CD}$의 중점이다. $\overline{BD}=12$ cm일 때, $\overline{PO}$의 길이를 구하여라.

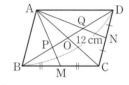

◆ 예제 2 ◆

오른쪽 그림과 같은 평행사변형 ABCD에서 두 점 M, N은 각각 $\overline{BC}$, $\overline{CD}$의 중점이다. □ABCD의 넓이가 60 cm² 일 때, 다음을 구하여라.

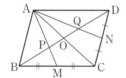

(1) △ABD의 넓이

(2) △ABO의 넓이

▶ 풀이　(1) $\triangle ABD=\dfrac{1}{2}\square ABCD=\dfrac{1}{2}\times60=30$(cm²)

　　　　(2) $\triangle ABO=\dfrac{1}{2}\triangle ABD=\dfrac{1}{2}\times30=15$(cm²)

▶ 답　(1) 30 cm²　　(2) 15 cm²

◆ 확인 2 ◆

오른쪽 그림과 같은 평행사변형 ABCD에서 두 점 M, N은 각각 $\overline{BC}$, $\overline{CD}$의 중점이다. □ABCD의 넓이가 72 cm² 일 때, △ABP의 넓이를 구하여라.

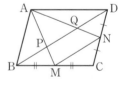

개념 · check

정답과 해설 29~30쪽 ㅣ 워크북 50~51쪽

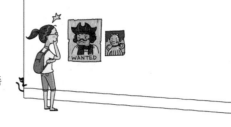

01 오른쪽 그림과 같은 평행사변형 ABCD에서 $\overline{BC}$, $\overline{CD}$의 중점을 각각 M, N이라 하고, $\overline{AM}$, $\overline{AN}$과 $\overline{BD}$의 교점을 각각 P, Q라 할 때, 다음 중 옳지 않은 것은?

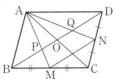

① 점 P는 △ABC의 무게중심이다.

② 점 Q는 △ACD의 무게중심이다.

③ $\overline{MN}=\frac{1}{2}\overline{BD}$

④ $\overline{AM}=\overline{AN}$

⑤ $\overline{BP}=\overline{PQ}=\overline{QD}$

→ 개념1
평행사변형에서 삼각형의 무게중심의 활용

02 오른쪽 그림과 같은 평행사변형 ABCD에서 두 점 M, N은 각각 $\overline{BC}$, $\overline{CD}$의 중점이다. $\overline{PO}=3$ cm일 때, $\overline{BD}$의 길이를 구하여라.

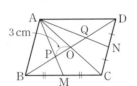

→ 개념1
평행사변형에서 삼각형의 무게중심의 활용

03 오른쪽 그림과 같은 평행사변형 ABCD에서 두 점 M, N은 각각 $\overline{BC}$, $\overline{CD}$의 중점이다. □ABCD의 넓이가 54 cm^2일 때, △APQ의 넓이를 구하여라.

→ 개념1
평행사변형에서 삼각형의 무게중심의 활용

04 오른쪽 그림과 같은 평행사변형 ABCD에서 두 점 M, N은 각각 $\overline{BC}$, $\overline{CD}$의 중점이다. △APQ의 넓이가 15 cm^2일 때, □ABCD의 넓이를 구하여라.

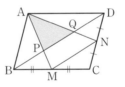

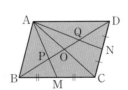

→ 개념1
평행사변형에서 삼각형의 무게중심의 활용

유형 · check

유형 · 1 삼각형의 중선의 성질

오른쪽 그림과 같은 △ABC에서
점 M은 $\overline{AC}$의 중점, 점 N은
$\overline{BM}$의 중점이다. △ABC의 넓
이가 48 cm²일 때, 색칠한 부분
의 넓이는?

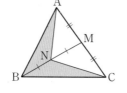

① 16 cm²　　② 18 cm²　　③ 20 cm²

④ 22 cm²　　⑤ 24 cm²

>> 닮은꼴 문제

1-1

오른쪽 그림과 같은 △ABC에
서 점 D는 $\overline{AC}$의 중점이고, 점
E는 $\overline{BD}$의 중점이다. △BCE
의 넓이가 4 cm²일 때,
△ABC의 넓이를 구하여라.

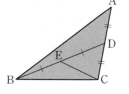

1-2

오른쪽 그림에서 $\overline{AD}$는 △ABC
의 중선이다. △ABD=56 cm²
일 때, $\overline{AH}$의 길이를 구하여라.

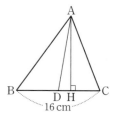

유형 · 2 삼각형의 무게중심의 성질

오른쪽 그림에서 점 G는
△ABC의 무게중심, 점 G′은
△GBC의 무게중심이다.
$\overline{AD}=27$일 때, $\overline{GG'}$의 길이는?

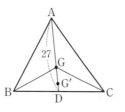

① 6　　　　② 7

③ 8　　　　④ 9　　　　⑤ 10

>> 닮은꼴 문제

2-1

오른쪽 그림에서 점 G는
△ABC의 무게중심이고, 점 G′
은 △GBC의 무게중심이다.
$\overline{AD}=36$ cm일 때, $\overline{AG'}$의 길이
를 구하여라.

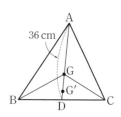

2-2

오른쪽 그림에서 점 G는
△ABC의 무게중심, 점 G′은
△GBC의 무게중심이다.
$\overline{GG'}=2$ cm일 때, $\overline{AD}$의 길이를
구하여라.

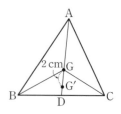

» 닮은꼴 문제

유형·**3**   직각삼각형의 무게중심

오른쪽 그림과 같이 ∠B=90°인 직각삼각형 ABC에서 점 G는 △ABC의 무게중심이다. $\overline{AC}$=36 cm일 때, $\overline{BG}$의 길이는?

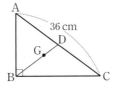

① 11 cm   ② 12 cm   ③ 13 cm

④ 14 cm   ⑤ 15 cm

3-1

오른쪽 그림과 같이 ∠C=90°인 직각삼각형 ABC에서 점 G는 △ABC의 무게중심이다. $\overline{CG}$=9 cm일 때, $\overline{AB}$의 길이를 구하여라.

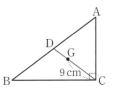

3-2

오른쪽 그림과 같이 ∠C=90°인 직각삼각형 ABC에서 점 G는 △ABC의 무게중심이고, 점 G′은 △ABG의 무게중심이다. $\overline{AB}$=54 cm일 때, $\overline{GG'}$의 길이를 구하여라.

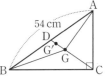

유형·**4**   삼각형의 두 변의 중점을 연결한 선분의 성질과 무게중심

» 닮은꼴 문제

오른쪽 그림에서 점 G는 △ABC의 무게중심이고 $\overline{CE}/\!/\overline{DF}$이다. $\overline{BF}$=5, $\overline{CG}$=12일 때, x, y의 값을 각각 구하여라.

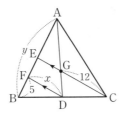

4-1

오른쪽 그림에서 점 G는 △ABC의 무게중심이고 $\overline{BE}/\!/\overline{DF}$이다. $\overline{DF}$=3일 때, $\overline{BG}$의 길이를 구하여라.

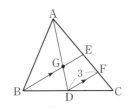

4-2

오른쪽 그림에서 점 G는 △ABC의 무게중심이다. $\overline{BE}=\overline{ED}$이고, $\overline{AG}$=10 cm일 때, $\overline{EF}$의 길이를 구하여라.

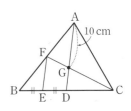

유형 5 삼각형의 무게중심과 닮음

오른쪽 그림에서 점 G는 $\triangle ABC$의 무게중심이고 $\overline{BC} /\!/ \overline{MN}$이다. $\overline{GD}=5$, $\overline{BC}=18$일 때, $x+y$의 값은?

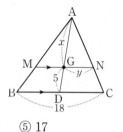

① 13 ② 14 ③ 15 ④ 16 ⑤ 17

» 닮은꼴 문제

5-1

오른쪽 그림에서 점 G는 $\triangle ABC$의 무게중심이고, $\overline{AB} /\!/ \overline{EF}$이다. $\overline{AB}=15$ cm일 때, $\overline{EG}$의 길이를 구하여라.

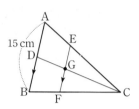

5-2

오른쪽 그림에서 점 D는 $\overline{BC}$의 중점이고, 두 점 G, G′은 각각 $\triangle ABD$와 $\triangle ACD$의 무게중심이다. $\overline{GG'}=9$일 때, $\overline{BC}$의 길이를 구하여라.

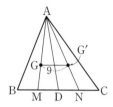

유형 6 삼각형의 무게중심과 넓이

오른쪽 그림에서 점 G는 $\triangle ABC$의 무게중심이다. $\triangle ABC$의 넓이가 36 cm^2일 때, $\triangle GED$의 넓이를 구하여라.

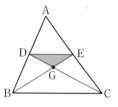

» 닮은꼴 문제

6-1

오른쪽 그림에서 점 G는 $\triangle ABC$의 무게중심이고 $\triangle ABC$의 넓이는 24 cm^2이다. $\overline{BE}=\overline{EG}$일 때, $\triangle GED$의 넓이를 구하여라.

6-2

오른쪽 그림에서 점 G는 $\triangle ABC$의 무게중심이다. $\overline{BC} /\!/ \overline{EF}$이고 $\triangle ABC$의 넓이가 54 cm^2일 때, $\triangle DEF$의 넓이를 구하여라.

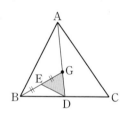

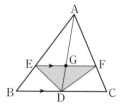

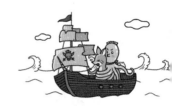

유형 7 평행사변형에서 삼각형의 무게중심

오른쪽 그림과 같은 평행사변형 ABCD에서 $\overline{AD}$, $\overline{BC}$의 중점을 각각 M, N이라 하자. $\overline{BD}=21\text{ cm}$일 때, $\overline{PQ}$의 길이는?

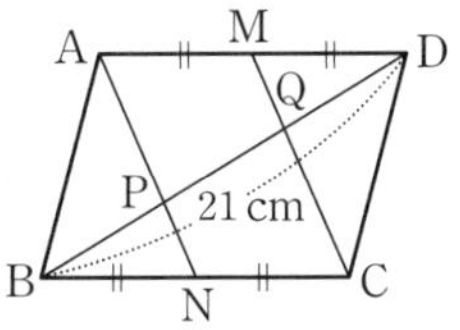

① 5 cm ② 6 cm ③ 7 cm
④ 8 cm ⑤ 9 cm

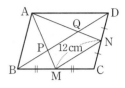

» 닮은꼴 문제

7-1

오른쪽 그림과 같은 평행사변형 ABCD에서 $\overline{BC}$, $\overline{CD}$의 중점을 각각 M, N이라 하자. $\overline{MN}=12\text{ cm}$일 때, $\overline{PQ}$의 길이를 구하여라.

7-2

오른쪽 그림과 같은 평행사변형 ABCD에서 두 점 E, F는 각각 $\overline{BC}$, $\overline{CD}$의 중점이다. $\overline{PQ}=3\text{ cm}$일 때, $\overline{EF}$의 길이를 구하여라.

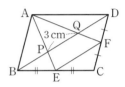

유형 8 평행사변형에서 삼각형의 무게중심의 활용

오른쪽 그림과 같은 평행사변형 ABCD에서 점 N은 $\overline{CD}$의 중점이다. □ABCD의 넓이가 24 cm^2일 때, △QDN의 넓이는?

① 2 cm^2 ② $\frac{5}{2}\text{ cm}^2$ ③ 3 cm^2
④ $\frac{7}{2}\text{ cm}^2$ ⑤ 4 cm^2

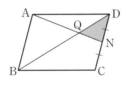

» 닮은꼴 문제

8-1

오른쪽 그림과 같은 평행사변형 ABCD에서 점 M은 $\overline{AD}$의 중점이고, 점 P는 $\overline{AC}$와 $\overline{BM}$의 교점이다. $\triangle ABP=8\text{ cm}^2$일 때, □ABCD의 넓이를 구하여라.

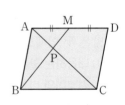

8-2

오른쪽 그림의 평행사변형 ABCD에서 $\overline{BC}=8\text{ cm}$, $\overline{DH}=6\text{ cm}$, $\overline{CM}=\overline{DM}$일 때, □OCMP의 넓이를 구하여라.

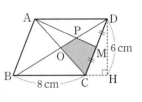

30 ◆ 닮은 도형의 넓이의 비와 부피의 비

개념1 닮은 평면도형의 둘레의 길이의 비와 넓이의 비

닮은 두 평면도형의 닮음비가 $m : n$일 때

(1) 둘레의 길이의 비 ➔ $m : n$
　　　　　　　　　└ 닮음비

(2) 넓이의 비 ➔ $m^2 : n^2$

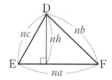

> 풍쌤티 위의 그림과 같이 △ABC∽△DEF이고, 닮음비가 $m : n$일 때
> ① △ABC와 △DEF의 둘레의 길이의 비 ➔ $m(a+b+c) : n(a+b+c)=m : n$
> ② △ABC와 △DEF의 넓이의 비 ➔ $\frac{1}{2}m^2ah : \frac{1}{2}n^2ah=m^2 : n^2$

◆ 예제 1 ◆

오른쪽 그림에서
△ABC∽△DEF
일 때, 다음을 구하
여라.

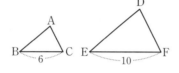

(1) 닮음비　　　(2) 넓이의 비

➤ 풀이 (1) $6 : 10=3 : 5$　(2) $3^2 : 5^2=9 : 25$

➤ 답 (1) $3 : 5$　(2) $9 : 25$

◆ 확인 1 ◆

오른쪽 그림의 두 정
오각형 A, B는 서로
닮은 도형일 때, 다음
을 구하여라.

(1) 둘레의 길이의 비　(2) 넓이의 비

개념2 닮은 입체도형의 겉넓이의 비와 부피의 비

닮은 두 입체도형의 닮음비가 $m : n$일 때

(1) 대응하는 모서리의 길이의 비 ➔ $m : n$
(2) 겉넓이의 비 ➔ $m^2 : n^2$
(3) 부피의 비 ➔ $m^3 : n^3$
　　　　　└ 닮음비

> ◆ 닮은 도형에서 길이의 비는 닮음비와 같고, 넓이의 비는 닮음비의 제곱, 부피의 비는 닮음비의 세제곱과 같다.

◆ 예제 2 ◆

오른쪽 그림에서 두 직육면
체가 서로 닮은 도형이고,
□BFGC∽□B′F′G′C′
일 때, 다음을 구하여라.

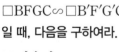

(1) 닮음비

(2) 겉넓이의 비

(3) 부피의 비

➤ 풀이 (2) $2^2 : 3^2=4 : 9$　(3) $2^3 : 3^3=8 : 27$

➤ 답 (1) $2 : 3$　(2) $4 : 9$　(3) $8 : 27$

◆ 확인 2 ◆

오른쪽 그림의 두 구
O, O′은 서로 닮은 도
형일 때, 다음을 구하
여라.

(1) 닮음비

(2) 겉넓이의 비

(3) 부피의 비

개념 ✦ check

정답과 해설 32쪽 ㅣ 워크북 52~53쪽

01 오른쪽 그림에서 △ABC∽△DEF이고, △ABC의 둘레의 길이가 20 cm일 때, △DEF의 둘레의 길이를 구하여라.

 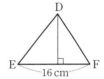

→ 개념1
닮은 평면도형의 둘레의 길이의 비와 넓이의 비

02 오른쪽 그림에서 △ABC와 △DEF는 서로 닮은 도형이다. △DEF의 넓이가 32 cm²일 때, △ABC의 넓이는?

① 16 cm²　　② 18 cm²
③ 21 cm²　　④ 24 cm²　　⑤ 28 cm²

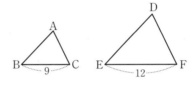

→ 개념1
닮은 평면도형의 둘레의 길이의 비와 넓이의 비

03 오른쪽 그림에서 두 직육면체 A, B는 서로 닮은 도형이다. 직육면체 B의 겉넓이가 72 cm²일 때, 직육면체 A의 겉넓이는?

① 24 cm²　　② 28 cm²
③ 32 cm²　　④ 36 cm²　　⑤ 40 cm²

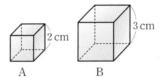

→ 개념2
닮은 입체도형의 겉넓이의 비와 부피의 비

04 오른쪽 그림에서 두 원기둥 A, B는 서로 닮은 도형이다. 원기둥 A의 부피가 54 cm³일 때, 원기둥 B의 부피를 구하여라.

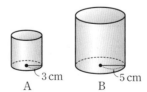

→ 개념2
닮은 입체도형의 겉넓이의 비와 부피의 비

31 ✦ 닮음의 활용

개념1 | 닮음의 활용

직접 측정하기 어려운 실제 높이나 거리 등은 도형의 닮음을 이용하여 간접적인 방법으로 구할 수 있다.

(1) 축도: 도형을 일정한 비율로 줄인 그림

(2) 축척: 축도에서 실제 도형을 줄인 비율

(3) 축척 및 축도에서의 길이, 실제 길이 사이의 관계

① $(축척) = \dfrac{(축도에서의 길이)}{(실제 길이)}$

② $(실제 길이) = \dfrac{(축도에서의 길이)}{(축척)}$

③ $(축도에서의 길이) = (실제 길이) \times (축척)$

✦ 예제 1 ✦

실제 거리가 200 m인 두 지점 사이의 거리를 지도 위에 나타내었더니 8 cm가 되었다. 이 지도의 축척을 구하여라.

▶ 풀이 200 m = 20000 cm이므로

$(축척) = \dfrac{(축도에서의 길이)}{(실제 길이)} = \dfrac{8}{20000} = \dfrac{1}{2500}$

▶ 답 $\dfrac{1}{2500}$

✦ 확인 1 ✦

실제 거리가 2.5 km인 두 지점 사이를 지도 위에 나타내었더니 5 cm가 되었다. 이 지도의 축척을 구하여라.

✦ 예제 2 ✦

축척이 $\dfrac{1}{10000}$인 지도에서의 거리가 20 cm인 두 지점 사이의 실제 거리를 구하여라.

▶ 풀이 $(실제 길이) = (축도에서의 길이) \div (축도)$

$= 20 \div \dfrac{1}{10000} = 20 \times 10000$

$= 200000(cm) = 2(km)$

▶ 답 2 km

✦ 확인 2 ✦

축척이 $\dfrac{1}{10000}$인 지도에서 길이가 3 cm인 도로의 실제 길이는 몇 km인지 구하여라.

✦ 예제 3 ✦

실제 거리가 0.8 km인 두 지점을 축척이 $\dfrac{1}{5000}$인 지도 위에 나타낼 때, 지도에서 두 지점 사이의 거리는 몇 cm인지 구하여라.

▶ 풀이 0.8 km = 80000 cm이므로

$(축도에서의 길이) = (실제 길이) \times (축척)$

$= 80000 \times \dfrac{1}{5000} = 16(cm)$

▶ 답 16 cm

✦ 확인 3 ✦

실제 길이가 0.5 km인 어떤 산책로를 축척이 $\dfrac{1}{25000}$인 지도 위에 나타낼 때, 지도에서 산책로의 길이는 몇 cm인지 구하여라.

01 오른쪽 그림은 두 지점 A, C 사이의 거리를 구하기 위해 측량한 것이다. $\overline{AC} /\!/ \overline{DE}$이고 $\overline{BE}=15$ m, $\overline{CE}=25$ m, $\overline{DE}=18$ m일 때, 두 지점 A, C 사이의 거리는?

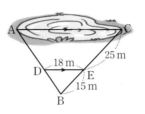

① 45 m　　　② 46 m

③ 47 m　　　④ 48 m　　　⑤ 49 m

→ 개념1
닮음의 활용

02 강을 사이에 둔 두 지점 D, E 사이의 거리를 재기 위하여 다음 그림과 같이 측량하였다. 두 지점 D, E 사이의 거리를 구하여라.

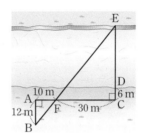

→ 개념1
닮음의 활용

03 오른쪽 그림과 같이 미현이가 거울을 바닥에 놓고 보았더니 나무 끝이 보였다. 지면에서 미현이의 눈까지의 높이가 1.5 m, 발끝에서 거울까지의 거리가 1 m, 거울에서 나무 밑까지의 거리가 3 m일 때, 나무의 높이를 구하여라.

(단, $\angle ACB = \angle ECD$)

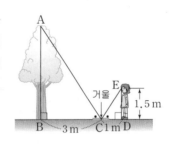

→ 개념1
닮음의 활용

04 오른쪽 그림은 한 지점 A에서 강 건너 지점 C까지의 거리를 측정하기 위하여 축척이 $\dfrac{1}{1000}$인 지도에 △ABC를 축소하여 △DEF를 그린 것이다. 이때 두 지점 A와 C 사이의 실제 거리는?

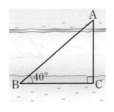

① 40 m　　　② 50 m　　　③ 60 m

④ 70 m　　　⑤ 80 m

→ 개념1
닮음의 활용

유형·check

유형·1 삼각형의 닮음 조건

오른쪽 그림과 같은 △ABC에서
두 점 D, E는 각각 $\overline{AB}$, $\overline{AC}$의 중
점이다. △ABC의 넓이가 40 cm²
일 때, △ADE의 넓이는?

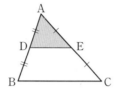

① 5 cm²   ② 8 cm²
③ 10 cm²   ④ 15 cm²   ⑤ 20 cm²

>> 닮은꼴 문제

1-1

오른쪽 그림에서
□ABCD∽□A'BC'D'이고,
$\overline{BC'}$=4 cm, $\overline{C'C}$=2 cm이다.
□A'BC'D'의 넓이가 16 cm²일 때,
색칠한 부분의 넓이를 구하여라.

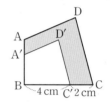

1-2

오른쪽 그림에서 □ABCD는
$\overline{AD}\parallel\overline{BC}$인 사다리꼴이고, 점 O
는 두 대각선의 교점이다.
△OBC의 넓이가 54 cm²일 때,
△ODA의 넓이를 구하여라.

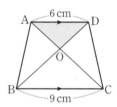

유형·2 닮은 두 입체도형의 겉넓이의 비

오른쪽 그림에서 두 원기둥
A, B는 서로 닮은 도형이고
밑면의 반지름의 길이가 각
각 2 cm, 3 cm이다. 원기
둥 A의 옆넓이가 24π cm²
일 때, 원기둥 B의 옆넓이는?

① 51π cm²   ② 52π cm²   ③ 53π cm²
④ 54π cm²   ⑤ 55π cm²

>> 닮은꼴 문제

2-1

오른쪽 그림의 두 직육면체는
서로 닮은 도형이고, 닮음비는
2:3이다. 큰 직육면체의 겉면을
칠하는 데 225 g의 페인트가 사용되었다면 작은 직육면체
의 겉면을 칠하는 데 사용되는 페인트의 양을 구하여라.

2-2

오른쪽 그림과 같이 정사면체
ABCD의 각 모서리의 길이를
$\frac{2}{3}$배로 줄여 작은 정사면체
EBFG를 만들었다. 정사면체
ABCD의 겉넓이가 180 cm²
일 때, 정사면체 EBFG의 겉넓이를 구하여라.

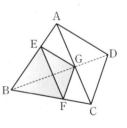

다음 그림에서 두 직육면체는 서로 닮은 도형이고
□ABCD∽□A′B′C′D′이다. □ABCD, □A′B′C′D′
의 넓이가 각각 12 cm², 27 cm²이고, 작은 직육면체의 부
피가 48 cm³일 때, 큰 직육면체의 부피를 구하여라.

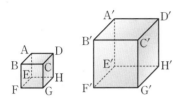

» 닮은꼴 문제

3-1

오른쪽 그림에서 두 구의 부
피가 각각 54π cm³,
250π cm³일 때, 작은 구와
큰 구의 겉넓이의 비를 구하
여라.

3-2

오른쪽 그림과 같이 원뿔 모양의 그릇에
전체 높이의 $\frac{1}{3}$만큼 물이 들어 있다. 들
어 있는 물의 양이 10 mL일 때, 이 그릇
에 물을 가득 채우려면 몇 mL의 물을 더
넣어야 하는지 구하여라.

그리스의 수학자 탈레스는 지팡이 하나로 두 직각삼각형
의 닮음을 이용하여 피라미드의 높이를 알아내었다. 다음
은 그가 사용한 방법이다.

(가) 어느 시각에 지팡이를 땅에 수직으로 꽂는다.
(나) 그 시각의 피라미드와 지팡이의 그림자의 길이
를 잰다.
(다) 두 직각삼각형의 닮음을 이용하여 피라미드의
높이를 구한다.

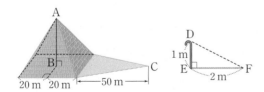

위의 그림을 이용하여 피라미드의 높이를 구하여라.

» 닮은꼴 문제

4-1

200 m를 4 cm로 나타내는 어떤 지도에서 가로의 길이가
2 cm, 세로의 길이가 4 cm인 직사각형 모양의 땅의 실제
넓이를 구하여라.

4-2

오른쪽 그림은 두 지점 A, C
사이의 거리를 구하기 위해
축척이 $\frac{1}{50000}$인 지도로 나
타낸 것이다. $\overline{AC} /\!/ \overline{DE}$일 때,
두 지점 A, C 사이의 실제 거
리는 몇 km인지 구하여라.

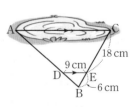

단원·마무리

01 오른쪽 그림과 같은 △ABC에서 $\overline{DE}\,\#\,\overline{BF}$, $\overline{DF}\,\#\,\overline{BC}$일 때, $\overline{AE}$의 길이를 구하여라.

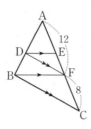

02 오른쪽 그림에 대한 다음 설명 중 옳은 것은?

① △AFE∽△ABC
② $\overline{DE} : \overline{AB}=5 : 8$
③ $\overline{AC}\,\#\,\overline{FD}$
④ $\overline{AB}\,\#\,\overline{ED}$
⑤ $\overline{FD} : \overline{AC}=5 : 8$

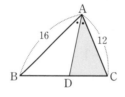

03 오른쪽 그림과 같은 △ABC에서 ∠A의 이등분선이 $\overline{BC}$와 만나는 점을 D라 하자. △ABC의 넓이가 $63\ cm^2$일 때, △ACD의 넓이는?

① $27\ cm^2$　② $28\ cm^2$　③ $29\ cm^2$
④ $30\ cm^2$　⑤ $31\ cm^2$

04 오른쪽 그림과 같이 $\overline{AD}\,\#\,\overline{BC}$인 사다리꼴 ABCD에서 $\overline{AD}\,\#\,\overline{EP}$일 때, $y-x$의 값을 구하여라.

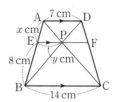

05 오른쪽 그림에서 $\overline{AB}\,\#\,\overline{EF}\,\#\,\overline{DC}$이고, $\overline{AB}=4$, $\overline{CD}=6$일 때, 다음 〈보기〉 중 옳은 것을 모두 고른 것은?

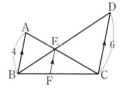

보기
ㄱ. $\overline{AE} : \overline{CE}=2 : 3$
ㄴ. △CEF∽△EAB
ㄷ. $\overline{BF} : \overline{BC}=2 : 3$
ㄹ. $\overline{EF}=\dfrac{12}{5}$

① ㄱ, ㄴ　② ㄱ, ㄷ　③ ㄱ, ㄹ
④ ㄴ, ㄷ　⑤ ㄷ, ㄹ

06 오른쪽 그림과 같은 △ABC에서 $\overline{BA}$의 연장선 위에 $\overline{BA}=\overline{AD}$가 되도록 점 D를 잡고, $\overline{AC}$의 중점 M에 대하여 $\overline{DM}$의 연장선이 $\overline{BC}$와 만나는 점을 E라 하자. $\overline{BC}=12$일 때, $\overline{CE}$의 길이를 구하여라.

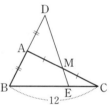

07 오른쪽 그림의 □ABCD에서 네 변의 중점을 연결하여 만든 □EFGH에 대한 설명으로 다음 중 옳지 <u>않은</u> 것은?

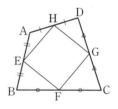

① ∠EFG=∠GHE
② 두 쌍의 대변이 각각 서로 평행하다.
③ 두 쌍의 대변의 길이가 각각 같다.
④ 두 대각선의 길이가 서로 같다.
⑤ (□EFGH의 둘레의 길이)$=\overline{AC}+\overline{BD}$

08 오른쪽 그림과 같이 $\overline{AD}/\!/\overline{BC}$인 사다리꼴 ABCD에서 두 점 M, N은 각각 $\overline{AB}$, $\overline{CD}$의 중점이다. $\overline{AD}=6$ cm, $\overline{BC}=12$ cm 일 때, $\overline{PQ}$의 길이는?

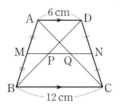

① 1 cm   ② 2 cm   ③ 3 cm

④ 4 cm   ⑤ 5 cm

09 오른쪽 그림에서 점 G는 △ABC의 무게중심이다. $\overline{EF}=\overline{FC}$이고, $\overline{DF}=9$일 때, $\overline{BG}$의 길이를 구하여라.

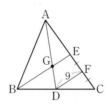

10 오른쪽 그림에서 점 G는 △ABC의 무게중심이다. $\overline{BC}/\!/\overline{EF}$이고 $\overline{AD}=24$ cm 일 때, $\overline{GF}$의 길이는?

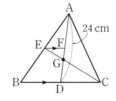

① 2 cm   ② 3 cm

③ 4 cm   ④ 5 cm

⑤ 6 cm

11 오른쪽 그림과 같은 평행사변형 ABCD에서 두 점 M, N은 각각 $\overline{BC}$, $\overline{CD}$의 중점이다. $\overline{MN}=6$일 때, $\overline{PQ}$의 길이를 구하여라.

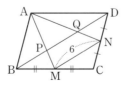

12 오른쪽 그림과 같은 △ABC에서 $\overline{BC}/\!/\overline{DE}$이고, $\overline{AD}=8$, $\overline{DB}=4$일 때, △ADE : □DBCE는?

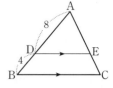

① 2 : 1   ② 2 : 3   ③ 4 : 1

④ 4 : 5   ⑤ 4 : 9

13 반지름의 길이가 6 cm인 구 모양의 쇠구슬을 녹여 반지름의 길이가 2 cm인 구슬을 만들 때, 작은 구슬의 겉넓이의 총합은 큰 구슬의 겉넓이의 몇 배인지 구하여라.

14 오른쪽 그림과 같이 원뿔의 모선을 삼등분하여, 원뿔의 밑면과 평행하게 잘랐을 때, 위에서부터 잘려진 세 부분 P, Q, R의 부피의 비는?

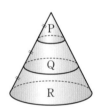

① 1 : 2 : 3   ② 1 : 4 : 9   ③ 1 : 8 : 27

④ 1 : 7 : 19   ⑤ 1 : 15 : 65

15 축척이 $\dfrac{1}{500000}$인 어떤 지도에서 길이가 3 cm인 두 지점을 실제로 시속 50 km로 왕복하는 데 걸리는 시간은?

① 18분   ② 30분   ③ 36분

④ 45분   ⑤ 60분

≡ 서술형 꽉 잡기 ≡

주어진 단계에 따라 쓰는 유형

16 오른쪽 그림과 같은 평행사변형 ABCD에서 두 점 M, N은 각각 $\overline{BC}$, $\overline{CD}$의 중점이다. □ABCD의 넓이가 48 cm²일 때, 색칠한 부분의 넓이를 구하여라.

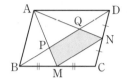

> · 생각해 보자 ·
>
> **구하는 것은?** 두 점 P, Q의 의미를 알고 △APQ와 △AMN의 넓이의 비를 이용하여 색칠한 부분의 넓이 구하기
>
> **주어진 것은?** ① 두 점 M, N은 각각 $\overline{BC}$, $\overline{CD}$의 중점
>   ② □ABCD의 넓이가 48 cm²

> **풀이**
> [1단계] $\overline{AC}$를 긋고 두 점 P, Q의 의미 밝히기 (20 %)

> [2단계] △APQ와 △AMN의 넓이의 비 구하기 (30 %)

> [3단계] △APQ, △AMN의 넓이 구하기 (40 %)

> [4단계] 색칠한 부분의 넓이 구하기 (10 %)

> **답**

풀이 과정을 자세히 쓰는 유형

17 오른쪽 그림에서 점 G는 △ABC의 무게중심이다. △GFE의 넓이가 6 cm²일 때, △ABC의 넓이를 구하여라.

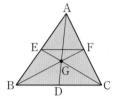

> **풀이**

> **답**

18 오른쪽 그림과 같이 벽에서 6 m 떨어진 곳에 나무 한 그루가 서 있고, 어느 시각에 나무의 그림자의 일부가 벽에 걸려 있었다. 같은 시각에 지면에 수직인 1 m짜리 막대의 그림자의 길이가 1.5 m일 때, 나무의 높이를 구하여라. (단, 지면과 벽면은 수직이다.)

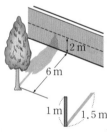

> **풀이**

> **답**

Ⅱ. 도형의 닮음과 피타고라스 정리

3. 피타고라스 정리

32 ◆ 피타고라스 정리

개념1 ┃ 피타고라스 정리

(1) 피타고라스 정리

직각삼각형 ABC에서 직각을 끼고 있는 두 변의 길이를 각각 a, b라 하고, 빗변의 길이를 c라 하면

$a^2+b^2=c^2$

└─ 직각삼각형에서 직각을 낀 두 변의 길이의
제곱의 합은 빗변의 길이의 제곱과 같다.

◆ 변의 길이 a, b, c는 항상 양수이다.

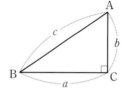

(2) 피타고라스 정리의 활용

∠C$=90°$인 직각삼각형 ABC에서 두 변의 길이를 알면 피타고라스 정리 $(a^2+b^2=c^2)$를 이용하여 나머지 한 변의 길이를 구할 수 있다.

풍쌤의 **point** ┃ 직각삼각형인 경우에만 피타고라스 정리가 성립한다는 사실을 명심해야 해.

◆ 예제 1 ◆

다음 직각삼각형에서 x^2의 값을 구하여라.

(1) 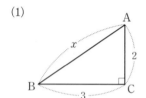 (2)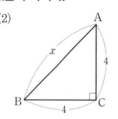

▶ 풀이 (1) $x^2=3^2+2^2=9+4=13$

　　　(2) $x^2=4^2+4^2=16+16=32$

▶ 답 　(1) 13　　(2) 32

◆ 확인 1 ◆

다음 직각삼각형에서 x^2의 값을 구하여라.

(1) 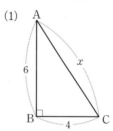 (2)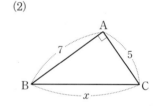

◆ 예제 2 ◆

다음 직각삼각형에서 x의 값을 구하여라.

(1)  (2)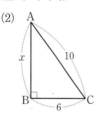

▶ 풀이 (1) $x^2=4^2+3^2=16+9=25$　　∴ $x=5$ ($∵ x>0$)

　　　(2) $10^2=6^2+x^2$, $x^2=100-36=64$

　　　　∴ $x=8$ ($∵ x>0$)

▶ 답 　(1) 5　　(2) 8

◆ 확인 2 ◆

다음 직각삼각형에서 x의 값을 구하여라.

(1) 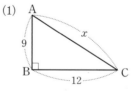 (2)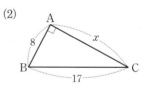

개념 ✦ check

정답과 해설 35쪽 l 워크북 58~59쪽

01 오른쪽 그림과 같이 $\angle C = 90°$인 직각삼각형 ABC 와 $\angle D = 90°$인 직각삼각형 CBD가 있다. 이때 x 의 값은?

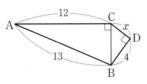

① 2 ② 2.5

③ 3 ④ 3.5

⑤ 4

→ **개념1**
피타고라스 정리

02 오른쪽 그림과 같이 $\angle C = 90°$인 직각삼각형 ABC에 서 $x + y$의 값은?

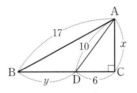

① 11 ② 13

③ 15 ④ 17

⑤ 19

→ **개념1**
피타고라스 정리

03 오른쪽 그림과 같이 $\angle B = 90°$인 직각삼각형 ABC에서 x^2 의 값은?

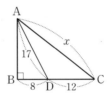

① 441 ② 484 ③ 529

④ 576 ⑤ 625

→ **개념1**
피타고라스 정리

04 오른쪽 그림과 같은 삼각형 ABC에서 $\overline{AD} \perp \overline{BC}$일 때, x^2의 값을 구하여라.

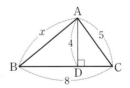

→ **개념1**
피타고라스 정리

33 ◆ 피타고라스 정리의 설명 (1)

개념1 │ 피타고라스 정리의 설명 (1) – 유클리드의 방법

오른쪽 그림과 같이 직각삼각형 ABC의 각 변을 한 변으로 하는 정사각형을 그리고, 꼭짓점 C에서 $\overline{AB}$에 내린 수선의 발을 L, 그 연장선과 $\overline{FG}$가 만나는 점을 M이라 하면

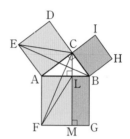

(1) △EAC=△EAB, ← 넓이가 같다.

　　△EAB≡△CAF, ← 합동이다.

　　△CAF=△LAF ← 넓이가 같다.

　　즉, △EAC=△LAF이므로

　　□ACDE=□AFML

(2) 같은 방법으로 □BHIC=□BLMG

　➔ □AFGB=□BHIC+□ACDE이므로 $\overline{AB}^2=\overline{BC}^2+\overline{CA}^2$

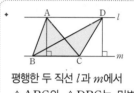

평행한 두 직선 l과 m에서 △ABC와 △DBC는 밑변의 길이와 높이가 같으므로 △ABC=△DBC

◆ 예제 1 ◆

오른쪽 그림은 직각삼각형 ABC의 세 변을 각각 한 변으로 하는 세 정사각형을 그린 것일 때, □AFGB의 넓이를 구하여라.

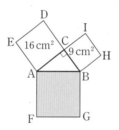

▸ 풀이　□AFGB=□BHIC+□ACDE
　　　　　=9+16=25(cm²)

▸ 답　25 cm²

◆ 확인 1 ◆

오른쪽 그림은 직각삼각형 ABC의 세 변을 각각 한 변으로 하는 세 정사각형을 그린 것일 때, □ADEB의 넓이를 구하여라.

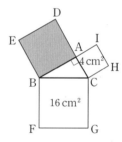

◆ 예제 2 ◆

오른쪽 그림은 직각삼각형 ABC의 세 변을 각각 한 변으로 하는 세 정사각형을 그린 것일 때, □BFKJ의 넓이를 구하여라.

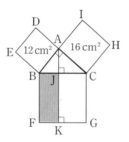

▸ 풀이　□BFKJ=□ADEB=12 cm²

▸ 답　12 cm²

◆ 확인 2 ◆

오른쪽 그림은 직각삼각형 ABC의 세 변을 각각 한 변으로 하는 세 정사각형을 그린 것일 때, □JKGC의 넓이를 구하여라.

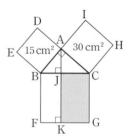

01 오른쪽 그림과 같이 ∠C=90°인 직각삼각형 ABC의 세 변을 각각 한 변으로 하는 세 정사각형을 그렸다. 다음 중 △EAB와 넓이가 같은 삼각형이 <u>아닌</u> 것은?

① △EAC   ② △CAF

③ △CAB   ④ △LAF

⑤ △LFM

→ 개념1
피타고라스 정리의 설명 (1)
– 유클리드의 방법

02 오른쪽 그림은 ∠A=90°인 직각삼각형 ABC의 세 변을 각각 한 변으로 하는 세 정사각형을 그린 것이다. □BFGC=25 cm², □ACHI=9 cm²일 때, △ABC의 넓이를 구하여라.

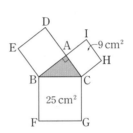

→ 개념1
피타고라스 정리의 설명 (1)
– 유클리드의 방법

03 오른쪽 그림은 ∠A=90°인 직각삼각형 ABC의 세 변을 각각 한 변으로 하는 세 정사각형을 그린 것이다. $\overline{AB}$=8 cm, $\overline{AC}$=6 cm일 때, △BFL의 넓이를 구하여라.

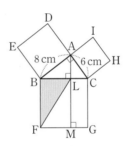

→ 개념1
피타고라스 정리의 설명 (1)
– 유클리드의 방법

04 오른쪽 그림은 ∠A=90°인 직각삼각형 ABC의 세 변을 각각 한 변으로 하는 세 정사각형을 그린 것이다. □ADEB=38 cm², □ACHI=36 cm²일 때, △AGC의 넓이를 구하여라.

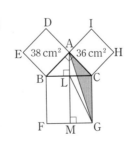

→ 개념1
피타고라스 정리의 설명 (1)
– 유클리드의 방법

34 ◆ 피타고라스 정리의 설명 (2)

개념1 │ 피타고라스 정리의 설명 (2) - 피타고라스의 방법

오른쪽 [그림 1]과 같이 직각삼각형
ABC의 두 변 CA, CB를 연장하여
한 변의 길이가 $a+b$인 정사각형
EFCD를 그리면

(1) $\triangle ABC \equiv \triangle BHF \equiv \triangle HGE$
$\equiv \triangle GAD$ (SAS 합동)

(2) □AGHB는 한 변의 길이가 c인 정사각형이다.

(3) [그림 1]의 세 직각삼각형 ①, ②, ③을 옮겨 [그림 2]와 같이 나타낼 수 있
다. 따라서
$$c^2 = a^2 + b^2$$
이다.

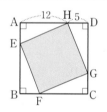

[그림 1]

[그림 2]

◆ [그림 1]의 한 변의 길이가 c인
정사각형 AGHB의 넓이는
[그림 2]의 한 변의 길이가 각
각 a, b의 두 정사각형의 넓이
의 합과 같다.
즉, $c^2 = a^2 + b^2$

> **풍쌤의 point** [그림 1] □EFCD에서 • + × = 90°이므로
> ∠BAG = ∠AGH = ∠GHB = ∠HBA = 90°
> 따라서 □AGHB는 한 변의 길이가 c인 정사각형이야.

◆ 예제 1 ◆

오른쪽 그림에서 □ABCD는 정
사각형이고
$\overline{AE} = \overline{BF} = \overline{CG} = \overline{DH} = 5$일
때, $\overline{EH}$의 길이를 구하여라.

> **풀이** $\overline{AE} = \overline{DH} = 5$이므로 △EHA에서
> $\overline{EH}^2 = 12^2 + 5^2 = 144 + 25 = 169$
> ∴ $\overline{EH} = 13$ ($\because \overline{EH} > 0$)

> **답** 13

◆ 확인 1 ◆

오른쪽 그림에서 □ABCD는 정
사각형이고
$\overline{AE} = \overline{BF} = \overline{CG} = \overline{DH} = 6$일 때,
$\overline{EF}$의 길이를 구하여라.

◆ 예제 2 ◆

오른쪽 그림에서 □ABCD는 정
사각형이고
$\overline{AE} = \overline{BF} = \overline{CG} = \overline{DH} = 4$일 때,
□EFGH의 넓이를 구하여라.

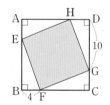

> **풀이** $\triangle AEH \equiv \triangle BFE \equiv \triangle CGF \equiv \triangle DHG$ (SAS 합동)
> 이므로 □EFGH는 정사각형이다.
> $\overline{BE} = \overline{DG} = 10$이므로
> □EFGH $= \overline{EF}^2 = 4^2 + 10^2 = 16 + 100 = 116$

> **답** 116

◆ 확인 2 ◆

오른쪽 그림에서 □ABCD는 정
사각형이고
$\overline{AE} = \overline{BF} = \overline{CG} = \overline{DH} = 5$일 때,
□EFGH의 넓이를 구하여라.

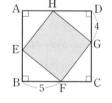

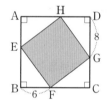

개념·check

01 다음은 피타고라스의 방법으로 피타고라스 정리를 설명하는 과정이다. □ 안에 알맞은 것을 써넣어라.

오른쪽 [그림 1]과 같이 직각삼각형 ABC의 두 변 CA, CB를 연장하여 한 변의 길이가 $a+b$인 정사각형 EFCD를 그리면

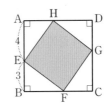

[그림 1] → [그림 2]

(1) △ABC≡△BHF
　　　≡△HGE
　　　≡△GAD(□ 합동)

(2) □AGHB는 한 변의 길이가 c인 □□□□□□이다.

(3) [그림 1]의 세 직각삼각형 ①, ②, ③을 옮겨 [그림 2]와 같이 나타낼 수 있다.

따라서 $c^2=$□이다.

→ 개념1
피타고라스 정리의 설명 (2)
－ 피타고라스의 방법

02 오른쪽 그림에서 □ABCD는 정사각형이고 $\overline{AE}=\overline{BF}=\overline{CG}=\overline{DH}=4$일 때, $\overline{EF}$의 길이와 □EFGH의 넓이를 각각 구하여라.

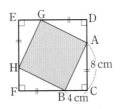

→ 개념1
피타고라스 정리의 설명 (2)
－ 피타고라스의 방법

03 오른쪽 그림은 직각삼각형 ABC와 합동인 세 개의 직각삼각형을 이용하여 정사각형 CDEF를 그린 것이다. 다음을 구하여라.

(1) □CDEF의 넓이　　(2) □AGHB의 넓이

→ 개념1
피타고라스 정리의 설명 (2)
－ 피타고라스의 방법

35 · 직각삼각형이 되는 조건

개념1 직각삼각형이 되는 조건

(1) 직각삼각형이 되는 조건

세 변의 길이가 각각 a, b, c인 삼각형 ABC에서 $a^2+b^2=c^2$이면 이 삼각형은 빗변의 길이가 c인 직각 삼각형이다.

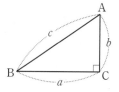

> (예) 세 변의 길이가 각각 3, 4, 5인 삼각형은 $3^2+4^2=5^2$이므로 빗변 의 길이가 5인 직각삼각형이다.

> 풍쌤日 다음과 같은 방법으로 직각삼각형을 판별할 수 있다.
> ① 가장 긴 변의 길이를 찾는다.
> ② 가장 긴 변의 길이의 제곱과 나머지 두 변의 길이의 제곱의 합을 구한다.
> ③ 가장 긴 변의 길이의 제곱과 나머지 두 변의 길이의 제곱의 합이 같으면 직각 삼각형이고, 같지 않으면 직각삼각형이 아니다.

풍쌤의 point 피타고라스 정리가 성립하는 삼각형이 직각삼각형이야.

(2) 피타고라스 수

피타고라스 정리$(a^2+b^2=c^2)$를 만족시키는 세 자연수 a, b, c, 즉 직각삼각 형의 세 변의 길이가 될 수 있는 세 자연수를 피타고라스 수라 한다.

> (예) $(3, 4, 5)$, $(5, 12, 13)$, $(6, 8, 10)$, $(7, 24, 25)$, $(8, 15, 17)$, $(9, 12, 15)$, …

◆ 예제 1 ◆

세 변의 길이가 각각 다음과 같은 삼각형 중에서 직각삼 각형인 것을 골라라.

> ㉠ 6, 8, 10   ㉡ 7, 9, 11

▶ 풀이 ㉠ $6^2+8^2=36+64=100=10^2$이므로 직각삼각형이다.
   ㉡ $7^2+9^2=49+81=130 \neq 11^2=121$이므로 직각삼 각형이 아니다.

▶ 답 ㉠

◆ 확인 1 ◆

세 변의 길이가 각각 다음과 같은 삼각형 중에서 직각삼 각형인 것을 골라라.

> ㉠ 4, 6, 8   ㉡ 5, 12, 13

◆ 예제 2 ◆

오른쪽 그림과 같은 삼각형 ABC가 $\angle C=90°$인 직각삼 각형이 되도록 하는 x^2의 값을 구하여라.

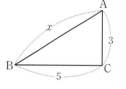

▶ 풀이 $x^2=5^2+3^2=25+9=34$

▶ 답 34

◆ 확인 2 ◆

오른쪽 그림과 같은 삼각 형 ABC가 $\angle C=90°$인 직각삼각형이 되도록 하 는 x^2의 값을 구하여라.

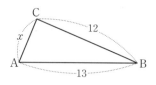

개념 · check

정답과 해설 36쪽 ㅣ 워크북 60쪽

01 세 변의 길이가 각각 〈보기〉와 같은 삼각형 중에서 직각삼각형인 것을 골라 그 기호를 써라.

> **보기**
> ㄱ. 2, 3, 4   ㄴ. 6, 8, 9
> ㄷ. 9, 12, 15   ㄹ. 10, 13, 17

→ 개념1
직각삼각형이 되는 조건

02 세 변의 길이가 다음과 같을 때, 직각삼각형이 <u>아닌</u> 것을 모두 고르면? (정답 2개)

① 3, 4, 5   ② 5, 12, 13   ③ 7, 9, 12
④ 8, 15, 17   ⑤ 12, 15, 19

→ 개념1
직각삼각형이 되는 조건

03 오른쪽 그림과 같은 삼각형 ABC가 ∠B＝90°인 직각삼각형이 되도록 하는 x의 값을 구하여라.

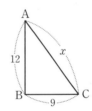

→ 개념1
직각삼각형이 되는 조건

04 오른쪽 그림과 같은 삼각형 ABC가 ∠C＝90°인 직각삼각형이 되도록 하는 x의 값을 구하여라.

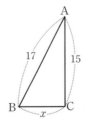

→ 개념1
직각삼각형이 되는 조건

유형 · check

정답과 해설 36~37쪽 | 워크북 58~60쪽

유형 · 1 사각형에서 피타고라스 정리의 활용

오른쪽 그림과 같은 사각형 ABCD에서 x의 값은?

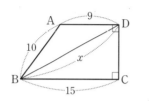

① 16　② 17　③ 18　④ 19　⑤ 20

» 닮은꼴 문제

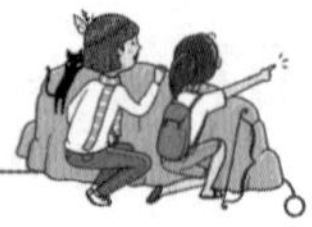

1-1

오른쪽 그림과 같은 직사각형 모양의 종이의 한 부분을 잘랐을 때, x의 값을 구하여라.

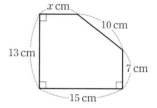

1-2

오른쪽 그림과 같은 직사각형 □ABCD를 $\overline{AP}$를 접는 선으로 하여 꼭짓점 D가 $\overline{BC}$ 위의 점 Q에 오도록 접었을 때, $\overline{PQ}$의 길이를 구하여라.

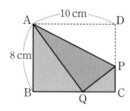

유형 · 2 피타고라스 정리의 설명 (1) – 유클리드의 방법

오른쪽 그림과 같이 ∠C=90°인 직각삼각형 ABC의 세 변을 각각 한 변으로 하는 세 정사각형을 그렸다. 다음 중 옳지 <u>않은</u> 것은?

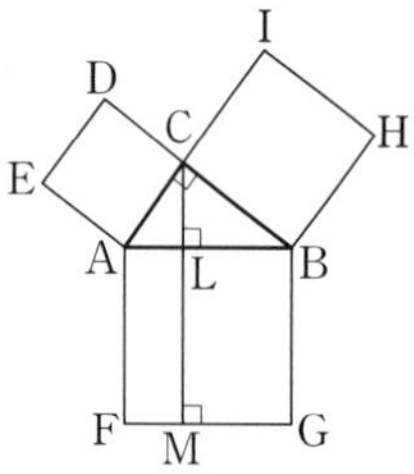

① $\overline{AH}=\overline{GC}$

② $\triangle ABE \equiv \triangle ABH$

③ $\triangle BHC=\triangle GBC$

④ $\triangle ACE=\frac{1}{2}\square ACDE$

⑤ $\triangle ABH=\frac{1}{2}\square LMGB$

» 닮은꼴 문제

2-1

오른쪽 그림과 같이 ∠C=90°인 직각삼각형 ABC의 세 변 $\overline{AB}$, $\overline{BC}$, $\overline{CA}$를 각각 한 변으로 하는 정사각형의 넓이를 각각 S_1, S_2, S_3이라 하자. $\overline{CA}:\overline{BC}=4:3$일 때, $S_1:S_2$를 가장 간단한 자연수의 비로 나타내어라.

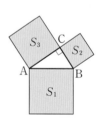

2-2

오른쪽 그림과 같이 ∠A=90°, $\overline{AB}$=8 cm, $\overline{AC}$=6 cm인 △ABC가 있다. $\overline{BC}$를 한 변으로 하는 정사각형 □BDEC를 그렸을 때, 색칠한 부분의 넓이를 구하여라.

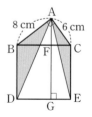

유형·3 피타고라스 정리의 설명 ⑵ – 피타고라스의 방법

>> 닮은꼴 문제

오른쪽 그림에서
□ABCD는 한 변의 길이
가 23 cm인 정사각형이다.
$\overline{EB}=\overline{FC}=\overline{GD}=\overline{HA}$
$=8$ cm일 때, □EFGH
의 넓이를 구하여라.

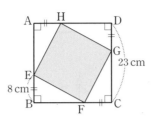

3-1

오른쪽 그림과 같은 □ABCD에
서 $x^2+y^2=20$일 때, □EFGH의
넓이를 구하여라.

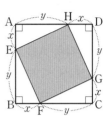

3-2

오른쪽 그림과 같이
$\overline{AE}=\overline{BF}=\overline{CG}=\overline{DH}=3$이고
□EFGH는 넓이가 45인 정사각형일
때, □ABCD의 넓이를 구하여라.

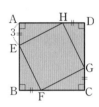

유형·4 직각삼각형이 되는 조건

>> 닮은꼴 문제

세 변의 길이가 각각 1 cm, 3 cm, x cm인 삼각형이 직
각삼각형이 되도록 하는 x^2의 값을 모두 구하여라.

4-1

길이가 각각 5 cm, x cm, 12 cm인 세 개의 막대를 이용
하여 직각삼각형을 만들 때, x^2의 값이 될 수 있는 수를 모
두 구하여라.

4-2

다음 〈보기〉에서 직각삼각형의 세 변의 길이가 될 수 있는
수를 모두 골라 순서쌍으로 나타내어라.

┌─ **보기** ─────────────────────┐
│ 4, 5, 6, 8, 10, 12, 13, 15 │
└──────────────────────────┘

36 · 삼각형의 변의 길이와 각의 크기 사이의 관계

개념 1 삼각형의 각의 크기에 대한 변의 길이

삼각형 ABC에서 $\overline{AB}=c$, $\overline{BC}=a$, $\overline{CA}=b$일 때

(1) $\angle C < 90°$이면 $c^2 < a^2 + b^2$

(2) $\angle C = 90°$이면 $c^2 = a^2 + b^2$ ← 피타고라스 정리

(3) $\angle C > 90°$이면 $c^2 > a^2 + b^2$

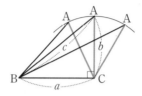

✦예제 1✦

다음은 오른쪽 그림의 예각삼각형 ABC에 대한 설명이다. ☐ 안에 $>$, $=$, $<$ 중 알맞은 것을 써넣어라.

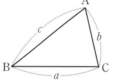

(1) $\angle A \boxed{} 90°$이므로 $a^2 \boxed{} b^2 + c^2$

(2) $\angle B \boxed{} 90°$이므로 $b^2 \boxed{} a^2 + c^2$

(3) $\angle C \boxed{} 90°$이므로 $c^2 \boxed{} a^2 + b^2$

▶답 (1) $<$, $<$ (2) $<$, $<$ (3) $<$, $<$

✦확인 1✦

다음은 오른쪽 그림의 둔각삼각형 ABC에 대한 설명이다. ☐ 안에 $>$, $=$, $<$ 중 알맞은 것을 써넣어라.

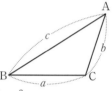

(1) $\angle A \boxed{} 90°$이므로 $a^2 \boxed{} b^2 + c^2$

(2) $\angle B \boxed{} 90°$이므로 $b^2 \boxed{} a^2 + c^2$

(3) $\angle C \boxed{} 90°$이므로 $c^2 \boxed{} a^2 + b^2$

개념 2 삼각형의 변의 길이에 대한 각의 크기

삼각형 ABC에서 $\overline{AB}=c$, $\overline{BC}=a$, $\overline{CA}=b$이고 c가 가장 긴 변의 길이일 때

(1) $c^2 < a^2 + b^2$이면 $\angle C < 90°$ ➡ △ABC는 예각삼각형

(2) $c^2 = a^2 + b^2$이면 $\angle C = 90°$ ➡ △ABC는 직각삼각형 ← 직각삼각형의 판별

(3) $c^2 > a^2 + b^2$이면 $\angle C > 90°$ ➡ △ABC는 둔각삼각형

✦예제 2✦

다음은 세 변의 길이가 각각 5, 6, 7인 삼각형을 예각삼각형, 직각삼각형, 둔각삼각형으로 구분하는 과정이다. ☐ 안에 알맞은 것을 써넣어라.

> 가장 긴 변의 길이 7의 제곱과 나머지 두 변의 길이 5, 6의 제곱의 합을 비교한다.
> $7^2 \boxed{} 5^2 + 6^2$
> 따라서 주어진 삼각형은 $\boxed{}$삼각형이다.

▶답 $<$, 예각

✦확인 2✦

다음은 세 변의 길이가 각각 6, 11, 13인 삼각형을 예각삼각형, 직각삼각형, 둔각삼각형으로 구분하는 과정이다. ☐ 안에 알맞은 것을 써넣어라.

> 가장 긴 변의 길이 13의 제곱과 나머지 두 변의 길이 6, 11의 제곱의 합을 비교한다.
> $13^2 \boxed{} 6^2 + 11^2$
> 따라서 주어진 삼각형은 $\boxed{}$삼각형이다.

개념 ◆ check

01 다음은 오른쪽 그림의 △ABC에서 ∠C가 둔각일 때, x의 값의 범위를 구하는 과정이다. □ 안에 알맞은 수를 써넣어라.

> ∠C가 둔각이므로 x가 가장 긴 변의 길이이고, 삼각형의 세 변의 길이 사이의 관계에 의하여
> $12 < x < 12 + 9$
> $\therefore \square < x < \square$ ...... ㉠
> ∠C > 90°이므로 $x^2 > 9^2 + \square$
> $x > 0$이므로 $x > 15$ ...... ㉡
> ㉠, ㉡에 의하여 $\square < x < \square$

→ 개념1
삼각형의 각의 크기에 대한 변의 길이

02 오른쪽 그림과 같은 ∠C = 90°인 직각삼각형 ACD에 대한 설명 중 옳지 않은 것은?

① $a^2 < b^2 + c^2$　　② $b^2 < a^2 + c^2$
③ $c^2 = a^2 + b^2$　　④ $e^2 < c^2 + d^2$
⑤ $e^2 = b^2 + (a+d)^2$

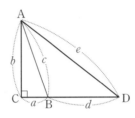

→ 개념1
삼각형의 각의 크기에 대한 변의 길이

03 삼각형의 세 변의 길이가 다음과 같을 때, 예각삼각형이면 '예', 직각삼각형이면 '직', 둔각삼각형이면 '둔'을 (　　) 안에 써넣어라.

(1) 3 cm, 4 cm, 6 cm (□)

(2) 5 cm, 6 cm, 7 cm (□)

(3) 6 cm, 8 cm, 10 cm (□)

→ 개념2
삼각형의 변의 길이에 대한 각의 크기

04 삼각형의 세 변의 길이가 각각 다음과 같을 때, 삼각형의 종류가 바르게 연결되지 않은 것은?

① 3 cm, 3 cm, 5 cm － 둔각삼각형

② 5 cm, 10 cm, 13 cm － 둔각삼각형

③ 6 cm, 7 cm, 9 cm － 둔각삼각형

④ 9 cm, 12 cm, 15 cm － 직각삼각형

⑤ 12 cm, 15 cm, 17 cm － 예각삼각형

→ 개념2
삼각형의 변의 길이에 대한 각의 크기

37 ◆ 피타고라스 정리와 직각삼각형의 성질

개념1 │ 직각삼각형의 닮음을 이용한 직각삼각형의 성질

$\angle A = 90°$인 직각삼각형 ABC에서 $\overline{AD} \perp \overline{BC}$일 때

(1) 피타고라스 정리 ➡ $b^2 + c^2 = a^2$

(2) 직각삼각형의 닮음
   └ $\triangle ABC \backsim \triangle DBA \backsim \triangle DAC$ (AA 닮음)
   ➡ $c^2 = xa$, $b^2 = ya$, $h^2 = xy$

(3) 직각삼각형의 넓이 ➡ $bc = ah$

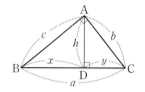

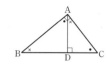

◆ 직각삼각형의 닮음을 이용한 변의 길이

① $\overline{AB}^2 = \overline{BD} \times \overline{BC}$
② $\overline{AC}^2 = \overline{CD} \times \overline{CB}$
③ $\overline{AD}^2 = \overline{BD} \times \overline{CD}$

◆ 예제 1 ◆

오른쪽 그림과 같이 $\angle A = 90°$인 직각삼각형 ABC에서 $\overline{AD} \perp \overline{BC}$일 때, $x^2 + y^2$의 값을 구하여라.

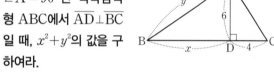

▶ 풀이 $6^2 = x \times 4$이므로 $x = 9$ ∴ $x^2 = 81$
  $y^2 = 9^2 + 6^2 = 117$ ∴ $x^2 + y^2 = 81 + 117 = 198$

▶ 답 198

◆ 확인 1 ◆

오른쪽 그림과 같이 $\angle A = 90°$인 직각삼각형 ABC에서 $\overline{AD} \perp \overline{BC}$일 때, $x + y$의 값을 구하여라.

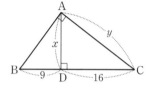

개념2 │ 피타고라스 정리를 이용한 직각삼각형의 성질

$\angle A = 90°$인 직각삼각형 ABC에서 두 점 D, E가 각각 $\overline{AB}$, $\overline{AC}$ 위에 있을 때

$$\overline{BE}^2 + \overline{CD}^2 = \overline{DE}^2 + \overline{BC}^2$$

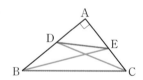

풍쌤티 $\overline{BE}^2 + \overline{CD}^2$
  ┌ △ABE   ┌ △ADC
  $= (\overline{AE}^2 + \overline{AB}^2) + (\overline{AD}^2 + \overline{AC}^2)$
  $= (\overline{AE}^2 + \overline{AD}^2) + (\overline{AB}^2 + \overline{AC}^2)$
  └ △ADE   └ △ABC
  $= \overline{DE}^2 + \overline{BC}^2$

◆ 예제 2 ◆

오른쪽 그림과 같이 $\angle A = 90°$인 직각삼각형 ABC에서 x^2의 값을 구하여라.

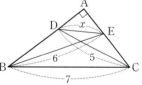

▶ 풀이 $6^2 + 5^2 = x^2 + 7^2$이므로 $x^2 = 61 - 49 = 12$

▶ 답 12

◆ 확인 2 ◆

오른쪽 그림과 같이 $\angle A = 90°$인 직각삼각형 ABC에서 x^2의 값을 구하여라.

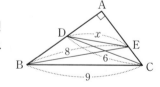

개념 ✦ check

01 오른쪽 그림과 같이 ∠A=90°인 직각삼각형 ABC에서 $\overline{AD}=4$, $\overline{BD}=2$이고 $\overline{AD}\perp\overline{BC}$일 때, 다음을 구하여라.

(1) $\overline{CD}$의 길이　　　(2) $\overline{AC}^2$의 값

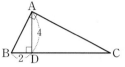

→ **개념1**
　直각삼각형의 닮음을 이용한 직각삼각형의 성질

02 오른쪽 그림과 같이 ∠A=90°인 직각삼각형 ABC에서 $\overline{AD}\perp\overline{BC}$일 때, xy의 값을 구하여라.

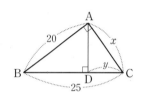

→ **개념1**
　직각삼각형의 닮음을 이용한 직각삼각형의 성질

03 오른쪽 그림과 같이 ∠A=90°인 직각삼각형 ABC에서 $\overline{AB}=8$, $\overline{AC}=6$이고 $\overline{AD}\perp\overline{BC}$일 때, $\overline{AD}$의 길이를 구하여라.

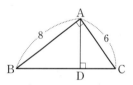

→ **개념1**
　직각삼각형의 닮음을 이용한 직각삼각형의 성질

04 오른쪽 그림과 같이 ∠A=90°인 직각삼각형 ABC에서 $\overline{DE}=5\,cm$, $\overline{CD}=7\,cm$, $\overline{BC}=9\,cm$일 때, x^2의 값을 구하여라.

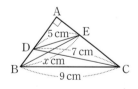

→ **개념2**
　피타고라스 정리를 이용한 직각삼각형의 성질

38 · 피타고라스 정리와 사각형의 성질

개념1 | 두 대각선이 직교하는 사각형의 성질

사각형 ABCD에서 두 대각선이 직교할 때,
$$\overline{AB}^2 + \overline{CD}^2 = \overline{AD}^2 + \overline{BC}^2$$

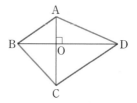

> **풍쌤티** $\overline{AB}^2 + \overline{CD}^2 = (\overline{OA}^2 + \overline{OB}^2) + (\overline{OC}^2 + \overline{OD}^2)$
> $\qquad\qquad = (\overline{OA}^2 + \overline{OD}^2) + (\overline{OB}^2 + \overline{OC}^2)$
> $\qquad\qquad = \overline{AD}^2 + \overline{BC}^2$
> → 두 대각선이 직교하는 사각형에서 두 대변의 길이의 제곱의 합은 같다.

◆ 예제 1 ◆

오른쪽 그림과 같은 사각형
ABCD에서 $\overline{AC} \perp \overline{BD}$일
때, x^2의 값을 구하여라.

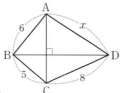

▶ **풀이** $\overline{AB}^2 + \overline{CD}^2 = \overline{AD}^2 + \overline{BC}^2$이므로
$\qquad 6^2 + 8^2 = x^2 + 5^2$, $x^2 = 100 - 25 = 75$

▶ **답** 75

◆ 확인 1 ◆

오른쪽 그림과 같은 사각형
ABCD에서 $\overline{AC} \perp \overline{BD}$일 때, x^2
의 값을 구하여라.

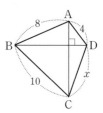

개념2 | 피타고라스 정리를 이용한 직사각형의 성질

직사각형 ABCD의 내부에 있는 임의의 점 P에 대하여
$$\overline{AP}^2 + \overline{CP}^2 = \overline{BP}^2 + \overline{DP}^2$$

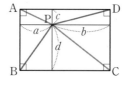

> **풍쌤티** 점 P를 지나면서 $\overline{AB}$, $\overline{BC}$에 각각 평행한 선분을 그
> 으면
> $\overline{AP}^2 + \overline{CP}^2 = (a^2 + c^2) + (b^2 + d^2)$
> $\qquad\qquad = (a^2 + d^2) + (b^2 + c^2)$
> $\qquad\qquad = \overline{BP}^2 + \overline{DP}^2$

◆ 예제 2 ◆

오른쪽 그림에서 직사각형
ABCD의 내부에 점 P가 있
을 때, x^2의 값을 구하여라.

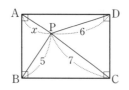

▶ **풀이** $\overline{AP}^2 + \overline{CP}^2 = \overline{BP}^2 + \overline{DP}^2$이므로
$\qquad x^2 + 7^2 = 5^2 + 6^2$, $x^2 = 61 - 49 = 12$

▶ **답** 12

◆ 확인 2 ◆

오른쪽 그림에서 직사각형
ABCD의 내부에 점 P가 있을
때, x^2의 값을 구하여라.

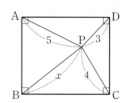

개념 ✦ check

정답과 해설 38쪽 ㅣ 워크북 63쪽

01 다음은 피타고라스 정리를 이용하여 두 대각선이 직교하는 사각형의 성질을 설명하는 과정이다. □ 안에 알맞은 것을 써넣어라.

→ 개념1
두 대각선이 직교하는 사각형의 성질

> 오른쪽 그림과 같이 사각형 ABCD에서 두 대각선
> AC, BD가 직교할 때
> $\overline{AB}^2 + \overline{CD}^2 = (\overline{OA}^2 + \overline{OB}^2) + (\overline{OC}^2 + \overline{OD}^2)$
> $= (\overline{OA}^2 + \overline{OD}^2) + (\boxed{})$
> $= \boxed{} + \overline{BC}^2$

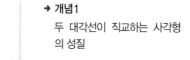

02 다음 그림과 같은 사각형 ABCD에서 $\overline{AC} \perp \overline{BD}$일 때, x^2의 값을 구하여라.

→ 개념1
두 대각선이 직교하는 사각형의 성질

(1)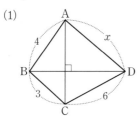

(2)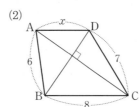

03 다음은 직사각형 ABCD의 내부에 임의의 한 점 P가 있을 때, 피타고라스 정리를 이용하여 직사각형의 성질을 설명하는 과정이다. □ 안에 알맞은 것을 써넣어라.

→ 개념2
피타고라스 정리를 이용한 직사각형의 성질

> 오른쪽 그림과 같이 점 P를 지나면서 $\overline{AB}$, $\overline{BC}$에 각각 평행한 선분을 그으면
> $\overline{AP}^2 + \overline{CP}^2 = (a^2 + c^2) + (b^2 + d^2)$
> $= (\boxed{}) + (b^2 + c^2)$
> $= \overline{BP}^2 + \boxed{}$

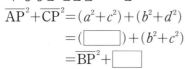

04 다음 그림에서 직사각형 □ABCD의 내부에 점 P가 있을 때, x^2의 값을 구하여라.

→ 개념2
피타고라스 정리를 이용한 직사각형의 성질

(1)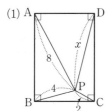

(2)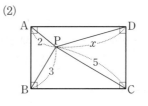

39 ✦ 피타고라스 정리를 이용한 직각삼각형과 원 사이의 관계

개념1 직각삼각형에서 세 반원 사이의 관계

직각삼각형 ABC에서 세 변을 각각 지름으로 하는 반원의 넓이를 각각 P, Q, R라 할 때

$$P+Q=R$$

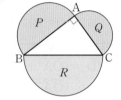

풍쌤日 $\overline{AB}=c$, $\overline{BC}=a$, $\overline{CA}=b$라 하면 $P=\dfrac{c^2}{8}\pi$, $Q=\dfrac{b^2}{8}\pi$, $R=\dfrac{a^2}{8}\pi$이고

직각삼각형 ABC에서 $b^2+c^2=a^2$이므로 $P+Q=\dfrac{\pi}{8}(b^2+c^2)=\dfrac{\pi}{8}a^2=R$

✦예제 1✦

오른쪽 그림은 직각삼각형 ABC의 세 변을 각각 지름으로 하는 세 반원을 그린 것이다. 색칠한 부분의 넓이를 구하여라.

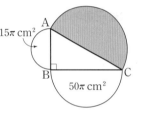

▶ **풀이** (색칠한 부분의 넓이)$=15\pi+50\pi=65\pi(\text{cm}^2)$

▶ **답** 65π cm^2

✦확인 1✦

오른쪽 그림은 직각삼각형 ABC의 세 변을 각각 지름으로 하는 세 반원을 그린 것이다. 색칠한 부분의 넓이를 구하여라.

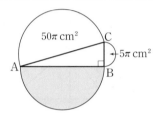

개념2 히포크라테스의 원의 넓이

오른쪽 그림과 같이 직각삼각형 ABC에서 세 변을 각각 지름으로 하는 반원에 대하여

$$(\text{색칠한 부분의 넓이})=\triangle ABC=\dfrac{1}{2}bc$$

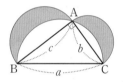

└ 히포크라테스의 원의 넓이

풍쌤日 직각삼각형 ABC에서 $\overline{AB}$를 지름으로 하는 반원의 넓이를 P, $\overline{CA}$를 지름으로 하는 반원의 넓이를 Q, $\overline{BC}$를 지름으로 하는 반원의 넓이를 R라 하면

(색칠한 부분의 넓이)$=(P+Q)+\triangle ABC-R=R+\triangle ABC-R=\triangle ABC=\dfrac{1}{2}bc$

✦예제 2✦

오른쪽 그림은 직각삼각형 ABC의 세 변을 각각 지름으로 하는 세 반원을 그린 것이다. 색칠한 부분의 넓이를 구하여라.

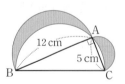

▶ **풀이** 색칠한 부분의 넓이는 △ABC의 넓이와 같으므로

(색칠한 부분의 넓이)$=\triangle ABC=\dfrac{1}{2}\times 12\times 5$

$=30(\text{cm}^2)$

▶ **답** 30 cm^2

✦확인 2✦

오른쪽 그림은 직각삼각형 ABC의 세 변을 각각 지름으로 하는 세 반원을 그린 것이다. 색칠한 부분의 넓이를 구하여라.

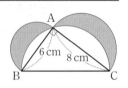

01 오른쪽 그림과 같이 $\angle A = 90°$인 직각삼각형 ABC에서 $\overline{AB}$, $\overline{AC}$, $\overline{BC}$를 지름으로 하는 세 반원의 넓이를 각각 P, Q, R라 하자. $Q = 30 \text{ cm}^2$, $R = 75 \text{ cm}^2$일 때, P의 값을 구하여라.

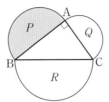

→ 개념1
직각삼각형에서 세 반원 사이의 관계

02 오른쪽 그림과 같이 $\angle A = 90°$인 직각삼각형 ABC에서 $\overline{AB}$, $\overline{AC}$를 지름으로 하는 두 반원의 넓이를 각각 P, Q라 할 때, $P + Q$의 값을 구하여라.

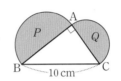

→ 개념1
직각삼각형에서 세 반원 사이의 관계

03 오른쪽 그림은 $\angle A = 90°$인 직각삼각형 ABC의 세 변을 각각 지름으로 하는 세 반원을 그린 것이다. $\overline{AB} = 15 \text{ cm}$이고 색칠한 부분의 넓이가 60 cm^2일 때, $\overline{BC}$의 길이를 구하여라.

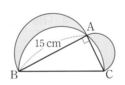

→ 개념2
히포크라테스의 원의 넓이

04 오른쪽 그림과 같이 $\angle A = 90°$인 직각삼각형 ABC의 세 변을 각각 지름으로 하는 세 반원을 그렸다. $\overline{AB} = 8 \text{ cm}$, $\overline{AC} = 7 \text{ cm}$일 때, 색칠한 부분의 넓이를 구하여라.

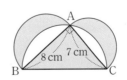

→ 개념2
히포크라테스의 원의 넓이

유형·check

유형·1 삼각형의 각의 크기에 대한 변의 길이

오른쪽 그림과 같은 △ABC에서
∠C < 90°일 때, x의 값의 범위를 구
하여라.

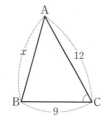

» 닮은꼴 문제

1-1

오른쪽 그림과 같은 삼각형 ABC
에서 ∠A < 90°일 때, x의 값의
범위를 구하여라.

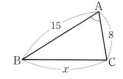

1-2

세 변의 길이가 각각 5, 12, a인 삼각형이 둔각삼각형일
때, a의 값의 범위를 구하여라. (단, a는 가장 긴 변의 길이
이다.)

유형·2 삼각형의 변의 길이에 대한 각의 크기

△ABC에서 $\overline{AB}=7$, $\overline{BC}=a$, $\overline{CA}=11$일 때, 다음 중
옳은 것은?

① $a=8$이면 △ABC는 예각삼각형이다.
② $a=10$이면 △ABC는 둔각삼각형이다.
③ $a=11$이면 △ABC는 직각삼각형이다.
④ $a=12$이면 △ABC는 예각삼각형이다.
⑤ $a=13$이면 △ABC는 둔각삼각형이다.

» 닮은꼴 문제

2-1

△ABC에서 $\overline{AB}=c$, $\overline{BC}=a$, $\overline{CA}=b$일 때, 다음 중 옳
지 않은 것은?

① $b^2 < a^2 + c^2$이면 △ABC는 예각삼각형이다.
② $a^2 = b^2 + c^2$이면 △ABC는 직각삼각형이다.
③ $c^2 > a^2 + b^2$이면 △ABC는 둔각삼각형이다.
④ $a^2 < b^2 + c^2$이면 ∠A < 90°이다.
⑤ $b^2 > a^2 + c^2$이면 ∠B > 90°이다.

2-2

세 변의 길이가 6, 8, x인 삼각형에 대하여 다음을 구하여
라. (단, $x > 8$)

(1) 예각삼각형이 되도록 하는 x의 값의 범위
(2) 둔각삼각형이 되도록 하는 x의 값의 범위

유형·3 직각삼각형의 닮음을 이용한 직각삼각형의 성질

오른쪽 그림과 같이 ∠B=90°
인 직각삼각형 ABC에서
$\overline{BD}\perp\overline{AC}$이고, $\overline{AB}$=20 cm,
$\overline{BC}$=15 cm일 때, $\overline{CD}$의 길
이는?

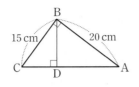

① 7 cm   ② 8 cm   ③ 9 cm

④ 10 cm   ⑤ 11 cm

» 닮은꼴 문제

3-1

오른쪽 그림과 같이 ∠B=90°인
직각삼각형 ABC에서
$\overline{BD}\perp\overline{AC}$이고 $\overline{AB}$=12,
$\overline{BC}$=16일 때, $x-y$의 값을 구
하여라.

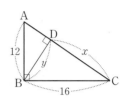

3-2

오른쪽 그림과 같은 직각삼각
형 ABC에서 $\overline{AH}\perp\overline{BC}$일 때,
$\overline{AH}$의 길이를 구하여라.

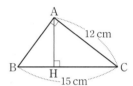

유형·4 피타고라스 정리를 이용한 직각삼각형의 성질

오른쪽 그림과 같이
∠A=90°인 직각삼각형
ABC에서 $\overline{CD}$=7, $\overline{BE}$=4
일 때, $\overline{DE}^2+\overline{BC}^2$의 값을
구하여라.

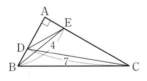

» 닮은꼴 문제

4-1

오른쪽 그림과 같이
∠A=90°인 직각삼각형
ABC에서 $\overline{AB}$=6, $\overline{AC}$=8,
$\overline{BE}$=7일 때, $\overline{CD}^2-\overline{DE}^2$의
값을 구하여라.

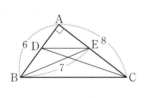

4-2

오른쪽 그림과 같이
∠A=90°인 직각삼각형
ABC에서 $\overline{BC}$=10 cm이고
두 점 D, E는 각각 $\overline{AB}$, $\overline{AC}$
의 중점일 때, $\overline{BE}^2+\overline{CD}^2$의 값을 구하여라.

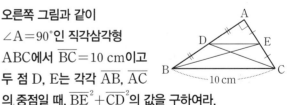

유형 5 두 대각선이 직교하는 사각형의 성질

오른쪽 그림과 같이 $\overline{AD} /\!/ \overline{BC}$인 등변사다리꼴 ABCD의 두 대각선이 직교할 때, $\overline{AB}^2$의 값은?

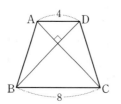

① 36 ② 40 ③ 48 ④ 64 ⑤ 80

» 닮은꼴 문제

5-1

오른쪽 그림의 □ABCD에서 $\overline{AC} \perp \overline{BD}$이고 $\overline{AB}=5$, $\overline{BC}=7$, $\overline{AD}=\overline{CO}=6$일 때, $\overline{DO}^2$의 값을 구하여라.

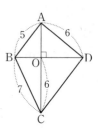

5-2

오른쪽 그림과 같은 □ABCD에서 $\overline{AC} \perp \overline{BD}$일 때, $\overline{BC}^2$의 값을 구하여라.

유형 6 피타고라스 정리를 이용한 직사각형의 성질

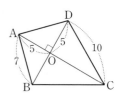

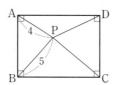

오른쪽 그림과 같이 직사각형 ABCD의 내부의 한 점 P에 대하여 $\overline{AP}=4$, $\overline{BP}=5$일 때, $\overline{CP}^2-\overline{DP}^2$의 값을 구하여라.

» 닮은꼴 문제

6-1

오른쪽 그림과 같은 □ABCD의 내부의 한 점 P에 대하여 $\overline{AP}=4$, $\overline{CP}=7$일 때, $\overline{BP}^2+\overline{DP}^2$의 값을 구하여라.

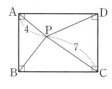

6-2

오른쪽 그림과 같이 가로, 세로의 길이가 각각 20, 15인 직사각형 ABCD의 꼭짓점 B에서 대각선 AC에 내린 수선의 발을 H라 할 때, $\overline{DH}^2$의 값을 구하여라.

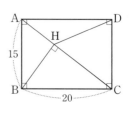

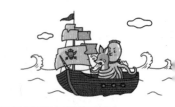

유형 · 7 직각삼각형에서 세 반원 사이의 관계

오른쪽 그림과 같이 $\angle A=90^\circ$인 직각삼각형 ABC에서 $\overline{AB}$, $\overline{AC}$를 지름으로 하는 반원의 넓이가 각각 28π, 16π일 때, $\overline{BC}^2$의 값을 구하여라.

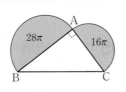

» 닮은꼴 문제

7-1

오른쪽 그림과 같이 $\angle A=90^\circ$, $\overline{BC}=12$ cm인 직각삼각형 ABC의 세 변을 각각 지름으로 하는 세 반원을 그렸다. 세 반원의 넓이를 각각 S_1, S_2, S_3이라 할 때, $S_1+S_2+S_3$의 값을 구하여라.

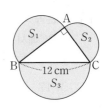

7-2

오른쪽 그림과 같이 $\angle A=90^\circ$인 직각삼각형 ABC의 세 변을 각각 지름으로 하는 세 반원을 그렸다. $\overline{AB}$, $\overline{BC}$를 지름으로 하는 반원의 넓이가 각각 3π, 7π일 때, $\overline{AC}^2$의 값을 구하여라.

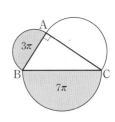

유형 · 8 히포크라테스의 원의 넓이

오른쪽 그림과 같이 $\angle A=90^\circ$인 직각삼각형 ABC의 세 변을 각각 지름으로 하는 세 반원을 그렸다. $\overline{AC}=8$ cm, $\overline{BC}=17$ cm일 때, 색칠한 부분의 넓이를 구하여라.

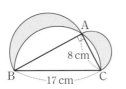

» 닮은꼴 문제

8-1

오른쪽 그림과 같이 원에 내접하는 직사각형 ABCD의 각 변을 지름으로 하는 반원을 그렸다. $\overline{AB}=7$, $\overline{AD}=5$일 때, 색칠한 부분의 넓이를 구하여라.

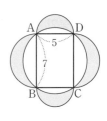

8-2

오른쪽 그림은 $\angle A=90^\circ$인 직각삼각형 ABC의 세 변을 각각 지름으로 하는 세 반원을 그린 것이다. $\overline{AB}=12$ cm이고 색칠한 부분의 넓이가 54 cm^2일 때, $\overline{AH}$의 길이를 구하여라.

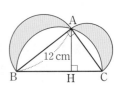

01 오른쪽 그림과 같은 삼각형 ABC에서 $\overline{AD} \perp \overline{BC}$일 때, x^2+y^2의 값은?

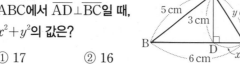

① 17 ② 16

③ 15 ④ 14

⑤ 13

02 오른쪽 그림과 같은 ∠C=90°인 직각삼각형 ABC에서 $\overline{BD}$의 길이는?

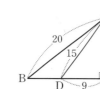

① 6 ② 7

③ 8 ④ 9

⑤ 10

03 오른쪽 그림은 넓이가 각각 25, 64인 두 정사각형 ABCD, ECGH를 이어 붙인 것이다. $\overline{AG}^2$의 값을 구하여라.

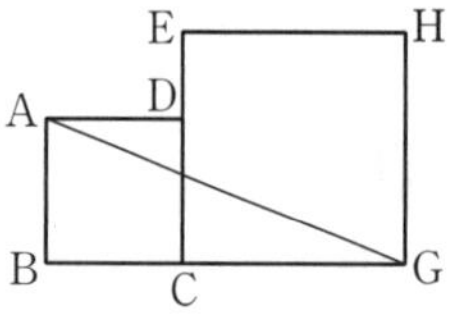

04 오른쪽 그림과 같이 한 변의 길이가 4 cm인 정사각형 ABCD의 변 CD 위에 $\overline{CE}=3$ cm가 되도록 점 E 를 잡고 $\overline{AD}$, $\overline{BE}$의 연장선 의 교점을 F라 할 때, $\overline{FE}$의 길이를 구하여라.

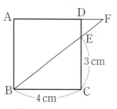

05 오른쪽 그림에서 점 G는 ∠A=90°인 직각삼각형 ABC의 무게중심이다. $\overline{AB}=9$, $\overline{AC}=12$일 때, $\overline{MG}$의 길이는?

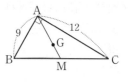

① 2 ② $\dfrac{5}{2}$ ③ 3

④ $\dfrac{7}{2}$ ⑤ 4

06 오른쪽 그림과 같이 직각삼 각형 ABC의 세 변을 각각 한 변으로 하는 세 정사각형 을 만들 때, 다음 중 넓이가 △ABF의 넓이와 같지 않 은 것은?

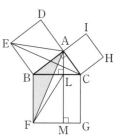

① △EAD ② △AEC

③ △EBC ④ △EBA ⑤ △LBF

07 오른쪽 그림에서 □EFGH는 넓이가 34 cm²인 정사각형이다. $\overline{AF}=\overline{BG}=\overline{CH}=\overline{DE}$ =3 cm일 때, □ABCD 의 넓이는?

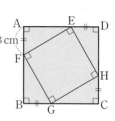

① 49 cm² ② 54 cm² ③ 58 cm²

④ 60 cm² ⑤ 64 cm²

08 △ABC에서 ∠A, ∠B, ∠C의 대변의 길이를 각각 a, b, c라 할 때, 다음 〈보기〉에서 옳은 것을 모두 고른 것은?

> **보기**
>
> ㄱ. $a^2 < b^2 + c^2$이면 ∠A > 90°이다.
> ㄴ. $a^2 + b^2 > c^2$이면 ∠C < 90°이다.
> ㄷ. $a^2 < b^2 + c^2$이면 △ABC는 예각삼각형이다.
> ㄹ. $a^2 + b^2 < c^2$이면 ∠A < 90°이다.
> ㅁ. $a^2 - b^2 > c^2$이면 △ABC는 둔각삼각형이다.

① ㄱ, ㄷ　　② ㄱ, ㄹ　　③ ㄴ, ㄷ
④ ㄴ, ㄹ, ㅁ　　⑤ ㄴ, ㄷ, ㄹ, ㅁ

09 오른쪽 그림의 직각삼각형 ABC에서 점 D, E는 각각 $\overline{AB}$, $\overline{AC}$의 중점이다. $\overline{AB}=4$, $\overline{AC}=8$일 때, $\overline{BE}^2 + \overline{CD}^2$의 값은?

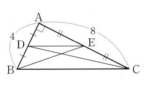

① 80　　② 90　　③ 100
④ 125　　⑤ 150

10 오른쪽 그림과 같이 직선 $y = -\dfrac{4}{3}x + 8$이 x축, y축과 만나는 점을 각각 A, B라 하고 원점 O에서 이 직선에 내린 수선의 발을 H라 할 때, $\overline{OH}$의 길이를 구하여라.

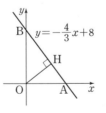

11 오른쪽 그림과 같이 $\overline{AD} \,\text{//}\, \overline{BC}$인 등변사다리꼴 ABCD의 두 대각선이 직교할 때, $\overline{CD}^2$의 값을 구하여라.

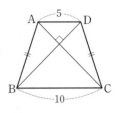

12 오른쪽 그림과 같이 직사각형 ABCD의 내부에 한 점 P가 있다. ∠BPC=90°일 때, $\overline{BC}^2$의 값은?

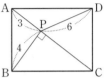

① 59　　② 60　　③ 61
④ 62　　⑤ 63

13 오른쪽 그림과 같이 직각삼각형 ABC에서 $\overline{AB}$, $\overline{AC}$, $\overline{BC}$를 지름으로 하는 세 반원의 넓이를 각각 S_1, S_2, S_3이라 할 때, $S_1 : S_2 : S_3$를 가장 간단한 자연수의 비로 나타내어라.

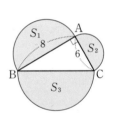

14 오른쪽 그림은 ∠A=90°인 직각삼각형 ABC의 세 변을 각각 지름으로 하는 세 반원을 그린 것이다. $\overline{AB}=5$ cm이고, 색칠한 부분의 넓이가 30 cm^{2}일 때, $\overline{BC}$의 길이를 구하여라.

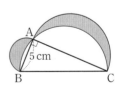

≡ 서술형 꽉 잡기 ≡

주어진 단계에 따라 쓰는 유형

15 오른쪽 그림은 ∠C=90°
인 직각삼각형 ABC의
세 변을 각각 한 변으로
하는 세 정사각형을 그린
것이다.

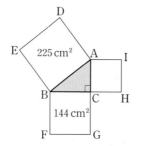

□ADEB=225 cm²,
□BFGC=144 cm²일
때, △ABC의 넓이를 구하여라.

> **· 생각해 보자 ·**
>
> 구하는 것은? 세 정사각형의 넓이를 이용하여 $\overline{BC}$, $\overline{AC}$의
> 길이를 구하고, △ABC의 넓이 구하기
>
> 주어진 것은? □ADEB=225 cm², □BFGC=144 cm²
> △ABC가 직각삼각형
> □ADEB, □BFGC, □ACHI가 정사각형

❯ 풀이

[1단계] □ACHI의 넓이 구하기 (30 %)

[2단계] $\overline{BC}$, $\overline{AC}$의 길이 각각 구하기 (40 %)

[3단계] △ABC의 넓이 구하기 (30 %)

❯ 답

풀이 과정을 자세히 쓰는 유형

16 오른쪽 그림과 같은
△ABC에서
$\overline{BD}=\overline{DC}$이고
$\overline{AE}\perp\overline{BD}$이다. 점 E에
서 $\overline{AD}$에 내린 수선의 발을 F라 할 때, $\overline{EF}$의 길이를
구하여라.

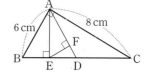

❯ 풀이

❯ 답

17 오른쪽 그림에서
$\overline{AC}\perp\overline{CD}$, $\overline{BD}\perp\overline{CD}$
이고, 점 P는 $\overline{CD}$ 위
를 움직일 때,
$\overline{AP}+\overline{BP}$의 최솟값을 구하여라.

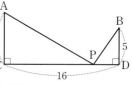

❯ 풀이

❯ 답

1. 경우의 수

40 · 경우의 수 (1)

개념1 │ 사건과 경우의 수

(1) **사건**: 같은 조건 아래에서 여러 번 반복할 수 있는 실험이나 관찰에 의해 나타나는 결과

　　예 '주사위의 짝수의 눈이 나온다.', '동전의 뒷면이 나온다.'

(2) **경우의 수**: 어떤 사건이 일어나는 모든 가짓수

　　예 한 개의 주사위를 던질 때, 홀수의 눈이 나오는 경우는 1, 3, 5이므로 경우의 수는 3이다.

◆ 예제 1 ◆

한 개의 주사위를 던질 때, 다음 사건이 일어나는 경우의 수를 구하여라.

(1) 짝수의 눈이 나온다.

(2) 3 이상의 눈이 나온다.

▷ **풀이** (1) 짝수의 눈이 나오는 경우는 2, 4, 6이므로 경우의 수는 3이다.

　　　　(2) 3 이상의 눈이 나오는 경우는 3, 4, 5, 6이므로 경우의 수는 4이다.

▷ **답** (1) 3　　(2) 4

◆ 확인 1 ◆

한 개의 주사위를 던질 때, 다음 사건이 일어나는 경우의 수를 구하여라.

(1) 4의 약수의 눈이 나온다.

(2) 소수의 눈이 나온다.

개념2 │ 사건 A 또는 사건 B가 일어나는 경우의 수

사건 A와 사건 B가 동시에 일어나지 않을 때, 사건 A가 일어나는 경우의 수가 m이고, 사건 B가 일어나는 경우의 수가 n이면

(사건 A 또는 사건 B가 일어나는 경우의 수)$=m+n$
　　　　　　　　　　　　　　　　　└─ 합의 법칙

> 사건 A 또는 사건 B
> ↓
> $m + n$

풍쌤Tip 한 개의 주사위를 던질 때, 3의 배수 또는 2의 눈이 나오는 경우의 수는 2+1=3이다.
　　　　　　　　　　　　　　　　　　 3, 6

풍쌤의 point '또는', '~ 이거나' 등의 표현이 있으면 합의 법칙을 이용해야 해.

◆ 예제 2 ◆

1부터 8까지의 자연수가 각각 하나씩 적힌 8장의 카드 중에서 1장을 뽑을 때, 다음을 구하여라.

(1) 4보다 작은 수가 나오는 경우의 수

(2) 5보다 큰 수가 나오는 경우의 수

(3) 4보다 작거나 5보다 큰 수가 나오는 경우의 수

▷ **풀이** (1) 4보다 작은 수는 1, 2, 3이므로 경우의 수는 3이다.

　　　　(2) 5보다 큰 수는 6, 7, 8이므로 경우의 수는 3이다.

　　　　(3) 3+3＝6

▷ **답** (1) 3　　(2) 3　　(3) 6

◆ 확인 2 ◆

상자 속에 1부터 10까지의 자연수가 각각 하나씩 적힌 10개의 공이 들어 있다. 이 중에서 한 개의 공을 꺼낼 때, 다음을 구하여라.

(1) 3의 배수가 적힌 공이 나오는 경우의 수

(2) 4의 배수가 적힌 공이 나오는 경우의 수

(3) 3의 배수 또는 4의 배수가 적힌 공이 나오는 경우의 수

개념 ✦ check

정답과 해설 42쪽 ┃ 워크북 67쪽

01 1부터 20까지의 자연수가 각각 하나씩 적힌 정이십면체의 주사 위를 던질 때, 바닥에 닿은 면에 적힌 수가 소수인 경우의 수는?

① 5 　　　　② 6 　　　　③ 7

④ 8 　　　　⑤ 9

➜ 개념1
사건과 경우의 수

02 어느 식당에서는 오른쪽과 같이 4종류의 한식과 3종류의 분식을 판매하고 있다. 이 중에서 한 가지를 주문하는 경우의 수를 구하여라.

된장찌개　비빔밥　　떡볶이　　김밥

냉면　　볶음밥　　　　라면

한식　　　　　　　분식

➜ 개념2
사건 A 또는 사건 B가 일어나는 경우의 수

03 1부터 10까지의 자연수가 각각 하나씩 적힌 10장의 카드 중에서 한 장을 뽑을 때, 다음 사건이 일어나는 경우의 수를 구하여라.

(1) 3의 배수 또는 5의 배수가 적힌 카드가 나온다.

(2) 2 미만 또는 8 이상의 수가 적힌 카드가 나온다.

➜ 개념2
사건 A 또는 사건 B가 일어나는 경우의 수

04 상자 안에 1부터 15까지의 자연수가 각각 하나씩 적힌 15개의 공이 들어 있다. 이 상자에서 한 개의 공을 꺼낼 때, 공에 적힌 수가 3의 배수 또는 7의 배수인 경우의 수는?

① 4 　　　　② 5 　　　　③ 6

④ 7 　　　　⑤ 8

➜ 개념2
사건 A 또는 사건 B가 일어나는 경우의 수

41 ◆ 경우의 수 (2)

개념1 ┃ 사건 A와 사건 B가 동시에 일어나는 경우의 수

사건 A가 일어나는 경우의 수가 m이고, 그 각각에 대하여 사건 B가 일어나는 경우의 수가 n이면

(사건 A와 사건 B가 동시에 일어나는 경우의 수)$=m \times n$
└── 곱의 법칙

> 사건 A 그리고 사건 B
> ↓
> $m \times n$

예 주사위 한 개와 동전 한 개를 동시에 던질 때 일어나는 모든 경우의 수는 $6 \times 2 = 12$

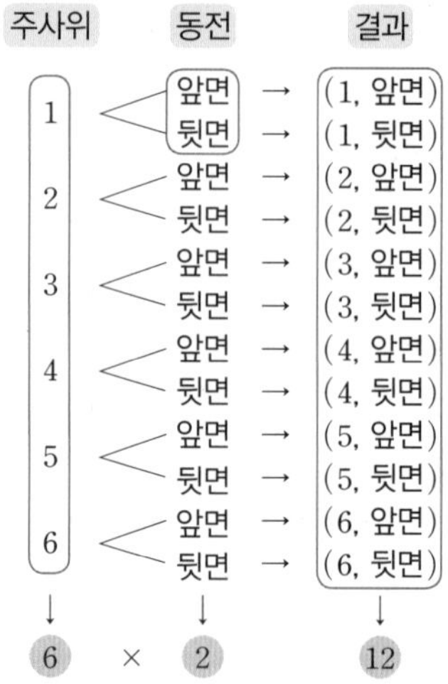

주사위	동전	결과
1	앞면 →	(1, 앞면)
	뒷면 →	(1, 뒷면)
2	앞면 →	(2, 앞면)
	뒷면 →	(2, 뒷면)
3	앞면 →	(3, 앞면)
	뒷면 →	(3, 뒷면)
4	앞면 →	(4, 앞면)
	뒷면 →	(4, 뒷면)
5	앞면 →	(5, 앞면)
	뒷면 →	(5, 뒷면)
6	앞면 →	(6, 앞면)
	뒷면 →	(6, 뒷면)
↓	↓	↓
6	× 2	12

풍쌤티 동전과 주사위 던지기
① 서로 다른 m개의 동전을 동시에 던질 때 일어나는 모든 경우의 수 ➡ 2^m
② 서로 다른 n개의 주사위를 동시에 던질 때 일어나는 모든 경우의 수 ➡ 6^n
③ 서로 다른 m개의 동전과 서로 다른 n개의 주사위를 동시에 던질 때 일어나는 모든 경우의 수 ➡ $2^m \times 6^n$

풍쌤의 point '동시에', '~이고', '그리고', '~하고 나서' 등의 표현이 있으면 곱의 법칙을 이용해야 해.

◆ **예제 1** ◆

빵 3종류와 우유 4종류가 있다. 빵과 우유를 각각 한 개씩 사려고 할 때, 다음을 구하여라.

(1) 빵 3종류 중 1개를 고르는 경우의 수

(2) 우유 4종류 중 1개를 고르는 경우의 수

(3) 빵과 우유를 각각 한 개씩 고르는 경우의 수

▶ **풀이** (3) $3 \times 4 = 12$

▶ **답** (1) 3   (2) 4   (3) 12

◆ **확인 1** ◆

티셔츠 2종류와 바지 4종류가 있다. 티셔츠와 바지를 한 벌씩 짝지어 입으려고 할 때, 다음을 구하여라.

(1) 티셔츠 2종류 중 한 벌을 입는 경우의 수

(2) 바지 4종류 중 한 벌을 입는 경우의 수

(3) 티셔츠와 바지를 한 벌씩 짝지어 입는 경우의 수

◆ **예제 2** ◆

수학책 4종류와 과학책 5종류 중에서 수학책과 과학책을 한 권씩 구입하는 경우의 수를 구하여라.

▶ **풀이** $4 \times 5 = 20$

▶ **답** 20

◆ **확인 2** ◆

학교에서 서점으로 가는 길이 5가지, 서점에서 집으로 가는 길이 3가지일 때, 학교에서 서점을 들러서 집으로 가는 방법의 수를 구하여라.

정답과 해설 42쪽 ┃ 워크북 68쪽

개념 ✦ check

01 어느 음식점의 메뉴가 오른쪽과 같을 때, 중식 중에서 한 가지, 한식 중에서 한 가지를 주문하는 경우의 수를 구하여라.

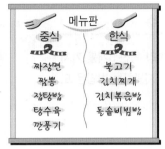

→ 개념1
사건 A와 사건 B가 동시에 일어나는 경우의 수

02 다음은 어느 동물원 안내도의 일부로 각 코스로 이동하는 길을 나타낸 것이다. 돌고래 쇼를 보고 코끼리 나라를 지나 사파리 왕국까지 가는 방법의 수를 구하여라.

돌고래 쇼   코끼리 나라   사파리 왕국

→ 개념1
사건 A와 사건 B가 동시에 일어나는 경우의 수

03 서로 다른 두 개의 주사위를 동시에 던질 때, 일어나는 모든 경우의 수는?

① 6　　　　　② 12　　　　　③ 24

④ 30　　　　　⑤ 36

→ 개념1
사건 A와 사건 B가 동시에 일어나는 경우의 수

04 지리산, 계룡산, 설악산, 치악산의 여행지 4곳과 콘도, 펜션, 캠핑장의 숙박 시설 3가지 중에서 여행지 한 곳과 숙박 시설 한 가지를 선택하는 경우의 수를 구하여라.

→ 개념1
사건 A와 사건 B가 동시에 일어나는 경우의 수

유형·1　돈을 지불하는 경우의 수

수지는 50원짜리 동전 4개와 100원짜리 동전 3개를 가지고 있다. 이 동전을 사용하여 200원을 지불하는 방법은 모두 몇 가지인지 구하여라.

» 닮은꼴 문제

1-1

500원짜리 동전 3개와 100원짜리 동전 2개가 있다. 두 가지 동전을 각각 1개 이상 사용하여 지불할 수 있는 금액의 종류는 모두 몇 가지인지 구하여라.

1-2

50원, 100원, 500원짜리 동전이 각각 6개씩 있다. 이 동전을 각각 1개 이상 사용하여 1000원을 지불하는 방법은 모두 몇 가지인지 구하여라.

유형·2　사건 A 또는 사건 B가 일어나는 경우의 수

여수에서 제주도까지 가는 교통편으로 비행기와 배가 있는데 하루에 비행기는 3회, 배는 2회 운행한다고 한다. 비행기 또는 배를 이용하여 여수에서 제주도까지 가는 경우의 수는?

여수　　　　제주도

① 2　　　　② 3　　　　③ 4
④ 5　　　　⑤ 6

» 닮은꼴 문제

2-1

서로 다른 두 개의 주사위를 동시에 던질 때, 나오는 눈의 수의 합이 3 또는 11인 경우의 수는?

① 3　　　　② 4　　　　③ 5
④ 6　　　　⑤ 7

2-2

한 개의 주사위를 두 번 던질 때, 처음에 나오는 눈의 수를 x, 나중에 나오는 눈의 수를 y라 하자. 방정식 $2x+y=9$ 또는 $x+3y=8$이 되는 경우의 수는?

① 4　　　　② 5　　　　③ 6
④ 7　　　　⑤ 8

유형·3 사건 A와 사건 B가 동시에 일어나는 경우의 수 (1)

레오는 용산역에서 기차를 타고 광주에 사시는 할머니 댁에 가려고 한다. 용산역에서 광주역까지 가는 기차 노선은 2가지, 광주역에서 할머니 댁까지 가는 버스 노선은 3가지일 때, 다음 물음에 답하여라.

용산역   광주역   할머니 댁

(1) 레오가 용산역에서 할머니 댁까지 가는 방법의 수를 구하여라.
(2) 레오가 용산역에서 할머니 댁에 갔다가 다시 용산역으로 돌아오는 방법의 수를 구하여라. (단, 돌아올 때의 노선은 갈 때의 노선과 같다.)

》 닮은꼴 문제

3-1

두 사람이 가위바위보를 할 때, 일어날 수 있는 모든 경우의 수는?

① 3   ② 5   ③ 6
④ 9   ⑤ 11

3-2

서로 다른 동전 두 개와 1부터 12까지의 자연수가 각각 하나씩 적힌 정십이면체 모양의 주사위가 있다. 이 두 개의 동전과 주사위를 동시에 던질 때, 일어나는 모든 경우의 수를 구하여라.

유형·4 사건 A와 사건 B가 동시에 일어나는 경우의 수 (2)

서로 다른 동전 두 개와 주사위 한 개를 동시에 던질 때, 동전은 서로 같은 면이 나오고 주사위는 홀수의 눈이 나오는 경우의 수는?

① 4   ② 5   ③ 6
④ 7   ⑤ 8

》 닮은꼴 문제

4-1

10 미만의 소수를 사용하여 네 자리의 비밀번호를 만들려고 한다. 같은 숫자를 여러 번 사용할 수 있다고 할 때, 만들 수 있는 비밀번호는 모두 몇 개인가?

① 4개   ② 12개   ③ 24개
④ 64개   ⑤ 256개

4-2

2018년 월드컵 개최지는 러시아 모스크바이다. 인천과 모스크바를 잇는 비행기 항로가 다음 그림과 같다고 할 때, 인천에서 모스크바로 가는 모든 방법의 수를 구하여라.

인천   두바이   모스크바

42. 한 줄로 세우는 경우의 수

개념1 | 한 줄로 세우는 경우의 수

(1) n명을 한 줄로 세우는 경우의 수

➡ $n \times (n-1) \times (n-2) \times \cdots \times 2 \times 1$ ⇨ n부터 1씩 줄어든다.

└ n명 중에서 1명을 뽑는 경우의 수
└ 1명을 뽑고 남은 $(n-1)$명 중에서 1명을 뽑는 경우의 수
└ 2명을 뽑고 남은 $(n-2)$명 중에서 1명을 뽑는 경우의 수

(2) n명 중에서 2명을 뽑아 한 줄로 세우는 경우의 수

➡ $n \times (n-1)$

(3) n명 중에서 3명을 뽑아 한 줄로 세우는 경우의 수

➡ $n \times (n-1) \times (n-2)$

> ◆ 한 줄로 세우는 경우의 수
> n명 중에서 r명을 뽑아 한 줄로 세우는 경우의 수
> ➡ $n \times (n-1) \times (n-2)$
> $\times \cdots \times (n-r+1)$
> (단, $n \geq r$)

풍쌤티 ① 5명을 한 줄로 세우는 경우의 수 ➡ $5 \times 4 \times 3 \times 2 \times 1 = 120$
② 5명 중에서 2명을 뽑아 한 줄로 세우는 경우의 수 ➡ $5 \times 4 = 20$
③ 5명 중에서 3명을 뽑아 한 줄로 세우는 경우의 수 ➡ $5 \times 4 \times 3 = 60$

◆예제 1◆

갑, 을, 병 세 사람을 한 줄로 세우는 경우의 수를 구하여라.

➤ **풀이** $3 \times 2 \times 1 = 6$

➤ **답** 6

◆확인 1◆

4명의 학생 A, B, C, D를 한 줄로 세우는 경우의 수를 구하여라.

개념2 | 한 줄로 세울 때 이웃하여 서는 경우의 수

한 줄로 세울 때 이웃하여 서는 경우의 수는 다음과 같은 순서로 구한다.
❶ 이웃하는 것을 하나로 묶어 나머지와 한 줄로 세우는 경우의 수를 구한다.
❷ 묶음 안에서 자리를 바꾸는 경우의 수를 구한다.
❸ ❶, ❷에서 구한 경우의 수를 곱한다.

> ◆ 묶음 안에서 자리를 바꾸는 경우의 수는 묶음 안에서 한 줄로 세우는 경우의 수와 같다.

풍쌤티 A, B, C, D의 4명을 한 줄로 세울 때, A와 C가 이웃하여 서는 경우의 수
① A, C를 하나로 묶어 3명을 한 줄로 세우는 경우의 수는
$3 \times 2 \times 1 = 6$
② 묶음 안에서 A와 C가 자리를 바꾸는 경우의 수는 $2 \times 1 = 2$
③ ①, ②에서 구하는 경우의 수는 $6 \times 2 = 12$

⌐② A와 C가 자리를 바꾸는 경우
: 2×1(가지)
(A, C), B, D
⌐① 3명을 한 줄로 세우는 경우
: $3 \times 2 \times 1$(가지)

◆예제 2◆

4명의 학생 A, B, C, D를 한 줄로 세울 때, A, B가 이웃하여 서는 경우의 수를 구하여라.

➤ **풀이** $(3 \times 2 \times 1) \times (2 \times 1) = 12$

➤ **답** 12

◆확인 2◆

남자 2명과 여자 2명을 한 줄로 세울 때, 여자끼리 이웃하여 서는 경우의 수를 구하여라.

개념◆check

정답과 해설 43~44쪽 | 워크북 69~70쪽

01 다음은 민율, 성빈, 윤후 3명을 한 줄로 세우는 경우를 나타낸 것이다. 물음에 답하여라.

→ 개념1
한 줄로 세우는 경우의 수

(1) 위의 □ 안에 알맞은 것을 써넣어라.

(2) 3명을 한 줄로 세우는 경우의 수를 구하여라.

02 서로 다른 4권의 소설책을 책꽂이에 꽂으려고 한다. 다음 경우의 수를 구하여라.

→ 개념1
한 줄로 세우는 경우의 수

(1) 4권을 모두 나란히 꽂는 경우

(2) 4권 중 2권을 뽑아 나란히 꽂는 경우

03 S, M, I, L, E가 각각 하나씩 적힌 5장의 카드를 한 줄로 나열할 때, 다음 경우의 수를 구하여라.

→ 개념1
한 줄로 세우는 경우의 수

(1) S가 제일 왼쪽에 오는 경우 ➜ S □□□□

(2) S가 제일 왼쪽에, M이 제일 오른쪽에 오는 경우 ➜ S □□□ M

(3) S와 M이 양 끝에 오는 경우 ➜ S □□□ M, M □□□ S

04 A, B, C, D, E의 5명을 한 줄로 세울 때, 다음을 구하여라.

→ 개념2
한 줄로 세울 때 이웃하여 서는 경우의 수

(1) A, B가 이웃하여 서는 경우의 수

(2) A, C, D가 이웃하여 서는 경우의 수

43. 정수를 만드는 경우의 수

개념 1 ┃ 정수를 만드는 경우의 수

(1) 0을 제외한 서로 다른 한 자리의 숫자가 각각 하나씩 적힌 n장의 카드에서

① 2장을 뽑아 만들 수 있는 두 자리의 정수의 개수

➡ $n \times (n-1)$개 ← n명 중 2명을 뽑아 한 줄로 세우는 경우의 수

② 3장을 뽑아 만들 수 있는 세 자리의 정수의 개수

➡ $n \times (n-1) \times (n-2)$개 ← n명 중 3명을 뽑아 한 줄로 세우는 경우의 수

> **풍쌤티** 1, 2, 3이 각각 하나씩 적힌 3장의 카드에서
> ① 2장을 뽑아 만들 수 있는 두 자리의 정수의 개수는 $3 \times 2 = 6$(개)
> ② 3장을 뽑아 만들 수 있는 세 자리의 정수의 개수는 $3 \times 2 \times 1 = 6$(개)

(2) 0을 포함한 서로 다른 한 자리의 숫자가 각각 하나씩 적힌 n장의 카드에서

① 2장을 뽑아 만들 수 있는 두 자리의 정수의 개수

➡ $(n-1) \times (n-1)$개
 └ 0을 제외한 숫자의 개수
  └ 0을 포함한 n장의 카드 중 십의 자리에서 사용한 숫자를 제외한 숫자의 개수

② 3장을 뽑아 만들 수 있는 세 자리의 정수의 개수

➡ $(n-1) \times (n-1) \times (n-2)$개
 └ 0을 제외한 숫자의 개수
  └ 0을 포함한 n장의 카드 중 백의 자리에서 사용한 숫자를 제외한 숫자의 개수
   └ 0을 포함한 n장의 카드 중 백의 자리와 십의 자리에서 사용한 숫자를 제외한 숫자의 개수

> **풍쌤의 point** 0은 맨 앞자리에 올 수 없으므로 맨 앞에 올 수 있는 숫자는 $(n-1)$개야.

> **풍쌤티** 0, 1, 2, 3이 각각 하나씩 적힌 4장의 카드에서
> ① 2장을 뽑아 만들 수 있는 두 자리의 정수의 개수는 $3 \times 3 = 9$(개)
> ② 3장을 뽑아 만들 수 있는 세 자리의 정수의 개수는 $3 \times 3 \times 2 = 18$(개)

◆ 예제 1 ◆

2, 4, 6이 각각 하나씩 적힌 3장의 카드가 있을 때, 이 중 2장을 뽑아 만들 수 있는 두 자리 정수의 개수를 구하여라.

❯ 풀이 $3 \times 2 = 6$(개)

❯ 답 6개

◆ 확인 1 ◆

1, 3, 5, 7이 각각 하나씩 적힌 4장의 카드가 있을 때, 이 중 3장을 뽑아 만들 수 있는 세 자리 정수의 개수를 구하여라.

◆ 예제 2 ◆

0, 1, 2가 각각 하나씩 적힌 3장의 카드가 있을 때, 이 중 2장을 뽑아 만들 수 있는 두 자리 정수의 개수를 구하여라.

❯ 풀이 $2 \times 2 = 4$(개)

❯ 답 4개

◆ 확인 2 ◆

0, 2, 4, 6이 각각 하나씩 적힌 4장의 카드가 있을 때, 이 중 3장을 뽑아 만들 수 있는 세 자리 정수의 개수를 구하여라.

개념 ✦ check

정답과 해설 44쪽 ㅣ 워크북 70쪽

01 오른쪽 그림과 같이 1부터 4까지의 숫자가 각각
하나씩 적힌 4장의 카드가 있다. 다음을 구하여라.

| 1 | 2 | 3 | 4 |

→ 개념1
정수를 만드는 경우의 수

(1) 2장을 뽑아 만들 수 있는 두 자리의 정수의 개수

(2) 3장을 뽑아 만들 수 있는 세 자리의 정수의 개수

02 오른쪽 그림과 같이 0, 2, 4, 6, 8의 숫자
가 각각 하나씩 적힌 5장의 카드가 있다.
다음을 구하여라.

| 0 | 2 | 4 | 6 | 8 |

→ 개념1
정수를 만드는 경우의 수

(1) 2장을 뽑아 만들 수 있는 두 자리의 정수의 개수

(2) 3장을 뽑아 만들 수 있는 세 자리의 정수의 개수

03 1, 2, 3, 4가 각각 하나씩 적힌 4장의 카드 중에서 2장을 뽑아 만들 수 있는 두 자
리의 정수 중 짝수의 개수를 구하여라.

→ 개념1
정수를 만드는 경우의 수

04 0, 1, 2, 3이 각각 하나씩 적힌 4장의 카드 중에서 2장을 뽑아 두 자리의 정수를 만
들 때, 짝수의 개수를 구하여라.

→ 개념1
정수를 만드는 경우의 수

44 · 대표를 뽑는 경우의 수

개념1 │ 대표를 뽑는 경우의 수

(1) n명 중에서 자격이 다른 대표 2명을 뽑는 경우의 수

→ $n \times (n-1)$ ← n명 중 2명을 뽑아 한 줄로 세우는 경우의 수

(2) n명 중에서 자격이 같은 대표 2명을 뽑는 경우의 수

→ $\dfrac{n \times (n-1)}{2}$ ← n명 중 2명을 뽑아 한 줄로 세우는 경우의 수
└─ 2명이 자리를 바꾸는 경우의 수

> 풍쌤日 A, B, C, D의 4명 중에서
> ① 반장, 부반장을 각각 1명씩 뽑는 경우의 수 → $4 \times 3 = 12$
> └ 자격이 다르다.
> ② 반 대표 2명을 뽑는 경우의 수 → $\dfrac{4 \times 3}{2} = 6$
> └─ 자격이 같다. ─┘

참고 n명 중에서 자격이 같은 3명의 대표를 뽑는 경우의 수

→ $\dfrac{n \times (n-1) \times (n-2)}{3 \times 2 \times 1}$ ← n명 중 3명을 뽑아 한 줄로 세우는 경우의 수
└─ 3명이 자리를 바꾸는 경우의 수

◆예제 1◆

4명의 학생 A, B, C, D가 있을 때, 다음을 구하여라.

(1) 회장 1명, 부회장 1명을 뽑는 경우의 수

(2) 대의원 2명을 뽑는 경우의 수

▶풀이 (1) $4 \times 3 = 12$　　(2) $\dfrac{4 \times 3}{2} = 6$

▶답 (1) 12　　(2) 6

◆확인 1◆

남학생 2명과 여학생 2명이 있을 때, 다음을 구하여라.

(1) 의장 1명, 총무 1명을 뽑는 경우의 수

(2) 대표 2명을 뽑는 경우의 수

개념2 │ 선분 또는 삼각형의 개수

(1) 서로 다른 n개의 점 중에서 두 점을 이어 만들 수 있는 선분의 개수

→ $\dfrac{n \times (n-1)}{2}$개 ← n명 중 자격이 같은 대표 2명을 뽑는 경우의 수

(2) 어느 세 점도 한 직선 위에 있지 않은 서로 다른 n개의 점 중에서 세 점을 이어 만들 수 있는 삼각형의 개수

→ $\dfrac{n \times (n-1) \times (n-2)}{3 \times 2 \times 1}$개 ← n명 중 자격이 같은 대표 3명을 뽑는 경우의 수

◆예제 2◆

오른쪽 그림과 같이 한 원 위에 서로 다른 4개의 점이 있을 때, 두 점을 이어서 만들 수 있는 선분의 개수를 구하여라.

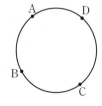

▶풀이 $\dfrac{4 \times 3}{2} = 6$(개)

▶답 6개

◆확인 2◆

오른쪽 그림과 같이 한 원 위에 서로 다른 4개의 점이 있을 때, 세 점을 이어서 만들 수 있는 삼각형의 개수를 구하여라.

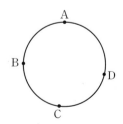

개념·check

정답과 해설 44~45쪽 ｜ 워크북 71쪽

01 남학생 3명, 여학생 4명 중에서 회장 1명과 부회장 1명을 뽑는 경우의 수를 구하여라.

→ 개념1
대표를 뽑는 경우의 수

02 2학년 1반 학생 20명 중에서 청소 당번 2명을 뽑는 경우의 수를 구하여라.

→ 개념1
대표를 뽑는 경우의 수

03 5명의 학생 A, B, C, D, E가 있다. 다음을 구하여라.

(1) 회장 1명, 부회장 1명, 총무 1명을 뽑는 경우의 수

(2) 대의원 3명을 뽑는 경우의 수

→ 개념1
대표를 뽑는 경우의 수

04 오른쪽 그림과 같이 한 원 위에 서로 다른 5개의 점이 있다. 다음을 구하여라.

(1) 두 점을 이어서 만들 수 있는 선분의 개수

(2) 세 점을 이어서 만들 수 있는 삼각형의 개수

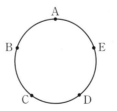

→ 개념2
선분 또는 삼각형의 개수

유형·1 한 줄로 세우는 경우의 수

윤아는 역사동아리 친구들과 함께 문화재 탐방을 다녀오려고 한다. 다음 4개의 문화재 답사 장소를 모두 한 번씩 방문하기로 할 때, 일정을 짜는 방법은 모두 몇 가지인가?

> 경복궁, 숭례문, 종묘, 창덕궁

① 8가지   ② 12가지   ③ 16가지
④ 20가지   ⑤ 24가지

》 닮은꼴 문제

1-1
어느 미술관에서는 5점의 그림을 나란히 걸어 전시하려고 한다. 이 그림 5점을 배치하는 모든 경우의 수는?

① 30   ② 60   ③ 90
④ 120   ⑤ 150

1-2
진수, 민수, 혁진 세 사람이 가위바위보를 할 때, 세 사람이 모두 다른 것을 내는 경우의 수를 구하여라.

유형·2 일부를 뽑아 한 줄로 세우는 경우의 수

다음 그림과 같이 프랑스와 이탈리아의 국기는 직사각형을 3가지 색으로 구분하여 만든 삼색기이다.

프랑스   이탈리아

빨강, 파랑, 노랑, 초록, 보라의 5가지의 색 중에서 3가지 색을 골라 한 번씩 사용하여 위와 같은 삼색기를 만들 때, 만들 수 있는 삼색기의 종류는 모두 몇 가지인가?

① 27가지   ② 52가지   ③ 60가지
④ 80가지   ⑤ 125가지

》 닮은꼴 문제

2-1
사과, 배, 귤, 포도, 수박, 딸기 중에서 3가지를 골라 동원, 정한, 지섭이에게 한 가지씩 줄 때, 나누어 줄 수 있는 모든 경우의 수는?

① 60   ② 120   ③ 240
④ 360   ⑤ 480

2-2
오른쪽 그림과 같은 지도에서 세 나라 A, B, C를 빨강, 주황, 노랑, 초록, 파랑 중에서 3가지 색을 골라 색칠하려고 한다. 고른 색을 각각 한 번씩 사용할 때, 색칠하는 방법의 수를 구하여라.

윤정, 은빛, 경수, 두준, 세연이의 5명이 교내 장기 자랑에 나가 나란히 서서 춤을 추려고 한다. 이때 다음과 같이 은빛이나 두준이가 가운데에 서는 경우의 수를 구하여라.

은빛

두준

» 닮은꼴 문제

3-1

A, B, C, D, E의 5명을 한 줄로 세울 때, A는 세 번째, B는 네 번째에 서는 경우의 수는?

① 6   ② 12   ③ 18

④ 24   ⑤ 30

3-2

부모님과 4명의 자녀가 나란히 서서 사진을 찍으려고 한다. 이때 부모님이 양 끝에 서는 경우의 수는?

① 20   ② 24   ③ 30

④ 36   ⑤ 48

유형·4 한 줄로 세울 때 이웃하여 서는 경우의 수

부모님과 자녀 3명이 영화를 보기 위해 극장에 갔다. 5명이 나란히 좌석에 앉을 때, 자녀끼리 이웃하여 앉는 경우의 수를 구하여라.

» 닮은꼴 문제

4-1

중학생 3명, 고등학생 3명을 한 줄로 세울 때, 중학생은 중학생끼리, 고등학생은 고등학생끼리 이웃하여 서는 경우의 수는?

① 36   ② 72   ③ 120

④ 360   ⑤ 720

4-2

채영이는 가요 3곡과 팝송 2곡을 MP3 플레이어에 담으려고 한다. 이때 가요 3곡은 연속해서 들을 수 있도록 재생 순서를 정하는 경우의 수는?

① 3   ② 6   ③ 12

④ 18   ⑤ 36

유형 · 5 정수를 만드는 경우의 수

0, 1, 2, 3, 4, 5의 숫자가 각각 하나씩 적힌 6장의 카드 중에서 3장을 뽑아 만들 수 있는 세 자리의 정수 중 홀수의 개수를 구하여라.

» 닮은꼴 문제

5-1

0, 1, 2, 3, 4, 5의 6개의 숫자 중에서 두 개를 골라 두 자리의 자연수를 만들려고 한다. 같은 숫자를 두 번 써도 된다면 모두 몇 개의 자연수를 만들 수 있는가?

① 6개 ② 12개 ③ 24개
④ 30개 ⑤ 36개

5-2

1부터 5까지의 자연수가 각각 하나씩 적힌 5장의 카드 중에서 3장을 뽑아 세 자리의 자연수를 만들 때, 15번째로 작은 수를 구하여라.

유형 · 6 대표를 뽑는 경우의 수 - 자격이 다른 경우

어떤 산의 정상까지 올라가는 5가지 등산로가 있다고 한다. 올라간 길로는 내려오지 않는다고 할 때, 산의 정상까지 올라갔다가 내려오는 길을 택하는 방법은 모두 몇 가지인가?

① 10가지 ② 15가지 ③ 20가지
④ 25가지 ⑤ 30가지

» 닮은꼴 문제

6-1

남자, 여자 회원 수가 각각 4명, 3명인 독서 모임에서 회장, 부회장, 총무를 각각 1명씩 뽑으려고 한다. 여자 회원 중에서 회장 1명, 남자 회원 중에서 부회장 1명, 총무 1명을 뽑는 경우의 수를 구하여라.

6-2

길거리 농구 대회에 참가한 6개의 팀 중에서 1등 한 팀, 2등 한 팀, 3등 한 팀이 결정되는 경우의 수는?

① 60 ② 80 ③ 96
④ 110 ⑤ 120

유형·7 대표를 뽑는 경우의 수 - 자격이 같은 경우

어느 모임에서 만난 10명의 학생이 서로 빠짐없이 한 번씩 악수를 할 때, 악수를 하는 총 횟수는?

① 15번   ② 30번   ③ 45번

④ 60번   ⑤ 90번

7-1

민수, 세진, 승기, 태호, 종민의 5명 중에서 농구 시합에 나갈 선수 3명 뽑으려고 한다. 이때 승기는 반드시 뽑히는 경우의 수는?

① 6   ② 12   ③ 16

④ 20   ⑤ 24

7-2

1부터 9까지의 자연수가 각각 하나씩 적힌 9장의 카드 중에서 2장을 동시에 뽑을 때, 카드에 적힌 수의 합이 짝수인 경우의 수를 구하여라.

유형·8 선분 또는 삼각형의 개수

오른쪽 그림과 같이 반원 위에 5개의 점이 있다. 이 중에서 3개의 점을 연결하여 만들 수 있는 삼각형의 개수를 구하여라.

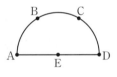

8-1

오른쪽 그림과 같이 원 위에 서로 다른 6개의 점이 있다. 이 중에서 2개의 점을 연결하여 만들 수 있는 선분의 개수를 구하여라.

8-2

오른쪽 그림과 같이 원 위에 8개의 점이 있다. 이 중에서 두 점을 연결하여 만들 수 있는 직선의 개수를 a개, 세 점을 연결하여 만들 수 있는 삼각형의 개수를 b개라 할 때, $a+b$의 값을 구하여라.

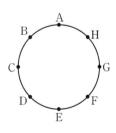

단원 · 마무리

01 한 개의 주사위를 던질 때, 6의 약수의 눈이 나오는 경우의 수는?

① 1 ② 2 ③ 3
④ 4 ⑤ 5

02 예진이가 집에서 학교까지 가는데 지하철은 3가지 노선, 버스는 2가지 노선이 있다. 예진이가 지하철 또는 버스를 이용하여 집에서 학교까지 가는 방법의 수는?

① 3가지 ② 4가지 ③ 5가지
④ 6가지 ⑤ 7가지

03 1부터 10까지의 자연수가 각각 하나씩 적힌 10장의 카드 중에서 한 장을 뽑을 때, 5의 배수 또는 9의 약수가 나오는 경우의 수는?

① 4 ② 5 ③ 6
④ 7 ⑤ 8

04 500원짜리 동전 4개와 100원짜리 동전 3개로 지불할 수 있는 금액의 모든 경우의 수는?

(단, 0원인 경우는 제외한다.)

① 15 ② 16 ③ 17
④ 18 ⑤ 19

05 A 지점에서 C 지점까지 가는 길이 다음 그림과 같을 때, A 지점에서 C 지점까지 가는 방법의 수는?

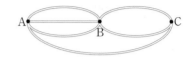

① 6가지 ② 7가지 ③ 8가지
④ 9가지 ⑤ 10가지

06 서로 다른 동전 두 개와 주사위 한 개를 동시에 던질 때, 동전은 서로 다른 면이 나오고 주사위는 소수의 눈이 나오는 경우의 수를 구하여라.

07 다음 중 경우의 수가 가장 작은 것은?

① 두 사람이 가위바위보를 할 때, 일어나는 모든 경우의 수
② 한 개의 주사위를 던질 때, 일어나는 모든 경우의 수
③ 서로 다른 동전 3개를 동시에 던질 때, 일어나는 모든 경우의 수
④ 1부터 10까지 자연수가 각각 하나씩 적힌 10장의 카드 중에서 한 장을 뽑을 때, 홀수 또는 4의 배수가 나오는 경우의 수
⑤ 서로 다른 두 개의 주사위를 동시에 던질 때, 나오는 눈의 수의 합이 7 또는 11인 경우의 수

08 서로 다른 3개의 동전을 동시에 던질 때, 뒷면이 적어도 한 개 이상 나오는 경우의 수는?

① 3 ② 4 ③ 5
④ 6 ⑤ 7

09 다음 그림과 같이 4개의 계단이 있다. 한 걸음에 한 계단 또는 두 계단씩 오른다고 할 때, 지면에서부터 꼭대기까지 오를 수 있는 모든 경우의 수는?

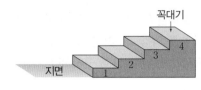

① 5   ② 6   ③ 7

④ 8   ⑤ 9

10 오른쪽 그림과 같은 도로망에서 점 A를 출발하여 점 B까지 가려고 한다. 이때 최단 거리 중 점 P를 지나는 방법의 수는?

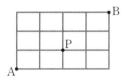

① 8가지   ② 12가지   ③ 16가지

④ 18가지   ⑤ 24가지

11 명수, 준하, 재석, 형돈, 홍철, 하하 6명이 긴 의자에 한 줄로 앉으려고 한다. 명수, 준하, 홍철이가 이웃하여 앉는 경우의 수는?

① 86   ② 121   ③ 144

④ 160   ⑤ 172

12 0부터 7까지의 숫자가 각각 하나씩 적힌 8장의 카드 중에서 3장을 뽑아 세 자리의 정수를 만들 때, 5의 배수의 개수는?

① 78개   ② 92개   ③ 116개

④ 128개   ⑤ 144개

13 열공중학교 학생회장 선거에 10명의 학생이 출마하였다. 이 중에서 회장 1명, 부회장 2명을 뽑는 경우의 수는?

① 120   ② 240   ③ 360

④ 540   ⑤ 720

14 야구 선수 5명, 농구 선수 4명, 축구 선수 3명 중에서 2명을 뽑을 때, 같은 운동 종목 선수인 경우의 수는?

① 18   ② 19   ③ 20

④ 21   ⑤ 22

15 오른쪽 그림과 같이 $l \,/\!/\, m$인 두 직선 l, m 위에 9개의 점이 있다. 이 중 세 점을 꼭짓점으로 하여 만들 수 있는 삼각형의 개수는?

① 49개   ② 56개   ③ 63개

④ 70개   ⑤ 84개

서술형 꽉 잡기

주어진 단계에 따라 쓰는 유형

16 0부터 5까지의 숫자가 각각 하나씩 적힌 6장의 카드 중에서 2장을 뽑아 두 자리의 정수를 만들 때, 40 이상인 정수의 개수를 구하여라.

> • 생각해 보자 •
>
> **구하는 것은?** 6장의 카드를 이용하여 40 이상인 정수의 개수 구하기
>
> **주어진 것은?** 0부터 5까지의 숫자가 각각 하나씩 적힌 6장의 카드
>
> 카드 2장을 뽑아 두 자리 정수를 만듦

> **풀이**

[1단계] 십의 자리의 숫자 정하기 (30 %)

[2단계] 십의 자리의 숫자에 따른 40 이상인 정수의 개수 구하기 (50 %)

[3단계] 40 이상인 정수의 개수 구하기 (20 %)

> **답**

풀이 과정을 자세히 쓰는 유형

17 서로 다른 두 개의 주사위를 동시에 던져서 나오는 눈의 수를 각각 a, b라 할 때, 부등식 $2b \geq 3a + 2$를 만족시키는 경우의 수를 구하여라.

> **풀이**

> **답**

18 오른쪽 그림과 같은 A, B, C, D 네 영역을 빨강, 주황, 노랑, 초록, 파랑의 5가지 색을 사용하여 칠하려고 한다.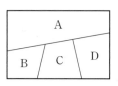
같은 색을 여러 번 사용할 수는 있지만 이웃한 영역은 다른 색으로 칠하려고 할 때, 색을 칠할 수 있는 모든 방법의 수를 구하여라.

> **풀이**

> **답**

2. 확률의 계산

45 · 확률의 뜻

개념1 확률의 뜻

(1) 확률: 같은 조건 아래에서 실험이나 관찰을 여러 번 반복할 때, 어떤 사건 A 가 일어나는 상대도수가 일정한 값에 가까워지면 이 일정한 값을 사건 A의 확률이라 한다.
└─ (상대도수)=$\dfrac{(그 계급의 도수)}{(전체 도수)}$

> ◆ 확률은 보통 분수, 소수, 백분율(%) 등으로 나타낸다.

(2) 확률의 표현: 어떤 실험이나 관찰에서 각 경우가 일어날 가능성이 같다고 할 때, 일어날 수 있는 모든 경우의 수가 n이고 사건 A가 일어나는 경우의 수 가 a이면 사건 A가 일어날 확률 p는

$$p=\frac{(사건\ A가\ 일어나는\ 경우의\ 수)}{(모든\ 경우의\ 수)}=\frac{a}{n}$$

예 주사위 한 개를 던질 때, 짝수의 눈이 나올 확률은 $\dfrac{3}{6}=\dfrac{1}{2}$이다.

풍쌤의 point 확률은 전체 경우의 수에서 해당 경우의 수가 차지하는 비율이야.

◆ 예제 1 ◆

한 개의 동전을 던질 때, 다음을 구하여라.

(1) 모든 경우의 수

(2) 앞면이 나오는 경우의 수

(3) 앞면이 나올 확률

> **풀이** (3) (앞면이 나올 확률)
> $=\dfrac{(앞면이\ 나오는\ 경우의\ 수)}{(모든\ 경우의\ 수)}=\dfrac{1}{2}$

> **답** (1) 2　　(2) 1　　(3) $\dfrac{1}{2}$

◆ 확인 1 ◆

한 개의 주사위를 던질 때, 다음을 구하여라.

(1) 모든 경우의 수

(2) 짝수가 나오는 경우의 수

(3) 짝수가 나올 확률

◆ 예제 2 ◆

1부터 8까지의 자연수가 각각 하나씩 적힌 8장의 카드 중에서 한 장을 뽑을 때, 4의 배수가 뽑힐 확률을 구하여라.

> **풀이** 4의 배수는 4, 8의 2가지이므로 $\dfrac{2}{8}=\dfrac{1}{4}$

> **답** $\dfrac{1}{4}$

◆ 확인 2 ◆

1부터 10까지의 자연수가 각각 하나씩 적힌 10장의 카드 중에서 한 장을 뽑을 때, 3의 배수가 뽑힐 확률을 구하여라.

◆ 예제 3 ◆

모양과 크기가 같은 파란 구슬 5개와 빨간 구슬 4개가 들어 있는 주머니에서 구슬을 한 개 꺼낼 때, 파란 구슬이 나올 확률을 구하여라.

> **풀이** 파란 구슬이 나오는 경우의 수는 5이므로 $\dfrac{5}{9}$

> **답** $\dfrac{5}{9}$

◆ 확인 3 ◆

모양과 크기가 같은 빨간 공 3개, 노란 공 5개, 검은 공 4개가 들어 있는 주머니에서 공을 한 개 꺼낼 때, 검은 공이 나올 확률을 구하여라.

개념 ◆ check

01 '확률'은 영어 단어 'probability'의 첫 글자를 따서 보통 p로 나타낸다. probability의 각 알파벳이 각각 하나씩 적힌 11장의 카드 중에서 한 장을 뽑을 때, 모음이 적힌 카드가 뽑힐 확률은?

① $\dfrac{1}{11}$ ② $\dfrac{2}{11}$ ③ $\dfrac{3}{11}$

④ $\dfrac{4}{11}$ ⑤ $\dfrac{5}{11}$

→ 개념1
확률의 뜻

02 서로 다른 두 개의 주사위 A, B를 동시에 던질 때, 두 눈의 수의 차가 4일 확률을 구하여라.

→ 개념1
확률의 뜻

03 10원짜리, 50원짜리, 100원짜리 동전이 각각 한 개씩 있다. 3개의 동전을 동시에 던질 때, 모두 앞면이 나올 확률은?

① $\dfrac{1}{8}$ ② $\dfrac{1}{4}$ ③ $\dfrac{3}{8}$

④ $\dfrac{1}{2}$ ⑤ $\dfrac{5}{8}$

→ 개념1
확률의 뜻

04 남학생 3명, 여학생 4명 중에서 대표 2명을 뽑을 때, 2명 모두 여학생일 확률은?

① $\dfrac{1}{7}$ ② $\dfrac{2}{7}$ ③ $\dfrac{3}{7}$

④ $\dfrac{4}{7}$ ⑤ $\dfrac{5}{7}$

→ 개념1
확률의 뜻

46 ◆ 확률의 성질

개념 1 ┃ 확률의 성질

(1) 어떤 사건이 일어날 확률을 p라 하면 $0 \leq p \leq 1$이다.

(2) 반드시 일어날 사건의 확률은 1이다.

(3) 절대로 일어나지 않을 사건의 확률은 0이다.

> ◆ 모든 확률은 0 % 이상 100 % 이하이다.

> ◆ 절대로 일어나지 않을 사건의 확률
> $$0 \leq p \leq 1$$
> 반드시 일어날 사건의 확률

풍쌤티 1부터 5까지의 자연수가 각각 하나씩 적힌 5장의 카드 중에서 한 장의 카드를 뽑을 때, 6 미만인 수를 꺼낼 확률은 1, 9의 배수인 수를 꺼낼 확률은 0이다.
└─ 모든 수가 6 미만이다. └─ 9의 배수인 경우는 없다.

풍쌤의 point 확률이 커질수록 그 사건이 일어날 가능성은 커지고, 확률이 작아질수록 그 사건이 일어날 가능성은 작아져.

◆ 예제 1 ◆

1, 3, 5, 7, 9의 숫자가 각각 하나씩 적힌 5장의 카드에서 1장을 뽑을 때, 다음을 구하여라.

(1) 짝수가 적힌 카드가 나올 확률

(2) 홀수가 적힌 카드가 나올 확률

▶ **풀이** (1) 5장의 카드 중에서 짝수가 적힌 카드는 없으므로 구하는 확률은 0이다.

(2) 5장의 카드 모두 홀수가 적혀 있으므로 구하는 확률은 1이다.

▶ **답** (1) 0   (2) 1

◆ 확인 1 ◆

서로 다른 두 개의 주사위를 동시에 던질 때, 다음을 구하여라.

(1) 두 눈의 수의 합이 13이 될 확률

(2) 두 눈의 수의 합이 2 이상이 될 확률

개념 2 ┃ 어떤 사건이 일어나지 않을 확률

사건 A가 일어날 확률을 p라 하면 (사건 A가 일어나지 않을 확률)$= 1 - p$

> ◆ '적어도 하나는 ~일 확률', '~가 아닐 확률', '~하지 못할 확률'을 구할 때는 어떤 사건이 일어나지 않을 확률을 이용한다.

풍쌤티 ① 어떤 농구 선수의 자유투 성공률이 $\frac{3}{4}$일 때

(자유투를 성공시키지 못할 확률)$=1-$(자유투를 성공시킬 확률)$=1-\frac{3}{4}=\frac{1}{4}$

② 한 개의 동전을 두 번 던질 때

(앞면이 적어도 한 번 나올 확률)$=1-$(모두 뒷면이 나올 확률)$=1-\frac{1}{4}=\frac{3}{4}$

◆ 예제 2 ◆

현준이가 활을 쏘아 과녁에 명중시킬 확률은 $\frac{3}{5}$이다. 현준이가 활을 쏘았을 때, 과녁에 명중시키지 못할 확률을 구하여라.

▶ **풀이** $1-\frac{3}{5}=\frac{2}{5}$

▶ **답** $\frac{2}{5}$

◆ 확인 2 ◆

한 개의 동전을 두 번 던질 때, 다음을 구하여라.

(1) 두 번 모두 앞면이 나올 확률

(2) 적어도 한 번은 뒷면이 나올 확률

01 어떤 사건 A가 일어날 확률을 p, 사건 A가 일어나지 않을 확률을 q라 할 때, 다음 〈보기〉 중 옳은 것을 모두 고른 것은?

→ 개념1
확률의 성질

> **보기**
> ㄱ. $0 \le q \le 1$
> ㄴ. $q=1$이면 사건 A는 반드시 일어난다.
> ㄷ. $p \times q = 1$
> ㄹ. $p + q = 1$

① ㄱ, ㄴ ② ㄱ, ㄷ ③ ㄱ, ㄹ
④ ㄴ, ㄷ ⑤ ㄴ, ㄹ

02 다음 〈보기〉 중 확률이 1인 것을 모두 골라라.

→ 개념1
확률의 성질

> **보기**
> ㄱ. 한 개의 동전을 던질 때, 뒷면이 나올 확률
> ㄴ. 10개의 제비 중 당첨 제비가 10개일 때, 1개를 뽑아 당첨될 확률
> ㄷ. 해가 서쪽에서 뜰 확률
> ㄹ. 한 개의 주사위를 던질 때, 나온 눈의 수가 6 이하일 확률

03 어떤 야구 선수가 20번의 타석에서 7번의 안타를 기록하였다. 이 선수가 타석에 들어섰을 때, 안타를 기록하지 못할 확률을 구하여라.

→ 개념2
어떤 사건이 일어나지 않을 확률

04 한 개의 동전을 3번 던질 때, 적어도 한 번은 뒷면이 나올 확률은?

→ 개념2
어떤 사건이 일어나지 않을 확률

① $\dfrac{1}{8}$ ② $\dfrac{3}{8}$ ③ $\dfrac{5}{8}$

④ $\dfrac{7}{8}$ ⑤ 1

47 ◆ 확률의 계산 (1)

개념 1 ┃ 사건 A 또는 사건 B가 일어날 확률

두 사건 A와 B가 동시에 일어나지 않을 때, 사건 A가 일어날 확률을 p, 사건
B가 일어날 확률을 q라 하면
└ 한 사건이 일어나면 다른 사건은 절대로 일어나지 않는다.

$$(사건\ A\ 또는\ 사건\ B가\ 일어날\ 확률) = p + q$$
└ 확률의 덧셈

◆ 일반석으로 문제에 '또는', '~이거나' 등의 표현이 있으면 확률의 덧셈을 이용한다.

풍쌤티 한 개의 주사위를 던질 때, 3 또는 5의 눈이 나올 확률

➡ $(3의\ 눈이\ 나올\ 확률) + (5의\ 눈이\ 나올\ 확률) = \dfrac{1}{6} + \dfrac{1}{6} = \dfrac{2}{6} = \dfrac{1}{3}$

◆ 예제 1 ◆

모양과 크기가 같은 빨간 공 6개, 파란 공 4개, 노란 공 5개가 들어 있는 주머니에서 한 개의 공을 꺼낼 때, 다음을 구하여라.

(1) 빨간 공을 꺼낼 확률

(2) 노란 공을 꺼낼 확률

(3) 빨간 공 또는 노란 공을 꺼낼 확률

▶ 풀이 (1) $\dfrac{6}{15} = \dfrac{2}{5}$　(2) $\dfrac{5}{15} = \dfrac{1}{3}$　(3) $\dfrac{6}{15} + \dfrac{5}{15} = \dfrac{11}{15}$

▶ 답 (1) $\dfrac{2}{5}$　(2) $\dfrac{1}{3}$　(3) $\dfrac{11}{15}$

◆ 확인 1 ◆

1부터 10까지의 자연수가 각각 하나씩 적힌 10장의 카드가 있다. 이 중에서 한 장의 카드를 뽑을 때, 다음을 구하여라.

(1) 5보다 작은 수가 나올 확률

(2) 8보다 큰 수가 나올 확률

(3) 5보다 작거나 8보다 큰 수가 나올 확률

개념 2 ┃ 사건 A와 사건 B가 동시에 일어날 확률

두 사건 A와 B가 서로 영향을 주지 않을 때, 사건 A가 일어날 확률을 p, 사건
B가 일어날 확률을 q라 하면
└ 사건 A가 일어나는 각각에 대하여
사건 B가 일어나는 확률이 동일하다.

$$(사건\ A와\ 사건\ B가\ 동시에\ 일어날\ 확률) = p \times q$$
└ 확률의 곱셈

◆ 확률의 곱셈에서 '동시에'라는 말은 사건 A가 일어나는 각각의 경우에 대하여 사건 B가 일어난다는 뜻이다.

◆ 일반적으로 문제에 '그리고', '동시에' 등의 표현이 있으면 확률의 곱셈을 이용한다.

풍쌤티 주사위 한 개와 동전 한 개를 동시에 던질 때, 동전은 앞면이 나오고 주사위는 3의 배수의 눈이 나올 확률

➡ $(동전은\ 앞면이\ 나올\ 확률) \times (주사위는\ 3의\ 배수의\ 눈이\ 나올\ 확률) = \dfrac{1}{2} \times \dfrac{1}{3} = \dfrac{1}{6}$

◆ 예제 2 ◆

동전 한 개와 주사위 한 개를 동시에 던질 때, 다음을 구하여라.

(1) 동전은 앞면이 나올 확률

(2) 주사위는 4 이하의 나올 확률

(3) 동전은 앞면이 나오고 주사위는 4 이하의 눈이 나올 확률

▶ 풀이 (3) $\dfrac{1}{2} \times \dfrac{2}{3} = \dfrac{1}{3}$

▶ 답 (1) $\dfrac{1}{2}$　(2) $\dfrac{2}{3}$　(3) $\dfrac{1}{3}$

◆ 확인 2 ◆

A주머니에는 흰 공 2개, 검은 공 3개가 들어 있고, B주머니에는 흰 공 3개, 검은 공 4개가 들어 있다. 두 주머니에서 각각 1개씩 공을 꺼낼 때, 다음을 구하여라.

(1) A주머니에서 흰 공이 나올 확률

(2) B주머니에서 흰 공이 나올 확률

(3) A, B 두 주머니에서 모두 흰 공이 나올 확률

개념 ✦ check

정답과 해설 49쪽 | 워크북 76~77쪽

01 1부터 15까지의 자연수가 각각 하나씩 적힌 15장의 카드 중에서 한 장의 카드를 뽑을 때, 카드에 적힌 수가 5의 배수 또는 7의 배수일 확률은?

① $\dfrac{1}{5}$　　　　② $\dfrac{1}{3}$　　　　③ $\dfrac{7}{15}$

④ $\dfrac{3}{5}$　　　　⑤ $\dfrac{2}{3}$

> → 개념1
> 사건 A 또는 사건 B가 일어날 확률

02 내일 비가 올 확률은 20 %, 모레 비가 올 확률은 50 %이다. 내일과 모레 이틀 연속 비가 올 확률은?

① 5 %　　　　② 8 %　　　　③ 10 %

④ 20 %　　　　⑤ 25 %

> → 개념2
> 사건 A와 사건 B가 동시에 일어날 확률

03 서로 다른 두 개의 주사위 A, B를 동시에 던질 때, 주사위 A에서는 짝수의 눈이 나오고, 주사위 B에서는 소수의 눈이 나올 확률을 구하여라.

> → 개념2
> 사건 A와 사건 B가 동시에 일어날 확률

04 어떤 오디션 프로그램에서 두 참가자 A, B가 본선에 진출할 확률이 각각 $\dfrac{2}{3}$, $\dfrac{3}{5}$ 이다. 이때 A는 본선에 진출하고 B는 본선에 진출하지 못할 확률을 구하여라.

> → 개념2
> 사건 A와 사건 B가 동시에 일어날 확률

48 · 확률의 계산 (2)

개념1 · 연속하여 뽑는 경우의 확률

(1) 꺼낸 것을 다시 넣고 뽑는 경우

처음에 뽑은 것을 나중에 다시 뽑을 수 있으므로 처음과 나중의 조건이 같다.

➜ 전체 개수가 변하지 않으므로 처음에 일어난 사건이 나중에 일어난 사건에 영향을 주지 않는다.

두 번째에도 6개 중에서 뽑는다.

(2) 꺼낸 것을 다시 넣지 않고 뽑는 경우

처음에 뽑은 것을 나중에 다시 뽑을 수 없으므로 처음과 나중의 조건이 다르다.

➜ 전체 개수가 1개 적어지므로 처음에 일어난 사건이 나중에 일어난 사건에 영향을 준다.

두 번째에는 5개 중에서 뽑는다.

> **풍쌤의 point** 연속하여 뽑는 경우의 확률은 두 사건이 동시에 일어나는 경우의 확률을 이용해.
> 이때 꺼낸 것을 다시 넣는지 넣지 않는지에 따라 확률이 달라짐에 주의해야 해.

◆ 예제 1 ◆

10개의 제비 중 3개의 당첨 제비가 들어 있는 상자에서 제비를 연속하여 두 번 뽑을 때, 두 번 모두 당첨 제비를 뽑을 확률을 구하여라.

(단, 뽑은 제비는 결과를 확인하고 다시 넣는다.)

> **풀이** $\dfrac{3}{10} \times \dfrac{3}{10} = \dfrac{9}{100}$

> **답** $\dfrac{9}{100}$

◆ 확인 1 ◆

12개의 제비 중 4개의 당첨 제비가 들어 있는 상자에서 제비를 연속하여 두 번 뽑을 때, 두 번 모두 당첨 제비를 뽑을 확률을 구하여라.

(단, 뽑은 제비는 다시 넣지 않는다.)

개념2 · 도형에서의 확률

도형과 관련된 확률에서 모든 경우의 수는 도형 전체의 넓이로, 어떤 사건이 일어나는 경우의 수는 도형에서 해당하는 부분의 넓이로 생각하여 구한다. 즉,

> ◆ 도형에서는 경우의 수가 아니라 넓이로 확률을 구해야 한다.

$$(\text{도형에서의 확률}) = \dfrac{(\text{해당하는 부분의 넓이})}{(\text{도형의 전체 넓이})}$$

◆ 예제 2 ◆

오른쪽 그림과 같은 과녁에 화살을 한 번 쏠 때, 짝수가 적힌 부분에 맞을 확률을 구하여라. (단, 화살이 과녁을 벗어나거나 경계선을 맞히는 경우는 없다.)

> **풀이** 짝수는 2, 4, 6, 8의 4가지이므로 짝수가 적힌 부분에
> 맞을 확률은 $\dfrac{4}{8} = \dfrac{1}{2}$이다.

> **답** $\dfrac{1}{2}$

◆ 확인 2 ◆

오른쪽 그림과 같은 과녁에 화살을 한 번 쏠 때, 색칠한 부분에 맞을 확률을 구하여라. (단, 화살이 과녁을 벗어나거나 경계선을 맞히는 경우는 없다.)

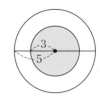

01 파란 구슬 2개, 노란 구슬 5개가 들어 있는 주머니에서 구슬을 한 개씩 연속하여 두 번 꺼낼 때, 다음의 각 경우에 대하여 꺼낸 구슬이 모두 노란 구슬일 확률을 구하여라.

(1) 꺼낸 구슬을 다시 넣을 때

(2) 꺼낸 구슬을 다시 넣지 않을 때

→ 개념1
  연속하여 뽑는 경우의 확률

02 12개의 제비 중 당첨 제비가 4개 들어 있는 상자가 있다. 이 상자에서 제비 한 개를 뽑아 결과를 확인하고 다시 넣은 후 또 한 개의 제비를 뽑을 때, 첫 번째에는 당첨되지 않고 두 번째에는 당첨될 확률은?

① $\dfrac{1}{9}$ ② $\dfrac{2}{9}$ ③ $\dfrac{1}{3}$

④ $\dfrac{4}{9}$ ⑤ $\dfrac{5}{9}$

→ 개념1
  연속하여 뽑는 경우의 확률

03 어느 공장에서 만든 20개의 제품 중에는 3개의 불량품이 들어 있다고 한다. 이 제품들 중에서 연속하여 2개의 제품을 꺼낼 때, 모두 불량품일 확률을 구하여라.
(단, 꺼낸 제품은 다시 넣지 않는다.)

→ 개념1
  연속하여 뽑는 경우의 확률

04 오른쪽 그림과 같이 6등분된 원판에 1부터 6까지의 수가 각각 하나씩 적혀 있다. 바늘이 돌다가 멈출 때, 3의 배수를 가리킬 확률을 구하여라.(단, 바늘이 경계선에 놓이는 경우는 생각하지 않는다.)

→ 개념2
  도형에서의 확률

유형·check

정답과 해설 50~52쪽 | 워크북 74~78쪽

유형·1 여러 가지 확률

0, 1, 2, 3, 4가 각각 하나씩 적힌 5장의 카드 중에서 2장을 뽑아 두 자리의 정수를 만들 때, 그 수가 짝수일 확률을 구하여라.

>> 닮은꼴 문제

1-1

서로 다른 두 개의 주사위를 동시에 던져서 나오는 눈의 수를 각각 a, b라 할 때, $\dfrac{b}{a}$의 값이 정수일 확률을 구하여라.

1-2

남학생 3명, 여학생 2명이 한 줄로 설 때, 남학생끼리 이웃하여 서게 될 확률을 구하여라.

유형·2 어떤 사건이 일어나지 않을 확률

1부터 4까지의 자연수가 각각 하나씩 적힌 4장의 카드 중에서 2장을 뽑아 두 자리의 정수를 만들 때, 그 수가 40 이하일 확률은?

① $\dfrac{1}{4}$ ② $\dfrac{5}{12}$ ③ $\dfrac{7}{12}$

④ $\dfrac{3}{4}$ ⑤ $\dfrac{11}{12}$

>> 닮은꼴 문제

2-1

학생 회장 선거에서 유별난 후보는 전체 300명의 투표자 중에서 180명의 표를 얻어 당선되었다. 300명의 투표자 중에서 한 명을 택할 때, 그 학생이 유별난 후보에게 투표하지 않았을 확률을 구하여라. (단, 무효표는 없다.)

2-2

한 개의 주사위를 두 번 던져서 처음에 나온 눈의 수를 a, 나중에 나온 눈의 수를 b라 하자. 순서쌍 (a, b)를 좌표로 하는 점이 직선 $y = -2x + 9$ 위에 있지 않을 확률을 구하여라.

유형·3 적어도 하나는 ~일 확률

남학생 4명, 여학생 6명 중에서 임원 2명을 뽑을 때, 적어도 한 명은 여학생이 뽑힐 확률은?

① $\dfrac{2}{15}$ ② $\dfrac{1}{3}$ ③ $\dfrac{8}{15}$

④ $\dfrac{2}{3}$ ⑤ $\dfrac{13}{15}$

≫ 닮은꼴 문제

3-1

서로 다른 두 개의 주사위를 동시에 던질 때, 적어도 한 개의 주사위에서 짝수의 눈이 나올 확률을 구하여라.

3-2

남학생 2명, 여학생 3명 중에서 대표 2명을 뽑을 때, 다음을 구하여라.

⑴ 2명 모두 여학생이 뽑힐 확률

⑵ 적어도 한 명은 남학생이 뽑힐 확률

유형·4 사건 A 또는 사건 B가 일어날 확률

서로 다른 두 개의 주사위를 동시에 던질 때, 나오는 두 눈의 수의 합이 5 또는 8일 확률은?

① $\dfrac{1}{10}$ ② $\dfrac{1}{4}$ ③ $\dfrac{5}{18}$

④ $\dfrac{1}{3}$ ⑤ $\dfrac{5}{12}$

≫ 닮은꼴 문제

4-1

다음 표는 형우네 반 학생들의 혈액형을 조사하여 나타낸 것이다. 이 중에서 임의로 한 학생을 선택할 때, 그 학생의 혈액형이 A형이거나 O형일 확률을 구하여라.

혈액형	A	B	O	AB
학생 수 (명)	12	10	8	5

4-2

서로 다른 두 개의 주사위를 동시에 던져서 나오는 눈의 수를 각각 a, b라 할 때, 방정식 $ax-b=0$의 해가 1 또는 2일 확률을 구하여라.

유형·**5** 사건 A와 사건 B가 동시에 일어날 확률

명중률이 각각 $\frac{2}{5}$, $\frac{1}{3}$인 종오, 장미 두 사람이 동시에 하나의 목표물을 향해 총을 한 발씩 쏠 때, 목표물이 총에 맞을 확률은?

① $\frac{2}{15}$ ② $\frac{1}{5}$ ③ $\frac{4}{15}$

④ $\frac{2}{5}$ ⑤ $\frac{3}{5}$

5-1

A 상자에는 빨간 구슬 2개와 파란 구슬 5개가 들어 있고, B 상자에는 빨간 구슬 3개와 파란 구슬 3개가 들어 있다. 각 상자에서 구슬을 한 개씩 꺼낼 때, 서로 다른 색의 구슬이 나올 확률을 구하여라.

5-2

비가 온 다음 날 비가 올 확률은 $\frac{2}{5}$이고, 비가 오지 않은 다음 날 비가 오지 않을 확률은 $\frac{2}{3}$라 한다. 월요일에 비가 왔을 때, 수요일에 비가 올 확률을 구하여라.

유형·**6** 연속하여 뽑는 경우의 확률 – 꺼낸 것을 다시 넣을 때

오른쪽 그림과 같이 1부터 15까지의 자연수가 각각 하나씩 적힌 파란 공 6개, 노란 공 5개, 빨간 공 4개가 들어 있는 게임기에서 재석이와 홍철이가 임의로 2개의 공을 차례로 꺼냈을 때, 다음을 만족시키는 사람이 이기는 게임을 하기로 했다. 두 사람 중 이길 확률이 큰 사람을 구하여라.
(단, 꺼낸 공은 다시 넣는다.)

> 재석 : 첫 번째에는 파란 공이 나오고 두 번째에는 4 또는 5가 적힌 공이 나온다.
> 홍철 : 첫 번째에는 5의 배수가 적힌 공이 나오고 두 번째에는 노란 공이 나온다.

6-1

주머니 안에 1부터 10까지의 자연수가 각각 하나씩 적힌 10개의 공이 들어 있다. 이 주머니에서 공을 한 개 꺼내어 숫자를 확인하고 다시 넣은 후 또 한 개의 공을 꺼낼 때, 첫 번째에는 5의 배수, 두 번째에는 8의 약수가 적힌 공이 나올 확률을 구하여라.

6-2

흰 공 5개와 검은 공 4개가 들어 있는 주머니에서 공 1개를 꺼내 확인하고 다시 넣은 후 다시 1개를 꺼낼 때, 흰 공이 적어도 한 번 나올 확률을 구하여라.

유형·7 연속하여 뽑는 경우의 확률 – 꺼낸 것을 다시 넣지 않을 때

10개 중 3개의 당첨 제비가 들어 있는 상자에서 하경이와 남순이가 차례로 제비를 한 개씩 뽑을 때, 남순이만 당첨될 확률은?(단, 뽑은 제비는 다시 넣지 않는다.)

① $\dfrac{1}{30}$ ② $\dfrac{1}{15}$ ③ $\dfrac{7}{30}$

④ $\dfrac{1}{3}$ ⑤ $\dfrac{7}{10}$

» 닮은꼴 문제

7-1

빨간 공 4개, 흰 공 2개, 파란 공 3개가 들어 있는 주머니에서 공을 한 개 꺼내어 확인한 후 다시 공을 한 개 꺼낼 때, 두 개 모두 파란 공일 확률을 구하여라.

(단, 꺼낸 공은 다시 넣지 않는다.)

7-2

10개의 제비 중 2개의 당첨 제비가 들어 있는 주머니에서 제비를 한 개씩 꺼내는데 당첨 제비가 나올 때까지 계속한다고 한다. 이때 2회 이내에 당첨될 확률을 구하여라.

(단, 꺼낸 제비는 다시 넣지 않는다.)

유형·8 도형에서의 확률

오른쪽 그림과 같이 넓이가 같은 9개의 정사각형의 각 칸에 1부터 9까지의 자연수가 각각 하나씩 적힌 표적이 있다. 이 표적에 화살을 쏠 때, 첫 번째에는 홀수가 적힌 부분을, 두 번째에는 4의 배수가 적힌 부분을 맞힐 확률을 구하여라.(단, 화살이 경계선을 맞히거나 표적을 빗나가는 경우는 생각하지 않는다.)

1	2	3
4	5	6
7	8	9

» 닮은꼴 문제

8-1

오른쪽 그림과 같이 9개의 정사각형으로 이루어진 표적에 화살을 두 번 쏠 때, 두 번 모두 색칠한 부분을 맞힐 확률을 구하여라.(단, 경계선에 맞히거나 표적을 빗나가는 경우는 생각하지 않는다.)

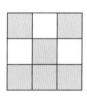

8-2

다음 그림과 같이 각각 4등분, 6등분된 두 개의 원판의 각 칸에 숫자가 하나씩 적혀 있다. 진아와 준원이가 각자의 원판을 회전시켰을 때, 진아의 원판의 바늘은 2, 준원이의 원판의 바늘은 5를 가리킬 확률을 구하여라.(단, 바늘이 경계선에 놓이는 경우는 생각하지 않는다.)

진아

준원

01 1부터 60까지의 자연수가 각각 하나씩 적힌 60장의 카드 중에서 한 장을 뽑을 때, 5의 배수가 적힌 카드가 나올 확률은?

① $\dfrac{2}{15}$ ② $\dfrac{1}{6}$ ③ $\dfrac{1}{5}$

④ $\dfrac{1}{4}$ ⑤ $\dfrac{1}{10}$

02 다음 중 확률이 가장 큰 것은?

① 한 개의 동전을 던질 때, 앞면과 뒷면이 동시에 나올 확률

② 한 개의 주사위를 던질 때, 홀수의 눈이 나올 확률

③ 한 개의 동전을 던질 때, 앞면이 나올 확률

④ 1, 2, 3이 각각 하나씩 적힌 3장의 카드 중에서 2장을 뽑아 두 자리의 자연수를 만들 때, 그 수가 홀수일 확률

⑤ 한 개의 주사위를 던질 때, 1 이하의 눈이 나올 확률

03 A, B, C, D, E의 5명을 한 줄로 세울 때, A는 맨 앞에, C는 맨 뒤에 설 확률은?

① $\dfrac{1}{120}$ ② $\dfrac{1}{60}$ ③ $\dfrac{1}{30}$

④ $\dfrac{1}{20}$ ⑤ $\dfrac{1}{10}$

04 0, 1, 2, 3, 4가 각각 하나씩 적힌 5장의 카드 중에서 3장을 뽑아 세 자리의 정수를 만들 때, 그 수가 300 이상일 확률을 구하여라.

05 오른쪽 그림과 같이 한 변의 길이가 각각 1 cm, 3 cm, 5 cm인 정사각형 모양으로 만들어진 과녁이 놓여 있다. 화살을 한 발 쏠 때, 색칠한 부분을 맞힐 확률은?
(단, 화살이 경계선을 맞히거나 과녁을 빗나가는 경우는 생각하지 않는다.)

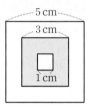

① $\dfrac{2}{25}$ ② $\dfrac{1}{5}$ ③ $\dfrac{6}{25}$

④ $\dfrac{8}{25}$ ⑤ $\dfrac{2}{5}$

06 다음 그림과 같이 3등분된 두 개의 원판에 숫자가 적혀 있다. 준우와 하루가 각자 자신의 원판에 화살을 쏘아 큰 수를 맞히는 사람이 이기는 게임을 할 때, 이길 확률이 더 큰 사람은 누구인지 구하여라.
(단, 화살이 경계선을 맞히거나 원판을 빗나가는 경우는 생각하지 않는다.)

준우   하루

07 다음 그림과 같이 수직선 위의 원점에 점 P가 있다. 동전 한 개를 던져서 앞면이 나오면 오른쪽으로 1만큼, 뒷면이 나오면 왼쪽으로 1만큼 움직인다고 하자. 동전을 3번 던져 움직였을 때, 점 P가 1에 위치할 확률을 구하여라.

08 다음 설명 중 옳지 <u>않은</u> 것을 모두 고르면?

(단, 정답 2개)

① 사건 A가 일어날 확률이 p이면 $0<p<1$이다.
② 반드시 일어날 사건의 확률은 1이다.
③ 절대로 일어날 수 없는 사건의 확률은 0이다.
④ 사건 A가 일어날 확률이 p이면 사건 A가 일어나지 않을 확률은 $p-1$이다.
⑤ 사건 A가 일어날 확률과 일어나지 않을 확률의 합은 1이다.

09 희열이네 반과 현석이네 반이 축구 시합을 하려고 한다. 희열이네 반이 이길 확률이 $\frac{3}{7}$이라 할 때, 현석이네 반이 이길 확률은?(단, 비기는 경우는 없다.)

① $\frac{2}{7}$ ② $\frac{3}{7}$ ③ $\frac{4}{7}$
④ $\frac{5}{7}$ ⑤ $\frac{6}{7}$

10 오른쪽 그림과 같이 64개의 쌓기나무를 쌓아서 정육면체를 만들었다. 이 정육면체의 겉면을 페인트로 색칠하고 다시 흐트러뜨린 다음 임의로 쌓기나무 한 개를 집었을 때, 적어도 한 면이 색칠된 쌓기나무일 확률을 구하여라.

11 다음은 농구 시합에 출전한 8개 반의 대진표이다. 2반과 5반이 결승전에서 만날 확률을 구하여라.
(단, 매 경기에서 비기는 경우는 없고, 모든 반이 상대 팀을 이길 확률은 같다.)

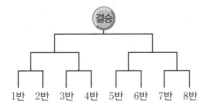

12 버스 정류장에 오전 9시에 도착 예정인 어떤 버스가 정시에 도착할 확률은 $\frac{5}{8}$, 늦게 도착할 확률은 $\frac{1}{4}$이다. 이 버스가 이틀 연속 일찍 도착할 확률은?

① $\frac{1}{64}$ ② $\frac{1}{32}$ ③ $\frac{1}{16}$
④ $\frac{1}{8}$ ⑤ $\frac{1}{4}$

13 정육면체 모양 주사위의 여섯 면에 각각 -1, 0, 0, 1, 1, 2가 적혀 있다. 이 주사위를 두 번 던질 때, 나온 수의 합이 1일 확률을 구하여라.

14 1부터 10까지의 자연수가 각각 하나씩 적힌 10장의 카드 중에서 한 장을 뽑아 카드에 적힌 수를 확인하고 다시 넣은 후 또 한 장을 뽑을 때, 카드에 적힌 두 수의 곱이 짝수일 확률은?

① $\frac{1}{4}$ ② $\frac{3}{8}$ ③ $\frac{1}{2}$
④ $\frac{5}{8}$ ⑤ $\frac{3}{4}$

15 10개의 제비 중 3개의 당첨 제비가 들어 있는 주머니에서 세 사람이 차례로 제비를 하나씩 꺼낼 때, 세 사람 모두 당첨제비를 꺼낼 확률을 구하여라.

(단, 꺼낸 제비는 다시 넣지 않는다.)

≡ 서술형 꽉 잡기 ≡

주어진 단계에 따라 쓰는 유형

16 A 주머니에는 딸기 맛 사탕이 2개, 오렌지 맛 사탕이 1개 들어 있고, B 주머니에는 딸기 맛 사탕이 3개, 오렌지 맛 사탕이 4개 들어 있다. A 주머니에서 사탕 한 개를 꺼내어 확인하고 B 주머니에 넣은 후 B 주머니에서 사탕을 1개 꺼냈을 때, 그것이 오렌지 맛 사탕일 확률을 구하여라.

> • 생각해 보자 •
> 구하는 것은? B 주머니에서 꺼낸 사탕 1개가 오렌지 맛일
>   확률
> 주어진 것은? A 주머니에 있는 사탕의 개수,
>   B 주머니에 있는 사탕의 개수

❯ 풀이

[1단계] A 주머니에서 딸기 맛 사탕을 꺼내고, B 주머니에서 오렌지 맛 사탕을 꺼낼 확률 구하기 (40 %)

[2단계] A 주머니에서 오렌지 맛 사탕을 꺼내고, B 주머니에서 오렌지 맛 사탕을 꺼낼 확률 구하기 (40 %)

[3단계] 조건을 만족하는 확률 구하기 (20 %)

❯ 답

풀이 과정을 자세히 쓰는 유형

17 오른쪽 그림과 같이 한 변의 길이가 1인 정오각형 ABCDE 가 있다. 점 P가 주사위를 던져 나온 눈의 수만큼 정오각형의 변을 따라 시계 방향으로 이동한다고 할 때, 주사위를 두 번 던져서 꼭짓점 A를 출발한 점 P가 점 E에 올 확률을 구하여라. (단, 두 번째 던질 때는 첫 번째에 나온 눈의 수만큼 이동한 점을 출발점으로 한다.)

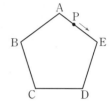

❯ 풀이

❯ 답

18 명중률이 각각 $\dfrac{2}{5}$, $\dfrac{1}{4}$인 지성이와 윤정이가 각각 목표물을 향해 활을 쏘았을 때, 두 사람 중 한 사람만 명중시킬 확률을 구하여라.

❯ 풀이

❯ 답

이 책을 검토한 선생님들

서울

강현숙 유니크수학학원
길정균 교육그룹볼에이블학원
김도현 강서명일학원
김영준 목동해법수학학원
김유미 대성제넥스학원
박미선 고릴라수학학원
박미정 최강학원
박미진 목동쌤올림학원
박부림 용경M2M학원
박성웅 M.C.M학원
박은숙 BMA유명학원
손남천 최고수학학원
심정민 애플캠퍼스학원
안중학 에듀탑학원
유영호 UMA우마수학학원
유정선 UP한국학원
유종호 정석수리학원
유지현 수리수리학원
이미선 휴브레인학원
이범준 편수학학원
이상덕 제이투학원
이신애 TOP명문학원
이영철 Hub수학전문학원
이은희 한솔학원
이재봉 형설학원
이지영 프라임수학학원
장미선 형설학원
전동철 남림학원
조현기 메타에듀수학학원
최원준 쌤수학학원
최장배 청산학원
최종구 최종구수학학원

강원

김순애 Kim's&청석학원
류경민 문막한빛입시학원
박준규 홍인학원

경기

강병덕 청산학원
김기범 하버드학원
김기태 수플림학원
김지형 행신학원
김한수 최상위학원
노태환 노선생해법학원
문상현 힘수학학원
박수빈 엠탑수학학원
박은영 M245U수학학원
송인숙 영통세종학원
송혜숙 진흥학원
유시경 에이플러스수학학원
윤효상 페르마학원

이가람 현수학학원
이강국 계룡학원
이민희 유수하학원
이상진 진수학학원
이종진 한뜻학원
이창준 청산학원
이혜용 우리학원
임원국 멘토학원
정오태 정선생수학교실
조정민 바른셈학원
조주희 이츠매쓰학원
주정호 라이프니츠영수학학원
최규현 하이베스트학원
최일규 이츠매쓰학원
최재원 이지수학학원
하재상 이헤수학학원
한은지 페르마학원
한인경 공감왕수학학원
황미라 한울학원

경상

강동일 에이원학원
강소정 정훈입시학원
강영환 정훈입시학원
강윤정 정훈입시학원
강희정 수학교실
구아름 구수한수학교습소
김성재 The쎈수학학원
김정휴 비상에듀학원
남유경 유니크수학학원
류현지 유니크수학학원
박건주 청림학원
박성규 박샘수학학원
박소현 청림학원
박재훈 달공수학학원
박현철 정훈입시학원
서명원 입시박스학원
신동훈 유니크수학학원
유병호 캔깨쓰학원
유지민 비상에듀학원
윤영진 유클리드수학과학학원
이소리 G1230학원
이은미 수학의한수학원
전현도 A스쿨학원
정재헌 에디슨아카데미
제준헌 니그학원
최혜경 프라임학원

광주

강동호 리엔학원
김국철 필즈영어수학학원
김대균 김대균수학학원
김동신 정평학원

강동석 MFA수학학원
노승균 정평학원
신선미 명문학원
양우식 정평학원
오성진 오성진선생의수학스케치학원
이수현 원수학학원
이재구 소촌엘리트학원
정민철 연승학원
정 석 정석수학전문학원
정수종 에스원수학학원
지행은 최상위영어수학학원
한병선 매쓰로드학원

대구

권영원 영원수학학원
김영숙 마스타박수학학원
김유리 최상위수학과학학원
김은진 월성해법수학학원
김정희 이레수학학원
김지수 율사학원
김태수 김태수수학학원
박미애 학림수학학원
박세열 송설수학학원
박태영 더좋은하늘수학학원
박호연 필즈수학학원
서효정 에이스학원
송유진 차수학학원
오현정 솔빛입시학원
윤기호 사인수학학원
이선미 에스엠학원
이주형 DK경대학원
장경미 휘명수학학원
전진철 전진철수학학원
조현진 수앤지학원
지현숙 클라무학원
하상희 한빛하쌤학원

대전

강현중 J학원
박재춘 제크아카데미
배용제 해마학원
윤석주 윤석주수학학원
이은혜 J학원
임진희 청담클루빌플레이팩토 황선생학원
장보영 윤석주수학학원
장현상 제크아카데미
정유진 청담클루빌플레이팩토 황선생학원
정진혁 버드내종로엠학원
홍선화 홍수학학원

부산

김선아 이연학원
김옥경 더매쓰학원

김원경 옥생학원
김정민 이경철학원
김창기 우주수학학원
김채화 채움수학전문학원
박상희 맵플러스금정캠퍼스학원
박순들 신진학원
손종규 화인수학학원
심정섭 전성학원
유소영 매쓰트리수학학원
윤한수 기능영재아카데미학원
이승윤 한길학원
이재명 청진학원
전현정 전성학원
정상원 필수통합학원
정영판 뉴피플학원
정진경 대원학원
정희경 육영재학원
조이석 레몬수학학원
천미숙 유레카학원
황보상 우진수학학원

인천

곽소윤 밀턴수학학원
김상미 밀턴수학학원
안상준 세종EM학원
이봉섭 정일학원
정은영 밀턴수학학원
채수현 밀턴수학학원
황찬욱 밀턴수학학원

전라

이강화 강승학원
최진영 필즈수학전문학원
한성수 위드클래스학원

충청

김선경 해머수학학원
김은향 루트수학학원
나종복 나는수학학원
오일영 해미수학학원
우명제 필즈수학학원
이태린 이태린으뜸수학학원
장경진 히파티아수학학원
장은희 자기주도학습센터 홀로세움학원
정한용 청록학원
정혜경 팔로스학원
현정화 멘토수학학원
홍승기 청록학원

풍산자 라인업

중학 풍산자로 개념과 문제를 꼼꼼히 풀면
성적이 지속적으로 향상됩니다

상위권으로의 도약을 위한 중학 풍산자 로드맵

원리 개념서	기초 반복 훈련서	실전 평가 테스트	실전 문제 유형서
▷ 풍산자 개념완성	▷ 풍산자 반복수학	▷ 풍산자 테스트북	▷ 풍산자 필수유형

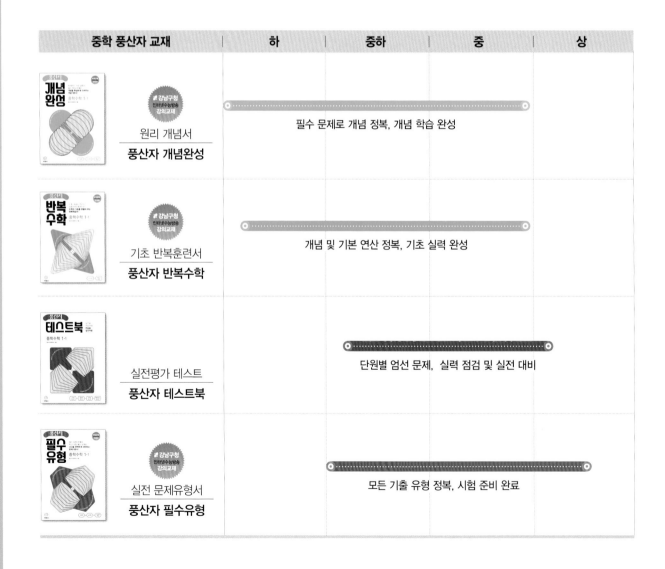

중학 풍산자 교재		하	중하	중	상
개념완성 원리 개념서 **풍산자 개념완성**	# 강남구청 인터넷수능방송 강의교재	필수 문제로 개념 정복, 개념 학습 완성			
반복수학 기초 반복훈련서 **풍산자 반복수학**	# 강남구청 인터넷수능방송 강의교재	개념 및 기본 연산 정복, 기초 실력 완성			
테스트북 실전평가 테스트 **풍산자 테스트북**			단원별 엄선 문제, 실력 점검 및 실전 대비		
필수유형 실전 문제유형서 **풍산자 필수유형**	# 강남구청 인터넷수능방송 강의교재		모든 기출 유형 정복, 시험 준비 완료		

개념완성

체계적인 개념 설명과
필수 핵심 문제로
**개념을 확실하게 다져주는
개념기본서!**

중학수학 2-2

풍산자수학연구소 지음

하이라이트
지학사

완벽한 개념으로 실전에 강해지는
개념기본서

풍산자 개념완성

중학수학 2-2

워크북

1. 이등변삼각형과 직각삼각형

정답과 해설 56~58쪽 | 개념북 8~19쪽

01 이등변삼각형의 성질

01 다음 그림에서 △ABC가 $\overline{AB}=\overline{AC}$인 이등변삼각형일 때, $\angle x$의 크기를 구하여라.

(1)

(2)
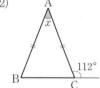

02 오른쪽 그림과 같이 $\overline{AB}=\overline{AC}$인 이등변삼각형 ABC에서 점 E는 $\overline{AB}$의 연장선 위의 점이다. $\angle BAC=70°$이고 $\overline{AD} /\!/ \overline{BC}$일 때, $\angle EAD$의 크기를 구하여라.

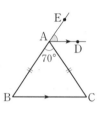

03 오른쪽 그림의 △ABC에서 $\overline{AD}=\overline{BD}=\overline{CD}$이고, $\angle BAD=28°$일 때, $\angle C$의 크기를 구하여라.

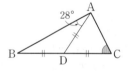

04 오른쪽 그림과 같이 $\overline{CA}=\overline{CB}$인 이등변삼각형 ABC에서 $\angle C=36°$이고 $\angle A$의 이등분선과 $\overline{BC}$의 교점을 D라 할 때, $\angle ADB$의 크기를 구하여라.

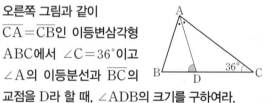

05 오른쪽 그림의 △ABC와 △DEC에서 $\overline{BA}=\overline{BC}$, $\overline{DC}=\overline{DE}$일 때, $\angle ACE$의 크기를 구하여라.

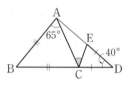

06 오른쪽 그림과 같이 $\overline{AB}=\overline{AC}$인 이등변삼각형 ABC에서 $\overline{AD}$는 $\angle A$의 이등분선이다. $\angle B=52°$, $\overline{BD}=4$ cm일 때, 다음을 구하여라.

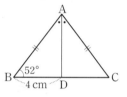

(1) $\overline{CD}$의 길이   (2) $\angle BAD$의 크기

07 오른쪽 그림과 같이 $\overline{AB}=\overline{AC}$인 이등변삼각형 ABC에서 $\overline{BC}$의 중점을 M이라 하자. $\angle BAM=20°$일 때, $\angle C$의 크기를 구하여라.

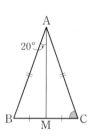

08 오른쪽 그림과 같이 $\overline{AB}=\overline{AC}$인 이등변삼각형 ABC에서 $\angle A$의 이등분선과 $\overline{BC}$의 교점을 D라 하자. $\overline{AD}$ 위의 한 점 P에 대하여 다음 중 옳지 <u>않은</u> 것은?

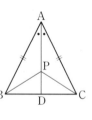

① $\overline{BP}=\overline{CP}$ ② △ABP≡△ACP
③ $\overline{BD}=\overline{CD}$ ④ $\overline{AP}=\overline{BP}=\overline{CP}$
⑤ $\angle ADC=90°$

09 오른쪽 그림에서 $\overline{AB}=\overline{AC}=\overline{CD}$이고 $\angle BAC=100°$일 때, $\angle DCE$의 크기를 구하여라.

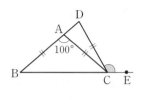

10 오른쪽 그림과 같은 사각형 ABCD에서 $\overline{AD}/\!/\overline{BC}$, $\overline{DA}=\overline{DC}$, $\overline{CA}=\overline{CB}$이다. $\angle D=120°$일 때, $\angle B$의 크기를 구하여라.

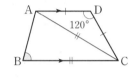

11 오른쪽 그림에서 $\overline{AB}=\overline{AC}=\overline{CD}=\overline{DE}$이고 $\angle B=25°$일 때, $\angle CDE$의 크기를 구하여라.

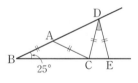

12 오른쪽 그림에서 $\overline{AB}=\overline{AC}=\overline{CD}$이고 $\angle DCE=63°$일 때, $\angle x$의 크기를 구하여라.

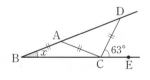

13 오른쪽 그림과 같이 $\overline{AB}=\overline{AC}$인 이등변삼각형 ABC에서 $\angle B$의 이등분선과 $\angle C$의 외각의 이등분선의 교점을 D라 하자. $\angle DCE=60°$일 때, $\angle D$의 크기를 구하여라.

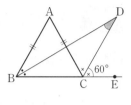

14 오른쪽 그림과 같이 $\overline{AB}=\overline{AC}$인 이등변삼각형 ABC에서 $\angle B$의 이등분선과 $\angle C$의 외각의 이등분선의 교점을 D라 하자. $\angle A=36°$일 때, $\angle D$의 크기를 구하여라.

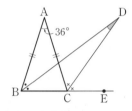

15 오른쪽 그림에서 △ABC는 $\angle A=40°$이고 $\overline{AB}=\overline{AC}$인 이등변삼각형이다. $\overline{BD}=\overline{CE}$, $\overline{BE}=\overline{CF}$가 되도록 세 점 D, E, F를 각각 잡을 때, $\angle DEF$의 크기를 구하여라.

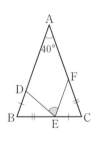

16 오른쪽 그림에서 △ABC는 $\overline{AB}=\overline{AC}$인 이등변삼각형이다. $\overline{BA}=\overline{BE}$, $\overline{CA}=\overline{CD}$일 때, $\angle B+\angle BAC$의 크기를 구하여라.

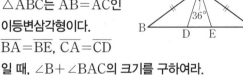

02 이등변삼각형이 되는 조건

01 오른쪽 그림의 △ABC에서
∠B=∠C, $\overline{AD} \perp \overline{BC}$이다.
$\overline{BC}$=12 cm, ∠BAD=25°
일 때, 다음을 구하여라.

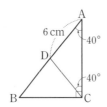

(1) ∠BAC의 크기
(2) $\overline{CD}$의 길이

02 오른쪽 그림에서 △ABC는
∠C=90°인 직각삼각형이다.
∠A=∠ACD=40°,
$\overline{AD}$=6 cm일 때, BD의 길이
를 구하여라.

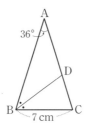

03 오른쪽 그림에서 △ABC는
$\overline{AB}=\overline{AC}$인 이등변삼각형이다.
$\overline{BD}$가 ∠B의 이등분선이고,
∠A=36°, $\overline{BC}$=7 cm일 때,
$\overline{AD}$의 길이를 구하여라.

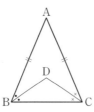

04 오른쪽 그림에서 △ABC는
$\overline{AB}=\overline{AC}$인 이등변삼각형이다.
∠B, ∠C의 이등분선의 교점을
D라 할 때, 다음 중 옳지 않은
것은?

① $\overline{BD}=\overline{CD}$ ② ∠ACD=∠DBC
③ ∠ABD=∠ACD   ④ ∠DBC=∠DCB
⑤ ∠DBC+∠DCB=∠A

05 오른쪽 그림에서 △ABC는
$\overline{AB}=\overline{AC}$인 이등변삼각형이
다. ∠A=48°, $\overline{BD}$=4 cm이
고, ∠B와 ∠C의 이등분선의
교점을 D라 할 때, ∠BDC의
크기와 $\overline{CD}$의 길이를 각각 구하여라.

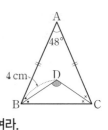

06 직사각형 모양의 종이를 $\overline{AC}$를 접는 선으로 하여 아
래 그림과 같이 접었다. ∠BAC=80°, $\overline{AB}$=7 cm
일 때, 다음을 구하여라.

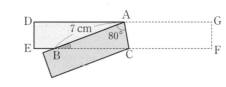

(1) $\overline{BC}$의 길이   (2) ∠ABC의 크기

07 직사각형 모양의 종이를 $\overline{BC}$
를 접는 선으로 하여 오른쪽
그림과 같이 접었다. 다음 중
옳지 않은 것은?

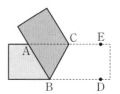

① ∠ACB=∠CBD
② ∠ABC=∠CBD
③ $\overline{AB}=\overline{AC}$
④ $\overline{AB}=\overline{BC}$
⑤ △ABC는 이등변삼각형이다.

08 폭이 일정한 종이 테이프를
$\overline{AC}$를 접는 선으로 하여 오
른쪽 그림과 같이 접었다.
∠ABC=42°일 때,
∠ACD의 크기를 구하여라.

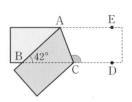

03 직각삼각형의 합동 조건

01 다음 중 오른쪽 그림의 두 직각삼각형 ABC, DEF가 서로 합동이 되는 경우가 아닌 것은?

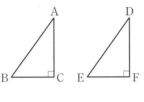

① $\overline{AB}=\overline{DE}$, $\overline{AC}=\overline{DF}$

② $\overline{AB}=\overline{DE}$, $\angle A=\angle D$

③ $\overline{BC}=\overline{EF}$, $\angle B=\angle E$

④ $\overline{BC}=\overline{EF}$, $\overline{AC}=\overline{DF}$

⑤ $\angle A=\angle D$, $\angle B=\angle E$

02 오른쪽 그림에서 △ABC는 $\angle A=90°$이고 $\overline{AB}=\overline{AC}$인 직각이등변삼각형이다. 두 점 B, C에서 점 A를 지나는 직선 l에 내린 수선의 발을 각각 D, E라 하자. $\overline{BD}=7$ cm, $\overline{CE}=5$ cm일 때, 다음을 구하여라.

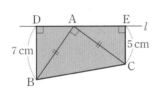

(1) $\overline{DE}$의 길이

(2) 사각형 BCED의 넓이

03 오른쪽 그림과 같이 $\angle C=90°$인 직각삼각형 ABC에서 $\overline{AD}=\overline{AC}$, $\overline{AB}\perp\overline{DE}$, $\angle AEC=65°$일 때, $\angle B$의 크기를 구하여라.

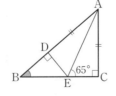

04 각의 이등분선의 성질

01 다음 그림에서 x의 값을 구하여라.

(1)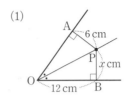

(2)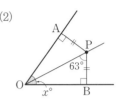

02 오른쪽 그림과 같이 $\angle XOY$의 이등분선 위의 한 점 P에서 두 변 OX, OY에 내린 수선의 발을 각각 A, B라 할 때, 다음 중 옳지 않은 것은?

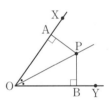

① $\overline{OA}=\overline{OB}$

② $\overline{PA}=\overline{PB}$

③ $\angle APO=\angle BPO$

④ $\angle AOB=\angle APO$

⑤ $\triangle POA\equiv\triangle POB$

03 오른쪽 그림과 같이 $\angle B=90°$인 직각삼각형 ABC에서 $\overline{AD}$는 $\angle A$의 이등분선이다. $\overline{AC}\perp\overline{DE}$일 때, △ADC의 넓이를 구하여라.

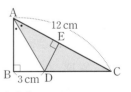

2. 삼각형의 외심과 내심

정답과 해설 58~61쪽 | 개념북 20~31쪽

05 삼각형의 외심과 그 성질

01 오른쪽 그림에서 점 O는
△ABC의 외심이다.
∠ABO=40°,
$\overline{OA}$=5 cm일 때, 다음을
구하여라.

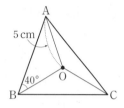

(1) $\overline{OC}$의 길이　　　(2) ∠AOB의 크기

02 오른쪽 그림에서 점 O는
△ABC의 외심이다. 점 O
에서 각 변에 내린 수선의 발
을 각각 D, E, F라 할 때,
다음 중 옳지 <u>않은</u> 것을 모두
고르면?(정답 2개)

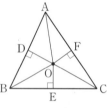

① $\overline{CF}=\overline{AF}$　　　② $\overline{OB}=\overline{OC}$
③ ∠OBD=∠OBE　　④ △OBE≡△OCE
⑤ $\overline{OD}=\overline{OE}$

03 오른쪽 그림에서 점 O는
△ABC의 외심이다.
∠ABO=25°, ∠ACO=35°
일 때, ∠A의 크기는?

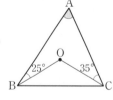

① 56°　　　② 58°
③ 60°　　　④ 62°　　　⑤ 64°

04 오른쪽 그림에서 점 O는
△ABC의 외심이다.
$\overline{AC}$=12 cm이고,
△AOC의 둘레의 길이
가 30 cm일 때, $\overline{OB}$의 길이를 구하여라.

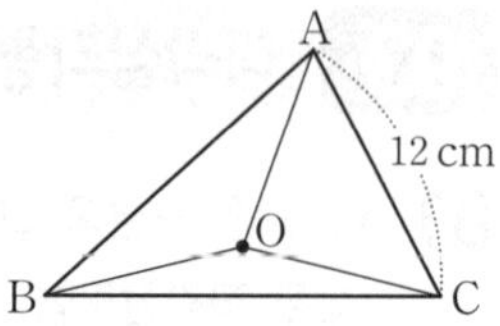

05 오른쪽 그림과 같이
∠B=90°인 직각삼각
형 ABC에서 $\overline{AC}$의
중점을 M이라 할 때,
$\overline{BM}$의 길이를 구하여라.

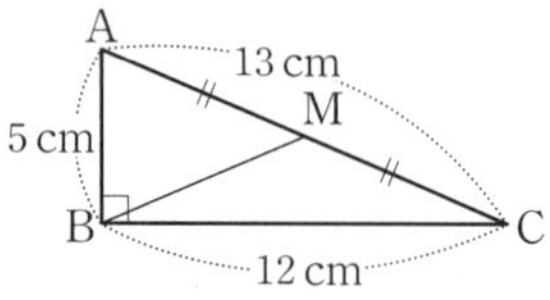

06 오른쪽 그림과 같이 ∠B=90°
인 직각삼각형 ABC의 외접원
의 둘레의 길이를 구하여라.

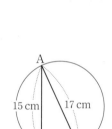

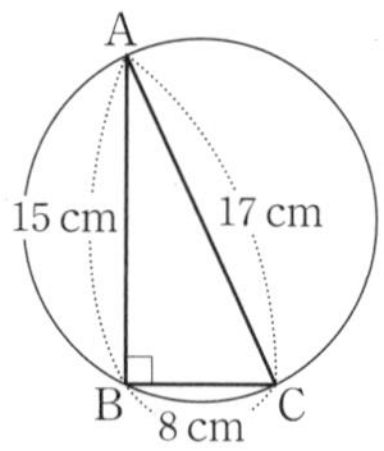

07 오른쪽 그림에서 점 O가
∠A=90°인 직각삼각형
ABC의 외심일 때,
△ABO의 넓이를 구하
여라.

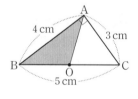

08 오른쪽 그림과 같이 ∠C＝90°인 직각삼각형 ABC에서 점 M은 $\overline{AB}$의 중점이다. ∠A＝32°일 때, ∠BMC의 크기를 구하여라.

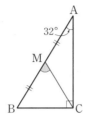

09 오른쪽 그림과 같이 ∠A＝90°인 직각삼각형 ABC에서 빗변의 중점을 D라 하자. ∠CAD＝54° 일 때, ∠B의 크기를 구하여라.

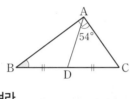

10 오른쪽 그림과 같이 ∠A＝90°인 직각삼각형 ABC에서 점 O는 △ABC의 외심이다. 점 A에서 $\overline{BC}$에 내린 수선의 발을 H라 하자. ∠OAH＝20°일 때, ∠C의 크기를 구하여라.

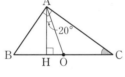

11 오른쪽 그림과 같이 ∠C＝90°인 직각삼각형 ABC에서 점 M은 $\overline{AB}$의 중점이다. $\overline{AB}$＝10 cm, ∠A＝30°일 때, △MBC의 둘레의 길이를 구하여라.

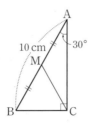

06 삼각형의 외심의 활용

01 다음 그림에서 점 O가 △ABC의 외심일 때, ∠x의 크기를 구하여라.

(1)
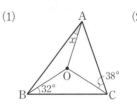
(2)
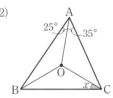

02 다음 그림에서 점 O가 △ABC의 외심일 때, ∠x의 크기를 구하여라.

(1)
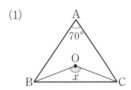
(2)
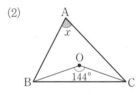

03 오른쪽 그림에서 점 O는 △ABC의 외심이다. ∠OAB＝3∠OCA, ∠OBC＝2∠OCA일 때, ∠OCA의 크기를 구하여라.

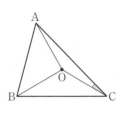

04 오른쪽 그림에서 점 O는 △ABC의 외심이다. ∠ABO＝40°, ∠BOC＝130°일 때, ∠OCA의 크기를 구하여라.

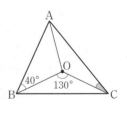

05 오른쪽 그림에서 점 O는
△ABC의 외심이다.
∠OCB=40°일 때, ∠A의 크
기를 구하여라.

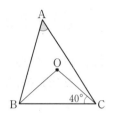

06 오른쪽 그림에서 점 O는
△ABC의 외심이다.
∠C=58°일 때, ∠OAB의
크기를 구하여라.

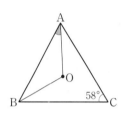

07 오른쪽 그림에서 점 O는
△ABC의 외심이다.
∠BOC : ∠COA : ∠AOB
=2 : 3 : 4일 때, ∠ACB의
크기를 구하여라.

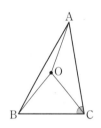

08 오른쪽 그림에서 점 O는
△ABC의 외심이고, 점
O′은 △AOC의 외심이
다. ∠B=36°일 때,
∠OO′C의 크기를 구하여라.

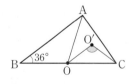

09 오른쪽 그림에서 점 O는
△ABC의 외심이다.
∠ABO=27°,
∠OBC=18°일 때,
∠A의 크기는?

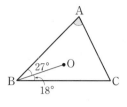

① 70°　　　② 72°　　　③ 74°

④ 76°　　　⑤ 78°

10 오른쪽 그림에서 점 O는
△ABC의 외심이다.
∠ABO=24°,
∠ACO=36°일 때,
∠BOC의 크기는?

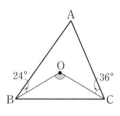

① 115°　　　② 120°　　　③ 125°

④ 130°　　　⑤ 135°

11 오른쪽 그림에서 점 O는
△ABC의 외심이다.
∠ABC=32°,
∠OBC=18°일 때,
∠A의 크기를 구하여라.

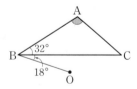

07 삼각형의 내심과 그 성질

01 다음 중 삼각형의 내심 I를 바르게 나타낸 것을 모두 고르면?(정답 2개)

02 다음 그림에서 점 I가 △ABC의 내심일 때, x의 값을 구하여라.

(1)　　　　　　　　(2)

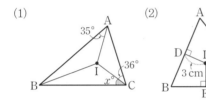 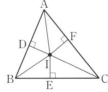

03 오른쪽 그림에서 점 I가 △ABC의 내심일 때, 다음 중 옳은 것을 모두 고르면?
(정답 2개)

① $\overline{AD}=\overline{BD}$
② $\overline{ID}=\overline{IE}=\overline{IF}$
③ $\overline{IA}=\overline{IB}=\overline{IC}$
④ $\angle IBE=\angle IBD$
⑤ $\triangle AID\equiv\triangle BID$

04 오른쪽 그림에서 점 I는 △ABC의 내접원의 중심이다. 다음 중 옳지 않은 것을 모두 고르면?
(정답 2개)

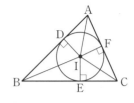

① $\angle AID=\angle BID$
② $\triangle BID\equiv\triangle BIE$
③ $\angle ICE=\angle ICF$
④ $\overline{AD}=\overline{AF}$
⑤ 점 I는 △ABC의 세 변의 수직이등분선의 교점이다.

05 오른쪽 그림에서 점 I는 △ABC의 내심이다.
$\angle IBC=25°$,
$\angle BIC=120°$일 때,
$\angle ICA$의 크기를 구하여라.

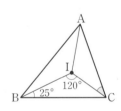

06 오른쪽 그림에서 점 I는 △ABC의 내심이다.
$\angle IAB=24°$,
$\angle ICB=32°$일 때,
$\angle CIA$의 크기는?

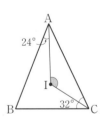

① 122°　　② 124°　　③ 126°
④ 128°　　⑤ 130°

08 삼각형의 내심의 활용

01 다음 그림에서 점 I가 △ABC의 내심일 때, ∠x의 크기를 구하여라.

(1)
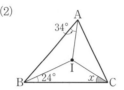

(2)

02 다음 그림에서 점 I가 △ABC의 내심일 때, ∠x의 크기를 구하여라.

(1)
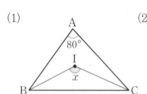

(2)
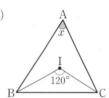

03 오른쪽 그림에서 점 I는 △ABC의 내심이다. ∠IBC=32°, ∠ICA=40°일 때, ∠A의 크기를 구하여라.

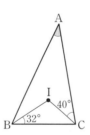

04 오른쪽 그림에서 점 I는 △ABC의 내심이다. ∠IBC=28°, ∠ACB=60°일 때, ∠x+∠y의 크기를 구하여라.

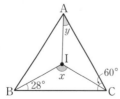

05 오른쪽 그림에서 점 I는 △ABC의 내심이다. ∠x : ∠y : ∠z=2 : 4 : 3일 때, ∠BAC의 크기를 구하여라.

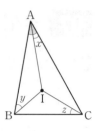

06 오른쪽 그림에서 점 I는 △ABC의 내심이다. ∠BAI=36°일 때, ∠BIC의 크기를 구하여라.

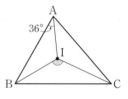

07 다음 그림에서 점 I는 △ABC의 내심이다. ∠AIB : ∠BIC : ∠CIA=5 : 6 : 7일 때, ∠ABC의 크기를 구하여라.

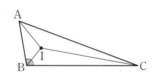

08 오른쪽 그림에서 점 I는 △ABC의 내심이다. $\overline{AI}$, $\overline{BI}$의 연장선과 $\overline{BC}$, $\overline{CA}$의 교점을 각각 D, E라 할 때, ∠ADB+∠AEB의 크기를 구하여라.

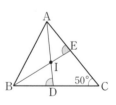

09 오른쪽 그림에서 점 I는 △ABC의 내심이다. △ABC의 둘레의 길이가 24이고, 내접원의 반지름의 길이가 2일 때, △ABC의 넓이를 구하여라.

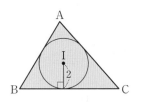

10 오른쪽 그림에서 점 I는 △ABC의 내심이다. △ABC의 둘레의 길이가 20 cm이고, 넓이가 17 cm²일 때, 내접원의 반지름의 길이를 구하여라.

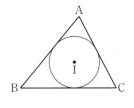

11 오른쪽 그림에서 점 I가 △ABC의 내심일 때, △ABC와 △IBC의 넓이의 비를 가장 간단한 자연수의 비로 나타내어라.

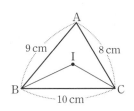

12 오른쪽 그림에서 점 I는 ∠C=90°인 직각삼각형 ABC의 내심이다. 색칠한 부분의 넓이를 구하여라.

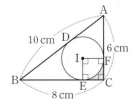

13 오른쪽 그림과 같이 △ABC의 내심 I를 지나고 $\overline{BC}$에 평행한 직선과 $\overline{AB}$, $\overline{AC}$의 교점을 각각 D, E라 할 때, 다음 중 옳은 것은?

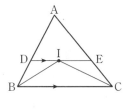

① $\overline{IB}=\overline{IC}$ ② $\overline{DI}=\overline{EI}$

③ $\overline{DE}=\frac{1}{2}\overline{BC}$ ④ $\overline{BD}=\overline{CE}$

⑤ $\overline{DE}=\overline{DB}+\overline{EC}$

14 오른쪽 그림에서 점 I는 △ABC의 내심이다. $\overline{DE}\,/\!/\,\overline{BC}$이고 $\overline{AB}=8$ cm, $\overline{AC}=6$ cm 일 때, △ADE의 둘레의 길이를 구하여라.

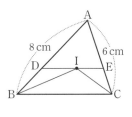

15 오른쪽 그림에서 점 I는 △ABC의 내심이다. $\overline{DE}\,/\!/\,\overline{BC}$일 때, 사각형 DBCE의 넓이를 구하여라.

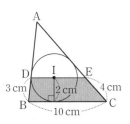

16 오른쪽 그림에서 원 I는 △ABC의 내접원이고, 세 점 D, E, F는 각 변의 접점이다. $\overline{AD}=4\,cm$, $\overline{BD}=5\,cm$, $\overline{AC}=10\,cm$일 때, $\overline{BC}$의 길이를 구하여라.

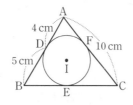

17 오른쪽 그림에서 원 I는 △ABC의 내접원이고, 세 점 D, E, F는 접점이다. $\angle C=90°$, $\overline{AB}=5\,cm$, $\overline{AC}=3\,cm$이고 내접원의 반지름의 길이가 $1\,cm$일 때, △ABC의 넓이를 구하여라.

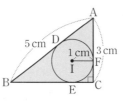

18 오른쪽 그림에서 원 I는 △ABC의 내접원이고 세 점 D, E, F는 접점이다. $\overline{AB}=9$, $\overline{BC}=8$, $\overline{CA}=7$일 때, $\overline{BD}$의 길이를 구하여라.

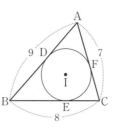

19 오른쪽 그림의 △ABC에서 두 점 I, O는 각각 △ABC의 내심과 외심이다. $\angle ABC=40°$, $\angle BCA=80°$일 때, $\angle BOC+\angle BIC$의 크기를 구하여라.

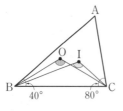

20 오른쪽 그림과 같이 $\angle B=90°$인 직각삼각형 ABC에서 두 점 I, O는 각각 △ABC의 내심과 외심이다. $\overline{AB}=12$, $\overline{BC}=16$, $\overline{CA}=20$일 때, △ABC의 외접원의 넓이와 내접원의 넓이의 차를 구하여라.

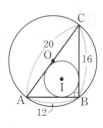

21 오른쪽 그림에서 원 I는 정삼각형 ABC의 내접원이고, 점 D는 원 I와 $\overline{BC}$의 접점이다. $\overline{AD}=9\,cm$, $\overline{ID}=3\,cm$일 때, △ABC의 외접원의 넓이를 구하여라.

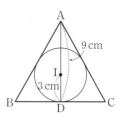

22 오른쪽 그림과 같이 $\overline{AB}=\overline{AC}$인 이등변삼각형 ABC에서 두 점 O, I는 각각 △ABC의 외심과 내심이다. $\angle A=48°$일 때, $\angle OBI$의 크기를 구하여라.

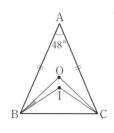

23 오른쪽 그림에서 두 점 O, I는 각각 △ABC의 외심과 내심이다. $\angle B=40°$, $\angle C=64°$일 때, $\angle OAI$의 크기를 구하여라.

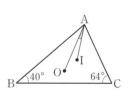

단원·마무리

정답과 해설 61~62쪽 | 개념북 32~34쪽

01 오른쪽 그림과 같이 $\overline{AB}=\overline{AC}$인 이등변삼각형 ABC를 꼭짓점 A가 꼭짓점 B에 오도록 접었다. ∠EBC=21°일 때, ∠C의 크기를 구하여라.

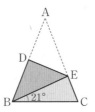

02 오른쪽 그림과 같이 $\overline{AB}=\overline{AC}$인 이등변삼각형 ABC에서 $\overline{AD}=\overline{AE}$일 때, 다음 중 옳지 <u>않은</u> 것은?

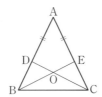

① $\overline{BE}=\overline{CD}$

② ∠ABE=∠EBC   ③ $\overline{OB}=\overline{OC}$

④ △ABE≡△ACD   ⑤ ∠BDC=∠CEB

03 다음 그림에서 ∠GFH=72°이고 $\overline{AB}=\overline{BC}=\overline{CD}=\overline{DE}=\overline{EF}=\overline{FG}$일 때, ∠A의 크기는?

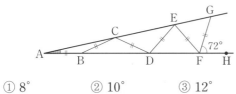

① 8°   ② 10°   ③ 12°

④ 16°   ⑤ 18°

04 폭이 일정한 종이를 오른쪽 그림과 같이 접었다. ∠EFC=62°일 때, ∠EIF의 크기는?

① 56°   ② 57°

③ 58°   ④ 59°   ⑤ 60°

05 오른쪽 그림에서 △ABC와 △CBD는 이등변삼각형이다. ∠A=48°, ∠ACD=∠DCE일 때, ∠BDC의 크기는?

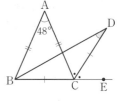

① 28°   ② 28.5°   ③ 29°

④ 29.5°   ⑤ 30°

06 오른쪽 그림의 사각형 ADEC에서 $\overline{BA}=\overline{BC}$, ∠D=∠ABC=∠E =90°일 때, $\overline{CE}$의 길이를 구하여라.

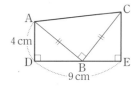

07 오른쪽 그림과 같이 한 직선 위에 있지 않은 세 점 A, B, C를 지나는 원의 중심 O를 찾는 방법은?

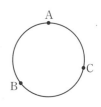

① $\overline{AB}$, $\overline{AC}$의 수직이등분선의 교점

② ∠ABC, ∠ACB의 이등분선의 교점

③ 두 점 A, B에서 각각 $\overline{BC}$, $\overline{AC}$에 내린 수선의 교점

④ ∠BAC의 이등분선과 $\overline{BC}$의 수직이등분선의 교점

⑤ 점 A와 $\overline{BC}$의 중점, 점 B와 $\overline{AC}$의 중점을 이은 선분의 교점

08 오른쪽 그림에서 점 O는 △ABC의 외심이다. ∠B=40°일 때, ∠x의 크기를 구하여라.

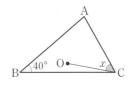

09 오른쪽 그림에서 점 O는 △ABC의 외심이다. $\overline{AC}=6$ cm이고, △AOC의 둘레의 길이가 14 cm일 때, △ABC의 외접원의 반지름의 길이는?

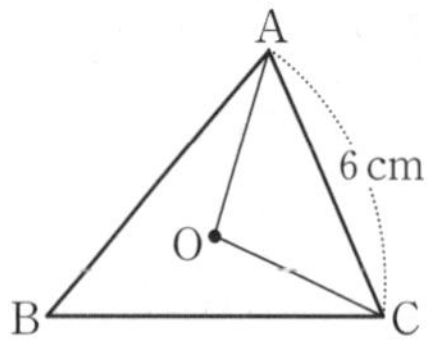

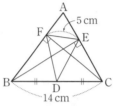

① 3.5 cm   ② 3.6 cm   ③ 3.8 cm

④ 4 cm   ⑤ 4.5 cm

10 오른쪽 그림의 △ABC에서 점 D는 $\overline{BC}$의 중점이고, 두 점 B, C에서 $\overline{AC}$, $\overline{AB}$에 내린 수선의 발은 각각 E, F이다. $\overline{FE}=5$ cm, $\overline{BC}=14$ cm일 때, △DEF의 둘레의 길이는?

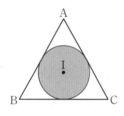

① 18 cm   ② 19 cm   ③ 20 cm

④ 21 cm   ⑤ 22 cm

11 오른쪽 그림에서 원 I는 △ABC의 내접원이다. △ABC의 둘레의 길이가 36 cm, 넓이가 54 cm²일 때, 원 I의 넓이는?

① π cm²   ② 4π cm²   ③ 9π cm²

④ 16π cm²   ⑤ 25π cm²

12 오른쪽 그림에서 점 I는 △ABC의 내심이다. $\overline{DE}/\!/\overline{BC}$이고 $\overline{AB}=14$ cm, $\overline{DE}=10$ cm, $\overline{EC}=4$ cm일 때, $\overline{AD}$의 길이는?

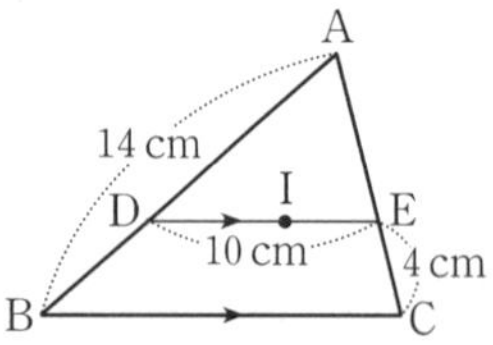

① 8 cm   ② 9 cm   ③ 10 cm

④ 11 cm   ⑤ 12 cm

13 오른쪽 그림에서 점 I는 △ABC의 내심이다. ∠C=60°일 때, ∠ADB+∠AEB의 크기를 구하여라.

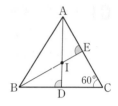

서술형

14 오른쪽 그림에서 △ABC는 ∠C=90°이고 $\overline{CA}=\overline{CB}$인 직각이등변삼각형이다. $\overline{AC}=\overline{AD}$, $\overline{EC}=5$ cm일 때, △DBE의 넓이를 구하여라.

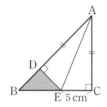

서술형

15 오른쪽 그림에서 두 점 O, I는 각각 △ABC의 외심과 내심이다. ∠BAC=40°일 때, ∠OBI의 크기를 구하여라.

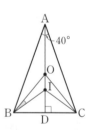

1·평행사변형

정답과 해설 63~65쪽 ㅣ 개념북 36~47쪽

 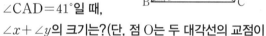

09 평행사변형의 성질

01 오른쪽 그림과 같은 평행사변형 ABCD에서 ∠ABE=50°, ∠AED=85°일 때, ∠AEB의 크기는?

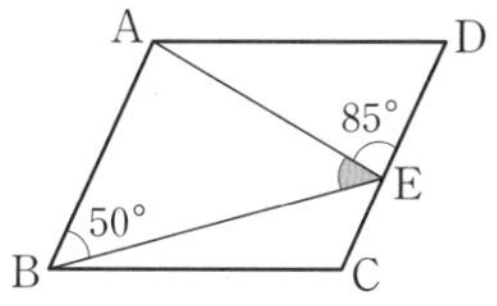

① 30°　　② 35°　　③ 40°
④ 45°　　⑤ 50°

02 오른쪽 그림의 평행사변형 ABCD에서 ∠BDC=42°, ∠CAD=41°일 때, ∠x+∠y의 크기는?(단, 점 O는 두 대각선의 교점이다.)

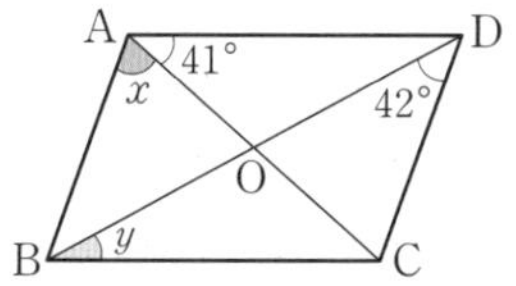

① 56°　　② 69°　　③ 83°
④ 97°　　⑤ 111°

03 오른쪽 그림의 평행사변형 ABCD에서 $\overline{BC}$의 길이를 구하여라.

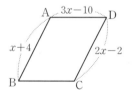

04 오른쪽 그림의 평행사변형 ABCD에서 ∠A의 이등분선이 $\overline{BC}$와 만나는 점을 E라 하자. $\overline{AB}$=6 cm, $\overline{EC}$=2 cm일 때, $\overline{AD}$의 길이를 구하여라.

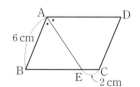

05 오른쪽 그림의 평행사변형 ABCD에서 ∠A와 ∠D의 이등분선이 $\overline{BC}$와 만나는 점을 각각 E, F라 하자. $\overline{AD}$=5 cm, $\overline{DC}$=3 cm일 때, $\overline{EF}$의 길이를 구하여라.

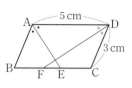

06 오른쪽 그림의 평행사변형 ABCD에서 변 BC의 중점을 E, $\overline{AE}$의 연장선과 $\overline{DC}$의 연장선의 교점을 F라 할 때, $\overline{DF}$의 길이를 구하여라.

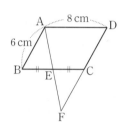

07 다음 그림의 평행사변형 ABCD에서 ∠x, ∠y의 크기를 각각 구하여라.

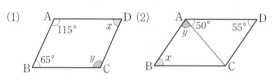

08 오른쪽 그림의 평행사변형 ABCD에서 ∠D=65°, $\overline{AB}$=$\overline{AE}$일 때, ∠BAE의 크기를 구하여라.

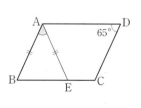

09 오른쪽 그림의 평행사변형 ABCD에서 ∠A : ∠B=3 : 1일 때, ∠D의 크기는?

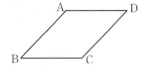

① 35°   ② 40°   ③ 45°
④ 50°   ⑤ 55°

10 오른쪽 그림의 평행사변형 ABCD에서 ∠A의 이등분선이 $\overline{BC}$와 만나는 점을 E, 꼭짓점 B에서 $\overline{AE}$에 내린 수선의 발을 F라 하자. ∠C=100°일 때, ∠EBF의 크기는?

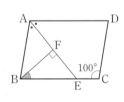

① 40°   ② 45°   ③ 50°
④ 55°   ⑤ 60°

11 오른쪽 그림의 평행사변형 ABCD에서 ∠A, ∠D의 이등분선이 $\overline{BC}$와 만나는 점을 각각 E, F라 하고, 두 이등분선의 교점을 G라 하자. ∠B=80°일 때, ∠x+∠y의 크기를 구하여라.

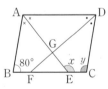

12 오른쪽 그림에서 점 O는 평행사변형 ABCD의 두 대각선의 교점이다. $\overline{AB}$=4 cm, $\overline{AC}$=8 cm, $\overline{BD}$=10 cm일 때, △COD의 둘레의 길이를 구하여라.

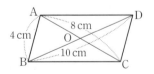

13 오른쪽 그림의 평행사변형 ABCD에서 점 O가 두 대각선의 교점일 때, 다음 중 옳지 않은 것은?

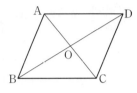

① $\overline{AD}$=$\overline{BC}$ ② $\overline{AO}$=$\overline{CO}$
③ ∠ABC=∠ADC   ④ ∠ACB=∠ACD
⑤ △AOD≡△COB

14 다음은 평행사변형 ABCD에서 두 대각선의 교점 O를 지나는 한 직선이 $\overline{AD}$, $\overline{BC}$와 만나는 점을 각각 P, Q라 할 때, $\overline{PO}$=$\overline{QO}$임을 설명하는 과정이다. □ 안에 알맞은 것을 써넣어라.

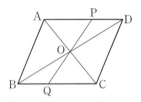

△AOP와 △COQ에서
∠AOP=□□□ (맞꼭지각),
$\overline{AO}$=□□,
□□□ = ∠QCO (엇각)
이므로 △AOP≡△COQ (□□□ 합동)
∴ $\overline{PO}$=$\overline{QO}$

15 오른쪽 그림의 평행사변형 ABCD에서 두 대각선의 교점 O를 지나는 한 직선이 $\overline{AB}$, $\overline{CD}$와 만나는 점을 각각 P, Q라 하자. $\overline{DQ}$=4 cm, $\overline{BD}$=18 cm, $\overline{PQ}$=14 cm일 때, △BOP의 둘레의 길이를 구하여라.

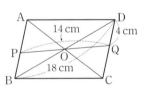

10 평행사변형이 되는 조건

01 다음은 □ABCD의 두 대각선 AC, BD의 교점을 O라 할 때, $\overline{AO}=\overline{CO}$, $\overline{BO}=\overline{DO}$이면 □ABCD는 평행사변형임을 설명하는 과정이다. □ 안에 알맞은 것을 써넣어라.

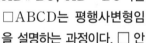

△AOD와 △COB에서
$\overline{AO}=\overline{CO}$,
∠AOD=□□□ (맞꼭지각),
$\overline{DO}=\overline{BO}$
이므로 △AOD≡△COB (□□ 합동)
∴ $\overline{AD}=\overline{CB}$ ······㉠
같은 방법으로 △AOB≡□□□ (SAS 합동)
이므로 $\overline{AB}=\overline{DC}$ ······㉡
㉠, ㉡에서 □□□□□□□가 각각 같으므로
□ABCD는 평행사변형이다.

02 다음은 □ABCD에서 $\overline{AD}/\!/\overline{BC}$, $\overline{AD}=\overline{BC}$이면 □ABCD는 평행사변형임을 설명하는 과정이다. □ 안에 들어갈 것으로 옳지 <u>않은</u> 것은?

오른쪽 그림과 같이 대각선 AC를 그으면
△ABC와 △CDA에서
$\overline{BC}=$ ① ,
∠ACB= ② (엇각),
$\overline{AC}$는 공통
이므로 △ABC≡△CDA (③ 합동)
이때 ∠BAC=∠DCA, 즉 ④ 의 크기가 같으므로 $\overline{AB}/\!/$ ⑤
따라서 두 쌍의 대변이 각각 서로 평행하므로
□ABCD는 평행사변형이다.

① $\overline{DA}$　　② ∠CAD　　③ ASA
④ 엇각　　⑤ $\overline{DC}$

03 다음 그림의 □ABCD가 평행사변형이 되도록 하는 x, y의 값을 각각 구하여라.

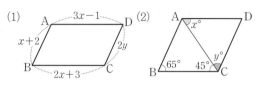

04 오른쪽 그림과 같은 □ABCD에서 ∠D의 이등분선이 $\overline{BC}$와 만나는 점을 E라 하자.
∠DEC=64°일 때, □ABCD가 평행사변형이 되기 위한 ∠x의 크기를 구하여라.

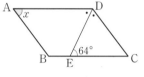

05 다음 중 □ABCD가 항상 평행사변형이라고 할 수 <u>없는</u> 것을 모두 고르면?(정답 2개)

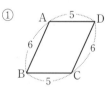
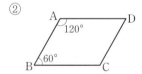

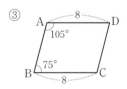
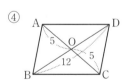

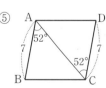

06 다음 중 오른쪽 그림의 □ABCD가 평행사변형이 되기 위한 조건으로 알맞은 것은?(단, 점 O는 두 대각선의 교점이다.)

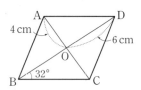

① ∠OCB=32°

② ∠ADB=32°

③ ∠ABD=∠ADB

④ $\overline{BO}$=4 cm, $\overline{CO}$=6 cm

⑤ $\overline{BO}$=6 cm, $\overline{CO}$=4 cm

07 오른쪽 그림의 □ABCD에서 점 O가 두 대각선의 교점일 때, 다음 중 □ABCD가 평행사변형이 되기 위한 조건으로 옳지 <u>않은</u> 것은?

① $\overline{AB}$=$\overline{DC}$, $\overline{AD}$=$\overline{BC}$

② $\overline{AO}$=$\overline{CO}$, $\overline{BD}$=2$\overline{BO}$

③ $\overline{AB}$∥$\overline{DC}$, $\overline{AD}$=$\overline{BC}$

④ ∠BAD=∠BCD, ∠ABC=∠ADC

⑤ ∠DAC=∠ACB, ∠ABD=∠BDC

08 오른쪽 그림의 □ABCD에서 점 O가 두 대각선의 교점일 때, 다음 중 □ABCD가 평행사변형이 되는 조건인 것을 모두 고르면?(정답 2개)

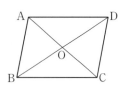

① $\overline{AB}$=$\overline{DC}$=3 cm, $\overline{AD}$=$\overline{BC}$=5 cm

② $\overline{AO}$=$\overline{BO}$=3 cm, $\overline{CO}$=$\overline{DO}$=5 cm

③ ∠BAD=∠BCD=120°, $\overline{AB}$∥$\overline{DC}$

④ ∠ABC+∠BCD=180°, $\overline{AD}$=$\overline{BC}$=6 cm

⑤ $\overline{AC}$⊥$\overline{BD}$, $\overline{AB}$=$\overline{BC}$=7 cm

11 평행사변형이 되는 조건의 활용

01 오른쪽 그림과 같은 평행사변형 ABCD의 각 변의 중점을 각각 P, Q, R, S라 하자. $\overline{AQ}$와 $\overline{CP}$의 교점을 E, $\overline{AR}$와 $\overline{CS}$의 교점을 F라 할 때, 다음 사각형이 평행사변형이 되는 이유를 말하여라.

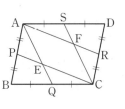

(1) □APCR　　(2) □AQCS　　(3) □AECF

02 오른쪽 그림의 평행사변형 ABCD에서 ∠B, ∠D의 이등분선이 $\overline{AD}$, $\overline{BC}$와 만나는 점을 각각 E, F라 하자. $\overline{AB}$=6 cm, $\overline{BC}$=9 cm, $\overline{DF}$=10 cm일 때, □EBFD의 둘레의 길이를 구하여라.

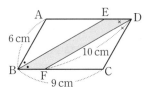

03 오른쪽 그림의 평행사변형 ABCD의 대각선 BD 위의 두 점 E, F에 대하여 $\overline{BE}$=$\overline{DF}$일 때, 다음 중 옳지 <u>않은</u> 것은?(단, O는 두 대각선의 교점이다.)

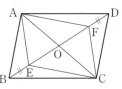

① $\overline{AO}$=$\overline{CO}$　　　　② $\overline{EO}$=$\overline{FO}$

③ $\overline{AE}$=$\overline{CF}$　　　　④ ∠DAF=∠DCF

⑤ □AECF는 평행사변형이다.

04 오른쪽 그림의 평행사변형 ABCD에서 두 대각선의 교점이 O이고 $\overline{AE}$=$\overline{CF}$, ∠EBF=45°일 때, ∠BFD의 크기를 구하여라.

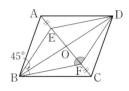

05 오른쪽 그림과 같은 평행사변형 ABCD의 두 꼭짓점 B, D에서 $\overline{AC}$에 내린 수선의 발을 각각 E, F라 하자. ∠DEF=60°일 때, ∠EBF의 크기를 구하여라.

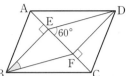

06 다음 그림의 □ABCD가 평행사변형일 때, 색칠한 사각형이 평행사변형이 <u>아닌</u> 것은?

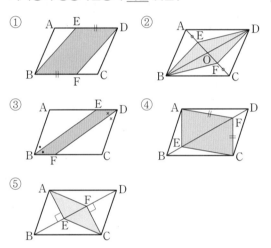

07 오른쪽 그림의 평행사변형 ABCD에서 점 P는 점 A를 출발하여 점 D까지 매초 3 cm의 속력으로 $\overline{AD}$ 위를 움직이고, 점 Q는 점 C를 출발하여 점 B까지 매초 5 cm의 속력으로 $\overline{BC}$ 위를 움직이고 있다. 점 P가 점 A를 출발한 지 4초 후에 점 Q가 점 C를 출발했다면 점 P가 출발한 지 몇 초 후에 □AQCP가 평행사변형이 되는지 구하여라.

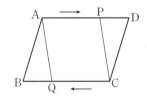

12 평행사변형과 넓이

01 오른쪽 그림의 평행사변형 ABCD에서 △AOD의 넓이가 8 cm²일 때, 다음 도형의 넓이를 구하여라.

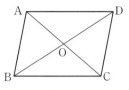

(1) △BOC   (2) △ABD

(3) △BCD   (4) □ABCD

02 오른쪽 그림의 평행사변형 ABCD의 넓이가 24 cm²일 때, $\overline{BC}$ 위의 한 점 E에 대하여 색칠한 부분의 넓이를 구하여라.

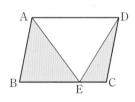

03 오른쪽 그림의 평행사변형 ABCD에서 두 대각선의 교점 O를 지나는 한 직선이 $\overline{AD}$, $\overline{BC}$와 만나는 점을 각각 E, F라 하자. △ABD의 넓이가 14 cm²일 때, 색칠한 부분의 넓이를 구하여라.

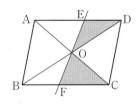

04 오른쪽 그림과 같은 평행사변형 ABCD에서 $\overline{AD}$, $\overline{BC}$의 중점을 각각 M, N이라 하자. □MPNQ의 넓이가 $10\,\mathrm{cm}^2$일 때, □ABCD의 넓이를 구하여라.

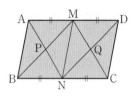

05 오른쪽 그림과 같은 평행사변형 ABCD에서 $\overline{AD}$의 중점을 M, $\overline{BM}$의 연장선과 $\overline{CD}$의 연장선이 만나는 점을 P라 하자. □ABCD의 넓이가 $36\,\mathrm{cm}^2$일 때, △PBD의 넓이를 구하여라.

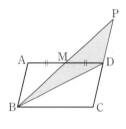

06 오른쪽 그림의 평행사변형 ABCD에서 $\overline{BC}$와 $\overline{DC}$의 연장선 위에 $\overline{BC}=\overline{CE}$, $\overline{DC}=\overline{CF}$가 되도록 두 점 E, F를 잡았다. □ABCD의 넓이가 $16\,\mathrm{cm}^2$일 때, □BFED의 넓이를 구하여라.

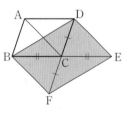

07 오른쪽 그림과 같은 평행사변형 ABCD의 내부의 한 점 P에 대하여 □ABCD의 넓이가 $30\,\mathrm{cm}^2$일 때, 색칠한 부분의 넓이를 구하여라.

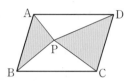

08 오른쪽 그림과 같은 평행사변형 ABCD의 내부의 한 점 P에 대하여 □ABCD의 넓이가 $48\,\mathrm{cm}^2$, △PDA의 넓이가 $4\,\mathrm{cm}^2$일 때, △PBC의 넓이는?

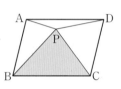

① $8\,\mathrm{cm}^2$ ② $12\,\mathrm{cm}^2$ ③ $16\,\mathrm{cm}^2$

④ $20\,\mathrm{cm}^2$ ⑤ $24\,\mathrm{cm}^2$

09 오른쪽 그림과 같은 평행사변형 ABCD의 내부에 있는 한 점 P에 대하여 △PAB, △PCD의 넓이가 각각 $21\,\mathrm{cm}^2$, $29\,\mathrm{cm}^2$이고 △PDA와 △PBC의 넓이의 비가 $1:4$일 때, △PBC의 넓이를 구하여라.

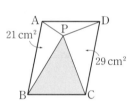

10 오른쪽 그림과 같은 평행사변형 ABCD의 내부의 한 점 P에 대하여 △PCD의 넓이가 $12\,\mathrm{cm}^2$일 때, △PAB의 넓이를 구하여라.

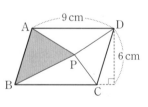

2 · 여러 가지 사각형

정답과 해설 65~68쪽 | 개념북 48~59쪽

13 여러 가지 사각형 (1)

01 다음 그림의 직사각형 ABCD에서 x, y의 값을 각각 구하여라.

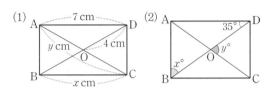

02 오른쪽 그림의 직사각형 ABCD에서 $\overline{AO}=x+4$, $\overline{BO}=3x-2$일 때, $\overline{BD}$의 길이는?

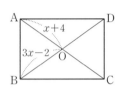

① 14   ② 16   ③ 18

④ 20   ⑤ 22

03 다음은 직사각형의 두 대각선의 길이는 서로 같음을 설명하는 과정이다. □ 안에 들어갈 것으로 옳지 않은 것은?

> 오른쪽 그림과 같이 대각선 AC, DB를 그으면
> △ABC와 △DCB에서 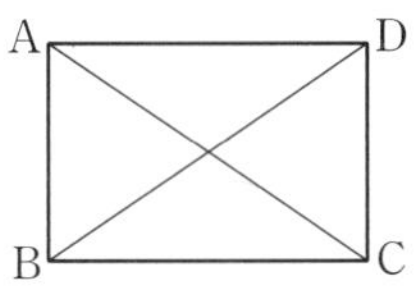
> $\overline{AB}=$ ① ,
> ② 는 공통,
> ∠ABC=∠DCB= ③
> 이므로 △ABC≡△DCB (④ 합동)
> ∴ ⑤ =$\overline{DB}$
> 따라서 직사각형의 두 대각선의 길이는 서로 같다.

① $\overline{DC}$ ② $\overline{BC}$ ③ 90°

④ RHS   ⑤ $\overline{AC}$

04 오른쪽 그림과 같이 직사각형 모양의 종이를 $\overline{EF}$를 접는 선으로 하여 점 C가 점 A에 오도록 접었다.
∠GAF＝24°일 때, ∠AEF의 크기를 구하여라.

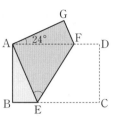

05 다음 조건을 모두 만족하는 □ABCD는 어떤 사각형인지 말하여라.

> $\overline{AB}=\overline{CD}$, $\overline{AB}\,/\!/\,\overline{CD}$, ∠A＝∠B

06 다음 중 오른쪽 그림과 같은 평행사변형 ABCD가 직사각형이 되는 조건을 모두 고르면?(정답 2개)

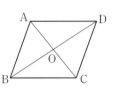

① ∠A＝∠B   ② $\overline{AO}=\overline{CO}$

③ $\overline{AB}=\overline{AD}$ ④ $\overline{AO}=\overline{BO}$

⑤ ∠A＝∠C

07 오른쪽 그림과 같은 평행사변형 ABCD에서 $\overline{AD}$의 중점을 M이라 하자. $\overline{MB}=\overline{MC}$이면 □ABCD는 어떤 사각형인지 말하여라.

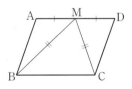

08 오른쪽 그림의 마름모 ABCD에서 $\overline{AB}=5$ cm, $\angle BAC=60°$일 때, x, y의 값을 각각 구하여라.

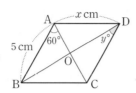

09 오른쪽 그림의 마름모 ABCD에서 $\angle A=124°$일 때, $\angle CBD$의 크기를 구하여라.

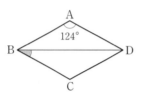

10 오른쪽 그림의 마름모 ABCD에서 $\angle ABD=28°$일 때, $\angle x+\angle y$의 크기를 구하여라.

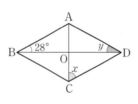

11 오른쪽 그림과 같은 마름모 ABCD의 꼭짓점 A에서 $\overline{CD}$에 내린 수선의 발을 H, $\overline{AH}$와 $\overline{BD}$의 교점을 P라 하자.
$\angle C=108°$일 때, $\angle x$의 크기를 구하여라.

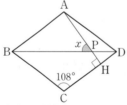

12 다음 중 오른쪽 그림과 같은 평행사변형 ABCD가 마름모가 되는 조건을 모두 고르면?(정답 2개)

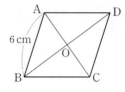

① $\angle A=90°$ ② $\overline{AD}=8$ cm
③ $\overline{AC}=6$ cm ④ $\overline{AD}=6$ cm
⑤ $\angle AOB=90°$

13 다음 중 오른쪽 그림과 같은 평행사변형 ABCD가 마름모가 되는 조건이 <u>아닌</u> 것을 모두 고르면?

(정답 2개)

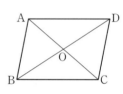

① $\angle BAD=90°$ ② $\angle BOC=90°$
③ $\angle CBD=\angle CDB$ ④ $\overline{AC}=\overline{BD}$
⑤ $\angle ADO=\angle CDO$

14 오른쪽 그림과 같은 평행사변형 ABCD의 꼭짓점 A에서 $\overline{BC}$, $\overline{CD}$에 내린 수선의 발을 각각 E, F라고 하자. $\overline{AB}=10$ cm, $\overline{AE}=8$ cm, $\overline{AE}=\overline{AF}$일 때, □ABCD의 넓이를 구하여라.

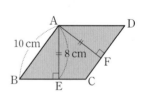

14 여러 가지 사각형 (2)

01 오른쪽 그림의 □ABCD가 정사각형일 때, 다음을 구하여라.

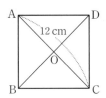

(1) $\overline{BO}$의 길이

(2) ∠AOD의 크기

(3) ∠ABO의 크기

02 오른쪽 그림에서 □ABCD가 정사각형일 때, 다음 중 옳지 않은 것은?

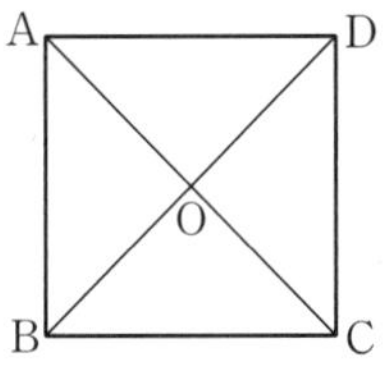

① $\overline{AO}=\overline{CO}$

② $\overline{AC}=\overline{BD}$

③ ∠AOD=90°

④ $\overline{AB}=\overline{BC}=\overline{CD}=\overline{DA}$

⑤ △OBC는 정삼각형이다.

03 오른쪽 그림의 정사각형 ABCD에서 $\overline{BD}=10$ cm일 때, △BCD의 넓이를 구하여라.

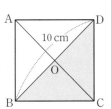

04 오른쪽 그림과 같은 정사각형 ABCD에서 $\overline{AE}=4$ cm, $\overline{AF}=6$ cm, ∠EOF=90°일 때, □ABCD의 넓이를 구하여라.

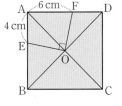

05 오른쪽 그림에서 □ABCD는 정사각형이고 $\overline{AE}\,/\!/\,\overline{BD}$일 때, ∠EAB의 크기를 구하여라.

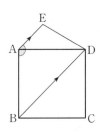

06 오른쪽 그림의 정사각형 ABCD에서 대각선 BD 위의 한 점 E에 대하여 ∠DAE=35°일 때, ∠BEC의 크기를 구하여라.

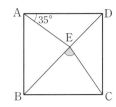

07 오른쪽 그림과 같은 정사각형 ABCD에서 대각선 BD 위의 한 점 P에 대하여 ∠BPC=69°일 때, ∠PAD의 크기를 구하여라.

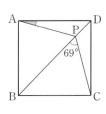

08 다음 중 오른쪽 그림의 직사각형 ABCD가 정사각형이 되기 위한 조건을 모두 고르면?(정답 2개)

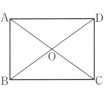

① $\overline{AC}=\overline{BD}$ ② $\overline{AC}\perp\overline{BD}$

③ $\overline{AD}=\overline{BC}$ ④ $\overline{AB}=\overline{BC}$

⑤ ∠BCD=90°

09 다음 중 오른쪽 그림의 마름모 ABCD가 정사각형이 되기 위한 조건이 <u>아닌</u> 것을 모두 고르면?(정답 2개)

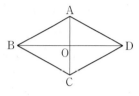

① $\overline{AB}=\overline{BC}$ ② $\overline{AC}=\overline{BD}$
③ $\overline{AC}\perp\overline{BD}$ ④ $\angle ABC=90°$
⑤ $\overline{AO}=\overline{DO}$

10 오른쪽 그림에서 □ABCD는 $\overline{AD}/\!/\overline{BC}$인 등변사다리꼴이다. 다음을 구하여라.

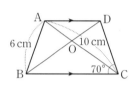

(1) $\overline{DC}$의 길이 (2) $\overline{BD}$의 길이
(3) $\angle ABC$의 크기 (4) $\angle BAD$의 크기

11 다음 중 등변사다리꼴이라 할 수 있는 것을 모두 고르면?(정답 2개)

① 사다리꼴 ② 평행사변형
③ 직사각형 ④ 마름모
⑤ 정사각형

12 오른쪽 그림에서 □ABCD는 $\overline{AD}/\!/\overline{BC}$인 등변사다리꼴이다. $\angle ADB=45°$, $\angle C=80°$일 때, $\angle x+\angle y$의 크기를 구하여라.

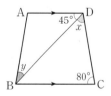

13 오른쪽 그림에서 □ABCD는 $\overline{AD}/\!/\overline{BC}$인 등변사다리꼴이다. $\angle AOD=102°$일 때, $\angle DBC$의 크기를 구하여라.

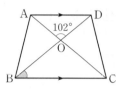

14 오른쪽 그림에서 □ABCD는 $\overline{AD}/\!/\overline{BC}$인 등변사다리꼴이다. $\overline{AB}=\overline{AD}$이고 $\angle DBC=32°$일 때, $\angle BDC$의 크기를 구하여라.

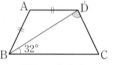

15 오른쪽 그림과 같이 $\overline{AD}/\!/\overline{BC}$인 등변사다리꼴 ABCD의 꼭짓점 A에서 $\overline{BC}$에 내린 수선의 발을 E라 하자. $\overline{AD}=7$ cm, $\overline{BC}=15$ cm일 때, $\overline{BE}$의 길이를 구하여라.

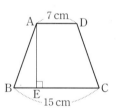

16 오른쪽 그림과 같이 $\overline{AD}/\!/\overline{BC}$인 등변사다리꼴 ABCD에서 $\overline{AB}=6$ cm, $\overline{BC}=11$ cm, $\overline{AD}=5$ cm일 때, $\angle A$의 크기를 구하여라.

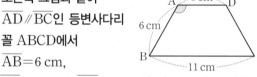

15 여러 가지 사각형 사이의 관계

01 오른쪽 그림의 평행사변형 ABCD가 다음 조건을 만족하면 어떤 사각형이 되는지 말하여라.

(1) $\angle A = 90°$ (2) $\overline{AB} = \overline{BC}$

(3) $\overline{AC} = \overline{BD}$ (4) $\overline{AC} \perp \overline{BD}$

(5) $\overline{AC} = \overline{BD}$, $\overline{AC} \perp \overline{BD}$

(6) $\angle B = 90°$, $\angle BOC = 90°$

02 □ABCD가 다음 조건을 모두 만족하면 어떤 사각형이 되는가?

(가) $\overline{AB} /\!/ \overline{DC}$	(나) $\overline{AD} /\!/ \overline{BC}$
(다) $\overline{AC} = \overline{BD}$	(라) $\overline{AB} = \overline{BC}$

① 사다리꼴 ② 직사각형

③ 마름모 ④ 정사각형

⑤ 등변사다리꼴

03 다음 그림에서 □ABCD가 화살표 방향으로 변할 때, 필요한 조건 중 옳지 않은 것을 모두 고르면?

(정답 2개)

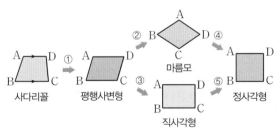

① $\overline{AB} /\!/ \overline{DC}$ ② $\overline{AB} = \overline{AD}$ ③ $\angle A = \angle B$

④ $\overline{AC} \perp \overline{BD}$ ⑤ $\overline{AC} = \overline{BD}$

04 다음 설명 중 옳지 <u>않은</u> 것을 모두 고르면?(정답 2개)

① 정사각형은 직사각형이다.

② 마름모는 평행사변형이다.

③ 등변사다리꼴은 직사각형이다.

④ 평행사변형은 사다리꼴이다.

⑤ 직사각형은 마름모이다.

05 다음 〈보기〉 중 두 대각선이 서로 <u>다른</u> 것을 수직이등분하는 사각형을 모두 골라라.

보기
ㄱ. 사다리꼴 ㄴ. 등변사다리꼴
ㄷ. 평행사변형 ㄹ. 직사각형
ㅁ. 마름모 ㅂ. 정사각형

06 다음 중 두 대각선의 길이가 같은 사각형을 모두 고르면?(정답 2개)

① 사다리꼴 ② 평행사변형

③ 마름모 ④ 직사각형

⑤ 정사각형

07 다음 〈보기〉 중 두 대각선의 길이가 같은 사각형의 개수를 x, 두 대각선이 서로 수직인 사각형의 개수를 y라 할 때, xy의 값은?

보기
ㄱ. 사다리꼴 ㄴ. 평행사변형
ㄷ. 직사각형 ㄹ. 마름모
ㅁ. 정사각형 ㅂ. 등변사다리꼴

① 2 ② 6 ③ 9

④ 12 ⑤ 16

08 오른쪽 그림과 같이 평행사변형 ABCD의 각 변의 중점을 연결하여 만든 사각형 EFGH는 어떤 사각형인가?

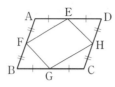

① 평행사변형　　② 직사각형
③ 마름모　　　　④ 정사각형
⑤ 등변사다리꼴

09 다음은 사각형과 그 사각형의 각 변의 중점을 연결하여 만든 사각형을 짝지은 것이다. 옳지 않은 것은?

① 등변사다리꼴 — 직사각형
② 직사각형 — 마름모
③ 마름모 — 직사각형
④ 정사각형 — 정사각형
⑤ 평행사변형 — 평행사변형

10 오른쪽 그림과 같이 마름모 ABCD의 네 변의 중점을 각각 E, F, G, H라 할 때, 다음 중 □EFGH에 대한 설명으로 옳지 않은 것은?

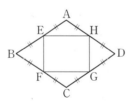

① 두 쌍의 대변의 길이가 각각 같다.
② 두 쌍의 대각의 크기가 각각 같다.
③ 두 대각선의 길이가 같다.
④ 두 대각선이 서로 수직이다.
⑤ 이웃하는 각의 크기가 같다.

11 오른쪽 그림과 같이 직사각형 ABCD의 네 변의 중점을 각각 E, F, G, H라 할 때, 다음 중 □EFGH에 대한 설명으로 옳지 않은 것을 모두 고르면?(정답 2개)

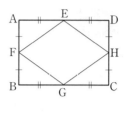

① $\overline{EF}=\overline{FG}$　　② $\overline{EG}=\overline{FH}$
③ $\overline{EG}\perp\overline{FH}$　　④ $\angle HEF=\angle EFG$
⑤ $\angle FEG=\angle HEG$

12 오른쪽 그림과 같이 정사각형 ABCD의 각 변의 중점을 연결하여 만든 □EFGH에 대하여 $\overline{EH}=5$ cm일 때, □EFGH의 넓이를 구하여라.

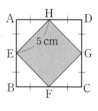

13 오른쪽 그림과 같이 $\overline{AD}/\!/\overline{BC}$인 등변사다리꼴 ABCD의 네 변의 중점을 각각 E, F, G, H라 할 때, 다음 물음에 답하여라.

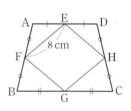

(1) □EFGH는 어떤 사각형인지 말하여라.
(2) □EFGH의 둘레의 길이를 구하여라.

16 평행선과 넓이

01 오른쪽 그림에서 $l \parallel m$일 때, △ABC의 넓이를 구하여라.

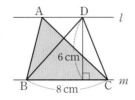

02 오른쪽 그림과 같은 □ABCD에서 $\overline{AC} \parallel \overline{DE}$이다. △ABC=32 cm², △ACE=28 cm²일 때, □ABCD의 넓이를 구하여라.

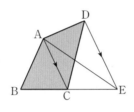

03 오른쪽 그림에서 $\overline{AE} \parallel \overline{DB}$이다. △DEC=16 cm², △DBC=10 cm²일 때, △ABD의 넓이를 구하여라.

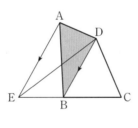

04 오른쪽 그림과 같은 □ABCD의 점 A에서 $\overline{BC}$ 위에 내린 수선의 발을 H, 점 D를 지나고 $\overline{AC}$에 평행한 직선과 $\overline{BC}$의 연장선의 교점을 E라 하자. $\overline{BC}$=4 cm, $\overline{AH}$=3 cm, $\overline{CE}$=2 cm일 때, □ABCD의 넓이를 구하여라.

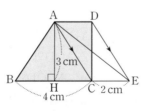

05 오른쪽 그림의 평행사변형 ABCD에서 △ABC의 넓이가 9 cm²일 때, △PBC의 넓이를 구하여라.

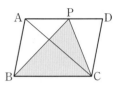

06 오른쪽 그림에서 □ABCD는 $\overline{AD} \parallel \overline{BC}$인 사다리꼴이다. △DBC와 △AOB의 넓이가 각각 30 cm², 12 cm²일 때, △BOC의 넓이는?

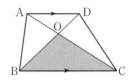

① 14 cm²　　② 15 cm²　　③ 16 cm²

④ 17 cm²　　⑤ 18 cm²

07 오른쪽 그림에서 △ABC의 넓이는 25 cm²이다. $\overline{BP} : \overline{PC}$=3 : 2일 때, △ABP의 넓이를 구하여라.

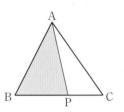

08 오른쪽 그림의 △ABC에서 점 M은 $\overline{BC}$의 중점이고 $\overline{AP} : \overline{PM}$=5 : 3이다. △ABC의 넓이가 48 cm²일 때, △APC의 넓이를 구하여라.

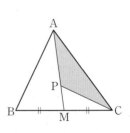

09 오른쪽 그림의 □ABCD에서 점 D를 지나고 $\overline{AC}$에 평행한 직선과 $\overline{BC}$의 연장선의 교점을 E라 하자. $\overline{BC}:\overline{CE}=2:1$이고 □ABCD의 넓이가 $36\ cm^2$일 때, △ACD의 넓이를 구하여라.

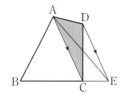

10 오른쪽 그림의 △ABC에서 $\overline{AD}:\overline{DC}=4:3$, $\overline{BE}:\overline{EC}=1:2$가 되도록 두 점 D, E를 잡았다. △ABC의 넓이가 $56\ cm^2$일 때, △DEC의 넓이를 구하여라.

11 오른쪽 그림의 평행사변형 ABCD의 넓이는 $120\ cm^2$이다. $\overline{AP}:\overline{PD}=2:3$일 때, △PCD의 넓이를 구하여라.

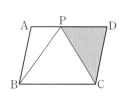

12 오른쪽 그림의 평행사변형 ABCD의 넓이는 $72\ cm^2$이다. $\overline{AC}/\!/\overline{EF}$, $\overline{DF}:\overline{FC}=4:5$일 때, △ACE의 넓이를 구하여라.

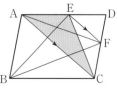

13 오른쪽 그림과 같은 평행사변형 ABCD에서 $\overline{AD}$ 위에 점 Q를 잡고, $\overline{CQ}$ 위에 점 P를 잡았다. △PDA의 넓이가 $15\ cm^2$이고, □ABCD의 넓이가 $50\ cm^2$일 때, 다음 물음에 답하여라.

⑴ △PBC의 넓이를 구하여라.

⑵ △QBP의 넓이를 구하여라.

⑶ $\overline{CP}:\overline{PQ}$를 가장 간단한 자연수의 비로 나타내어라.

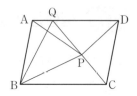

14 오른쪽 그림과 같이 $\overline{AD}/\!/\overline{BC}$인 사다리꼴 ABCD에서 △AOD의 넓이가 $2\ cm^2$이고 $\overline{BO}:\overline{DO}=3:1$일 때, 다음을 구하여라.

⑴ △AOB의 넓이

⑵ △COD의 넓이

⑶ △BOC의 넓이

⑷ □ABCD의 넓이

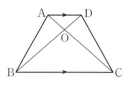

15 오른쪽 그림에서 □ABCD는 $\overline{AD}/\!/\overline{BC}$인 사다리꼴이다. △AOD의 넓이가 $3\ cm^2$, △COD의 넓이가 $6\ cm^2$일 때, △ABC의 넓이는?

① $18\ cm^2$ ② $20\ cm^2$ ③ $22\ cm^2$

④ $24\ cm^2$ ⑤ $26\ cm^2$

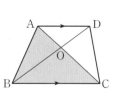

단원·마무리

정답과 해설 68~69쪽 | 개념북 60~62쪽

01 오른쪽 그림의 평행사
변형 ABCD에서
∠BAC=57°,
∠BCD=125°일 때,
∠x−∠y의 크기를 구하여라.

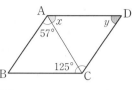

02 오른쪽 그림의 평행사변
형 ABCD에서 ∠C의
이등분선과 $\overline{BA}$의 연장
선이 만나는 점을 E라 하
자. $\overline{AB}$=5 cm,
$\overline{AD}$=9 cm일 때, $\overline{AE}$의 길이는?

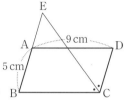

① 1 cm   ② 2 cm   ③ 3 cm

④ 4 cm   ⑤ 5 cm

03 다음 중 □ABCD가 평행사변형이 되는 조건을 모두
고르면?(정답 2개)

① $\overline{AB}$∥$\overline{DC}$, $\overline{AD}$=$\overline{BC}$=5 cm

② $\overline{AB}$=$\overline{DC}$=3 cm, $\overline{AB}$∥$\overline{DC}$

③ ∠A=120°, ∠B=60°, $\overline{AD}$∥$\overline{BC}$

④ $\overline{AB}$=$\overline{BC}$=2 cm, $\overline{AD}$=$\overline{CD}$=4 cm

⑤ ∠A+∠B=180°, ∠A+∠D=180°

04 오른쪽 그림과 같이 평행
사변형 ABCD에서 $\overline{BC}$
와 $\overline{DC}$의 연장선 위에
$\overline{BC}$=$\overline{CE}$, $\overline{DC}$=$\overline{CF}$가
되도록 두 점 E, F를 잡
았다. 이때 □ABCD를 제외한 평행사변형은 몇 개
인가?

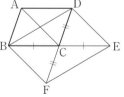

① 0개   ② 1개   ③ 2개

④ 3개   ⑤ 4개

05 오른쪽 그림과 같은 평행사
변형 ABCD의 내부에 있는
한 점 P에 대하여
□ABCD의 넓이가 50 cm²,
△PDA의 넓이가 18 cm²일 때, △PBC의 넓이는?

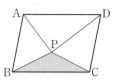

① 7 cm²   ② 8 cm²   ③ 9 cm²

④ 10 cm²   ⑤ 11 cm²

06 오른쪽 그림의 평행사변형
ABCD에서
∠ADB=∠ACB일 때,
□ABCD는 어떤 사각형
인가?

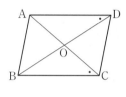

① 사다리꼴   ② 평행사변형

③ 직사각형   ④ 마름모

⑤ 정사각형

07 오른쪽 그림의 평행사변형
ABCD에서 대각선 BD 위
에 $\overline{AE}$=$\overline{CE}$가 되는 점 E
가 존재할 때, □ABCD는
어떤 사각형이 되는가?

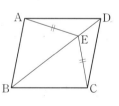

① 마름모   ② 직사각형

③ 정사각형   ④ 사다리꼴

⑤ 등변사다리꼴

08 오른쪽 그림의 직사각형
ABCD에서 ∠OAD=36°
일 때, ∠COD의 크기는?

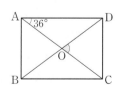

① 36°   ② 54°

③ 60°   ④ 72°   ⑤ 84°

09 오른쪽 그림과 같이 $\overline{AD} /\!/ \overline{BC}$인 등변사다리꼴 ABCD에서 $\overline{AB}=\overline{AD}=4$ cm, $\angle B=60°$일 때, □ABCD의 둘레의 길이는?

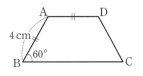

① 12 cm   ② 20 cm   ③ 24 cm

④ 28 cm   ⑤ 32 cm

10 다음 설명 중 옳은 것은?

① 직사각형은 마름모이다.

② 정사각형은 평행사변형이다.

③ 마름모는 정사각형이다.

④ 직사각형은 정사각형이다.

⑤ 평행사변형은 등변사다리꼴이다.

11 오른쪽 그림과 같은 ABCD에서 점 D를 지나고 $\overline{AC}$에 평행한 직선과 $\overline{BC}$의 연장선이 만나는 점을 E라 하자. △ABC의 넓이가 25 cm², △ACE의 넓이가 10 cm²일 때, □ABCD의 넓이는?

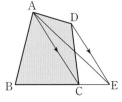

① 10 cm²   ② 25 cm²   ③ 30 cm²

④ 35 cm²   ⑤ 50 cm²

12 오른쪽 그림과 같은 평행사변형 ABCD에서 $\overline{BC}$ 위의 한 점 E에 대하여 $\overline{AB}$의 연장선과 $\overline{DE}$의 연장선이 만나는 점을 F라 하자. △DEC의 넓이가 16 cm², □ABCD의 넓이가 48 cm²일 때, △EFC의 넓이는?

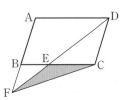

① 6 cm²   ② 8 cm²   ③ 9 cm²

④ 10 cm²   ⑤ 12 cm²

서술형

13 오른쪽 그림에서 □ABCD는 정사각형이고, △ABP는 정삼각형이다. 이때 $\angle$CPD의 크기를 구하여라.

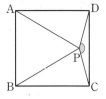

서술형

14 오른쪽 그림과 같이 △ABC의 각 변을 한 변으로 하는 정삼각형 BAD, BCE, ACF를 그렸을 때, 다음 물음에 답하여라.

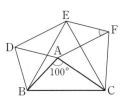

⑴ △ABC와 합동인 삼각형을 모두 찾아라.

⑵ □AFED는 어떤 사각형인지 말하고, 그 이유를 써라.

⑶ $\angle$BAC=100°일 때, $\angle$AFE의 크기를 구하여라.

1 · 닮은 도형

정답과 해설 70쪽 | 개념북 64~65쪽

17 닮은 도형과 닮음의 성질

01 다음 중 항상 닮은 도형을 모두 고르면?(단, 정답 2개)

① 두 정삼각형　　② 두 이등변삼각형

③ 두 마름모　　　④ 두 부채꼴

⑤ 두 반원

02 다음 〈보기〉 중 항상 닮은 도형인 것은 모두 몇 쌍인지 구하여라.

> **보기**
> ㄱ. 두 원　　　　　ㄴ. 두 구
> ㄷ. 두 정육면체　　ㄹ. 두 원기둥
> ㅁ. 두 직각이등변삼각형　ㅂ. 두 평행사변형

03 다음 그림에서 △ABC와 △A′B′C′이 서로 닮은 도형일 때, $\overline{BC}$에 대응하는 변과 ∠C에 대응하는 각을 차례로 구하여라.

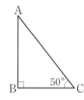

04 아래 그림에서 △ABC∽△A′B′C′일 때, 다음을 구하여라.

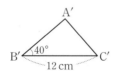

(1) △ABC와 △A′B′C′의 닮음비

(2) $\overline{A'B'}$의 길이

(3) ∠B의 크기

05 아래 그림에서 □ABCD∽□EFGH일 때, 다음을 구하여라.

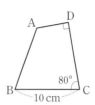

(1) □ABCD와 □EFGH의 닮음비

(2) $\overline{AD}$의 길이

(3) ∠B의 크기

06 다음 그림에서 두 삼각기둥은 서로 닮은 도형이다. △ABC∽△A′B′C′일 때, $x+y+z$의 값은?

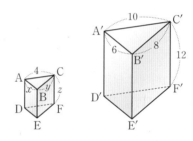

① $\dfrac{48}{5}$　　　② 10　　　③ $\dfrac{52}{5}$

④ $\dfrac{54}{5}$　　　⑤ $\dfrac{56}{5}$

07 다음 그림에서 두 원뿔 A, B가 서로 닮은 도형일 때, 원뿔 A의 밑면의 둘레의 길이를 구하여라.

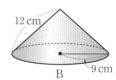

2· 삼각형의 닮음 조건

정답과 해설 70~72쪽 | 개념북 66~71쪽

18 삼각형의 닮음 조건

01 다음 그림의 삼각형과 서로 닮은 삼각형을 〈보기〉에서 찾고, 닮음 조건을 말하여라.

(1) (2) (3)

보기
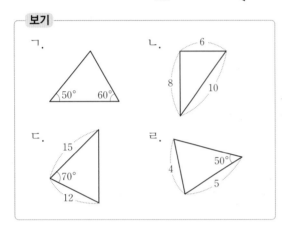

02 다음 그림에서 닮음인 삼각형을 찾아 기호로 나타내고, 닮음 조건을 말하여라.

(1)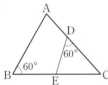

(2)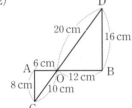

(3)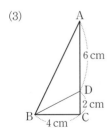

03 다음 그림에서 △ABC∽△DFE이기 위해 추가해야 할 조건으로 알맞은 것을 〈보기〉에서 모두 골라라.

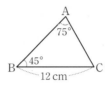

보기
ㄱ. ∠D=75°   ㄴ. $\overline{DF}$=15 cm

ㄷ. ∠F=55°   ㄹ. $\overline{AC}:\overline{DE}$=4 : 3

04 오른쪽 그림에서 $\overline{AC}$와 $\overline{BD}$의 교점이 E일 때, $\overline{AB}$의 길이를 구하여라.

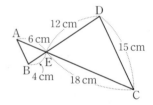

05 오른쪽 그림을 보고 다음 물음에 답하여라.

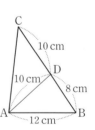

(1) △ABC와 닮은 삼각형을 찾아 기호로 나타내고, 닮음 조건을 말하여라.

(2) $\overline{AC}$의 길이를 구하여라.

06 오른쪽 그림의 △ABC에서 $\overline{BC}$의 길이는?

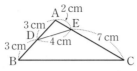

① 9 cm　　② 10 cm

③ 11 cm　　④ 12 cm　　⑤ 13 cm

07 오른쪽 그림의 △ABC에서 $\overline{AC}$의 길이를 구하여라.

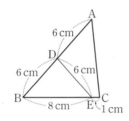

08 오른쪽 그림에서 ∠A=∠DCB일 때, 다음 물음에 답하여라.

(1) △ABC와 닮은 삼각형을 찾아 기호로 나타내고, 닮음 조건을 말하여라.

(2) $\overline{AD}$의 길이를 구하여라.

09 오른쪽 그림에서 $\overline{AD}/\!/\overline{BC}$, $\overline{AC}/\!/\overline{DE}$이다. $\overline{AE}=3$ cm, $\overline{AC}=5$ cm, $\overline{DE}=2$ cm일 때, $\overline{BE}$의 길이를 구하여라.

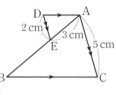

10 오른쪽 그림의 평행사변형 ABCD에서 꼭짓점 B를 지나는 직선이 $\overline{AD}$와 만나는 점을 E, $\overline{CD}$의 연장선과 만나는 점을 F라 하자. $\overline{AB}=5$ cm, $\overline{BC}=10$ cm, $\overline{AE}=6$ cm일 때, $\overline{DF}$의 길이는?

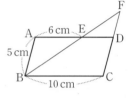

① 3 cm　　② $\dfrac{10}{3}$ cm　　③ $\dfrac{7}{2}$ cm

④ 4 cm　　⑤ $\dfrac{13}{3}$ cm

11 오른쪽 그림은 정삼각형 ABC를 꼭짓점 A가 변 BC 위의 점 E에 오도록 접은 것이다. 다음 물음에 답하여라.

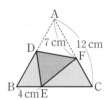

(1) △DBE와 닮은 삼각형을 찾아 기호로 나타내고, 닮음 조건을 말하여라.

(2) $\overline{DE}$의 길이를 구하여라.

19 직각삼각형의 닮음

01 오른쪽 그림과 같이 ∠B=90°인 직각삼각형 ABC에서 $\overline{AC}\perp\overline{DE}$일 때, $\overline{DE}$의 길이를 구하여라.

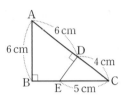

02 오른쪽 그림과 같이 ∠A=90°인 직각삼각형 ABC에서 점 M은 $\overline{BC}$의 중점이다. $\overline{DM}\perp\overline{BC}$일 때, $\overline{MD}$의 길이는?

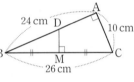

① 5 cm   ② $\dfrac{21}{4}$ cm   ③ $\dfrac{65}{12}$ cm

④ $\dfrac{17}{3}$ cm   ⑤ 6 cm

03 오른쪽 그림과 같이 △ABC의 두 꼭짓점 B, C에서 변 AC, AB에 내린 수선의 발을 각각 D, E라 할 때, $\overline{BE}$의 길이를 구하여라.

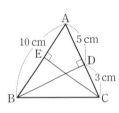

04 오른쪽 그림의 직사각형 ABCD에서 $\overline{EF}$가 대각선 BD의 수직이등분선일 때, $\overline{DE}$의 길이를 구하여라.

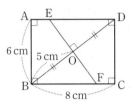

05 오른쪽 그림과 같이 평행사변형 ABCD의 꼭짓점 A에서 $\overline{BC}$와 $\overline{CD}$에 내린 수선의 발을 각각 E, F라 하자. $\overline{AD}=12$ cm, $\overline{CD}=10$ cm, $\overline{AF}=9$ cm일 때, $\overline{AE}$의 길이는?

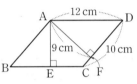

① 6 cm   ② $\dfrac{13}{2}$ cm   ③ 7 cm

④ $\dfrac{15}{2}$ cm   ⑤ 8 cm

06 오른쪽 그림과 같이 직사각형 ABCD를 $\overline{CF}$를 접는 선으로 하여 꼭짓점 B가 $\overline{AD}$ 위의 점 E에 오도록 접었다. $\overline{AE}=4$ cm, $\overline{AF}=3$ cm, $\overline{DC}=8$ cm일 때, $\overline{DE}$의 길이를 구하여라.

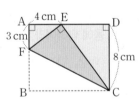

07 다음 그림의 직각삼각형 ABC에서 $\overline{AD}\perp\overline{BC}$일 때, x의 값을 구하여라.

(1)
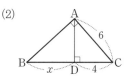

(2)
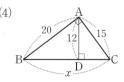

(3)
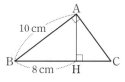

(4)

08 오른쪽 그림과 같이 ∠A=90°인 직각삼각형 ABC의 꼭짓점 A에서 $\overline{BC}$에 내린 수선의 발을 H라 하자. $\overline{AB}$=10 cm, $\overline{BH}$=8 cm일 때, $\overline{CH}$의 길이는?

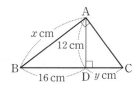

① $\frac{7}{2}$ cm   ② 4 cm   ③ $\frac{9}{2}$ cm

④ 5 cm   ⑤ $\frac{11}{2}$ cm

09 오른쪽 그림의 △ABC 에서 ∠A=90°, $\overline{AD}\perp\overline{BC}$일 때, $x-y$의 값을 구하여라.

10 오른쪽 그림과 같이 ∠A=90°인 직각삼각형 ABC의 꼭짓점 A에서 $\overline{BC}$에 내린 수선의 발을 D라 하자. $\overline{AD}$=12 cm, $\overline{CD}$=6 cm일 때, △ABC 의 넓이를 구하여라.

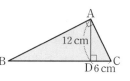

11 오른쪽 그림의 직사각형 ABCD 의 꼭짓점 D에서 대각선 AC에 내린 수선의 발을 E라 하자. $\overline{AE}$=9 cm, $\overline{CE}$=16 cm일 때, □ABCD의 둘레의 길이는?

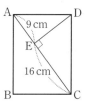

① 68 cm   ② 70 cm   ③ 72 cm

④ 74 cm   ⑤ 76 cm

12 오른쪽 그림과 같이 ∠BAC=90°인 △ABC에서 점 M은 $\overline{BC}$의 중점이고, $\overline{AD}\perp\overline{BC}$, $\overline{AM}\perp\overline{DH}$이다. $\overline{BD}$=40 cm, $\overline{DC}$=10 cm일 때, 다음 물음에 답하여라.

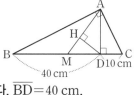

(1) $\overline{DM}$의 길이를 구하여라.

(2) $\overline{AD}$의 길이를 구하여라.

(3) △AMD의 넓이를 이용하여 $\overline{DH}$의 길이를 구하여라.

단원·마무리

정답과 해설 72~73쪽 | 개념북 72~74쪽

01 다음 〈보기〉 중 항상 닮은 도형인 것의 개수는?

> **보기**
> ㄱ. 두 원 ㄴ. 두 직각삼각형
> ㄷ. 두 정오각형 ㄹ. 두 구
> ㅁ. 두 부채꼴 ㅂ. 두 정육면체

① 1개 ② 2개 ③ 3개
④ 4개 ⑤ 5개

02 다음 그림에서 □ABCD∽□EFGH일 때, $\overline{AD}$의 길이와 ∠B의 크기를 차례로 구하면?

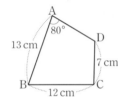

① 8 cm, 70° ② 8 cm, 80°
③ 9 cm, 70° ④ 9 cm, 80°
⑤ 10 cm, 70°

03 다음 그림에서 두 원뿔 A, B가 서로 닮은 도형일 때, 원뿔 B의 밑면의 둘레의 길이는?

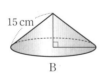

① 18π cm ② 20π cm ③ 22π cm
④ 24π cm ⑤ 26π cm

04 오른쪽 그림에서 $\overline{AD}$의 길이는?

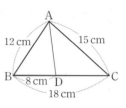

① 6 cm ② 7 cm
③ 8 cm ④ 9 cm
⑤ 10 cm

05 오른쪽 그림에서 $\overline{AB}\,/\!/\,\overline{DF}$, $\overline{AD}\,/\!/\,\overline{BC}$이다. $\overline{BC}=13$ cm, $\overline{AD}=7$ cm, $\overline{AE}=6$ cm일 때, $\overline{CE}$의 길이는?

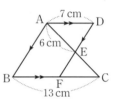

① 5 cm ② $\dfrac{36}{7}$ cm
③ $\dfrac{39}{7}$ cm ④ 6 cm ⑤ $\dfrac{45}{7}$ cm

06 오른쪽 그림의 평행사변형 ABCD에서 점 M은 $\overline{BC}$의 중점이고, 점 E는 $\overline{AM}$과 $\overline{BD}$의 교점이다. $\overline{BD}=27$ cm일 때, $\overline{BE}$의 길이는?

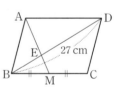

① 3 cm ② 6 cm ③ 9 cm
④ 12 cm ⑤ 13 cm

07 오른쪽 그림에서 △ABC와 닮음인 삼각형의 개수를 구하여라.

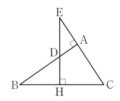

08 오른쪽 그림과 같이 △ABC의 두 꼭짓점 A, C에서 $\overline{BC}$, $\overline{AB}$에 내린 수선의 발을 각각 D, E라 할 때, $\overline{BE}$의 길이는?

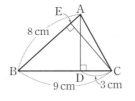

① 5 cm
② $\dfrac{21}{4}$ cm
③ $\dfrac{23}{4}$ cm

④ 6 cm
⑤ $\dfrac{27}{4}$ cm

09 다음 그림에서 ∠B=∠D=∠ACE=90°일 때, $\overline{BC}$의 길이는?

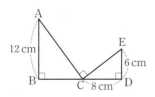

① 6 cm
② 7 cm
③ 8 cm

④ 9 cm
⑤ 10 cm

10 오른쪽 그림에서 ∠A=90°, $\overline{AD}\perp\overline{BC}$이고, $\overline{AC}$=20 cm, $\overline{CD}$=16 cm일 때, △ABC의 넓이는?

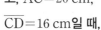
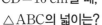

① 120 cm²
② 150 cm²
③ 160 cm²

④ 180 cm²
⑤ 200 cm²

서술형

11 오른쪽 그림의 △ABC에서 ∠BAE=∠CBF=∠ACD일 때, $\overline{DE}$: $\overline{EF}$: $\overline{FD}$를 구하여라.

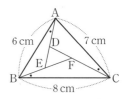

서술형

12 오른쪽 그림과 같이 직사각형 ABCD를 대각선 BD를 접는 선으로 하여 접었다. $\overline{AD}$와 $\overline{BC'}$의 교점 P에서 $\overline{BD}$에 내린 수선의 발을 Q라 할 때, 다음 물음에 답하여라.

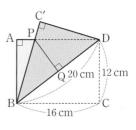

(1) $\overline{BQ}$의 길이를 구하여라.

(2) △PBQ∽△DBC′임을 보여라.

(3) $\overline{PQ}$의 길이를 구하여라.

1 · 평행선과 선분의 길이의 비

정답과 해설 73~76쪽 | 개념북 076~089쪽

20 삼각형에서 평행선과 선분의 길이의 비(1)

01 다음은 △ABC에서 $\overline{AB}$, $\overline{AC}$ 위에 각각 두 점 D, E를 잡을 때, $\overline{BC} /\!/ \overline{DE}$이면 $\overline{AB} : \overline{AD}$ $=\overline{AC} : \overline{AE}=\overline{BC} : \overline{DE}$임을 설명하는 과정이다. ☐ 안에 알맞은 것을 써넣어라.

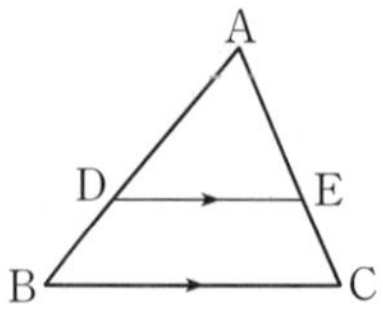

> △ABC와 △ADE에서
> ∠ABC=☐ (동위각),
> ☐는 공통
> 이므로 △ABC∽△ADE (☐ 닮음)
> ∴ $\overline{AB} : \overline{AD}=\overline{AC} : \overline{AE}=$☐$: \overline{DE}$

02 다음 그림의 △ABC에서 $\overline{BC} /\!/ \overline{DE}$일 때, x의 값을 구하여라.

(1) 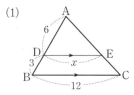　(2)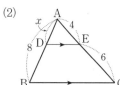

03 오른쪽 그림의 △ABC에 서 $\overline{BC} /\!/ \overline{DE}$일 때, $x+y$ 의 값을 구하여라.

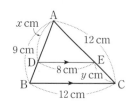

04 오른쪽 그림의 평행사 변형 ABCD에서 점 E는 $\overline{AB}$의 연장선 위 의 점이고, 점 F는 $\overline{BC}$ 와 $\overline{DE}$의 교점이다. 이 때 $\overline{BF}$의 길이를 구하여라.

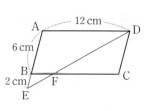

05 오른쪽 그림의 △ABC에서 □DBFE는 평행사변형이다. $\overline{AD}=5$ cm, $\overline{BD}=10$ cm, $\overline{DE}=4$ cm일 때, $\overline{FC}$의 길이 를 구하여라.

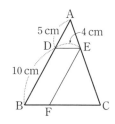

06 다음 그림에서 $\overline{BC} /\!/ \overline{DE}$이고, 점 A는 $\overline{EC}$와 $\overline{DB}$의 교점일 때, x의 값을 구하여라.

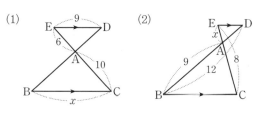

07 오른쪽 그림에서 $\overline{BC} /\!/ \overline{DE}$일 때, △ABC의 둘레의 길이 를 구하여라.

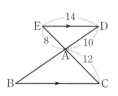

08 오른쪽 그림에서 $\overline{DE}\parallel\overline{BC}\parallel\overline{FG}$ 일 때, $y-x$의 값을 구하여라.

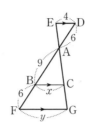

09 오른쪽 그림의 $\triangle ABC$에서 $\overline{BC}\parallel\overline{DE}$일 때, $\overline{DP}$의 길이를 구하여라.

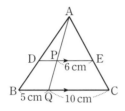

10 오른쪽 그림의 $\triangle ABC$에서 $\overline{BC}\parallel\overline{DE}$일 때, x, y의 값을 각각 구하여라.

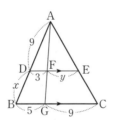

11 오른쪽 그림의 $\triangle ABC$에서 $\overline{BC}\parallel\overline{DE}$, $\overline{DC}\parallel\overline{FE}$일 때, 다음 물음에 답하여라.

(1) $\overline{AF}:\overline{FD}=\overline{AD}:\overline{DB}$임을 설명하여라.

(2) $\overline{FD}$의 길이를 구하여라.

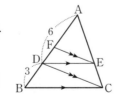

21 삼각형에서 평행선과 선분의 길이의 비 (2)

01 다음 중에서 $\overline{BC}\parallel\overline{DE}$인 것을 모두 고르면?

(정답 2개)

① 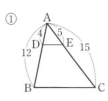 ②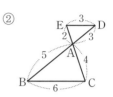

③ 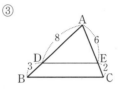 ④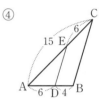

⑤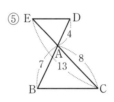

02 오른쪽 그림의 $\triangle ABC$와 $\triangle DEF$에서 평행한 선분을 찾아 기호로 나타내어라.

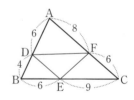

03 오른쪽 그림과 같은 $\triangle ABC$에서 $\overline{AD}:\overline{DB}=\overline{AE}:\overline{EC}$일 때, 다음 중 옳지 않은 것을 모두 고르면?(정답 2개)

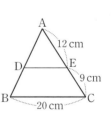

① $\overline{AD}:\overline{DB}=4:3$

② $\triangle ABC\backsim\triangle ADE$

③ $\overline{BC}\parallel\overline{DE}$

④ $\overline{DE}=15$ cm

⑤ $\overline{BC}:\overline{DE}=4:3$

삼각형의 내각과 외각의 이등분선

01 다음 그림의 △ABC에서 $\overline{AD}$가 ∠A의 이등분선일 때, x의 값을 구하여라.

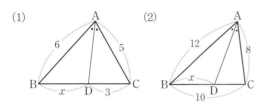
(1)
(2)

02 오른쪽 그림의 △ABC에서 $\overline{AD}$는 ∠A의 이등분선이다. 점 C를 지나고 $\overline{AD}$에 평행한 직선과 $\overline{BA}$의 연장선의 교점을 E라 할 때, $x+y$의 값을 구하여라.

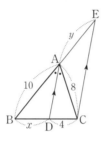

03 오른쪽 그림의 △ABC에서 $\overline{AD}$는 ∠A의 이등분선이고 $\overline{AC} /\!/ \overline{ED}$일 때, $\overline{BE}$의 길이를 구하여라.

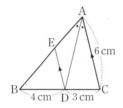

04 다음 그림의 △ABC에서 ∠A의 외각의 이등분선이 $\overline{BC}$의 연장선과 만나는 점을 D라 할 때, x의 값을 구하여라.

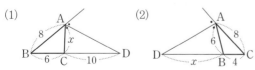
(1)
(2)

05 오른쪽 그림의 △ABC에서 ∠A의 외각의 이등분선이 $\overline{BC}$의 연장선과 만나는 점을 D라 하자. $\overline{AD} /\!/ \overline{EC}$일 때, $\overline{AC}$의 길이를 구하여라.

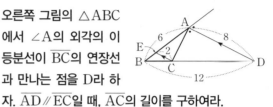

06 다음 그림의 △ABC에서 $\overline{AD}$는 ∠A의 내각의 이등분선이고, 점 E는 ∠A의 외각의 이등분선과 $\overline{BC}$의 연장선의 교점일 때, $\overline{DE}$의 길이를 구하여라.

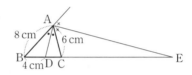

07 오른쪽 그림의 △ABC에서 $\overline{AD}$는 ∠A의 이등분선이다. △ABC의 넓이가 36 cm²일 때, △ABD의 넓이를 구하여라.

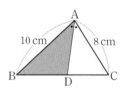

08 오른쪽 그림의 △ABC에서 ∠A의 외각의 이등분선이 $\overline{BC}$의 연장선과 만나는 점을 D라 하자. △ABD의 넓이가 40 cm²일 때, △ABC의 넓이를 구하여라.

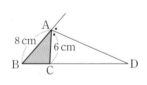

23 평행선 사이의 선분의 길이의 비

01 다음은 평행한 세 직선 l, m, n이 두 직선과 만날 때, $\overline{AB}:\overline{BC}=\overline{DE}:\overline{EF}$임을 설명하는 과정이다. □ 안에 알맞은 것을 써넣어라.

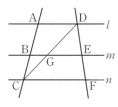

오른쪽 그림과 같이 $\overline{CD}$ 를 그어 직선 m과 만나는 점을 G라 하면
△ACD에서
$\overline{AD}\,/\!/\,\overline{BG}$이므로
$\overline{AB}:\overline{BC}=\boxed{}:\overline{GC}$ ……㉠
△DFC에서 $\overline{EG}\,/\!/\,\overline{FC}$이므로
$\overline{DE}:\overline{EF}=\overline{DG}:\boxed{}$ ……㉡
㉠, ㉡에 의해 $\overline{AB}:\overline{BC}=\boxed{}:\overline{EF}$이다.

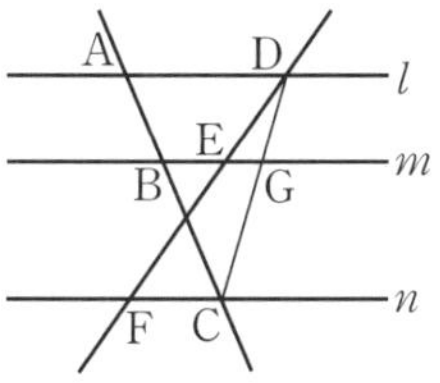

02 오른쪽 그림과 같이 평행한 세 직선 l, m, n이 두 직선과 만날 때, 다음 중 옳지 <u>않</u>은 것을 모두 고르면?

(정답 2개)

① $\overline{AB}:\overline{DE}=\overline{BC}:\overline{EF}$
② $\overline{AB}:\overline{BC}=\overline{DG}:\overline{DC}$
③ $\overline{DG}:\overline{GC}=\overline{DE}:\overline{EF}$
④ $\overline{DG}:\overline{DE}=\overline{BC}:\overline{EF}$
⑤ $\overline{AB}:\overline{BC}=\overline{DE}:\overline{EF}$

03 다음 그림에서 $l\,/\!/\,m\,/\!/\,n$일 때, x의 값을 구하여라.

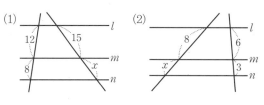

(1)

(2)

04 오른쪽 그림에서 $l\,/\!/\,m\,/\!/\,n$일 때, x의 값을 구하여라.

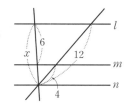

05 오른쪽 그림에서 $k\,/\!/\,l\,/\!/\,m\,/\!/\,n$일 때, x, y의 값을 각각 구하여라.

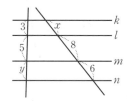

06 오른쪽 그림에서 $l\,/\!/\,m\,/\!/\,n$일 때, $x+2y$의 값을 구하여라.

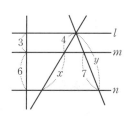

07 다음 그림에서 $l /\!/ m /\!/ n$일 때, x의 값을 구하여라.

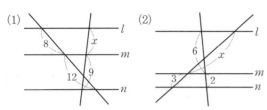

(1)   (2)

08 오른쪽 그림에서
$k /\!/ l /\!/ m /\!/ n$일 때,
x, y의 값을 각각 구하여라.

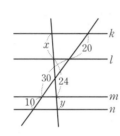

09 오른쪽 그림에서
$l /\!/ m /\!/ n$일 때,
$3x - 2y$의 값을 구하여라.

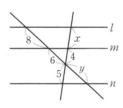

10 오른쪽 그림에서
$k /\!/ l /\!/ m /\!/ n$일 때,
$x + 3y - 2z$의 값을
구하여라.

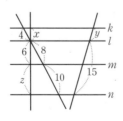

24 사다리꼴에서 평행선 사이의 선분의 길이의 비

01 오른쪽 그림의 사다리꼴
ABCD에서
$\overline{AD} /\!/ \overline{EF} /\!/ \overline{BC}$일 때, x,
y의 값을 각각 구하여라.

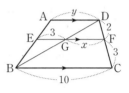

02 오른쪽 그림의 사다리꼴
ABCD에서 $\overline{AD} /\!/ \overline{EF} /\!/ \overline{BC}$
이고 $\overline{AH} /\!/ \overline{DC}$일 때, x, y의
값을 각각 구하여라.

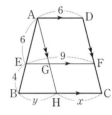

03 오른쪽 그림의 사다리꼴
ABCD에서
$\overline{AD} /\!/ \overline{EF} /\!/ \overline{BC}$일 때,
다음 물음에 답하여라.

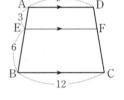

(1) 점 A를 지나고 $\overline{DC}$에
평행한 직선을 그어 $\overline{EF}$의 길이를 구하여라.

(2) $\overline{AC}$를 그어 $\overline{EF}$의 길이를 구하여라.

04 오른쪽 그림에서
$l /\!/ m /\!/ n$일 때, x의 값을
구하여라.

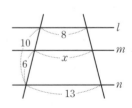

05 오른쪽 그림의 사다리꼴 ABCD에서 $\overline{AD} /\!/ \overline{EF} /\!/ \overline{BC}$이다. $\overline{AE} : \overline{EB} = 3 : 2$이고 $\overline{AD} = 10$ cm, $\overline{EF} = 16$ cm일 때, $\overline{BC}$의 길이를 구하여라.

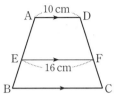

06 오른쪽 그림의 사다리꼴 ABCD에서 $\overline{AD} /\!/ \overline{EF} /\!/ \overline{BC}$이고 $\overline{AC}$, $\overline{BD}$, $\overline{EF}$가 한 점 O에서 만날 때, 다음을 구하여라.

(1) $\overline{EO}$의 길이

(2) $\overline{OF}$의 길이

(3) $\overline{EF}$의 길이

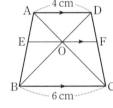

07 오른쪽 그림의 사다리꼴 ABCD에서 $\overline{AD} /\!/ \overline{EF} /\!/ \overline{BC}$일 때, 다음을 구하여라.

(1) $\overline{EN}$의 길이

(2) $\overline{EM}$의 길이

(3) $\overline{MN}$의 길이

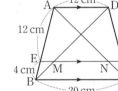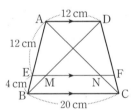

08 오른쪽 그림의 사다리꼴 ABCD에서 $\overline{AD} /\!/ \overline{EF} /\!/ \overline{BC}$이고 $\overline{AE} = 2\overline{EB}$일 때, $\overline{MN}$의 길이를 구하여라.

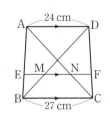

09 오른쪽 그림에서 $\overline{AB} /\!/ \overline{EF} /\!/ \overline{CD}$일 때, 다음을 구하여라.

(1) $\overline{BE} : \overline{CE}$

(2) $\overline{BF} : \overline{BD}$

(3) $\overline{EF}$의 길이

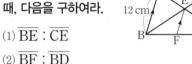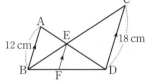

10 오른쪽 그림에서 $\overline{AB} /\!/ \overline{EF} /\!/ \overline{CD}$일 때, $\overline{EF}$의 길이를 구하여라.

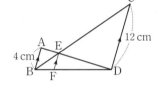

11 오른쪽 그림에서 $\overline{AB} /\!/ \overline{EF} /\!/ \overline{CD}$일 때, $\overline{BF}$의 길이를 구하여라.

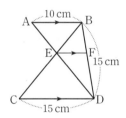

12 오른쪽 그림에서 $\overline{AB}$, $\overline{EF}$, $\overline{CD}$가 모두 $\overline{BD}$에 수직일 때, △EBD의 넓이를 구하여라.

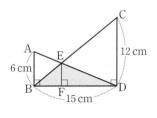

2· 삼각형의 두 변의 중점을 연결한 선분의 성질

정답과 해설 76~78쪽 | 개념북 90~95쪽

25 삼각형의 두 변의 중점을 연결한 선분의 성질

01 다음 그림의 △ABC에서 $\overline{AM}=\overline{MB}$, $\overline{AN}=\overline{NC}$일 때, x의 값을 구하여라.

(1) (2)

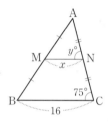

02 오른쪽 그림의 △ABC에서 $\overline{AB}$, $\overline{AC}$의 중점을 각각 M, N이라 할 때, x, y의 값을 각각 구하여라.

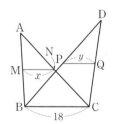

03 오른쪽 그림에서 네 점 M, N, P, Q가 각각 $\overline{AB}$, $\overline{AC}$, $\overline{DB}$, $\overline{DC}$의 중점일 때, $x+y$의 값을 구하여라.

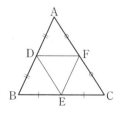

04 오른쪽 그림의 △ABC에서 $\overline{AB}$, $\overline{BC}$, $\overline{CA}$의 중점을 각각 D, E, F라 하자. △ABC의 둘레의 길이가 36 cm일 때, △DEF의 둘레의 길이를 구하여라.

05 오른쪽 그림의 △ABC에서 두 점 D, E는 각각 $\overline{AB}$, $\overline{AC}$의 중점이다. 다음 중 옳지 않은 것은?

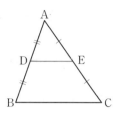

① △ADE∽△ABC
② $\overline{BC}$∥$\overline{DE}$
③ $\overline{BC}=2\overline{DE}$
④ $\overline{AD}:\overline{DB}=\overline{DE}:\overline{BC}$
⑤ $\overline{AD}:\overline{DB}=\overline{AE}:\overline{EC}$

06 다음 그림의 △ABC에서 $\overline{AM}=\overline{MB}$, $\overline{BC}$∥$\overline{MN}$일 때, x, y의 값을 각각 구하여라.

(1) (2)

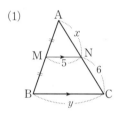 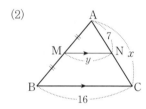

07 오른쪽 그림의 △ABC에서 $\overline{AD}=\overline{BD}$, $\overline{BC}$∥$\overline{DE}$이다. △ABC의 둘레의 길이가 48 cm일 때, △ADE의 둘레의 길이를 구하여라.

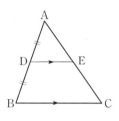

08 오른쪽 그림의 △ABC에서 점 D는 $\overline{AB}$의 중점이고 $\overline{BC}$∥$\overline{DE}$, $\overline{AB}$∥$\overline{EF}$이다. $\overline{BC}=14$ cm일 때, $\overline{BF}$의 길이를 구하여라.

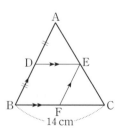

09 오른쪽 그림에서 $\overline{AE}=\overline{EB}$, $\overline{EF}/\!/\overline{BC}$이다. 점 G가 $\overline{CF}$의 중점이고 $\overline{BC}$와 $\overline{EG}$의 연장선의 교점을 D라 하자. $\overline{CD}=4$ cm일 때, 다음을 구하여라.

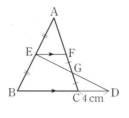

(1) $\overline{EF}$의 길이　　(2) $\overline{BC}$의 길이

10 오른쪽 그림에서 $\overline{AD}/\!/\overline{BC}$이고 두 점 M, N은 각각 $\overline{AB}$, $\overline{AC}$의 중점이다. $\overline{MN}$과 $\overline{BD}$의 교점을 P라 할 때, $\overline{PN}$의 길이를 구하여라.

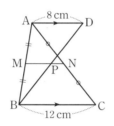

11 오른쪽 그림의 $\triangle ABC$에서 $\overline{AD}=\overline{DB}$, $\overline{AE}=\overline{EF}=\overline{FC}$이다. $\overline{DE}=8$ cm일 때, $\overline{BG}$의 길이를 구하여라.

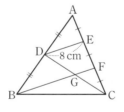

12 오른쪽 그림의 $\triangle ABC$에서 $\overline{BD}=\overline{DC}$, $\overline{AG}=\overline{GD}$이고 $\overline{CF}/\!/\overline{DE}$이다. $\overline{FG}=5$ cm일 때, $\overline{CG}$의 길이를 구하여라.

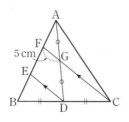

13 오른쪽 그림의 $\triangle ABC$에서 두 점 D, E는 각각 $\overline{BC}$, $\overline{AD}$의 중점이고, 점 F는 $\overline{BE}$의 연장선과 $\overline{AC}$의 교점이다. $\overline{BF}/\!/\overline{DG}$이고, $\overline{BE}=12$ cm일 때, $\overline{DG}$의 길이를 구하여라.

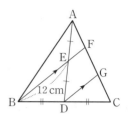

14 오른쪽 그림의 $\triangle ABC$에서 두 점 D, E는 각각 $\overline{AB}$, $\overline{AC}$의 중점이다. $\overline{BF}:\overline{FC}=3:2$이고 $\overline{CG}=2$ cm일 때, $\overline{DG}$의 길이를 구하여라.

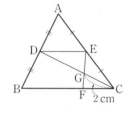

15 오른쪽 그림의 $\triangle ABC$에서 $\overline{BD}=\overline{DC}$, $\overline{AE}=\overline{ED}$이다. $\overline{CF}=10$ cm일 때, $\overline{AF}$의 길이를 구하여라.

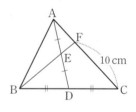

16 오른쪽 그림의 $\triangle ABC$에서 $\overline{BA}$의 연장선 위에 $\overline{BA}=\overline{AD}$가 되도록 점 D를 잡았다. 점 M이 $\overline{AC}$의 중점이고, $\overline{BE}=4$ cm일 때, $\overline{CE}$의 길이를 구하여라.

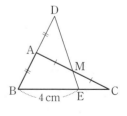

26 사각형의 각 변의 중점을 연결하여 만든 사각형

01 오른쪽 그림의 □ABCD에서 각 변의 중점을 E, F, G, H라 하자. $\overline{AC}=12$ cm, $\overline{BD}=10$ cm일 때, 다음 물음에 답하여라.

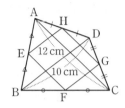

(1) □EFGH는 어떤 사각형인지 말하여라.

(2) □EFGH의 둘레의 길이를 구하여라.

02 오른쪽 그림의 직사각형 ABCD에서 네 변의 중점을 각각 P, Q, R, S라 하자. $\overline{BD}=16$ cm일 때, □PQRS의 둘레의 길이를 구하여라.

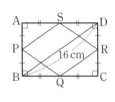

03 오른쪽 그림에서 □ABCD는 $\overline{AD}/\!/\overline{BC}$인 등변사다리꼴이고 네 점 P, Q, R, S는 각각 네 변의 중점이다. $\overline{AC}=32$ cm일 때, □PQRS의 둘레의 길이를 구하여라.

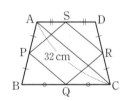

04 오른쪽 그림의 마름모 ABCD에서 네 변의 중점을 각각 E, F, G, H라 하자. $\overline{AC}=6$ cm, $\overline{BD}=10$ cm일 때, □EFGH의 넓이를 구하여라.

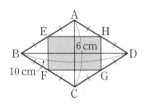

05 오른쪽 그림과 같이 $\overline{AD}/\!/\overline{BC}/\!/\overline{EF}$인 사다리꼴 ABCD에서 $\overline{AE}=\overline{EB}$일 때, x, y의 값을 각각 구하여라.

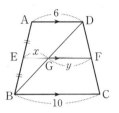

06 오른쪽 그림과 같이 $\overline{AD}/\!/\overline{BC}$인 사다리꼴 ABCD에서 두 점 M, N은 각각 $\overline{AB}$, $\overline{CD}$의 중점이다. $\overline{AD}=6$ cm, $\overline{PQ}=2$ cm일 때, $\overline{BC}$의 길이를 구하여라.

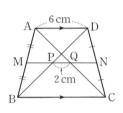

07 오른쪽 그림과 같이 $\overline{AD}/\!/\overline{BC}$인 사다리꼴 ABCD에서 $\overline{AM}=\overline{MB}$, $\overline{DN}=\overline{NC}$일 때, 다음을 구하여라.

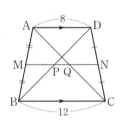

(1) $\overline{MN}$의 길이　　　(2) $\overline{PQ}$의 길이

08 오른쪽 그림과 같이 $\overline{AD}/\!/\overline{BC}$인 사다리꼴 ABCD에서 두 점 M, N은 각각 $\overline{AB}$, $\overline{CD}$의 중점이다. $\overline{BC}=16$ cm, $\overline{MP}=\overline{PQ}=\overline{QN}$일 때, $\overline{AD}$의 길이를 구하여라.

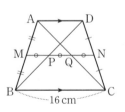

3 · 삼각형의 무게중심

정답과 해설 78~81쪽 | 개념북 96~105쪽

27 삼각형의 중선과 무게중심

01 오른쪽 그림에서 $\overline{AD}$가 △ABC의 한 중선일 때, 다음 물음에 답하여라.

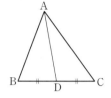

(1) △ABD의 넓이가 12 cm²일 때, △ABC의 넓이를 구하여라.

(2) △ABC의 넓이가 34 cm²일 때, △ADC의 넓이를 구하여라.

02 오른쪽 그림의 △ABC에서 $\overline{BM}=\overline{MC}$이고 $\overline{AP}=\overline{PM}$ 이다. △ABC의 넓이가 28 cm²일 때, △PMC의 넓이를 구하여라.

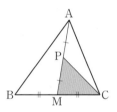

03 오른쪽 그림에서 $\overline{AD}$는 △ABC의 중선이고 $\overline{AH}\perp\overline{BC}$이다. $\overline{AH}=5$ cm이고 △ABC의 넓이가 20 cm²일 때, $\overline{CD}$의 길이를 구하여라.

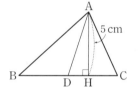

04 오른쪽 그림의 △ABC에서 $\overline{BM}=\overline{MC}$이고 점 P는 $\overline{AM}$ 위의 점이다. △ABC의 넓이가 18 cm²이고, △APC의 넓이는 5 cm²일 때, △PBM의 넓이를 구하여라.

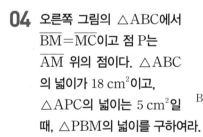

05 다음 그림에서 점 G가 △ABC의 무게중심일 때, x의 값을 구하여라.

(1)
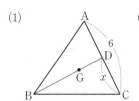

(2)
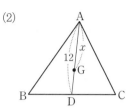

06 오른쪽 그림에서 점 G가 △ABC의 무게중심일 때, x, y의 값을 각각 구하여라.

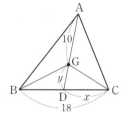

07 오른쪽 그림에서 점 G는 △ABC의 무게중심이다. $\overline{AG}$를 지름으로 하는 원의 둘레의 길이가 18π cm일 때, $\overline{GD}$를 지름으로 하는 원의 둘레의 길이를 구하여라.

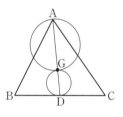

08 오른쪽 그림에서 두 점 G, G′은 각각 △ABC, △GBC의 무게중심이다. $\overline{AD}=18$ cm일 때, $\overline{GG'}$의 길이를 구하여라.

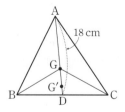

09 오른쪽 그림에서 점 G는 △ABC의 무게중심이고, 점 G′은 △GBC의 무게중심이다. $\overline{GG'}=6$ cm일 때, $\overline{AD}$의 길이를 구하여라.

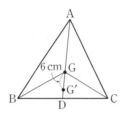

10 오른쪽 그림에서 점 G는 ∠B=90°인 직각삼각형 ABC의 무게중심이다. $\overline{GM}=3$ cm일 때, 다음을 구하여라.

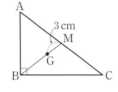

(1) $\overline{BM}$의 길이　　(2) $\overline{AC}$의 길이

11 오른쪽 그림에서 점 G는 ∠C=90°인 직각삼각형 ABC의 무게중심이다. $\overline{AB}=12$ cm일 때, $\overline{CG}$의 길이를 구하여라.

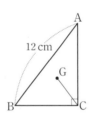

12 오른쪽 그림에서 점 G가 △ABC의 무게중심이고 $\overline{CE}=\overline{EF}$일 때, $\overline{DE}$의 길이를 구하여라.

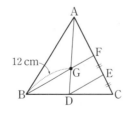

13 오른쪽 그림에서 점 G는 △ABC의 무게중심이다. $\overline{EF}=\overline{FC}$이고 $\overline{DF}=6$ cm일 때, $\overline{AG}$의 길이를 구하여라.

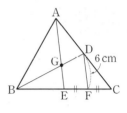

14 오른쪽 그림에서 점 G는 △ABC의 무게중심이다. $\overline{BC}/\!/\overline{EF}$일 때, $\overline{EG}$의 길이를 구하여라.

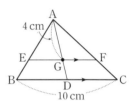

15 오른쪽 그림에서 두 점 D, E는 각각 $\overline{AB}$, $\overline{AC}$의 중점이다. $\overline{AP}=6$ cm일 때, $\overline{PG}$의 길이를 구하여라.

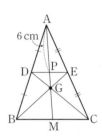

16 오른쪽 그림과 같은 △ABC에서 두 점 G와 G′은 각각 △ABD, △ADC의 무게중심이다. $\overline{BD}=\overline{DC}$이고, $\overline{BC}=18$ cm일 때, $\overline{GG'}$의 길이를 구하여라.

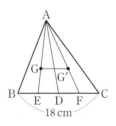

28 삼각형의 무게중심과 넓이

01 오른쪽 그림에서 점 G가 △ABC의 무게중심이고 △GAD의 넓이가 7 cm²일 때, 다음 도형의 넓이를 구하여라.

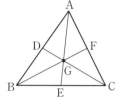

(1) △GAB

(2) □ADGF

(3) △ABC

02 오른쪽 그림에서 점 G가 △ABC의 무게중심이고 □GECF의 넓이가 10 cm²일 때, 다음 삼각형의 넓이를 구하여라.

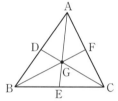

(1) △GBE

(2) △GCA

(3) △ABC

03 오른쪽 그림에서 점 G는 △ABC의 무게중심이고 △ABC의 넓이가 90 cm²일 때, 색칠한 부분의 넓이의 합은?

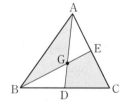

① 30 cm²　　② 40 cm²　　③ 50 cm²

④ 60 cm²　　⑤ 70 cm²

04 오른쪽 그림에서 점 G는 △ABC의 무게중심이고 $\overline{BC} /\!/ \overline{EF}$이다. △ABC의 넓이가 36 cm²일 때, △ADF의 넓이는?

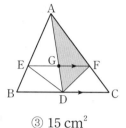

① 10 cm²　　② 12 cm²　　③ 15 cm²

④ 18 cm²　　⑤ 20 cm²

05 오른쪽 그림에서 △ABC는 $\overline{AB}=\overline{AC}$인 이등변삼각형이다. $\overline{AD}\perp\overline{BC}$이고, $\overline{AG}=8$ cm, $\overline{GD}=4$ cm, $\overline{BD}=5$ cm일 때, □GDCE의 넓이를 구하여라.

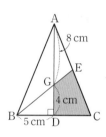

06 오른쪽 그림에서 점 G는 △ABC의 무게중심이고 $\overline{BE}=\overline{EG}$이다. △ABC의 넓이가 48 cm²일 때, △BDE의 넓이는?

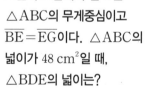

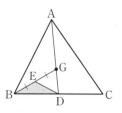

① 2 cm²　　② 3 cm²　　③ 4 cm²

④ 6 cm²　　⑤ 8 cm²

07 오른쪽 그림에서 점 G는 $\triangle ABC$의 두 중선 BN, CM의 교점이다. $\triangle MGN$의 넓이가 3 cm^2일 때, 다음 도형의 넓이를 구하여라.

(1) $\triangle MBG$

(2) $\triangle GBC$

(3) $\triangle AMN$

08 오른쪽 그림에서 점 G는 $\triangle ABC$의 무게중심이고 $\overline{BD}=\overline{DG}$, $\overline{CE}=\overline{EG}$이다. $\triangle ABC$의 넓이가 15 cm^2일 때, 색칠한 부분의 넓이는?

① 3 cm^2 ② $\frac{7}{2}\text{ cm}^2$ ③ 4 cm^2

④ $\frac{9}{2}\text{ cm}^2$ ⑤ 5 cm^2

09 오른쪽 그림에서 두 점 G, G′은 각각 $\triangle ABC$, $\triangle GBC$의 무게중심이다. $\triangle ABC$의 넓이가 72 cm^2일 때, 다음 도형의 넓이를 구하여라.

(1) $\triangle GBM$

(2) $\triangle G'BM$

29 평행사변형에서 삼각형의 무게중심의 활용

01 오른쪽 그림과 같은 평행사변형 ABCD에서 $\overline{BM}=\overline{MC}$, $\overline{CN}=\overline{ND}$일 때, 다음 중 옳지 않은 것은?

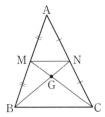

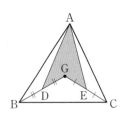

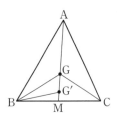

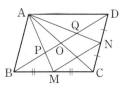

① $3\overline{BP}=\overline{BD}$

② $\overline{BD}=2\overline{MN}$

③ $\overline{BP}=\frac{1}{2}\overline{PQ}=\overline{QD}$

④ 점 P는 $\triangle ABC$의 무게중심이다.

⑤ 점 Q는 $\triangle ACD$의 무게중심이다.

02 오른쪽 그림과 같은 평행사변형 ABCD에서 두 점 M, N은 각각 $\overline{BC}$, $\overline{CD}$의 중점이다. $\overline{BP}=2\text{ cm}$일 때, $\overline{BD}$의 길이를 구하여라.

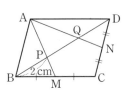

03 오른쪽 그림의 평행사변형 ABCD에서 $\overline{BD}=24\text{ cm}$, $\overline{CM}=\overline{DM}$일 때, $\overline{OE}$의 길이는?

① $\frac{7}{2}\text{ cm}$ ② 4 cm ③ $\frac{9}{2}\text{ cm}$

④ 5 cm ⑤ $\frac{11}{2}\text{ cm}$

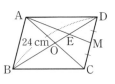

04 오른쪽 그림의 평행사변형 ABCD에서 두 점 M, N은 각각 $\overline{AD}$, $\overline{BC}$의 중점이다. $\overline{BD}=27$ cm일 때, $\overline{PQ}$의 길이를 구하여라.

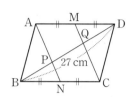

05 오른쪽 그림의 평행사변형 ABCD에서 두 점 M, N은 각각 $\overline{BC}$, $\overline{CD}$의 중점이다. $\overline{MN}=15$ cm일 때, $\overline{PQ}$의 길이는?

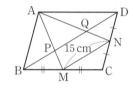

① 8 cm ② 9 cm ③ 10 cm

④ 11 cm ⑤ 12 cm

06 오른쪽 그림의 평행사변형 ABCD에서 두 점 M, N은 각각 $\overline{BC}$, $\overline{CD}$의 중점이다. □ABCD의 넓이가 72 cm²일 때, 다음 삼각형의 넓이를 구하여라.

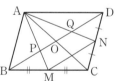

⑴ △ABC

⑵ △ABO

⑶ △ABP

⑷ △APQ

07 오른쪽 그림의 평행사변형 ABCD에서 점 E는 $\overline{AD}$의 중점이고, 점 G는 $\overline{BD}$와 $\overline{CE}$의 교점이다. □ABCD의 넓이가 48 cm²일 때, △GDE의 넓이를 구하여라.

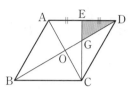

08 오른쪽 그림과 같은 평행사변형 ABCD에서 두 점 M, N은 각각 $\overline{AD}$, $\overline{BC}$의 중점이고, 두 점 P, Q는 각각 $\overline{AC}$와 $\overline{BM}$, $\overline{DN}$의 교점이다. □MPQD의 넓이가 10 cm²일 때, 평행사변형 ABCD의 넓이는?

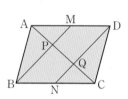

① 25 cm² ② 30 cm² ③ 35 cm²

④ 40 cm² ⑤ 45 cm²

09 오른쪽 그림에서 □ABCD는 직사각형이고, 두 점 E, F는 각각 $\overline{AD}$, $\overline{CD}$의 중점이다. 이때 △GBH의 넓이를 구하여라.

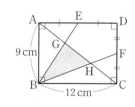

4 · 닮은 도형의 넓이와 부피

정답과 해설 81~82쪽 | 개념북 106~111쪽

30 닮은 도형의 넓이의 비와 부피의 비

01 아래 그림에서 △ABC∽△DEF일 때, 다음을 구하여라.

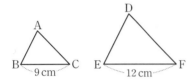

(1) △ABC와 △DEF의 닮음비

(2) △ABC와 △DEF의 둘레의 길이의 비

(3) △ABC와 △DEF의 넓이의 비

(4) △ABC의 넓이가 18 cm²일 때, △DEF의 넓이

02 오른쪽 그림의 △ABC에서 $\overline{AC} /\!/ \overline{DE}$, $\overline{BE}$=6 cm, $\overline{EC}$=4 cm이다. △ABC의 넓이가 50 cm²일 때, △DBE의 넓이는?

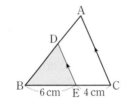

① 14 cm² ② 16 cm² ③ 18 cm²

④ 20 cm² ⑤ 24 cm²

03 오른쪽 그림과 같이 $\overline{AD} /\!/ \overline{BC}$인 사다리꼴 ABCD에서 △COB의 넓이가 36 cm²일 때, △AOD의 넓이를 구하여라.

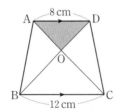

04 오른쪽 그림의 △ABC에서 $\overline{AD}$=$\overline{DF}$=$\overline{FB}$, $\overline{DE} /\!/ \overline{FG} /\!/ \overline{BC}$ 이다. △ABC의 넓이가 27 cm²일 때, □DFGE의 넓이를 구하여라.

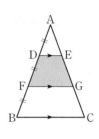

05 서로 닮은 도형인 두 원뿔 A, B의 밑면의 반지름의 길이가 각각 6 cm, 10 cm이다. 원뿔 A의 옆넓이가 54π cm²일 때, 원뿔 B의 옆넓이를 구하여라.

06 반지름의 길이의 비가 3 : 4인 두 구가 있다. 큰 구의 겉넓이가 256π cm²일 때, 작은 구의 겉넓이를 구하여라.

07 아래 그림의 두 정사면체 A와 B에 대하여 다음을 구하여라.

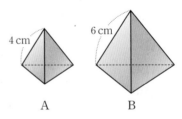

(1) A와 B의 겉넓이의 비

(2) A와 B의 부피의 비

08 부피의 비가 27 : 64인 두 정육면체의 겉넓이의 비를 구하여라.

09 모양은 같으나 크기가 다른 두 비커의 닮음비가 1 : 2이다. 작은 비커에 물을 가득 담아 비어 있는 큰 비커에 부을 때, 몇 번 부어야 가득 차는지 구하여라.

10 지름이 10 cm인 쇠구슬 한 개를 녹여서 반지름의 길이가 1 cm인 쇠구슬을 만들려고 한다. 이때 반지름의 길이가 1 cm인 쇠구슬을 최대 몇 개까지 만들 수 있는지 구하여라.

11 다음 그림에서 두 원뿔 A, B는 서로 닮은 도형이다. 원뿔 B의 부피가 108π cm³일 때, 원뿔 A의 부피를 구하여라.

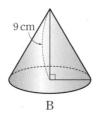

A   B

12 오른쪽 그림과 같은 원뿔 모양의 그릇에 전체 높이의 $\frac{1}{2}$까지 물이 들어 있다. 그릇을 가득 채우려면 지금 들어 있는 물의 양의 몇 배를 더 부어야 하는지 구하여라.

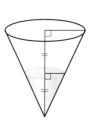

13 오른쪽 그림과 같은 원뿔 모양의 그릇에 전체 높이의 $\frac{2}{3}$까지 물을 부었다. 그릇의 부피가 81π cm³일 때, 그릇에 담긴 물의 부피를 구하여라.

14 오른쪽 그림과 같이 정사각뿔을 밑면에 평행한 두 평면으로 잘라 높이를 삼등분할 때, 입체도형 ㉮, ㉯, ㉰의 부피의 비를 구하여라.

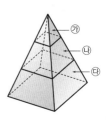

31 닮음의 활용

01 오른쪽 그림은 두 지점 A, B 사이의 거리를 구하기 위해 측량한 것이다. $\overline{AB} /\!/ \overline{DE}$일 때, 두 지점 A, B 사이의 거리를 구하여라.

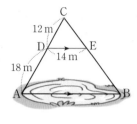

02 강의 폭을 알기 위해 오른쪽 그림과 같이 측량하였다. 두 지점 A, B 사이의 거리를 구하여라.

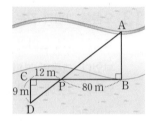

03 수진이가 나무의 그림자 속으로 들어가 자기 그림자와 나무의 그림자의 끝이 같도록 섰다. 수진이의 발에서 그림자 끝까지의 거리와 수진이의 발에서 나무 바로 아래까지의 거리가 각각 3 m, 5 m이고 수진이의 키가 150 cm일 때, 나무의 높이는?

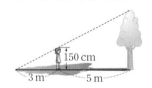

① 2 m   ② 2.5 m   ③ 3 m

④ 3.5 m   ⑤ 4 m

04 영숙이는 다음 그림과 같이 바닥에 놓인 거울을 이용하여 탑의 높이를 측정하려고 한다. 영숙이의 눈높이가 1.5 m일 때, 탑의 높이를 구하여라.

(단, ∠ACB=∠ECD)

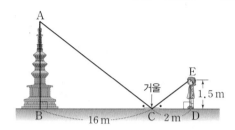

05 [그림 1]과 같이 건물의 높이를 재기 위해 B 지점에서 건물 꼭대기 A 지점을 올려다보면서 각의 크기를 측정하였더니 45°였고, 건물 쪽으로 20 m 걸어간 C 지점에서 다시 올려다보면서 각의 크기를 측정하였더니 58°였다. 이것을 축소하여 그렸더니 [그림 2]와 같았다. 이때 건물의 실제 높이는 몇 m인지 구하여라.

(단, 올려다본 눈높이는 생각하지 않는다.)

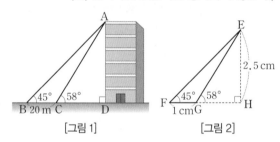

[그림 1]   [그림 2]

06 다음 그림과 같이 전신주의 그림자의 일부가 담벽에 드리워져 있다. 길이가 1 m인 나무 막대의 그림자의 길이는 70 cm이고 $\overline{BC}=5.6$ m, $\overline{CD}=2$ m일 때, 전신주의 높이를 구하여라.

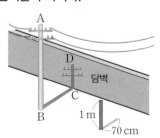

07 축척이 $\dfrac{1}{10000}$인 지도에서 5 cm로 나타내어지는 두 지점 사이의 실제 거리는?

① 5 m ② 50 m ③ 500 m
④ 5000 m ⑤ 50000 m

08 실제 거리가 10 km인 두 지점을 지도 위에 나타내었더니 거리가 2 cm이었다. 다음 물음에 답하여라.

(1) 축척을 구하여라.

(2) 이 지도에서 거리가 9 cm인 두 지점 사이의 실제 거리는 몇 km인지 구하여라.

(3) 실제 거리가 24 km인 두 지점 사이의 거리는 이 지도에서 몇 cm인지 구하여라.

09 다음은 우리나라 동해의 일부를 축척 $\dfrac{1}{2500000}$로 나타낸 지도이다. 지도에서 울릉도의 A 지점과 독도의 B 지점 사이의 거리를 자로 재어 보니 3.6 cm였다. A 지점과 B 지점 사이의 실제 거리는 몇 km인지 구하여라.

10 다음은 어느 지역의 공원 주변을 나타낸 지도이다. 지도의 축척이 1 : 20000이고 지도 상의 공원의 가로의 길이와 세로의 길이는 각각 1.5 cm, 1.1 cm이다. 이 공원의 실제 둘레의 길이는?(단, 공원은 직사각형 모양으로 생각한다.)

① 52 m ② 104 m ③ 520 m
④ 1040 m ⑤ 5200 m

11 축척이 $\dfrac{1}{10000}$인 지도에서 가로의 길이와 세로의 길이가 각각 4 cm, 5 cm인 직사각형 모양의 땅의 실제 넓이는 몇 km²인지 구하여라.

12 오른쪽 그림은 해안가의 어느 지점 B에서 등대 A까지의 거리를 구하기 위해 축척이 $\dfrac{1}{10000}$인 축도를 그린 것이다. $\overline{BC}/\!/\overline{DE}$일 때, 두 지점 A, B 사이의 실제 거리는 몇 km인지 구하여라.

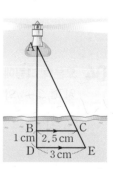

단원·마무리

정답과 해설 82~83쪽 | 개념북 112~114쪽

01 오른쪽 그림의 △ABC에서 $\overline{DE} \parallel \overline{BC}$, $\overline{DF} \parallel \overline{AC}$ 일 때, x의 값은?

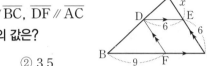

① 3 ② 3.5

③ 4 ④ 4.5

⑤ 5

02 오른쪽 그림에서 $\overline{BC} \parallel \overline{ED}$이고, $\overline{BM} = \overline{DM}$, $\overline{EN} = \overline{CN}$일 때, $\overline{MN}$의 길이를 구하여라.

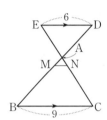

03 오른쪽 그림의 △ABC에서 $\overline{AD}$가 ∠A의 외각의 이등분선일 때, $\overline{AC}$의 길이를 구하여라.

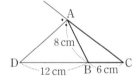

04 오른쪽 그림에서 $l \parallel m \parallel n$일 때, $x+y$의 값은?

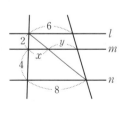

① $\dfrac{19}{3}$ ② $\dfrac{20}{3}$

③ 7 ④ $\dfrac{22}{3}$

⑤ $\dfrac{23}{3}$

05 오른쪽 그림에서 $\overline{AB} \parallel \overline{EF} \parallel \overline{DC}$이고, $\overline{AB} = 10$ cm, $\overline{DC} = 6$ cm일 때, $\overline{EF}$의 길이를 구하여라.

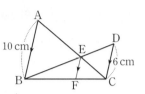

06 오른쪽 그림에서 네 점 M, N, P, Q는 각각 $\overline{AB}$, $\overline{AC}$, $\overline{DB}$, $\overline{DC}$의 중점일 때, 다음 중 옳지 않은 것은?

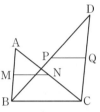

① $\overline{MN} = \overline{PQ}$

② $\overline{MN} \parallel \overline{PQ}$ ③ $\overline{AB} = \overline{BC}$

④ $\overline{PQ} = \dfrac{1}{2}\overline{BC}$ ⑤ $\overline{MN} + \overline{PQ} = \overline{BC}$

07 오른쪽 그림의 마름모 ABCD에서 네 점 P, Q, R, S는 각 변의 중점이다. □PQRS의 둘레의 길이가 24 cm일 때, □ABCD의 두 대각선의 길이의 합은?

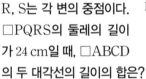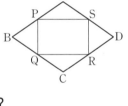

① 24 cm ② 26 cm ③ 28 cm

④ 30 cm ⑤ 32 cm

08 오른쪽 그림과 같이 $\overline{AD} \parallel \overline{BC}$인 사다리꼴 ABCD에서 두 점 M, N은 각각 $\overline{AB}$, $\overline{CD}$의 중점이다. 이때 $\overline{EF}$의 길이는?

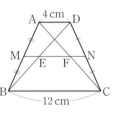

① 3 cm ② 4 cm ③ 5 cm

④ 6 cm ⑤ 7 cm

09 오른쪽 그림의 △ABC에서 두 점 G, G′은 각각 △ABD와 △ADC의 무게중심이다. $\overline{BD}=10$ cm, $\overline{DC}=14$ cm일 때, $\overline{GG'}$의 길이는?

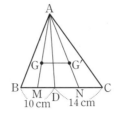

① 5 cm   ② 6 cm

③ 7 cm   ④ 8 cm   ⑤ 9 cm

10 오른쪽 그림에서 점 G는 △ABC의 무게중심이다. △GBC의 넓이가 18 cm²일 때, △ABD의 넓이는?

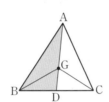

① 27 cm²   ② 30 cm²

③ 32 cm²   ④ 34 cm²   ⑤ 36 cm²

11 오른쪽 그림의 △ABC에서 $\overline{BC} /\!/ \overline{DE}$이다. △ADE의 넓이가 24 cm²일 때, □DBCE의 넓이는?

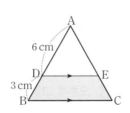

① 22 cm²   ② 24 cm²   ③ 26 cm²

④ 28 cm²   ⑤ 30 cm²

12 다음 그림과 같이 높이가 1 m인 막대의 그림자의 길이가 0.8 m일 때, 같은 시각 나무의 그림자의 길이는 5.6 m이었다. 이 나무의 높이를 구하여라.

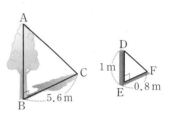

서술형

13 오른쪽 그림에서 점 G는 △ABC의 무게중심이다. △ABC의 넓이가 60 cm²일 때, △DGF의 넓이를 구하여라.

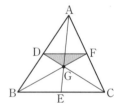

서술형

14 오른쪽 그림의 직사각형 ABCD에서 $\overline{BC}$의 중점을 E, $\overline{AC}$와 $\overline{DE}$의 교점을 F라 하자. 이때 색칠한 부분의 넓이를 구하여라.

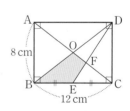

1· 피타고라스 정리

정답과 해설 84~85쪽 | 개념북 116~125쪽

32 피타고라스 정리

01 다음 그림의 직각삼각형에서 x의 값을 구하여라.

(1)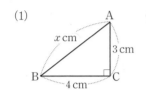

(2)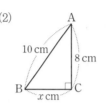

02 오른쪽 그림과 같이 벽에서 1 m 떨어진 곳에 어떤 사다리를 놓았더니 2.4 m 높이에 닿았다. 이 사다리의 길이를 구하여라. (단, $2.4^2=5.76$임을 이용한다.)

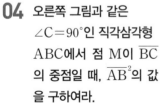

03 오른쪽 그림에서 삼각형 ABC는 $\angle A=90°$인 직각삼각형이고, □ACDE는 정사각형일 때, □ACDE의 넓이를 구하여라.

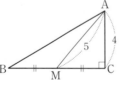

04 오른쪽 그림과 같은 $\angle C=90°$인 직각삼각형 ABC에서 점 M이 $\overline{BC}$의 중점일 때, $\overline{AB}^2$의 값을 구하여라.

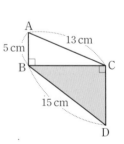

05 오른쪽 그림과 같은 $\angle C=90°$인 직각삼각형 ABC에서 $\overline{AD}^2$의 값을 구하여라.

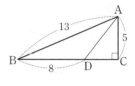

06 오른쪽 그림과 같은 △ABC와 △ACD에서 $\angle B=\angle D=90°$일 때, x^2의 값은?

① 10   ② 11

③ 12   ④ 13

⑤ 14

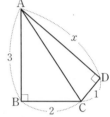

07 오른쪽 그림과 같은 △ABC에서 $\overline{AD}\perp\overline{BC}$일 때, x^2+y^2의 값을 구하여라.

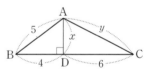

08 오른쪽 그림과 같은 직각삼각형 ABC와 BDC에서 $\overline{AB}=5$ cm, $\overline{AC}=13$ cm, $\overline{BD}=15$ cm일 때, △BDC의 넓이를 구하여라.

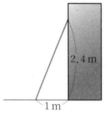

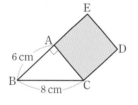

09 오른쪽 그림과 같은 사각형 ABCD에서 $\angle C = \angle D = 90°$일 때, $\overline{BC}$의 길이를 구하여라.

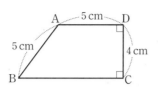

10 오른쪽 그림과 같은 사각형 ABCD에서 $\angle A = \angle C = 90°$일 때, x^2의 값을 구하여라.

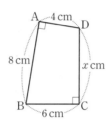

11 오른쪽 그림은 $\overline{AB} = 12$, $\overline{AD} = 15$인 직사각형 ABCD의 꼭짓점 D를 $\overline{BC}$ 위의 점 P에 오도록 접은 것이다. 이때 $\overline{PQ}$의 길이를 구하여라.

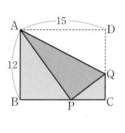

12 오른쪽 그림과 같은 직사각형 ABCD를 대각선 $\overline{BD}$를 접는 선으로 하여 접었을 때, $\overline{FD}$의 길이를 구하여라.

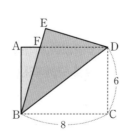

33 피타고라스 정리의 설명 (1)

01 오른쪽 그림은 $\angle A = 90°$인 직각삼각형 ABC의 세 변을 각각 한 변으로 하는 세 정사각형을 그린 것이다. $\square ADEB = 15 \text{ cm}^2$, $\square ACHI = 10 \text{ cm}^2$일 때, $\overline{BC}$의 길이를 구하여라.

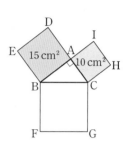

02 오른쪽 그림과 같이 $\angle A = 90°$인 직각삼각형 ABC의 세 변을 각각 한 변으로 하는 정사각형의 넓이를 각각 S_1, S_2, S_3이라 하자. $\overline{AC} : \overline{AB} = 2 : 3$일 때, $S_1 : S_2$를 구하여라.

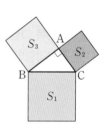

03 오른쪽 그림에서 $\square ADEB$, $\square ACHI$, $\square BFGC$는 $\angle A = 90°$인 직각삼각형 ABC의 세 변을 각각 한 변으로 하는 세 정사각형을 그린 것이다. $\square BFML$의 넓이가 48일 때, $\triangle EBC$의 넓이를 구하여라.

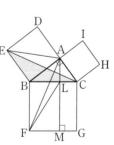

34 피타고라스 정리의 설명 (2)

01 오른쪽 그림에서 □ABCD는 넓이가 100 cm^2인 정사각형이고 $\overline{AH}=\overline{BE}=\overline{CF}=\overline{DG}$ $=7 \text{ cm}$일 때, □EFGH의 넓이를 구하여라.

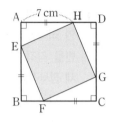

02 오른쪽 그림에서 □ABCD는 정사각형이고 $\overline{AH}=\overline{BE}=\overline{CF}=\overline{DG}$ $=4 \text{ cm}$이다. □EFGH의 넓이가 25 cm^2인 정사각형일 때, □ABCD의 둘레의 길이를 구하여라.

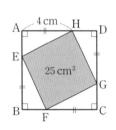

03 오른쪽 그림과 같이 정사각형 ABCD의 각 변의 중점을 연결하여 만든 □EFGH에서 $\overline{EF}^2=72$일 때, □ABCD의 넓이를 구하여라.

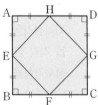

35 직각삼각형이 되는 조건

01 삼각형의 세 변의 길이가 각각 다음과 같을 때, 직각삼각형인 것을 모두 고르면?(정답 2개)

① 2 cm, 2 cm, 2 cm

② 2 cm, 4 cm, 6 cm

③ 5 cm, 12 cm, 13 cm

④ 6 cm, 8 cm, 10 cm

⑤ 7 cm, 9 cm, 12 cm

02 오른쪽 그림의 삼각형 ABC가 $\angle C=90°$인 직각삼각형이 되도록 하는 x의 값은?

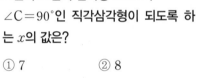
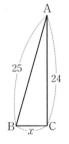

① 7 　　② 8

③ 9 　　④ 10

⑤ 11

03 길이가 각각 9 cm, $x \text{ cm}$, 12 cm인 세 개의 막대를 이용하여 직각삼각형을 만들 때, x의 값이 될 수 있는 수를 구하여라.(단, $x>12$)

2 · 피타고라스 정리와 도형의 성질

정답과 해설 85~87쪽 I 개념북 126~137쪽

36 삼각형의 변의 길이와 각의 크기 사이의 관계

01 오른쪽 그림과 같은 삼각형 ABC에서 ∠A가 예각일 때, 가능한 자연수 x의 값을 모두 구하여라.

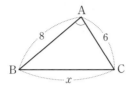

02 오른쪽 그림과 같은 삼각형 ABC에서 ∠C가 둔각일 때, x의 값의 범위를 구하여라.

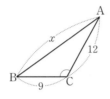

03 오른쪽 그림과 같은 삼각형 ABC가 예각삼각형일 때, x의 값의 범위를 구하여라.(단, $x>12$)

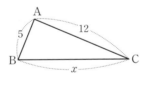

04 세 변의 길이가 각각 9, 12, x인 삼각형이 예각삼각형이 되도록 하는 x의 값의 범위를 구하여라.(단, $x>12$)

05 오른쪽 그림과 같이 $\overline{AB}=10$ cm, $\overline{AC}=8$ cm인 삼각형 ABC가 둔각삼각형이 되도록 하는 a의 값의 범위를 구하여라.
(단, $\overline{AB}$가 가장 긴 변이다.)

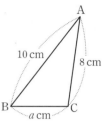

06 세 변의 길이가 각각 8, 15, x인 삼각형이 둔각삼각형이 되도록 하는 x의 값의 범위를 구하여라.
(단, $x>15$)

07 세 변의 길이가 각각 다음과 같은 삼각형 중에서 예각삼각형인 것은?

① 2, 3, 4   ② 3, 4, 5
③ 6, 10, 12   ④ 5, 6, 7
⑤ 4, 7, 9

08 세 변의 길이가 각각 다음과 같은 삼각형 중에서 둔각삼각형인 것은 모두 몇 개인지 구하여라.

$(1, 2, 2)$,	$(6, 8, 10)$,	$(3, 4, 5)$,
$(5, 6, 7)$,	$(2, 2, 3)$,	$(5, 7, 8)$,
$(2, 4, 5)$,	$(12, 16, 20)$,	$(8, 15, 17)$

01 오른쪽 그림과 같이 $\angle A = 90°$인 **직각삼각형** ABC에서 $\overline{AH} \perp \overline{BC}$이고 $\overline{AB} = 6$ cm, $\overline{BC} = 9$ cm일 때, $x^2 + y^2$ 의 값을 구하여라.

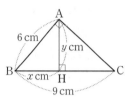

02 오른쪽 그림과 같은 직각삼각형 ABC의 꼭짓점 A에서 $\overline{BC}$에 내린 수선의 발을 H라 하자.
$\overline{AB} = 8$ cm, $\overline{AC} = 6$ cm일 때, $\overline{CH}$의 길이는?

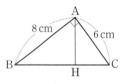

① $\dfrac{8}{5}$ cm ② $\dfrac{11}{5}$ cm ③ $\dfrac{14}{5}$ cm

④ $\dfrac{18}{5}$ cm ⑤ $\dfrac{32}{5}$ cm

03 오른쪽 그림과 같은 삼각형 ABC에서 $\angle A = 90°$이고 $\overline{AH} \perp \overline{BC}$, $\overline{BM} = \overline{CM}$, $\overline{HQ} \perp \overline{AM}$이다. $\overline{BH} = 8$, $\overline{CH} = 2$일 때, x의 값을 구하여라.

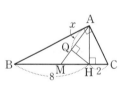

04 오른쪽 그림과 같이 $\angle A = 90°$인 **직각삼각형** ABC에서 $\overline{AH} \perp \overline{BC}$이고 $\overline{AB} = 5$ cm, $\overline{AC} = 12$ cm일 때, $\overline{AH}$의 길이를 구하여라.

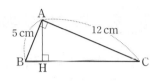

05 오른쪽 그림과 같이 직각삼각형 ABC의 직각을 낀 두 변 AB, AC 위에 각각 두 점 D, E를 잡았다. $\overline{DE} = 4$, $\overline{BC} = 10$일 때, $\overline{BE}^2 + \overline{CD}^2$의 값을 구하여라.

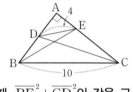

06 오른쪽 그림과 같은 직각삼각형 ABC에서 $\overline{DE} = 4$ cm, $\overline{BE} = 7$ cm, $\overline{CD} = 5$ cm일 때, x^2의 값을 구하여라.

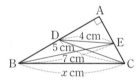

07 오른쪽 그림과 같이 $\overline{BC} = 6$, $\overline{AC} = 8$인 직각삼각형 ABC에서 $\overline{BE} = 8$일 때, $\overline{AD}^2 - \overline{DE}^2$의 값은?

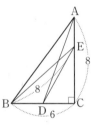

① 16 ② 24

③ 36 ④ 40

⑤ 44

38 피타고라스 정리와 사각형의 성질

01 오른쪽 그림과 같은 사각형
ABCD에서 $\overline{AC} \perp \overline{BD}$일
때, $y^2 - x^2$의 값을 구하여라.

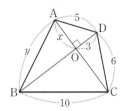

02 오른쪽 그림과 같은 사각
형 ABCD에서
$\overline{AC} \perp \overline{BD}$이고
$\overline{AO} = \overline{BO} = 2$ cm,
$\overline{BC} = 3$ cm,
$\overline{CD} = 5$ cm일 때, $\overline{AD}^2$의 값을 구하여라.

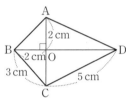

03 오른쪽 그림과 같이
□ABCD의 두 대각선이
직교할 때, $\overline{AB}^2 + \overline{CD}^2$
의 값을 구하여라.

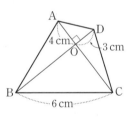

04 오른쪽 그림과 같이
$\overline{AD} /\!/ \overline{BC}$인 등변사다리꼴
ABCD의 두 대각선이 직교
할 때, $\overline{AB}^2$의 값은?

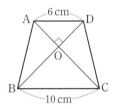

① 64　　② 66
③ 68　　④ 70　　⑤ 72

05 오른쪽 그림과 같이 직사각형
ABCD의 내부에 한 점 P가
있다. $\overline{AP} = 5$, $\overline{BP} = 4$,
$\overline{CP} = 3$일 때, $\overline{DP}^2$의 길이는?

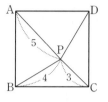

① 9　　② 12
③ 15　　④ 18　　⑤ 21

06 오른쪽 그림과 같은
□ABCD의 내부의 한 점
P에 대하여 $\overline{BP} = 5$,
$\overline{DP} = 6$일 때, $\overline{AP}^2 + \overline{CP}^2$
의 값을 구하여라.

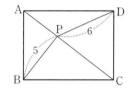

07 오른쪽 그림과 같이 직사각
형 ABCD의 내부에 한 점
P가 있다. $\overline{CP} = 6$, $\overline{DP} = 7$
일 때, $\overline{AP}^2 - \overline{BP}^2$의 값은?

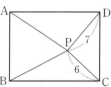

① 3　　② 5　　③ 7
④ 13　　⑤ 19

08 오른쪽 그림과 같이 가로,
세로의 길이가 각각 4, 3인
직사각형 ABCD의 꼭짓
점 D에서 대각선 AC에 내
린 수선의 발을 P라 할 때,
$\overline{BP}^2$의 값을 구하여라.

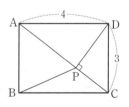

01 오른쪽 그림과 같이 $\angle C=90°$인 직각삼각형 ABC의 세 변을 각각 지름으로 하는 세 반원의 넓이를 각각 $P,\ Q,\ R$라 하자. $P=10\pi,\ Q=8\pi$일 때, R의 값을 구하여라.

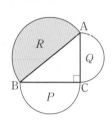

02 오른쪽 그림은 $\angle B=90°$인 직각삼각형 ABC의 세 변을 각각 지름으로 하는 세 반원을 그린 것이다. $\overline{AB}$의 길이를 구하여라.

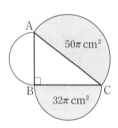

03 오른쪽 그림과 같이 $\angle C=90°$, $\overline{AB}=8$ cm인 직각삼각형 ABC에서 직각을 낀 두 변을 각각 지름으로 하는 반원을 그릴 때, 두 반원의 넓이의 합을 구하여라.

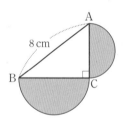

04 오른쪽 그림과 같이 $\angle A=90°$인 직각삼각형 ABC의 세 변을 각각 지름으로 하는 세 반원의 중심을 $P,\ Q,\ R$라 하자. $\overline{BP}=4$ cm, $\overline{AR}=3$ cm일 때, 세 반원의 넓이의 합을 구하여라.

05 오른쪽 그림은 직각삼각형 ABC의 세 변을 각각 지름으로 하는 반원을 그린 것이다. $\overline{AB}=6$ cm, $\overline{AC}=5$ cm일 때, 색칠한 부분의 넓이를 구하여라.

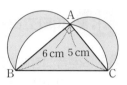

06 오른쪽 그림은 $\angle C=90°$인 직각삼각형 ABC의 세 변을 각각 지름으로 하는 세 반원을 그린 것이다. 다음 물음에 답하여라.

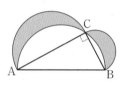

(1) 색칠한 부분의 넓이는 △ABC의 넓이와 같음을 설명하여라.

(2) $\overline{AB}=20$ cm, $\overline{BC}=12$ cm일 때, 색칠한 부분의 넓이를 구하여라.

07 오른쪽 그림과 같이 $\angle A=90°$인 직각삼각형 ABC에서 $\overline{BC}$를 지름으로 하는 반원을 그렸다. $\overline{AC}=8$ cm, $\overline{BC}=10$ cm일 때, 색칠한 부분의 넓이를 구하여라.

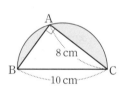

08 오른쪽 그림과 같이 $\angle A=90°$인 직각이등변삼각형 ABC에서 $\overline{BC}$를 지름으로 하는 반원을 그렸다. $\overline{AB}=2$ cm일 때, 색칠한 부분의 넓이를 구하여라.

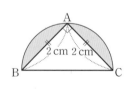

단원 · 마무리

정답과 해설 87~88쪽 | 개념북 138~140쪽

01 오른쪽 그림의 △ABC에서 $\overline{AD}\perp\overline{BC}$일 때, x^2-y^2의 값은?

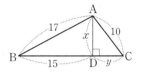

① 24 　　② 28

③ 30 　　④ 32 　　⑤ 36

02 오른쪽 그림에서 점 G는 ∠A=90°인 직각삼각형 ABC의 무게중심이고 $\overline{AC}=5\,cm$, $\overline{AG}=3\,cm$일 때, x^2의 값을 구하여라.

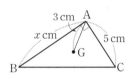

03 오른쪽 그림과 같은 반원 O에서 $\overline{AB}\perp\overline{CD}$이고, $\overline{OC}=5\,cm$, $\overline{CD}=4\,cm$일 때, $\overline{AD}$의 길이는?

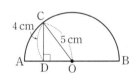

① $\frac{3}{2}$ cm 　　② 2 cm 　　③ $\frac{5}{2}$ cm

④ 3 cm 　　⑤ $\frac{7}{2}$ cm

04 오른쪽 그림에서 $\overline{AB}=\overline{BC}=\overline{CD}=\overline{DE}=4$일 때, $\overline{AE}^2$의 값을 구하여라.

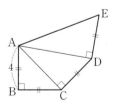

05 오른쪽 그림과 같은 등변사다리꼴 ABCD의 넓이를 구하여라.

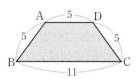

06 오른쪽 그림과 같이 직각삼각형 ABC의 세 변을 각각 한 변으로 하는 세 정사각형을 그린 것이다. 다음 중 □ACHI의 넓이와 같지 <u>않은</u> 것은?

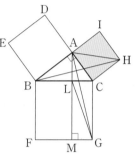

① 2△ACH 　② □LMGC 　③ 2△AGC

④ 2△AMG 　⑤ 2△HBC

07 오른쪽 그림과 같은 정사각형 ABCD에서 $\overline{AE}=\overline{BF}=\overline{CG}=\overline{DH}$ =15 cm이고 □EFGH의 넓이가 289 cm²일 때, $\overline{AH}$의 길이를 구하여라.

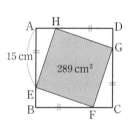

08 △ABC에서 $\overline{AB}=c$, $\overline{BC}=a$, $\overline{CA}=b$라 할 때, 다음 중 옳지 <u>않은</u> 것은?

① ∠A=62°이면 $a^2<b^2+c^2$이다.

② ∠B=123°이면 $b^2>a^2+c^2$이다.

③ ∠C=90°이면 $a^2+b^2=c^2$이다.

④ $b^2=a^2+c^2$이면 ∠B=90°이다.

⑤ $a^2<b^2+c^2$이면 △ABC는 예각삼각형이다.

09 오른쪽 그림과 같이 ∠B=90°인 직각삼각형 ABC에서 $\overline{BD} \perp \overline{AC}$이고 $\overline{AB}=5$, $\overline{AD}=3$일 때, △ABC의 넓이를 구하여라.

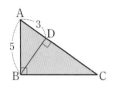

10 오른쪽 그림의 ∠B=90°인 직각삼각형 ABC에서 $\overline{AB}$, $\overline{BC}$의 중점을 각각 D, E라 하자. $\overline{BD}=1$, $\overline{BE}=2$일 때, $\overline{AE}^2+\overline{CD}^2$의 값을 구하여라.

11 오른쪽 그림과 같은 사각형 ABCD에서 $\overline{AC} \perp \overline{BD}$, $\overline{AB}=3$, $\overline{BC}=4$, $\overline{CD}=5$, $\overline{AO}=2$일 때, $\overline{OD}^2$의 값을 구하여라.

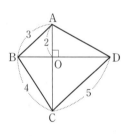

12 오른쪽 그림과 같은 직사각형 ABCD의 내부에 한 점 P가 있다. ∠CPD=90°일 때, $\overline{BP}^2$의 길이를 구하여라.

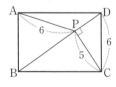

13 오른쪽 그림은 직각삼각형 ABC의 세 변을 각각 지름으로 하는 세 반원을 그린 것이다. $\overline{AB}=8$ cm이고 색칠한 부분의 넓이가 60 cm²일 때, $\overline{BC}$의 길이를 구하여라.

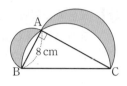

서술형

14 오른쪽 그림과 같이 한 변의 길이가 12인 정사각형 ABCD에서 $\overline{DC}$ 위의 점 P에 대하여 $\overline{BP}=15$이다. $\overline{BP}$와 $\overline{AD}$의 연장선의 교점을 Q라 할 때, △DPQ의 넓이를 구하여라.

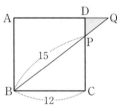

서술형

15 오른쪽 그림과 같이 $\overline{AB}=12$인 직각삼각형 ABC를 $\overline{PQ}$를 접는 선으로 하여 점 C가 점 A에 오도록 접었다. $\overline{AP}=13$일 때, $\overline{AQ}^2$의 값을 구하여라.

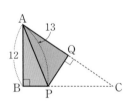

1 · 경우의 수

정답과 해설 88~89쪽 | 개념북 142~147쪽

40 경우의 수 (1)

01 민기는 도서관에 가려고 한다. 집에서 도서관까지 가는 방법이 아래와 같을 때, 다음을 구하여라.

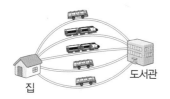

집　　　　도서관

(1) 버스를 타고 도서관까지 가는 경우의 수

(2) 지하철을 타고 도서관까지 가는 경우의 수

(3) 도서관까지 가는 모든 경우의 수

02 용산에서 목포로 가는 기차편은 KTX가 하루에 14편, 새마을호가 하루에 2편, 무궁화호가 하루에 6편 있다고 한다. 용산에서 목포까지 KTX 또는 무궁화호를 타고 가는 경우의 수를 구하여라.

03 한 개의 주사위를 던질 때, 다음을 구하여라.

(1) 홀수 또는 2의 눈이 나오는 경우의 수

(2) 4의 약수 또는 5 이상의 눈이 나오는 경우의 수

04 서로 다른 두 개의 주사위를 동시에 던질 때, 다음을 구하여라.

(1) 나오는 눈의 수의 합이 4 또는 9가 되는 경우의 수

(2) 나오는 눈의 수의 차가 3 또는 4가 되는 경우의 수

05 주머니 안에 1부터 20까지의 자연수가 각각 하나씩 적힌 20개의 공이 들어 있다. 이 주머니에서 임의로 한 개의 공을 꺼낼 때, 4의 배수 또는 소수가 적힌 공이 나오는 경우의 수는?

① 10　　　② 11　　　③ 12

④ 13　　　⑤ 14

06 한 개의 주사위를 두 번 던질 때, 첫 번째에 나오는 눈의 수를 a, 두 번째에 나오는 눈의 수를 b라 하자. 방정식 $2a+b=12$를 만족시키는 순서쌍 (a, b)의 개수를 구하여라.

07 유천이는 50원짜리 동전 5개와 100원짜리 동전 3개를 가지고 있다. 이 동전을 사용하여 200원을 지불하는 모든 경우의 수를 구하여라.

08 효림이는 50원짜리 동전 6개와 100원짜리 동전 6개, 500원짜리 동전 2개를 가지고 있다. 이 동전을 사용하여 1200원을 지불하는 모든 경우의 수를 구하여라.

41 경우의 수 (2)

01 다음 그림과 같이 준희네 집에서 서점으로 가는 길이 2가지, 서점에서 도서관으로 가는 길이 4가지일 때, 준희가 집을 출발하여 서점을 지나 도서관에 가는 경우의 수를 구하여라.

준희네 집   서점   도서관

02 어떤 산의 입구에서 정상까지 가는 등산로가 6가지일 때, 다음을 구하여라.

(1) 정상까지 올라갔다가 내려오는 경우의 수

(2) 정상까지 올라갔다가 다른 길로 내려오는 경우의 수

03 다음 그림에서 A 마을에서 C 마을까지 가는 경우의 수를 구하여라. (단, 한 번 갔던 마을은 다시 가지 않는다.)

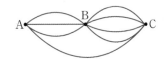

04 빵 5종류와 음료수 3종류가 있다. 이 중에서 빵과 음료수를 각각 한 종류씩 고르는 경우의 수를 구하여라.

05 상우, 윤호, 혜옥 세 사람이 가위바위보를 할 때, 일어날 수 있는 모든 경우의 수를 구하여라.

06 서로 다른 두 개의 주사위를 동시에 던질 때, 다음을 구하여라.

(1) 일어나는 모든 경우의 수

(2) 나오는 눈의 수의 곱이 홀수가 되는 경우의 수

07 서로 다른 두 개의 동전과 한 개의 주사위를 동시에 던질 때, 동전은 서로 같은 면이 나오고 주사위는 6의 약수의 눈이 나오는 경우의 수를 구하여라.

08 서로 다른 두 개의 동전과 한 개의 주사위를 동시에 던질 때 일어나는 모든 경우의 수를 a, 한 개의 동전과 서로 다른 두 개의 주사위를 동시에 던질 때 일어나는 모든 경우의 수를 b라 할 때, $a+b$의 값을 구하여라.

2 · 여러 가지 경우의 수

정답과 해설 89~91쪽 | 개념북 148~157쪽

42 한 줄로 세우는 경우의 수

01 다음을 구하여라.

⑴ A, B, C의 3명을 한 줄로 세우는 경우의 수
⑵ A, B, C, D의 4명을 한 줄로 세우는 경우의 수

02 5명의 학생들이 차례로 앞에 나와 문제를 풀려고 한다. 문제를 푸는 순서를 정하는 경우의 수를 구하여라.

03 여섯 곡의 노래를 한 장의 CD에 담으려고 할 때, 곡의 순서를 다르게 하여 만들 수 있는 CD의 종류는 모두 몇 가지인지 구하여라.

04 4개의 알파벳 e, n, o, t를 사전식으로 배열할 때, note는 몇 번째에 나오는가?

① 8번째   ② 9번째   ③ 10번째
④ 11번째   ⑤ 12번째

05 A, B, C, D, E의 5명에 대하여 다음을 구하여라.

⑴ 5명 중 2명을 뽑아 긴 의자에 앉히는 경우의 수
⑵ 5명 중 3명을 뽑아 긴 의자에 앉히는 경우의 수

06 빨강, 주황, 노랑, 초록, 파랑, 남색, 보라 7가지 색의 티셔츠 중에서 3가지를 골라 재석, 종국, 지효에게 한 개씩 나누어 주는 경우의 수는?

① 42   ② 84   ③ 126
④ 168   ⑤ 210

07 5개의 알파벳 a, b, c, d, e를 한 줄로 나열할 때, 다음을 구하여라.

⑴ b가 두 번째에 오는 경우의 수
⑵ a는 첫 번째, e는 세 번째에 오는 경우의 수
⑶ b, d가 양 끝에 오는 경우의 수

08 국어, 영어, 수학, 사회, 과학 교과서를 책꽂이에 한 줄로 꽂을 때, 국어 또는 영어 교과서가 맨 앞에 오는 경우의 수를 구하여라.

09 5개의 알파벳 a, b, c, d, e를 한 줄로 나열할 때, 다음을 구하여라.

(1) a, c가 이웃하는 경우의 수

(2) a, c, e가 이웃하는 경우의 수

10 남학생 3명과 여학생 3명이 한 줄로 설 때, 남학생끼리 이웃하여 서는 경우의 수를 구하여라.

11 준석, 우진, 경민, 은수가 한 줄로 설 때, 준석이와 경민이가 서로 떨어져 서는 경우의 수를 구하여라.

12 서로 다른 국어 참고서 2권과 서로 다른 영어 참고서 4권을 책꽂이에 한 줄로 꽂을 때, 국어 참고서는 국어 참고서끼리, 영어 참고서는 영어 참고서끼리 이웃하게 꽂는 경우의 수는?

① 24   ② 36   ③ 48

④ 96   ⑤ 720

---

43 정수를 만드는 경우의 수

01 1부터 7까지의 자연수가 각각 하나씩 적힌 7장의 카드가 있다. 다음을 구하여라.

(1) 2장을 뽑아 만들 수 있는 두 자리의 정수의 개수

(2) 3장을 뽑아 만들 수 있는 세 자리의 정수의 개수

02 0부터 9까지의 숫자가 각각 하나씩 적힌 10장의 카드가 있다. 다음을 구하여라.

(1) 2장을 뽑아 만들 수 있는 두 자리의 정수의 개수

(2) 3장을 뽑아 만들 수 있는 세 자리의 정수의 개수

03 0부터 4까지의 숫자가 각각 하나씩 적힌 5장의 카드가 있다. 이 중에서 2장의 카드를 뽑아 두 자리의 정수를 만들 때, 23 이상인 정수의 개수를 구하여라.

04 0, 1, 2, 3, 4가 각각 하나씩 적힌 5장의 카드를 모두 사용하여 만들 수 있는 다섯 자리의 정수 중에서 짝수의 개수는?

① 24개   ② 36개   ③ 42개

④ 60개   ⑤ 72개

44 대표를 뽑는 경우의 수

01 7명의 후보 중에서 다음과 같이 임원을 뽑는 경우의 수를 구하여라.

(1) 회장 1명, 부회장 1명

(2) 회장 1명, 부회장 1명, 총무 1명

02 연아, 해진, 민정, 마오, 미키 5명의 학생 중에서 대표, 부대표, 총무를 각각 1명씩 뽑을 때, 연아가 대표로 뽑히는 경우의 수를 구하여라.

03 8명의 학생 중에서 다음과 같이 대표를 뽑는 경우의 수를 구하여라.

(1) 대표 2명

(2) 대표 3명

04 6명의 학생 A, B, C, D, E, F가 서로 한 번씩 배드민턴 시합을 할 때, 모두 몇 번의 시합이 이루어지는지 구하여라.

05 보영이네 방에는 3개의 플러그를 동시에 꽂을 수 있는 멀티탭이 있다. TV, 라디오, 충전기, 스탠드, 노트북 중에서 이 멀티탭에 꽂을 3가지를 고르는 경우의 수를 구하여라.(단, 멀티탭에 플러그를 꽂는 위치는 생각하지 않는다.)

06 여학생 4명, 남학생 6명으로 이루어진 모둠에서 여학생 2명과 남학생 3명을 청소 당번으로 뽑는 경우의 수를 구하여라.

07 오른쪽 그림과 같이 원 위에 서로 다른 7개의 점 A, B, C, D, E, F, G가 있다. 다음을 구하여라.

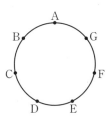

(1) 두 점을 연결하여 만들 수 있는 선분의 개수

(2) 세 점을 연결하여 만들 수 있는 삼각형의 개수

08 오른쪽 그림과 같이 반원 위에 6개의 점 A, B, C, D, E, F가 있다. 이 중 3개의 점을 연결하여 만들 수 있는 삼각형의 개수는?

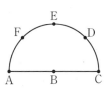

① 18개　　② 19개　　③ 20개

④ 21개　　⑤ 22개

단원·마무리

정답과 해설 91~92쪽 | 개념북 158~160쪽

01 서로 다른 두 개의 주사위를 동시에 던질 때, 나오는 두 눈의 수의 합이 5의 배수인 경우의 수는?

① 5   ② 6   ③ 7
④ 8   ⑤ 9

02 태환이가 서울에서 부산까지 갔다 오려고 한다. 교통편으로 기차가 7가지, 버스가 6가지, 비행기가 2가지 있다고 할 때, 서울에서 부산까지 버스 또는 비행기를 이용하여 가는 경우의 수는 a, 갈 때는 기차를 이용하고 올 때는 비행기를 이용하는 경우의 수는 b이다. 이 때, $a+b$의 값은?

① 20   ② 22   ③ 24
④ 27   ⑤ 29

03 서로 다른 두 개의 주사위를 동시에 던질 때, 다음 중 경우의 수가 가장 작은 것은?

① 나오는 눈의 수가 같은 경우
② 나오는 눈의 수가 다른 경우
③ 나오는 눈의 수의 합이 6인 경우
④ 나오는 눈의 수의 차가 1인 경우
⑤ 나오는 눈의 수의 곱이 8인 경우

04 1부터 20까지의 자연수가 각각 하나씩 적힌 20개의 공이 들어 있는 주머니가 있다. 이 주머니에서 한 개의 공을 꺼낼 때, 공에 적힌 수가 5의 배수이거나 16의 약수인 경우의 수는?

① 8   ② 9   ③ 10
④ 11   ⑤ 12

05 지영, 수빈, 영주 세 사람이 가위바위보를 할 때, 지영이가 이기는 경우의 수는?

① 3   ② 6   ③ 9
④ 12   ⑤ 15

06 50원짜리, 100원짜리, 500원짜리 동전이 각각 5개씩 있다. 이 동전을 사용하여 1750원을 지불하는 경우의 수는?

① 3   ② 4   ③ 5
④ 6   ⑤ 7

07 서로 다른 두 개의 주사위를 동시에 던질 때, 적어도 하나는 3의 배수의 눈이 나오는 경우의 수는?

① 20   ② 28   ③ 36
④ 44   ⑤ 52

08 A, B, C, D, E, F의 6명이 한 줄로 설 때, C, D는 이웃하여 서고 B는 맨 뒤에 서는 경우의 수는?

① 24   ② 48   ③ 120
④ 360   ⑤ 720

09 1, 2, 3, 4가 각각 하나씩 적힌 4장의 카드 중에서 2장의 카드를 뽑아 두 자리의 자연수를 만들 때, 홀수의 개수는?

① 2개   ② 4개   ③ 6개

④ 8개   ⑤ 12개

10 0, 1, 2, 3, 4의 숫자가 각각 하나씩 적힌 5장의 카드 중에서 3장의 카드를 뽑아 세 자리의 정수를 만들 때, 300 미만인 정수의 개수는?

① 20개   ② 24개   ③ 26개

④ 30개   ⑤ 32개

11 윷가락 네 개를 동시에 던질 때, 개가 나오는 경우의 수는?

① 4   ② 6   ③ 8

④ 12   ⑤ 16

12 6명의 학생 명수, 형돈, 성준, 윤주, 신영, 세경 중에서 반장, 부반장, 총무를 각각 1명씩 뽑을 때, 명수가 반드시 반장으로 뽑히는 경우의 수를 구하여라.

13 오른쪽 그림과 같이 평행한 두 직선 l, m 위에 6개의 점 A, B, C, D, E, F가 있다. 이 중에서 세 점을 연결하여 만들 수 있는 삼각형의 개수를 구하여라.

서술형

14 오른쪽 그림과 같이 다섯 개의 영역 A, B, C, D, E에 빨간색, 노란색, 초록색, 파란색을 칠하려고 한다. 같은 색을 여러 번 사용할 수 있으나 이웃한 부분은 서로 다른 색을 칠하는 방법의 수를 구하여라.

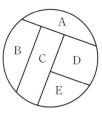

서술형

15 희선이네 모둠원끼리 서로 한 번씩 악수를 하였더니 악수가 총 36번 이루어졌다. 희선이네 모둠원은 모두 몇 명인지 구하여라.

1· 확률의 뜻과 성질

정답과 해설 92~93쪽 | 개념북 162~165쪽

45 **확률의 뜻**

01 오른쪽 그림은 어느 해 9월
의 달력이다. 이 달력에서
임의로 어느 한 날을 선택
하였을 때, 그 날이 월요일
일 확률을 구하여라.

일	월	화	수	목	금	토
						1	2
3	4	5	6	7	8	9

(달력 그림: 9월)

일 월 화 수 목 금 토
　　　　　1　2　3　4　5　6
7　8　9　10　11　12　13
14　15　16　17　18　19　20
21　22　23　24　25　26　27
28　29　30

02 서로 다른 두 개의 주사위 A, B를 동시에 던질 때,
나오는 두 눈의 수의 합이 9가 될 확률을 구하여라.

03 서로 다른 동전 4개를 동시에 던질 때, 다음을 구하여
라.

(1) 앞면이 1개 나올 확률

(2) 앞면이 2개 나올 확률

04 흰 바둑돌 4개와 검은 바둑돌 x개가 들어 있는 주머
니에서 한 개의 바둑돌을 꺼낼 때, 흰 바둑돌이 나올
확률이 $\dfrac{1}{3}$이다. 이때 x의 값을 구하여라.

05 서로 다른 두 개의 주사위 A, B를 동시에 던져서 나
온 눈의 수를 각각 x, y라 할 때, $3x-y\leq2$일 확률을
구하여라.

06 남학생 6명, 여학생 3명 중에서 청소 당번 2명을 뽑을
때, 남학생 2명이 청소 당번이 될 확률은?

① $\dfrac{1}{6}$　　　② $\dfrac{1}{4}$　　　③ $\dfrac{5}{12}$

④ $\dfrac{1}{2}$　　　⑤ $\dfrac{7}{12}$

07 A, B, C, D, E의 5명이 한 줄로 설 때, A와 B가 이
웃하여 서게 될 확률은?

① $\dfrac{2}{5}$　　　② $\dfrac{1}{2}$　　　③ $\dfrac{3}{5}$

④ $\dfrac{7}{10}$　　　⑤ $\dfrac{4}{5}$

08 1부터 5까지의 자연수가 각각 하나씩 적힌 5장의 카
드 중에서 2장의 카드를 뽑아 두 자리의 자연수를 만
들 때, 그 수가 20 이하일 확률을 구하여라.

46 확률의 성질

01 한 개의 주사위를 던질 때, 다음을 구하여라.

(1) 6 이하의 눈이 나올 확률

(2) 7의 눈이 나올 확률

02 사건 A가 일어날 확률을 p, 사건 A가 일어나지 않을 확률을 q라고 할 때, 다음 중 옳지 <u>않은</u> 것은?

① $0 \le p \le 1$

② $p + q = 1$

③ $p = 1$이면 사건 A는 반드시 일어난다.

④ $q = 1$이면 사건 A는 반드시 일어난다.

⑤ $p = 0$이면 사건 A는 절대로 일어나지 않는다.

03 다음 중 확률이 1인 것은?

① 한 개의 주사위를 던질 때, 6보다 작은 수의 눈이 나올 확률

② 서로 다른 두 개의 주사위를 동시에 던질 때, 두 주사위의 눈의 수의 차가 6일 확률

③ 빨간 공만 들어 있는 주머니에서 한 개의 공을 꺼낼 때, 파란 공이 나올 확률

④ 1, 2, 3이 각각 하나씩 적힌 3장의 카드 중에서 2장을 뽑아 두 자리의 정수를 만들 때, 그 수가 10보다 클 확률

⑤ 서로 다른 두 개의 동전을 동시에 던질 때, 모두 뒷면이 나올 확률

04 어느 회사의 제품은 50개의 제품 중에 7개의 꼴로 불량품이 나온다고 한다. 이 제품들 중에서 임의로 1개를 꺼낼 때, 불량품이 아닐 확률을 구하여라.

05 주머니 속에 1부터 25까지의 자연수가 각각 하나씩 적힌 25개의 구슬이 있다. 이 주머니에서 한 개의 구슬을 꺼낼 때, 5의 배수가 적힌 구슬이 나오지 않을 확률을 구하여라.

06 서로 다른 네 개의 동전을 동시에 던질 때, 다음을 구하여라.

(1) 모든 경우의 수

(2) 모두 뒷면이 나올 확률

(3) 적어도 하나는 앞면이 나올 확률

07 제동이가 3개의 ○, × 문제에 임의로 답을 썼을 때, 적어도 한 문제를 맞힐 확률은?

① $\dfrac{3}{4}$ ② $\dfrac{4}{5}$ ③ $\dfrac{5}{6}$

④ $\dfrac{6}{7}$ ⑤ $\dfrac{7}{8}$

08 남학생 3명, 여학생 5명 중에서 대표 2명을 뽑을 때, 적어도 한 명은 남학생이 뽑힐 확률을 구하여라.

2· 확률의 계산

47 확률의 계산 (1)

01 1부터 20까지의 자연수가 각각 하나씩 적힌 20장의 카드 중에서 한 장의 카드를 뽑을 때, 다음을 구하여라.

(1) 3의 배수가 적힌 카드를 뽑을 확률

(2) 7의 배수가 적힌 카드를 뽑을 확률

(3) 3의 배수 또는 7의 배수가 적힌 카드를 뽑을 확률

02 0, 1, 2, 3, 4가 각각 하나씩 적힌 5장의 카드 중에서 2장을 뽑아 두 자리의 자연수를 만들 때, 그 수가 12 이하이거나 32 이상일 확률은?

① $\dfrac{1}{4}$　　② $\dfrac{3}{8}$　　③ $\dfrac{1}{2}$

④ $\dfrac{5}{8}$　　⑤ $\dfrac{3}{4}$

03 남학생 2명, 여학생 4명 중에서 대표 2명을 뽑을 때, 모두 남학생이 뽑히거나 모두 여학생이 뽑힐 확률을 구하여라.

04 정현이는 친구들과 윷놀이를 하려고 한다. 정현이가 4개의 윷가락을 한 번 던질 때, 도 또는 개가 나올 확률을 구하여라. (단, 윷가락의 등이 나올 확률과 배가 나올 확률은 같다.)

05 다음을 구하여라.

(1) 주사위를 한 번 던질 때, 6의 약수의 눈이 나올 확률

(2) 주사위를 한 번 던질 때, 소수의 눈이 나올 확률

(3) 한 개의 주사위를 두 번 던질 때, 첫 번째에는 6의 약수의 눈이 나오고, 두 번째에는 소수의 눈이 나올 확률

06 일기 예보에 의하면 내일 비가 올 확률은 $\dfrac{2}{5}$이고, 모레 비가 올 확률은 $\dfrac{3}{10}$이라 한다. 내일과 모레 이틀 연속 비가 올 확률을 구하여라.

07 미영이와 도현이가 가위바위보를 두 번 할 때, 첫 번째에는 비기고 두 번째에는 도현이가 이길 확률을 구하여라.

08 두 사격 선수 장미와 초현이의 명중률은 각각 $\dfrac{1}{3}$, $\dfrac{2}{5}$ 이다. 이 두 선수가 목표물을 향해 총을 한 발씩 쏘았을 때, 다음을 구하여라.

(1) 장미가 목표물을 명중시키지 못할 확률

(2) 장미는 목표물을 명중시키지 못하고 초현이는 명중시킬 확률

09 A 주머니에는 흰 공 4개와 검은 공 3개가 들어 있고, B 주머니에는 흰 공 3개와 검은 공 5개가 들어 있다. 각 주머니에서 공을 한 개씩 꺼낼 때, 적어도 하나는 흰 공을 꺼낼 확률을 구하여라.

10 민규와 유미는 영화관 앞에서 만나기로 하였다. 민규와 유미가 약속 장소에 나가지 않을 확률이 각각 $\frac{2}{7}$, $\frac{1}{3}$일 때, 두 사람이 만나지 못할 확률을 구하여라.

11 민영이와 소연이가 한 팀이 되어 바구니에 공을 넣는 게임을 하고 있다. 민영이와 소연이가 공을 넣을 확률은 각각 $\frac{4}{7}$, $\frac{3}{4}$이고 공을 한 개라도 넣으면 승리한다고 할 때, 이 팀이 이길 확률을 구하여라.

12 A 주머니에는 흰 공 3개, 검은 공 5개가 들어 있고, B 주머니에는 흰 공 2개, 검은 공 6개가 들어 있다. A, B 두 주머니에서 각각 공을 한 개씩 꺼낼 때, 다음을 구하여라.

(1) A 주머니에서 흰 공, B 주머니에서 검은 공을 꺼낼 확률

(2) A 주머니에서 검은 공, B 주머니에서 흰 공을 꺼낼 확률

(3) 꺼낸 공의 색깔이 다를 확률

13 50원짜리, 100원짜리, 500원짜리 동전 1개씩을 동시에 던질 때, 세 개 모두 같은 면이 나올 확률을 구하여라.

14 승기가 A 문제를 맞힐 확률은 $\frac{3}{4}$, B 문제를 맞힐 확률은 $\frac{4}{5}$일 때, A, B 두 문제 중에서 한 문제만 맞힐 확률은?

① $\frac{7}{20}$ ② $\frac{2}{5}$ ③ $\frac{9}{20}$

④ $\frac{1}{2}$ ⑤ $\frac{11}{20}$

15 계단 밑에 서 있는 지원이가 한 개의 주사위를 던져서 2의 눈이 나오면 두 개의 계단을 올라가고, 2 이외의 눈이 나오면 한 개의 계단을 올라가기로 하였다. 지원이가 주사위를 두 번 던졌을 때, 세 번째 계단에 서 있을 확률을 구하여라.

16 눈이 온 다음 날에 눈이 올 확률은 $\frac{1}{7}$이고, 눈이 오지 않은 다음 날에 눈이 올 확률은 $\frac{1}{6}$이라 한다. 금요일에 눈이 왔을 때, 그 주의 일요일에 눈이 오지 않을 확률을 구하여라.

48 확률의 계산 (2)

01 주머니 속에 흰 공 4개와 검은 공 3개가 들어 있다. 이 주머니에서 공을 1개씩 두 번 꺼낼 때, 두 번 모두 검은 공이 나올 확률을 구하여라.(단, 꺼낸 공은 색을 확인하고 주머니에 다시 넣는다.)

02 10개의 제비 중에 당첨 제비가 2개 들어 있다. 이 중에서 한 개를 뽑아 결과를 확인하고 다시 넣은 후 또 한 개를 뽑을 때, 첫 번째에는 당첨 제비를 뽑고, 두 번째에는 당첨 제비를 뽑지 않을 확률을 구하여라.

03 1부터 6까지의 자연수가 각각 하나씩 적힌 6장의 카드 중에서 2장을 연속해서 뽑을 때, 다음과 같은 경우에서 2장 모두 홀수가 적힌 카드를 뽑을 확률을 구하여라.

(1) 뽑은 카드를 다시 넣을 때

(2) 뽑은 카드를 다시 넣지 않을 때

04 9개의 제품 중에 2개의 불량품이 섞여 있다. 이 중에서 2개의 제품을 연속하여 꺼낼 때, 적어도 한 개의 제품이 불량품일 확률을 구하여라.

(단, 꺼낸 제품은 다시 넣지 않는다.)

05 오른쪽 그림과 같이 주머니 안에 흰 공 4개, 검은 공 6개가 들어 있다. 진수와 유리가 순서대로 공을 한 개씩 꺼낼 때, 유리가 검은 공을 꺼낼 확률을 구하여라.

(단, 꺼낸 공은 다시 넣지 않는다.)

06 2개의 당첨 제비를 포함하여 5개의 제비가 있다. 남길이부터 시작하여 남길이와 보민이가 교대로 제비를 뽑을 때, 먼저 당첨 제비를 뽑는 쪽이 이긴다고 한다. 이때 남길이가 이길 확률을 구하여라.

(단, 뽑은 제비는 다시 넣지 않는다.)

07 오른쪽 그림과 같이 중심이 같고 반지름의 길이가 각각 1 cm, 2 cm, 3 cm인 원 모양의 과녁에 화살을 쏘아 각 영역에 맞히면 맞힌 부분에 적힌 점수를 얻는다고 한다. 이 과녁에 화살을 한 번 쏠 때, 8점을 얻을 확률을 구하여라.

(단, 화살이 경계선을 맞히거나 과녁을 빗나가는 경우는 없다.)

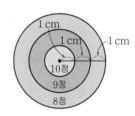

08 오른쪽 그림과 같이 8등분된 원판에 1에서 8까지의 숫자가 각각 하나씩 적혀 있다. 이 원판에 화살을 한 번 쏠 때, 2의 배수 또는 5의 배수가 적힌 부분을 맞힐 확률을 구하여라.(단, 화살이 경계선을 맞히거나 원판을 빗나가는 경우는 없다.)

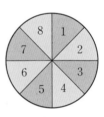

09 오른쪽 그림과 같이 크기가 같은 9개의 정사각형으로 이루어진 표적이 있다. 화살을 연속해서 두 번 쏠 때, 첫 번째에는 소수, 두 번째에는 12의 약수가 적힌 부분을 맞힐 확률을 구하여라.(단, 화살이 경계선을 맞히거나 표적을 빗나가는 경우는 없다.)

1	2	3
4	5	6
7	8	9

단원·마무리

정답과 해설 95~96쪽 | 개념북 174~176쪽

01 다음은 소현이네 반 학생들의 혈액형을 조사하여 나타낸 표이다. 학생 중 한 명을 임의로 뽑았을 때, 그 학생의 혈액형이 AB형일 확률은?

혈액형	A형	B형	AB형	O형
학생 수(명)	12	16	7	5

① $\frac{1}{6}$　　　　② $\frac{7}{40}$　　　　③ $\frac{3}{10}$

④ $\frac{2}{5}$　　　　⑤ $\frac{7}{8}$

02 주머니 속에 1부터 5까지의 자연수가 각각 하나씩 적힌 5개의 구슬이 들어 있다. 이 주머니에서 구슬 한 개를 꺼낼 때, 다음 중 옳은 것을 모두 고르면?

(단, 정답 2개)

① 0이 적힌 구슬이 나올 확률은 0이다.

② 1이 적힌 구슬이 나올 확률은 1이다.

③ 2가 적힌 구슬이 나올 확률은 $\frac{2}{5}$이다.

④ 5 이상의 수가 적힌 구슬이 나올 확률은 0이다.

⑤ 5 이하의 수가 적힌 구슬이 나올 확률은 1이다.

03 서로 다른 세 개의 주사위를 동시에 던질 때, 모두 같은 눈이 나올 확률은?

① $\frac{1}{2}$　　　　② $\frac{1}{6}$　　　　③ $\frac{1}{12}$

④ $\frac{1}{36}$　　　　⑤ $\frac{1}{72}$

04 한 개의 주사위를 두 번 던질 때, 첫 번째에 나온 눈의 수를 x, 두 번째에 나온 눈의 수를 y라 하자. 이때 $\frac{x}{y}<1$일 확률을 구하여라.

05 다음 그림과 같이 수직선 위의 -1에 점 P가 있다. 동전 한 개를 던져서 앞면이 나오면 오른쪽으로 2만큼, 뒷면이 나오면 왼쪽으로 1만큼 이동한다고 하자. 동전을 세 번 던질 때, 점 P가 2에 오게 될 확률은?

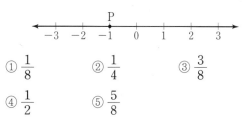

① $\frac{1}{8}$　　　　② $\frac{1}{4}$　　　　③ $\frac{3}{8}$

④ $\frac{1}{2}$　　　　⑤ $\frac{5}{8}$

06 한 개의 동전을 4번 던질 때, 앞면이 1번 또는 4번 나올 확률은?

① $\frac{1}{4}$　　　　② $\frac{5}{16}$　　　　③ $\frac{1}{2}$

④ $\frac{9}{16}$　　　　⑤ $\frac{3}{5}$

07 A, B, C, D의 4명 중에서 3명을 뽑아 한 줄로 세울 때, B 또는 D가 맨 앞에 설 확률은?

① $\frac{1}{4}$　　　　② $\frac{1}{3}$　　　　③ $\frac{1}{2}$

④ $\frac{2}{3}$　　　　⑤ $\frac{3}{4}$

08 주머니 속에 흰 공 4개와 검은 공 5개가 들어 있다. 이 주머니에서 공을 1개씩 두 번 꺼낼 때, 첫 번째에는 검은 공이 나오고, 두 번째에는 흰 공이 나올 확률은?(단, 꺼낸 공은 다시 넣는다.)

① $\dfrac{5}{18}$ ② $\dfrac{1}{6}$ ③ $\dfrac{16}{81}$

④ $\dfrac{2}{9}$ ⑤ $\dfrac{20}{81}$

09 A, B, C 세 포수의 명중률은 각각 $\dfrac{2}{3}$, $\dfrac{3}{5}$, $\dfrac{3}{4}$이다. 세 사람이 날아가는 참새 한 마리를 향해 총을 쏠 때, 참새가 총에 맞을 확률을 구하여라.

10 지훈이와 태희가 자유투를 성공시킬 확률은 각각 $\dfrac{5}{7}$, $\dfrac{7}{9}$이다. 두 사람이 자유투를 던질 때, 한 사람만 성공시킬 확률은?

① $\dfrac{2}{9}$ ② $\dfrac{2}{7}$ ③ $\dfrac{8}{21}$

④ $\dfrac{29}{63}$ ⑤ $\dfrac{1}{2}$

11 10개의 제비 중에 2개의 당첨 제비가 들어 있다. 규현이와 국진이가 차례로 제비를 한 개씩 뽑을 때, 두 사람 중 한 사람만 당첨될 확률을 구하여라.

(단, 꺼낸 제비는 다시 넣지 않는다.)

12 다음 그림과 같이 각각 8등분, 5등분된 두 과녁이 있다. 각 과녁에 화살을 한 발씩 쏘았을 때, 두 과녁 모두 홀수가 적힌 부분을 맞힐 확률을 구하여라.(단, 화살이 경계선을 맞히거나 과녁을 빗나가는 경우는 생각하지 않는다.)

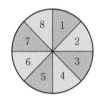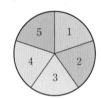

서술형

13 민지는 수학 시험에서 5개의 보기 중 정답 한 개를 고르는 객관식 문제 2개를 풀지 못하였다. 민지가 아무거나 답을 체크하여 제출하였을 때, 다음을 구하여라.

(1) 민지가 두 문제 모두 맞힐 확률
(2) 민지가 적어도 한 문제는 맞힐 확률

서술형

14 오른쪽 그림과 같이 정삼각형 ABC에서 점 P가 점 A를 출발하여 주사위를 던져서 나온 눈의 수만큼 화살표 방향으로 한 칸씩 이동한다고 한다. 한 개의 주사위를 두 번 던질 때, 점 P가 첫 번째에는 점 A, 두 번째는 점 B에 놓일 확률을 구하여라.

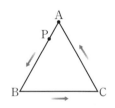

풍산자

개념완성

중학수학 2-2

고등 풍산자와 함께하면
개념부터 ~ 고난도 문제까지!
어떤 시험 문제도 익숙해집니다!

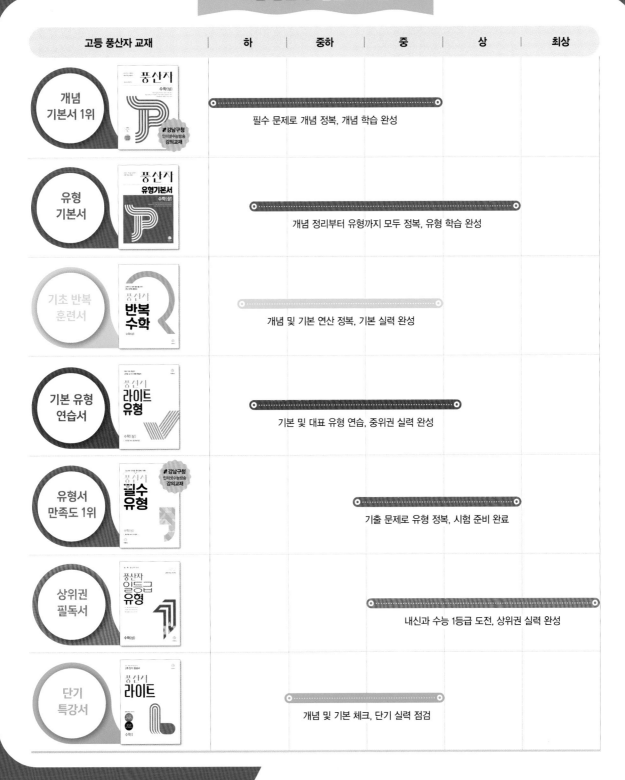

고등 풍산자 1등급 로드맵

고등 풍산자 교재	하	중하	중	상	최상
개념 기본서 1위 — 풍산자 수학(상)	필수 문제로 개념 정복, 개념 학습 완성				
유형 기본서 — 풍산자 유형기본서 수학(상)	개념 정리부터 유형까지 모두 정복, 유형 학습 완성				
기초 반복 훈련서 — 풍산자 반복수학 수학(상)	개념 및 기본 연산 정복, 기본 실력 완성				
기본 유형 연습서 — 풍산자 라이트 유형 수학(상)	기본 및 대표 유형 연습, 중위권 실력 완성				
유형서 만족도 1위 — 풍산자 필수유형 수학(하)			기출 문제로 유형 정복, 시험 준비 완료		
상위권 필독서 — 풍산자 일등급유형 수학(상)			내신과 수능 1등급 도전, 상위권 실력 완성		
단기 특강서 — 풍산자 라이트 수학	개념 및 기본 체크, 단기 실력 점검				

풍산자

개념완성

중학수학 2-2

풍산자
개념완성

중학수학 2-2

풍산자수학연구소 지음

지학사

정답과
해설

I | 도형의 성질

I-1 | 삼각형의 성질

1 이등변삼각형과 직각삼각형

01 이등변삼각형의 성질
개념북 8쪽

◆확인 1◆ 답 40°

$$\angle x=180°-2\times70°=40°$$

◆확인 2◆ 답 4

$\overline{BD}=\overline{CD}$이므로 $x=\dfrac{1}{2}\times8=4$

개념◆check
개념북 9쪽

01 답 $\angle x=58°$, $\angle y=122°$

$\angle x=\dfrac{1}{2}\times(180°-64°)=58°$

$\angle y=58°+64°=122°$

02 답 $\overline{CD}$, $\angle ADC$, 90°

03 답 $x=66$, $y=5$

$x=\dfrac{1}{2}\times(180-24\times2)=66$

$\overline{BD}=\overline{CD}$이므로 $y=5$

04 답 36°

△ABD는 $\overline{DA}=\overline{DB}$인 이등변삼각형이므로

$\angle DBA=\angle DAB=\angle x$

$\angle BDC=\angle DAB+\angle DBA=2\angle x$이고,

△BCD가 $\overline{BC}=\overline{BD}$인 이등변삼각형이므로

$\angle BCD=\angle BDC=2\angle x$

따라서 $2\angle x=72°$이므로 $\angle x=36°$

02 이등변삼각형이 되는 조건
개념북 10쪽

◆확인 1◆ 답 5

$\angle B=\angle C$이면 △ABC는 $\overline{AB}=\overline{AC}$인 이등변삼각형이므로 $\overline{BD}=\overline{CD}$이다.

$\therefore x=\dfrac{1}{2}\times10=5$

◆확인 2◆ 답 90

$\angle A=\angle B$이면 △ABC는 $\overline{CA}=\overline{CB}$인 이등변삼각형이다. 또, $\overline{AD}=\overline{BD}$이므로 $\overline{AB}\perp\overline{CD}$이다.

$\therefore x=90$

개념◆check
개념북 11쪽

01 답 $\angle CAD$, $\angle ADC$, $\overline{AD}$, ASA

02 답 (1) 6　(2) 8

(1) $\angle ACB=180°-(110°+35°)=35°$이므로
$\overline{AB}=\overline{AC}$　$\therefore x=6$

(2) $\angle ABC=180°-(90°+45°)=45°$이므로
$\overline{AB}=\overline{AC}$　$\therefore x=8$

03 답 (1) 9　(2) 7

(1) $\angle BAC=130°-65°=65°$이므로
$\overline{CA}=\overline{CB}$　$\therefore x=9$

(2) $\angle DBC=\angle DCB$이므로 $\overline{DB}=\overline{DC}=7$
$\angle BDA=40°+40°=80°$,
$\angle DBA=180°-(50°+80°)=50°$
즉, $\angle DAB=\angle DBA=50°$이므로
$\overline{DA}=\overline{DB}$　$\therefore x=7$

04 답 (1) $\angle BAC$, $\angle BCA$　(2) 이등변삼각형

(1) $\angle DAC=\angle BAC$(접은 각), $\angle DAC=\angle BCA$(엇각)

(2) $\angle BAC=\angle BCA$이므로 $\overline{BA}=\overline{BC}$
따라서 △ABC는 이등변삼각형이다.

03 직각삼각형의 합동 조건
개념북 12쪽

◆확인 1◆ 답 6

△ABC≡△DEF(RHA 합동)이므로
$\overline{EF}=\overline{BC}=6\,\text{cm}$　$\therefore x=6$

◆확인 2◆ 답 4

△ABC≡△DEF(RHS 합동)이므로
$\overline{DE}=\overline{AB}=4\,\text{cm}$　$\therefore x=4$

개념◆check
개념북 13쪽

01 답 $\angle BDP$, $\angle BPD$, RHA

△ACP와 △BDP에서

$\angle ACP=\boxed{\angle BDP}=90°$ ……㉠

$\overline{AP}=\overline{BP}$ ……㉡

$\angle APC=\boxed{\angle BPD}$(맞꼭지각) ……㉢

㉠, ㉡, ㉢에 의하여

△ACP≡△BDP($\boxed{\text{RHA}}$ 합동)

02 답 △ABC≡△RPQ(RHS 합동),
△DEF≡△NOM(RHA 합동)

03 답 ⑤

① RHS 합동 ② SAS 합동

③ RHA 합동 ④ ASA 합동

⑤ 대응하는 세 내각의 크기가 각각 같은 삼각형은 모양은 같지만 크기가 다를 수 있으므로 합동이라고 할 수 없다.

따라서 두 직각삼각형 ABC와 DEF가 서로 합동이 되는 경우가 아닌 것은 ⑤이다.

04 각의 이등분선의 성질
개념북 14쪽

◆확인 1◆ 📄 9

∠AOP=∠BOP이므로

△AOP≡△BOP(RHA 합동)

따라서 $\overline{AO}=\overline{BO}$이므로 $x=9$

◆확인 2◆ 📄 50

∠APO=90°−40°=50°

이때 $\overline{PA}=\overline{PB}$이므로

△AOP≡△BOP(RHS 합동)

따라서 ∠BPO=∠APO이므로 $x=50$

[개념•check]
개념북 15쪽

01 📄 $\overline{PO}$, ∠DOP, RHA, $\overline{PD}$

02 📄 8

△ABD와 △AED에서

∠ABD=∠AED=90°, $\overline{AD}$는 공통, ∠BAD=∠EAD

이므로 △ABD≡△AED(RHA 합동)

∴ $\overline{DE}=\overline{DB}$=4 cm   ∴ $x=4$

△ABC에서 ∠C=∠BAC=45°

또, △EDC에서 ∠EDC=90°−∠C=90°−45°=45°

따라서 △EDC에서 ∠DEC=90°, ∠EDC=∠C=45°이

므로 △EDC는 직각이등변삼각형이다.

∴ $\overline{CE}=\overline{DE}$=4 cm   ∴ $y=4$

∴ $x+y=4+4=8$

03 📄 ∠OBP, $\overline{OP}$, $\overline{PA}$, RHS, ∠POB

04 📄 ④

△POQ와 △POR에서

∠PQO=∠PRO=90°, $\overline{PO}$는 공통, $\overline{PQ}=\overline{PR}$이므로

△POQ≡△POR(RHS 합동) (②)

∴ ∠QPO=∠RPO (①), ∠POQ=∠POR (③),

$\overline{QO}=\overline{RO}$ (⑤)

[유형•check]
개념북 16~19쪽

1 📄 (1) 110°　(2) 96°

(1) ∠ABC=$\frac{1}{2}$×(180°−40°)=70°

∴ ∠x=180°−70°=110°

(2) ∠ABC=$\frac{1}{2}$×(180°−52°)=64°이므로

∠ABD=$\frac{1}{2}$∠ABC=$\frac{1}{2}$×64°=32°

∴ ∠x=180°−(52°+32°)=96°

1-1 📄 36°

∠BDC=180°−108°=72°

△BCD가 이등변삼각형이므로

∠BCD=∠BDC=72°

∴ ∠DBC=180°−(72°+72°)=36°

1-2 📄 50°

∠A=∠x라 하면 △ABC가 이등변삼각형이므로

∠B=∠C=∠x+15°

삼각형의 세 내각의 크기의 합이 180°이므로

∠x+(∠x+15°)+(∠x+15°)=180°

3∠x=150°   ∴ ∠x=50°

2 📄 22°

이등변삼각형의 꼭지각의 이등분선은 밑변을 수직이등분

하므로 ∠ADC=90°

∴ ∠BAD=∠CAD

$\quad$=180°−(∠ADC+∠ACD)

$\quad$=180°−(90°+68°)=22°

2-1 📄 ⑤

이등변삼각형 ABC에서 꼭지각인 ∠A의 이등분선은 밑변

인 $\overline{BC}$를 수직이등분하므로

∠ADB=∠ADC=90° (②)

$\overline{BD}=\overline{CD}=\frac{1}{2}\overline{BC}$ (①)

한편, △EBD와 △ECD에서

$\overline{BD}=\overline{CD}$, ∠EDB=∠EDC=90°, $\overline{ED}$는 공통이므로

△EBD≡△ECD(SAS 합동) (④)

∴ ∠EBD=∠ECD (③)

2-2 📄 6 cm

이등변삼각형 ABC에서 꼭지각인 ∠A의 이등분선은 밑변

인 $\overline{BC}$를 수직이등분하므로

∠ADB=∠ADC=90°, $\overline{BD}=\overline{CD}$

△ABD에서 $\frac{1}{2}×\overline{AB}×\overline{DE}=\frac{1}{2}×\overline{BD}×\overline{AD}$이므로

$\frac{1}{2}×5×\frac{12}{5}=\frac{1}{2}×\overline{BD}×4$

$2\overline{BD}=6$ ∴ $\overline{BD}$=3(cm)

∴ $\overline{BC}=2\overline{BD}$=2×3=6(cm)

3 📄 ③

△ABC가 $\overline{BA}=\overline{BC}$인 이등변삼각형이므로

∠BCA=∠BAC=19°

∴ ∠CBD=∠BAC+∠BCA=19°+19°=38°

△BCD가 $\overline{CB}=\overline{CD}$인 이등변삼각형이므로

∠BDC=∠CBD=38°

∴ ∠DCE=∠DAC+∠ADC=19°+38°=57°

△DCE가 $\overline{DC}=\overline{DE}$인 이등변삼각형이므로

∠DEC=∠DCE=57°

3-1 📄 52°

△ABC가 이등변삼각형이므로

∠ABC=∠ACB=$\frac{1}{2}$×(180°−104°)=38°

$\overline{BD}$가 ∠B의 이등분선이므로

∠ABD=∠DBC=$\frac{1}{2}$×38°=19°

$\overline{CD}$가 $\angle C$의 외각의 이등분선이므로

$\angle ACD = \angle DCE = \dfrac{1}{2} \times (180° - 38°) = 71°$

$\therefore \angle BDC = \angle DCE - \angle DBC$
$\qquad\qquad = 71° - 19° = 52°$

3-2 🈯 44°

$\angle A = \angle x$라 하면 $\angle A = \angle DBE$(접은 각)이므로

$\angle ACB = \angle ABC = \angle x + 24°$

삼각형의 세 내각의 크기의 합이 180°이므로

$\angle x + (\angle x + 24°) + (\angle x + 24°) = 180°$

$3\angle x = 132°$ $\quad \therefore \angle x = 44°$

$\therefore \angle A = 44°$

4 🈯 8 cm

$\triangle ABC$가 이등변삼각형이므로

$\angle ACB = \angle B = 72°$

$\therefore \angle A = 180° - (72° + 72°) = 36°$

$\overline{CD}$가 $\angle C$의 이등분선이므로

$\angle ACD = \angle BCD = \dfrac{1}{2}\angle ACB = \dfrac{1}{2} \times 72° = 36°$

$\therefore \angle BDC = 180° - (72° + 36°) = 72°$

따라서 $\angle B = \angle BDC$이므로 $\triangle BCD$는 $\overline{BC} = \overline{CD}$인 이등변삼각형이고 $\angle ACD = \angle A$이므로 $\triangle DCA$는 $\overline{CD} = \overline{AD}$인 이등변삼각형이다.

$\therefore \overline{BC} = \overline{CD} = \overline{AD} = 8$ cm

4-1 🈯 10 cm

$\triangle ABC$에서 $\angle A = 180° - (90° + 30°) = 60°$

$\triangle ABD$는 $\overline{AD} = \overline{BD}$인 이등변삼각형이므로

$\angle ADB = \angle A = 60°$

이때 $\angle ADB = 180° - (60° + 60°) = 60°$이므로 $\triangle ABD$는 정삼각형이다.

$\therefore \overline{AD} = \overline{BD} = \overline{AB} = 5$ cm

한편, $\angle DBC = 90° - 60° = 30°$이고, $\angle DBC = \angle C$이므로 $\triangle BCD$는 $\overline{BD} = \overline{CD}$인 이등변삼각형이다.

따라서 $\overline{CD} = \overline{BD} = 5$ cm이므로

$\overline{AC} = \overline{AD} + \overline{CD}$
$\qquad = 5 + 5 = 10$ (cm)

4-2 🈯 7 cm

$\triangle ABD$에서 $\angle ADB$의 외각의 크기가 80°이므로

$\angle A + \angle ABD = 80°$, $40° + \angle ABD = 80°$

$\therefore \angle ABD = 40°$

즉, $\angle A = \angle ABD$이므로 $\triangle ABD$는 $\overline{AD} = \overline{BD}$인 이등변삼각형이다.

또, $\triangle BCD$에서 $\angle BCD$의 외각의 크기가 100°이므로

$\angle BCD + 100° = 180°$

$\therefore \angle BCD = 80°$

즉, $\angle BCD = \angle BDC$이므로 $\triangle BCD$는 $\overline{BC} = \overline{BD}$인 이등변삼각형이다.

$\therefore \overline{BC} = \overline{BD} = \overline{AD} = 7$ cm

5 🈯 ⑤

$\angle CEF = \angle GEF = 61°$(접은 각)

$\overline{AD} /\!/ \overline{BC}$이므로

$\angle EFG = \angle CEF = 61°$(엇각)

$\therefore \angle x = 180° - (\angle GEF + \angle EFG)$
$\qquad = 180° - (61° + 61°)$
$\qquad = 58°$

5-1 🈯 ②, ⑤

$\triangle ABC$에서 $\overline{AB} = \overline{AC}$이므로 $\angle B = \angle C$

$\overline{DB}$는 $\angle B$의 이등분선이므로

$\angle DBA = \angle DBC = \dfrac{1}{2}\angle B$

또, $\overline{DC}$는 $\angle C$의 이등분선이므로

$\angle DCA = \angle DCB = \dfrac{1}{2}\angle C$

$\therefore \angle DBC = \angle DCB$ (②)

따라서 $\triangle DBC$는 $\overline{DB} = \overline{DC}$ (⑤)인 이등변삼각형이다.

5-2 🈯 $\angle EFG = 40°$, $\overline{FG} = 6$ cm

$\angle FEG = \angle DEG = 70°$(접은 각)

$\overline{AD} /\!/ \overline{BC}$이므로 $\angle EGF = \angle DEG = 70°$(엇각)

따라서 $\angle FEG = \angle EGF$이므로 $\triangle FGE$는 $\overline{FE} = \overline{FG}$인 이등변삼각형이다.

$\therefore \overline{FG} = \overline{FE} = 6$ cm,

$\quad \angle EFG = 180° - (\angle FEG + \angle EGF)$
$\qquad\qquad = 180° - (70° + 70°)$
$\qquad\qquad = 40°$

6 🈯 ⑴ $\triangle CAE$ ⑵ 3 cm

⑴ $\triangle ABD$와 $\triangle CAE$에서

$\angle ADB = \angle CEA = 90°$, $\overline{AB} = \overline{CA}$

$\angle BAD + \angle ABD = 90°$, $\angle BAD + \angle CAE = 90°$이므로

$\angle ABD = \angle CAE$

$\therefore \triangle ABD \equiv \triangle CAE$(RHA 합동)

⑵ $\overline{AE} = \overline{BD} = 3$ cm

6-1 🈯 15 cm

$\triangle ABD$와 $\triangle CAE$에서

$\angle ADB = \angle CEA = 90°$, $\overline{AB} = \overline{CA}$

$\angle ABD + \angle BAD = 90°$, $\angle BAD + \angle CAE = 90°$이므로

$\angle ABD = \angle CAE$

$\therefore \triangle ABD \equiv \triangle CAE$(RHA 합동)

따라서 $\overline{AE} = \overline{BD} = 9$ cm, $\overline{AD} = \overline{CE} = 6$ cm이므로

$\overline{DE} = \overline{AD} + \overline{AE}$
$\qquad = 6 + 9 = 15$ (cm)

6-2 🈯 26 cm²

$\triangle ABD$와 $\triangle CAE$에서

$\angle ADB = \angle CEA = 90°$, $\overline{AB} = \overline{CA}$

$\angle BAD + \angle ABD = 90°$, $\angle BAD + \angle CAE = 90°$이므로

$\angle ABD = \angle CAE$

$\therefore \triangle ABD \equiv \triangle CAE$(RHA 합동)

따라서 $\overline{AD}=\overline{CE}=6\,cm$, $\overline{AE}=\overline{BD}=4\,cm$이므로

$\overline{DE}=\overline{AD}+\overline{AE}=6+4=10(cm)$

$\therefore \triangle ABC=\dfrac{1}{2}\times(4+6)\times10-2\times\left(\dfrac{1}{2}\times4\times6\right)$

$=50-24=26(cm^2)$

7 답 ①

$\triangle ABC$가 직각삼각형이므로

$\angle BAC=180°-(90°+32°)=58°$

$\triangle ADE$와 $\triangle ADC$에서

$\angle AED=\angle ACD=90°$, $\overline{AD}$는 공통, $\overline{DE}=\overline{DC}$이므로

$\triangle ADE\equiv\triangle ADC$(RHS 합동)

$\therefore \angle DAE=\angle DAC=\dfrac{1}{2}\times58°=29°$

따라서 $\triangle ADC$는 직각삼각형이므로

$\angle ADC=180°-(\angle DAC+\angle ACD)$

$=180°-(29°+90°)=61°$

7-1 답 ④

$\triangle ABE$와 $\triangle ADE$에서

$\angle ABE=\angle ADE=90°$, $\overline{AE}$는 공통, $\overline{AB}=\overline{AD}$이므로

$\triangle ABE\equiv\triangle ADE$(RHS 합동) (①)

$\triangle ABC$가 직각이등변삼각형이므로

$\angle BAC=\angle ACB=\dfrac{1}{2}\times(180°-90°)=45°$

$\triangle DEC$에서 $\angle DEC=180°-(90°+45°)=45°$

$\therefore \angle DEC=\angle BAC$ (⑤)

한편, $\triangle DEC$에서 $\angle CDE=90°$, $\angle DEC=\angle DCE=45°$

이므로 $\triangle DEC$는 직각이등변삼각형이다. (②)

$\therefore \overline{BE}=\overline{DE}=\overline{DC}$ (③)

7-2 답 30°

$\triangle ABD$와 $\triangle AED$에서

$\angle ABD=\angle AED=90°$, $\overline{AD}$는 공통, $\overline{BD}=\overline{ED}$이므로

$\triangle ABD\equiv\triangle AED$(RHS 합동)

$\therefore \angle BAD=\angle EAD=180°-(90°+60°)=30°$

따라서 $\triangle ABC$에서 $\angle BAC=30°+30°=60°$

$\angle ACB=180°-(\angle BAC+\angle B)$

$=180°-(60°+90°)=30°$

8 답 ②

$\triangle ABD$와 $\triangle AED$에서

$\angle ABD=\angle AED=90°$, $\overline{AD}$는 공통, $\angle BAD=\angle CAD$

이므로 $\triangle ABD\equiv\triangle AED$(RHA 합동)

$\therefore \overline{ED}=\overline{BD}=8\,cm$

$\triangle ABC$가 직각이등변삼각형이므로 $\angle C=45°$

$\triangle DCE$도 직각이등변삼각형이므로 $\overline{EC}=\overline{ED}=8\,cm$

$\therefore \triangle DEC=\dfrac{1}{2}\times8\times8=32(cm^2)$

8-1 답 24 cm²

$\triangle DBC\equiv\triangle DBE$ (RHA 합동)에서

$\overline{DE}=\overline{DC}=6\,cm$, $\overline{BE}=\overline{BC}=12\,cm$이므로

$\overline{AE}=20-12=8(cm)$

$\therefore \triangle AED=\dfrac{1}{2}\times6\times8=24(cm^2)$

8-2 답 24 cm²

오른쪽 그림과 같이 점 D에서 $\overline{BC}$에 내린 수선의 발을 E라 하면 $\triangle ABD$와 $\triangle EBD$에서 $\angle BAD=\angle BED=90°$, $\overline{BD}$는 공통, $\angle ABD=\angle EBD$ 이므로 $\triangle ABD\equiv\triangle EBD$(RHA 합동)

따라서 $\overline{DE}=\overline{DA}=4\,cm$이므로 $\triangle BCD$의 넓이는

$\dfrac{1}{2}\times12\times4=24(cm^2)$

2 삼각형의 외심과 내심

05 삼각형의 외심과 그 성질   개념북 20쪽

◆확인 1◆ 답 25

$\angle OCB=\angle OBC=\dfrac{1}{2}\times(180°-130°)=25°$이므로

$x=25$

◆확인 2◆ 답 (1) ○   (2) ○

개념•check   개념북 21쪽

01 답 $\overline{OC}$, $\angle OHC$, RHS, $\overline{CH}$, 수직이등분선

02 답 $\overline{OB}=3\,cm$, $\angle OCB=25°$

$\overline{OB}=\overline{OA}=3\,cm$, $\angle OCB=\angle OBC=25°$

03 답 (1) 4   (2) 10   (3) 70   (4) 54

점 O가 직각삼각형 ABC의 외심이므로 $\overline{OA}=\overline{OB}=\overline{OC}$

(1) $\overline{OB}=\overline{OC}=4\,cm$ $\therefore x=4$

(2) $\overline{OA}=\overline{OB}=\overline{OC}=5\,cm$이므로

$\overline{AB}=\overline{OA}+\overline{OB}=5+5=10(cm)$

$\therefore x=10$

(3) $\triangle OCA$에서 $\angle OCA=\angle A=35°$이므로

$\angle COB=35°+35°=70°$

$\therefore x=70$

(4) $\triangle OAB$에서 $\angle B=\angle OAB=36°$이므로

$\triangle ABC$에서 $\angle C=180°-(90°+36°)=54°$

$\therefore x=54$

06 삼각형의 외심의 활용   개념북 22쪽

◆확인 1◆ 답 10°

$\angle x+52°+28°=90°$ $\therefore \angle x=10°$

◆확인 2◆ 답 55°

$\angle x=\dfrac{1}{2}\times110°=55°$

개념북 23쪽

개념·check

01 답 60°

△OBC가 이등변삼각형이므로

$\angle OCB = \dfrac{1}{2} \times (180° - 120°) = 30°$

$\angle OAC + \angle OBA + \angle OCB = 90°$이므로

$\angle y + \angle x + 30° = 90°$

$\therefore \angle x + \angle y = 60°$

| 다른 풀이 | $\overline{OA} = \overline{OB}$이므로 $\angle OAB = \angle x$

$\therefore \angle x + \angle y = \angle BAC = \dfrac{1}{2} \angle BOC = \dfrac{1}{2} \times 120° = 60°$

02 답 120°

$\angle OAC + 24° + 36° = 90°$ $\therefore \angle OAC = 30°$

$\angle OCA = \angle OAC = 30°$이므로

$\angle x = 180° - (30° + 30°) = 120°$

03 답 20°

$\angle AOB = 2\angle C = 2 \times 70° = 140°$

△OAB가 이등변삼각형이므로

$\angle x = \dfrac{1}{2} \times (180° - 140°) = 20°$

04 답 55°

오른쪽 그림과 같이 $\overline{OB}$를 그으면
△OAB는 이등변삼각형이므로

$\angle OBA = \angle OAB = 35°$

$\therefore \angle AOB = 180° - (35° + 35°)$
$\qquad = 110°$

$\therefore \angle C = \dfrac{1}{2} \angle AOB = \dfrac{1}{2} \times 110° = 55°$

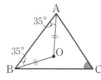

유형·check

개념북 24~25쪽

1 답 ③, ⑤

① $\overline{OF}$는 $\overline{AC}$의 수직이등분선이므로 $\overline{AF} = \overline{CF}$

② 점 O가 △ABC의 외심이므로 $\overline{OB} = \overline{OC}$

④ △OBC에서 $\overline{OB} = \overline{OC}$이므로 $\angle OBC = \angle OCB$

1-1 답 18 cm

원 O의 반지름의 길이를 r cm라 하면

$\pi r^2 = 25\pi$에서 $r^2 = 25 = 5^2$ $\therefore r = 5 \ (\because r > 0)$

$\therefore \overline{OA} = \overline{OB} = 5$ cm

따라서 △OAB의 둘레의 길이는

$\overline{OA} + \overline{OB} + \overline{AB} = 5 + 5 + 8 = 18$(cm)

1-2 답 6 cm

점 O가 △ABC의 외심이므로

$\overline{OA} = \overline{OB} = \overline{OC}$

△OAB는 이등변삼각형이므로

$\overline{OA} = \overline{OB} = \dfrac{1}{2} \times (20 - 8) = 6$(cm)

$\therefore \overline{OC} = \overline{OA} = 6$ cm

2 답 ③

직각삼각형의 외심은 빗변의 중점이므로

$\overline{OA} = \overline{OB} = \overline{OC}$

$\therefore$ (외접원의 반지름의 길이) $= \overline{OA} = \dfrac{1}{2} \overline{AC}$

$\qquad\qquad\qquad\qquad\qquad = \dfrac{1}{2} \times 10 = 5$(cm)

따라서 △ABC의 외접원의 둘레의 길이는

$2\pi \times \overline{OA} = 2\pi \times 5 = 10\pi$(cm)

2-1 답 15 cm²

직각삼각형의 외심은 빗변의 중점이므로 $\overline{BO} = \overline{CO}$

이때 △AOB = △AOC이므로

$\triangle AOC = \dfrac{1}{2} \triangle ABC = \dfrac{1}{2} \times 30 = 15$(cm²)

2-2 답 56°

빗변의 중점인 점 M은 △ABC의 외심이다.

즉 $\overline{AM} = \overline{BM}$이므로 △ABM은 이등변삼각형이다.

따라서 $\angle BAM = \angle ABM = 28°$이므로

$\angle AMC = \angle BAM + \angle ABM = 28° + 28° = 56°$

3 답 26°

△OBC가 이등변삼각형이므로

$\angle OCB = \dfrac{1}{2} \times (180° - 136°) = 22°$

$\angle OAC + \angle OBA + \angle OCB = 90°$이므로

$42° + \angle x + 22° = 90°$, $\angle x + 64° = 90°$

$\therefore \angle x = 26°$

| 다른 풀이 | $\angle BAC = \dfrac{1}{2} \angle BOC = \dfrac{1}{2} \times 136° = 68°$

$\angle OAB = \angle BAC - \angle OAC = 68° - 42° = 26°$

$\overline{OA} = \overline{OB}$이므로 $\angle x = \angle OAB = 26°$

3-1 답 120°

$\angle B = 180° \times \dfrac{3}{2+3+4} = 180° \times \dfrac{3}{9} = 60°$

$\therefore \angle AOC = 2\angle B = 2 \times 60° = 120°$

3-2 답 110°

점 O가 △ABC의 외심이므로

$\angle OAB + \angle OBC + \angle OCA = 90°$

$\angle OAB + 25° + 30° = 90°$, $\angle OAB + 55° = 90°$

$\therefore \angle OAB = 35°$

이때 $\overline{OA} = \overline{OB}$이므로 $\angle OBA = \angle OAB = 35°$

따라서 △OAB에서

$\angle x = \angle AOB = 180° - (35° + 35°) = 110°$

| 다른 풀이 | 점 O가 △ABC의 외심이므로 $\overline{OA} = \overline{OB} = \overline{OC}$

즉, $\angle OCB = \angle OBC = 25°$이므로

$\angle C = \angle OCA + \angle OCB = 30° + 25° = 55°$

$\therefore \angle x = \angle AOB = 2\angle C = 2 \times 55° = 110°$

4 답 120°

오른쪽 그림과 같이 $\overline{OA}$를 그으면
△OAB, △OCA는 이등변삼각
형이므로

$\angle BAO = \angle ABO = 24°$,

$\angle CAO = \angle ACO = 36°$

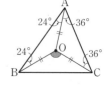

$$\therefore \angle A = \angle BAO + \angle CAO$$
$$= 24° + 36° = 60°$$
$$\therefore \angle BOC = 2\angle A = 2 \times 60° = 120°$$

4-1 🔲 110°

오른쪽 그림과 같이 $\overline{OA}$, $\overline{OC}$를
그으면 $\overline{OA} = \overline{OB} = \overline{OC}$ 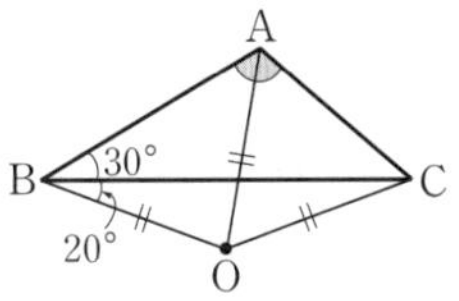
△OAB는 이등변삼각형이므로
$$\angle OAB = \angle OBA$$
$$= 30° + 20° = 50°,$$
$$\angle AOB = 180° - (50° + 50°) = 80°$$
△OCB도 이등변삼각형이므로
$$\angle OCB = \angle OBC = 20°$$
$$\therefore \angle COB = 180° - (20° + 20°) = 140°$$
따라서 $\angle AOC = \angle COB - \angle AOB = 140° - 80° = 60°$이
고 △OCA가 이등변삼각형이므로
$$\angle OAC = \angle OCA = \frac{1}{2} \times (180° - 60°) = 60°$$
$$\therefore \angle A = \angle OAB + \angle OAC = 50° + 60° = 110°$$

| 다른 풀이 | △OCB에서 $\angle OCB = \angle OBC = 20°$이므로
$\angle BOC$ (작은 각) $= 180° - (20° + 20°) = 140°$
$$\therefore \angle BOC \text{ (큰 각)} = 360° - 140° = 220°$$
$$\therefore \angle A = \frac{1}{2}\angle BOC \text{ (큰 각)} = \frac{1}{2} \times 220° = 110°$$

4-2 🔲 120°

$\angle PBQ = \angle x$, $\angle QCP = \angle y$라 하면
$\overline{OA} = \overline{OB} = \overline{OC}$이므로 $\angle OAB = \angle x$, $\angle OAC = \angle y$
$\overline{BP} = \overline{PQ} = \overline{QC}$이므로 $\angle PQB = \angle x$, $\angle QPC = \angle y$
△PBQ에서 $\angle APQ = 2\angle x$, △QPC에서 $\angle AQP = 2\angle y$
△APQ에서 $\angle x + \angle y + 2\angle x + 2\angle y = 180°$
즉, $\angle x + \angle y = 60°$이므로 $\angle A = 60°$
$$\therefore \angle BOC = 2\angle A = 2 \times 60° = 120°$$

07 삼각형의 내심과 그 성질
개념북 26쪽

◆확인 1◆ 🔲 60°

$\angle OAB = 90°$이므로 $\angle x = 90° - 30° = 60°$

◆확인 2◆ 🔲 3

내심에서 세 변에 이르는 거리가 같으므로
$\overline{IF} = \overline{IE} = 3$ cm $\quad \therefore x = 3$

개념◆check
개념북 27쪽

01 🔲 $\overline{IE}$, ∠ICE, 이등분선

02 🔲 ②, ⑤

① $\angle EBI = \angle DBI$
③ $\overline{AD} = \overline{AF}$
④ $\overline{ID} = \overline{IE} = \overline{IF}$이므로 점 I는 △DEF의 외심이다. 점 I를
중심으로 하는 △DEF의 외접원을 그릴 수 있다.
⑤ 점 I는 △DEF의 외심이므로 △DEF의 세 변의 수직
이등분선의 교점이다.

03 🔲 ③, ④

③ 모든 삼각형의 내접원의 중심은 삼각형의 내부에 있다.
④ 삼각형의 내접원의 중심은 세 내각의 이등분선의 교점
이다.

04 🔲 9 cm

$\overline{ID} = \overline{IE} = \overline{IF} =$ (내접원의 반지름의 길이) $= 3$ cm이므로
$\overline{ID} + \overline{IE} + \overline{IF} = 3 + 3 + 3 = 9$ (cm)

08 삼각형의 내심의 활용
개념북 28쪽

◆확인 1◆ 🔲 105°

$$\angle x = 90° + \frac{1}{2} \times 30° = 105°$$

◆확인 2◆ 🔲 12

$\overline{BE} = \overline{BD} = 7$ cm, $\overline{CE} = \overline{CF} = 5$ cm이므로
$\overline{BC} = \overline{BE} + \overline{CE} = 7 + 5 = 12$ (cm) $\quad \therefore x = 12$

개념◆check
개념북 29쪽

01 🔲 ④

$\angle IBC = \angle IBA = 30°$이고
$\angle IAB + \angle IBC + \angle ICA = 90°$이므로
$25° + 30° + \angle ICA = 90°$
$$\therefore \angle ICA = 90° - (25° + 30°) = 35°$$
$\angle ICB = \angle ICA = 35°$이므로
$$\angle BCA = 35° + 35° = 70°$$

02 🔲 ②

$\angle BIC = 90° + \frac{1}{2}\angle A$이므로
$118° = 90° + \frac{1}{2}\angle A$, $\frac{1}{2}\angle A = 28°$ $\quad \therefore \angle A = 56°$
이때 $\overline{AI}$는 ∠A의 이등분선이므로
$$\angle x = \frac{1}{2}\angle A = 28°$$

03 🔲 2 cm

내접원의 반지름의 길이를 r cm라 하면
$\triangle ABC = \frac{1}{2} \times r \times (6 + 8 + 10) = \frac{1}{2} \times 8 \times 6$
$12r = 24$ $\quad \therefore r = 2$

04 🔲 84 cm²

$\triangle ABC = \frac{1}{2} \times 4 \times (13 + 15 + 14) = 84$ (cm²)

유형◆check
개념북 30~31쪽

1 🔲 ②, ④

① $\angle IAD = \angle IAF$
③ $\triangle IBE \equiv \triangle IBD$
⑤ $\overline{IA} = \overline{IB} = \overline{IC}$가 되려면 원 I가 △ABC의 외접원이어야
한다.

1-1 답 64°

$\angle IAC = \angle IAB = 30°$, $\angle IBC = \angle IBA = 28°$
삼각형의 세 내각의 크기의 합이 180°이므로
$(30° + 30°) + (28° + 28°) + \angle BCA = 180°$
$\therefore \angle BCA = 180° - (60° + 56°) = 64°$

1-2 답 ③

ㄴ, ㄷ, ㅂ. 삼각형의 외심의 성질이다.

2 답 18°

오른쪽 그림과 같이 $\overline{IC}$를 그으면 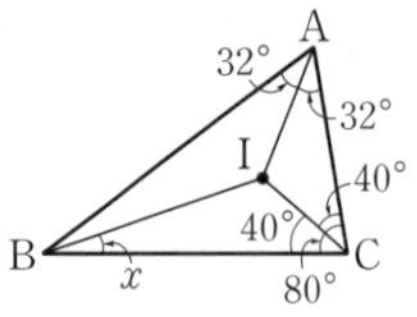
$\angle ICA = \angle ICB = \dfrac{1}{2} \times 80° = 40°$
$\angle IAB = \angle IAC = 32°$
$\angle IAB + \angle IBC + \angle ICA = 90°$
이므로
$32° + \angle x + 40° = 90°$
$\therefore \angle x = 90° - (32° + 40°) = 18°$

2-1 답 36°

$\angle AIC = 360° \times \dfrac{9}{9+10+11} = 360° \times \dfrac{9}{30} = 108°$이고,
$\angle AIC = 90° + \dfrac{1}{2}\angle ABC$이므로
$108° = 90° + \dfrac{1}{2}\angle ABC$, $\dfrac{1}{2}\angle ABC = 18°$
$\therefore \angle ABC = 36°$

2-2 답 24 cm²

내접원의 반지름의 길이를 r cm라 하면
$\triangle ABC = \dfrac{1}{2} \times r \times (\triangle ABC$의 둘레의 길이$)$이므로
$72 = \dfrac{1}{2} \times r \times 36$, $18r = 72$ $\therefore r = 4$
$\therefore \triangle IBC = \dfrac{1}{2} \times 12 \times 4 = 24(cm^2)$

3 답 ③

점 I가 내심이므로 $\angle IBD = \angle IBC$
$\overline{DE} \parallel \overline{BC}$이므로 $\angle IBC = \angle BID$(엇각)
$\therefore \angle IBD = \angle BID$
따라서 $\triangle DBI$는 두 내각의 크기가 같으므로 이등변삼각
형이고 같은 방법으로 $\triangle ECI$도 이등변삼각형이므로
$\overline{DB} = \overline{DI}$, $\overline{EC} = \overline{EI}$
$\therefore (\triangle ADE$의 둘레의 길이$) = \overline{AD} + \overline{DI} + \overline{EI} + \overline{AE}$
$= \overline{AD} + \overline{DB} + \overline{EC} + \overline{AE}$
$= \overline{AB} + \overline{AC}$
$= 10 + 8 = 18(cm)$

3-1 답 9 cm

오른쪽 그림과 같이 $\overline{IB}$, $\overline{IC}$를 그
으면 $\triangle DBI$, $\triangle ECI$는 각각 이
등변삼각형이므로 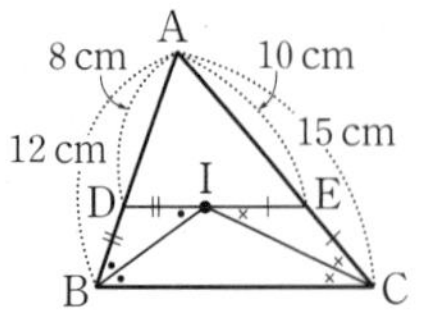
$\overline{DI} = \overline{DB} = 12 - 8 = 4(cm)$
$\overline{EI} = \overline{EC} = 15 - 10 = 5(cm)$
$\therefore \overline{DE} = \overline{DI} + \overline{EI} = 4 + 5 = 9(cm)$

3-2 답 4 cm

오른쪽 그림과 같이
$\overline{AD} = x$ cm로 놓고 점 I와
점 A, B, C, D, E, F를
각각 이으면 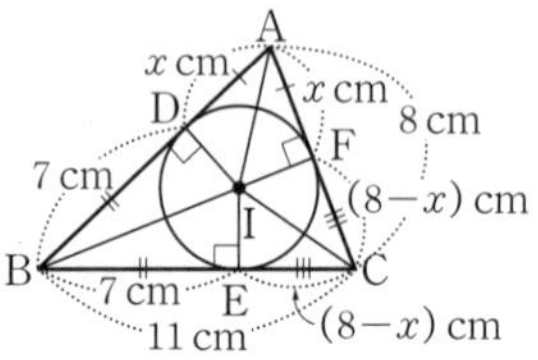
$\triangle IAD \equiv \triangle IAF$
(RHA 합동),
$\triangle IBD \equiv \triangle IBE$(RHA 합동),
$\triangle ICE \equiv \triangle ICF$(RHA 합동)이므로
$\overline{AD} = \overline{AF}$, $\overline{BD} = \overline{BE}$, $\overline{CE} = \overline{CF}$이다.
따라서 $\overline{BE} = \overline{BD} = 7$ cm, $\overline{AF} = \overline{AD} = x$ cm,
$\overline{CE} = \overline{CF} = (8-x)$ cm이고 $\overline{BC} = \overline{BE} + \overline{CE}$이므로
$11 = 7 + (8-x)$, $11 = 15 - x$ $\therefore x = 4$

4 답 ⑤

점 O가 $\triangle ABC$의 외심이므로
$\angle A = \dfrac{1}{2}\angle BOC = \dfrac{1}{2} \times 100° = 50°$
점 I가 $\triangle ABC$의 내심이므로
$\angle BIC = 90° + \dfrac{1}{2}\angle A$
$= 90° + \dfrac{1}{2} \times 50° = 115°$

4-1 답 140°

점 I가 $\triangle ABC$의 내심이므로
$\angle BIC = 90° + \dfrac{1}{2}\angle A$, $125° = 90° + \dfrac{1}{2}\angle A$
$\dfrac{1}{2}\angle A = 35°$ $\therefore \angle A = 70°$
또, 점 O는 $\triangle ABC$의 외심이므로
$\angle BOC = 2\angle A = 2 \times 70° = 140°$

4-2 답 10.5°

$\overline{AB} = \overline{AC}$이므로 $\angle ABC = \dfrac{1}{2} \times (180° - 74°) = 53°$
점 I는 $\triangle ABC$의 내심이므로
$\angle IBC = \dfrac{1}{2}\angle ABC = \dfrac{1}{2} \times 53° = 26.5°$
점 O는 $\triangle ABC$의 외심이므로
$\angle BOC = 2\angle A = 2 \times 74° = 148°$
$\overline{OB} = \overline{OC}$이므로
$\angle OBC = \dfrac{1}{2} \times (180° - 148°) = 16°$
$\therefore \angle x = \angle IBC - \angle OBC$
$= 26.5° - 16° = 10.5°$

단원 마무리
개념북 32~34쪽

01 44°	**02** ④	**03** 33°	**04** ③	**05** ⑤
06 65°	**07** ②	**08** 10 cm	**09** 60°	**10** 12 cm
11 ⑤	**12** ③	**13** 13 cm²	**14** 20 cm	**15** ④
16 ③	**17** 60 cm²	**18** 60°	**19** 6	

01 $\angle ABC = \angle BAC = 180° - 112° = 68°$이므로
$\angle x = 180° - (68° + 68°) = 44°$

02 $\angle BDE = \dfrac{1}{2} \times (180° - 28°) = 76°$
$\angle ADC = \dfrac{1}{2} \times (180° - 62°) = 59°$
$\therefore \angle x = 180° - (76° + 59°) = 45°$

03 $\angle ACB = \angle ABC = \dfrac{1}{2} \times (180° - 84°) = 48°$
$\overline{CD}$가 $\angle BCA$의 외각의 이등분선이므로
$\angle DCE = \angle ACD = \dfrac{1}{2} \times (180° - 48°) = 66°$
$\triangle BCD$에서 $\angle DBC = \angle BDC = \angle x$이고
$\angle DBC + \angle BDC = \angle DCE$이므로
$\angle x + \angle x = 66°$, $2\angle x = 66°$
$\therefore \angle x = 33°$

04 $\triangle ABD$와 $\triangle ACE$에서
$\overline{AB} = \overline{AC}$, $\angle B = \angle C$
$\overline{BD} + \overline{DE} = \overline{AB} = \overline{AC} = \overline{CE} + \overline{ED}$이므로 $\overline{BD} = \overline{CE}$
$\therefore \triangle ABD \equiv \triangle ACE$(SAS 합동)
따라서 $\triangle ADE$는 $\overline{AD} = \overline{AE}$인 이등변삼각형이므로
$\angle AED = \dfrac{1}{2} \times (180° - 30°) = 75°$
$\triangle ABE$는 $\overline{BE} = \overline{BA}$인 이등변삼각형이므로
$\angle BAE = \angle BEA = 75°$
$\therefore \angle B = 180° - (75° + 75°) = 30°$

05 $\triangle ABC$가 $\overline{AB} = \overline{AC}$인 이등변삼각형이고 $\overline{AD}$가 $\angle A$의 이등분선이므로 $\overline{BD} = \overline{CD}$, $\overline{AD} \perp \overline{BC}$이다.
$\triangle EBD$와 $\triangle ECD$에서
$\overline{BD} = \overline{CD}$, $\angle EDB = \angle EDC = 90°$, $\overline{ED}$는 공통이므로
$\triangle EBD \equiv \triangle ECD$(SAS 합동)
$\therefore \overline{EB} = \overline{EC}$, $\angle BED = \angle CED = \dfrac{1}{2}\angle BEC = 45°$
즉, $\triangle EBC$는 $\overline{EB} = \overline{EC}$인 이등변삼각형이고 $\angle BEC = 90°$이므로
$\angle EBD = \angle ECD = \dfrac{1}{2} \times (180° - 90°) = 45°$
$\therefore \overline{DE} = \overline{BD} = \overline{CD} = \dfrac{1}{2}\overline{BC} = \dfrac{1}{2} \times 10 = 5(\text{cm})$

06 폭이 일정하므로 $\overline{AD} /\!/ \overline{BC}$이고
$\angle EFG = 180° - 130° = 50°$이다.
$\angle FEG = \angle DEG$(접은 각), $\angle DEG = \angle FGE$(엇각)
이므로 $\angle FEG = \angle FGE$
따라서 $\triangle FGE$는 $\overline{FE} = \overline{FG}$인 이등변삼각형이므로
$\angle x = \dfrac{1}{2} \times (180° - 50°) = 65°$

07 $\triangle ABC \equiv \triangle CDE$(RHA 합동)이므로
$\overline{BC} = \overline{DE} = 6\text{ cm}$, $\overline{CD} = \overline{AB} = 8\text{ cm}$

$\therefore \triangle ACE = \dfrac{1}{2} \times (6+8) \times (6+8) - 2 \times \left(\dfrac{1}{2} \times 6 \times 8\right)$
$= 98 - 48 = 50(\text{cm}^2)$

08 오른쪽 그림과 같이 점 D에서 $\overline{AC}$에 내린 수선의 발을 E라 하면
$\triangle ABD \equiv \triangle AED$(RHA 합동)
이므로
$\overline{ED} = \overline{BD} = 3\text{ cm}$
$\triangle ACD$의 넓이가 15 cm^2이므로
$\dfrac{1}{2} \times \overline{AC} \times 3 = 15$, $\dfrac{3}{2}\overline{AC} = 15$
$\therefore \overline{AC} = 10\text{ cm}$

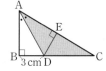

09 $\angle x = 2\angle A = 2 \times 50° = 100°$
$\overline{OB} = \overline{OC}$이므로 $\triangle OBC$는 이등변삼각형이다.
$\therefore \angle y = \dfrac{1}{2} \times (180° - 100°) = 40°$
$\therefore \angle x - \angle y = 100° - 40° = 60°$

10 $\angle A = 180° - (90° + 30°) = 60°$
이고, 직각삼각형의 외심은 빗변의 중점이므로 오른쪽 그림과 같이 $\overline{AC}$의 중점을 외심 O라 하고 $\overline{BO}$를 그으면 $\overline{AO} = \overline{BO} = \overline{CO}$이다.
이때 $\triangle ABO$에서
$\angle ABO = \angle A = 60°$, $\angle AOB = 180° - (60° + 60°) = 60°$
이므로 $\triangle ABO$는 정삼각형이다.
따라서 $\overline{AO} = \overline{AB} = 6\text{ cm}$이므로
$\overline{AC} = 2\overline{AO} = 2 \times 6 = 12(\text{cm})$

11 직각삼각형의 외심은 빗변의 중점이므로
$\overline{AD} = \overline{BD} = \overline{CD}$
$\triangle ABD$에서 $\angle BAD = \angle B = 26°$
$\therefore \angle ADH = 26° + 26° = 52°$
$\triangle ADH$가 직각삼각형이므로
$\angle DAH = 180° - (90° + 52°) = 38°$
| 다른 풀이 | $\triangle ABH$가 직각삼각형이므로
$\angle BAH = 180° - (90° + 26°) = 64°$
$\triangle ABD$가 이등변삼각형이므로
$\angle BAD = \angle B = 26°$
$\therefore \angle DAH = \angle BAH - \angle BAD = 64° - 26° = 38°$

12 점 I가 $\triangle ABC$의 내심이므로 $\overline{IA}$, $\overline{IB}$, $\overline{IC}$는 각각 $\angle A$, $\angle B$, $\angle C$의 이등분선이다.
즉, $\angle IAB = \angle IAC = \dfrac{1}{2}\angle BAC = \dfrac{1}{2} \times 50° = 25°$이므로
$\angle IBA + \angle ICB + \angle IAC = 90°$
$\angle x + 33° + 25° = 90°$　　$\therefore \angle x = 32°$
$\angle y = 90° + \dfrac{1}{2}\angle ABC$에서
$\angle y = 90° + \angle x = 90° + 32° = 122°$
$\therefore \angle x + \angle y = 32° + 122° = 154°$

13 내접원의 반지름의 길이를 r cm라 하면

$\triangle ABC = \dfrac{1}{2} \times r \times (5+12+13) = \dfrac{1}{2} \times 5 \times 12$

$15r = 30$ $\quad \therefore r = 2$

$\therefore \triangle IBC = \dfrac{1}{2} \times 13 \times 2 = 13 \,(\text{cm}^2)$

14 오른쪽 그림과 같이 $\overline{IB}$, $\overline{IC}$를 각각 그으면 $\triangle DBI$, $\triangle ECI$는 이등변 삼각형이므로

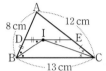

$\overline{DI} = \overline{DB}$, $\overline{EI} = \overline{EC}$

$\therefore$ ($\triangle ADE$의 둘레의 길이)

$= \overline{AD} + \overline{DI} + \overline{EI} + \overline{AE}$

$= \overline{AD} + \overline{DB} + \overline{EC} + \overline{AE}$

$= \overline{AB} + \overline{AC}$

$= 8 + 12$

$= 20 \,(\text{cm})$

15 $\overline{AD} = \overline{AF} = 5$ cm이므로

$\overline{BE} = \overline{BD} = \overline{AB} - \overline{AD}$

$\qquad\quad = 14 - 5$

$\qquad\quad = 9 \,(\text{cm})$

16 점 I는 $\triangle ABC$의 내심이므로 $\angle BIC = 90° + \dfrac{1}{2}\angle A$에서

$108° = 90° + \dfrac{1}{2}\angle A$

$\dfrac{1}{2}\angle A = 18°$ $\quad \therefore \angle A = 36°$

점 O가 $\triangle ABC$의 외심이므로

$\angle BOC = 2\angle A = 2 \times 36° = 72°$

$\triangle OBC$는 $\overline{OB} = \overline{OC}$인 이등변삼각형이므로

$\angle OBC = \angle OCB = \dfrac{1}{2} \times (180° - 72°) = 54°$

또, $\overline{BI}$는 $\angle ABC$의 이등분선이므로

$\angle IBC = \dfrac{1}{2}\angle ABC$

$\qquad\quad = \dfrac{1}{2} \times 64° = 32°$

$\therefore \angle OBI = \angle OBC - \angle IBC$

$\qquad\qquad = 54° - 32°$

$\qquad\qquad = 22°$

17 1단계 $\overline{CE} = \overline{BE} = 6$ cm이므로

$\triangle OBC = \dfrac{1}{2} \times (6+6) \times 2 = 12 \,(\text{cm}^2)$

2단계 $\triangle AOD \equiv \triangle BOD$(SAS 합동),

$\triangle AOF \equiv \triangle COF$(SAS 합동)이므로

$\triangle OAB + \triangle OAC$

$= 2 \times \triangle OAD + 2 \times \triangle OAF$

$= 2 \times (\triangle OAD + \triangle OAF)$

$= 2 \times (\text{사각형 } ADOF\text{의 넓이})$

$= 2 \times 24 = 48 \,(\text{cm}^2)$

3단계 $\triangle ABC = (\triangle OAB + \triangle OAC) + \triangle OBC$

$\qquad\qquad = 48 + 12$

$\qquad\qquad = 60 \,(\text{cm}^2)$

18 $\triangle ABC$는 이등변삼각형이므로

$\angle ACB = \angle B = 20°$

$\therefore \angle CAD = \angle B + \angle ACB$

$\qquad\qquad = 20° + 20° = 40°$ ─────── ❶

$\triangle CAD$는 이등변삼각형이므로

$\angle CDA = \angle CAD = 40°$ ─────── ❷

$\triangle BCD$에서

$\angle DCE = \angle B + \angle BDC = 20° + 40° = 60°$ ─── ❸

$\triangle DCE$는 이등변삼각형이므로

$\angle DEC = \angle DCE = 60°$ ─────── ❹

$\therefore \angle CDE = 180° - (\angle DCE + \angle DEC)$

$\qquad\qquad = 180° - (60° + 60°)$

$\qquad\qquad = 60°$ ─────── ❺

단계	채점 기준	비율
❶	$\angle CAD$의 크기 구하기	30 %
❷	$\angle CDA$의 크기 구하기	10 %
❸	$\angle DCE$의 크기 구하기	30 %
❹	$\angle DEC$의 크기 구하기	10 %
❺	$\angle CDE$의 크기 구하기	20 %

19 $\overline{AD} = \overline{AF} = x$라 하면

$\overline{BE} = \overline{BD} = 8 - x$

$\overline{CE} = \overline{CF} = 7 - x$

이므로

$\overline{BC} = \overline{BE} + \overline{CE}$에서

$9 = (8-x) + (7-x)$, $2x = 6$

$\therefore x = 3$ ─────── ❶

한편, $\overline{GH}$와 원 I가 만나는 점을 K라 하면 세 점 D, K, F 가 원 I의 접점이므로

$\overline{GD} = \overline{GK}$, $\overline{HF} = \overline{HK}$ ─────── ❷

$\therefore$ ($\triangle AGH$의 둘레의 길이)

$= \overline{AG} + \overline{GK} + \overline{HK} + \overline{AH}$

$= \overline{AG} + \overline{GD} + \overline{HF} + \overline{AH}$

$= \overline{AD} + \overline{AF}$

$= 3 + 3 = 6$ ─────── ❸

단계	채점 기준	비율
❶	$\overline{AD}$, $\overline{AF}$의 길이 구하기	40 %
❷	$\overline{GD} = \overline{GK}$, $\overline{HF} = \overline{HK}$임을 보이기	40 %
❸	$\triangle AGH$의 둘레의 길이 구하기	20 %

I-2 | 사각형의 성질

1 평행사변형

개념북 36쪽

09 평행사변형의 성질

◆확인 1◆ 답 $\angle x=65°$, $\angle y=115°$

$\angle C=\angle A=115°$이므로 $\angle y=115°$

$\angle A+\angle B=180°$이므로 $115°+\angle x=180°$

$\therefore \angle x=65°$

◆확인 2◆ 답 $x=4$, $y=6$

평행사변형의 두 대각선은 서로 다른 것을 이등분하므로

$x=\overline{AO}=4$, $y=2\times3=6$

개념북 37쪽

개념 ✦ check

01 답 $\angle x=45°$, $\angle y=75°$

$\overline{AD}/\!/\overline{BC}$이므로 $\angle x=\angle ACB=45°$(엇각)

$\overline{AB}/\!/\overline{DC}$이므로 $\angle ACD=\angle CAB=60°$(엇각)

$\therefore \angle y=180°-(45°+60°)=75°$

| 다른 풀이 | $\overline{AD}/\!/\overline{BC}$이므로 $\angle x=\angle ACB=45°$(엇각)

$\triangle ABC$에서 $\angle ABC=180°-(60°+45°)=75°$

$\angle D=\angle B$이므로 $\angle y=75°$

02 답 ④

$\overline{BC}=\overline{AD}=8\,\text{cm}$, $\overline{DC}=\overline{AB}=5\,\text{cm}$

$\therefore$ (□ABCD의 둘레의 길이)$=2\times(5+8)=26(\text{cm})$

03 답 $\angle x=50°$, $\angle y=100°$

평행사변형에서 대각의 크기는 같으므로

$\angle y=\angle A=100°$

$\overline{AD}/\!/\overline{BC}$이므로 $\angle ADB=\angle CBD=30°$(엇각)

$\therefore \angle x=180°-(100°+30°)=50°$

04 답 34 cm

평행사변형에서 두 대각선은 서로 다른 것을 이등분하므로

$\overline{BO}=\dfrac{1}{2}\overline{BD}=\dfrac{1}{2}\times18=9(\text{cm})$

$\overline{OC}=\dfrac{1}{2}\overline{AC}=\dfrac{1}{2}\times20=10(\text{cm})$

$\therefore$ ($\triangle OBC$의 둘레의 길이)$=\overline{OB}+\overline{OC}+\overline{BC}$
$=9+10+15=34(\text{cm})$

10 평행사변형이 되는 조건

개념북 38쪽

◆확인 1◆ 답 한 쌍의 대변이 서로 평행하고, 그 길이가 같다.

◆확인 2◆ 답 $x=3$, $y=10$

$\overline{AO}=\overline{CO}$이어야 하므로 $x=3$

$\overline{BO}=\overline{DO}$, 즉 $\overline{BD}=2\times\overline{BO}$이어야 하므로

$y=2\times5=10$

개념 ✦ check 개념북 39쪽

01 답 ④

④ 동위각

02 답 (1) ㄷ (2) ×

(1) 두 쌍의 대각의 크기가 각각 같으므로 □ABCD는 평행사변형이 된다.

(2) $\angle A+\angle D=180°$이므로 $\overline{AB}/\!/\overline{DC}$
이때 $\overline{AB}=\overline{DC}$ 또는 $\overline{AD}/\!/\overline{BC}$의 조건이 추가되면 □ABCD가 평행사변형이 된다.

03 답 $x=75$, $y=7$

□ABCD가 평행사변형이 되려면 한 쌍의 대변이 서로 평행하고 그 길이가 같아야 하므로

$\overline{AD}/\!/\overline{BC}$, $\overline{AD}=\overline{BC}$

$\overline{AD}/\!/\overline{BC}$이려면 $\angle A+\angle B=180°$이어야 하므로

$105°+x°=180°$ $\therefore x=75$

$\overline{AD}=\overline{BC}$이려면 $2y-7=y$ $\therefore y=7$

11 평행사변형이 되는 조건의 활용

개념북 40쪽

◆확인 1◆ 답 (1) $\overline{CO}$, $\overline{DO}$, $\overline{FO}$ (2) 풀이 참조 (3) 8 cm, 40°

(2) 두 대각선이 서로 다른 것을 이등분한다.

(3) $\overline{AF}=\overline{EC}=8\,\text{cm}$, $\angle ACF=\angle EAC=40°$

개념 ✦ check 개념북 41쪽

01 답 ②

02 답 ④

$\overline{AB}=\overline{CD}=6\,\text{cm}$ (①)

$\angle AEB=\angle EBF=\angle ABE$이므로

$\overline{AE}=\overline{AB}=6\,\text{cm}$ (②)

$\angle CFD=\angle FDE=\angle CDF$이므로 $\overline{CF}=\overline{CD}=6\,\text{cm}$

이때 $\overline{BC}=\overline{AD}=10\,\text{cm}$이므로

$\overline{BF}=\overline{BC}-\overline{CF}=10-6=4(\text{cm})$ (③)

$\angle B=\angle D$이므로 $\angle AEB=\angle CFD$

$\therefore \angle DEB=180°-\angle AEB=180°-\angle CFO=\angle BFD$

따라서 □EBFD는 평행사변형이므로 $\overline{BE}/\!/\overline{FD}$ (⑤)이다.

03 답 ③

$\angle AEF=\angle CFE$(엇각)이므로 $\overline{AE}/\!/\overline{CF}$

$\triangle ABE$와 $\triangle CDF$에서

$\angle AEB=\angle CFD=90°$, $\overline{AB}=\overline{CD}$,

$\angle ABE=\angle CDF$(엇각)

이므로 $\triangle ABE\equiv\triangle CDF$(RHA 합동)

$\therefore \overline{AE}=\overline{CF}$ (①)

따라서 □AECF가 평행사변형이므로

$\angle EAF=\angle FCE$ (②), $\overline{AF}/\!/\overline{CE}$ (⑤)

04 답 $\overline{DF}$, $\overline{AE}$, $\overline{DC}$, 한 쌍의 대변이 서로 평행, 길이

12 평행사변형과 넓이
개념북 42쪽

◆ 확인 1 ◆ 답 3 cm²

$$\triangle BOC = \frac{1}{4}\square ABCD$$
$$= \frac{1}{4} \times 12 = 3(cm^2)$$

◆ 확인 2 ◆ 답 9 cm²

$$\triangle PAB + \triangle PCD = \frac{1}{2}\square ABCD$$
$$= \frac{1}{2} \times 18 = 9(cm^2)$$

개념 ◆ check
개념북 43쪽

01 답 12 cm²

$$\triangle BCD = \frac{1}{2}\square ABCD = \triangle ACD = 12\ cm^2$$

02 답 ③

$$\square ABCD = 4\triangle AOD = 4 \times 6 = 24(cm^2)$$

03 답 ③

$$\triangle BCD = \triangle ACD = 7\ cm^2$$
□BFED의 두 대각선이 서로 다른 것을 이등분하므로 평행사변형이다.
$$\therefore \square BFED = 4\triangle BCD = 4 \times 7 = 28(cm^2)$$

04 답 12 cm²

$$\triangle PDA + \triangle PBC = \frac{1}{2}\square ABCD이므로$$
$$\triangle PDA + 4 = \frac{1}{2} \times 32 = 16$$
$$\therefore \triangle PDA = 16 - 4 = 12(cm^2)$$

유형 ◆ check
개념북 44~47쪽

1 답 ④

$\overline{AB} /\!/ \overline{DC}$이므로
① ∠ABO=∠CDO(엇각)
⑤ ∠BAO=∠DCO(엇각)
$\overline{AD} /\!/ \overline{BC}$이므로
② ∠ADO=∠CBO(엇각)
③ ∠BCO=∠DAO(엇각)

1-1 답 25°

$\overline{AE} /\!/ \overline{BC}$이므로 ∠AEB=∠CBE=45°(엇각)
$$\therefore \angle ABE = 180° - (110° + 45°) = 25°$$

1-2 답 31°

△ABD가 이등변삼각형이므로
∠ABD=∠A=62°
$\overline{AE} /\!/ \overline{DC}$이므로 ∠BED=∠x(엇각)
△BED가 이등변삼각형이므로
∠BDE=∠BED=∠x

이때 ∠ABD=∠BDE+∠BED이므로
$$\angle x + \angle x = 62°,\ 2\angle x = 62° \qquad \therefore \angle x = 31°$$

2 답 ①

$\overline{AB} = \overline{DC}$이므로 x+1=3x-5
2x=6 ∴ x=3
$\overline{AD} = \overline{BC}$이므로 y+3=2y-1 ∴ y=4
∴ y-x=4-3=1

2-1 답 D(9, 5)

$\overline{AD} /\!/ \overline{OC}$에서 점 D의 y좌표는 점 A의 y좌표와 같은 5이다.
또한, $\overline{AD} = \overline{OC} = 7$이므로 점 D의 x좌표는 2+7=9
따라서 점 D의 좌표는 (9, 5)이다.
│ 다른 풀이 │ 점 O(0, 0)을 x축의 방향으로 2만큼, y축의 방향으로 5만큼 평행이동하면 점 A(2, 5)와 겹치므로 점 C(7, 0)을 x축의 방향으로 2만큼, y축의 방향으로 5만큼 평행이동하면 점 D와 겹친다. 따라서 점 D의 좌표는 (7+2, 0+5), 즉 (9, 5)이다.

2-2 답 3 cm

∠BAE=∠DAE=∠BEA이므로
△BEA는 $\overline{BE} = \overline{BA} = 4\ cm$인 이등변삼각형이다.
$$\therefore \overline{CE} = \overline{BC} - \overline{BE} = 5 - 4 = 1(cm)$$
또한, ∠CDF=∠ADF=∠CFD이므로
△CDF는 $\overline{CF} = \overline{CD} = 4\ cm$인 이등변삼각형이다.
$$\therefore \overline{BF} = \overline{BC} - \overline{CF} = 5 - 4 = 1(cm)$$
$$\therefore \overline{EF} = \overline{BC} - \overline{BF} - \overline{CE}$$
$$= 5 - 1 - 1 = 3(cm)$$

3 답 ②

∠A : ∠B=5 : 4, ∠A+∠B=180°, ∠A=∠C이므로
$$\angle C = \angle A = 180° \times \frac{5}{5+4}$$
$$= 180° \times \frac{5}{9} = 100°$$

3-1 답 40°

평행사변형에서 대각의 크기는 같으므로
∠ADC=∠B=60°
$$\therefore \angle ADE = 60° - 20° = 40°$$
$\overline{AD} /\!/ \overline{BC}$이므로 ∠CED=∠ADE=40°(엇각)

3-2 답 90°

평행사변형에서 대각의 크기는 같으므로
∠B=∠D=∠y+30°
△ABC에서 60°+(∠y+30°)+∠x=180°
$$\therefore \angle x + \angle y = 90°$$

4 답 38°

∠BAD=∠C=104°이므로
$$\angle BAF = \angle DAF = \frac{1}{2}\angle BAD$$
$$= \frac{1}{2} \times 104° = 52°$$
△ABF에서 ∠x=180°-(90°+52°)=38°

4-1 답 25°

∠D=∠B=76°이므로 △ACD에서

$\angle CAD=180°-(54°+76°)=50°$

$\therefore \angle DAE=\dfrac{1}{2}\angle CAD=\dfrac{1}{2}\times50°=25°$

$\overline{AD}/\!/\overline{BE}$이므로 $\angle AEC=\angle DAE=25°$(엇각)

4-2 탑 $90°$

$\angle B+\angle C=180°$이므로

$\angle EBC+\angle ECB=\dfrac{1}{2}\angle B+\dfrac{1}{2}\angle C$

$=\dfrac{1}{2}(\angle B+\angle C)$

$=\dfrac{1}{2}\times180°=90°$

$\therefore \angle BEC=180°-90°=90°$

| 참고 | 평행사변형에서 이웃하는 두 내각의 이등분선에 의해 만들어지는 각의 크기는 $90°$이다.

5 탑 ④

$\triangle AOP$와 $\triangle COQ$에서

$\overline{AO}=\overline{CO}$ (③),

$\angle OAP=\angle OCQ$(엇각) (①),

$\angle AOP=\angle COQ$(맞꼭지각) (②)

이므로 $\triangle AOP\equiv\triangle COQ$(ASA 합동) (⑤)

따라서 $\overline{AP}=\overline{CQ}$이다. (④)

즉, ④는 ⑤로부터 얻을 수 있는 결과이다.

5-1 탑 12

$\overline{AD}=\overline{BC}$이므로 $3x+1=2x+4$ $\therefore x=3$

$\overline{AO}=2\times3=6$이므로

$\overline{AC}=2\overline{AO}=2\times6=12$

5-2 탑 26 cm

$(\triangle AOB$의 둘레의 길이$)=\overline{AO}+\overline{BO}+\overline{AB}$

$=\overline{AO}+\overline{BO}+7=20$(cm)

$\therefore \overline{AO}+\overline{BO}=20-7=13$(cm)

따라서 두 대각선의 길이의 합은

$\overline{AC}+\overline{BD}=2\overline{AO}+2\overline{BO}$

$=2(\overline{AO}+\overline{BO})$

$=2\times13=26$(cm)

| 다른 풀이 | $\triangle AOB$의 둘레의 길이가 20 cm이고,

$\overline{AO}=\dfrac{1}{2}\overline{AC}$, $\overline{BO}=\dfrac{1}{2}\overline{BD}$이므로 $\overline{AO}+\overline{BO}+\overline{AB}=20$에서

$\dfrac{1}{2}\overline{AC}+\dfrac{1}{2}\overline{BD}+7=20$, $\dfrac{1}{2}\overline{AC}+\dfrac{1}{2}\overline{BD}=13$

$\dfrac{1}{2}(\overline{AC}+\overline{BD})=13$ $\therefore \overline{AC}+\overline{BD}=26$(cm)

6 탑 ⑤

⑤ [반례] 오른쪽 그림과 같은 경우 $\square ABCD$는 평행사변형이 아니다.

6-1 탑 ②, ③

다음의 각 경우에 $\square ABCD$는 평행사변형이 아니다.

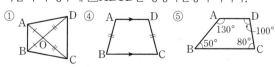

② $\angle DAC=\angle BCA$이므로 $\overline{AD}/\!/\overline{BC}$ 즉, 평행사변형이 되는 조건 (5)이다.

③ $\overline{AD}=\overline{BC}$, $\overline{AB}=\overline{DC}$는 평행사변형이 되는 조건 (2)이다.

6-2 탑 8

$\square ABCD$가 평행사변형이 되려면 두 쌍의 대변의 길이가 각각 같아야 하므로

$\overline{AD}=\overline{BC}$, $\overline{AB}=\overline{DC}$

$\overline{AD}=\overline{BC}$에서 $4x-5=3x+1$ $\therefore x=6$

$\overline{AB}=\overline{CD}$에서 $2x-4=4y$

$4y=2\times6-4$, $4y=8$ $\therefore y=2$

$\therefore x+y=6+2=8$

7 탑 ④

④ $\overline{EO}=\overline{AO}-\overline{AE}=\overline{CO}-\overline{CG}=\overline{GO}$,

$\overline{FO}=\overline{BO}-\overline{BF}=\overline{DO}-\overline{DH}=\overline{HO}$

두 대각선이 서로 다른 것을 이등분하므로 $\square EFGH$는 평행사변형이다.

7-1 탑 $40°$

$\triangle EBF$에서 $\angle EBF=180°-(90°+50°)=40°$

$\angle BEF=\angle DFE$(엇각)이므로 $\overline{BE}/\!/\overline{DF}$

$\triangle BAE\equiv\triangle DCF$(RHA 합동)이므로 $\overline{BE}=\overline{DF}$

이때 $\overline{BE}/\!/\overline{DF}$, $\overline{BE}=\overline{DF}$이므로 $\square EBFD$는 평행사변형이다.

따라서 $\angle EDF=\angle EBF=40°$

7-2 탑 24 cm

$\angle BAE=\angle FAE=\angle BEA$(엇각)이므로 $\triangle ABE$는 $\overline{BA}=\overline{BE}$인 이등변삼각형이다.

이때 $\angle B=\angle D=60°$이므로 $\triangle ABE$는 한 변의 길이가 9 cm인 정삼각형이다.

같은 방법으로 $\triangle CDF$도 한 변의 길이가 9 cm인 정삼각형이다.

따라서 평행사변형 AECF에서

$\overline{AF}=\overline{CE}=\overline{BC}-\overline{BE}$

$=12-9=3$(cm),

$\overline{AE}=\overline{CF}=9$ cm

$\therefore (\square AECF$의 둘레의 길이$)=9+3+9+3$

$=24$(cm)

8 탑 ③

$\triangle PAB+\triangle PCD=\triangle PDA+\triangle PBC$이므로

$6+3=5+\triangle PBC$

$\therefore \triangle PBC=9-5=4$(cm²)

8-1 탑 6 cm²

$\triangle BOF$와 $\triangle DOE$에서

$\overline{BO}=\overline{DO}$, $\angle BOF=\angle DOE$(맞꼭지각),

$\angle FBO=\angle EDO$(엇각)

이므로 △BOF≡△DOE(ASA 합동)

따라서 △BOF와 △DOE의 넓이가 같다.

$\therefore \triangle COF + \triangle DOE = \triangle COF + \triangle BOF$

$\qquad\qquad\qquad\qquad = \triangle BOC = \dfrac{1}{4}\square ABCD$

$\qquad\qquad\qquad\qquad = \dfrac{1}{4} \times 24 = 6(\text{cm}^2)$

8-2 🄳 $8\,\text{cm}^2$

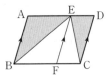

오른쪽 그림과 같이 점 E를 지나고 $\overline{AB}$에 평행한 직선이 $\overline{BC}$와 만나는 점을 F라 하면 □ABFE, □EFCD는 평행사변형이므로

$\triangle ABE = \dfrac{1}{2}\square ABFE,\quad \triangle CDE = \dfrac{1}{2}\square EFCD$

$\therefore \triangle ABE + \triangle CDE = \dfrac{1}{2}\square ABFE + \dfrac{1}{2}\square EFCD$

$\qquad\qquad\qquad\qquad = \dfrac{1}{2}(\square ABFE + \square EFCD)$

$\qquad\qquad\qquad\qquad = \dfrac{1}{2}\square ABCD$

$\qquad\qquad\qquad\qquad = \dfrac{1}{2} \times 16 = 8(\text{cm}^2)$

2 여러 가지 사각형

13 여러 가지 사각형 (1)   개념북 48쪽

◆확인 1◆ 🄳 8

$\overline{BD} = \overline{AC} = 2\overline{AO} = 2 \times 4 = 8(\text{cm})$이므로 $x=8$

◆확인 2◆ 🄳 $\angle x = 90°,\ \angle y = 30°$

$\angle COD = 90°$이므로 $\angle x = 90°$

△BOC에서 $\angle y = 180° - (90° + 60°) = 30°$

[개념◆check]   개념북 49쪽

1 🄳 $\angle x = 25°,\ \angle y = 65°$

△OAD에서 $\overline{OA} = \overline{OD}$이므로

$\angle x = \angle OAD = 25°$

$\angle DBC = \angle x = 25°$(엇각)이므로

$\angle y = 90° - 25° = 65°$

2 🄳 ④

① $\angle ADC = 90°$이면 한 내각의 크기가 $90°$이다. (뜻)

② $\angle ACB = 30°$이면 $\angle DBC = \angle ADB = 30°$(엇각)이므로 △OBC에서 $\overline{BO} = \overline{CO}$, 즉 $\overline{AC} = \overline{BD}$

③ $\overline{BO} = 3\,\text{cm}$이면 $\overline{AO} = \overline{BO}$, 즉 $\overline{AC} = \overline{BD}$

④ 평행사변형의 성질

⑤ $\overline{AC} = 2\overline{AO} = 6(\text{cm})$이므로 $\overline{BD} = 6\,\text{cm}$이면 $\overline{AC} = \overline{BD}$

3 🄳 $x = 6,\ y = 35$

네 변의 길이가 모두 같으므로 $x = 6$

$\triangle AOB \equiv \triangle COB(\text{RHS 합동})$이므로

$\angle CBO = \angle ABO = 180° - (90° + 55°) = 35°$ $\therefore y = 35$

---

4 🄳 $16\,\text{cm}$

$\angle CBO = \angle ADO = 25°$(엇각)이므로

$\angle BOC = 180° - (25° + 65°) = 90°$

즉, 두 대각선이 서로 수직인 평행사변형이므로 □ABCD는 마름모이다.

따라서 □ABCD의 둘레의 길이는 $4 \times 4 = 16(\text{cm})$

14 여러 가지 사각형 (2)   개념북 50쪽

◆확인 1◆ 🄳 $x = 90,\ y = 7$

$\overline{AC} \perp \overline{BD}$이므로 $\angle AOB = 90°$ $\therefore x = 90$

$\overline{AC} = \overline{BD} = 14$이고 $\overline{AO} = \overline{CO}$이므로

$\overline{AO} = \dfrac{1}{2}\overline{AC} = \dfrac{1}{2} \times 14 = 7$ $\therefore y = 7$

◆확인 2◆ 🄳 $x = 11,\ y = 40$

$\overline{AC} = \overline{DB}$이므로 $4 + 7 = x$ $\therefore x = 11$

$\overline{AD} /\!/ \overline{BC}$이므로 $\angle ACB = \angle DAC = 40°$ (엇각)

$\therefore y = 40$

[개념◆check]   개념북 51쪽

1 🄳 ⑤

⑤ $\overline{OB} = \overline{OC}$

2 🄳 $8\,\text{cm}^2$

대각선에 의해 생긴 4개의 삼각형은 모두 합동인 직각이등변삼각형이므로

$\square ABCD = 4\triangle AOB = 4 \times \left(\dfrac{1}{2} \times 2 \times 2\right) = 8(\text{cm}^2)$

| 다른 풀이 | 정사각형의 두 대각선은 길이가 같고 서로 다른 것을 수직이등분하므로

$\overline{AC} = \overline{BD} = 2 \times 2 = 4(\text{cm})$ $\therefore \square ABCD = \dfrac{1}{2} \times 4 \times 4 = 8(\text{cm}^2)$

3 🄳 ⑤

③ $\angle A + \angle B = 180°,\ \angle C + \angle D = 180°$

또 $\angle B = \angle C$이므로 $\angle A = \angle D$

④ $\triangle ABC \equiv \triangle DCB(\text{SAS 합동})$이므로 $\overline{AC} = \overline{DB}$

4 🄳 $75°$

$\angle BCD = \angle B = 70°$이고 $\overline{AD} /\!/ \overline{BC}$이므로

$\angle BAD = \angle D = 180° - 70° = 110°$

△ACD는 이등변삼각형이므로

$\angle CAD = \dfrac{1}{2} \times (180° - 110°) = 35°$

$\therefore \angle x = 110° - 35° = 75°$

15 여러 가지 사각형 사이의 관계   개념북 52쪽

◆확인 1◆ 🄳 (1) ×   (2) ○

◆확인 2◆ 🄳 (1) 직사각형   (2) 정사각형

(1) 두 대각선의 길이가 같으므로 직사각형이 된다.

(2) 한 각의 크기가 직각이고, 이웃하는 두 변의 길이가 같으므로 정사각형이 된다.

01 답 풀이 참조

	등변 사다리꼴	평행 사변형	직사각형	마름모	정사각형
두 대각선이 서로 다른 것을 이등분한다.	×	○	○	○	○
두 대각선의 길이가 같다.	○	×	○	×	○
두 대각선이 서로 수직이다.	×	×	×	○	○
대각선이 내각을 이등분한다.	×	×	×	○	○

2 답 (1) ㄱ, ㄹ 　(2) ㄴ, ㄷ 　(3) ㄴ, ㄷ 　(4) ㄱ, ㄹ

　ㄱ, ㄹ. 평행사변형이 직사각형이 되는 조건
　　　　마름모가 정사각형이 되는 조건
　ㄴ, ㄷ. 평행사변형이 마름모가 되는 조건
　　　　직사각형이 정사각형이 되는 조건

3 답 $\overline{GH}$, $\triangle DEH$, $\overline{HE}$, 두 쌍의 대변의 길이가 각각 같

16 평행선과 넓이
개념북 54쪽

◆확인 1◆ 답 $15\,cm^2$

　$\triangle ABC$와 $\triangle DBC$는 밑변 BC가 공통이고 높이가 같으므로
　$\triangle ABC = \triangle DBC = \dfrac{1}{2} \times 6 \times 5 = 15\,(cm^2)$

◆확인 2◆ 답 $3:5$

　$\overline{BD} = \overline{BC} - \overline{DC} = 8 - 5 = 3\,(cm)$
　$\therefore \triangle ABD : \triangle ADC = 3 : 5$

1 답 $20\,cm^2$

　$\triangle PBC$와 $\triangle DBC$는 밑변 BC가 공통이고 높이가 같으므로 $\triangle PBC = \triangle DBC = 20\,cm^2$

2 답 (1) $\triangle ABD$ 　(2) $25\,cm^2$

　(2) $\square ABCD = \triangle ABD + \triangle BCD$
　　　　　$= \triangle EBD + \triangle BCD$
　　　　　$= \triangle DEC = 25\,cm^2$

3 답 (1) $\triangle DBC$ 　(2) $\triangle ACD$ 　(3) $\triangle DCO$

　(1) 밑변 BC가 공통이고 높이가 같으므로
　　$\triangle ABC = \triangle DBC$

　(2) 밑변 AD가 공통이고 높이가 같으므로
　　$\triangle ABD = \triangle ACD$

---

　(3) $\triangle ABO = \triangle ABC - \triangle OBC$
　　　　　$= \triangle DBC - \triangle OBC$
　　　　　$= \triangle DCO$

4 답 ④

　높이가 같은 두 삼각형의 넓이의 비는 밑변의 길이의 비와 같으므로
　$\triangle ABD : \triangle ADC = 6 : 4 = 3 : 2$
　$\therefore \triangle ABD = \dfrac{3}{3+2} \triangle ABC = \dfrac{3}{5} \times 45 = 27\,(cm^2)$,
　$\triangle ADC = \dfrac{2}{3+2} \triangle ABC = \dfrac{2}{5} \times 45 = 18\,(cm^2)$
　따라서 두 삼각형의 넓이의 차는 $27 - 18 = 9\,(cm^2)$

1 답 ②

　직사각형의 두 대각선은 길이가 같고 서로 다른 것을 이등분하므로
　$\overline{AO} = \overline{DO} = \dfrac{1}{2}\overline{BD} = \dfrac{1}{2} \times 10 = 5\,(cm)$ 　$\therefore x = 5, y = 5$
　$\triangle OAB$에서 $\overline{OA} = \overline{OB}$이므로 $\angle OAB = \angle OBA = 50°$
　$\triangle ABC$에서 $\angle B = 90°$이므로
　$\angle BCA = 180° - (90° + 50°) = 40°$ 　$\therefore z = 40$
　$\therefore x + y + z = 5 + 5 + 40 = 50$

1-1 답 ②, ③

　① 평행사변형의 성질
　② $\overline{AO} = \overline{DO}$이면 $\overline{AO} = \overline{BO} = \overline{CO} = \overline{DO}$이고 $\overline{AC} = \overline{BD}$이므로 두 대각선의 길이가 같다.
　③ 한 내각의 크기가 90°이다.
　④, ⑤ 마름모가 되는 조건
　따라서 평행사변형 ABCD가 직사각형이 되는 조건은 ②, ③이다.

1-2 답 $60°$

　$\angle BAE = \angle x$라 하면 $\triangle AEC$가 이등변삼각형이므로
　$\angle BAE = \angle CAE = \angle ACE = \angle x$
　$\angle BAC = 2\angle BAE = 2\angle x$
　$\triangle ABC$에서 $\angle BAC + \angle B + \angle ACB = 180°$이므로
　$2\angle x + 90° + \angle x = 180°$
　$3\angle x = 90°$ 　$\therefore \angle x = 30°$
　$\triangle ABE$에서 $\angle AEB = 180° - (90° + 30°) = 60°$

2 답 $\angle BAD = 96°$, $x = 2$

　마름모는 네 변의 길이가 모두 같으므로
　$4x - 1 = 7$, $4x = 8$ 　$\therefore x = 2$
　$\triangle AOB$, $\triangle COB$, $\triangle COD$, $\triangle AOD$는 모두 직각삼각형이고 합동이므로
　$\angle BAO = \angle DAO = \angle DCO = 180° - (90° + 42°) = 48°$
　$\therefore \angle BAD = \angle BAO + \angle DAO = 48° + 48° = 96°$

2-1 답 ④

　①, ②, ③ 평행사변형의 성질

④ ∠AOD=90°이면 두 대각선이 서로 다른 것을 수직이
등분한다.
⑤ 직사각형이 되는 조건
따라서 평행사변형 ABCD가 마름모가 되는 조건은 ④이다.

2-2 답 66° 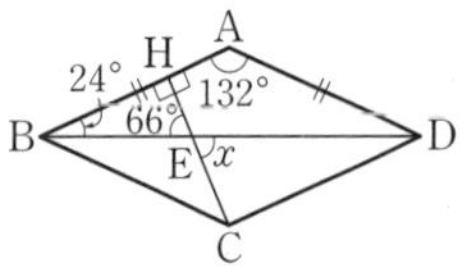
△ABD는 이등변삼각형이므로
∠ABD
$=\frac{1}{2}×(180°-132°)$
$=24°$

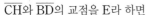

$\overline{CH}$와 $\overline{BD}$의 교점을 E라 하면
△BEH는 ∠EHB=90°인 직각삼각형이므로
∠BEH=180°-(90°+24°)=66°
따라서 맞꼭지각의 성질에 의해
∠x=∠BEH=66°

3 답 ⑤
△ABP≡△ADP(SAS 합동)이므로
∠ABP=∠ADP=20°
△ABP에서 ∠BAP=45°이므로
∠x=45°+20°=65°

3-1 답 30°
△DCE는 $\overline{DC}=\overline{DE}$인 이등변삼각형이므로
∠CDE=180°-(75°+75°)=30°
또, $\overline{DA}=\overline{DC}=\overline{DE}$이므로 △DAE는 이등변삼각형이다.
따라서 ∠ADE=90°+30°=120°이므로
$∠x=\frac{1}{2}×(180°-120°)=30°$

3-2 답 9
△OBE와 △OCF에서
$\overline{OB}=\overline{OC}$, ∠OBE=∠OCF=45°,
∠BOE=90°-∠COE=∠COF
즉, △OBE≡△OCF(ASA 합동)이므로
$\overline{CF}=\overline{BE}=2$
따라서 □ABCD는 한 변의 길이가 6인 정사각형이므로
□OECF=△OEC+△OCF
=△OEC+△OBE
=△OBC
$=\frac{1}{4}$□ABCD
$=\frac{1}{4}×6×6=9$

4 답 ⑤ 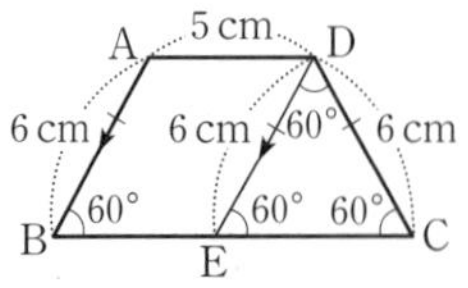
오른쪽 그림과 같이 점 D를 지
나고 $\overline{AB}$에 평행한 직선이 $\overline{BC}$
와 만나는 점을 E라 하면
□ABED는 평행사변형이므로
$\overline{BE}=\overline{AD}=5\,cm$

한편, △DEC에서 ∠DEC=∠ABC=∠DCE=60°이므로
△DEC는 정삼각형이다.

∴ $\overline{CE}=\overline{DE}=\overline{CD}=6\,cm$
∴ $\overline{BC}=\overline{BE}+\overline{CE}=5+6=11(cm)$

4-1 답 40°
△ABC≡△DCB(SAS 합동)이므로
∠ACB=∠DBC=40°
$\overline{AC}∥\overline{DE}$이므로 ∠x=∠ACB=40°(동위각)
| 다른 풀이 | 등변사다리꼴 ABCD에서 $\overline{AC}=\overline{DB}$
□ACED는 평행사변형이므로 $\overline{AC}=\overline{DE}$
따라서 $\overline{DB}=\overline{DE}$이므로 ∠x=∠DBE=40°

4-2 답 3 cm 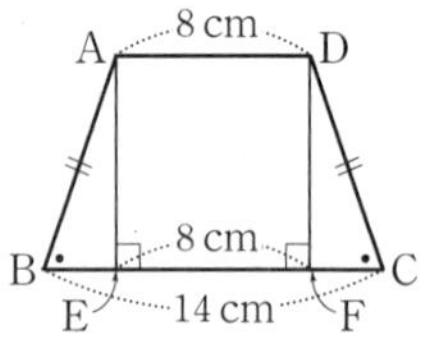
오른쪽 그림과 같이 점 D에서 $\overline{BC}$
에 내린 수선의 발을 F라 하면
□AEFD는 직사각형이므로
$\overline{EF}=\overline{AD}=8\,cm$
△ABE≡△DCF(RHA 합동)
이므로 $\overline{BE}=\overline{CF}$
∴ $\overline{BE}=\frac{1}{2}×(14-8)=3(cm)$

5 답 ③
두 대각선이 서로 다른 것을 이등분하는 사각형은 ㄱ, ㄴ,
ㄷ, ㅂ의 4개이므로
a=4
두 대각선이 서로 수직인 사각형은 ㄷ, ㅂ의 2개이므로
b=2
두 대각선의 길이가 같은 사각형은 ㄴ, ㅁ, ㅂ의 3개이므로
c=3
∴ a+b+c=4+2+3=9

5-1 답 ①, ③
두 대각선의 길이가 같은 것은 직사각형, 정사각형, 등변사
다리꼴이다.

5-2 답 직사각형
∠A+∠D=180°이므로 ∠FAD+∠ADF=90°
△ADF에서 ∠AFD=180°-90°=90°
같은 방법으로 ∠FGH=∠GHE=∠HEF=90°
따라서 □EFGH는 직사각형이다.

6 답 ②, ⑤ 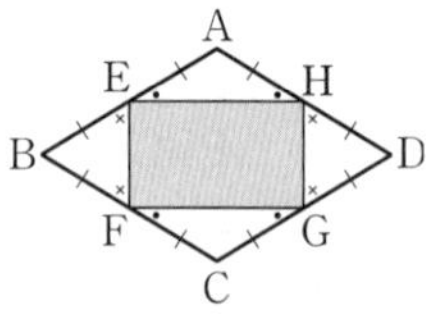
△AEH≡△CFG(SAS 합동)
△BFE≡△DGH(SAS 합동)
이므로 □EFGH에서
∠HEF=∠EFG=∠FGH
=∠GHE=180°-(·+×)
즉, □EFGH는 네 내각의 크기가 모두 같으므로 직사각형
이다.
①, ③, ④ 직사각형의 성질
②, ⑤ 마름모의 성질

6-1 답 ④, ⑤
④ 정사각형 − 정사각형
⑤ 등변사다리꼴 − 마름모

6-2 답 49 cm²

△AFE≡△BGF≡△CHG≡△DEH(SAS 합동)이므로 $\overline{EF}=\overline{FG}=\overline{GH}=\overline{HE}$이고,

∠HEF=∠EFG=∠FGH=∠GHE=90°이므로

□EFGH는 정사각형이다.

정사각형 EFGH의 한 변의 길이가 7 cm이므로 넓이는

$7\times7=49(cm^2)$

7 답 ⑤

$△ABE=△DBE \leftarrow \overline{AD}\,/\!/\,\overline{BC}에서$

$\qquad =△DBF \leftarrow \overline{BD}\,/\!/\,\overline{EF}에서$

$\qquad =△AFD \leftarrow \overline{AB}\,/\!/\,\overline{DC}에서$

7-1 답 11 cm²

$△ACD=△ACE=△ABE-△ABC$

$\qquad =21-10=11(cm^2)$

7-2 답 48 cm²

$\overline{AD}\,/\!/\,\overline{BC}이므로 △DBC=△ABC=72(cm^2)$

$∴ △OBC=△DBC-△OCD=72-24=48(cm^2)$

8 답 6 cm²

$\overline{BO}:\overline{OD}=2:1이므로 △CBO:△COD=2:1에서$

$△CBO=2△COD=2\times2=4(cm^2)$

$∴ △ABC=△DBC=△CBO+△COD$

$\qquad =4+2=6(cm^2)$

8-1 답 36 cm²

$△ACD=\dfrac{1}{2}□ABCD=\dfrac{1}{2}\times120=60(cm^2)$

$\overline{AC}\,/\!/\,\overline{EF}이므로 △ACE=△ACF$

또 $\overline{CF}:\overline{FD}=3:2이므로$

$△ACE=△ACF=\dfrac{3}{3+2}△ACD$

$\qquad\qquad\qquad =\dfrac{3}{5}\times60=36(cm^2)$

8-2 답 16 cm²

$△ABD:△ADC=3:4이므로$

$△ADC=\dfrac{4}{7}△ABC=\dfrac{4}{7}\times70=40(cm^2)$

또 $△DCE:△DEA=2:3이므로$

$△DCE=\dfrac{2}{5}△ADC=\dfrac{2}{5}\times40=16(cm^2)$

단원 마무리
개념북 60~62쪽

01 ③	**02** 22°	**03** ③	**04** ④	**05** 8 cm²
06 ②, ⑤		**07** 90°	**08** ③	**09** 90°
10 60°	**11** ①, ③	**12** ④	**13** ③	**14** 18 cm²
15 49 cm²		**16** ④	**17** 21°	**18** 40 cm
19 3 cm²				

01 $\overline{AD}\,/\!/\,\overline{BC}이므로 ∠AEB=∠DAE(엇각)$

∠BAE=∠DAE이므로 ∠AEB=∠BAE

따라서 △ABE는 이등변삼각형이므로

$\overline{BE}=\overline{AB}=\overline{CD}=4 cm$

$∴ \overline{CE}=\overline{BC}-\overline{BE}=9-4=5(cm)$

02 $\overline{AD}\,/\!/\,\overline{BC}이므로 ∠EBC=∠ADB=36°(엇각)$

△BCE는 ∠BEC=90°인 직각삼각형이므로

$∠BCE=180°-(90°+36°)=54°$

$∠BCD=∠A=76°이므로$

$∠x=76°-54°=22°$

03 $∠BAE=∠DAE=∠AEB=63°이므로$

$∠x=∠B=180°-(63°+63°)=54°$

04 ①, ③, ⑤ 한 쌍의 대변이 서로 평행하고 그 길이가 같으므로 평행사변형이다.

② 두 대각선이 서로 다른 것을 이등분하므로 평행사변형이다.

④ ∠A=∠B=70°, ∠C=∠D=110°인 □ABCD는 평행사변형이 아니다.

05 $△PDA+△PBC=\dfrac{1}{2}□ABCD=\dfrac{1}{2}\times48=24(cm^2)$

$16+△PBC=24 \quad ∴ △PBC=24-16=8(cm^2)$

06 평행사변형에서 이웃하는 두 변의 길이가 같거나 두 대각선이 서로 수직이면 마름모가 된다.

07 △ABH와 △DFH에서

∠ABH=∠DFH(엇각), $\overline{AB}=\overline{DF}$,

∠BAH=∠FDH(엇각)

이므로 △ABH≡△DFH(ASA 합동)

$∴ \overline{AH}=\overline{DH}$

$\overline{AD}=2\overline{AB}이므로 \overline{AB}=\overline{AH}=\overline{DH}$

같은 방법으로 △ABG≡△ECG(ASA 합동)이므로

$\overline{BG}=\overline{CG}$

$\overline{BC}=2\overline{AB}이므로 \overline{AB}=\overline{BG}=\overline{CG}$

이때 두 점 G, H를 이으면 □ABGH는 네 변의 길이가 모두 같으므로 마름모이다.

따라서 마름모의 두 대각선은 서로 수직이므로

∠GPH=90°

08 △ABO는 ∠AOB=90°인 직각삼각형이므로

$∠BAO=180°-(90°+40°)=50°$

$\overline{AB}\,/\!/\,\overline{CD}이므로 ∠DCO=∠BAO=50°(엇각)$

$∴ ∠x=50°$

△AHD는 ∠AHD=90°인 직각삼각형이고,

∠ADH=∠ABC=40°+40°=80°이므로

$∠DAH=180°-(90°+80°)=10° \quad ∴ ∠y=10°$

$∴ ∠x+∠y=50°+10°=60°$

09 △ADE와 △DCF에서

$\overline{AE}=\overline{DF}$, $\overline{AD}=\overline{DC}$, $\angle DAE=\angle CDF=90°$

이므로 △ADE≡△DCF(SAS 합동)

$\angle DGF=180°-(\angle DFG+\angle FDG)$
$\qquad\quad=180°-(\angle DFG+\angle DCF)$
$\qquad\quad=180°-90°=90°$

△DFG에서 $\angle CGE=\angle DGF=90°$

10 △BCD가 직각삼각형이므로 $\angle DBC=90°-\angle x$

$\overline{AD}/\!/\overline{BC}$이므로 $\angle ADB=\angle DBC=90°-\angle x$(엇각)

△ABD가 이등변삼각형이므로

$\angle ABD=\angle ADB=90°-\angle x$

따라서 $\angle ABC=\angle C$이므로

$2(90°-\angle x)=\angle x$, $180°-2\angle x=\angle x$

$3\angle x=180°$ $\quad\therefore \angle x=60°$

11 ② 평행사변형 중에는 마름모가 아닌 것도 있다.

④ 두 대각선의 길이가 같은 사각형 중에는 등변사다리꼴, 정사각형도 있다.

⑤ 한 쌍의 대각의 크기의 합이 180°인 평행사변형은 한 내각의 크기가 90°이므로 직사각형이다.

12 각 사각형의 각 변의 중점을 연결하여 만든 사각형은 다음과 같다.

평행사변형 ➡ 평행사변형, 직사각형 ➡ 마름모,

마름모 ➡ 직사각형, 정사각형 ➡ 정사각형,

등변사다리꼴 ➡ 마름모

이다. 따라서 각 변의 중점을 연결하여 만든 사각형이 마름모가 되는 사각형은 직사각형과 등변사다리꼴이다.

13 □EFGH는 평행사변형이다.

③ $\angle EHG=\angle EFG=70°$

14 $\overline{AC}/\!/\overline{DE}$이므로 △ACD=△ACE

$\overline{CE}=\dfrac{3}{5}\overline{BE}=\dfrac{3}{5}\times10=6\text{(cm)}$이므로

$\triangle ACD=\triangle ACE=\dfrac{1}{2}\times6\times6=18\text{(cm}^2)$

15 $\overline{BO}:\overline{DO}=4:3$이므로

$\triangle AOB=\triangle COD=\dfrac{3}{4}\triangle BOC=\dfrac{3}{4}\times16=12\text{(cm}^2)$

$\triangle AOD=\dfrac{3}{4}\triangle AOB=\dfrac{3}{4}\times12=9\text{(cm}^2)$

$\therefore$ □ABCD$=9+12+12+16=49\text{(cm}^2)$

16 $\triangle ACD=\dfrac{1}{2}$□ABCD$=\dfrac{1}{2}\times36=18\text{(cm}^2)$

$\overline{AE}:\overline{ED}=2:1$이므로

$\triangle ACE=\dfrac{2}{2+1}\triangle ACD=\dfrac{2}{3}\times18=12\text{(cm}^2)$

$\overline{AF}:\overline{FC}=1:2$이므로

$\triangle CEF=\dfrac{2}{1+2}\triangle ACE=\dfrac{2}{3}\times12=8\text{(cm}^2)$

17 1단계 △ABP와 △CBP에서

$\overline{AB}=\overline{CB}$, $\angle ABP=\angle CBP=45°$, $\overline{BP}$는 공통

이므로

△ABP≡△CBP(SAS 합동)

2단계 따라서 $\angle BPA=\angle BPC=66°$이므로

△ABP에서

$\angle BAP=180°-(66°+45°)=69°$

3단계 $\therefore \angle x=90°-69°=21°$

18 △ABE와 △DFE에서

$\angle AEB=\angle DEF$ (맞꼭지각), $\overline{AE}=\overline{DE}$,

$\angle BAE=\angle FDE$ (엇각)

이므로

△ABE≡△DFE(ASA 합동) ······ ❶

$\therefore \overline{DF}=\overline{AB}=6\text{ cm}$, $\overline{FE}=\overline{BE}=9\text{ cm}$ ······ ❷

따라서 △BCF의 둘레의 길이는

$\overline{BF}+\overline{CF}+\overline{BC}=(9+9)+(6+6)+10=40\text{(cm)}$

······ ❸

단계	채점 기준	비율
❶	△ABE≡△DFE임을 설명하기	40 %
❷	$\overline{DF}$, $\overline{FE}$의 길이 각각 구하기	30 %
❸	△BCF의 둘레의 길이 구하기	30 %

19 오른쪽 그림과 같이 $\overline{AQ}$를 그으면 ❶

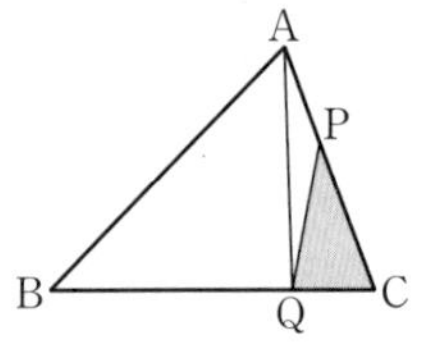

$\overline{BQ}:\overline{QC}=3:1$이므로

$\triangle AQC=\dfrac{1}{3+1}\triangle ABC$

$\qquad\quad=\dfrac{1}{4}\times20=5\text{(cm}^2)$ ······ ❷

또, $\overline{AP}:\overline{PC}=2:3$이므로

$\triangle CPQ=\dfrac{3}{2+3}\triangle AQC=\dfrac{3}{5}\times5=3\text{(cm}^2)$ ······ ❸

단계	채점 기준	비율
❶	$\overline{AQ}$(또는 $\overline{BP}$)를 그어서 두 개의 삼각형으로 나누기	30 %
❷	△AQC(또는 △BCP)의 넓이 구하기	30 %
❸	△CPQ의 넓이 구하기	40 %

| 다른 풀이 | 오른쪽 그림과 같이 $\overline{BP}$를 그으면

$\overline{AP}:\overline{PC}=2:3$이므로

$\triangle BCP=\dfrac{3}{2+3}\triangle ABC=\dfrac{3}{5}\times20=12\text{(cm}^2)$

또, $\overline{BQ}:\overline{QC}=3:1$이므로

$\triangle CPQ=\dfrac{1}{3+1}\triangle BCP=\dfrac{1}{4}\times12=3\text{(cm}^2)$

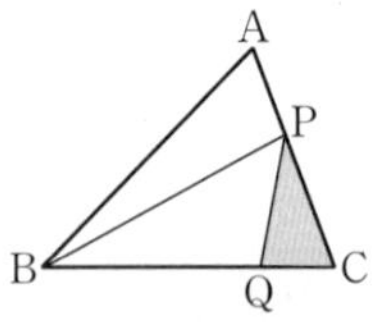

II | 도형의 닮음과 피타고라스 정리

II-1 | 도형의 닮음

1 닮은 도형

17 닮은 도형과 닮음의 성질
개념북 64쪽

◆확인 1◆ 답 (1) 2 : 3 (2) 6 cm (3) 30°

(1) $\overline{BC} : \overline{EF} = 8 : 12 = 2 : 3$

(2) $\overline{AB} : \overline{DE} = 2 : 3$이므로

$\overline{AB} : 9 = 2 : 3$

$3\overline{AB} = 18$ ∴ $\overline{AB} = 6(cm)$

(3) $\angle E = \angle B = 30°$

◆확인 2◆ 답 (1) 3 : 4 (2) 9 cm (3) 16 cm

(1) $\overline{FG} : \overline{F'G'} = 6 : 8 = 3 : 4$

(2) $\overline{AB} : \overline{A'B'} = 3 : 4$이므로

$\overline{AB} : 12 = 3 : 4$

$4\overline{AB} = 36$ ∴ $\overline{AB} = 9$ cm

(3) $\overline{BF} : \overline{B'F'} = 3 : 4$이므로

$12 : \overline{B'F'} = 3 : 4$

$3\overline{B'F'} = 48$ ∴ $\overline{B'F'} = 16$ cm

개념◆check
개념북 65쪽

1 답 ③

2 답 ③

③ $\angle A$에 대응하는 각은 $\angle D$이므로 $\angle A = \angle D$이다.

④ $\triangle ABC$와 $\triangle DEF$의 닮음비는

$\overline{AB} : \overline{DE} = 12 : 8 = 3 : 2$

3 답 ④

① 닮음비는 $\overline{VA} : \overline{V'A'} = 9 : 12 = 3 : 4$

$\overline{AB} : \overline{A'B'} = 3 : 4$이므로

$\overline{AB} : 8 = 3 : 4$ ∴ $\overline{AB} = 6(cm)$

④ $\triangle ABC \backsim \triangle A'B'C'$이지만 합동인 것은 아니므로 두 삼각형의 넓이는 다르다.

4 답 ②

두 원뿔의 닮음비는 모선의 길이의 비이므로 $6 : 9 = 2 : 3$이다.

작은 원뿔의 밑면의 반지름의 길이를 r cm라 하면

$r : 6 = 2 : 3$, $3r = 12$ ∴ $r = 4$

따라서 작은 원뿔의 밑면의 둘레의 길이는

$2\pi \times 4 = 8\pi(cm)$

| 다른 풀이 | 두 원뿔의 닮음비가 $2 : 3$이고 큰 원뿔의 둘레의 길이는 $2\pi \times 6 = 12\pi(cm)$이므로 작은 원뿔의 둘레의 길이를 l cm라 하면 $2 : 3 = l : 12\pi$, $3l = 24\pi$ ∴ $l = 8\pi$ 따라서 작은 원뿔의 밑면의 둘레의 길이는 8π cm이다.

2 삼각형의 닮음 조건

18 삼각형의 닮음 조건
개념북 66쪽

◆확인 1◆ 답 SAS 닮음

$\triangle ABC$와 $\triangle DEF$에서

$\overline{AB} : \overline{DE} = 12 : 6 = 2 : 1$, $\overline{BC} : \overline{EF} = 18 : 9 = 2 : 1$,

$\angle B = \angle E = 40°$

따라서 두 쌍의 대응하는 변의 길이의 비가 같고 그 끼인각의 크기가 같으므로

$\triangle ABC \backsim \triangle DEF$(SAS 닮음)

◆확인 2◆ 답 $\triangle ABC \backsim \triangle ADE$(AA 닮음)

$\triangle ABC$와 $\triangle ADE$에서

$\angle A$는 공통, $\angle B = \angle ADE = 70°$

따라서 두 쌍의 대응하는 각의 크기가 각각 같으므로

$\triangle ABC \backsim \triangle ADE$(AA 닮음)

개념◆check
개념북 67쪽

01 답 ㄱ과 ㅁ: AA 닮음, ㄴ과 ㅂ: SAS 닮음, ㄷ과 ㄹ: SSS 닮음

02 답 4

$\triangle ABC$와 $\triangle DEC$에서

$\overline{AC} : \overline{DC} = 6 : 18 = 1 : 3$, $\overline{BC} : \overline{EC} = 7 : 21 = 1 : 3$,

$\angle ACB = \angle DCE$ (맞꼭지각)

이므로 $\triangle ABC \backsim \triangle DEC$(SAS 닮음)

따라서 $\overline{AB} : \overline{DE} = 1 : 3$이므로 $\overline{AB} : 12 = 1 : 3$

$3\overline{AB} = 12$ ∴ $\overline{AB} = 4$

03 답 ②

$\triangle ABC$와 $\triangle CBD$에서

$\overline{AB} : \overline{CB} = 12 : 6 = 2 : 1$, $\overline{BC} : \overline{BD} = 6 : 3 = 2 : 1$

$\angle B$는 공통

이므로 $\triangle ABC \backsim \triangle CBD$(SAS 닮음)

따라서 $\overline{AC} : \overline{CD} = 2 : 1$이므로

$\overline{AC} : 4 = 2 : 1$ ∴ $\overline{AC} = 8$

04 답 $\triangle ABC \backsim \triangle ADE$, AA 닮음

$\triangle ABC$와 $\triangle ADE$에서

$\angle A$는 공통이고

$\overline{BC} /\!/ \overline{DE}$이므로 $\angle ABC = \angle ADE$(동위각)

따라서 두 쌍의 대응하는 각의 크기가 각각 같으므로

$\triangle ABC \backsim \triangle ADE$(AA 닮음)

19 직각삼각형의 닮음
개념북 68쪽

◆확인 1◆ 답 9

$\overline{AC}^2 = \overline{CH} \times \overline{CB}$이므로

$20^2 = 16 \times (16 + x)$, $16x = 144$

∴ $x = 9$

◆확인 2◆ **답** 6

$\overline{AH}^2=\overline{BH}\times\overline{CH}$이므로

$x^2=4\times9=36=6^2$

$\therefore x=6\ (\because x>0)$

개념·check 개념북 69쪽

01 **답** (1) $\triangle ABC\infty\triangle EDC$(AA 닮음) (2) $\dfrac{7}{2}$

(1) $\triangle ABC$와 $\triangle EDC$에서

$\angle BAC=\angle DEC=90°$, $\angle C$는 공통

이므로 $\triangle ABC\infty\triangle EDC$(AA 닮음)

(2) $\overline{AC}:\overline{EC}=\overline{BC}:\overline{DC}$이므로 $6:4=(\overline{BE}+4):5$

$4\overline{BE}+16=30$, $4\overline{BE}=14$ $\therefore \overline{BE}=\dfrac{7}{2}$

02 **답** $\dfrac{48}{5}$

$\triangle ABC$와 $\triangle AMD$에서

$\angle A$는 공통, $\angle ABC=\angle AMD=90°$

이므로 $\triangle ABC\infty\triangle AMD$(AA 닮음)

따라서 $\overline{AC}:\overline{AD}=\overline{BC}:\overline{MD}$이므로 $16:10=\overline{BC}:6$

$10\overline{BC}=96$ $\therefore \overline{BC}=\dfrac{48}{5}$

03 **답** $\dfrac{60}{13}$

$\overline{AB}\times\overline{AC}=\overline{BC}\times\overline{AH}$이므로 $5\times12=13\times x$

$13x=60$ $\therefore x=\dfrac{60}{13}$

04 **답** ②

$\overline{AB}^2=\overline{BD}\times\overline{BC}$이므로 $10^2=8\times(8+x)$

$100=8x+64$, $8x=36$ $\therefore x=\dfrac{9}{2}$

$\overline{AB}\times\overline{AC}=\overline{BC}\times\overline{AD}$이므로 $10\times y=\left(8+\dfrac{9}{2}\right)\times6$

$10y=75$ $\therefore y=\dfrac{15}{2}$

$\therefore x+y=\dfrac{9}{2}+\dfrac{15}{2}=12$

| 다른 풀이 | $\overline{AD}^2=\overline{BD}\times\overline{CD}$이므로

$6^2=8\times x$, $8x=36$ $\therefore x=\dfrac{9}{2}$

$\overline{AB}\times\overline{AC}=\overline{BC}\times\overline{AD}$이므로

$10\times y=\left(8+\dfrac{9}{2}\right)\times6$, $10y=75$ $\therefore y=\dfrac{15}{2}$

$\therefore x+y=\dfrac{9}{2}+\dfrac{15}{2}=12$

유형·check 개념북 70~71쪽

1 **답** ④

① SSS 닮음

② AA 닮음

③ SAS 닮음

④ $\angle A$와 $\angle D$는 길이의 비가 주어진 두 변의 끼인각이 아

니므로 두 삼각형이 닮음이 아니다.

⑤ $\triangle ABC$에서 $\angle A=30°$, $\angle B=50°$이므로

$\angle C=180°-(30°+50°)=100°$

$\triangle ABC$와 $\triangle DEF$에서 $\angle A=\angle D$, $\angle C=\angle F$이므로

$\triangle ABC\infty\triangle DEF$(AA 닮음)

1-1 **답** ⑤

① $\triangle ABC$에서 $\angle B$가 주어진 두 변의 끼인각이 아니므로

두 삼각형은 닮음이 아니다.

③ $\triangle DEF$에서 $\angle F$가 주어진 두 변의 끼인각이 아니므로

두 삼각형은 닮음이 아니다.

④ $\triangle ABC$에서 $\angle B=55°$, $\angle C=50°$이므로

$\angle A=180°-(55°+50°)=75°$

$\triangle ABC$와 $\triangle DEF$에서 $\angle A=\angle D$, $\angle C\neq\angle F$

이므로 두 삼각형은 닮음이 아니다.

⑤ $\triangle ABC$에서 $\angle A=65°$, $\angle B=55°$이므로

$\angle C=180°-(65°+55°)=60°$

$\triangle ABC$와 $\triangle DEF$에서 $\angle B=\angle E$, $\angle C=\angle F$

이므로 $\triangle ABC\infty\triangle DEF$(AA 닮음)

2 **답** 12

$\triangle ABC$와 $\triangle EDC$에서

$\overline{AC}:\overline{EC}=\overline{BC}:\overline{DC}=3:1$, $\angle C$는 공통

이므로 $\triangle ABC\infty\triangle EDC$(SAS 닮음)

따라서 $\overline{AB}:\overline{ED}=3:1$이므로

$\overline{AB}:4=3:1$ $\therefore \overline{AB}=12$

2-1 **답** 4 cm

$\triangle BEM$과 $\triangle DEA$에서

$\angle BEM=\angle DEA$ (맞꼭지각),

$\angle EBM=\angle EDA$ (엇각)

이므로 $\triangle BEM\infty\triangle DEA$(AA 닮음)

$\overline{BE}=x$ cm로 놓으면 $\overline{DE}=(12-x)$ cm이고,

$\overline{BM}=\dfrac{1}{2}\overline{AD}=\dfrac{1}{2}\times10=5$(cm)이므로

$\overline{BM}:\overline{DA}=\overline{BE}:\overline{DE}$, 즉 $5:10=x:(12-x)$

$10x=60-5x$, $15x=60$ $\therefore x=4$

따라서 $\overline{BE}$의 길이는 4 cm이다.

2-2 **답** $\dfrac{9}{4}$ cm

$\triangle ABD$와 $\triangle DCE$에서 $\angle B=\angle C=60°$이고

$\angle BAD=180°-(\angle B+\angle ADB)$

$=180°-(\angle ADE+\angle ADB)=\angle CDE$

이므로 $\triangle ABD\infty\triangle DCE$(AA 닮음)

따라서 $\overline{AB}:\overline{DC}=\overline{BD}:\overline{CE}$이므로

$12:9=3:\overline{CE}$, $12\overline{CE}=27$

$\therefore \overline{CE}=\dfrac{9}{4}$ cm

3 **답** ④

$\angle ABC=90°-\angle BAC=\angle EAC$,

$\angle EAC=90°-\angle AEC=\angle DEA$

이므로

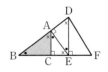

$\angle ABC = \angle EAC = \angle DEA$

$\therefore \triangle ABC \backsim \triangle EAC \backsim \triangle DEA \backsim \triangle DBE \backsim \triangle EBA$

(AA 닮음)

3-1 답 12 cm

$\triangle AEF$와 $\triangle DFC$에서

$\angle A = \angle D = 90°$,

$\angle AEF = 90° - \angle AFE = \angle DFC$

이므로 $\triangle AEF \backsim \triangle DFC$(AA 닮음)

따라서 $\overline{AF} : \overline{DC} = \overline{AE} : \overline{DF}$이므로

$3 : 9 = 4 : \overline{DF}$, $3\overline{DF} = 36$

$\therefore \overline{DF} = 12$ cm

3-2 답 $\dfrac{45}{8}$ cm

$\angle EBD = \angle CBD$ (접은 각), $\angle CBD = \angle EDB$ (엇각)이므로

$\angle EBD = \angle EDB$

즉 $\triangle EBD$는 $\overline{EB} = \overline{ED}$인 이등변삼각형이므로

$\overline{BF} = \overline{FD} = \dfrac{15}{2}$ cm

한편, $\triangle ABD$와 $\triangle FED$에서

$\angle ADB = \angle FDE$는 공통, $\angle BAD = \angle EFD = 90°$

이므로 $\triangle ABD \backsim \triangle FED$(AA 닮음)

따라서 $\overline{BA} : \overline{EF} = \overline{AD} : \overline{FD}$이므로

$9 : \overline{EF} = 12 : \dfrac{15}{2}$, $12\overline{EF} = \dfrac{135}{2}$

$\therefore \overline{EF} = \dfrac{45}{8}$ cm

4 답 ②

$\overline{AD}^2 = \overline{BD} \times \overline{CD}$이므로

$8^2 = \overline{BD} \times 6$ $\therefore \overline{BD} = \dfrac{32}{3}$ cm

또, $\overline{AC}^2 = \overline{CD} \times \overline{CB}$이므로

$\overline{AC}^2 = 6 \times \left(\dfrac{32}{3} + 6\right) = 100$

$\therefore \overline{AC} = 10$ cm $(\because \overline{AC} > 0)$

4-1 답 16 cm

$\triangle BCD$에서 $\overline{CB} \times \overline{CD} = \overline{BD} \times \overline{CE}$이므로

$20 \times 15 = \overline{BD} \times 12$, $12\overline{BD} = 300$

$\therefore \overline{BD} = 25$ cm

$\overline{BC}^2 = \overline{BE} \times \overline{BD}$이므로

$20^2 = \overline{BE} \times 25$, $25\overline{BE} = 400$

$\therefore \overline{BE} = 16$ cm

4-2 답 $\dfrac{72}{13}$

$\triangle ABC$에서 $\overline{AD}^2 = \overline{BD} \times \overline{CD}$이므로

$6^2 = \overline{BD} \times 4$, $4\overline{BD} = 36$ $\therefore \overline{BD} = 9$

점 M은 $\triangle ABC$의 외심이므로

$\overline{AM} = \overline{BM} = \overline{CM} = \dfrac{1}{2}\overline{BC} = \dfrac{1}{2} \times (9+4) = \dfrac{13}{2}$

$\triangle AMD$에서 $\overline{AD}^2 = \overline{AH} \times \overline{AM}$이므로

$6^2 = \overline{AH} \times \dfrac{13}{2}$, $\dfrac{13}{2}\overline{AH} = 36$ $\therefore \overline{AH} = \dfrac{72}{13}$

단원 마무리 개념북 72~74쪽

01 ②, ④		02 ⑤	03 ④	04 ③
05 ⑤	06 384π	07 ③	08 ③	09 ②
10 ②	11 ④	12 $\dfrac{20}{7}$ cm		13 $\dfrac{5}{2}$
14 ⑤	15 $\dfrac{20}{7}$ cm		16 $\dfrac{25}{4}$	17 7 cm

01 ② 닮은 두 입체도형에서 대응하는 면은 서로 닮은 도형이므로 합동인 경우 외에는 넓이가 서로 다르다.

④ 두 정사각형은 항상 닮은 도형이다.

02 $\overline{BA} : \overline{BA'} = (4+1) : 4 = 5 : 4$이므로 $\square ABCD$와 $\square A'BC'D'$의 닮음비는 5 : 4이다.

$\therefore \overline{AD} : \overline{A'D'} = 5 : 4$

03 ④ 닮은 도형에서 대응하는 각의 크기는 같으므로

$\angle D = \angle H$

04 A3 용지의 긴 변의 길이를 a라 하면 A7 용지의 긴 변의 길이는 $\dfrac{1}{4}a$이다.

따라서 A3 용지와 A7 용지의 닮음비는

$a : \dfrac{1}{4}a = 4a : a = 4 : 1$

05 두 원기둥의 높이의 비가 4 : 8 = 1 : 2이므로 닮음비는 1 : 2이다.

큰 원기둥의 밑면의 반지름의 길이를 x라 하면

$3 : x = 1 : 2$ $\therefore x = 6$

큰 원기둥을 회전축을 포함하는 평면으로 자른 단면인 직사각형의 가로의 길이는 큰 원기둥의 밑면의 지름의 길이와 같으므로 구하는 단면의 넓이는

$(6 \times 2) \times 8 = 96$

06 수면의 높이는 $27 \times \dfrac{2}{3} = 18$

수면의 반지름의 길이를 r라 하면

$r : 12 = 18 : 27$, $27r = 216$ $\therefore r = 8$

따라서 물의 부피는

$\dfrac{1}{3} \times \pi \times 8^2 \times 18 = 384\pi$

07 $\triangle ABC$와 $\triangle DBA$에서

$\overline{AB} : \overline{DB} = \overline{BC} : \overline{BA} = 4 : 3$, $\angle B$는 공통

이므로 $\triangle ABC \backsim \triangle DBA$(SAS 닮음)

따라서 $\overline{AC} : \overline{DA} = 4 : 3$이므로

$8 : x = 4 : 3$, $4x = 24$ $\therefore x = 6$

08 $\triangle ABC$와 $\triangle DBA$에서

$\overline{AB} : \overline{DB} = \overline{BC} : \overline{BA} = 3 : 2$, $\angle B$는 공통

이므로 △ABC∽△DBA(SAS 닮음)

∴ ∠BAC=∠BDA=180°−115°=65°

09 △ABC와 △EDC에서

$\overline{AC}:\overline{EC}=\overline{BC}:\overline{DC}=2:3$,

∠ACB=∠ECD (맞꼭지각)

이므로 △ABC∽△EDC(SAS 닮음)

$\overline{AB}:\overline{ED}=2:3$이므로

$10:x=2:3$, $2x=30$ ∴ $x=15$

∠CED=∠CAB=35°이므로 $y=35$

∴ $|x-y|=|15-35|=|-20|=20$

10 △ABC와 △ADE에서

∠A는 공통, ∠ACB=∠AED

이므로 △ABC∽△ADE(AA 닮음)

따라서 닮음비는 $\overline{AC}:\overline{AE}=10:4=5:2$이다.

ㄱ. $\overline{AB}:\overline{AD}=5:2$이므로 $(x+9):x=5:2$

 $5x=2x+18$, $3x=18$ ∴ $x=6$

ㄴ. $\overline{BC}:\overline{DE}=5:2$이므로 $y:7=5:2$

 $2y=35$ ∴ $y=\dfrac{35}{2}$

ㄷ. 동위각의 크기가 같으므로 $\overline{BC}\,/\!/\,\overline{DE}$

ㄹ. $\overline{AB}:\overline{AD}=5:2$이므로 $5\overline{AD}=2\overline{AB}$

ㅁ. △ABC와 △ADE의 닮음비는 $\overline{AC}:\overline{AE}=5:2$이다.

따라서 옳은 것은 ㄱ, ㄷ, ㄹ이다.

11 △ABD와 △ACE에서

∠A는 공통, ∠ADB=∠AEC=90°

이므로 △ABD∽△ACE(AA 닮음)

$\overline{AE}=x$로 놓으면 $\overline{AD}:\overline{AE}=\overline{AB}:\overline{AC}$이므로

$6:x=12:9$, $12x=54$ ∴ $x=\dfrac{9}{2}$

∴ $\overline{BE}=\overline{AB}-\overline{AE}=12-\dfrac{9}{2}=\dfrac{15}{2}$

12 △EOD와 △DCB에서

$\overline{AD}\,/\!/\,\overline{BC}$이므로 ∠EDO=∠DBC (엇각),

∠EOD=∠DCB=90°

이므로 △EOD∽△DCB(AA 닮음)

따라서 $\overline{EO}:\overline{DC}=\overline{DO}:\overline{BC}$이므로

$\overline{EO}:5=4:7$, $7\overline{EO}=20$ ∴ $\overline{EO}=\dfrac{20}{7}$ cm

13 △ABC′과 △DC′E에서

∠A=∠D=90°, ∠AC′B=90°−∠DC′E=∠DEC′

이므로 △ABC′∽△DC′E(AA 닮음)

∴ $\dfrac{\overline{AC'}}{\overline{DE}}=\dfrac{\overline{AB}}{\overline{DC'}}=\dfrac{10}{4}=\dfrac{5}{2}$

14 $\overline{AD}^2=\overline{BD}\times\overline{CD}$이므로

$8^2=\overline{BD}\times4$, $4\overline{BD}=64$ ∴ $\overline{BD}=16$ cm

∴ △ABD$=\dfrac{1}{2}\times16\times8=64\,(\text{cm}^2)$

15 1단계 $\overline{DE}=x$ cm로 놓으면 $\overline{DE}:\overline{DG}=1:3$이므로

 $\overline{DG}=3x$ cm

2단계 △ABC와 △ADG에서

 ∠A는 공통,

 $\overline{BC}\,/\!/\,\overline{DG}$에서 ∠ABC=∠ADG (동위각)

 이므로 △ABC∽△ADG(AA 닮음)

 ∴ $\overline{AB}:\overline{AD}=\overline{BC}:\overline{DG}$ ······ ㉠

3단계 △ABH와 △ADI에서

 ∠BAH=∠DAI는 공통,

 ∠AHB=∠AID=90°

 이므로 △ABH∽△ADI(AA 닮음)

 ∴ $\overline{AB}:\overline{AD}=\overline{AH}:\overline{AI}$ ······ ㉡

4단계 ㉠, ㉡에서 $\overline{BC}:\overline{DG}=\overline{AH}:\overline{AI}$이므로

 $12:3x=10:(10-x)$

 $30x=120-12x$, $42x=120$ ∴ $x=\dfrac{20}{7}$

 따라서 $\overline{DE}$의 길이는 $\dfrac{20}{7}$ cm이다.

16 △DBE와 △ECF에서

∠B=∠C=60°,

∠DEF=∠A=60°이므로

∠BED=180°−(60°+∠CEF)

  =180°−(∠ECF+∠CEF)=∠CFE

즉, △DBE∽△ECF(AA 닮음) ······ ❶

한편, $\overline{AD}=\overline{ED}=7$이고 △ABC가 정삼각형이므로

$\overline{CE}=(7+8)-5=10$ ······ ❷

따라서 $\overline{BE}:\overline{CF}=\overline{BD}:\overline{CE}$이므로

$5:\overline{CF}=8:10$, $8\overline{CF}=50$ ∴ $\overline{CF}=\dfrac{25}{4}$ ······ ❸

단계	채점 기준	비율
❶	△DBE∽△ECF임을 보이기	40 %
❷	$\overline{CE}$의 길이 구하기	30 %
❸	$\overline{CF}$의 길이 구하기	30 %

17 △ABD에서 $\overline{AB}^2=\overline{BP}\times\overline{BD}$이므로

$15^2=9\times\overline{BD}$, $9\overline{BD}=225$ ∴ $\overline{BD}=25$ cm ······ ❶

△ABP와 △CDQ에서

$\overline{AB}=\overline{CD}$, ∠APB=∠CQD=90°,

∠ABP=∠CDQ (엇각)

이므로 △ABP≡△CDQ(RHA 합동) ······ ❷

따라서 $\overline{DQ}=\overline{BP}=9$ cm이므로 ······ ❸

$\overline{PQ}=25-(9+9)=7\,(\text{cm})$ ······ ❹

단계	채점 기준	비율
❶	$\overline{BD}$의 길이 구하기	40 %
❷	△ABP≡△CDQ임을 보이기	30 %
❸	$\overline{DQ}$의 길이 구하기	10 %
❹	$\overline{PQ}$의 길이 구하기	20 %

II-2 | 닮은 도형의 성질

1 평행선과 선분의 길이의 비

20 삼각형에서 평행선과 선분의 길이의 비 (1) 개념북 76쪽

◆확인 1◆ 답 10

$\overline{AB} : \overline{AD} = \overline{AC} : \overline{AE}$이므로

$x : 4 = 15 : 6, 6x = 60$ ∴ $x = 10$

◆확인 2◆ 답 12

$\overline{AD} : \overline{DB} = \overline{AE} : \overline{EC}$이므로

$9 : 15 = x : 20, 15x = 180$ ∴ $x = 12$

개념◆check 개념북 77쪽

01 답 ④

$\overline{AD} : \overline{DB} = \overline{AE} : \overline{EC}$이므로

$9 : 4.5 = 6 : x, 9x = 27$ ∴ $x = 3$

또, $\overline{AE} : \overline{AC} = \overline{DE} : \overline{BC}$이므로

$6 : (6+3) = 8 : y, 6y = 72$ ∴ $y = 12$

02 답 ③

$\overline{AD} : \overline{DB} = \overline{AE} : \overline{EC}$이므로

$x : 2 = 9 : 3, 3x = 18$ ∴ $x = 6$

또, $\overline{AC} : \overline{AE} = \overline{BC} : \overline{DE}$이므로

$(9+3) : 9 = y : 6, 9y = 72$ ∴ $y = 8$

∴ $x + y = 6 + 8 = 14$

03 답 $\dfrac{3}{2}$

$\overline{AC} : \overline{AE} = \overline{BC} : \overline{DE}$이므로

$6 : 3 = 8 : x, 6x = 24$ ∴ $x = 4$

또, $\overline{AB} : \overline{AD} = \overline{AC} : \overline{AE}$이므로

$5 : y = 6 : 3, 6y = 15$ ∴ $y = \dfrac{5}{2}$

∴ $x - y = 4 - \dfrac{5}{2} = \dfrac{3}{2}$

04 답 60

$\overline{AB} : \overline{AD} = \overline{AC} : \overline{AE}$이므로

$6 : 15 = 8 : \overline{AE}, 6\overline{AE} = 120$ ∴ $\overline{AE} = 20$

또, $\overline{AB} : \overline{AD} = \overline{BC} : \overline{DE}$이므로

$6 : 15 = 10 : \overline{DE}, 6\overline{DE} = 150$ ∴ $\overline{DE} = 25$

∴ (△ADE의 둘레의 길이) $= \overline{AD} + \overline{AE} + \overline{DE}$
$= 15 + 20 + 25 = 60$

21 삼각형에서 평행선과 선분의 길이의 비 (2) 개념북 78쪽

◆확인 1◆ 답 (ㄴ)

(ㄱ) $\overline{AB} : \overline{AD} = 8 : 3, \overline{AC} : \overline{AE} = 6 : 2 = 3 : 1$

따라서 $\overline{AB} : \overline{AD} \neq \overline{AC} : \overline{AE}$이므로 $\overline{BC}$와 $\overline{DE}$는 평행하지 않다.

(ㄴ) $\overline{AB} : \overline{AD} = 2 : (8-2) = 1 : 3$,

$\overline{AC} : \overline{AE} = 3 : 9 = 1 : 3$

따라서 $\overline{AB} : \overline{AD} = \overline{AC} : \overline{AE}$이므로 $\overline{BC} /\!/ \overline{DE}$이다.

◆확인 2◆ 답 $\dfrac{25}{2}$

$\overline{AD} : \overline{DB} = \overline{AE} : \overline{EC}$이어야 하므로

$5 : x = 6 : 15, 6x = 75$ ∴ $x = \dfrac{25}{2}$

개념◆check 개념북 79쪽

01 답 ③, ⑤

③ $7.5 : 3 = 5 : 2$이므로 $\overline{BC} /\!/ \overline{DE}$

⑤ $4.5 : 9 = (12-8) : 8 = 1 : 2$이므로 $\overline{BC} /\!/ \overline{DE}$

02 답 ④

④ $10 : 5 \neq (15-8) : 8$이므로 $\overline{BC}$와 $\overline{DE}$는 평행하지 않다.

03 답 ④, ⑤

①, ②, ③ $\overline{AD} : \overline{DB} = \overline{AE} : \overline{EC} = 7 : 5$, $\angle A$는 공통이므로

△ABC ∽ △ADE(SAS 닮음) ∴ $\overline{BC} /\!/ \overline{DE}$

④, ⑤ $\overline{BC} : \overline{DE} = \overline{AC} : \overline{AE} = (7+5) : 7 = 12 : 7$이므로

$10 : \overline{DE} = 12 : 7, 12\overline{DE} = 70$

∴ $\overline{DE} = \dfrac{35}{6}$ cm

22 삼각형의 내각과 외각의 이등분선 개념북 80쪽

◆확인 1◆ 답 9

$15 : x = 10 : (16-10), 10x = 90$ ∴ $x = 9$

◆확인 2◆ 답 6

$9 : x = (4+8) : 8, 12x = 72$ ∴ $x = 6$

개념◆check 개념북 81쪽

01 답 (1) 6 (2) $\dfrac{48}{7}$

(1) $\overline{AD} /\!/ \overline{EC}$이므로

$\angle BAD = \angle AEC$(동위각), $\angle DAC = \angle ACE$(엇각)

이때 $\angle BAD = \angle DAC$이므로 $\angle AEC = \angle ACE$

따라서 △ACE는 $\overline{AE} = \overline{AC}$인 이등변삼각형이므로

$\overline{AE} = \overline{AC} = 6$

(2) $\overline{AB} : \overline{AC} = \overline{BD} : \overline{CD}$이고 $\overline{CD} = 12 - \overline{BD}$이므로

$8 : 6 = \overline{BD} : (12 - \overline{BD}), 6\overline{BD} = 96 - 8\overline{BD}$

$14\overline{BD} = 96$ ∴ $\overline{BD} = \dfrac{48}{7}$

02 답 5

$\overline{AB} : \overline{AC} = \overline{BD} : \overline{CD}$이므로

$10 : 12 = x : (11-x), 12x = 110 - 10x$

$22x = 110$ ∴ $x = 5$

03 답 6

$\overline{AB} : \overline{AC} = \overline{BD} : \overline{CD}$이고, $\overline{CD} = 30 - \overline{BC}$이므로

$20 : 16 = 30 : (30 - \overline{BC})$, $600 - 20\overline{BC} = 480$

$20\overline{BC} = 120$ ∴ $\overline{BC} = 6$

04 답 8

$\overline{AB} : \overline{AC} = \overline{BD} : \overline{CD}$이고, $\overline{BD} = 8 + \overline{CD}$이므로

$12 : 6 = (8 + \overline{CD}) : \overline{CD}$, $12\overline{CD} = 48 + 6\overline{CD}$

$6\overline{CD} = 48$ ∴ $\overline{CD} = 8$

---

23 평행선 사이의 선분의 길이의 비 개념북 82쪽

◆확인 1◆ 답 5 : 4

◆확인 2◆ 답 9

$(x - 6) : 6 = 5 : 10$, $10x - 60 = 30$

$10x = 90$ ∴ $x = 9$

| 다른 풀이 | $x : 6 = (5 + 10) : 10$, $10x = 90$

∴ $x = 9$

◆확인 3◆ 답 10

$(x - 2) : 2 = 12 : 3$, $3x - 6 = 24$

$3x = 30$ ∴ $x = 10$

| 다른 풀이 | $x : 2 = (12 + 3) : 3$, $3x = 30$

∴ $x = 10$

개념+check 개념북 83쪽

01 답 $\overline{GC}$, $\overline{DE}$, $\overline{BC}$, $\overline{EF}$

02 답 ③, ⑤

③ $\overline{AB} : \overline{AC} = \overline{BG} : \overline{CF}$

⑤ $\overline{DF} : \overline{EF} = \overline{AD} : \overline{GE}$

03 답 21

$4 : 12 = 5 : x$, $4x = 60$ ∴ $x = 15$

$4 : 12 = y : 18$, $12y = 72$ ∴ $y = 6$

∴ $x + y = 15 + 6 = 21$

04 답 ②

$16 : x = 20 : 15$, $20x = 240$ ∴ $x = 12$

$20 : 15 = 12 : (y - 12)$, $20y - 240 = 180$

$20y = 420$ ∴ $y = 21$

∴ $x + y = 12 + 21 = 33$

---

24 사다리꼴에서 평행선 사이의 선분의 길이의 비 개념북 84쪽

◆확인 1◆ 답 (1) 6 (2) 2 (3) 8

(1) △ABC에서 $3 : (3 + 2) = \overline{EG} : 10$

$5\overline{EG} = 30$ ∴ $\overline{EG} = 6$

(2) △CDA에서 $2 : (2 + 3) = \overline{GF} : 5$

$5\overline{GF} = 10$ ∴ $\overline{GF} = 2$

(3) $\overline{EF} = \overline{EG} + \overline{GF} = 6 + 2 = 8$

개념+check 개념북 85쪽

01 답 $\dfrac{31}{5}$

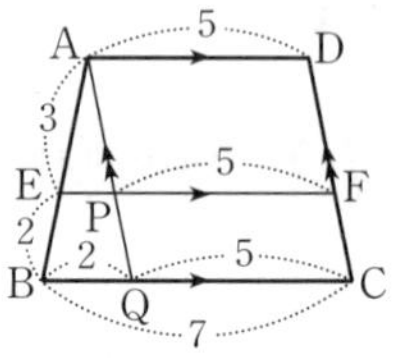

오른쪽 그림과 같이 점 A를 지나고 $\overline{DC}$에 평행한 직선과 $\overline{EF}$, $\overline{BC}$의 교점을 각각 P, Q라 하면

$\overline{PF} = \overline{QC} = \overline{AD} = 5$

$\overline{BQ} = \overline{BC} - \overline{QC} = 7 - 5 = 2$

△ABQ에서 $\overline{AE} : \overline{AB} = \overline{EP} : \overline{BQ}$이므로

$3 : (3 + 2) = \overline{EP} : 2$, $5\overline{EP} = 6$ ∴ $\overline{EP} = \dfrac{6}{5}$

∴ $\overline{EF} = \overline{EP} + \overline{PF} = \dfrac{6}{5} + 5 = \dfrac{31}{5}$

02 답 $x = \dfrac{20}{3}$, $y = \dfrac{34}{3}$

$\overline{AD} \parallel \overline{EF} \parallel \overline{BC}$이므로 $\overline{AE} : \overline{EB} = \overline{DF} : \overline{FC}$

$3 : 5 = 4 : x$, $3x = 20$ ∴ $x = \dfrac{20}{3}$

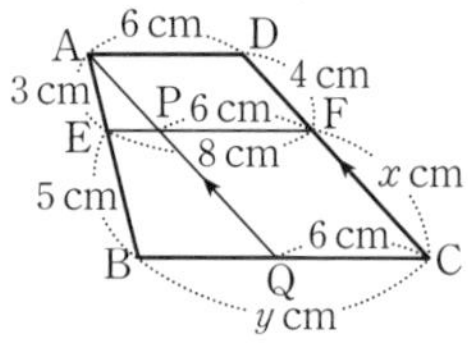

오른쪽 그림과 같이 점 A를 지나고 $\overline{DC}$에 평행한 직선과 $\overline{EF}$, $\overline{BC}$의 교점을 각각 P, Q라 하면

$\overline{QC} = \overline{PF} = \overline{AD} = 6\,\mathrm{cm}$

$\overline{EP} = \overline{EF} - \overline{PF} = 8 - 6 = 2\,(\mathrm{cm})$

△ABQ에서 $\overline{AE} : \overline{AB} = \overline{EP} : \overline{BQ}$이므로

$3 : (3 + 5) = 2 : \overline{BQ}$, $3\overline{BQ} = 16$ ∴ $\overline{BQ} = \dfrac{16}{3}$

∴ $y = \overline{BQ} + \overline{QC} = \dfrac{16}{3} + 6 = \dfrac{34}{3}$

03 답 (1) $\dfrac{28}{11}$ (2) 4

(1) △ABE ∽ △CDE (AA 닮음)이므로

$\overline{AE} : \overline{CE} = \overline{AB} : \overline{CD} = 4 : 7$

△CAB에서 $\overline{CE} : \overline{CA} = \overline{EF} : \overline{AB}$이므로

$7 : (7 + 4) = \overline{EF} : 4$, $11\overline{EF} = 28$ ∴ $\overline{EF} = \dfrac{28}{11}$

(2) △ABE ∽ △CDE (AA 닮음)이므로

$\overline{BE} : \overline{DE} = \overline{AB} : \overline{CD} = 4 : 7$

∴ $\overline{BE} : \overline{BD} = 4 : (4 + 7) = 4 : 11$

△BCD에서 $\overline{BF} : \overline{BC} = \overline{BE} : \overline{BD}$이므로

$\overline{BF} : 11 = 4 : 11$, $11\overline{BF} = 44$ ∴ $\overline{BF} = 4$

04 답 ①

△BFE ∽ △BCD (AA 닮음)이므로

$\overline{EF} : \overline{DC} = 3 : 9 = 1 : 3$

△BCD에서 $\overline{BF} : \overline{BC} = \overline{EF} : \overline{DC}$이므로

$y : (y + 4) = 1 : 3$, $y + 4 = 3y$, $2y = 4$ ∴ $y = 2$

△CEF ∽ △CAB (AA 닮음)이므로

$\overline{CF} : \overline{CB} = 4 : (4 + 2) = 2 : 3$

△CAB에서 $\overline{CF} : \overline{CB} = \overline{EF} : \overline{AB}$이므로

$2 : 3 = 3 : x$, $2x = 9$ ∴ $x = \dfrac{9}{2}$

∴ $x + y = \dfrac{9}{2} + 2 = \dfrac{13}{2}$

1 답 ④

$\overline{AB}:\overline{AF}=\overline{AC}:\overline{AG}$이므로

$12:x=(14-6):6$, $8x=72$ $\therefore x=9$

또, $\overline{AD}:\overline{AF}=\overline{DE}:\overline{FG}$이므로

$(12+6):9=y:10$, $9y=180$ $\therefore y=20$

$\therefore x+y=9+20=29$

1-1 답 6

$\overline{BC}/\!/\overline{DE}$이므로 $\overline{AE}:\overline{AC}=\overline{DE}:\overline{BC}$

즉, $6:(6+9)=\overline{DE}:10$, $15\overline{DE}=60$ $\therefore \overline{DE}=4$

이때 $\square DFCE$는 평행사변형이므로 $\overline{FC}=\overline{DE}=4$

$\therefore \overline{BF}=\overline{BC}-\overline{FC}=10-4=6$

1-2 답 4

$\overline{BC}/\!/\overline{DE}$이므로 $\overline{AC}:\overline{AE}=\overline{BC}:\overline{DE}$

즉, $5:2=\overline{BC}:4$, $2\overline{BC}=20$ $\therefore \overline{BC}=10$

$\overline{AC}/\!/\overline{FG}$이므로 $\overline{BC}:\overline{BG}=\overline{AC}:\overline{FG}$

즉, $10:8=5:\overline{FG}$, $10\overline{FG}=40$ $\therefore \overline{FG}=4$

2 답 ③

$\overline{AB}:\overline{AD}=\overline{BG}:\overline{DF}$이므로

$(12+6):12=9:x$, $18x=108$ $\therefore x=6$

또, $\overline{AB}:\overline{AD}=\overline{AG}:\overline{AF}=\overline{GC}:\overline{FE}$이므로

$(12+6):12=y:8$, $12y=144$ $\therefore y=12$

$\therefore x+y=6+12=18$

2-1 답 6

$\overline{BG}:\overline{DF}=\overline{AG}:\overline{AF}=\overline{GC}:\overline{FE}$이므로

$4:3=8:\overline{FE}$, $4\overline{FE}=24$ $\therefore \overline{FE}=6$

2-2 답 9 cm

$\triangle ABC$에서 $\overline{BC}/\!/\overline{DF}$이므로

$\overline{AD}:\overline{DB}=\overline{AF}:\overline{FC}=12:4=3:1$

또, $\triangle ABF$에서 $\overline{BF}/\!/\overline{DE}$이므로

$\overline{AE}:\overline{EF}=\overline{AD}:\overline{DB}=3:1$

즉, $\overline{AE}:(12-\overline{AE})=3:1$, $\overline{AE}=36-3\overline{AE}$

$4\overline{AE}=36$ $\therefore \overline{AE}=9$ cm

3 답 $\dfrac{93}{4}$

$\overline{AB}:\overline{AC}=\overline{BD}:\overline{CD}$이므로

$12:18=8:x$, $12x=144$ $\therefore x=12$

$\overline{BC}:\overline{BA}=\overline{CE}:\overline{AE}$이므로

$20:12=y:(18-y)$, $12y=360-20y$

$32y=360$ $\therefore y=\dfrac{45}{4}$

$\therefore x+y=12+\dfrac{45}{4}=\dfrac{93}{4}$

3-1 답 $\dfrac{36}{7}$

$\overline{BD}:\overline{CD}=\overline{AB}:\overline{AC}=9:12=3:4$

$\triangle CAB$에서 $\overline{AB}/\!/\overline{ED}$이므로

$\overline{CB}:\overline{CD}=\overline{AB}:\overline{ED}$

즉, $(4+3):4=9:\overline{ED}$, $7\overline{ED}=36$ $\therefore \overline{ED}=\dfrac{36}{7}$

3-2 답 3 cm

$\overline{AB}:\overline{AC}=\overline{BD}:\overline{CD}$이므로

$(6+2):6=4:\overline{CD}$, $8\overline{CD}=24$ $\therefore \overline{CD}=3$ cm

$\triangle ADE\equiv\triangle ADC$ (SAS 합동)이므로

$\overline{DE}=\overline{DC}=3$ cm

4 답 23

$\overline{AB}:\overline{AC}=\overline{BD}:\overline{CD}$이므로

$15:9=25:x$, $15x=225$ $\therefore x=15$

$\triangle BAD$에서 $\overline{AD}/\!/\overline{EC}$이므로

$\overline{BD}:\overline{BC}=\overline{AD}:\overline{EC}$

즉, $25:(25-15)=20:y$, $25y=200$ $\therefore y=8$

$\therefore x+y=15+8=23$

4-1 답 3

$\overline{AB}:\overline{AC}=\overline{BE}:\overline{CE}$이므로

$10:6=(\overline{BC}+12):12$, $6\overline{BC}+72=120$

$6\overline{BC}=48$ $\therefore \overline{BC}=8$

또, $\overline{AB}:\overline{AC}=\overline{BD}:\overline{CD}$이고, $\overline{BD}=8-\overline{CD}$이므로

$10:6=(8-\overline{CD}):\overline{CD}$, $48-6\overline{CD}=10\overline{CD}$

$16\overline{CD}=48$ $\therefore \overline{CD}=3$

4-2 답 2 : 3

$\overline{AB}:\overline{AC}=\overline{BD}:\overline{CD}$이므로

$20:16=(6+\overline{CD}):\overline{CD}$, $96+16\overline{CD}=20\overline{CD}$

$4\overline{CD}=96$ $\therefore \overline{CD}=24$ cm

$\therefore \overline{AE}:\overline{ED}=\overline{BA}:\overline{BD}=20:(6+24)=2:3$

5 답 45 cm²

$\overline{BD}:\overline{CD}=\overline{AB}:\overline{AC}=15:12=5:4$이므로

$\triangle ABD:\triangle ACD=\overline{BD}:\overline{CD}=5:4$

$\therefore \triangle ABD=\dfrac{5}{9}\triangle ABC=\dfrac{5}{9}\times81=45$ (cm²)

5-1 답 120 cm²

$\overline{BD}:\overline{CD}=\overline{AB}:\overline{AC}=12:9=4:3$이므로

$\overline{BC}:\overline{CD}=1:3$

따라서 $\triangle ABC:\triangle ACD=\overline{BC}:\overline{CD}=1:3$이므로

$40:\triangle ACD=1:3$ $\therefore \triangle ACD=120$ cm²

5-2 답 70 cm²

$\overline{BD}:\overline{CD}=\overline{AB}:\overline{AC}=15:9=5:3$

$\triangle ABD$와 $\triangle ACD$는 높이가 같으므로 넓이의 비는 밑변의 길이의 비와 같다.

따라서 $\triangle ABD:\triangle ACD=\overline{BD}:\overline{CD}=5:3$이므로

$\triangle ABD:42=5:3$, $3\triangle ABD=210$

$\therefore \triangle ABD=70$ cm²

6 답 ③

$3:5=4:x$, $3x=20$ $\therefore x=\dfrac{20}{3}$

$(3+5):3=12:y$, $8y=36$ $\therefore y=\dfrac{9}{2}$

$$\therefore xy=\frac{20}{3}\times\frac{9}{2}=30$$

| **참고** y의 값은 다음과 같이 구할 수도 있다.

$3:5=y:(12-y)$, $5y=36-3y$, $8y=36$ $\quad\therefore y=\frac{9}{2}$

6-1 답 14

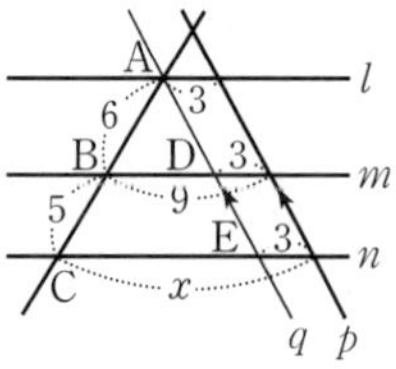

오른쪽 그림과 같이 점 A를 지나고
직선 p에 평행한 직선 q를 그으면
$\overline{BD}=9-3=6$, $\overline{CE}=x-3$
△ACE에서
$\overline{AB}:\overline{AC}=\overline{BD}:\overline{CE}$이므로
$6:(6+5)=(9-3):(x-3)$, $6x-18=66$
$6x=84$ $\quad\therefore x=14$

6-2 답 $x=15$, $y=15$

$25:x=20:12$, $20x=300$ $\quad\therefore x=15$

$20:12=y:9$, $12y=180$ $\quad\therefore y=15$

7 답 ④

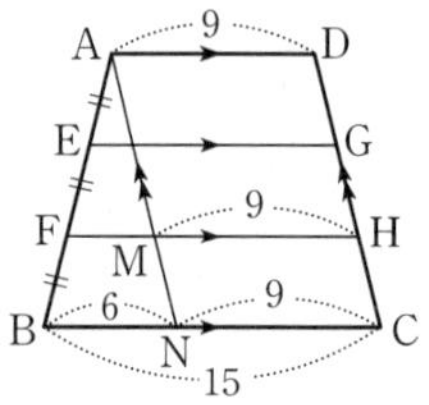

오른쪽 그림과 같이 점 A를 지나
고 $\overline{DC}$에 평행한 직선과 $\overline{FH}$, $\overline{BC}$
의 교점을 각각 M, N이라 하면
$\overline{MH}=\overline{NC}=\overline{AD}=9$
$\overline{BN}=\overline{BC}-\overline{NC}=15-9=6$
$\overline{AE}:\overline{EF}:\overline{FB}=1:1:1$이므로
$\overline{AF}:\overline{AB}=2:3$
△ABN에서 $\overline{AF}:\overline{AB}=\overline{FM}:\overline{BN}$이므로
$2:3=\overline{FM}:6$, $3\overline{FM}=12$ $\quad\therefore \overline{FM}=4$
$\therefore \overline{FH}=\overline{FM}+\overline{MH}=4+9=13$

| **다른 풀이** $\overline{AF}:\overline{FB}=2:1$이므로 공식을 이용하면
$\overline{FH}=\dfrac{9\times1+15\times2}{2+1}=\dfrac{39}{3}=13$

7-1 답 9

$\overline{AE}:\overline{EB}=3:1$이므로 $\overline{AE}:\overline{AB}=3:4$
△ABC에서 $\overline{AE}:\overline{AB}=\overline{EQ}:\overline{BC}$이므로
$3:4=\overline{EQ}:16$, $4\overline{EQ}=48$ $\quad\therefore \overline{EQ}=12$
△BDA에서 $\overline{BE}:\overline{BA}=\overline{EP}:\overline{AD}$이므로
$1:4=\overline{EP}:12$, $4\overline{EP}=12$ $\quad\therefore \overline{EP}=3$
$\therefore \overline{PQ}=\overline{EQ}-\overline{EP}=12-3=9$

7-2 답 $\dfrac{15}{4}$

$\overline{OA}:\overline{OC}=\overline{OD}:\overline{OB}=\overline{AD}:\overline{CB}=3:5$이므로
$\overline{AO}:\overline{AC}=3:(3+5)=3:8$
△ABC에서 $\overline{PO}:\overline{BC}=\overline{AO}:\overline{AC}$이므로
$\overline{PO}:5=3:8$, $8\overline{PO}=15$ $\quad\therefore \overline{PO}=\dfrac{15}{8}$
같은 방법으로 하면 △DBC에서 $\overline{OQ}=\dfrac{15}{8}$이므로
$\overline{PQ}=\overline{PO}+\overline{OQ}=\dfrac{15}{8}+\dfrac{15}{8}=\dfrac{15}{4}$

8 답 ④

①, ② $\overline{AB}/\!/\overline{DC}$이므로
$\overline{BE}:\overline{DE}=\overline{AE}:\overline{CE}=\overline{AB}:\overline{CD}=5:4$

③, ④ $\overline{EF}/\!/\overline{DC}$이므로 $\overline{BE}:\overline{BD}=\overline{EF}:\overline{DC}$
$5:9=\overline{EF}:4$, $9\overline{EF}=20$ $\quad\therefore \overline{EF}=\dfrac{20}{9}$

⑤ $\overline{AB}/\!/\overline{EF}$에서 $\overline{EF}:\overline{AB}=\overline{CE}:\overline{CA}=4:9$

8-1 답 18 cm²

$\overline{AB}$, $\overline{EF}$, $\overline{DC}$가 모두 $\overline{BC}$에 수직이므로
$\overline{AB}/\!/\overline{EF}/\!/\overline{DC}$
△ABC에서 $\overline{CF}:\overline{CB}=\overline{EF}:\overline{AB}$이므로
$4:(4+\overline{BF})=2:3$, $2\overline{BF}+8=12$
$2\overline{BF}=4$ $\quad\therefore \overline{BF}=2$ cm
또, △BCD에서 $\overline{BF}:\overline{BC}=\overline{EF}:\overline{DC}$이므로
$2:(2+4)=2:\overline{DC}$, $2\overline{DC}=12$
$\therefore \overline{DC}=6$ cm
$\therefore △BCD=\dfrac{1}{2}\times\overline{BC}\times\overline{DC}=\dfrac{1}{2}\times6\times6=18(\text{cm}^2)$

8-2 답 3

△GCD에서 $\overline{GF}:\overline{GC}=\overline{EF}:\overline{DC}$이므로
$\overline{GF}:8=\overline{EF}:8$ $\quad\therefore \overline{GF}=\overline{EF}$
$\overline{CF}=8-\overline{EF}$이고 △CAB에서 $\overline{CF}:\overline{CB}=\overline{EF}:\overline{AB}$이
므로
$(8-\overline{EF}):10=\overline{EF}:6$, $10\overline{EF}=48-6\overline{EF}$
$16\overline{EF}=48$ $\quad\therefore \overline{EF}=3$

2 삼각형의 두 변의 중점을 연결한 선분의 성질

25 삼각형의 두 변의 중점을 연결한 선분의 성질 개념북 90쪽

◆**확인 1**◆ 답 10

$\overline{BC}=2\overline{MN}=2\times5=10(\text{cm})$ $\quad\therefore x=10$

◆**확인 2**◆ 답 $x=16$, $y=7$

$\overline{NC}=\overline{AN}=8$ $\quad\therefore x=8+8=16$

$\overline{MN}=\dfrac{1}{2}\overline{BC}=\dfrac{1}{2}\times14=7$ $\quad\therefore y=7$

개념 + check 개념북 91쪽

01 답 $x=65$, $y=7$

$\overline{BD}=\overline{DA}$, $\overline{BE}=\overline{EC}$이므로 삼각형의 두 변의 중점을 연결
한 선분의 성질에 의해
$\overline{DE}/\!/\overline{AC}$, $\overline{DE}=\dfrac{1}{2}\overline{AC}$
$\angle BDE=\angle BAC=65°$(동위각) $\quad\therefore x=65$
$\overline{DE}=\dfrac{1}{2}\overline{AC}=\dfrac{1}{2}\times14=7(\text{cm})$ $\quad\therefore y=7$

02 답 ①

$\overline{AM}=\overline{MB}$, $\overline{AN}=\overline{NC}$, $\overline{DP}=\overline{PB}$, $\overline{DQ}=\overline{QC}$이므로 삼각
형의 두 변의 중점을 연결한 선분의 성질에 의해
$\overline{MN}=\dfrac{1}{2}\overline{BC}=\dfrac{1}{2}\times8=4$, $\overline{PQ}=\dfrac{1}{2}\overline{BC}=\dfrac{1}{2}\times8=4$
$\therefore \overline{MN}+\overline{PQ}=4+4=8$

03 🔲 ⑤

$\triangle$ABC에서 $\overline{AM}=\overline{MB}$, $\overline{AN}=\overline{NC}$이므로

$\overline{BC}=2\overline{MN}=2\times5=10\,(\text{cm})$ $\quad\therefore x=10$

$\triangle$DBC에서 $\overline{DP}=\overline{PB}$, $\overline{DQ}=\overline{QC}$이므로

$\overline{PQ}=\dfrac{1}{2}\overline{BC}=\dfrac{1}{2}\times10=5\,(\text{cm})$ $\quad\therefore y=5$

$\therefore x+y=10+5=15$

04 🔲 9 cm

$\triangle$GEF≡$\triangle$GDC(ASA 합동)이므로 $\overline{EF}=\overline{DC}=3\,\text{cm}$

$\triangle$ABC에서 $\overline{AE}=\overline{EB}$이고 $\overline{BC}/\!\!/\overline{EF}$이므로 삼각형의 두 변의 중점을 연결한 선분의 성질에 의해

$\overline{BC}=2\overline{EF}=2\times3=6\,(\text{cm})$

$\therefore \overline{BD}=\overline{BC}+\overline{CD}=6+3=9\,(\text{cm})$

| 참고 | $\triangle$GEF와 $\triangle$GDC에서 $\overline{EF}/\!\!/\overline{CD}$이므로 $\angle$GEF=$\angle$GDC(엇각)

또, $\overline{GE}=\overline{GD}$, $\angle$EGF=$\angle$DGC(맞꼭지각)이므로

$\triangle$GEF≡$\triangle$GDC(ASA 합동)

---

26 사각형의 각 변의 중점을 연결하여 만든 사각형 개념북 92쪽

◆확인 1◆ 🔲 $\overline{SR}=12$ cm, 마름모

$\square$ABCD가 등변사다리꼴이므로

$\overline{SR}=\dfrac{1}{2}\overline{AC}=\dfrac{1}{2}\overline{BD}=\dfrac{1}{2}\times24=12\,(\text{cm})$

오른쪽 그림과 같이 $\overline{AC}$를 그으면

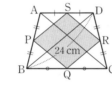

$\triangle$ABC에서 $\overline{PQ}=\dfrac{1}{2}\overline{AC}$,

$\triangle$BCD에서 $\overline{QR}=\dfrac{1}{2}\overline{BD}$,

$\triangle$ACD에서 $\overline{SR}=\dfrac{1}{2}\overline{AC}$,

$\triangle$ABD에서 $\overline{PS}=\dfrac{1}{2}\overline{BD}$

이때 $\square$ABCD가 등변사다리꼴이므로 $\overline{AC}=\overline{BD}$

따라서 $\overline{PQ}=\overline{QR}=\overline{RS}=\overline{SP}$, 즉 네 변의 길이가 모두 같으므로 $\square$PQRS는 마름모이다.

◆확인 2◆ 🔲 4

$\triangle$ABC에서 $\overline{MP}=\dfrac{1}{2}\overline{BC}=\dfrac{1}{2}\times12=6$

$\overline{PN}=\overline{MN}-\overline{MP}=8-6=2$

$\triangle$CDA에서 $\overline{AD}=2\overline{PN}=2\times2=4$ $\quad\therefore x=4$

| 다른 풀이 | $\overline{MN}=\dfrac{1}{2}(\overline{AD}+\overline{BC})$이므로

$8=\dfrac{1}{2}(x+12)$, $x+12=16$ $\quad\therefore x=4$

개념◆check 개념북 93쪽

01 🔲 ③

오른쪽 그림과 같이 대각선 BD를 그으면 $\triangle$ABD와 $\triangle$BCD에서 삼각형의 두 변의 중점을 연결한 선분의 성질에 의해

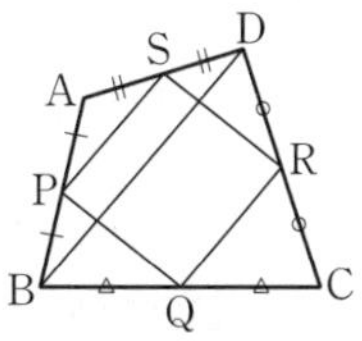

$\overline{PS}/\!\!/\overline{BD}$, $\overline{PS}=\dfrac{1}{2}\overline{BD}$ ······ ㉠

$\overline{QR}/\!\!/\overline{BD}$, $\overline{QR}=\dfrac{1}{2}\overline{BD}$ ······ ㉡

㉠, ㉡에서 $\overline{PS}/\!\!/\overline{QR}$, $\overline{PS}=\overline{QR}$ (①, ⑤)

따라서 $\square$PQRS는 평행사변형이므로

$\overline{PQ}=\overline{SR}$, $\overline{PQ}/\!\!/\overline{SR}$ (②, ④)

③ $\overline{PS}$와 $\overline{PQ}$의 길이가 같은지는 알 수 없다.

02 🔲 ②

오른쪽 그림과 같이 $\overline{BD}$를 그으면

$\square$ABCD가 등변사다리꼴이므로

$\overline{BD}=\overline{AC}=20\,\text{cm}$

삼각형의 두 변의 중점을 연결한 선분의 성질에 의해

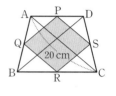

$\overline{PS}=\overline{QR}=\dfrac{1}{2}\overline{AC}=\dfrac{1}{2}\times20=10\,(\text{cm})$

$\overline{QP}=\overline{RS}=\dfrac{1}{2}\overline{BD}=\dfrac{1}{2}\times20=10\,(\text{cm})$

따라서 $\square$PQRS의 둘레의 길이는 $10\times4=40\,(\text{cm})$

03 🔲 3 cm

$\triangle$ABC에서 $\overline{MQ}=\dfrac{1}{2}\overline{BC}=\dfrac{1}{2}\times17=\dfrac{17}{2}\,(\text{cm})$

$\triangle$BDA에서 $\overline{MP}=\dfrac{1}{2}\overline{AD}=\dfrac{1}{2}\times11=\dfrac{11}{2}\,(\text{cm})$

$\therefore \overline{PQ}=\overline{MQ}-\overline{MP}=\dfrac{17}{2}-\dfrac{11}{2}=3\,(\text{cm})$

| 다른 풀이 | $\overline{PQ}=\dfrac{1}{2}(\overline{BC}-\overline{AD})=\dfrac{1}{2}(17-11)=3\,(\text{cm})$

04 🔲 ③

$\overline{AM}=\overline{MB}$, $\overline{DN}=\overline{NC}$이므로

$\overline{AD}/\!\!/\overline{MN}/\!\!/\overline{BC}$

오른쪽 그림과 같이 $\overline{AC}$와 $\overline{MN}$의 교점을 P라 하면 $\triangle$ABC에서

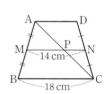

$\overline{AM}=\overline{MB}$, $\overline{MP}/\!\!/\overline{BC}$이므로

$\overline{MP}=\dfrac{1}{2}\overline{BC}=\dfrac{1}{2}\times18=9\,(\text{cm})$

$\therefore \overline{PN}=\overline{MN}-\overline{MP}=14-9=5\,(\text{cm})$

$\triangle$CDA에서 $\overline{CN}=\overline{ND}$이고 $\overline{PN}/\!\!/\overline{AD}$이므로

$\overline{AD}=2\overline{PN}=2\times5=10\,(\text{cm})$

| 다른 풀이 | $\overline{MN}=\dfrac{1}{2}(\overline{AD}+\overline{BC})$이므로

$14=\dfrac{1}{2}(\overline{AD}+18)$, $\overline{AD}+18=28$

$\therefore \overline{AD}=10\,\text{cm}$

유형◆check 개념북 94~95쪽

1 🔲 ②

$\triangle$ABC에서 $\overline{AE}=\overline{EB}$, $\overline{EQ}/\!\!/\overline{BC}$이므로

$\overline{EQ}=\dfrac{1}{2}\overline{BC}=\dfrac{1}{2}\times10=5\,(\text{cm})$

또, $\triangle$BDA에서 $\overline{BE}=\overline{EA}$, $\overline{EP}/\!\!/\overline{AD}$이므로

$\overline{EP}=\dfrac{1}{2}\overline{AD}=\dfrac{1}{2}\times6=3\,(\text{cm})$

$\therefore \overline{PQ}=\overline{EQ}-\overline{EP}=5-3=2\,(\text{cm})$

1-1 답 72 cm²

△ABC에서 $\overline{CD}=\overline{DB}$, $\overline{ED}\,/\!/\,\overline{AB}$이므로

$\overline{AB}=2\overline{ED}=2\times6=12\,(cm)$

$\therefore \square ABDE=\dfrac{1}{2}\times(12+6)\times8=72\,(cm^2)$

| 다른 풀이 | $\square ABDE=\triangle ABC-\triangle EDC$이므로

$\square ABDE=\dfrac{1}{2}\times16\times12-\dfrac{1}{2}\times8\times6=96-24=72\,(cm^2)$

1-2 답 10 cm

점 M을 지나고 $\overline{BC}$에 평행한 직선
을 그어 $\overline{AC}$와 만나는 점을 N이라
하면 $\overline{MN}\,/\!/\,\overline{BC}$이므로 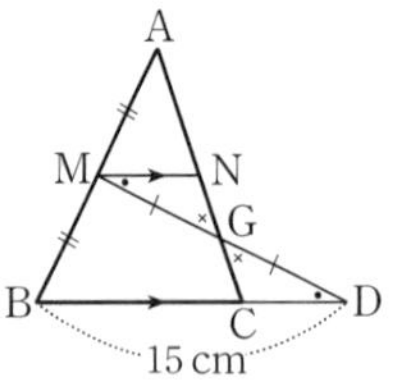
△GMN≡△GDC (ASA 합동)

$\therefore \overline{MN}=\overline{DC}$

삼각형의 두 변의 중점을 연결한 선분의 성질에 의해

$\overline{MN}=\dfrac{1}{2}\overline{BC}$

즉, $\overline{BC}=2\overline{MN}=2\overline{DC}$이므로 $\overline{BC}:\overline{CD}=2:1$

$\therefore \overline{BC}=\dfrac{2}{3}\overline{BD}=\dfrac{2}{3}\times15=10\,(cm)$

| 참고 | △GMN과 △GDC에서 $\overline{MN}\,/\!/\,\overline{CD}$이므로
∠GMN=∠GDC(엇각)
또, $\overline{GM}=\overline{GD}$, ∠MGN=∠DGC(맞꼭지각)이므로
△GMN≡△GDC (ASA 합동)

2 답 9 cm

△AEC에서 $\overline{AD}=\overline{DE}$, $\overline{AF}=\overline{FC}$이므로 삼각형의 두 변
의 중점을 연결한 선분의 성질에 의해

$\overline{DF}\,/\!/\,\overline{EC}$, $\overline{DF}=\dfrac{1}{2}\overline{EC}$

$\therefore \overline{EC}=2\overline{DF}=2\times3=6\,(cm)$

또, △BGD에서 $\overline{BE}=\overline{ED}$, $\overline{EC}\,/\!/\,\overline{DG}$이므로 삼각형의 두
변의 중점을 연결한 선분의 성질에 의해

$\overline{DG}=2\overline{EC}=2\times6=12\,(cm)$

$\therefore \overline{FG}=\overline{DG}-\overline{DF}=12-3=9\,(cm)$

2-1 답 24 cm

삼각형의 두 변의 중점을 연결한 선분의 성질에 의해

$\overline{EF}=\dfrac{1}{2}\overline{AB}$, $\overline{FD}=\dfrac{1}{2}\overline{BC}$, $\overline{DE}=\dfrac{1}{2}\overline{CA}$

따라서 △ABC의 둘레의 길이는

$\overline{AB}+\overline{BC}+\overline{CA}=2(\overline{EF}+\overline{FD}+\overline{DE})$
$=2\times12=24\,(cm)$

2-2 답 12 cm

오른쪽 그림과 같이 점 D를 지나고
$\overline{BE}$에 평행한 직선이 $\overline{AC}$와 만나는
점을 G라 하면 △CEB에서
$\overline{CD}=\overline{DB}$, $\overline{DG}\,/\!/\,\overline{BE}$이므로
$\overline{CG}=\overline{GE}$,

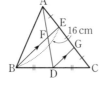

$\overline{DG}=\dfrac{1}{2}\overline{BE}=\dfrac{1}{2}\times16=8\,(cm)$

이때 $\overline{AE}:\overline{EC}=1:2$이고 $\overline{EG}=\overline{GC}$이므로

$\overline{AE}=\overline{EG}=\overline{GC}$

△ADG에서 $\overline{AE}=\overline{EG}$, $\overline{FE}\,/\!/\,\overline{DG}$이므로

$\overline{FE}=\dfrac{1}{2}\overline{DG}=\dfrac{1}{2}\times8=4\,(cm)$

$\therefore \overline{BF}=\overline{BE}-\overline{FE}=16-4=12\,(cm)$

3 답 ⑤

$\overline{PQ}=\overline{SR}=\dfrac{1}{2}\overline{AC}$, $\overline{PS}=\overline{QR}=\dfrac{1}{2}\overline{BD}$이므로

$\overline{PQ}\,|\,\overline{SR}=\overline{AC}$, $\overline{PS}+\overline{QR}=\overline{BD}$

$\therefore \overline{AC}+\overline{BD}=\overline{PQ}+\overline{SR}+\overline{PS}+\overline{QR}=28\,(cm)$

3-1 답 56 cm

오른쪽 그림과 같이 $\overline{AC}$를 그으면
$\overline{AC}=\overline{BD}=28\,cm$이므로

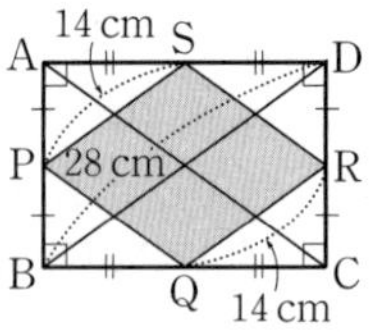

$\overline{PQ}=\overline{SR}=\dfrac{1}{2}\overline{AC}$

$=\dfrac{1}{2}\times28=14\,(cm)$

$\overline{PS}=\overline{QR}=\dfrac{1}{2}\overline{BD}=\dfrac{1}{2}\times28=14\,(cm)$

따라서 $\square PQRS$의 둘레의 길이는 $14\times4=56\,(cm)$

3-2 답 16 cm²

오른쪽 그림과 같이 $\overline{BD}$를 그으면 정사
각형의 두 대각선은 길이가 같고, 서로
수직이므로 $\overline{BD}=\overline{AC}=8\,cm$,
$\overline{AC}\perp\overline{BD}$이다.

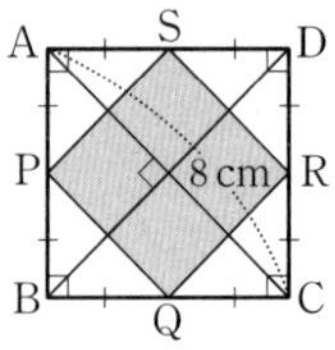

$\overline{PQ}=\overline{SR}=\dfrac{1}{2}\overline{AC}=\dfrac{1}{2}\times8=4\,(cm)$

$\overline{PS}=\overline{QR}=\dfrac{1}{2}\overline{BD}=\dfrac{1}{2}\times8=4\,(cm)$

또, $\overline{AC}\perp\overline{BD}$이므로 $\square PQRS$는 정사각형이다.

$\therefore \square PQRS=4\times4=16\,(cm^2)$

4 답 8 cm

두 점 M, N이 $\overline{AB}$, $\overline{CD}$의 중점이므로 $\overline{AD}\,/\!/\,\overline{MN}\,/\!/\,\overline{BC}$
△BDA에서 $\overline{BM}=\overline{MA}$, $\overline{MP}\,/\!/\,\overline{AD}$이므로

$\overline{MP}=\dfrac{1}{2}\overline{AD}=\dfrac{1}{2}\times4=2\,(cm)$

$\overline{MP}=\overline{PQ}$이므로 $\overline{MQ}=2+2=4\,(cm)$

따라서 △ABC에서 $\overline{AM}=\overline{MB}$, $\overline{MQ}\,/\!/\,\overline{BC}$이므로

$\overline{BC}=2\overline{MQ}=2\times4=8\,(cm)$

4-1 답 10 cm

두 점 M, N이 $\overline{AB}$, $\overline{CD}$의 중점이므로 $\overline{AD}\,/\!/\,\overline{MN}\,/\!/\,\overline{BC}$
△BDA에서 $\overline{BM}=\overline{MA}$이고 $\overline{ME}\,/\!/\,\overline{AD}$이므로

$\overline{ME}=\dfrac{1}{2}\overline{AD}=\dfrac{1}{2}\times8=4\,(cm)$

또, △DBC에서 $\overline{DN}=\overline{NC}$이고 $\overline{EN}\,/\!/\,\overline{BC}$이므로

$\overline{BC}=2\overline{EN}=2\times3=6\,(cm)$

$\therefore \overline{ME}+\overline{BC}=4+6=10\,(cm)$

4-2 답 20 cm

사다리꼴 ABCD에서 두 점 M, N이 $\overline{AB}$, $\overline{CD}$의 중점이
므로

$\overline{AD}\,/\!/\,\overline{MN}\,/\!/\,\overline{BC}$

△BDA에서 $\overline{BM}=\overline{MA}$, $\overline{MP}\,/\!/\,\overline{AD}$이므로

$$\overline{MP}=\frac{1}{2}\overline{AD}=\frac{1}{2}\times16=8(cm)$$

$$\therefore \overline{MQ}=\overline{MP}+\overline{PQ}=8+2=10(cm)$$

따라서 △ABC에서 $\overline{AM}=\overline{MB}$, $\overline{MQ}\,/\!/\,\overline{BC}$이므로

$$\overline{BC}=2\overline{MQ}=2\times10=20(cm)$$

| 다른 풀이 | $\overline{PQ}=\frac{1}{2}(\overline{BC}-\overline{AD})$이므로

$$2=\frac{1}{2}(\overline{BC}-16), \overline{BC}-16=4 \quad \therefore \overline{BC}=20\,cm$$

3 삼각형의 무게중심

27 삼각형의 중선과 무게중심 개념북 96쪽

◆확인 1◆ 🖪 100 cm²

$$△ABC=2△ACD=2\times50=100(cm^2)$$

◆확인 2◆ 🖪 10

$\overline{AG}:\overline{GD}=2:1$이므로

$$x:5=2:1 \quad \therefore x=10$$

개념 ◆ check 개념북 97쪽

01 🖪 ②

$\overline{AM}$이 △ABC의 중선이므로

$$△AMC=\frac{1}{2}△ABC=\frac{1}{2}\times36=18(cm^2)$$

또, $\overline{CN}$이 △AMC의 중선이므로

$$△ANC=\frac{1}{2}△AMC=\frac{1}{2}\times18=9(cm^2)$$

02 🖪 $x=3$, $y=10$

점 G가 △ABC의 무게중심이므로

$$\overline{GD}=\frac{1}{3}\overline{AD}=\frac{1}{3}\times9=3(cm) \quad \therefore x=3$$

또, 점 D는 $\overline{BC}$의 중점이므로

$$\overline{BC}=2\overline{BD}=2\times5=10(cm) \quad \therefore y=10$$

03 🖪 ③

$\overline{AD}$가 △ABC의 중선이므로

$$\overline{BD}=\frac{1}{2}\overline{BC}=\frac{1}{2}\times12=6 \quad \therefore x=6$$

또, 점 G가 △ABC의 무게중심이므로

$$\overline{CG}=\frac{2}{3}\overline{CE}=\frac{2}{3}\times18=12 \quad \therefore y=12$$

$$\therefore x+y=6+12=18$$

04 🖪 2 cm

점 G가 △ABC의 무게중심이므로

$$\overline{AG}=\frac{2}{3}\overline{AD}=\frac{2}{3}\times12=8(cm)$$

점 M이 $\overline{AD}$의 중점이므로

$$\overline{AM}=\frac{1}{2}\overline{AD}=\frac{1}{2}\times12=6(cm)$$

$$\therefore \overline{GM}=\overline{AG}-\overline{AM}=8-6=2(cm)$$

28 삼각형의 무게중심과 넓이 개념북 98쪽

◆확인 1◆ 🖪 9 cm²

$$△GCE=\frac{1}{6}△ABC=\frac{1}{6}\times54=9(cm^2)$$

◆확인 2◆ 🖪 9 cm²

$$△GAB=\frac{1}{3}△ABC=\frac{1}{3}\times27=9(cm^2)$$

개념 ◆ check 개념북 99쪽

01 🖪 18 cm²

(색칠한 부분의 넓이)

$$=\frac{1}{6}△ABC+\frac{1}{6}△ABC+\frac{1}{6}△ABC$$

$$=\frac{1}{2}△ABC$$

$$=\frac{1}{2}\times36=18(cm^2)$$

02 🖪 18 cm²

$$□EBDG=△GBE+△GBD$$

$$=\frac{1}{6}△ABC+\frac{1}{6}△ABC$$

$$=\frac{1}{3}△ABC=\frac{1}{3}\times54=18(cm^2)$$

03 🖪 32 cm²

$$(색칠한 부분의 넓이)=△GBC+△GCA$$

$$=\frac{1}{3}△ABC+\frac{1}{3}△ABC$$

$$=\frac{2}{3}△ABC$$

$$=\frac{2}{3}\times48=32(cm^2)$$

04 🖪 2 cm²

$$△ABC=\frac{1}{2}\times4\times3=6(cm^2)$$

삼각형의 세 꼭짓점과 무게중심을 이어서 생기는 세 삼각형의 넓이는 모두 같으므로

$$△GBC=\frac{1}{3}△ABC=\frac{1}{3}\times6=2(cm^2)$$

29 평행사변형에서 삼각형의 무게중심의 활용 개념북 100쪽

◆확인 1◆ 🖪 2 cm

$\overline{PQ}=\overline{BP}=\overline{QD}=\frac{1}{3}\overline{BD}$이므로

$$\overline{PO}=\frac{1}{2}\overline{PQ}=\frac{1}{6}\overline{BD}=\frac{1}{6}\times12=2(cm)$$

◆확인 2◆ 🖪 12 cm²

$△ABD=\frac{1}{2}□ABCD$이므로

$$△ABP=\frac{1}{3}△ABD=\frac{1}{6}□ABCD$$

$$=\frac{1}{6}\times72=12(cm^2)$$

개념북 101쪽

개념·check

01 답 ④

02 답 18 cm
$\overline{BD}=2\overline{BO}=2\times3\overline{PO}=6\overline{PO}=6\times3=18(cm)$

03 답 9 cm²
오른쪽 그림과 같이 $\overline{AC}$를 그으면

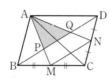

$\triangle ABD=\dfrac{1}{2}\square ABCD$
$\qquad=\dfrac{1}{2}\times54=27(cm^2)$

두 점 P, Q는 각각 $\triangle ABC$, $\triangle ACD$의 무게중심이므로
$\overline{BP}=\overline{PQ}=\overline{QD}$
$\therefore \triangle APQ=\dfrac{1}{3}\triangle ABD=\dfrac{1}{3}\times27=9(cm^2)$

04 답 90 cm²
$\square ABCD=2\triangle ABD=2\times3\triangle APQ$
$\qquad=6\triangle APQ=6\times15=90(cm^2)$

유형·check

개념북 102~105쪽

1 답 ⑤
$\overline{BM}$이 $\triangle ABC$의 중선이므로
$\triangle ABM=\triangle CBM=\dfrac{1}{2}\triangle ABC$
$\qquad=\dfrac{1}{2}\times48=24(cm^2)$
또, $\overline{AN}$, $\overline{CN}$이 각각 $\triangle ABM$, $\triangle CBM$의 중선이므로
$\triangle ABN=\dfrac{1}{2}\triangle ABM=\dfrac{1}{2}\times24=12(cm^2)$
$\triangle CBN=\dfrac{1}{2}\triangle CBM=\dfrac{1}{2}\times24=12(cm^2)$
따라서 색칠한 부분의 넓이는
$\triangle ABN+\triangle CBN=12+12=24(cm^2)$

1-1 답 16 cm²
$\overline{CE}$가 $\triangle BCD$의 중선이므로
$\triangle BCD=2\triangle BCE=2\times4=8(cm^2)$
또, $\overline{BD}$가 $\triangle ABC$의 중선이므로
$\triangle ABC=2\triangle BCD=2\times8=16(cm^2)$

1-2 답 14 cm
$\overline{AD}$가 $\triangle ABC$의 중선이므로
$\triangle ABC=2\triangle ABD=2\times56=112(cm^2)$
$\triangle ABC=\dfrac{1}{2}\times\overline{BC}\times\overline{AH}=\dfrac{1}{2}\times16\times\overline{AH}=112$
$8\overline{AH}=112$ $\therefore \overline{AH}=14(cm)$

2 답 ①
$\triangle ABC$에서 $\overline{AG}:\overline{GD}=2:1$이므로
$\overline{GD}=\dfrac{1}{3}\overline{AD}=\dfrac{1}{3}\times27=9$
또, $\triangle GBC$에서 $\overline{GG'}:\overline{G'D}=2:1$이므로
$\overline{GG'}=\dfrac{2}{3}\overline{GD}=\dfrac{2}{3}\times9=6$

2-1 답 32 cm
점 G가 $\triangle ABC$의 무게중심이므로
$\overline{AG}=\dfrac{2}{3}\overline{AD}=\dfrac{2}{3}\times36=24(cm)$,
$\overline{GD}=\dfrac{1}{3}\overline{AD}=\dfrac{1}{3}\times36=12(cm)$
점 G'이 $\triangle GBC$의 무게중심이므로
$\overline{GG'}=\dfrac{2}{3}\overline{GD}=\dfrac{2}{3}\times12=8(cm)$
$\therefore \overline{AG'}=\overline{AG}+\overline{GG'}=24+8=32(cm)$

2-2 답 9 cm
$\triangle GBC$에서 $\overline{GG'}:\overline{G'D}=2:1$이므로
$2:\overline{G'D}=2:1$, $2\overline{G'D}=2$ $\therefore \overline{G'D}=1(cm)$
$\overline{GD}=\overline{GG'}+\overline{G'D}=2+1=3(cm)$이고
$\triangle ABC$에서 $\overline{AG}:\overline{GD}=2:1$이므로
$\overline{AG}:3=2:1$ $\therefore \overline{AG}=6(cm)$
$\therefore \overline{AD}=\overline{AG}+\overline{GD}=6+3=9(cm)$

3 답 ②
직각삼각형의 빗변의 중점은 외심이므로
$\overline{AD}=\overline{BD}=\overline{CD}=\dfrac{1}{2}\overline{AC}=\dfrac{1}{2}\times36=18(cm)$
따라서 $\overline{BG}:\overline{GD}=2:1$이므로
$\overline{BG}=\dfrac{2}{3}\overline{BD}=\dfrac{2}{3}\times18=12(cm)$

3-1 답 27 cm
$\overline{CG}:\overline{GD}=2:1$이므로
$9:\overline{GD}=2:1$, $2\overline{GD}=9$ $\therefore \overline{GD}=\dfrac{9}{2}cm$
$\overline{CD}=\overline{CG}+\overline{GD}=9+\dfrac{9}{2}=\dfrac{27}{2}(cm)$이고, 점 D는 직각삼각형의 외심이므로
$\overline{AD}=\overline{BD}=\overline{CD}=\dfrac{27}{2}cm$
$\therefore \overline{AB}=\overline{AD}+\overline{BD}=\dfrac{27}{2}+\dfrac{27}{2}=27(cm)$

3-2 답 6 cm
직각삼각형 ABC에서 빗변의 중점 D는 $\triangle ABC$의 외심이므로
$\overline{CD}=\overline{AD}=\overline{BD}=\dfrac{1}{2}\overline{AB}=\dfrac{1}{2}\times54=27(cm)$
점 G가 $\triangle ABC$의 무게중심이므로
$\overline{GD}=\dfrac{1}{3}\overline{CD}=\dfrac{1}{3}\times27=9(cm)$
점 G'이 $\triangle ABG$의 무게중심이므로
$\overline{GG'}=\dfrac{2}{3}\overline{GD}=\dfrac{2}{3}\times9=6(cm)$

4 답 $x=9$, $y=20$
$\triangle ABC$에서 $\overline{CG}:\overline{GE}=2:1$이므로
$12:\overline{GE}=2:1$, $2\overline{GE}=12$ $\therefore \overline{GE}=6$
$\therefore \overline{CE}=\overline{CG}+\overline{GE}=12+6=18$
$\triangle BCE$에서 $\overline{BD}=\overline{DC}$이고 $\overline{DF}\,/\!/\,\overline{CE}$이므로
$x=\dfrac{1}{2}\overline{CE}=\dfrac{1}{2}\times18=9$

한편, $\overline{EF}=\overline{BF}=5$이고 점 E는 $\overline{AB}$의 중점이므로
$y=2\overline{BE}=2\times2\overline{BF}=4\times5=20$

4-1 답 4

△CEB에서 $\overline{CD}=\overline{DB}$이고 $\overline{DF}/\!/\overline{BE}$이므로
$\overline{BE}=2\overline{DF}=2\times3=6$
또, △ABC에서 $\overline{BG}:\overline{GE}=2:1$이므로
$\overline{BG}=\dfrac{2}{3}\overline{BE}=\dfrac{2}{3}\times6=4$

4-2 답 $\dfrac{15}{2}$ cm

$\overline{AG}:\overline{GD}=2:1$이므로
$10:\overline{GD}=2:1,\ 2\overline{GD}=10$ ∴ $\overline{GD}=5$ cm
∴ $\overline{AD}=\overline{AG}+\overline{GD}=10+5=15$ (cm)
△BDA에서 $\overline{BE}=\overline{ED}$이고 $\overline{BF}=\overline{FA}$이므로
$\overline{EF}=\dfrac{1}{2}\overline{AD}=\dfrac{1}{2}\times15=\dfrac{15}{2}$ (cm)

5 답 ④

△ABC에서 $\overline{AG}:\overline{GD}=2:1$이므로
$x:5=2:1$ ∴ $x=10$
한편, 점 D가 $\overline{BC}$의 중점이므로
$\overline{DC}=\dfrac{1}{2}\overline{BC}=\dfrac{1}{2}\times18=9$
△ADC∽△AGN (AA 닮음)이고
$\overline{AD}:\overline{AG}=\overline{DC}:\overline{GN}$이므로
$3:2=9:y,\ 3y=18$ ∴ $y=6$
∴ $x+y=10+6=16$

5-1 답 5 cm

점 D가 $\overline{AB}$의 중점이므로 $\overline{AD}=\dfrac{1}{2}\overline{AB}=\dfrac{15}{2}$ (cm)
한편, △CAD∽△CEG (AA 닮음)이고
$\overline{CD}:\overline{CG}=\overline{AD}:\overline{EG}$이므로
$3:2=\dfrac{15}{2}:\overline{EG},\ 3\overline{EG}=15$ ∴ $\overline{EG}=5$ cm

5-2 답 27

△AMN에서 $\overline{AM}:\overline{AG}=\overline{AN}:\overline{AG'}=3:2$이므로
$\overline{MN}:\overline{GG'}=3:2,\ \overline{MN}:9=3:2$
$2\overline{MN}=27$ ∴ $\overline{MN}=\dfrac{27}{2}$
또, 두 점 G, G'이 각각 △ABD, △ACD의 무게중심이므로
$\overline{BM}=\overline{MD},\ \overline{DN}=\overline{NC}$
∴ $\overline{BC}=\overline{BM}+\overline{MD}+\overline{DN}+\overline{NC}$
$=2(\overline{MD}+\overline{DN})=2\overline{MN}$
$=2\times\dfrac{27}{2}=27$

6 답 3 cm²

$△GBD=\dfrac{1}{6}△ABC=\dfrac{1}{6}\times36=6$ (cm²)
△DBE에서 $\overline{BG}:\overline{GE}=2:1$이므로
$△GBD:△GED=2:1$
∴ $△GED=\dfrac{1}{2}△GBD=\dfrac{1}{2}\times6=3$ (cm²)

6-1 답 2 cm²

$△GBD=\dfrac{1}{6}△ABC=\dfrac{1}{6}\times24=4$ (cm²)
$\overline{BE}=\overline{EG}$이므로 △BED=△GED
∴ $△GED=\dfrac{1}{2}△GBD=\dfrac{1}{2}\times4=2$ (cm²)

6-2 답 12 cm²

$\overline{AD}$가 △ABC의 중선이므로
$△ABD=\dfrac{1}{2}△ABC=\dfrac{1}{2}\times54=27$ (cm²)
△ABD에서 $\overline{BD}/\!/\overline{EG}$이므로
$\overline{AE}:\overline{EB}=\overline{AG}:\overline{GD}=2:1$
∴ $△AED=\dfrac{2}{3}△ABD=\dfrac{2}{3}\times27=18$ (cm²),
$△DEG=\dfrac{1}{3}△AED=\dfrac{1}{3}\times18=6$ (cm²)
같은 방법으로 △DFG=6 cm²이므로
$△DEF=△DEG+△DFG$
$=6+6=12$ (cm²)

7 답 ③

오른쪽 그림과 같이 $\overline{AC}$를 그으면 점 P는 △ABC의 무게중심, 점 Q는 △ACD의 무게중심이므로
$\overline{BP}=\overline{PQ}=\overline{QD}$
∴ $\overline{PQ}=\dfrac{1}{3}\overline{BD}=\dfrac{1}{3}\times21=7$ (cm)

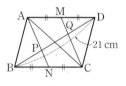

7-1 답 8 cm

△CDB에서 두 점 M, N이 각각 $\overline{BC},\overline{CD}$의 중점이므로
$\overline{BD}=2\overline{MN}=2\times12=24$ (cm)
$\overline{BP}=\overline{PQ}=\overline{QD}$이므로
$\overline{PQ}=\dfrac{1}{3}\overline{BD}=\dfrac{1}{3}\times24=8$ (cm)

7-2 답 $\dfrac{9}{2}$ cm

오른쪽 그림과 같이 $\overline{AC}$를 그으면 두 점 P, Q는 각각 △ABC, △ACD의 무게중심이므로
$\overline{BP}=\overline{PQ}=\overline{QD}$
∴ $\overline{BD}=3\overline{PQ}=3\times3=9$ (cm)
따라서 △CDB에서 $\overline{CE}=\overline{EB},\ \overline{CF}=\overline{FD}$이므로
$\overline{EF}=\dfrac{1}{2}\overline{BD}=\dfrac{1}{2}\times9=\dfrac{9}{2}$ (cm)

8 답 ①

오른쪽 그림과 같이 $\overline{AC}$를 그으면
$△ACD=\dfrac{1}{2}□ABCD$
$=\dfrac{1}{2}\times24=12$ (cm²)
점 Q가 △ACD의 무게중심이므로
$△QDN=\dfrac{1}{6}△ACD=\dfrac{1}{6}\times12=2$ (cm²)

8-1 달 48 cm²

오른쪽 그림과 같이 $\overline{BD}$를 그으면 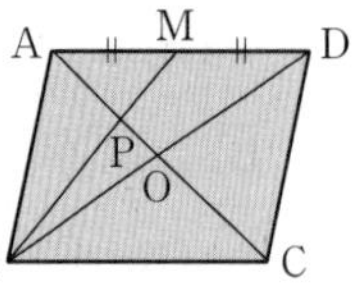
점 P는 △ABD의 무게중심이므로
$\overline{AP} : \overline{PO} = 2 : 1$
이때 $\overline{AO} = \overline{OC}$이므로
$\overline{AP} : \overline{PC} = 2 : (1+3) = 1 : 2$
△ABC = 3△ABP = 3 × 8 = 24(cm²)
∴ □ABCD = 2△ABC = 2 × 24 = 48(cm²)

8-2 달 8 cm²

$△ACD = \dfrac{1}{2}□ABCD = \dfrac{1}{2} × (8 × 6) = 24(cm²)$

$△PCM = △PCO = \dfrac{1}{6}△ACD$

$= \dfrac{1}{6} × 24 = 4(cm²)$

∴ □OCMP = 2△PCM = 2 × 4 = 8(cm²)

4 닮은 도형의 넓이와 부피

30 닮은 도형의 넓이의 비와 부피의 비 개념북 106쪽

◆확인 1◆ 달 (1) 3 : 4 (2) 9 : 16

◆확인 2◆ 달 (1) 3 : 4 (2) 9 : 16 (3) 27 : 64

개념◆check 개념북 107쪽

1 달 40 cm

두 삼각형의 닮음비는 8 : 16 = 1 : 2이므로 둘레의 길이의
비도 1 : 2이다.
따라서 20 : (△DEF의 둘레의 길이) = 1 : 2이므로
(△DEF의 둘레의 길이) = 40(cm)

2 달 ②

△ABC와 △DEF의 닮음비가 9 : 12 = 3 : 4이므로
넓이의 비는 3² : 4² = 9 : 16이다.
△ABC의 넓이를 x cm²라 하면
$x : 32 = 9 : 16$, $16x = 288$ ∴ $x = 18$
따라서 △ABC의 넓이는 18 cm²이다.

3 달 ③

두 직육면체의 닮음비는 2 : 3이므로 겉넓이의 비는
2² : 3² = 4 : 9이다.
따라서 (직육면체 A의 겉넓이) : 72 = 4 : 9이므로
(직육면체 A의 겉넓이) = 32(cm²)

4 달 250 cm³

두 원기둥의 닮음비는 3 : 5이므로 부피의 비는
3³ : 5³ = 27 : 125이다.
따라서 54 : (원기둥 B의 부피) = 27 : 125이므로
(원기둥 B의 부피) = 250(cm³)

31 닮음의 활용 개념북 108쪽

◆확인 1◆ 달 $\dfrac{1}{50000}$

2.5 km = 250000 cm이므로

$(축척) = \dfrac{(축도에서의 길이)}{(실제 길이)} = \dfrac{5}{250000} = \dfrac{1}{50000}$

◆확인 2◆ 달 0.3 km

(실제 길이) = (축도에서의 길이) ÷ (축척)

$= 3 ÷ \dfrac{1}{10000} = 3 × 10000$

$= 30000(cm) = 0.3(km)$

◆확인 3◆ 달 2 cm

0.5 km = 50000 cm이므로
(축도에서의 길이) = (실제 길이) × (축척)

$= 50000 × \dfrac{1}{25000} = 2(cm)$

개념◆check 개념북 109쪽

01 달 ④

△BCA ∽ △BED (AA 닮음)이므로
$\overline{BC} : \overline{BE} = \overline{AC} : \overline{DE}$, 즉 $(15+25) : 15 = \overline{AC} : 18$
$15\overline{AC} = 720$ ∴ $\overline{AC} = 48$ m

02 달 30 m

△ABF ∽ △CEF (AA 닮음)이므로 $\overline{DE} = x$ m라 하면
$\overline{FA} : \overline{FC} = \overline{AB} : \overline{CE}$, 즉 $10 : 30 = 12 : (6+x)$
$60 + 10x = 360$ ∴ $x = 30$
따라서 두 지점 D, E 사이의 거리는 30 m이다.

03 달 4.5 m

△ABC ∽ △EDC (AA 닮음)이므로 나무의 높이를
$\overline{AB} = x$ m라 하면
$\overline{BC} : \overline{DC} = \overline{AB} : \overline{ED}$이므로
$3 : 1 = x : 1.5$ ∴ $x = 4.5$
따라서 나무의 높이는 4.5 m이다.

04 달 ⑤

△ABC ∽ △DEF (AA 닮음)에서 $\overline{AC}$에 해당하는 것은
축도의 $\overline{DF}$이고 축척이 $\dfrac{1}{1000}$이므로
두 지점 A와 C 사이의 실제 거리는
$8 ÷ \dfrac{1}{1000} = 8 × 1000 = 8000(cm) = 80(m)$

유형◆check 개념북 110~111쪽

1 달 ③

△ABC ∽ △ADE (SAS 닮음)이고, 닮음비가 2 : 1이므
로 넓이의 비는 2² : 1² = 4 : 1이다.
△ADE의 넓이를 x cm²라 하면
$40 : x = 4 : 1$, $4x = 40$ ∴ $x = 10$
따라서 △ADE의 넓이는 10 cm²이다.

1-1 답 20 cm²

□ABCD∽□A′BC′D′이고, 닮음비가

$(4+2):4=3:2$이므로 넓이의 비는 $3^2:2^2=9:4$이다.

□ABCD의 넓이를 x cm²라 하면

$x:16=9:4, 4x=144$　∴ $x=36$

따라서 색칠한 부분의 넓이는 $36-16=20\,(\text{cm}^2)$이다.

1-2 답 24 cm²

△ODA∽△OBC(AA 닮음)이고 닮음비가 $6:9=2:3$이므로 넓이의 비는 $2^2:3^2=4:9$이다.

△ODA의 넓이를 x cm²라 하면

$x:54=4:9, 9x=216$　∴ $x=24$

따라서 △ODA의 넓이는 24 cm²이다.

2 답 ④

두 원기둥 A, B의 닮음비가 $2:3$이므로 넓이의 비는 $2^2:3^2=4:9$이다. 원기둥 B의 옆넓이를 x cm²라 하면

$24\pi:x=4:9, 4x=216\pi$　∴ $x=54\pi$

따라서 원기둥 B의 옆넓이는 54π cm²이다.

2-1 답 100 g

페인트의 양은 겉넓이에 의해 결정된다. 두 직육면체의 닮음비가 $2:3$이므로 겉넓이의 비는 $2^2:3^2=4:9$이다.

작은 직육면체를 칠하는 데 사용되는 페인트의 양을 x g이라 하면

$x:225=4:9, 9x=900$　∴ $x=100$

따라서 작은 직육면체의 겉면을 칠하는 데 사용되는 페인트의 양은 100 g이다.

2-2 답 80 cm²

정사면체 ABCD와 정사면체 EBFG의 닮음비는

$1:\dfrac{2}{3}=3:2$이므로 겉넓이의 비는 $3^2:2^2=9:4$이다.

정사면체 EBFG의 겉넓이를 S cm²라 하면

$180:S=9:4$　∴ $S=80$ cm²

따라서 정사면체 EBFG의 겉넓이는 80 cm²이다.

3 답 162 cm³

두 직육면체의 대응하는 면의 넓이의 비가

$12:27=4:9=2^2:3^2$이므로 닮음비는 $2:3$이다.

이때 부피의 비는 $2^3:3^3=8:27$이고, 작은 직육면체의 부피가 48 cm³이므로 큰 직육면체의 부피를 x cm³라 하면

$48:x=8:27, 8x=1296$　∴ $x=162$

따라서 큰 직육면체의 부피는 162 cm³이다.

3-1 답 9:25

부피의 비가 $54\pi:250\pi=27:125=3^3:5^3$이므로 닮음비는 $3:5$이다. 따라서 작은 구와 큰 구의 겉넓이의 비는 $3^2:5^2=9:25$이다.

3-2 답 260 mL

그릇의 높이와 그릇에 들어 있는 물의 높이의 비가 $3:1$이므로 부피의 비는 $3^3:1^3=27:1$이다. 그릇에 들어 있는 물의 양이 10 mL이므로 그릇의 부피를 x mL라 하면

$x:10=27:1$　∴ $x=270$

따라서 물을 가득 채우려면 $270-10=260\,(\text{mL})$의 물을 더 넣어야 한다.

4 답 35 m

△ABC∽△DEF(AA 닮음)이므로

$\overline{AB}:\overline{DE}=\overline{BC}:\overline{EF}$

즉, $\overline{AB}:1=(20+50):2$　∴ $\overline{AB}=35\,(\text{m})$

4-1 답 20000 m²

200 m=20000 cm이고 $(축척)=\dfrac{4}{20000}=\dfrac{1}{5000}$이므로

지도 위에서 가로가 2 cm, 세로가 4 cm인 직사각형의 실제 가로의 길이와 세로의 길이는 각각

$2\div\dfrac{1}{5000}=10000\,(\text{cm})=100\,(\text{m})$,

$4\div\dfrac{1}{5000}=20000\,(\text{cm})=200\,(\text{m})$

따라서 땅의 실제 넓이는 $100\times200=20000\,(\text{m}^2)$

| 다른 풀이 | 축척이 $\dfrac{1}{5000}$이므로 지도의 땅과 실제 땅의 닮음비는

$1:5000$이다.

즉, 넓이의 비는 $1^2:5000^2=1:25000000$이므로

(실제 땅의 넓이)=(지도의 땅의 넓이)$\times25000000$

$=8\times25000000=200000000\,(\text{cm}^2)=20000\,(\text{m}^2)$

4-2 답 18 km

$\overline{AC}/\!/\overline{DE}$이므로 △BCA∽△BED(AA 닮음)

이때 $\overline{BC}:\overline{BE}=\overline{AC}:\overline{DE}$이므로

$(6+18):6=\overline{AC}:9$

$6\overline{AC}=216$　∴ $\overline{AC}=36$ cm

따라서 두 지점 A, C 사이의 실제 거리는

$36\div\dfrac{1}{50000}=36\times50000=1800000\,(\text{cm})$

$\qquad\qquad\qquad\quad=18000\,(\text{m})=18\,(\text{km})$

단원 마무리　　　개념북 112~114쪽

01 $\dfrac{36}{5}$	02 ③	03 ①	04 $\dfrac{2}{3}$	05 ③
06 4	07 ④	08 ③	09 12	10 ③
11 4	12 ④	13 3배	14 ④	15 ③
16 10 cm²		17 72 cm²		18 6 m

01 △ABC에서 $\overline{BC}/\!/\overline{DF}$이므로

$\overline{AD}:\overline{DB}=\overline{AF}:\overline{FC}=12:8=3:2$

△ABF에서 $\overline{BF}/\!/\overline{DE}$이므로

$\overline{AE}:\overline{EF}=\overline{AD}:\overline{DB}=3:2$

∴ $\overline{AE}=\dfrac{3}{5}\overline{AF}=\dfrac{3}{5}\times12=\dfrac{36}{5}$

02 ① $\overline{AF}:\overline{FB}=2:3$, $\overline{AE}:\overline{EC}=3:5$이므로 △AFE와 △ABC는 닮은 도형이 아니다.

②, ④ $\overline{CE}:\overline{EA}=5:3$, $\overline{CD}:\overline{DB}=2:3$이므로 $\overline{AB}$와 $\overline{ED}$가 평행하지 않다.

③ $\overline{BF}:\overline{FA}=\overline{BD}:\overline{DC}=3:2$이므로 $\overline{AC}/\!/\overline{FD}$이다.

⑤ $\overline{AC}/\!/\overline{FD}$이므로 $\overline{FD}:\overline{AC}=\overline{BD}:\overline{BC}=3:5$

따라서 옳은 것은 ③이다.

03 $\overline{BD}:\overline{CD}=\overline{AB}:\overline{AC}=16:12=4:3$이므로

$\triangle ABD:\triangle ACD=\overline{BD}:\overline{CD}=4:3$

$\therefore \triangle ACD=\dfrac{3}{7}\triangle ABC=\dfrac{3}{7}\times 63=27(\text{cm}^2)$

04 $\overline{AD}/\!/\overline{BC}$이므로 $\triangle PDA\backsim\triangle PBC$(AA 닮음)

$\therefore \overline{DP}:\overline{BP}=\overline{AD}:\overline{CB}=7:14=1:2$

$\triangle BDA$에서 $\overline{BE}:\overline{EA}=\overline{BP}:\overline{PD}=2:1$이므로

$8:x=2:1$, $2x=8$ $\therefore x=4$

또, $\overline{AD}:\overline{EP}=\overline{BA}:\overline{BE}=3:2$이므로

$7:y=3:2$, $3y=14$ $\therefore y=\dfrac{14}{3}$

$\therefore y-x=\dfrac{14}{3}-4=\dfrac{2}{3}$

05 ㄱ. $\overline{AB}/\!/\overline{CD}$이므로 $\triangle EAB\backsim\triangle ECD$(AA 닮음)

$\therefore \overline{AE}:\overline{CE}=\overline{AB}:\overline{CD}=4:6=2:3$

ㄷ. $\overline{BE}:\overline{DE}=\overline{AB}:\overline{CD}=2:3$이므로

$\overline{BF}:\overline{BC}=\overline{BE}:\overline{BD}=2:5$

ㄹ. $\overline{BC}:\overline{BF}=\overline{DC}:\overline{EF}$이므로

$5:2=6:\overline{EF}$, $5\overline{EF}=12$ $\therefore \overline{EF}=\dfrac{12}{5}$

따라서 옳은 것은 ㄱ, ㄹ이다.

06 $\overline{CE}=x$로 놓고 오른쪽 그림과 같이 점 A를 지나고 $\overline{BC}$에 평행한 직선 이 $\overline{DE}$와 만나는 점을 F라 하면 $\triangle CEM\equiv\triangle AFM$(ASA 합동) 이므로 $\overline{AF}=\overline{CE}=x$

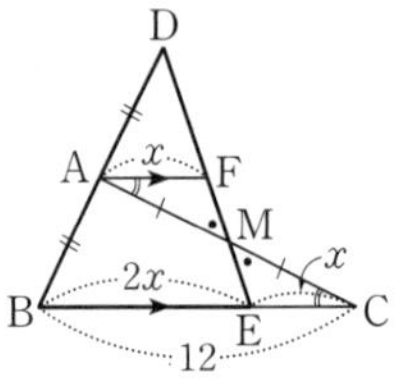

$\triangle DBE$에서 $\overline{DA}=\overline{AB}$, $\overline{BE}/\!/\overline{AF}$이므로

$\overline{BE}=2\overline{AF}=2x$

따라서 $\overline{BC}=\overline{BE}+\overline{EC}=2x+x=3x$이므로

$3x=12$ $\therefore x=4$

07 $\square EFGH$는 평행사변형이다.

④ 평행사변형 EFGH의 두 대각선의 길이가 같은지는 알 수 없다.

08 두 점 M, N이 $\overline{AB}$, $\overline{CD}$의 중점이므로 $\overline{AD}/\!/\overline{MN}/\!/\overline{BC}$

$\triangle ABC$에서 $\overline{AM}=\overline{MB}$, $\overline{MQ}/\!/\overline{BC}$이므로

$\overline{MQ}=\dfrac{1}{2}\overline{BC}=\dfrac{1}{2}\times 12=6(\text{cm})$

또, $\triangle BDA$에서 $\overline{BM}=\overline{MA}$, $\overline{MP}/\!/\overline{AD}$이므로

$\overline{MP}=\dfrac{1}{2}\overline{AD}=\dfrac{1}{2}\times 6=3(\text{cm})$

$\therefore \overline{PQ}=\overline{MQ}-\overline{MP}=6-3=3(\text{cm})$

| 다른 풀이 | $\overline{PQ}=\dfrac{1}{2}(\overline{BC}-\overline{AD})=\dfrac{1}{2}(12-6)=3(\text{cm})$

09 $\overline{AD}$가 $\triangle ABC$의 중선이므로 $\overline{BD}=\overline{CD}$

$\triangle CEB$에서 $\overline{CF}=\overline{FE}$, $\overline{CD}=\overline{DB}$이므로

$\overline{BE}=2\overline{DF}=2\times 9=18$

점 G가 $\triangle ABC$의 무게중심이므로 $\overline{BG}:\overline{GE}=2:1$

$\therefore \overline{BG}=\dfrac{2}{3}\overline{BE}=\dfrac{2}{3}\times 18=12$

10 점 G가 $\triangle ABC$의 무게중심이므로

$\overline{GD}=\dfrac{1}{3}\overline{AD}=\dfrac{1}{3}\times 24=8(\text{cm})$

$\triangle CGD\backsim\triangle EGF$(AA 닮음)이므로

$\overline{GD}:\overline{GF}=\overline{GC}:\overline{GE}=2:1$

$\therefore \overline{GF}=\dfrac{1}{2}\overline{GD}=\dfrac{1}{2}\times 8=4(\text{cm})$

| 다른 풀이 | $\overline{CE}$는 $\triangle ABC$의 중선이므로 $\overline{AE}=\overline{EB}$

또, $\overline{EF}/\!/\overline{BD}$이므로 $\overline{AF}=\overline{FD}$

$\therefore \overline{AF}=\dfrac{1}{2}\overline{AD}=\dfrac{1}{2}\times 24=12(\text{cm})$

$\overline{AG}:\overline{GD}=2:1$이므로 $\overline{AG}=\dfrac{2}{3}\overline{AD}=\dfrac{2}{3}\times 24=16(\text{cm})$

$\therefore \overline{GF}=\overline{AG}-\overline{AF}=16-12=4(\text{cm})$

11 $\triangle CDB$에서 $\overline{CM}=\overline{MB}$, $\overline{CN}=\overline{ND}$이므로

$\overline{BD}=2\overline{MN}=2\times 6=12$

이때 두 점 P, Q는 각각 $\triangle ABC$와 $\triangle ACD$의 무게중심 이므로 $\overline{BP}=\overline{PQ}=\overline{QD}$

$\therefore \overline{PQ}=\dfrac{1}{3}\overline{BD}=\dfrac{1}{3}\times 12=4$

| 다른 풀이 | 두 점 P, Q는 각각 $\triangle ABC$, $\triangle ACD$의 무게중심이다.

$\triangle AMN$과 $\triangle APQ$에서

$\overline{AM}:\overline{AP}=\overline{AN}:\overline{AQ}=3:2$, $\angle MAN$은 공통

이므로 $\triangle AMN\backsim\triangle APQ$(SAS 닮음)

$6:\overline{PQ}=3:2$, $3\overline{PQ}=12$ $\therefore \overline{PQ}=4$

12 $\triangle ABC\backsim\triangle ADE$(AA 닮음)이므로

$\overline{AB}:\overline{AD}=(8+4):8=3:2$

즉, 닮음비가 $3:2$이므로 넓이의 비는 $3^2:2^2=9:4$이다.

$\therefore \triangle ADE:\square DBCE=4:(9-4)=4:5$

13 두 구의 닮음비는 $6:2=3:1$이므로 겉넓이의 비는 $3^2:1^2=9:1$이고 부피의 비는 $3^3:1^3=27:1$이다.

즉, 반지름의 길이가 6 cm인 구슬을 녹여 반지름의 길이가 2 cm인 구슬을 27개 만들 수 있다.

이때 큰 구슬 1개의 겉넓이와 작은 구슬 27개의 겉넓이의 총합의 비는 $(9\times 1):(1\times 27)=9:27=1:3$이므로 작은 구슬의 겉넓이의 총합은 큰 구슬의 겉넓이의 3배이다.

14 원뿔 P의 밑면의 반지름의 길이와 높이를 각각 r, h라 하면 원뿔 (P+Q)의 밑면의 반지름의 길이와 높이는 각각 $2r$, $2h$, 원뿔 (P+Q+R)의 밑면의 반지름의 길이와 높이는 각각 $3r$, $3h$이다. 즉, 세 원뿔 P, (P+Q), (P+Q+R) 의 닮음비가 $1:2:3$이므로 부피의 비는

$1^3:2^3:3^3=1:8:27$

따라서 세 부분 P, Q, R의 부피의 비는

$1:(8-1):(27-8)=1:7:19$

15 두 지점 사이의 실제 거리는

$$3 \div \frac{1}{500000} = 3 \times 500000 = 1500000 \, (\text{cm})$$
$$= 15000 \, (\text{m}) = 15 \, (\text{km})$$

왕복 거리는 $15 \times 2 = 30 \, (\text{km})$이므로 왕복하는 데 걸리는

시간은 $\dfrac{30}{50} = \dfrac{3}{5}$ (시간) $= 36$(분)

16 **1단계** 오른쪽 그림과 같이 $\overline{\text{AC}}$를 그으면 두 점 P, Q는 각각 $\triangle$ABC, $\triangle$ACD의 무게중심이다.

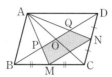

2단계 $\triangle$APQ와 $\triangle$AMN에서
∠MAN은 공통, $\overline{\text{AP}} : \overline{\text{AM}} = \overline{\text{AQ}} : \overline{\text{AN}} = 2 : 3$
이므로 $\triangle$APQ∽$\triangle$AMN (SAS 닮음)
닮음비가 $2 : 3$이므로 넓이의 비는
$\triangle$APQ : $\triangle$AMN$= 2^2 : 3^2 = 4 : 9$

3단계 $\triangle$ABD$=\dfrac{1}{2}\square$ABCD$=\dfrac{1}{2}\times 48 = 24 \, (\text{cm}^2)$
이고 $\overline{\text{BP}} = \overline{\text{PQ}} = \overline{\text{QD}}$이므로
$\triangle$APQ$=\dfrac{1}{3}\triangle$ABD$=\dfrac{1}{3}\times 24 = 8 \, (\text{cm}^2)$
$\therefore \triangle$AMN$=\dfrac{9}{4}\triangle$APQ$=\dfrac{9}{4}\times 8 = 18 \, (\text{cm}^2)$

4단계 따라서 색칠한 부분의 넓이는
$\triangle$AMN$-\triangle$APQ$= 18 - 8 = 10 \, (\text{cm}^2)$

17 점 G가 $\triangle$ABC의 무게중심이므로 $\overline{\text{BG}} : \overline{\text{GF}} = 2 : 1$
$\therefore \triangle$GBE$= 2\triangle$GFE$= 2 \times 6 = 12 \, (\text{cm}^2)$ ········ ❶
삼각형의 세 중선에 의하여 나누어진 6개의 삼각형의 넓이는 모두 같으므로
$\triangle$ABC$= 6\triangle$GBE$= 6 \times 12 = 72 \, (\text{cm}^2)$ ········ ❷

단계	채점 기준	비율
❶	$\triangle$GBE의 넓이 구하기	50 %
❷	$\triangle$ABC의 넓이 구하기	50 %

18 벽에 생긴 그림자 2 m가 바닥에 생길 경우 그 길이를 y m라 하면 오른쪽 그림에서

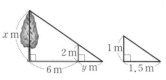

$2 : 1 = y : 1.5 \quad \therefore y = 3$ ········ ❶
즉, 벽이 없을 때 지면에 생기는 나무의 그림자의 길이는
$6 + 3 = 9 \, (\text{m})$ ········ ❷
따라서 나무의 높이를 x m라 하면
$x : 1 = 9 : 1.5$ ········ ❸
$1.5x = 9 \quad \therefore x = 6$
따라서 나무의 높이는 6 m이다. ········ ❹

단계	채점 기준	비율
❶	벽에 생긴 그림자가 바닥에 생길 때의 길이 구하기	30 %
❷	지면에 생기는 나무의 그림자의 길이 구하기	20 %
❸	나무의 높이를 구하는 식 세우기	30 %
❹	나무의 높이 구하기	20 %

Ⅱ-3 | 피타고라스 정리

1 피타고라스 정리

32 피타고라스 정리
개념북 116쪽

◆확인 1◆ **답** (1) 52 (2) 74
(1) $x^2 = 4^2 + 6^2 = 16 + 36 = 52$
(2) $x^2 = 7^2 + 5^2 = 49 + 25 = 74$

◆확인 2◆ **답** (1) 15 (2) 15
(1) $x^2 = 12^2 + 9^2 = 144 + 81 = 225$
$\therefore x = 15 \; (\because x > 0)$
(2) $17^2 = 8^2 + x^2, \; x^2 = 289 - 64 = 225$
$\therefore x = 15 \; (\because x > 0)$

개념·check 개념북 117쪽

01 **답** ③
$\triangle$ABC가 직각삼각형이므로
$\overline{\text{BC}}^2 = 13^2 - 12^2 = 169 - 144 = 25 \quad \therefore \overline{\text{BC}} = 5 \; (\because \overline{\text{BC}} > 0)$
$\triangle$CBD가 직각삼각형이므로
$x^2 = 5^2 - 4^2 = 25 - 16 = 9 \quad \therefore x = 3 \; (\because x > 0)$

02 **답** ④
$\triangle$ADC가 직각삼각형이므로
$x^2 = 10^2 - 6^2 = 100 - 36 = 64 \quad \therefore x = 8 \; (\because x > 0)$
$\triangle$ABC가 직각삼각형이므로
$\overline{\text{BC}}^2 = 17^2 - 8^2 = 289 - 64 = 225$
$\therefore \overline{\text{BC}} = 15 \; (\because \overline{\text{BC}} > 0)$
$\overline{\text{BC}} = 15$이므로 $y + 6 = 15 \quad \therefore y = 9$
$\therefore x + y = 8 + 9 = 17$

03 **답** ⑤
$\triangle$ABD가 직각삼각형이므로
$\overline{\text{AB}}^2 = 17^2 - 8^2 = 289 - 64 = 225$
$\therefore \overline{\text{AB}} = 15 \; (\because \overline{\text{AB}} > 0)$
$\triangle$ABC가 직각삼각형이므로
$x^2 = 15^2 + (8 + 12)^2 = 225 + 400 = 625$

04 **답** 41
$\triangle$ADC가 직각삼각형이므로
$\overline{\text{DC}}^2 = 5^2 - 4^2 = 25 - 16 = 9 \quad \therefore \overline{\text{DC}} = 3 \; (\because \overline{\text{DC}} > 0)$
$\overline{\text{BD}} = \overline{\text{BC}} - \overline{\text{DC}}$이므로 $\overline{\text{BC}} = 8 - 3 = 5$
$\triangle$ABD가 직각삼각형이므로
$x^2 = 5^2 + 4^2 = 25 + 16 = 41$

33 피타고라스 정리의 설명 (1)
개념북 118쪽

◆확인 1◆ **답** 12 cm²
$\square$ADEB$=\square$BFGC$-\square$ACHI
$= 16 - 4 = 12 \, (\text{cm}^2)$

◆확인 2◆ 답 30 cm²

□JKGC=□ACHI=30 cm²

개념◆check ──────────────── 개념북 119쪽

01 답 ③

$\overline{EA} \parallel \overline{DB}$이므로 △EAB=△EAC (①)

△EAB와 △CAF에서

$\overline{EA}=\overline{CA}$, $\overline{AB}=\overline{AF}$, ∠EAB=∠CAF

∴ △EAB≡△CAF (SAS 합동) (②)

$\overline{AF} \parallel \overline{CM}$이므로 △CAF=△LAF (④)

△LAF=$\frac{1}{2}$□AFML=△LFM (⑤)

따라서 △EAB와 넓이가 같지 않은 것은 ③이다.

02 답 6 cm²

□BFGC=□ADEB+□ACHI이므로

25=□ADEB+9 ∴ □ADEB=25-9=16(cm²)

□ADEB=$\overline{AB}^2$=16 cm²이므로 $\overline{AB}$=4 cm ($\because \overline{AB}$>0)

□ACHI=$\overline{AC}^2$=9 cm²이므로 $\overline{AC}$=3 cm ($\because \overline{AC}$>0)

∴ △ABC=$\frac{1}{2}×4×3$=6(cm²)

03 답 32 cm²

△BFL=$\frac{1}{2}$□BFML=$\frac{1}{2}$□ADEB

$=\frac{1}{2}×8^2$=32(cm²)

04 답 18 cm²

△AGC=△LGC=$\frac{1}{2}$□LMGC=$\frac{1}{2}$□ACHI

$=\frac{1}{2}×36$=18(cm²)

34 피타고라스 정리의 설명 (2) ── 개념북 120쪽

◆확인 1◆ 답 10

△FEB≡△HGD(SAS 합동)

$\overline{BE}=\overline{DG}$=8이므로 △FEB에서

$\overline{EF}^2=6^2+8^2$=36+64=100

∴ $\overline{EF}$=10 ($\because \overline{EF}$>0)

◆확인 2◆ 답 41

△AEH≡△BFE≡△CGF≡△DHG(SAS 합동)

이므로 □EFGH는 정사각형이다.

$\overline{BE}=\overline{DG}$=4이므로

□EFGH=$\overline{EF}^2=5^2+4^2$=25+16=41

개념◆check ──────────────── 개념북 121쪽

01 답 (1) SAS (2) 정사각형 (3) a^2+b^2

02 답 5, 25

△AEH≡△BFE≡△CGF≡△DHG (SAS 합동)이므로 □EFGH는 정사각형이다.

$\overline{BF}=\overline{AE}$=4이므로 △BFE에서

$\overline{EF}^2=3^2+4^2$=9+16=25 ∴ $\overline{EF}$=5 ($\because \overline{EF}$>0)

∴ □EFGH=$\overline{EF}^2$=25

03 답 (1) 144 cm² (2) 80 cm²

(1) △GAD≡△ABC이므로 $\overline{AD}=\overline{BC}$=4 cm

따라서 $\overline{CD}$=8+4=12(cm)이므로

□CDEF=12×12=144(cm²)

(2) △ABC≡△BHF≡△HGE≡△GAD(SAS 합동)

이므로 □AGHB는 정사각형이다.

∴ □AGHB=$\overline{AB}^2=4^2+8^2$=80(cm²)

35 직각삼각형이 되는 조건 ── 개념북 122쪽

◆확인 1◆ 답 ㉡

㉠ 4^2+6^2=16+36=52≠8^2=64이므로 직각삼각형이 아니다.

㉡ 5^2+12^2=25+144=169=13^2이므로 직각삼각형이다.

◆확인 2◆ 답 25

$13^2=x^2+12^2$에서 $x^2=13^2-12^2$=169-144=25

개념◆check ──────────────── 개념북 123쪽

01 답 ㄷ

ㄱ. 2^2+3^2=4+9=13≠4^2=16이므로 직각삼각형이 아니다.

ㄴ. 6^2+8^2=36+64=100≠9^2=81이므로 직각삼각형이 아니다.

ㄷ. 9^2+12^2=81+144=225=15^2이므로 직각삼각형이다.

ㄹ. 10^2+13^2=100+169=269≠17^2=289이므로 직각삼각형이 아니다.

02 답 ③, ⑤

① 3^2+4^2=9+16=25=5^2

② 5^2+12^2=25+144=169=13^2

③ 7^2+9^2=49+81=130≠12^2=144

④ 8^2+15^2=64+225=289=17^2

⑤ 12^2+15^2=144+225=369≠19^2=361

03 답 15

$9^2+12^2=x^2$, 즉 $x^2=9^2+12^2$=81+144=225이어야 하므로 x=15 ($\because x$>0)이다.

04 답 8

$x^2+15^2=17^2$, 즉 $x^2=17^2-15^2$=289-225=64이어야 하므로 x=8 ($\because x$>0)이다.

유형◆check ──────────────── 개념북 124~125쪽

1 답 ②

점 A에서 $\overline{BC}$에 내린 수선의 발을 H라 하면

$\overline{HC}=\overline{AD}$=9이므로 $\overline{BH}=\overline{BC}-\overline{HC}$=15-9=6

△ABH에서 $\overline{AH}^2=10^2-6^2=100-36=64$

∴ $\overline{AH}=8\ (∵\ \overline{AH}>0)$

따라서 △DBC에서 $\overline{CD}=\overline{AH}=8$이므로

$x^2=\overline{BC}^2+\overline{CD}^2=225+64=289$ ∴ $x=17\ (∵\ x>0)$

1-1 답 7

오른쪽 그림과 같이 보조선을
그으면

$\overline{AB}=13-7=6(\text{cm})$

△ABC에서

$\overline{BC}^2=10^2-6^2=64$이므로

$\overline{BC}=8\ \text{cm}\ (∵\ \overline{BC}>0)$

∴ $x=15-\overline{BC}=15-8=7$

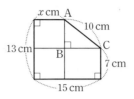

1-2 답 5 cm

$\overline{AQ}=\overline{AD}=10\ \text{cm}$이므로 △ABQ에서

$\overline{BQ}^2=10^2-8^2=36$ ∴ $\overline{BQ}=6\ \text{cm}\ (∵\ \overline{BQ}>0)$

∴ $\overline{QC}=10-6=4(\text{cm})$

△ABQ∽△QCP (AA 닮음)이므로

$\overline{AB}:\overline{QC}=\overline{QA}:\overline{PQ}$, 즉 $8:4=10:\overline{PQ}$

$8\overline{PQ}=40$ ∴ $\overline{PQ}=5\ \text{cm}$

2 답 ②

① △ABH와 △GBC에서

$\overline{AB}=\overline{GB}$, $\overline{BH}=\overline{BC}$, $∠ABH=∠GBC$

∴ △ABH≡△GBC(SAS 합동) ∴ $\overline{AH}=\overline{GC}$

② △ABE≡△AFC(SAS 합동)

③ $\overline{IA}/\!/\overline{HB}$이므로 △BHC=△ABH

△ABH≡△GBC(SAS 합동)이므로

△BHC=△GBC

⑤ $\overline{CM}/\!/\overline{BG}$이므로

△ABH=△GBC=△LGB=$\dfrac{1}{2}$□LMGB

2-1 답 25:9

$\overline{AC}=4k$, $\overline{BC}=3k\ (k>0)$라 하면

$\overline{AB}^2=\overline{CA}^2+\overline{BC}^2=16k^2+9k^2=25k^2$이므로

$\overline{AB}=5k\ (∵\ \overline{AB}>0)$

∴ $S_1:S_2=(5k)^2:(3k)^2=25:9$

2-2 답 50 cm²

$\overline{BD}/\!/\overline{AG}/\!/\overline{CE}$이므로

△BDA=△BDF, △CEA=△CEF

△ABC에서 $\overline{BC}^2=8^2+6^2=100$

∴ $\overline{BC}=10\ \text{cm}\ (∵\ \overline{BC}>0)$

△BDA+△CEA=△BDF+△CEF

$=\dfrac{1}{2}$□BDEC=$\dfrac{1}{2}\times10^2=50(\text{cm}^2)$

3 답 289 cm²

$\overline{CG}=\overline{CD}-\overline{GD}=23-8=15(\text{cm})$이므로 △GFC에서

$\overline{GF}^2=8^2+15^2=289$ ∴ $\overline{GF}=17\ \text{cm}\ (∵\ \overline{GF}>0)$

△AEH≡△BFE≡△CGF≡△DHG (SAS 합동)이므

로 □EFGH는 한 변의 길이가 17 cm인 정사각형이다.

∴ □EFGH=$17^2=289(\text{cm}^2)$

3-1 답 20

△AEH≡△BFE≡△CGF≡△DHG (SAS 합동)

이므로 □EFGH는 정사각형이다.

∴ □EFGH=$\overline{EF}^2=x^2+y^2=20$

3-2 답 81

□EFGH의 넓이가 45이므로 $\overline{EH}^2=45$

△AEH에서 $\overline{AH}^2=\overline{EH}^2-\overline{AE}^2=45-9=36$

∴ $\overline{AH}=6\ (∵\ \overline{AH}>0)$

△AEH≡△BFE≡△CGF≡△DHG(RHS 합동)이므로

$\overline{AB}=3+6=9$

따라서 □ABCD는 한 변의 길이가 9인 정사각형이므로

□ABCD=$9^2=81$

4 답 8, 10

(i) 가장 긴 변의 길이가 x cm일 때

$x^2=1^2+3^2=10$

(ii) 가장 긴 변의 길이가 3 cm일 때

$3^2=1^2+x^2$ ∴ $x^2=8$

(i), (ii)에서 x^2의 값을 모두 구하면 8, 10이다.

4-1 답 119, 169

(i) 가장 긴 변의 길이가 x cm일 때

$x^2=5^2+12^2=169$

(ii) 가장 긴 변의 길이가 12 cm일 때

$12^2=5^2+x^2$ ∴ $x^2=119$

(i), (ii)에서 x^2의 값이 될 수 있는 수를 모두 구하면 119, 169이다.

4-2 답 (6, 8, 10), (5, 12, 13)

$6^2+8^2=100=10^2$, $5^2+12^2=169=13^2$이므로 직각삼각형이 될 수 있는 수의 순서쌍은 (6, 8, 10), (5, 12, 13)이다.

2 피타고라스 정리와 도형의 성질

36 삼각형의 변의 길이와 각의 크기 사이의 관계 개념북 126쪽

◆확인 1◆ 답 (1) <, <   (2) <, <   (3) >, >

◆확인 2◆ 답 >, 둔각

개념·check 개념북 127쪽

01 답 12, 21, 12^2, 15, 21

02 답 ④

△ABD는 $∠B>90°$인 둔각삼각형이므로 $e^2>c^2+d^2$

03 답 (1) 둔 (2) 예 (3) 직

(1) $6^2 > 3^2 + 4^2$

(2) $7^2 < 5^2 + 6^2$

(3) $10^2 = 6^2 + 8^2$

04 답 ③

③ $9^2 < 6^2 + 7^2$이므로 예각삼각형

37 피타고라스 정리와 직각삼각형의 성질 개념북 128쪽

◆확인 1◆ 답 32

$x^2 = 9 \times 16 = 144$이므로 $x = 12 \; (\because x > 0)$

$y^2 = 12^2 + 16^2 = 400$이므로 $y = 20 \; (\because y > 0)$

$\therefore x + y = 12 + 20 = 32$

◆확인 2◆ 답 19

$8^2 + 6^2 = x^2 + 9^2$이므로 $x^2 = 100 - 81 = 19$

개념◆check 개념북 129쪽

01 답 (1) 8 (2) 80

(1) $\overline{AD}^2 = \overline{BD} \times \overline{CD}$이므로

$4^2 = 2 \times \overline{CD} \quad \therefore \overline{CD} = 8$

(2) △ADC에서 $\overline{AC}^2 = 4^2 + 8^2 = 80$

02 답 135

△ABC에서 $x^2 = 25^2 - 20^2 = 225 \quad \therefore x = 15 \; (\because x > 0)$

$\overline{AC}^2 = \overline{CD} \times \overline{CB}$이므로 $15^2 = y \times 25 \quad \therefore y = 9$

$\therefore xy = 15 \times 9 = 135$

03 답 $\dfrac{24}{5}$

△ABC에서 $\overline{BC}^2 = 6^2 + 8^2 = 100$

$\therefore \overline{BC} = 10 \; (\because \overline{BC} > 0)$

$\overline{AB} \times \overline{AC} = \overline{BC} \times \overline{AD}$이므로

$8 \times 6 = 10 \times \overline{AD} \quad \therefore \overline{AD} = \dfrac{24}{5}$

04 답 57

$\overline{BE}^2 + \overline{CD}^2 = \overline{DE}^2 + \overline{BC}^2$이므로

$x^2 + 7^2 = 5^2 + 9^2 \quad \therefore x^2 = 57$

38 피타고라스 정리와 사각형의 성질 개념북 130쪽

◆확인 1◆ 답 52

$\overline{AB}^2 + \overline{CD}^2 = \overline{AD}^2 + \overline{BC}^2$이므로

$8^2 + x^2 = 4^2 + 10^2$

$x^2 = 116 - 64 = 52$

◆확인 2◆ 답 32

$\overline{AP}^2 + \overline{CP}^2 = \overline{BP}^2 + \overline{DP}^2$이므로

$4^2 + 5^2 = x^2 + 3^2, \; x^2 = 41 - 9 = 32$

개념◆check 개념북 131쪽

01 답 $\overline{OB}^2 + \overline{OC}^2, \; \overline{AD}^2$

02 답 (1) 43 (2) 21

(1) $\overline{AB}^2 + \overline{CD}^2 = \overline{AD}^2 + \overline{BC}^2$이므로

$4^2 + 6^2 = x^2 + 3^2, \; x^2 = 16 + 36 - 9 = 43$

(2) $\overline{AB}^2 + \overline{CD}^2 = \overline{AD}^2 + \overline{BC}^2$이므로

$6^2 + 7^2 = x^2 + 8^2, \; x^2 = 85 - 64 = 21$

03 답 $a^2 + d^2, \; \overline{DP}^2$

04 답 (1) 52 (2) 20

(1) $\overline{AP}^2 + \overline{CP}^2 = \overline{BP}^2 + \overline{DP}^2$이므로

$8^2 + 2^2 = 4^2 + x^2, \; x^2 = 68 - 16 = 52$

(2) $\overline{AP}^2 + \overline{CP}^2 = \overline{BP}^2 + \overline{DP}^2$이므로

$2^2 + 5^2 = 3^2 + x^2, \; x^2 = 29 - 9 = 20$

39 피타고라스 정리를 이용한 직각삼각형과 원 사이의 관계 개념북 132쪽

◆확인 1◆ 답 $45\pi \text{ cm}^2$

(색칠한 부분의 넓이) $= 50\pi - 5\pi = 45\pi \, (\text{cm}^2)$

◆확인 2◆ 답 24 cm²

색칠한 부분의 넓이는 △ABC의 넓이와 같으므로

(색칠한 부분의 넓이) $= \dfrac{1}{2} \times 6 \times 8 = 24 \, (\text{cm}^2)$

개념◆check 개념북 133쪽

01 답 45 cm²

$P + Q = R$이므로

$P + 30 = 75 \quad \therefore P = 45 \text{ cm}^2$

02 답 $\dfrac{25}{2}\pi \text{ cm}^2$

$P + Q = (\overline{BC}$를 지름으로 하는 반원의 넓이)

$= \dfrac{1}{2} \times \pi \times 5^2 = \dfrac{25}{2}\pi \, (\text{cm}^2)$

03 답 17 cm

색칠한 부분의 넓이는 △ABC의 넓이와 같으므로

(색칠한 부분의 넓이) $= \triangle ABC = \dfrac{1}{2} \times 15 \times \overline{AC} = 60$

$\therefore \overline{AC} = 8 \text{ cm}$

△ABC에서 $\overline{BC}^2 = 15^2 + 8^2 = 289$

$\therefore \overline{BC} = 17 \text{ cm} \; (\because \overline{BC} > 0)$

04 답 56 cm²

(색칠한 부분의 넓이) $= \triangle ABC + \triangle ABC = 2\triangle ABC$

$= 2 \times \left(\dfrac{1}{2} \times 8 \times 7 \right) = 56 \, (\text{cm}^2)$

유형◆check 개념북 134~137쪽

1 답 $3 < x < 15$

삼각형의 세 변의 길이 사이의 관계에서

$12-9 < x < 12+9$ $\therefore 3 < x < 21$ ...... ㉠

$\angle$C$<90°$이므로 $x^2 < 9^2+12^2$, $x^2 < 225$

$x>0$이므로 $0 < x < 15$ ...... ㉡

㉠, ㉡에 의하여 $3 < x < 15$

1-1 답 $7 < x < 17$

삼각형의 세 변의 길이 사이의 관계에서

$15-8 < x < 15+8$ $\therefore 7 < x < 23$ ...... ㉠

$\angle$A$<90°$이므로 $x^2 < 15^2+8^2$, $x^2 < 289$

$x>0$이므로 $0 < x < 17$ ...... ㉡

㉠, ㉡에 의하여 $7 < x < 17$

1-2 답 $13 < a < 17$

a가 가장 긴 변의 길이이고, 삼각형의 세 변의 길이 사이의 관계에서

$12 < a < 12+5$ $\therefore 12 < a < 17$ ...... ㉠

주어진 삼각형이 둔각삼각형이므로

$a^2 > 5^2+12^2$, $a^2 > 169$

$\therefore a > 13 \ (\because a > 0)$ ...... ㉡

㉠, ㉡에 의하여 $13 < a < 17$

2 답 ④

① $a=8$이면 $11^2 > 7^2+8^2$이므로 $\triangle$ABC는 둔각삼각형이다.

② $a=10$이면 $11^2 < 7^2+10^2$이므로 $\triangle$ABC는 예각삼각형이다.

③ $a=11$이면 $11^2 < 7^2+11^2$이므로 $\triangle$ABC는 예각삼각형이다.

④ $a=12$이면 $12^2 < 7^2+11^2$이므로 $\triangle$ABC는 예각삼각형이다.

⑤ $a=13$이면 $13^2 < 7^2+11^2$이므로 $\triangle$ABC는 예각삼각형이다.

2-1 답 ①

① $b^2 < a^2+c^2$이면 $\angle$B는 예각이다.

그러나 $\angle$B가 예각이라고 해서 $\triangle$ABC가 예각삼각형인지는 알 수 없다.

2-2 답 ⑴ $8 < x < 10$ ⑵ $10 < x < 14$

x가 가장 긴 변의 길이이고, 삼각형의 세 변의 길이 사이의 관계에서

$8 < x < 14$ ...... ㉠

⑴ 예각삼각형이 되려면 $x^2 < 6^2+8^2$, $x^2 < 100$

$x>0$이므로 $0 < x < 10$ ...... ㉡

㉠, ㉡에서 $8 < x < 10$

⑵ 둔각삼각형이 되려면 $x^2 > 6^2+8^2$, $x^2 > 100$

$x>0$이므로 $x > 10$ ...... ㉢

㉠, ㉢에서 $10 < x < 14$

3 답 ③

$\triangle$ABC에서 $\overline{AC}^2=15^2+20^2=625$

$\therefore \overline{AC}=25 \ \text{cm} \ (\because \overline{AC}>0)$

$\overline{BC}^2=\overline{CD}\times\overline{CA}$이므로 $15^2=\overline{CD}\times25$ $\therefore \overline{CD}=9 \ \text{cm}$

3-1 답 $\dfrac{16}{5}$

$\triangle$ABC에서 $\overline{AC}^2=12^2+16^2=400$

$\therefore \overline{AC}=20 \ (\because \overline{AC}>0)$

$\overline{AB}\times\overline{BC}=\overline{AC}\times\overline{BD}$이므로

$12\times16=20\times y$ $\therefore y=\dfrac{48}{5}$

$\overline{BC}^2=\overline{CD}\times\overline{CA}$이므로 $16^2=x\times20$ $\therefore x=\dfrac{64}{5}$

$\therefore x-y=\dfrac{64}{5}-\dfrac{48}{5}=\dfrac{16}{5}$

3-2 답 $\dfrac{36}{5}$ cm

$\triangle$ABC에서 $\overline{AB}^2=15^2-12^2=81$

$\therefore \overline{AB}=9 \ \text{cm} \ (\because \overline{AB}>0)$

$\overline{AB}\times\overline{AC}=\overline{BC}\times\overline{AH}$이므로

$9\times12=15\times\overline{AH}$ $\therefore \overline{AH}=\dfrac{36}{5} \ \text{cm}$

4 답 65

$\overline{DE}^2+\overline{BC}^2=\overline{BE}^2+\overline{CD}^2=4^2+7^2=65$

4-1 답 51

$\triangle$ABC에서 $\overline{BC}^2=6^2+8^2=100$

$\therefore \overline{BC}=10 \ (\because \overline{BC}>0)$

$\overline{DE}^2+\overline{BC}^2=\overline{BE}^2+\overline{CD}^2$이므로

$\overline{DE}^2+10^2=7^2+\overline{CD}^2$

$\therefore \overline{CD}^2-\overline{DE}^2=10^2-7^2=51$

4-2 답 125

$\triangle$ABC에서 삼각형의 두 변의 중점을 연결한 선분의 성질에 의하여

$\overline{DE}=\dfrac{1}{2}\overline{BC}=\dfrac{1}{2}\times10=5 \ (\text{cm})$

$\therefore \overline{BE}^2+\overline{CD}^2=\overline{DE}^2+\overline{BC}^2=5^2+10^2=125$

5 답 ②

$\square$ABCD의 두 대각선이 서로 직교하므로

$\overline{AD}^2+\overline{BC}^2=\overline{AB}^2+\overline{DC}^2$

$\square$ABCD는 등변사다리꼴이므로 $\overline{AB}=\overline{DC}$

$\overline{AD}^2+\overline{BC}^2=2\overline{AB}^2$, $4^2+8^2=2\overline{AB}^2$

$\therefore \overline{AB}^2=40$

5-1 답 24

$\overline{AB}^2+\overline{CD}^2=\overline{AD}^2+\overline{BC}^2$이므로

$5^2+\overline{CD}^2=6^2+7^2$ $\therefore \overline{CD}^2=60$

$\triangle$CDO에서 $\overline{DO}^2=60-36=24$

5-2 답 99

$\triangle$AOD에서 $\overline{AD}^2=5^2+5^2=50$

$\overline{AB}^2+\overline{CD}^2=\overline{AD}^2+\overline{BC}^2$이므로

$7^2+10^2=50+\overline{BC}^2$ $\therefore \overline{BC}^2=99$

6 답 9

$\overline{AP}^2+\overline{CP}^2=\overline{BP}^2+\overline{DP}^2$이므로

$4^2+\overline{CP}^2=5^2+\overline{DP}^2$ $\therefore \overline{CP}^2-\overline{DP}^2=5^2-4^2=9$

6-1 답 65

$\overline{AP}^2+\overline{CP}^2=\overline{BP}^2+\overline{DP}^2$이므로

$4^2+7^2=\overline{BP}^2+\overline{DP}^2$ ∴ $\overline{BP}^2+\overline{DP}^2=65$

6-2 답 193

$\overline{AC}^2=15^2+20^2=625$ ∴ $\overline{AC}=25\ (∵\ \overline{AC}>0)$

$\overline{AB}\times\overline{BC}=\overline{AC}\times\overline{BH}$이므로 $15\times20=25\times\overline{BH}$

∴ $\overline{BH}=12$

$\overline{AB}^2=\overline{AH}\times\overline{AC}$이므로 $15^2=\overline{AH}\times25$

∴ $\overline{AH}=9$, $\overline{CH}=25-9=16$

$\overline{AH}^2+\overline{CH}^2=\overline{BH}^2+\overline{DH}^2$이므로 $9^2+16^2=12^2+\overline{DH}^2$

∴ $\overline{DH}^2=337-144=193$

7 답 352

($\overline{BC}$를 지름으로 하는 반원의 넓이)

= ($\overline{AB}$를 지름으로 하는 반원의 넓이)

　　　　　　　+ ($\overline{AC}$를 지름으로 하는 반원의 넓이)

$=28\pi+16\pi=44\pi$

$\overline{BC}=x$라 하면

$\dfrac{1}{2}\times\pi\times\left(\dfrac{x}{2}\right)^2=44\pi$, $\dfrac{x^2}{8}=44$ ∴ $x^2=352$

7-1 답 $36\pi\ \mathrm{cm}^2$

$S_1+S_2=S_3$이므로

$S_1+S_2+S_3=S_3+S_3=2S_3=2\times\left(\dfrac{1}{2}\times\pi\times6^2\right)$

$=36\pi(\mathrm{cm}^2)$

7-2 답 32

$\overline{AB}$, $\overline{AC}$를 각각 지름으로 하는 반원의 넓이의 합은 $\overline{BC}$를 지름으로 하는 반원의 넓이와 같으므로 $\overline{AC}$를 지름으로 하는 반원의 넓이는 $7\pi-3\pi=4\pi$

따라서 $\dfrac{1}{2}\times\pi\times\left(\dfrac{\overline{AC}}{2}\right)^2=4\pi$이므로

$\dfrac{\overline{AC}^2}{8}=4$ ∴ $\overline{AC}^2=32$

8 답 $60\ \mathrm{cm}^2$

△ABC에서 $\overline{AB}^2=17^2-8^2=225$

∴ $\overline{AB}=15\ \mathrm{cm}\ (∵\ \overline{AB}>0)$

∴ (색칠한 부분의 넓이) $=△ABC$

$=\dfrac{1}{2}\times15\times8=60(\mathrm{cm}^2)$

8-1 답 35

□ABCD에서 대각선 AC를 그으면

(색칠한 부분의 넓이)

$=S_1+S_2+S_3+S_4$

$=△ABC+△ADC$

$=□ABCD=7\times5=35$

8-2 답 $\dfrac{36}{5}\ \mathrm{cm}$

색칠한 부분의 넓이는 △ABC의 넓이와 같으므로

(색칠한 부분의 넓이) $=△ABC=\dfrac{1}{2}\times12\times\overline{AC}=54$

∴ $\overline{AC}=9\ \mathrm{cm}$

△ABC에서 $\overline{BC}^2=12^2+9^2=225$

∴ $\overline{BC}=15\ \mathrm{cm}\ (∵\ \overline{BC}>0)$

또, $\overline{AB}\times\overline{AC}=\overline{BC}\times\overline{AH}$이므로

$12\times9=15\times\overline{AH}$ ∴ $\overline{AH}=\dfrac{36}{5}\ \mathrm{cm}$

단원 마무리　개념북 138~140쪽

01 ①	**02** ②	**03** 194	**04** $\dfrac{5}{3}$ cm
05 ②	**06** ②	**07** ⑤	**08** ④　　**09** ③
10 $\dfrac{24}{5}$	**11** $\dfrac{125}{2}$	**12** ①	**13** 16 : 9 : 25
14 13 cm		**15** 54 cm^2	
16 $\dfrac{168}{125}$ cm		**17** 20	

01 △ABD에서 $\overline{BD}^2=5^2-3^2=16$

∴ $\overline{BD}=4\ \mathrm{cm}\ (∵\ \overline{BD}>0)$

∴ $x=\overline{BC}-\overline{BD}=6-4=2$

△ADC에서 $y^2=3^2+2^2=13$

∴ $x^2+y^2=4+13=17$

02 △ADC에서 $\overline{AC}^2=15^2-9^2=144$

∴ $\overline{AC}=12\ (∵\ \overline{AC}>0)$

△ABC에서 $\overline{BC}^2=20^2-12^2=256$

∴ $\overline{BC}=16\ (∵\ \overline{BC}>0)$

∴ $\overline{BD}=\overline{BC}-\overline{DC}=16-9=7$

03 □ABCD$=25$이므로 $\overline{BC}=5\ (∵\ \overline{BC}>0)$

□ECGH$=64$이므로 $\overline{CG}=8\ (∵\ \overline{CG}>0)$

∴ $\overline{BG}=5+8=13$

△ABG에서 $\overline{AG}^2=5^2+13^2=194$

04 △BCE에서 $\overline{BE}^2=4^2+3^2=25$이므로

$\overline{BE}=5\ \mathrm{cm}\ (∵\ \overline{BE}>0)$

$\overline{DE}=4-3=1(\mathrm{cm})$

△BCE∽△FDE(AA 닮음)이므로

$\overline{CE}:\overline{DE}=\overline{BE}:\overline{FE}$, 즉 $3:1=5:\overline{FE}$

$3\overline{FE}=5$ ∴ $\overline{FE}=\dfrac{5}{3}\ \mathrm{cm}$

05 △ABC에서 $\overline{BC}^2=9^2+12^2=225$

∴ $\overline{BC}=15\ (∵\ \overline{BC}>0)$

점 M은 직각삼각형 ABC의 빗변인 $\overline{BC}$의 중점이므로

△ABC의 외심이다.

$\overline{AM}=\overline{BM}=\overline{CM}=\dfrac{1}{2}\overline{BC}=\dfrac{1}{2}\times12=\dfrac{15}{2}$

∴ $\overline{MG}=\dfrac{1}{3}\overline{AM}=\dfrac{1}{3}\times\dfrac{15}{2}=\dfrac{5}{2}$

06 △ABF≡△EBC (SAS 합동) (③)

$\overline{DC}\ //\ \overline{EB}$이므로 △EBC=△EBA (④)

□ADEB는 정사각형이므로 △EBA＝△EAD (①)
$\overline{BF}$∥$\overline{AM}$이므로 △ABF＝△LBF (⑤)

07 정사각형 EFGH의 넓이가 34 cm²이므로 $\overline{EF}^2＝34$
△AFE에서 $\overline{AE}^2＝34-9＝25$이므로
$\overline{AE}＝5$ cm ($\because \overline{AE}>0$)
△AFE≡△BGF≡△CHG≡△DEH(RHS 합동)이므로 $\overline{AE}＝\overline{BF}＝\overline{CG}＝\overline{DH}＝5$ cm
$\therefore \overline{AB}＝3+5＝8(cm)$
따라서 □ABCD는 한 변의 길이가 8 cm인 정사각형이므로 □ABCD＝$8^2＝64(cm^2)$

08 ㄱ. $a^2<b^2+c^2$이면 ∠A<90°이다.
ㄷ. $a^2<b^2+c^2$이면 ∠A<90°이지만 ∠B 또는 ∠C는 둔각(직각)일 수도 있으므로 △ABC를 예각삼각형이라 할 수 없다.
ㄹ. $a^2+b^2<c^2$이면 ∠C>90°이므로 ∠A<90°이다.
ㅁ. $a^2-b^2>c^2$이면 $a^2>b^2+c^2$에서 ∠A>90°이므로 △ABC는 둔각삼각형이다.
따라서 옳은 것은 ㄴ, ㄹ, ㅁ이다.

09 △ABC에서 $\overline{BC}^2＝4^2+8^2＝80$
삼각형의 두 변의 중점을 연결한 선분의 성질에 의하여
$\overline{DE}＝\frac{1}{2}\overline{BC}$이므로 $\overline{DE}^2＝\frac{1}{4}\overline{BC}^2＝\frac{1}{4}\times80＝20$
$\therefore \overline{BE}^2+\overline{CD}^2＝\overline{DE}^2+\overline{BC}^2＝20+80＝100$

10 직선 $y＝-\frac{4}{3}x+8$의 x절편은 6, y절편은 8이므로
$\overline{OA}＝6, \overline{OB}＝8$
△OAB에서 $\overline{AB}^2＝6^2+8^2＝100$
$\therefore \overline{AB}＝10$ ($\because \overline{AB}>0$)
또, $\overline{OA}\times\overline{OB}＝\overline{AB}\times\overline{OH}$이므로
$6\times8＝10\times\overline{OH}$ $\therefore \overline{OH}＝\frac{24}{5}$

11 □ABCD의 두 대각선이 서로 직교하므로
$\overline{AB}^2+\overline{CD}^2＝\overline{AD}^2+\overline{BC}^2$
□ABCD는 등변사다리꼴이므로 $\overline{AB}＝\overline{CD}$
$2\overline{CD}^2＝5^2+10^2$ $\therefore \overline{CD}^2＝\frac{125}{2}$

12 $\overline{AP}^2+\overline{CP}^2＝\overline{BP}^2+\overline{DP}^2$이므로
$3^2+\overline{CP}^2＝4^2+6^2$ $\therefore \overline{CP}^2＝43$
따라서 △PBC에서
$\overline{BC}^2＝\overline{BP}^2+\overline{CP}^2＝4^2+43＝59$

13 $S_1＝\frac{1}{2}\times\pi\times4^2＝8\pi$
$S_2＝\frac{1}{2}\times\pi\times3^2＝\frac{9}{2}\pi$
$S_3＝S_1+S_2＝8\pi+\frac{9}{2}\pi＝\frac{25}{2}\pi$
$\therefore S_1:S_2:S_3＝8\pi:\frac{9}{2}\pi:\frac{25}{2}\pi＝16:9:25$

14 (색칠한 부분의 넓이)＝△ABC＝$\frac{1}{2}\times5\times\overline{AC}＝30$
$\therefore \overline{AC}＝12$ cm
△ABC에서 $\overline{BC}^2＝5^2+12^2＝169$
$\therefore \overline{BC}＝13$ cm ($\because \overline{BC}>0$)

15 1단계 □ADEB＝□BFGC+□ACHI이므로
$225＝144+$□ACHI
$\therefore$ □ACHI＝$225-144＝81(cm^2)$
2단계 □BFGC＝$\overline{BC}^2＝144$ cm²이므로
$\overline{BC}＝12$ cm ($\because \overline{BC}>0$)
□ACHI＝$\overline{AC}^2＝81$ cm²이므로
$\overline{AC}＝9$ cm ($\because \overline{AC}>0$)
3단계 △ABC＝$\frac{1}{2}\times\overline{BC}\times\overline{AC}$
$＝\frac{1}{2}\times12\times9＝54(cm^2)$

16 △ABC에서 $\overline{BC}^2＝6^2+8^2＝100$
$\therefore \overline{BC}＝10$ cm ($\because \overline{BC}>0$)
$\overline{AB}\times\overline{AC}＝\overline{BC}\times\overline{AE}$이므로 $6\times8＝10\times\overline{AE}$
$\therefore \overline{AE}＝\frac{24}{5}$ cm ━━━━━━ ❶
△ABC에서 $\overline{AB}^2＝\overline{BE}\times\overline{BC}$이므로
$36＝\overline{BE}\times10$ $\therefore \overline{BE}＝\frac{18}{5}$ cm
점 D는 $\overline{BC}$의 중점이므로 $\overline{BD}＝\overline{CD}＝\overline{AD}＝5$ cm
$\therefore \overline{DE}＝5-\frac{18}{5}＝\frac{7}{5}(cm)$ ━━━━━━ ❷
△AED에서 $\overline{AE}\times\overline{DE}＝\overline{AD}\times\overline{EF}$이므로
$\frac{24}{5}\times\frac{7}{5}＝5\times\overline{EF}$ $\therefore \overline{EF}＝\frac{168}{125}$ cm ━━━ ❸

단계	채점 기준	비율
❶	$\overline{AE}$의 길이 구하기	30 %
❷	$\overline{DE}$의 길이 구하기	40 %
❸	$\overline{EF}$의 길이 구하기	30 %

17 오른쪽 그림과 같이 점 B를 $\overline{CD}$에 대하여 대칭이동한 점을 B′이라 하면 ━━━━━ ❶

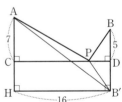

$\overline{AP}+\overline{BP}＝\overline{AP}+\overline{B'P}\geq\overline{AB'}$ ━━━━━ ❷
이때 △AHB′에서
$\overline{AB'}^2＝12^2+16^2＝400$이므로
$\overline{AB'}＝20$ ($\because \overline{AB'}>0$)
따라서 $\overline{AP}+\overline{BP}$의 최솟값은 20이다. ━━━ ❸

단계	채점 기준	비율
❶	점을 대칭이동하기	20 %
❷	조건을 만족시키는 부등식 세우기	40 %
❸	$\overline{AP}+\overline{BP}$의 최솟값 구하기	40 %

Ⅲ 확률

Ⅲ-1 │ 경우의 수

1 경우의 수

40 경우의 수 (1)
개념북 142쪽

◆확인 1◆ 답 (1) 3 (2) 3

(1) 4의 약수의 눈이 나오는 경우는 1, 2, 4이므로 경우의 수는 3이다.
(2) 소수의 눈이 나오는 경우는 2, 3, 5이므로 경우의 수는 3이다.

◆확인 2◆ 답 (1) 3 (2) 2 (3) 5

(1) 3의 배수는 3, 6, 9이므로 경우의 수는 3이다.
(2) 4의 배수는 4, 8이므로 경우의 수는 2이다.
(3) 3+2=5

개념◆check 개념북 143쪽

1 답 ④

20 이하의 소수는 2, 3, 5, 7, 11, 13, 17, 19의 8개이므로 구하는 경우의 수는 8이다.

2 답 7

한식을 고르는 경우의 수가 4, 분식을 고르는 경우의 수가 3이므로 한식 또는 분식 중에서 한 가지를 주문하는 경우의 수는
4+3=7

3 답 (1) 5 (2) 4

(1) 3의 배수가 나오는 경우는 3, 6, 9의 3가지, 5의 배수가 나오는 경우는 5, 10의 2가지이므로 구하는 경우의 수는
3+2=5
(2) 2 미만의 수가 나오는 경우는 1의 1가지, 8 이상의 수가 나오는 경우는 8, 9, 10의 3가지이므로 구하는 경우의 수는
1+3=4

4 답 ④

공에 적힌 수가 3의 배수인 경우는 3, 6, 9, 12, 15의 5가지, 7의 배수인 경우는 7, 14의 2가지이므로 구하는 경우의 수는
5+2=7

41 경우의 수 (2)
개념북 144쪽

◆확인 1◆ 답 (1) 2 (2) 4 (3) 8

(3) 2×4=8

◆확인 2◆ 답 15가지

5×3=15(가지)

개념◆check 개념북 145쪽

1 답 20

중식 중에서 한 가지를 주문하는 경우의 수는 5, 한식 중에서 한 가지를 주문하는 경우의 수는 4이므로 구하는 경우의 수는
5×4=20

2 답 6가지

돌고래 쇼를 보고 코끼리 나라까지 가는 방법의 수는 3가지, 코끼리 나라에서 사파리 왕국까지 가는 방법의 수는 2가지이므로 구하는 방법의 수는
3×2=6(가지)

3 답 ⑤

각 주사위를 던질 때 일어나는 모든 경우의 수는 6이므로 구하는 경우의 수는
6×6=36

4 답 12

여행지를 고르는 경우의 수는 4, 숙박 시설을 고르는 경우의 수는 3이므로 구하는 경우의 수는
4×3=12

유형◆check 개념북 146~147쪽

1 답 3가지

100원짜리와 50원짜리 동전으로 200원을 지불하는 방법을 표로 나타내면 다음과 같다.

100원짜리(개)	2	1	0
50원짜리(개)	0	2	4

따라서 200원을 지불하는 방법은 3가지이다.

1-1 답 6가지

500원짜리 동전 3개와 100원짜리 동전 2개로 지불할 수 있는 금액을 표로 나타내면 다음과 같다.

500원짜리(개)	1	1	2	2	3	3
100원짜리(개)	1	2	1	2	1	2
합계 금액(원)	600	700	1100	1200	1600	1700

따라서 지불할 수 있는 금액의 종류는 6가지이다.

1-2 답 3가지

50원, 100원, 500원짜리 동전으로 1000원을 지불하는 방법을 표로 나타내면 다음과 같다.

500원짜리(개)	1	1	1
100원짜리(개)	4	3	2
50원짜리(개)	2	4	6

따라서 1000원을 지불하는 방법은 3가지이다.

2 답 ④

여수에서 제주도까지 비행기를 이용하는 경우의 수는 3,
배를 이용하는 경우의 수는 2이므로 구하는 경우의 수는
$3+2=5$

2-1 답 ②

나오는 눈의 수의 합이 3인 경우는 $(1, 2)$, $(2, 1)$의 2가지
나오는 눈의 수의 합이 11인 경우는 $(5, 6)$, $(6, 5)$의 2가지
따라서 구하는 경우의 수는
$2+2=4$

2-2 답 ②

$2x+y=9$를 만족시키는 x, y의 값을 순서쌍 (x, y)로 나
타내면 $(2, 5)$, $(3, 3)$, $(4, 1)$의 3가지
$x+3y=8$을 만족시키는 x, y의 값을 순서쌍 (x, y)로 나
타내면 $(2, 2)$, $(5, 1)$의 2가지
따라서 구하는 경우의 수는
$3+2=5$

3 답 (1) 6가지   (2) 36가지

(1) 용산역에서 광주역까지 가는 기차 노선이 2가지, 광주
역에서 할머니 댁까지 가는 버스 노선이 3가지이므로
구하는 방법의 수는
$2\times3=6$(가지)

(2) 용산역에서 할머니 댁까지 가는 방법이 6가지이므로 할
머니 댁에서 용산역으로 돌아오는 방법도 6가지이다.
따라서 구하는 방법의 수는
$6\times6=36$(가지)

3-1 답 ④

각 사람이 낼 수 있는 것은 가위, 바위, 보의 3가지이므로
구하는 경우의 수는
$3\times3=9$

3-2 답 48

동전 한 개를 던질 때 일어나는 모든 경우의 수는 2, 정십
이면체 모양의 주사위 한 개를 던질 때 일어나는 모든 경
우의 수는 12이므로 구하는 경우의 수는
$2\times2\times12=48$

4 답 ③

동전 두 개가 서로 같은 면이 나오는 경우는 (앞, 앞),
(뒤, 뒤)의 2가지
주사위 한 개가 홀수의 눈이 나오는 경우는 1, 3, 5의 3가지
따라서 구하는 경우의 수는
$2\times3=6$

4-1 답 ⑤

10 미만의 소수는 2, 3, 5, 7의 4개이
다. 같은 숫자를 여러 번 사용할 수 있
으므로 각 자리에 올 수 있는 숫자는 4
개이다.

$\square$ $\square$ $\square$ $\square$
↑ ↑ ↑ ↑
4개 4개 4개 4개

따라서 만들 수 있는 비밀번호의 개수는
$4\times4\times4\times4=256$(개)

4-2 답 14가지

(i) 두바이를 거치지 않는 경우
인천에서 모스크바로 바로 가는 방법의 수는 2가지이다.

(ii) 두바이를 거치는 경우
인천에서 두바이까지 가는 방법의 수는 3가지, 두바이에
서 모스크바까지 가는 방법의 수는 4가지이므로 인천에
서 두바이를 거쳐 모스크바까지 가는 방법의 수는
$3\times4=12$(가지)

(i), (ii)에서 구하는 방법의 수는
$2+12=14$(가지)

2 여러 가지 경우의 수

42 한 줄로 세우는 경우의 수   개념북 148쪽

◆확인 1◆ 답 24

$4\times3\times2\times1=24$

◆확인 2◆ 답 12

여자 2명을 하나로 묶어서 생각하면 여, 여 , 남, 남
의 3명을 한 줄로 세우는 경우의 수는
$3\times2\times1=6$
여자 2명이 자리를 바꾸는 경우의 수는 $2\times1=2$
따라서 구하는 경우의 수는
$6\times2=12$

개념·check   개념북 149쪽

01 답 (1) ① 윤후   ② 윤후   ③ 민율   ④ 민율   ⑤ 윤후   ⑥ 성빈
⑦ 윤후, 민율, 성빈   ⑧ 민율   ⑨ 윤후, 성빈, 민율

(2) 6

(2) 3명을 한 줄로 세우는 경우의 수는
$3\times2\times1=6$

2 답 (1) 24   (2) 12

(1) 4권을 한 줄로 나열하는 경우의 수는
$4\times3\times2\times1=24$

(2) 4권 중 2권을 뽑아 한 줄로 나열하는 경우의 수는
$4\times3=12$

3 답 (1) 24   (2) 6   (3) 12

(1) S의 자리는 정해졌으므로 나머지 4장의 카드를 한 줄
로 나열하는 경우의 수를 구하면 된다.
따라서 구하는 경우의 수는 $4\times3\times2\times1=24$

(2) S와 M의 자리는 정해졌으므로 나머지 3장의 카드를 한
줄로 나열하는 경우의 수를 구하면 된다.
따라서 구하는 경우의 수는 $3\times2\times1=6$

(3) (ⅰ) S□□□M인 경우의 수: $3 \times 2 \times 1 = 6$

(ⅱ) M□□□S인 경우의 수: $3 \times 2 \times 1 = 6$

(ⅰ), (ⅱ)에서 구하는 경우의 수는 $6 + 6 = 12$

4 답 (1) 48 (2) 36

(1) A, B를 하나로 묶어서 생각하면 $\boxed{A, B}$, C, D, E의 4명을 한 줄로 세우는 경우의 수는

$4 \times 3 \times 2 \times 1 = 24$

A와 B가 자리를 바꾸는 경우의 수는 $2 \times 1 = 2$

따라서 구하는 경우의 수는 $24 \times 2 = 48$

(2) A, C, D를 하나로 묶어서 생각하면 $\boxed{A, C, D}$, B, E의 3명을 한 줄로 세우는 경우의 수는

$3 \times 2 \times 1 = 6$

A, C, D가 자리를 바꾸는 경우의 수는 3명을 한 줄로 세우는 경우의 수와 같으므로

$3 \times 2 \times 1 = 6$

따라서 구하는 경우의 수는 $6 \times 6 = 36$

43 정수를 만드는 경우의 수 개념북 150쪽

◆확인 1◆ 답 24개

$4 \times 3 \times 2 = 24$(개)

◆확인 2◆ 답 18개

$3 \times 3 \times 2 = 18$(개)

개념◆check 개념북 151쪽

1 답 (1) 12개 (2) 24개

(1) 십의 자리에 올 수 있는 숫자는 4개, 일의 자리에 올 수 있는 숫자는 십의 자리에서 사용한 숫자를 제외한 3개이다.

십의 자리 / 일의 자리
↑4개 / ↑3개

따라서 구하는 정수의 개수는

$4 \times 3 = 12$(개)

(2) 백의 자리에 올 수 있는 숫자는 4개, 십의 자리에 올 수 있는 숫자는 백의 자리에서 사용한 숫자를 제외한 3개, 일의 자리에 올 수 있는 숫자는 백의 자리와 십의 자리에서 사용한 숫자를 제외한 2개이다.

백의 자리 / 십의 자리 / 일의 자리
↑4개 / ↑3개 / ↑2개

따라서 구하는 정수의 개수는

$4 \times 3 \times 2 = 24$(개)

2 답 (1) 16개 (2) 48개

(1) 십의 자리에는 0이 올 수 없으므로 십의 자리에 올 수 있는 숫자는 0을 제외한 4개, 일의 자리에 올 수 있는 숫자는 십의 자리에서 사용한 숫자를 제외한 4개이다.

십의 자리 / 일의 자리
↑4개 / ↑4개

따라서 구하는 정수의 개수는

$4 \times 4 = 16$(개)

(2) 백의 자리에는 0이 올 수 없으므로 백의 자리에 올 수 있는 숫자는 0을 제외한 4개, 십의 자리에 올 수 있는 숫자는 백의 자리에서 사용한 숫자를 제외한 4개, 일의 자리에 올 수 있는 숫자는 백의 자리와 십의 자리에서 사용한 숫자를 제외한 3개이다.

백의 자리 / 십의 자리 / 일의 자리
↑4개 / ↑4개 / ↑3개

따라서 구하는 정수의 개수는

$4 \times 4 \times 3 = 48$(개)

3 답 6개

짝수이려면 일의 자리의 숫자가 2 또는 4이어야 한다.

(ⅰ) □2인 경우: 십의 자리에 올 수 있는 숫자는 2를 제외한 3개

(ⅱ) □4인 경우: 십의 자리에 올 수 있는 숫자는 4를 제외한 3개

(ⅰ), (ⅱ)에서 구하는 짝수의 개수는 $3 + 3 = 6$(개)

4 답 5개

짝수이려면 일의 자리의 숫자가 0 또는 2이어야 한다.

(ⅰ) □0인 경우: 10, 20, 30의 3개

(ⅱ) □2인 경우: 12, 32의 2개

(ⅰ), (ⅱ)에서 구하는 짝수의 개수는 $3 + 2 = 5$(개)

44 대표를 뽑는 경우의 수 개념북 152쪽

◆확인 1◆ 답 (1) 12 (2) 6

(1) $4 \times 3 = 12$

(2) $\dfrac{4 \times 3}{2} = 6$

◆확인 2◆ 답 4개

$\dfrac{4 \times 3 \times 2}{3 \times 2 \times 1} = 4$(개)

개념◆check 개념북 153쪽

01 답 42

전체 학생 수는 $3 + 4 = 7$(명)

7명 중에서 자격이 다른 대표 2명을 뽑는 경우이므로 구하는 경우의 수는

$7 \times 6 = 42$

2 답 190

20명 중에서 자격이 같은 대표 2명을 뽑는 경우이므로 구하는 경우의 수는

$\dfrac{20 \times 19}{2} = 190$

3 답 (1) 60 (2) 10

(1) 5명 중에서 자격이 다른 대표 3명을 뽑는 경우이므로 구하는 경우의 수는

$5 \times 4 \times 3 = 60$

(2) 5명 중에서 자격이 같은 대표 3명을 뽑는 경우이므로 구하는 경우의 수는

$$\frac{5 \times 4 \times 3}{3 \times 2 \times 1} = 10$$

4 답 (1) 10개 (2) 10개

(1) 5개의 점 중에서 순서에 관계없이 2개의 점을 선택하는 경우의 수와 같으므로 구하는 선분의 개수는

$$\frac{5 \times 4}{2} = 10(개)$$

(2) 5개의 점 중에서 순서에 관계없이 3개의 점을 선택하는 경우의 수와 같으므로 구하는 삼각형의 개수는

$$\frac{5 \times 4 \times 3}{3 \times 2 \times 1} = 10(개)$$

유형 · check

개념북 154~157쪽

1 답 ⑤

경복궁, 숭례문, 종묘, 창덕궁을 한 줄로 나열하는 경우의 수와 같으므로

$4 \times 3 \times 2 \times 1 = 24$(가지)

1-1 답 ④

5점의 그림을 한 줄로 나열하는 경우의 수와 같으므로

$5 \times 4 \times 3 \times 2 \times 1 = 120$

1-2 답 6

세 사람이 모두 다른 것을 내야 하므로 가위, 바위, 보를 한 줄로 나열하는 경우의 수와 같다.

따라서 구하는 경우의 수는

$3 \times 2 \times 1 = 6$

2 답 ③

5가지의 색 중에서 3가지 색을 골라 한 줄로 나열하는 경우의 수와 같으므로

$5 \times 4 \times 3 = 60$(가지)

2-1 답 ②

6가지 과일 중에서 3가지를 골라 한 줄로 나열하는 경우의 수와 같으므로

$6 \times 5 \times 4 = 120$

2-2 답 60가지

5가지 색 중에서 3가지 색을 골라 한 줄로 나열하는 경우의 수와 같으므로

$5 \times 4 \times 3 = 60$(가지)

3 답 48

(i) 은빛이가 가운데에 서는 경우

은빛이를 제외한 나머지 4명을 한 줄로 세우는 경우의 수와 같으므로 $4 \times 3 \times 2 \times 1 = 24$

(ii) 두준이가 가운데에 서는 경우

두준이를 제외한 나머지 4명을 한 줄로 세우는 경우의 수와 같으므로 $4 \times 3 \times 2 \times 1 = 24$

(i), (ii)에서 구하는 경우의 수는

$24 + 24 = 48$

3-1 답 ①

A와 B의 위치는 정해졌으므로 A, B를 제외한 나머지 3명을 한 줄로 세우는 경우의 수를 구하면 된다.

따라서 구하는 경우의 수는

$3 \times 2 \times 1 = 6$

3-2 답 ⑤

부모님을 제외한 자녀 4명을 나란히 세우는 경우의 수는

$4 \times 3 \times 2 \times 1 = 24$

부모님을 양 끝에 세우는 경우의 수는 $2 \times 1 = 2$

따라서 구하는 경우의 수는 $24 \times 2 = 48$

4 답 36

자녀 3명을 하나로 묶어서 생각하면 3명이 나란히 앉는 경우의 수는 $3 \times 2 \times 1 = 6$

자녀 3명이 자리를 바꾸는 경우의 수는 $3 \times 2 \times 1 = 6$

따라서 구하는 경우의 수는 $6 \times 6 = 36$

4-1 답 ②

중학생 3명과 고등학생 3명을 각각 하나로 묶어서 생각하면 2명을 한 줄로 세우는 경우의 수는 $2 \times 1 = 2$

이때 중학생 3명끼리, 고등학생끼리 3명이 자리를 바꾸는 경우의 수는 각각 $3 \times 2 \times 1 = 6$

따라서 구하는 경우의 수는 $2 \times 6 \times 6 = 72$

4-2 답 ⑤

가요 3곡을 하나로 묶어서 생각하면 3곡을 한 줄로 나열하는 경우의 수는 $3 \times 2 \times 1 = 6$

가요 3곡의 재생 순서를 바꾸는 경우의 수는 $3 \times 2 \times 1 = 6$

따라서 구하는 경우의 수는 $6 \times 6 = 36$

5 답 48개

홀수이려면 일의 자리의 숫자가 1 또는 3 또는 5이어야 한다.

(i) □□1인 경우: 백의 자리에 올 수 있는 숫자는 0, 1을 제외한 4개, 십의 자리에 올 수 있는 숫자는 백의 자리에서 사용한 숫자와 1을 제외한 4개이므로

$4 \times 4 = 16$(개)

(ii) □□3인 경우: 백의 자리에 올 수 있는 숫자는 0과 3을 제외한 4개, 십의 자리에 올 수 있는 숫자는 백의 자리에서 사용한 숫자와 3을 제외한 4개이므로

$4 \times 4 = 16$(개)

(iii) □□5인 경우: 백의 자리에 올 수 있는 숫자는 0과 5를 제외한 4개, 십의 자리에 올 수 있는 숫자는 백의 자리에서 사용한 숫자와 5를 제외한 4개이므로

$4 \times 4 = 16$(개)

(i), (ii), (iii)에서 구하는 홀수의 개수는

$16 + 16 + 16 = 48$(개)

5-1 답 ④

(i) 십의 자리에 올 수 있는 숫자는 1, 2, 3, 4, 5의 5개

(ii) 일의 자리에 올 수 있는 숫자는 0, 1, 2, 3, 4, 5의 6개

(i), (ii)에서 구하는 자연수의 개수는

$5 \times 6 = 30$(개)

5-2 답 215

백의 자리의 숫자가 1인 세 자리의 자연수는 1□□ 꼴이고 그 개수는 $4 \times 3 = 12$(개)

백의 자리 숫자가 2인 세 자리의 자연수를 작은 것부터 순서대로 나열하면 213, 214, 215, 231, 234, …, 254이다.

따라서 15번째로 작은 세 자리의 자연수는 215이다.

6 답 ③

산의 정상까지 올라가는 방법은 5가지, 내려오는 방법은 올라간 길을 제외한 4가지이므로 산에 올라갔다가 내려오는 길을 택하는 방법은

$5 \times 4 = 20$(가지)

6-1 답 36

여자 회원 3명 중에서 회장 1명을 뽑는 경우의 수는 3

남자 회원 4명 중에서 부회장과 총무를 각각 1명씩 뽑는 경우의 수는 $4 \times 3 = 12$

따라서 구하는 경우의 수는

$3 \times 12 = 36$

6-2 답 ⑤

6명 중에서 자격이 다른 대표 3명을 뽑는 경우의 수와 같으므로 $6 \times 5 \times 4 = 120$

7 답 ③

10명 중에서 악수를 할 2명을 뽑는 경우의 수와 같다.

따라서 악수를 하는 총 횟수는 $\dfrac{10 \times 9}{2} = 45$(번)

7-1 답 ①

승기를 제외한 나머지 4명 중에서 선수 2명을 뽑는 경우의 수와 같으므로

$\dfrac{4 \times 3}{2} = 6$

7-2 답 16

뽑은 2장의 카드에 적힌 수의 합이 짝수인 경우는 두 수가 모두 짝수이거나 모두 홀수일 때이다.

(i) 두 수가 모두 짝수일 때

짝수 2, 4, 6, 8이 적힌 4장의 카드 중에서 2장을 뽑는 경우의 수와 같으므로 $\dfrac{4 \times 3}{2} = 6$

(ii) 두 수가 모두 홀수일 때

홀수 1, 3, 5, 7, 9가 적힌 5장의 카드 중에서 2장을 뽑는 경우의 수와 같으므로 $\dfrac{5 \times 4}{2} = 10$

(i), (ii)에서 구하는 경우의 수는

$6 + 10 = 16$

8 답 9개

5개의 점 중에서 순서에 관계없이 3개의 점을 연결하여 만들 수 있는 삼각형의 개수는

$\dfrac{5 \times 4 \times 3}{3 \times 2 \times 1} = 10$(개)

이때 한 직선 위에 있는 세 점 A, E, D로는 삼각형을 만들 수 없다.

따라서 만들 수 있는 삼각형의 개수는

$10 - 1 = 9$(개)

8-1 답 15개

6개의 점 중에서 순서에 관계없이 2개의 점을 선택하는 경우의 수와 같다.

따라서 만들 수 있는 선분의 개수는

$\dfrac{6 \times 5}{2} = 15$(개)

8-2 답 84

직선의 개수는 8개의 점 중에서 순서에 관계없이 2개의 점을 선택하는 경우의 수와 같으므로

$\dfrac{8 \times 7}{2} = 28$(개)   ∴ $a = 28$

삼각형의 개수는 8개의 점 중에서 순서에 관계없이 3개의 점을 선택하는 경우의 수와 같으므로

$\dfrac{8 \times 7 \times 6}{3 \times 2 \times 1} = 56$(개)   ∴ $b = 56$

∴ $a + b = 28 + 56 = 84$

단원 마무리　　　　　　　　개념북 158~160쪽

01 ④	02 ③	03 ②	04 ⑤	05 ②
06 6	07 ②	08 ⑤	09 ①	10 ④
11 ③	12 ①	13 ③	14 ②	15 ④
16 10개	17 8	18 180가지		

01 6의 약수의 눈이 나오는 경우는 1, 2, 3, 6이므로 경우의 수는 4이다.

02 지하철을 이용하는 방법은 3가지, 버스를 이용하는 방법은 2가지이므로 지하철 또는 버스를 이용하여 집에서 학교까지 가는 방법의 수는

$3 + 2 = 5$(가지)

03 5의 배수가 나오는 경우는 5, 10의 2가지, 9의 약수가 나오는 경우는 1, 3, 9의 3가지이므로 구하는 경우의 수는

$2 + 3 = 5$

04 500원짜리와 100원짜리 동전의 개수에 따라 지불할 수 있는 금액을 표로 나타내면 다음과 같다.

100원(개) \ 500원(개)	0	1	2	3	4
0		500	1000	1500	2000
1	100	600	1100	1600	2100
2	200	700	1200	1700	2200
3	300	800	1300	1800	2300

따라서 지불할 수 있는 금액은 100원, 200원, 300원, 500원, 600원, 700원, 800원, 1000원, 1100원, 1200원, 1300원, 1500원, 1600원, 1700원, 1800원, 2000원, 2100원, 2200원, 2300원의 19가지이다.

05 A 지점에서 B 지점까지 가는 길이 3가지, B 지점에서 C 지점까지 가는 길이 2가지, A 지점에서 B 지점을 지나지 않고 C 지점까지 바로 가는 길이 1가지이므로
(i) A 지점에서 B 지점을 지나 C 지점으로 가는 방법의 수는 $3 \times 2 = 6$(가지)
(ii) A 지점에서 B 지점을 지나지 않고 C 지점으로 바로 가는 방법의 수는 1(가지)
(i), (ii)에서 구하는 방법의 수는 $6 + 1 = 7$(가지)

06 (i) 동전 두 개가 서로 다른 면이 나오는 경우
: (앞면, 뒷면), (뒷면, 앞면)의 2가지
(ii) 주사위 한 개가 소수의 눈이 나오는 경우
: 2, 3, 5의 3가지
(i), (ii)에서 구하는 경우의 수는 $2 \times 3 = 6$

07 ① $3 \times 3 = 9$
② 6
③ $2 \times 2 \times 2 = 8$
④ 홀수가 나오는 경우는 1, 3, 5, 7, 9의 5가지, 4의 배수가 나오는 경우는 4, 8의 2가지이므로 구하는 경우의 수는 $5 + 2 = 7$
⑤ 두 눈의 수의 합이 7인 경우는 (1, 6), (2, 5), (3, 4), (4, 3), (5, 2), (6, 1)의 6가지이고, 두 눈의 수의 합이 11인 경우는 (5, 6), (6, 5)의 2가지이므로 구하는 경우의 수는 $6 + 2 = 8$

08 동전 3개를 동시에 던질 때 일어나는 모든 경우의 수는
$2 \times 2 \times 2 = 8$
뒷면이 적어도 한 개 이상 나오는 경우는 전체 경우에서 모두 앞면이 나오는 경우를 뺀 것과 같다. 모두 앞면이 나오는 경우는 (앞면, 앞면, 앞면)의 1가지이므로 구하는 경우의 수는
$8 - 1 = 7$

09 (i) 한 번에 두 계단씩 오르는 경우가 없는 경우
: $1 + 1 + 1 + 1$의 1가지
(ii) 한 번에 두 계단씩 오르는 경우가 1번인 경우
: $1 + 1 + 2$, $1 + 2 + 1$, $2 + 1 + 1$의 3가지
(iii) 한 번에 두 계단씩 오르는 경우가 2번인 경우
: $2 + 2$의 1가지
(i), (ii), (iii)에서 구하는 경우의 수는 $1 + 3 + 1 = 5$

10 점 A에서 점 P를 지나 점 B까지 최단 거리로 가는 방법은 다음과 같다.
(i) 점 A에서 점 P까지 최단 거리로 가는 방법
➡ 3가지

(ii) 점 P에서 점 B까지 최단 거리로 가는 방법
➡ 6가지
(i), (ii)에서 구하는 방법의 수는
$3 \times 6 = 18$(가지)

11 명수, 준하, 홍철이를 하나로 묶어서 생각하면
, 재석, 형돈, 하하
의 4명을 한 줄로 앉히는 경우의 수는
$4 \times 3 \times 2 \times 1 = 24$
명수, 준하, 홍철이가 자리를 바꾸는 경우의 수는
$3 \times 2 \times 1 = 6$
따라서 구하는 경우의 수는 $24 \times 6 = 144$

12 5의 배수이려면 일의 자리의 숫자가 0 또는 5이어야 한다.
(i) □□0인 경우: 백의 자리에 올 수 있는 숫자는 0을 제외한 7개, 십의 자리에 올 수 있는 숫자는 백의 자리에서 사용한 숫자와 0을 제외한 6개이므로
$7 \times 6 = 42$(개)
(ii) □□5인 경우: 백의 자리에 올 수 있는 숫자는 0과 5를 제외한 6개, 십의 자리에 올 수 있는 숫자는 백의 자리에서 사용한 숫자와 5를 제외한 6개이므로
$6 \times 6 = 36$(개)
(i), (ii)에서 구하는 5의 배수의 개수는 $42 + 36 = 78$(개)

13 10명 중에서 회장 1명을 뽑는 경우의 수는 10이다.
남은 9명 중에서 부회장 2명을 뽑는 경우의 수는
$\dfrac{9 \times 8}{2} = 36$
따라서 구하는 경우의 수는 $10 \times 36 = 360$
| 다른 풀이 | 10명 중에서 부회장 2명을 뽑는 경우의 수는
$\dfrac{10 \times 9}{2} = 45$
남은 8명 중에서 회장 1명을 뽑는 경우의 수는 8
따라서 구하는 경우의 수는 $45 \times 8 = 360$

14 (i) 2명 모두 야구 선수를 뽑는 경우의 수는 $\dfrac{5 \times 4}{2} = 10$
(ii) 2명 모두 농구 선수를 뽑는 경우의 수는 $\dfrac{4 \times 3}{2} = 6$
(iii) 2명 모두 축구 선수를 뽑는 경우의 수는 $\dfrac{3 \times 2}{2} = 3$
(i), (ii), (iii)에서 구하는 경우의 수는 $10 + 6 + 3 = 19$

15 9개의 점에서 순서에 관계없이 3개를 연결하여 만들 수 있는 삼각형의 개수는
$\dfrac{9 \times 8 \times 7}{3 \times 2 \times 1} = 84$(개)
직선 l 위의 3개의 점과 직선 m 위의 3개의 점으로는 각각 삼각형을 만들 수 없다.
직선 l 위의 5개의 점 중에서 3개를 선택하는 경우의 수는
$\dfrac{5 \times 4 \times 3}{3 \times 2 \times 1} = 10$

직선 m 위의 4개의 점 중에서 3개를 선택하는 경우의 수는

$$\frac{4 \times 3 \times 2}{3 \times 2 \times 1} = 4$$

따라서 만들 수 있는 삼각형의 개수는

$$84 - 10 - 4 = 70(개)$$

| 다른 풀이 | (i) 직선 l 위의 5개의 점 중에서 2개를 선택하고 직선 m 위의 4개의 점 중에서 1개를 선택하여 만들 수 있는 삼각형의 개수는

$$\frac{5 \times 4}{2} \times 4 = 40(개)$$

(ii) 직선 l 위의 5개의 점 중에서 1개를 선택하고 직선 m 위의 4개의 점 중에서 2개를 선택하여 만들 수 있는 삼각형의 개수는

$$5 \times \frac{4 \times 3}{2} = 30(개)$$

(i), (ii)에서 만들 수 있는 삼각형의 개수는 $40 + 30 = 70(개)$

16 1단계 40 이상인 정수이므로 십의 자리에 올 수 있는 숫자는 4, 5의 2개이다.

2단계 (i) 4□인 경우
: 일의 자리에 올 수 있는 숫자는 4를 제외한 5개이다.

(ii) 5□인 경우
: 일의 자리에 올 수 있는 숫자는 5를 제외한 5개이다.

3단계 (i), (ii)에서 구하는 정수의 개수는
$$5 + 5 = 10(개)$$

17 a, b는 각각 1부터 6까지의 자연수이다. ⋯⋯⋯ ❶

(i) $a = 1$일 때, $2b \geq 5$이므로 $b = 3$, 4, 5, 6의 4개이다.

(ii) $a = 2$일 때, $2b \geq 8$이므로 $b = 4$, 5, 6의 3개이다.

(iii) $a = 3$일 때, $2b \geq 11$이므로 $b = 6$의 1개이다.

(iv) $a = 4$, 5, 6일 때, $2b \geq 3a + 2$를 만족시키는 b의 값은 없다. ⋯⋯⋯ ❷

(i) ~ (iv)에서 구하는 경우의 수는
$$4 + 3 + 1 = 8$$ ⋯⋯⋯ ❸

단계	채점 기준	비율
❶	a, b의 값의 범위 구하기	10 %
❷	각 a의 값에 대한 b의 값의 개수 구하기	70 %
❸	모든 경우의 수 구하기	20 %

18 A, B, C, D의 순서로 칠할 색을 정하면
A에 칠할 수 있는 색은 5가지,
B에 칠할 수 있는 색은 A에 칠한 색을 제외한 4가지,
C에 칠할 수 있는 색은 A, B에 칠한 색을 제외한 3가지,
D에 칠할 수 있는 색은 A, C에 칠한 색을 제외한 3가지이다. ⋯⋯⋯ ❶

따라서 구하는 방법의 수는
$$5 \times 4 \times 3 \times 3 = 180(가지)$$ ⋯⋯⋯ ❷

단계	채점 기준	비율
❶	A, B, C, D에 칠할 수 있는 색의 가짓 수 구하기	각 15 %
❷	색을 칠할 수 있는 모든 방법의 수 구하기	40 %

Ⅲ-2 │ 확률의 계산

1 확률의 뜻과 성질

45 확률의 뜻

개념북 162쪽

◆확인 1◆ 답 (1) 6　(2) 3　(3) $\frac{1}{2}$

(3) (짝수가 나올 확률) $= \dfrac{(짝수가 나오는 경우의 수)}{(모든 경우의 수)}$

$$= \frac{3}{6} = \frac{1}{2}$$

◆확인 2◆ 답 $\frac{3}{10}$

3의 배수는 3, 6, 9의 3가지이므로 3의 배수가 뽑힐 확률은 $\dfrac{3}{10}$

◆확인 3◆ 답 $\frac{1}{3}$

검은 공이 나오는 경우의 수는 4이므로 검은 공이 나올 확률은 $\dfrac{4}{12} = \dfrac{1}{3}$

개념•check

개념북 163쪽

01 답 ④

모음은 o, a, i, i의 4개이므로 구하는 확률은 $\dfrac{4}{11}$

02 답 $\frac{1}{9}$

모든 경우의 수는 $6 \times 6 = 36$
두 눈의 수의 차가 4인 경우는 (1, 5), (2, 6), (5, 1), (6, 2)의 4가지
따라서 구하는 확률은 $\dfrac{4}{36} = \dfrac{1}{9}$

03 답 ①

모든 경우의 수는 $2 \times 2 \times 2 = 8$
3개의 동전이 모두 앞면이 나오는 경우는 (앞면, 앞면, 앞면)의 1가지
따라서 구하는 확률은 $\dfrac{1}{8}$이다.

04 답 ②

전체 7명 중에서 대표 2명을 뽑는 경우의 수는 $\dfrac{7 \times 6}{2} = 21$

여학생 4명 중에서 대표 2명을 뽑는 경우의 수는 $\dfrac{4 \times 3}{2} = 6$

따라서 구하는 확률은 $\dfrac{6}{21} = \dfrac{2}{7}$

46 확률의 성질

개념북 164쪽

◆확인 1◆ 답 (1) 0　(2) 1

(1) 두 개의 주사위의 두 눈의 수의 합이 13이 되는 경우는 없으므로 구하는 확률은 0이다.

(2) 두 개의 주사위의 두 눈의 수의 합이 항상 2 이상 이므로 구하는 확률은 1이다.

+확인 2+ 답 (1) $\dfrac{1}{4}$ (2) $\dfrac{3}{4}$

(1) 모든 경우의 수는 $2\times2=4$
두 번 모두 앞면이 나오는 경우는 (앞면, 앞면)의 1가지이므로 구하는 확률은 $\dfrac{1}{4}$

(2) (적어도 한 번은 뒷면이 나올 확률)
$=1-$(두 번 모두 앞면이 나올 확률)
$=1-\dfrac{1}{4}=\dfrac{3}{4}$

개념·check   개념북 165쪽

01 답 ③

ㄱ. $0\le p\le1$이므로 $0\le1-p\le1$
이때 $1-p=q$이므로 $0\le q\le1$

ㄴ. $q=1$이면 $p=0$이므로 사건 A는 절대로 일어나지 않는다.

ㄷ, ㄹ. $p+q=1$이지만 $p\times q$의 값은 알 수 없다.
따라서 옳은 것은 ㄱ, ㄹ이다.

02 답 ㄴ, ㄹ

ㄱ. 한 개의 동전을 던질 때, 뒷면이 나올 확률은 $\dfrac{1}{2}$이다.
ㄴ. 반드시 일어날 사건의 확률이므로 1이다.
ㄷ. 절대로 일어나지 않을 사건의 확률이므로 0이다.
ㄹ. 반드시 일어날 사건의 확률이므로 1이다.
따라서 확률이 1인 것은 ㄴ, ㄹ이다.

03 답 $\dfrac{13}{20}$

안타를 기록할 확률이 $\dfrac{7}{20}$이므로 안타를 기록하지 못할 확률은
$1-\dfrac{7}{20}=\dfrac{13}{20}$

04 답 ④

모든 경우의 수는 $2\times2\times2=8$
3번 모두 앞면이 나오는 경우는 (앞면, 앞면, 앞면)의 1가지이므로 그 확률은 $\dfrac{1}{8}$이다.
따라서 적어도 한 번은 뒷면이 나올 확률은
$1-$(3번 모두 앞면이 나올 확률)$=1-\dfrac{1}{8}=\dfrac{7}{8}$

2 확률의 계산

47 확률의 계산 (1)   개념북 166쪽

+확인 1+ 답 (1) $\dfrac{2}{5}$ (2) $\dfrac{1}{5}$ (3) $\dfrac{3}{5}$

(1) $\dfrac{4}{10}=\dfrac{2}{5}$

(2) $\dfrac{2}{10}=\dfrac{1}{5}$

(3) $\dfrac{4}{10}+\dfrac{2}{10}=\dfrac{6}{10}=\dfrac{3}{5}$

+확인 2+ 답 (1) $\dfrac{2}{5}$ (2) $\dfrac{3}{7}$ (3) $\dfrac{6}{35}$

(3) $\dfrac{2}{5}\times\dfrac{3}{7}=\dfrac{6}{35}$

개념·check   개념북 167쪽

01 답 ②

5의 배수는 5, 10, 15의 3개이므로 5의 배수일 확률은 $\dfrac{3}{15}$
7의 배수는 7, 14의 2개이므로 7의 배수일 확률은 $\dfrac{2}{15}$
따라서 구하는 확률은 $\dfrac{3}{15}+\dfrac{2}{15}=\dfrac{5}{15}=\dfrac{1}{3}$

02 답 ③

내일 비가 올 확률이 20 %, 즉 $\dfrac{20}{100}=\dfrac{1}{5}$
모레 비가 올 확률이 50 %, 즉 $\dfrac{50}{100}=\dfrac{1}{2}$
이때 내일과 모레 이틀 연속 비가 올 확률은 $\dfrac{1}{5}\times\dfrac{1}{2}=\dfrac{1}{10}$
따라서 구하는 확률은 $\dfrac{1}{10}\times100=10(\%)$이다.

03 답 $\dfrac{1}{4}$

짝수는 2, 4, 6의 3가지이므로 주사위 A에서 짝수의 눈이 나올 확률은 $\dfrac{3}{6}=\dfrac{1}{2}$
소수는 2, 3, 5의 3가지이므로 주사위 B에서 소수의 눈이 나올 확률은 $\dfrac{3}{6}=\dfrac{1}{2}$
따라서 구하는 확률은 $\dfrac{1}{2}\times\dfrac{1}{2}=\dfrac{1}{4}$

04 답 $\dfrac{4}{15}$

참가자 B가 본선에 진출할 확률이 $\dfrac{3}{5}$이므로 참가자 B가 본선에 진출하지 못할 확률은
$1-\dfrac{3}{5}=\dfrac{2}{5}$
따라서 구하는 확률은 $\dfrac{2}{3}\times\dfrac{2}{5}=\dfrac{4}{15}$

48 확률의 계산 (2)   개념북 168쪽

+확인 1+ 답 $\dfrac{1}{11}$

$\dfrac{4}{12}\times\dfrac{3}{11}=\dfrac{1}{11}$

◆확인 2◆ 답 $\dfrac{9}{25}$

(과녁 전체의 넓이)$=\pi \times 5^2 = 25\pi$

(색칠한 부분의 넓이)$=3^2 \times \pi = 9\pi$

$\therefore$ (색칠한 부분에 맞을 확률)$=\dfrac{9\pi}{25\pi}=\dfrac{9}{25}$

개념 · check 개념북 169쪽

01 답 (1) $\dfrac{25}{49}$ (2) $\dfrac{10}{21}$

(1) 첫 번째에 꺼낸 구슬이 노란 구슬일 확률은 $\dfrac{5}{7}$

꺼낸 구슬을 다시 넣으므로 두 번째에 꺼낸 구슬이 노란 구슬일 확률은 $\dfrac{5}{7}$

따라서 구하는 확률은 $\dfrac{5}{7} \times \dfrac{5}{7} = \dfrac{25}{49}$

(2) 첫 번째에 꺼낸 구슬이 노란 구슬일 확률은 $\dfrac{5}{7}$

꺼낸 구슬을 다시 넣지 않으므로 두 번째에 꺼낸 구슬이 노란 구슬일 확률은 $\dfrac{4}{6}=\dfrac{2}{3}$

따라서 구하는 확률은 $\dfrac{5}{7} \times \dfrac{2}{3} = \dfrac{10}{21}$

02 답 ②

꺼낸 제비를 다시 넣으므로 첫 번째와 두 번째에 상자에 들어 있는 제비의 개수는 12개로 같다.

당첨 제비가 4개 들어 있으므로 당첨 제비를 뽑을 확률은 $\dfrac{4}{12}=\dfrac{1}{3}$, 당첨 제비를 뽑지 못할 확률은 $\dfrac{8}{12}=\dfrac{2}{3}$이다.

따라서 구하는 확률은 $\dfrac{2}{3} \times \dfrac{1}{3} = \dfrac{2}{9}$

03 답 $\dfrac{3}{190}$

첫 번째에 꺼낸 제품이 불량품일 확률은 $\dfrac{3}{20}$

꺼낸 제품을 다시 넣지 않으므로 남은 제품은 19개이고, 이 중에서 불량품은 2개이므로 두 번째에 꺼낸 제품이 불량품일 확률은 $\dfrac{2}{19}$

따라서 구하는 확률은

$\dfrac{3}{20} \times \dfrac{2}{19} = \dfrac{3}{190}$

04 답 $\dfrac{1}{3}$

전체 6개 중에서 3의 배수는 3, 6의 2개이므로 바늘이 3의 배수를 가리킬 확률은 $\dfrac{2}{6}=\dfrac{1}{3}$

유형 · check 개념북 170~173쪽

1 답 $\dfrac{5}{8}$

십의 자리에는 0이 올 수 없으므로 십의 자리에 올 수 있는 숫자는 0을 제외한 4개, 일의 자리에 올 수 있는 숫자는 십의 자리에서 사용한 숫자를 제외한 4개이다.

따라서 만들 수 있는 두 자리의 정수의 개수

$4 \times 4 = 16$(개)

또, 구하는 수가 짝수이므로 일의 자리의 숫자가 0 또는 2 또는 4이어야 한다.

(i) □0인 경우: 십의 자리에 올 수 있는 숫자는 0을 제외한 4개이다.

(ii) □2인 경우: 십의 자리에 올 수 있는 숫자는 0과 2를 제외한 3개이다.

(iii) □4인 경우: 십의 자리에 올 수 있는 숫자는 0과 4를 제외한 3개이다.

(i), (ii), (iii)에서 짝수의 개수는 $4+3+3=10$(개)

따라서 구하는 확률은 $\dfrac{10}{16}=\dfrac{5}{8}$

1-1 답 $\dfrac{7}{18}$

모든 경우의 수는 $6 \times 6 = 36$

$\dfrac{b}{a}$의 값이 정수이려면 b는 a의 배수이어야 한다.

이를 만족하는 (a, b)는

$(1, 1), (1, 2), (1, 3), (1, 4), (1, 5), (1, 6), (2, 2),$
$(2, 4), (2, 6), (3, 3), (3, 6), (4, 4), (5, 5), (6, 6)$
의 14가지이다.

따라서 구하는 확률은 $\dfrac{14}{36}=\dfrac{7}{18}$

1-2 답 $\dfrac{3}{10}$

모든 경우의 수는

$5 \times 4 \times 3 \times 2 \times 1 = 120$

남학생끼리 이웃하여 서는 경우의 수는

$3 \times 2 \times 1 \times (3 \times 2 \times 1) = 36$

따라서 구하는 확률은 $\dfrac{36}{120}=\dfrac{3}{10}$

(남, 남, 남), 여, 여 ┌ $3 \times 2 \times 1$ └ $3 \times 2 \times 1$

2 답 ④

모든 경우의 수는 $4 \times 3 = 12$

40보다 큰 수는 41, 42, 43의 3개이므로 40보다 클 확률은

$\dfrac{3}{12}=\dfrac{1}{4}$

따라서 두 자리의 정수가 40 이하일 확률은

$1-(40$보다 클 확률$)=1-\dfrac{1}{4}=\dfrac{3}{4}$

2-1 답 $\dfrac{2}{5}$

유별난 후보에게 투표했을 확률은 $\dfrac{180}{300}=\dfrac{3}{5}$이므로

(유별난 후보에게 투표하지 않았을 확률)

$=1-($유별난 후보에게 투표했을 확률$)$

$=1-\dfrac{3}{5}=\dfrac{2}{5}$

2-2 답 $\dfrac{11}{12}$

모든 경우의 수는 $6 \times 6 = 36$

점 (a, b)가 직선 $y=-2x+9$ 위에 있는 경우는
$(2, 5)$, $(3, 3)$, $(4, 1)$의 3가지이므로 그 확률은
$$\frac{3}{36}=\frac{1}{12}$$
따라서 구하는 확률은
$1-($점 (a, b)가 직선 $y=-2x+9$ 위에 있을 확률$)$
$$=1-\frac{1}{12}=\frac{11}{12}$$

3 답 ⑤

모든 경우의 수는 $\dfrac{10 \times 9}{2}=45$

남학생 4명 중에서 임원 2명을 뽑는 경우의 수는
$\dfrac{4 \times 3}{2}=6$이고, 그 확률은 $\dfrac{6}{45}=\dfrac{2}{15}$

따라서 적어도 한 명은 여학생이 뽑힐 확률은
$1-($2명 모두 남학생이 뽑힐 확률$)=1-\dfrac{2}{15}=\dfrac{13}{15}$

3-1 답 $\dfrac{3}{4}$

모든 경우의 수는 $6 \times 6=36$

한 개의 주사위에서 눈의 수가 홀수인 경우는 1, 3, 5의 3가지이므로 두 개의 주사위에서 모두 홀수의 눈이 나오는 경우의 수는 $3 \times 3=9$이고 그 확률은 $\dfrac{9}{36}=\dfrac{1}{4}$

따라서 적어도 한 개의 주사위에서 짝수의 눈이 나올 확률은
$1-($2개 모두 홀수의 눈이 나올 확률$)$
$$=1-\frac{1}{4}=\frac{3}{4}$$

3-2 답 (1) $\dfrac{3}{10}$ (2) $\dfrac{7}{10}$

(1) 모든 경우의 수는 $\dfrac{5 \times 4}{2}=10$

여학생 3명 중에서 대표 2명을 뽑는 경우의 수는
$\dfrac{3 \times 2}{2}=3$

따라서 구하는 확률은 $\dfrac{3}{10}$

(2) 적어도 한 명은 남학생이 뽑힐 확률은
$1-($2명 모두 여학생이 뽑힐 확률$)$
$$=1-\frac{3}{10}=\frac{7}{10}$$

4 답 ②

모든 경우의 수는 $6 \times 6=36$

(i) 나오는 두 눈의 수의 합이 5인 경우: $(1, 4)$, $(2, 3)$, $(3, 2)$, $(4, 1)$의 4가지이므로 그 확률은 $\dfrac{4}{36}$

(ii) 나오는 두 눈의 수의 합이 8인 경우: $(2, 6)$, $(3, 5)$, $(4, 4)$, $(5, 3)$, $(6, 2)$의 5가지이므로 그 확률은 $\dfrac{5}{36}$

(i), (ii)에서 구하는 확률은
$$\frac{4}{36}+\frac{5}{36}=\frac{9}{36}=\frac{1}{4}$$

4-1 답 $\dfrac{4}{7}$

전체 학생 수는 $12+10+8+5=35$(명)

임의로 한 학생을 선택할 때, A형인 학생일 확률은 $\dfrac{12}{35}$,

O형인 학생일 확률은 $\dfrac{8}{35}$이므로 구하는 확률은
$$\frac{12}{35}+\frac{8}{35}=\frac{20}{35}=\frac{4}{7}$$

4-2 답 $\dfrac{1}{4}$

(i) $ax-b=0$의 해가 1인 경우:
$a-b=0$에서 $a=b$를 만족하는 경우를 순서쌍 (a, b)로 나타내면 $(1, 1)$, $(2, 2)$, $(3, 3)$, $(4, 4)$, $(5, 5)$, $(6, 6)$의 6가지이다.

따라서 $ax-b=0$의 해가 1일 확률은 $\dfrac{6}{36}$

(ii) $ax-b=0$의 해가 2인 경우:
$2a-b=0$에서 $2a=b$를 만족하는 경우를 순서쌍 (a, b)로 나타내면 $(1, 2)$, $(2, 4)$, $(3, 6)$의 3가지이다.

따라서 $ax-b=0$의 해가 2일 확률은 $\dfrac{3}{36}$

(i), (ii)에서 구하는 확률은
$$\frac{6}{36}+\frac{3}{36}=\frac{9}{36}=\frac{1}{4}$$

5 답 ⑤

종오와 장미가 목표물을 명중시키지 못할 확률은 각각
$$1-\frac{2}{5}=\frac{3}{5}, \quad 1-\frac{1}{3}=\frac{2}{3}$$
이므로 두 사람 모두 목표물을 명중시키지 못할 확률은
$$\frac{3}{5} \times \frac{2}{3}=\frac{2}{5}$$
두 사람이 동시에 하나의 목표물을 향해 총을 한 발씩 쏠 때, 목표물이 총에 맞으려면 둘 중 한 사람이라도 명중시키면 되므로 구하는 확률은
$1-($둘 다 명중시키지 못할 확률$)$
$$=1-\frac{2}{5}=\frac{3}{5}$$

5-1 답 $\dfrac{1}{2}$

서로 다른 색의 구슬이 나오는 경우와 그 확률은 다음과 같다.
(i) A상자에서 빨간 구슬, B상자에서 파란 구슬을 꺼낼 확률
$$\frac{2}{7} \times \frac{3}{6}=\frac{1}{7}$$
(ii) A상자에서 파란 구슬, B상자에서 빨간 구슬을 꺼낼 확률
$$\frac{5}{7} \times \frac{3}{6}=\frac{5}{14}$$
(i), (ii)에서 구하는 확률은
$$\frac{1}{7}+\frac{5}{14}=\frac{7}{14}=\frac{1}{2}$$

5-2 답 $\dfrac{9}{25}$

비가 온 다음 날 비가 올 확률이 $\dfrac{2}{5}$이므로 비가 온 다음 날 비가 오지 않을 확률은 $1-\dfrac{2}{5}=\dfrac{3}{5}$이다.

또, 비가 오지 않은 다음 날 비가 오지 않을 확률이 $\frac{2}{3}$이므로

비가 오지 않은 다음 날 비가 올 확률은 $1-\frac{2}{3}=\frac{1}{3}$이다.

비가 온 날을 ○, 비가 오지 않은 날을 ×로 나타내면 월요일에 비가 왔으므로 수요일에 비가 오는 경우는 오른쪽과 같다.

월	화	수
○	○ → $\frac{2}{5}$	○ → $\frac{2}{5}$
○	× → $\frac{3}{5}$	○ → $\frac{1}{3}$

(i) ○, ○, ○인 경우의 확률은

$\frac{2}{5}\times\frac{2}{5}=\frac{4}{25}$

(ii) ○, ×, ○인 경우의 확률은

$\frac{3}{5}\times\frac{1}{3}=\frac{1}{5}$

(i), (ii)에서 구하는 확률은

$\frac{4}{25}+\frac{1}{5}=\frac{9}{25}$

6 답 홍철

파란 공이 나올 확률은 $\frac{6}{15}$, 4 또는 5가 적힌 공이 나올 확률은 $\frac{2}{15}$이므로 재석이가 이길 확률은

$\frac{6}{15}\times\frac{2}{15}=\frac{4}{75}$

5의 배수가 적힌 공이 나올 확률은 $\frac{3}{15}$, 노란 공이 나올 확률은 $\frac{5}{15}$이므로 홍철이가 이길 확률은

$\frac{3}{15}\times\frac{5}{15}=\frac{1}{15}$

따라서 $\frac{4}{75}<\frac{1}{15}=\frac{5}{75}$이므로 홍철이가 이길 확률이 더 크다.

6-1 답 $\frac{2}{25}$

꺼낸 공을 다시 넣으므로 첫 번째와 두 번째에 주머니에 들어 있는 공의 개수는 10개로 같다.

5의 배수는 5, 10의 2개, 8의 약수는 1, 2, 4, 8의 4개이므로 5의 배수와 8의 약수가 적힌 공을 뽑을 확률은 각각 $\frac{2}{10}$, $\frac{4}{10}$이다.

따라서 구하는 확률은 $\frac{2}{10}\times\frac{4}{10}=\frac{2}{25}$

6-2 답 $\frac{65}{81}$

두 번 모두 검은 공이 나올 확률은

$\frac{4}{9}\times\frac{4}{9}=\frac{16}{81}$

따라서 흰 공이 적어도 한 번 나올 확률은

$1-\frac{16}{81}=\frac{65}{81}$

7 답 ③

남순이만 당첨되려면 하경이는 당첨되지 않아야 한다.

당첨 제비가 아닌 제비는 7개이므로 하경이가 먼저 제비를 뽑았을 때 하경이가 당첨되지 않을 확률은 $\frac{7}{10}$

뽑은 제비는 다시 넣지 않으므로 남아 있는 제비는 9개이고, 그 중 당첨 제비는 3개이므로 남순이가 당첨될 확률은 $\frac{3}{9}=\frac{1}{3}$

따라서 구하는 확률은

$\frac{7}{10}\times\frac{1}{3}=\frac{7}{30}$

7-1 답 $\frac{1}{12}$

첫 번째에 파란 공을 뽑을 확률은 $\frac{3}{9}=\frac{1}{3}$

꺼낸 공은 다시 넣지 않으므로 두 번째에 파란 공을 뽑을 확률은 $\frac{2}{8}=\frac{1}{4}$

따라서 구하는 확률은 $\frac{1}{3}\times\frac{1}{4}=\frac{1}{12}$

7-2 답 $\frac{17}{45}$

(i) 1회에 당첨될 확률

1회에 당첨 제비를 뽑을 확률은 $\frac{2}{10}=\frac{1}{5}$

(ii) 2회에 당첨될 확률

1회에 당첨 제비를 뽑지 않을 확률은 $\frac{8}{10}$이고, 꺼낸 제비를 다시 넣지 않으므로 2회에 당첨 제비를 뽑을 확률은 $\frac{2}{9}$이다. 따라서 2회에 당첨될 확률은

$\frac{8}{10}\times\frac{2}{9}=\frac{8}{45}$

(i), (ii)에서 구하는 확률은 $\frac{1}{5}+\frac{8}{45}=\frac{17}{45}$

8 답 $\frac{10}{81}$

홀수는 1, 3, 5, 7, 9의 5개이므로 홀수가 적힌 부분을 맞힐 확률은 $\frac{5}{9}$

4의 배수는 4, 8의 2개이므로 4의 배수가 적힌 부분을 맞힐 확률은 $\frac{2}{9}$

따라서 구하는 확률은 $\frac{5}{9}\times\frac{2}{9}=\frac{10}{81}$

8-1 답 $\frac{4}{9}$

화살을 한 번 쏠 때, 색칠한 부분에 맞을 확률은 $\frac{6}{9}=\frac{2}{3}$

따라서 두 번 모두 색칠한 부분에 맞힐 확률은

$\frac{2}{3}\times\frac{2}{3}=\frac{4}{9}$

8-2 답 $\frac{1}{6}$

진아의 원판의 바늘이 2를 가리킬 확률은

$\frac{2}{4}=\frac{1}{2}$

준원이의 원판의 바늘이 5를 가리킬 확률은

$\frac{2}{6}=\frac{1}{3}$

따라서 구하는 확률은 $\frac{1}{2}\times\frac{1}{3}=\frac{1}{6}$

단원 마무리   개념북 174~176쪽

01 ③	02 ④	03 ④	04 $\frac{1}{2}$	05 ④
06 준우	07 $\frac{3}{8}$	08 ①, ④	09 ③	10 $\frac{7}{8}$
11 $\frac{1}{16}$	12 ①	13 $\frac{5}{18}$	14 ⑤	15 $\frac{1}{120}$
16 $\frac{13}{24}$	17 $\frac{7}{36}$	18 $\frac{9}{20}$		

01 60 이하의 자연수 중에서 5의 배수는 5, 10, 15, 20, 25, 30, 35, 40, 45, 50, 55, 60의 12개이다.
따라서 구하는 확률은
$$\frac{12}{60}=\frac{1}{5}$$

02 ① 한 개의 동전을 던질 때, 앞면과 뒷면이 동시에 나오는 경우는 없으므로 확률은 0이다.
　② 홀수의 눈은 1, 3, 5의 3가지이므로 구하는 확률은
$$\frac{3}{6}=\frac{1}{2}$$
　③ 한 개의 동전을 던질 때, 앞면이 나올 확률은 $\frac{1}{2}$
　④ 만들 수 있는 두 자리의 자연수의 개수는
　　$3\times2=6$(개)
　　이 중 홀수는 13, 21, 23, 31의 4개이므로 구하는 확률은
$$\frac{4}{6}=\frac{2}{3}$$
　⑤ 1 이하의 눈은 1의 1개이므로 구하는 확률은 $\frac{1}{6}$
　따라서 확률이 가장 큰 것은 ④이다.

03 모든 경우의 수는 $5\times4\times3\times2\times1=120$
A와 C의 자리는 정해졌으므로 나머지 　　　　A□□□C
3명을 한 줄로 세우는 경우의 수는
$3\times2\times1=6$
따라서 구하는 확률은 $\frac{6}{120}=\frac{1}{20}$

04 백의 자리에는 0이 올 수 없으므로 만들 수 있는 세 자리의 정수의 개수는
$4\times4\times3=48$(개)
300 이상인 정수는 백의 자리 숫자가 3 또는 4이어야 하므로
(i) 3□□인 경우: $4\times3=12$(개)
(ii) 4□□인 경우: $4\times3=12$(개)
(i), (ii)에서 300 이상인 정수의 개수는 $12+12=24$(개)
따라서 구하는 확률은 $\frac{24}{48}=\frac{1}{2}$

05 가장 큰 정사각형의 넓이는 $5\times5=25(\text{cm}^2)$
색칠한 부분의 넓이는 $3\times3-1\times1=8(\text{cm}^2)$
따라서 구하는 확률은 $\frac{8}{25}$

06 모든 경우의 수는 $3\times3=9$
(i) 준우가 이길 확률: 준우가 이기는 경우는 (준우, 하루)와 같이 맞힌 숫자로 나타낼 때 $(7, 3)$, $(7, 6)$, $(9, 3)$, $(9, 6)$, $(9, 8)$의 5가지이므로 준우가 이길 확률은 $\frac{5}{9}$ 이다.
(ii) 하루가 이길 확률 : 하루가 이기는 경우는 (준우, 하루)와 같이 맞힌 숫자로 나타낼 때 $(1, 3)$, $(1, 6)$, $(1, 8)$, $(7, 8)$의 4가지이므로 하루가 이길 확률은 $\frac{4}{9}$이다.
(i), (ii)에서 이길 확률이 더 큰 사람은 준우이다.

07 앞면이 나오는 횟수를 a번, 뒷면이 나오는 횟수를 b번이라 하면
$a+b=3$, $a-b=1$
이를 연립하여 풀면 $a=2$, $b=1$
따라서 점 P가 1에 위치하려면 앞면이 2번, 뒷면이 1번 나와야 한다.
모든 경우의 수는 $2\times2\times2=8$이고, 앞면이 2번, 뒷면이 1번 나오는 경우는 (앞면, 앞면, 뒷면), (앞면, 뒷면, 앞면), (뒷면, 앞면, 앞면)의 3가지이므로 구하는 확률은 $\frac{3}{8}$

08 ① 확률 p의 범위는 $0\le p\le1$이다.
④ 사건 A가 일어날 확률이 p이면 사건 A가 일어나지 않을 확률은 $1-p$이다.

09 현석이네 반이 이길 확률은 희열이네 반이 질 확률이므로
$$1-\frac{3}{7}=\frac{4}{7}$$

10 어느 한 면도 색이 칠해지지 않는 쌓기나무의 개수는 8개이므로 한 면도 색칠되지 않은 쌓기나무를 집을 확률은
$$\frac{8}{64}=\frac{1}{8}$$
따라서 적어도 한 면이 색칠된 쌓기나무를 집을 확률은
$1-$(한 면도 색칠되지 않은 쌓기나무를 집을 확률)
$$=1-\frac{1}{8}=\frac{7}{8}$$

11 2반과 5반이 모두 결승에 진출해야 한다.
2반이 결승에 진출할 확률은 $\frac{1}{2}\times\frac{1}{2}=\frac{1}{4}$
5반이 결승에 진출할 확률은 $\frac{1}{2}\times\frac{1}{2}=\frac{1}{4}$
따라서 구하는 확률은 $\frac{1}{4}\times\frac{1}{4}=\frac{1}{16}$

12 버스가 일찍 도착할 확률은 $1-\left(\frac{5}{8}+\frac{1}{4}\right)=\frac{1}{8}$
따라서 버스가 이틀 연속 일찍 도착할 확률은 $\frac{1}{8}\times\frac{1}{8}=\frac{1}{64}$

13 나온 수의 합이 1이 되는 경우는 $0+1=1$, $(-1)+2=1$ 이므로 0, 1 또는 -1, 2가 나오는 경우이다.

(i) 0, 1이 나오는 경우:

0, 1은 각각 두 면에 적혀 있으므로

각 면이 나올 확률은 $\dfrac{2}{6}=\dfrac{1}{3}$

이때 $(0, 1)$, $(1, 0)$의 2가지가 있으므로 구하는 확률은

$\left(\dfrac{1}{3}\times\dfrac{1}{3}\right)\times 2=\dfrac{2}{9}$

(ii) -1, 2가 나오는 경우:

-1, 2는 각각 한 면에 적혀 있으므로 각 면이 나올 확률은 $\dfrac{1}{6}$

이때 $(-1, 2)$, $(2, -1)$의 2가지가 있으므로 구하는 확률은

$\left(\dfrac{1}{6}\times\dfrac{1}{6}\right)\times 2=\dfrac{1}{18}$

(i), (ii)에서 구하는 확률은 $\dfrac{2}{9}+\dfrac{1}{18}=\dfrac{5}{18}$

14 홀수는 1, 3, 5, 7, 9의 5개이므로 첫 번째에 홀수를 뽑을 확률은

$\dfrac{5}{10}=\dfrac{1}{2}$

꺼낸 카드를 다시 넣으므로 두 번째에 홀수를 뽑을 확률은

$\dfrac{5}{10}=\dfrac{1}{2}$

두 번 모두 홀수를 뽑을 확률은

$\dfrac{1}{2}\times\dfrac{1}{2}=\dfrac{1}{4}$

따라서 카드에 적힌 두 수의 곱이 짝수일 확률은

$1-$(두 수의 곱이 홀수일 확률)$=1-\dfrac{1}{4}=\dfrac{3}{4}$

15 첫 번째 사람이 당첨 제비를 꺼낼 확률은 $\dfrac{3}{10}$이다.

꺼낸 제비는 다시 넣지 않으므로 두 번째 사람이 당첨 제비를 꺼낼 확률은 $\dfrac{2}{9}$, 세 번째 사람이 당첨 제비를 꺼낼 확률은 $\dfrac{1}{8}$

이다. 따라서 세 사람 모두 당첨 제비를 꺼낼 확률은

$\dfrac{3}{10}\times\dfrac{2}{9}\times\dfrac{1}{8}=\dfrac{1}{120}$

16 1단계 A 주머니에서 딸기 맛 사탕을 꺼낼 확률은 $\dfrac{2}{3}$

이때 꺼낸 딸기 맛 사탕을 B 주머니에 넣으면 B 주머니의 사탕은 딸기 맛이 4개, 오렌지 맛이 4개가 되므로 B 주머니에서 오렌지 맛 사탕을 꺼낼 확률은 $\dfrac{4}{8}=\dfrac{1}{2}$

따라서 이때의 확률은

$\dfrac{2}{3}\times\dfrac{1}{2}=\dfrac{1}{3}$

2단계 A 주머니에서 오렌지 맛 사탕을 꺼낼 확률은 $\dfrac{1}{3}$

이때 꺼낸 오렌지 맛 사탕을 B 주머니에 넣으면 B 주머니의 사탕은 딸기 맛이 3개, 오렌지 맛이 5개가 되

므로 B 주머니에서 오렌지 맛 사탕을 꺼낼 확률은 $\dfrac{5}{8}$

따라서 이때의 확률은

$\dfrac{1}{3}\times\dfrac{5}{8}=\dfrac{5}{24}$

3단계 따라서 구하는 확률은

$\dfrac{1}{3}+\dfrac{5}{24}=\dfrac{13}{24}$

17 모든 경우의 수는 $6\times 6=36$ ·············· ❶

주사위를 두 번 던져서 나온 눈의 수의 합은 2 이상 12 이하이므로 점 P가 점 E에 오는 경우는 나온 눈의 수의 합이 6 또는 11일 때이다. ·············· ❷

(i) 나온 두 눈의 수의 합이 6인 경우:

$(1, 5)$, $(2, 4)$, $(3, 3)$, $(4, 2)$, $(5, 1)$의 5가지이므로

이때의 확률은 $\dfrac{5}{36}$

(ii) 나온 두 눈의 수의 합이 11인 경우:

$(5, 6)$, $(6, 5)$의 2가지이므로 이때의 확률은

$\dfrac{2}{36}$ ·············· ❸

(i), (ii)에서 구하는 확률은

$\dfrac{5}{36}+\dfrac{2}{36}=\dfrac{7}{36}$ ·············· ❹

단계	채점 기준	비율
❶	모든 경우의 수 구하기	10 %
❷	점 P가 점 E에 오는 모든 경우 이해하기	30 %
❸	점 P가 점 E에 올 각각의 확률 구하기	40 %
❹	점 P가 점 E에 올 확률 구하기	20 %

18 (i) 두 사람 중 지성이만 명중시킬 확률:

윤정이가 명중시키지 못할 확률은 $1-\dfrac{1}{4}=\dfrac{3}{4}$ ·············· ❶

따라서 지성이는 명중시키고 윤정이는 명중시키지 못할

확률은 $\dfrac{2}{5}\times\dfrac{3}{4}=\dfrac{3}{10}$ ·············· ❷

(ii) 두 사람 중 윤정이만 명중시킬 확률:

지성이가 명중시키지 못할 확률은 $1-\dfrac{2}{5}=\dfrac{3}{5}$ ·············· ❸

따라서 지성이는 명중시키지 못하고 윤정이는 명중시킬

확률은 $\dfrac{3}{5}\times\dfrac{1}{4}=\dfrac{3}{20}$ ·············· ❹

(i), (ii)에서 구하는 확률은

$\dfrac{3}{10}+\dfrac{3}{20}=\dfrac{9}{20}$ ·············· ❺

단계	채점 기준	비율
❶	윤정이가 명중시키지 못할 확률 구하기	10 %
❷	두 사람 중 지성이만 명중시킬 확률 구하기	30 %
❸	지성이가 명중시키지 못할 확률 구하기	10 %
❹	두 사람 중 윤정이만 명중시킬 확률 구하기	30 %
❺	두 사람 중 한 사람만 명중시킬 확률 구하기	20 %

완벽한 개념으로 실전에 강해지는
개념기본서

풍산자 개념완성

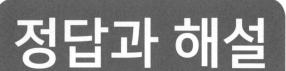

정답과 해설

—— 워크북 ——

중학수학 2-2

I 도형의 성질

I-1 삼각형의 성질

1 이등변삼각형과 직각삼각형

01 이등변삼각형의 성질
워크북 2~3쪽

01 답 (1) 65° (2) 44°

(1) $\angle x = \frac{1}{2} \times (180° - 50°) = 65°$

(2) $\angle ACB = 180° - 112° = 68°$이므로
$\angle x = 180° - (68° + 68°) = 44°$

02 답 55°

$\overline{AD} /\!/ \overline{BC}$이므로 $\angle EAD = \angle B$(동위각)

$\therefore \angle EAD = \angle B = \frac{1}{2} \times (180° - 70°) = 55°$

03 답 62°

$\angle B = \angle BAD = 28°$, $\angle ADC = 28° + 28° = 56°$이고
$\triangle DCA$는 $\overline{DC} = \overline{DA}$인 이등변삼각형이므로
$\angle C = \frac{1}{2} \times (180° - 56°) = 62°$

04 답 72°

$\overline{CA} = \overline{CB}$이므로 $\angle BAC = \frac{1}{2} \times (180° - 36°) = 72°$

$\therefore \angle DAC = \frac{1}{2} \angle BAC = \frac{1}{2} \times 72° = 36°$

$\therefore \angle ADB = \angle C + \angle DAC = 36° + 36° = 72°$

05 답 45°

$\overline{BA} = \overline{BC}$이므로 $\angle BCA = \angle BAC = 65°$

$\overline{DC} = \overline{DE}$이므로 $\angle DCE = \frac{1}{2} \times (180° - 40°) = 70°$

$\therefore \angle ACE = 180° - (\angle BCA + \angle DCE)$
$= 180° - (65° + 70°) = 45°$

06 답 (1) 4 cm (2) 38°

(1) $\overline{CD} = \overline{BD} = 4$ cm

(2) $\angle ADB = 90°$이므로
$\angle BAD = 180° - (90° + 52°) = 38°$

| 다른 풀이 | (2) $\angle BAC = 180° - (52° + 52°) = 76°$

$\therefore \angle BAD = \frac{1}{2} \angle BAC = \frac{1}{2} \times 76° = 38°$

07 답 70°

이등변삼각형에서 꼭지각과 밑변의 중점을 이은 선분은 꼭지각의 이등분선이고 밑변을 수직이등분하므로
$\angle CAM = \angle BAM = 20°$, $\angle AMC = 90°$

$\therefore \angle C = 180° - (90° + 20°) = 70°$

08 답 ④

$\triangle ABP$와 $\triangle ACP$에서
$\overline{AB} = \overline{AC}$, $\angle BAP = \angle CAP$, $\overline{AP}$는 공통이므로

$\triangle ABP \equiv \triangle ACP$(SAS 합동) (②) $\quad \therefore \overline{BP} = \overline{CP}$ (①)
한편, 이등변삼각형에서 꼭지각의 이등분선은 밑변을 수직이등분하므로 $\overline{BD} = \overline{CD}$ (③), $\angle ADC = 90°$ (⑤)

09 답 120°

$\triangle ABC$에서 $\angle B = \angle ACB = \frac{1}{2} \times (180° - 100°) = 40°$

$\triangle ACD$에서 $\angle D = \angle DAC = 180° - 100° = 80°$

$\therefore \angle DCE = \angle B + \angle D = 40° + 80° = 120°$

10 답 75°

$\triangle ACD$에서 $\angle DAC = \angle DCA = \frac{1}{2} \times (180° - 120°) = 30°$

$\overline{AD} /\!/ \overline{BC}$이므로 $\angle ACB = \angle DAC = 30°$(엇각)

$\therefore \angle B = \frac{1}{2} \times (180° - 30°) = 75°$

11 답 30°

$\triangle ABC$에서 $\angle ACB = \angle B = 25°$이므로
$\angle CAD = \angle B + \angle ACB = 25° + 25° = 50°$
$\triangle ACD$에서 $\angle CDA = \angle CAD = 50°$이므로
$\angle DCE = \angle B + \angle BDC = 25° + 50° = 75°$
$\triangle DCE$에서 $\angle DEC = \angle DCE = 75°$이므로
$\angle CDE = 180° - (75° + 75°) = 30°$

12 답 21°

$\triangle ABC$에서 $\angle ACB = \angle B = \angle x$이므로
$\angle CAD = \angle B + \angle ACB = \angle x + \angle x = 2\angle x$
$\triangle ACD$에서 $\angle CDA = \angle CAD = 2\angle x$이므로
$\angle DCE = \angle B + \angle BDC = \angle x + 2\angle x = 3\angle x$
즉, $3\angle x = 63°$이므로 $\angle x = 21°$

13 답 30°

$\angle DCA = \angle DCE = 60°$이므로
$\angle ACB = 180° - (60° + 60°) = 60°$
$\triangle ABC$에서 $\angle ABC = \angle ACB = 60°$

$\therefore \angle DBC = \frac{1}{2} \angle ABC = \frac{1}{2} \times 60° = 30°$

$\therefore \angle D = \angle DCE - \angle DBC = 60° - 30° = 30°$

14 답 18°

$\triangle ABC$에서
$\angle ABC = \angle ACB = \frac{1}{2} \times (180° - 36°) = 72°$

$\angle DBC = \frac{1}{2} \angle ABC = \frac{1}{2} \times 72° = 36°$

$\angle DCE = \frac{1}{2} \angle ACE = \frac{1}{2} \times (180° - 72°) = 54°$

$\therefore \angle D = \angle DCE - \angle DBC = 54° - 36° = 18°$

15 답 70°

$\angle A = 40°$이므로 $\angle B = \angle C = \frac{1}{2} \times (180° - 40°) = 70°$

$\triangle BED$에서 $\angle B = 70°$이므로 $\angle BED + \angle BDE = 110°$
$\triangle BDE \equiv \triangle CEF$(SAS 합동)이므로 $\angle BDE = \angle CEF$

$\therefore \angle DEF = 180° - (\angle BED + \angle CEF)$
$= 180° - (\angle BED + \angle BDE)$
$= 180° - 110° = 70°$

16 답 144°

△BAE와 △CAD에서

$\overline{BA}=\overline{CA}$, ∠ABE=∠ACD, $\overline{BE}=\overline{BA}=\overline{CA}=\overline{CD}$

이므로 △BAE≡△CAD(SAS 합동)

∴ $\overline{AE}=\overline{AD}$

따라서 △ADE는 $\overline{AD}=\overline{AE}$인 이등변삼각형이므로

∠ADE=∠AED=$\frac{1}{2}$×(180°−36°)=72°

△CAD에서 $\overline{CA}=\overline{CD}$이므로 ∠CAD=∠CDA=72°

∴ ∠C=180°−(72°+72°)=36°

∴ ∠B+∠BAC=180°−∠C

   =180°−36°=144°

02 이등변삼각형이 되는 조건
 워크북 4쪽

01 답 (1) 50° (2) 6 cm

∠B=∠C이므로 △ABC는 이등변삼각형이다.

(1) ∠BAC=2∠BAD=2×25°=50°

(2) $\overline{CD}=\frac{1}{2}\overline{BC}=\frac{1}{2}×12=6$(cm)

02 답 6 cm

△DCA는 $\overline{DA}=\overline{DC}$인 이등변삼각형이다.

∴ $\overline{CD}=\overline{AD}=6$ cm

△ABC에서 ∠B=180°−(90°+40°)=50°,

∠DCB=90°−40°=50°이므로 △DBC는 $\overline{DB}=\overline{DC}$인 이등변삼각형이다.

∴ $\overline{BD}=\overline{CD}=6$ cm

03 답 7 cm

△ABC에서 ∠ABC=∠C=$\frac{1}{2}$×(180°−36°)=72°

$\overline{BD}$가 ∠B의 이등분선이므로

∠ABD=$\frac{1}{2}$∠ABC=$\frac{1}{2}$×72°=36°

즉, ∠A=∠ABD=36°이므로 △DAB는 $\overline{DA}=\overline{DB}$인 이등변삼각형이다.

또 ∠BDC=∠A+∠ABD=36°+36°=72°=∠C이므로 △BCD는 $\overline{BC}=\overline{BD}$인 이등변삼각형이다.

∴ $\overline{AD}=\overline{BD}=\overline{BC}=7$ cm

04 답 ⑤

∠DBC=$\frac{1}{2}$∠ABC=$\frac{1}{2}$∠ACB=∠DCB이므로

△DBC는 $\overline{BD}=\overline{CD}$인 이등변삼각형이다.

05 답 ∠BDC=114°, $\overline{CD}=4$ cm

△ABC에서 ∠ABC=∠ACB=$\frac{1}{2}$×(180°−48°)=66°

∠DBC=$\frac{1}{2}$∠ABC, ∠DCB=$\frac{1}{2}$∠ACB이므로

∠DBC=∠DCB=$\frac{1}{2}$×66°=33°

즉, 두 밑각의 크기가 같으므로 △DBC는 $\overline{DB}=\overline{DC}$인 이

등변삼각형이다.

∴ ∠BDC=180°−(33°+33°)=114°, $\overline{CD}=\overline{BD}=4$ cm

06 답 (1) 7 cm (2) 20°

∠BAC=∠GAC=80°(접은 각)

$\overline{DG}/\!/\overline{EF}$이므로 ∠BAC=∠GAC=80°(엇각)

따라서 ∠BAC=∠BCA이므로 △ABC는 $\overline{BA}=\overline{BC}$인 이등변삼각형이다.

(1) $\overline{BC}=\overline{BA}=7$ cm

(2) ∠ABC=180°−(∠BAC+∠BCA)

   =180°−(80°+80°)=20°

07 답 ④

∠ABC=∠DBC(접은 각)

$\overline{AE}/\!/\overline{BD}$이므로 ∠ACB=∠DBC(엇각)

즉, ∠ABC=∠ACB이므로 △ABC는 $\overline{AB}=\overline{AC}$인 이등변삼각형이다.

08 답 111°

∠EAC=∠BAC(접은 각)

$\overline{AE}/\!/\overline{BD}$이므로 ∠EAC=∠BCA(엇각)

즉, ∠BAC=∠BCA이므로 △ABC는 $\overline{BA}=\overline{BC}$인 이등변삼각형이다.

∴ ∠BAC=∠BCA=$\frac{1}{2}$×(180°−42°)=69°

∴ ∠ACD=180°−69°=111°

03 직각삼각형의 합동 조건
 워크북 5쪽

01 답 ⑤

① RHS 합동   ② RHA 합동

③ ASA 합동   ④ SAS 합동

⑤ 대응하는 세 내각의 크기가 각각 같은 삼각형은 모양은 같지만 크기가 다를 수 있으므로 합동이라고 할 수 없다.

02 답 (1) 12 cm (2) 72 cm²

△ABD와 △CAE에서

∠BDA=∠AEC=90°, $\overline{AB}=\overline{CA}$,

∠DBA=90°−∠DAB=∠EAC

이므로 △ABD≡△CAE(RHA 합동)

∴ $\overline{DA}=\overline{EC}=5$ cm, $\overline{AE}=\overline{BD}=7$ cm

(1) $\overline{DE}=\overline{DA}+\overline{AE}=5+7=12$(cm)

(2) 사각형 BCED의 넓이는

$\frac{1}{2}$×($\overline{DB}+\overline{EC}$)×$\overline{DE}=\frac{1}{2}$×(7+5)×12=72(cm²)

03 답 40°

△ADE와 △ACE에서

∠ADE=∠ACE=90°, $\overline{AE}$는 공통, $\overline{AD}=\overline{AC}$

이므로 △ADE≡△ACE(RHS 합동)

∴ ∠AED=∠AEC=65°

$\angle BED = 180° - (65° + 65°) = 50°$이므로 △BED에서
$\angle B = 180° - (90° + 50°) = 40°$

04 각의 이등분선의 성질 워크북 5쪽

01 탑 (1) 6 (2) 54
(1) $\angle AOP = \angle BOP$이므로 $\overline{PB} = \overline{PA} = 6$ cm $\therefore x = 6$
(2) $\overline{PA} = \overline{PB}$이므로 점 P는 $\angle A$의 이등분선 위의 점이다.
  $\angle AOP = \angle BOP = 180° - (90° + 63°) = 27°$
  $\angle AOB = 2\angle AOP = 2 \times 27° = 54°$ $\therefore x = 54$

02 탑 ④
△POA와 △POB에서
$\angle OAP = \angle OBP = 90°$, $\overline{OP}$는 공통, $\angle AOP = \angle BOP$
이므로 △POA ≡ △POB(RHA 합동) (⑤)
$\therefore \overline{OA} = \overline{OB}$ (①), $\overline{PA} = \overline{PB}$ (②),
  $\angle APO = \angle BPO$ (③)
따라서 옳지 않은 것은 ④이다.

03 탑 18 cm²
각의 이등분선의 성질에 의해 $\overline{DE} = \overline{DB} = 3$ cm
$\therefore △ADC = \dfrac{1}{2} \times \overline{AC} \times \overline{DE} = \dfrac{1}{2} \times 12 \times 3 = 18(cm²)$

2 삼각형의 외심과 내심

05 삼각형의 외심과 그 성질 워크북 6~7쪽

01 탑 (1) 5 cm (2) 100°
(1) $\overline{OA} = \overline{OB} = \overline{OC}$이므로 $\overline{OC} = 5$ cm
(2) △ABO는 이등변삼각형이므로
  $\angle OAB = \angle OBA = 40°$
  $\therefore \angle AOB = 180° - (40° + 40°) = 100°$

02 탑 ③, ⑤
① $\overline{CF} = \overline{AF}$, $\overline{AD} = \overline{BD}$, $\overline{BE} = \overline{CE}$
② $\overline{OA} = \overline{OB} = \overline{OC}$
④ △OAD ≡ △OBD, △OBE ≡ △OCE,
  △OAF ≡ △OCF(SAS 합동)

03 탑 ③
오른쪽 그림과 같이 $\overline{OA}$를 그으면
$\overline{OA} = \overline{OB} = \overline{OC}$이므로 △OAB,
△OCA는 모두 이등변삼각형이다.
$\therefore \angle A = \angle OAB + \angle OAC$
  $= \angle OBA + \angle OCA$
  $= 25° + 35° = 60°$

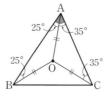

04 탑 9 cm
△AOC는 $\overline{OA} = \overline{OC}$인 이등변삼각형이므로
$\overline{OA} = \overline{OC} = \dfrac{1}{2} \times (30 - 12) = 9(cm)$
$\therefore \overline{OB} = \overline{OA} = 9$ cm

05 탑 $\dfrac{13}{2}$ cm
직각삼각형의 외심은 빗변의 중점이므로 점 M은 △ABC
의 외심이다. 따라서 $\overline{AM} = \overline{BM} = \overline{CM}$이므로
$\overline{BM} = \dfrac{1}{2}\overline{AC} = \dfrac{1}{2} \times 13 = \dfrac{13}{2}(cm)$

06 탑 17π cm
직각삼각형 ABC의 외심은 빗변 AC의 중점이다.
즉, △ABC의 외접원의 반지름의 길이는 $\dfrac{17}{2}$ cm이므로
외접원의 둘레의 길이는 $2\pi \times \dfrac{17}{2} = 17\pi(cm)$

07 탑 3 cm²
점 O는 빗변 BC의 중점이므로 $\overline{OB} = \overline{OC} = \dfrac{1}{2}\overline{BC}$
이때 △ABO = △ACO이므로
$△ABO = \dfrac{1}{2}△ABC = \dfrac{1}{2} \times \left(\dfrac{1}{2} \times 4 \times 3\right) = 3(cm²)$

08 탑 64°
점 M은 직각삼각형 ABC의 외심이므로
$\overline{MA} = \overline{MB} = \overline{MC}$
$\therefore \angle MCA = \angle MAC = 32°$
$\therefore \angle BMC = \angle MAC + \angle MCA = 32° + 32° = 64°$

09 탑 36°
점 D는 직각삼각형 ABC의 외심이므로
$\overline{DA} = \overline{DB} = \overline{DC}$ $\therefore \angle C = \angle CAD = 54°$
△ABC에서 $\angle B = 180° - (90° + 54°) = 36°$

10 탑 35°
△AHO에서 $\angle AOH = 180° - (90° + 20°) = 70°$
$\therefore \angle AOC = 180° - 70° = 110°$
△OCA는 $\overline{OC} = \overline{OA}$인 이등변삼각형이므로
$\angle C = \dfrac{1}{2} \times (180° - 110°) = 35°$

11 탑 15 cm
점 M이 △ABC의 외심이므로
$\overline{MB} = \overline{MC} = \dfrac{1}{2}\overline{AB} = \dfrac{1}{2} \times 10 = 5(cm)$
$\angle B = \angle MCB = 180° - (90° + 30°) = 60°$이므로
$\angle BMC = 180° - (60° + 60°) = 60°$
즉 △MBC는 정삼각형이므로 $\overline{BC} = 5$ cm
따라서 △MBC의 둘레의 길이는 $5 \times 3 = 15(cm)$

06 삼각형의 외심의 활용 워크북 7~8쪽

01 탑 (1) 20° (2) 30°
(1) $\angle x + 32° + 38° = 90°$ $\therefore \angle x = 20°$
(2) $\angle OBA = \angle OAB = 25°$이므로
  $\angle x + 25° + 35° = 90°$ $\therefore \angle x = 30°$

02 답 (1) 140° (2) 72°

(1) $\angle x = 2\angle A = 2 \times 70° = 140°$

(2) $\angle x = \dfrac{1}{2}\angle BOC = \dfrac{1}{2} \times 144° = 72°$

03 답 15°

$\angle OCA = \angle x$로 놓으면 $\angle OAB = 3\angle x$, $\angle OBC = 2\angle x$

$\angle OAB + \angle OBC + \angle OCA = 90°$에서

$3\angle x + 2\angle x + \angle x = 90°$, $6\angle x = 90°$ ∴ $\angle x = 15°$

04 답 25°

$\triangle OBC$에서 $\angle OBC = \angle OCB = \dfrac{1}{2} \times (180° - 130°) = 25°$

$\angle OAB = \angle OBA = 40°$이므로

$\angle OAB + \angle OBC + \angle OCA = 90°$에서

$40° + 25° + \angle OCA = 90°$ ∴ $\angle OCA = 25°$

05 답 50°

$\triangle OBC$에서 $\angle OBC = \angle OCB = 40°$이므로

$\angle BOC = 180° - (40° + 40°) = 100°$

∴ $\angle A = \dfrac{1}{2}\angle BOC = \dfrac{1}{2} \times 100° = 50°$

06 답 32°

$\angle AOB = 2\angle C = 2 \times 58° = 116°$

$\triangle OAB$는 $\overline{OA} = \overline{OB}$인 이등변삼각형이므로

$\angle OAB = \dfrac{1}{2} \times (180° - 116°) = 32°$

07 답 80°

$\angle AOB = 360° \times \dfrac{4}{2+3+4} = 360° \times \dfrac{4}{9} = 160°$

∴ $\angle ACB = \dfrac{1}{2}\angle AOB = \dfrac{1}{2} \times 160° = 80°$

08 답 108°

점 O는 $\triangle ABC$의 외심이므로

$\overline{OA} = \overline{OB} = \overline{OC}$, $\angle OAB = \angle B = 36°$

∴ $\angle AOC = \angle OAB + \angle B$
$= 36° + 36° = 72°$

$\triangle AOC$에서 $\angle OAC = \dfrac{1}{2} \times (180° - 72°) = 54°$

이때 점 O′은 $\triangle AOC$의 외심이므로

$\angle OO′C = 2\angle OAC = 2 \times 54° = 108°$

| 참고 | $\triangle ABC$의 외심이 변 BC 위에 있으므로 $\triangle ABC$는 $\angle A = 90°$인 직각삼각형임을 알 수 있다.

09 답 ②

오른쪽 그림과 같이 $\overline{OA}$, $\overline{OC}$를 그으면 $\triangle OAB$, $\triangle OBC$는 이등 변삼각형이므로

$\angle OAB = \angle OBA = 27°$,

$\angle OCB = \angle OBC = 18°$

또 $\angle OAC + \angle OCB + \angle OBA = 90°$이므로

$\angle OAC + 18° + 27° = 90°$ ∴ $\angle OAC = 45°$

∴ $\angle A = \angle OAB + \angle OAC$
$= 27° + 45° = 72°$

10 답 ②

오른쪽 그림과 같이 $\overline{OA}$를 그으면

$\triangle OAB$에서

$\angle OAB = \angle OBA = 24°$

$\triangle OCA$에서

$\angle OAC = \angle OCA = 36°$

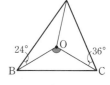

따라서 $\angle A = \angle OAB + \angle OAC = 24° + 36° = 60°$이므로

$\angle BOC = 2\angle A = 2 \times 60° = 120°$

| 다른 풀이 | $\angle OAC = \angle OCA = 36°$이므로

$\angle OBA + \angle OCB + \angle OAC = 90°$에서 $\angle OCB = 30°$

$\triangle OBC$가 $\overline{OB} = \overline{OC}$인 이등변삼각형이므로 $\angle BOC = 120°$

11 답 108°

오른쪽 그림과 같이 $\overline{OA}$, $\overline{OC}$를 각각 그으면 $\overline{OA} = \overline{OB} = \overline{OC}$

$\triangle OAB$에서

$\angle OAB = \angle OBA$
$= 32° + 18° = 50°$

$\angle OAC = \angle a$, $\angle ACB = \angle b$로 놓으면

$\triangle ABC$에서 $\angle a + \angle b + 50° + 32° = 180°$이므로

$\angle a + \angle b = 98°$ …… ㉠

$\triangle OCB$에서 $\angle OCB = \angle OBC = 18°$이고

$\triangle OCA$에서 $\angle OAC = \angle OCA$이므로

$\angle a = \angle b + 18°$ …… ㉡

㉠, ㉡을 연립하여 풀면 $\angle a = 58°$, $\angle b = 40°$

∴ $\angle A = \angle OAB + \angle OAC = 50° + 58° = 108°$

| 다른 풀이 | $\triangle BOC$에서 $\angle BOC = 180° - (18° + 18°) = 144°$

점 O가 $\triangle ABC$의 외심이므로 $\angle A = \dfrac{1}{2} \times (360° - 144°) = 108°$

07 삼각형의 내심과 그 성질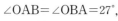

01 답 ②, ④

삼각형의 내심은 삼각형의 세 내각의 이등분선의 교점으로 내심에서 삼각형의 세 변에 이르는 거리는 같다.

따라서 내심을 바르게 나타낸 것은 ②, ④이다.

02 답 (1) 36 (2) 3

(1) $\angle ICB = \angle ICA = 36°$ ∴ $x = 36$

(2) $\overline{ID} = \overline{IE} = \overline{IF} = 3$ cm ∴ $x = 3$

03 답 ②, ④

$\triangle AID \equiv \triangle AIF$, $\triangle BID \equiv \triangle BIE$, $\triangle CIE \equiv \triangle CIF$

① $\overline{AD} = \overline{AF}$, $\overline{BD} = \overline{BE}$

⑤ $\triangle AID \equiv \triangle AIF$

04 답 ①, ⑤

점 I는 $\triangle ABC$의 내심이다.

① $\angle AID = \angle AIF$, $\angle BID = \angle BIE$

⑤ 점 I는 $\triangle ABC$의 세 내각의 이등분선의 교점이다.

05 답 35°

$\triangle IBC$에서 $\angle ICB = 180° - (120° + 25°) = 35°$

∴ $\angle ICA = \angle ICB = 35°$

06 답 ②

$\angle IAC = \angle IAB = 24°$, $\angle ICA = \angle ICB = 32°$

$\triangle ICA$에서 $\angle CIA = 180° - (24° + 32°) = 124°$

08 삼각형의 내심의 활용
워크북 10~12쪽

01 답 (1) 20° (2) 32°

(1) $40° + \angle x + 30° = 90°$　∴ $\angle x = 20°$

(2) $\angle ICA = \angle ICB = \angle x$이므로

$34° + 24° + \angle x = 90°$　∴ $\angle x = 32°$

02 답 (1) 130° (2) 60°

(1) $\angle x = 90° + \dfrac{1}{2}\angle A = 90° + \dfrac{1}{2} \times 80° = 130°$

(2) $\angle BIC = 90° + \dfrac{1}{2}\angle A$이므로

$120° = 90° + \dfrac{1}{2}\angle x$, $\dfrac{1}{2}\angle x = 30°$　∴ $\angle x = 60°$

03 답 36°

오른쪽 그림과 같이 $\overline{AI}$를 그으면

$\angle IAB + \angle IBC + \angle ICA = 90°$에서

$\angle IAB + 32° + 40° = 90°$

∴ $\angle IAB = 18°$

∴ $\angle A = 2\angle IAB = 2 \times 18° = 36°$

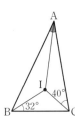

04 답 154°

$\angle IAB = \angle IAC = \angle y$

$\angle ICA = \angle ICB = \dfrac{1}{2}\angle ACB = \dfrac{1}{2} \times 60° = 30°$

$\angle IBC + \angle ICA + \angle IAB = 90°$이므로

$28° + 30° + \angle y = 90°$　∴ $\angle y = 32°$

$\triangle IBC$에서 $\angle x = 180° - (28° + 30°) = 122°$

∴ $\angle x + \angle y = 122° + 32° = 154°$

05 답 40°

$\angle x + \angle y + \angle z = 90°$이므로

$\angle x = 90° \times \dfrac{2}{2+4+3} = 90° \times \dfrac{2}{9} = 20°$

∴ $\angle BAC = 2\angle x = 2 \times 20° = 40°$

06 답 126°

$\angle BAI = \dfrac{1}{2}\angle BAC = 36°$이므로

$\angle BIC = 90° + \dfrac{1}{2}\angle BAC = 90° + 36° = 126°$

07 답 100°

$\angle CIA = 360° \times \dfrac{7}{5+6+7} = 360° \times \dfrac{7}{18} = 140°$

$\angle CIA = 90° + \dfrac{1}{2}\angle ABC$이므로

$140° = 90° + \dfrac{1}{2}\angle ABC$, $\dfrac{1}{2}\angle ABC = 50°$

∴ $\angle ABC = 100°$

08 답 165°

$\angle AIB = 90° + \dfrac{1}{2}\angle C = 90° + \dfrac{1}{2} \times 50° = 115°$이므로

$\angle IAB + \angle IBA = 180° - 115° = 65°$

한편, $\triangle ADC$에서

$\angle ADB = \angle DAC + 50° = \angle IAB + 50°$

$\triangle EBC$에서 $\angle AEB = \angle EBC + 50° = \angle IBA + 50°$

∴ $\angle ADB + \angle AEB$

$= (\angle IAB + 50°) + (\angle IBA + 50°)$

$= (\angle IAB + \angle IBA) + 100° = 65° + 100° = 165°$

09 답 24

$\triangle ABC$

$= \triangle IAB + \triangle IBC + \triangle ICA$

$= \dfrac{1}{2} \times 2 \times 24 = 24$

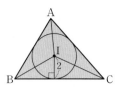

10 답 $\dfrac{17}{10}$ cm

$\triangle ABC$의 내접원의 반지름의 길이를 r cm라 하면

$\triangle ABC = \dfrac{1}{2} \times r \times (\triangle ABC$의 둘레의 길이$)$이므로

$17 = \dfrac{1}{2} \times r \times 20$　∴ $r = \dfrac{17}{10}$

11 답 27 : 10

$\triangle ABC$의 내접원의 반지름의 길이를 r cm라 하면

$\triangle ABC = \dfrac{1}{2} \times (9+10+8) \times r = \dfrac{27}{2}r$

$\triangle IBC = \dfrac{1}{2} \times 10 \times r = 5r$

∴ $\triangle ABC : \triangle IBC = \dfrac{27}{2}r : 5r = 27 : 10$

12 답 $(4-\pi)$ cm²

$\triangle ABC$의 내접원의 반지름의 길이를 r cm라 하면

$\dfrac{1}{2} \times r \times (10+8+6) = \dfrac{1}{2} \times 8 \times 6$, $12r = 24$　∴ $r = 2$

∴ (색칠한 부분의 넓이)

$= ($사각형 IECF의 넓이$) - \dfrac{1}{4} \times ($원 I의 넓이$)$

$= 2 \times 2 - \dfrac{1}{4} \times 4\pi = 4 - \pi$ (cm²)

13 답 ⑤

점 I가 $\triangle ABC$의 내심이므로

$\angle DBI = \angle IBC$, $\angle ECI = \angle ICB$

$\overline{DE} /\!/ \overline{BC}$이므로

$\angle DIB = \angle IBC$(엇각), $\angle EIC = \angle ICB$(엇각)

∴ $\angle DBI = \angle DIB$, $\angle ECI = \angle EIC$

따라서 $\triangle DBI$, $\triangle ECI$는 이등변삼각형이므로

$\overline{DB} = \overline{DI}$, $\overline{EC} = \overline{EI}$　∴ $\overline{DE} = \overline{DI} + \overline{EI} = \overline{DB} + \overline{EC}$

14 답 14 cm

점 I가 $\triangle ABC$의 내심이므로 $\angle DBI = \angle IBC$

$\overline{DE} /\!/ \overline{BC}$이므로 $\angle DIB = \angle IBC$(엇각)

∴ $\angle DBI = \angle DIB$

즉, △DBI는 이등변삼각형이므로 $\overline{DB}=\overline{DI}$
같은 방법으로 △ECI도 이등변삼각형이므로 $\overline{EC}=\overline{EI}$
따라서 △ADE의 둘레의 길이는
$$\overline{AD}+\overline{DE}+\overline{EA}=\overline{AD}+(\overline{DI}+\overline{EI})+\overline{EA}$$
$$=\overline{AD}+\overline{DB}+\overline{EC}+\overline{EA}$$
$$=\overline{AB}+\overline{AC}=8+6=14(cm)$$

15 답 $17\ cm^2$
점 I가 △ABC의 내심이므로 ∠DBI=∠IBC
$\overline{DE}/\!/\overline{BC}$이므로 ∠DIB=∠IBC(엇각)
∴ ∠DBI=∠DIB
즉, △DBI는 이등변삼각형이므로 $\overline{DB}=\overline{DI}$
같은 방법으로 △ECI도 이등변삼각형이므로 $\overline{EC}=\overline{EI}$
$\overline{DE}=\overline{DI}+\overline{EI}=\overline{DB}+\overline{EC}=3+4=7(cm)$
사각형 DBCE는 사다리꼴이므로 그 넓이는
$\dfrac{1}{2}\times(7+10)\times2=17(cm^2)$

16 답 $11\ cm$
$\overline{BE}=\overline{BD}=5\ cm$, $\overline{AF}=\overline{AD}=4\ cm$이므로
$\overline{CF}=10-4=6(cm)$ ∴ $\overline{CE}=\overline{CF}=6\ cm$
∴ $\overline{BC}=\overline{BE}+\overline{CE}=5+6=11(cm)$

17 답 $6\ cm^2$ 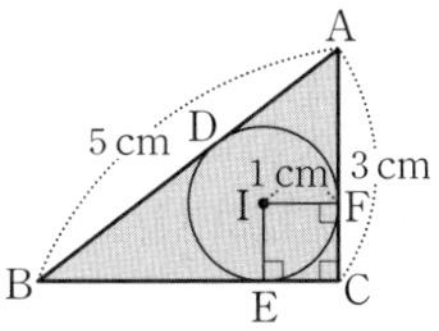
오른쪽 그림에서 사각형 IECF
가 정사각형이므로
$\overline{IE}=\overline{EC}=\overline{CF}=\overline{FI}=1\ cm$
$\overline{AF}=3-1=2(cm)$이므로
$\overline{BE}=\overline{BD}=\overline{AB}-\overline{AD}$
$\quad=\overline{AB}-\overline{AF}=5-2=3(cm)$
∴ $\overline{BC}=\overline{BE}+\overline{EC}=3+1=4(cm)$
∴ $\triangle ABC=\dfrac{1}{2}\times\overline{BC}\times\overline{AC}=\dfrac{1}{2}\times4\times3=6(cm^2)$

18 답 5
$\overline{BD}=\overline{BE}=x$로 놓으면
$\overline{AF}=\overline{AD}=9-x$, $\overline{CF}=\overline{CE}=8-x$
따라서 $\overline{AF}+\overline{CF}=\overline{AC}$이므로
$(9-x)+(8-x)=7,\ 2x=-10$ ∴ $x=5$

19 답 $240°$
∠A$=180°-(40°+80°)=60°$이므로
∠BOC$=2∠A=2\times60°=120°$
∠BIC$=90°+\dfrac{1}{2}∠A=90°+\dfrac{1}{2}\times60°=120°$
∴ ∠BOC+∠BIC$=120°+120°=240°$

20 답 84π
△ABC의 외접원의 반지름의 길이는 $\dfrac{1}{2}\overline{AC}=\dfrac{1}{2}\times20=10$
△ABC의 내접원의 반지름의 길이를 r라 하면
$\triangle ABC=\dfrac{1}{2}\times r\times(12+16+20)=\dfrac{1}{2}\times12\times16$
$24r=96$ ∴ $r=4$
따라서 구하는 넓이의 차는 $\pi\times10^2-\pi\times4^2=84\pi$

21 답 $36\pi\ cm^2$
정삼각형의 외심과 내심은 일치하므로 △ABC의 외접원
의 반지름은 $\overline{AI}$이다. 따라서 $\overline{AI}=9-3=6(cm)$이므로
△ABC의 외접원의 넓이는 $\pi\times6^2=36\pi(cm^2)$

22 답 $9°$
점 O가 △ABC의 외심이므로
∠BOC$=2∠A=2\times48°=96°$
△OBC는 $\overline{OB}=\overline{OC}$인 이등변삼각형이므로
∠OBC$=\dfrac{1}{2}\times(180°-96°)=42°$
△ABC가 $\overline{AB}=\overline{AC}$인 이등변삼각형이므로
∠ABC$=\dfrac{1}{2}\times(180°-48°)=66°$
이때 점 I가 △ABC의 내심이므로
∠IBC$=\dfrac{1}{2}∠ABC=\dfrac{1}{2}\times66°=33°$
∴ ∠OBI$=$∠OBC$-$∠IBC$=42°-33°=9°$

23 답 $12°$ 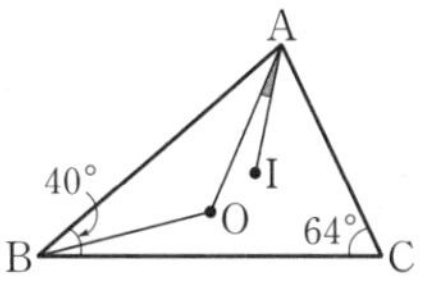
△ABC에서
∠BAC$=180°-(40°+64°)$
$\quad=76°$
이때 점 I가 △ABC의 내심이므로
∠BAI$=\dfrac{1}{2}∠BAC=\dfrac{1}{2}\times76°=38°$
$\overline{OB}$를 그으면 점 O가 △ABC의 외심이므로
∠AOB$=2∠C=2\times64°=128°$
이때 △ABO는 $\overline{OA}=\overline{OB}$인 이등변삼각형이므로
∠BAO$=\dfrac{1}{2}\times(180°-128°)=26°$
∴ ∠OAI$=$∠BAI$-$∠BAO$=38°-26°=12°$

단원 마무리 워크북 13~14쪽

01 $67°$	**02** ②	**03** ③	**04** ①	**05** ②
06 $5\ cm$	**07** ①	**08** $50°$	**09** ④	**10** ②
11 ③	**12** ①	**13** $180°$	**14** $\dfrac{25}{2}\ cm^2$	
15 $15°$				

01 ∠C$=∠x$로 놓으면
∠B$=∠C=∠x$, ∠A$=∠DBE=∠x-21°$
삼각형의 세 내각의 크기의 합이 $180°$이므로
$∠x+∠x+(∠x-21°)=180°$ ∴ $∠x=67°$

02 ①, ②, ④ △ABE≡△ACD (SAS 합동)이므로
$\overline{BE}=\overline{CD}$, ∠ABE$=$∠ACD
③ ∠ABC$=$∠ACB이고 ∠ABE$=$∠ACD이므로
∠OBC$=$∠OCB ∴ $\overline{OB}=\overline{OC}$
⑤ △DBC≡△ECB(SAS 합동)이므로 ∠BDC$=$∠CEB
따라서 옳지 않은 것은 ②이다.

03 ∠A=∠x로 놓으면 △ABC에서 ∠ACB=∠A=∠x

∠CBD=∠A+∠ACB=∠x+∠x=2∠x

△BCD에서 ∠CDB=∠CBD=2∠x이므로

∠DCE=∠A+∠CDB=∠x+2∠x=3∠x

△CDE에서 ∠CED=∠DCE=3∠x이므로

∠EDF=∠A+∠CED=∠x+3∠x=4∠x

△EDF에서 ∠EFD=∠EDF=4∠x이므로

∠FEG=∠A+∠EFD=∠x+4∠x=5∠x

△EFG에서 ∠FGE=∠FEG=5∠x이므로

∠GFH=∠A+∠FGE=∠x+5∠x=6∠x

6∠x=72°이므로 ∠x=12°

04 ∠IFE=∠CFE=62° (접은 각)

$\overline{AD}$∥$\overline{BC}$이므로 ∠IEF=∠EFC=62° (엇각)

따라서 △IFE에서 ∠EIF=180°−(62°+62°)=56°

05 △ABC에서 ∠ABC=∠ACB=$\frac{1}{2}$×(180°−48°)=66°

∴ ∠DCE=$\frac{1}{2}$×(180°−66°)=57°

△BCD가 $\overline{CB}$=$\overline{CD}$인 이등변삼각형이므로

∠BDC=$\frac{1}{2}$∠DCE=$\frac{1}{2}$×57°=28.5°

06 △BAD와 △CBE에서 ∠ADB=∠BEC=90°

$\overline{AB}$=$\overline{BC}$, ∠DAB=90°−∠ABD=∠EBC

이므로 △BAD≡△CBE(RHA 합동)

∴ $\overline{AD}$=$\overline{BE}$, $\overline{BD}$=$\overline{CE}$

$\overline{DE}$=$\overline{BD}$+$\overline{BE}$=$\overline{CE}$+$\overline{AD}$이므로

9=$\overline{CE}$+4 ∴ $\overline{CE}$=5 cm

07 △ABC에서 두 변의 수직이등분선의 교점을 O라 하면 점 O는 △ABC의 외심이므로 $\overline{OA}$=$\overline{OB}$=$\overline{OC}$가 되고 세 점 A, B, C를 지나는 원의 중심이 된다.

08 오른쪽 그림과 같이 $\overline{OA}$를 그으면

∠AOC=2∠B=2×40°=80°

△AOC가 이등변삼각형이므로

∠x=$\frac{1}{2}$×(180°−80°)=50°

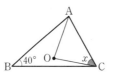

09 점 O가 △ABC의 외심이므로 $\overline{OA}$=$\overline{OC}$

△AOC에서 $\overline{OA}$+$\overline{OC}$+6=14

∴ $\overline{OA}$=$\overline{OC}$=$\frac{1}{2}$×(14−6)=4(cm)

따라서 △ABC의 외접원의 반지름의 길이는 4 cm이다.

10 △FBC, △EBC가 직각삼각형이므로 점 D는 두 삼각형의 외심이다.

∴ $\overline{DE}$=$\overline{DF}$=$\frac{1}{2}$$\overline{BC}$=$\frac{1}{2}$×14=7(cm)

따라서 △DEF의 둘레의 길이는

$\overline{DF}$+$\overline{DE}$+$\overline{FE}$=7+7+5=19(cm)

11 △ABC에서 내접원의 반지름의 길이를 r cm라 하면

△ABC=$\frac{1}{2}$×r×(△ABC의 둘레의 길이)

54=$\frac{1}{2}$×r×36 ∴ r=3

따라서 원 I의 넓이는 π×3²=9π(cm²)

12 ∠ECI=∠ICB, ∠EIC=∠ICB(엇각)이므로

∠ECI=∠EIC

따라서 △ECI는 이등변삼각형이므로 $\overline{EI}$=$\overline{EC}$=4 cm

∴ $\overline{DI}$=$\overline{DE}$−$\overline{EI}$=10−4=6(cm)

같은 방법으로 △DBI도 이등변삼각형이므로

$\overline{DB}$=$\overline{DI}$=6 cm ∴ $\overline{AD}$=$\overline{AB}$−$\overline{DB}$=8(cm)

13 ∠IAB=∠a, ∠IBA=∠b로 놓으면 점 I가 내심이므로

2∠a+2∠b+60°=180°

∴ ∠a+∠b=60°

∴ ∠ADB+∠AEB

=(60°+∠CAD)+(60°+∠CBE)

=120°+∠a+∠b=120°+60°=180°

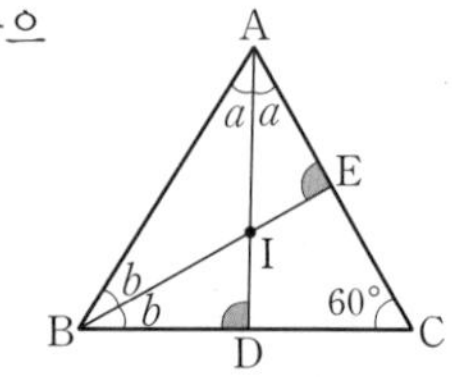

14 △ACE와 △ADE에서 ∠ACE=∠ADE=90°,

$\overline{AE}$는 공통, $\overline{AC}$=$\overline{AD}$, △ACE≡△ADE(RHS 합동)

∴ $\overline{DE}$=$\overline{CE}$=5 cm ──────── ❶

△ABC가 직각이등변삼각형이므로 ∠B=45°

△DBE에서 ∠DEB=∠B=45°이므로 △DBE는

$\overline{DB}$=$\overline{DE}$인 직각이등변삼각형이다. ──── ❷

따라서 $\overline{DB}$=$\overline{DE}$=5 cm이므로 △DBE의 넓이는

$\frac{1}{2}$×5×5=$\frac{25}{2}$(cm²) ──────── ❸

단계	채점 기준	비율
❶	$\overline{DE}$=$\overline{CE}$임을 보이기	40 %
❷	△DBE가 직각이등변삼각형임을 보이기	30 %
❸	△DBE의 넓이 구하기	30 %

15 점 O는 △ABC의 외심이므로 $\overline{OB}$=$\overline{OC}$

∴ ∠OBD=∠OCD

따라서 △OBD≡△OCD(RHA 합동)이므로 $\overline{BD}$=$\overline{CD}$

이때 △ABD≡△ACD(SAS 합동)이므로

∠ABC=∠ACB=$\frac{1}{2}$×(180°−40°)=70° ─────── ❶

∴ ∠IBC=$\frac{1}{2}$∠ABC=$\frac{1}{2}$×70°=35° ───── ❷

△OBC에서 ∠BOC=2∠A=2×40=80°이므로

∠OBC=$\frac{1}{2}$×(180°−80°)=50° ────── ❸

∴ ∠OBI=∠OBC−∠IBC=50°−35°=15° ──── ❹

단계	채점 기준	비율
❶	∠ABC의 크기 구하기	30 %
❷	∠IBC의 크기 구하기	20 %
❸	∠OBC의 크기 구하기	30 %
❹	∠OBI의 크기 구하기	20 %

I-2 | 사각형의 성질

1 평행사변형

09 평행사변형의 성질
워크북 15~16쪽

01 답 ④

$\overline{AB}/\!/\overline{DC}$이므로 $\angle BEC = \angle ABE = 50°$ (엇각)

$\therefore \angle AEB = 180° - (\angle AED + \angle BEC)$
$= 180° - (85° + 50°) = 45°$

02 답 ④

$\overline{AB}/\!/\overline{DC}$이므로 $\angle ABD = \angle BDC = 42°$ (엇각)

$\overline{AD}/\!/\overline{BC}$이므로 $\angle ACB = \angle CAD = 41°$ (엇각)

따라서 $\triangle ABC$에서 $\angle x + (42° + \angle y) + 41° = 180°$

$\therefore \angle x + \angle y = 97°$

03 답 8

$\overline{AB} = \overline{DC}$이므로 $x + 4 = 2x - 2$ $\therefore x = 6$

$\therefore \overline{BC} = \overline{AD} = 3 \times 6 - 10 = 8$

04 답 8 cm

$\angle BAE = \angle DAE$, $\angle DAE = \angle AEB$ (엇각)이므로
$\angle BAE = \angle AEB$

따라서 $\triangle ABE$는 $\overline{BA} = \overline{BE}$인 이등변삼각형이다.

$\therefore \overline{BE} = \overline{BA} = 6$ cm

$\therefore \overline{AD} = \overline{BC} = \overline{BE} + \overline{EC} = 6 + 2 = 8$ (cm)

05 답 1 cm

$\angle BAE = \angle DAE$, $\angle DAE = \angle AEB$ (엇각)이므로
$\triangle ABE$는 $\overline{BA} = \overline{BE} = 3$ cm인 이등변삼각형이다.

$\therefore \overline{CE} = 5 - 3 = 2$ (cm)

또한, $\angle CDF = \angle ADF$, $\angle ADF = \angle CFD$ (엇각)이므로
$\triangle CDF$는 $\overline{CD} = \overline{CF} = 3$ cm인 이등변삼각형이다.

$\therefore \overline{BF} = 5 - 3 = 2$ (cm)

$\therefore \overline{EF} = \overline{BC} - \overline{CE} - \overline{BF} = 5 - 2 - 2 = 1$ (cm)

06 답 12 cm

$\triangle ABE$와 $\triangle FCE$에서
$\angle ABE = \angle FCE$ (엇각), $\overline{BE} = \overline{CE}$, $\angle BEA = \angle CEF$
이므로 $\triangle ABE \equiv \triangle FCE$ (ASA 합동)

$\therefore \overline{CF} = \overline{BA} = 6$ cm

$\therefore \overline{DF} = \overline{DC} + \overline{CF} = 6 + 6 = 12$ (cm)

07 답 (1) $\angle x = 65°$, $\angle y = 115°$ (2) $\angle x = 55°$, $\angle y = 75°$

(1) $\angle x = \angle B = 65°$, $\angle y = \angle A = 115°$

(2) $\angle x = \angle D = 55°$

$\angle y = \angle ACD$ (엇각)이므로 $\triangle ACD$에서
$\angle y = 180° - (50° + 55°) = 75°$

08 답 50°

$\angle B = \angle D = 65°$이고 $\triangle ABE$가 이등변삼각형이므로
$\angle AEB = \angle B = 65°$

$\therefore \angle BAE = 180° - (65° + 65°) = 50°$

09 답 ③

$\angle A + \angle B = 180°$이므로 $\angle D = \angle B = 180° \times \frac{1}{4} = 45°$

10 답 ①

$\angle BAD = \angle C = 100°$이므로

$\angle BAF = \angle DAF = \frac{1}{2}\angle BAD = \frac{1}{2} \times 100° = 50°$

$\angle FEB = \angle DAF = 50°$ (엇각)이므로 $\triangle BEF$에서
$\angle EBF = 180° - (90° + 50°) = 40°$

11 답 230°

$\angle B + \angle C = 180°$이므로 $\angle y = 180° - 80° = 100°$

$\angle BAD = \angle C = 100°$이므로 $\angle BAE = \frac{1}{2}\angle BAD = 50°$

따라서 $\triangle ABE$에서
$\angle x = \angle BAE + \angle B = 50° + 80° = 130°$

$\therefore \angle x + \angle y = 130° + 100° = 230°$

12 답 13 cm

$\overline{DO} = \frac{1}{2}\overline{BD} = \frac{1}{2} \times 10 = 5$ (cm),

$\overline{CO} = \frac{1}{2}\overline{AC} = \frac{1}{2} \times 8 = 4$ (cm), $\overline{CD} = \overline{BA} = 4$ (cm)

이므로 $\triangle COD$의 둘레의 길이는
$\overline{CO} + \overline{CD} + \overline{DO} = 4 + 4 + 5 = 13$ (cm)

13 답 ④

④ $\overline{AB} = \overline{BC}$일 때에만 성립한다.

14 답 $\angle COQ$, $\overline{CO}$, $\angle PAO$, ASA

15 답 20 cm

$\overline{BO} = \frac{1}{2}\overline{BD} = \frac{1}{2} \times 18 = 9$ (cm)

$\triangle BOP \equiv \triangle DOQ$ (ASA 합동)이므로

$\overline{PO} = \overline{QO} = \frac{1}{2}\overline{PQ} = \frac{1}{2} \times 14 = 7$ (cm), $\overline{BP} = \overline{DQ} = 4$ cm

따라서 $\triangle BOP$의 둘레의 길이는
$\overline{BP} + \overline{PO} + \overline{BO} = 4 + 7 + 9 = 20$ (cm)

10 평행사변형이 되는 조건
워크북 17~18쪽

01 답 $\angle COB$, SAS, $\triangle COD$, 두 쌍의 대변의 길이

02 답 ③

③ SAS

03 답 (1) $x = 4$, $y = 3$ (2) $x = 45$, $y = 70$

(1) $\overline{AD} = \overline{BC}$이어야 하므로 $3x - 1 = 2x + 3$ $\therefore x = 4$

$\overline{AB} = \overline{DC}$이어야 하므로 $4 + 2 = 2y$ $\therefore y = 3$

(2) $\angle CAD = \angle ACB = 45°$이어야 하므로 $x = 45$

$\angle ACD = \angle BAC = 180° - (45° + 65°) = 70°$

$\therefore y = 70$

04 답 52°

$\overline{AD}/\!/\overline{BC}$이어야 하므로 $\angle ADE = \angle CDE = \angle DEC = 64°$

$\therefore \angle ADC = 2\angle ADE = 2 \times 64° = 128°$

$\overline{AB} /\!/ \overline{DC}$이어야 하므로 ∠A+∠ADC=180°에서

∠x+128°=180° ∴ ∠x=52°

05 🔲 ②, ④

① 두 쌍의 대변의 길이가 각각 같으므로 평행사변형이다.

② ∠A+∠B=180°이므로 $\overline{AD} /\!/ \overline{BC}$이지만 $\overline{AB} /\!/ \overline{DC}$인지 알 수 없으므로 항상 평행사변형이라 할 수 없다.

③ ∠A+∠B=180°이므로 $\overline{AD} /\!/ \overline{BC}$이고 $\overline{AD}=\overline{BC}$이다. 즉, 한 쌍의 대변이 서로 평행하고 그 길이가 같으므로 평행사변형이다.

④ $\overline{AO}=\overline{CO}$이지만 $\overline{BO}=\overline{DO}$인지 알 수 없으므로 항상 평행사변형이라 할 수 없다.

⑤ ∠BAC=∠DCA이므로 $\overline{AB} /\!/ \overline{DC}$이고 $\overline{AB}=\overline{DC}$이다. 즉, 한 쌍의 대변이 서로 평행하고 그 길이가 같으므로 평행사변형이다.

따라서 항상 평행사변형이라고 할 수 없는 것은 ②, ④이다.

06 🔲 ⑤

⑤ 두 대각선이 서로 다른 것을 이등분하므로 평행사변형이다.

07 🔲 ③

① 두 쌍의 대변의 길이가 각각 같으므로 평행사변형이다.

② 두 대각선이 서로 다른 것을 이등분하므로 평행사변형이다.

④ 두 쌍의 대각의 크기가 각각 같으므로 평행사변형이다.

⑤ 두 쌍의 대변이 각각 서로 평행하므로 평행사변형이다.

따라서 평행사변형이 되기 위한 조건으로 옳지 않은 것은 ③이다.

08 🔲 ①, ③

① 두 쌍의 대변의 길이가 각각 같으므로 평행사변형이다.

③ $\overline{AB} /\!/ \overline{DC}$이므로

∠ABC+∠BCD=180°, ∠BAD+∠ADC=180°

그런데 ∠BAD=∠BCD=120°이므로

∠ABC=∠ADC=60°, 즉 두 쌍의 대각의 크기가 각각 같으므로 평행사변형이다.

---

11 평행사변형이 되는 조건의 활용 워크북 18~19쪽

01 🔲 풀이 참조

(1) 한 쌍의 대변이 서로 평행하고 그 길이가 같다.

(2) 한 쌍의 대변이 서로 평행하고 그 길이가 같다.

(3) 두 쌍의 대변이 각각 서로 평행하다.

02 🔲 26 cm

∠B=∠D이므로 ∠EBF=∠EDF ······㉠

∠AEB=∠EBF(엇각), ∠DFC=∠EDF(엇각)이므로

∠AEB=∠EBF=∠EDF=∠DFC

∴ ∠DEB=180°-∠AEB

=180°-∠DFC=∠BFD ······㉡

㉠, ㉡에 의해 □EBFD는 평행사변형이다.

한편, ∠ABE=∠EBF=∠AEB에서

△ABE는 $\overline{AB}=\overline{AE}$인 이등변삼각형이므로

$\overline{AE}=\overline{AB}$=6 cm ∴ $\overline{ED}=\overline{AD}-\overline{AE}$=9-6=3(cm)

따라서 □EBFD의 둘레의 길이는 2×(10+3)=26(cm)

03 🔲 ④

$\overline{AO}=\overline{CO}$ (①), $\overline{EO}=\overline{FO}$ (②)에서 두 대각선이 서로 다른 것을 이등분하므로 □AECF는 평행사변형이다. (⑤)

∴ $\overline{AE}=\overline{CF}$ (③)

따라서 옳지 않은 것은 ④이다.

04 🔲 135°

$\overline{EO}=\overline{FO}$, $\overline{BO}=\overline{DO}$이므로 □EBFD는 평행사변형이다.

∴ ∠BFD=180°-∠EBF=180°-45°=135°

05 🔲 30°

∠BEF=∠DFE(엇각)이므로 $\overline{BE} /\!/ \overline{DF}$

△ABE≡△CDF(RHA 합동)이므로 $\overline{BE}=\overline{DF}$

따라서 □EBFD는 평행사변형이다.

∠EDF=180°-(90°+60°)=30°

∴ ∠EBF=∠EDF=30°

06 🔲 ④

① $\overline{ED} /\!/ \overline{BF}$, $\overline{ED}=\overline{BF}$이므로 □EBFD는 평행사변형이다.

② $\overline{EO}=\overline{FO}$, $\overline{BO}=\overline{DO}$이므로 □EBFD는 평행사변형이다.

③ ∠EBF=∠EDF, ∠BED=∠BFD이므로 □EBFD는 평행사변형이다.

⑤ $\overline{AE} /\!/ \overline{CF}$, $\overline{AE}=\overline{CF}$이므로 □AECF는 평행사변형이다.

따라서 평행사변형이 아닌 것은 ④이다.

07 🔲 10초

점 P가 출발한 지 x초 후에 □AQCP가 평행사변형이 된다고 하면 x초 후 $\overline{AP}$, $\overline{CQ}$의 길이는 각각

$\overline{AP}=3x$(cm), $\overline{CQ}=5(x-4)$(cm) ($x>4$)

$\overline{AP} /\!/ \overline{CQ}$이므로 □AQCP가 평행사변형이 되려면

$\overline{AP}=\overline{CQ}$이어야 한다. 즉 3$x$=5($x$-4) ∴ x=10

따라서 점 P가 출발한 지 10초 후에 □AQCP는 평행사변형이 된다.

---

12 평행사변형과 넓이 워크북 19~20쪽

01 🔲 (1) 8 cm² (2) 16 cm² (3) 16 cm² (4) 32 cm²

(1) △BOC=△AOD=8 cm²

(2) △ABD=2△AOD=2×8=16(cm²)

(3) △BCD=△ABD=16 cm²

(4) □ABCD=2△ABD=2×16=32(cm²)

02 🔲 12 cm²

오른쪽 그림과 같이 점 E를 지나고 $\overline{AB}$에 평행한 직선이 $\overline{AD}$와 만나는 점을 F라 하면 □ABEF, □FECD는 두 쌍의 대변이 각각 서로 평행하므로 평행사변형이다.

따라서 색칠한 부분의 넓이는

$$\triangle ABE + \triangle ECD = \frac{1}{2} \square ABEF + \frac{1}{2} \square FECD$$
$$= \frac{1}{2} \square ABCD = \frac{1}{2} \times 24 = 12 (cm^2)$$

03 🖉 7 cm²

$\triangle AOE$와 $\triangle COF$에서
$\overline{AO} = \overline{CO}$, $\angle EAO = \angle FCO$(엇각),
$\angle AOE = \angle COF$(맞꼭지각)이므로
$\triangle AOE \equiv \triangle COF$(ASA 합동) $\therefore \triangle AOE = \triangle COF$
따라서 색칠한 부분의 넓이는

$$\triangle DOE + \triangle COF = \triangle DOE + \triangle AOE = \triangle AOD$$
$$= \frac{1}{2} \triangle ABD = \frac{1}{2} \times 14 = 7 (cm^2)$$

04 🖉 40 cm²

$\square ABNM$, $\square MNCD$는 평행사변형이고 그 넓이가 같다.
$\triangle MPN = \frac{1}{4} \square ABNM$, $\triangle MNQ = \frac{1}{4} \square MNCD$이므로

$$\square ABCD = \square ABNM + \square MNCD$$
$$= 4\triangle MPN + 4\triangle MNQ$$
$$= 4(\triangle MPN + \triangle MNQ)$$
$$= 4\square MPNQ = 4 \times 10 = 40 (cm^2)$$

05 🖉 18 cm²

$\triangle ABM$과 $\triangle DPM$에서
$\angle BAM = \angle PDM$(엇각), $\overline{AM} = \overline{DM}$,
$\angle AMB = \angle DMP$(맞꼭지각)
이므로 $\triangle ABM \equiv \triangle DPM$(ASA 합동)
$\therefore \triangle ABM = \triangle DPM$
따라서 색칠한 부분의 넓이는

$$\triangle PBD = \triangle DPM + \triangle MBD = \triangle ABM + \triangle MBD$$
$$= \triangle ABD = \frac{1}{2} \square ABCD = \frac{1}{2} \times 36 = 18 (cm^2)$$

06 🖉 32 cm²

$\overline{BC} = \overline{CE}$, $\overline{DC} = \overline{CF}$이므로 $\square BFED$는 평행사변형이다.

$$\therefore \square BFED = 4\triangle BCD = 4 \times \frac{1}{2} \square ABCD$$
$$= 2\square ABCD = 2 \times 16 = 32 (cm^2)$$

07 🖉 15 cm²

$$\triangle PAB + \triangle PCD = \frac{1}{2} \square ABCD = \frac{1}{2} \times 30 = 15 (cm^2)$$

08 🖉 ④

$$\triangle PDA + \triangle PBC = \frac{1}{2} \square ABCD = \frac{1}{2} \times 48 = 24 (cm^2)$$
이므로 $4 + \triangle PBC = 24$ $\therefore \triangle PBC = 20 \; cm^2$

09 🖉 40 cm²

$$\triangle PDA + \triangle PBC = \triangle PAB + \triangle PCD$$
$$= 21 + 29 = 50 (cm^2)$$
이때 $\triangle PDA : \triangle PBC = 1 : 4$이므로

$$\triangle PBC = 50 \times \frac{4}{1+4} = 40 (cm^2)$$

10 🖉 15 cm²

$\square ABCD$의 넓이는 $9 \times 6 = 54 \; (cm^2)$이므로

$$\triangle PAB + \triangle PCD = \frac{1}{2} \square ABCD = \frac{1}{2} \times 54 = 27 (cm^2)$$
$\triangle PAB + 12 = 27$ $\therefore \triangle PAB = 27 - 12 = 15 (cm^2)$

2 여러 가지 사각형

13 여러 가지 사각형 (1) 워크북 21~22쪽

01 🖉 (1) $x = 7$, $y = 8$ (2) $x = 55$, $y = 70$

(1) $\overline{BC} = \overline{AD} = 7 \; cm$ $\therefore x = 7$
$\overline{AC} = \overline{BD} = 2\overline{DO} = 2 \times 4 = 8 (cm)$ $\therefore y = 8$

(2) $\triangle ABD$에서 $\angle ABD = 90° - 35° = 55°$ $\therefore x = 55$
$\triangle AOB$는 $\overline{OA} = \overline{OB}$인 이등변삼각형이므로
$\angle AOB = 180° - (55° + 55°) = 70°$
즉, $\angle COD = \angle AOB = 70°$(맞꼭지각)이므로 $y = 70$

02 🖉 ①

$\overline{AO} = \overline{BO}$이므로 $x + 4 = 3x - 2$, $2x = 6$ $\therefore x = 3$
$\therefore \overline{BO} = 3 \times 3 - 2 = 7$ $\therefore \overline{BD} = 2\overline{BO} = 2 \times 7 = 14$

03 🖉 ④

④ SAS

04 🖉 57°

$\angle EAG = 90°$이므로
$\angle FAE = \angle EAG - \angle GAF = 90° - 24° = 66°$
$\angle AEF = \angle CEF$(접은 각), $\angle CEF = \angle AFE$(엇각)에서
$\angle AEF = \angle AFE$이므로 $\triangle AEF$는 $\overline{AE} = \overline{AF}$인 이등변삼각형이다.

$$\therefore \angle AEF = \frac{1}{2} \times (180° - 66°) = 57°$$

05 🖉 직사각형

$\overline{AB} = \overline{CD}$, $\overline{AB} /\!/ \overline{CD}$에서 한 쌍의 대변이 서로 평행하고, 그 길이가 같으므로 $\square ABCD$는 평행사변형이다.
이때 $\angle A = \angle B$이면 $\angle A = \angle B = 90°$이므로 $\square ABCD$는 직사각형이다.

06 🖉 ①, ④

① $\angle A = \angle B = 90°$이므로 $\square ABCD$는 직사각형이 된다.
④ $\overline{AO} = \overline{BO}$이면 $\overline{AC} = \overline{BD}$이므로 $\square ABCD$는 직사각형이 된다.

07 🖉 직사각형

$\triangle ABM$과 $\triangle DCM$에서
$\overline{AM} = \overline{DM}$, $\overline{MB} = \overline{MC}$, $\overline{AB} = \overline{DC}$
이므로 $\triangle ABM \equiv \triangle DCM$(SSS 합동)
$\therefore \angle BAM = \angle CDM$
$\square ABCD$에서 $\angle A = \angle D$이고 $\angle A + \angle D = 180°$이므로
$\angle A = \angle D = 90°$
따라서 $\square ABCD$는 한 내각의 크기가 90°인 평행사변형이므로 직사각형이다.

08 답 $x=5$, $y=30$

$\overline{\mathrm{AD}}=\overline{\mathrm{AB}}=5$ cm ∴ $x=5$

∠AOB$=90°$이므로 △ABO에서

∠ABO$=180°-(90°+60°)=30°$

$\overline{\mathrm{AB}}\,/\!/\,\overline{\mathrm{DC}}$이므로 ∠CDO$=$∠ABO$=30°$(엇각)

∴ $y=30$

09 답 $28°$

∠C$=$∠A$=124°$

△CDB는 $\overline{\mathrm{CD}}=\overline{\mathrm{CB}}$인 이등변삼각형이므로

∠CBD$=\dfrac{1}{2}\times(180°-124°)=28°$

10 답 $90°$

△ABD는 $\overline{\mathrm{AB}}=\overline{\mathrm{AD}}$인 이등변삼각형이므로

∠$y=$∠ABD$=28°$

$\overline{\mathrm{AC}}\perp\overline{\mathrm{BD}}$이므로 ∠CAD$=90°-$∠$y=90°-28°=62°$

이때 $\overline{\mathrm{AD}}=\overline{\mathrm{CD}}$이므로 ∠$x=$∠CAD$=62°$

∴ ∠$x+$∠$y=62°+28°=90°$

11 답 $54°$

∠C$+$∠ADC$=180°$이므로 ∠ADC$=180°-108°=72°$

∴ ∠BDC$=\dfrac{1}{2}$∠ADC$=\dfrac{1}{2}\times72°=36°$

△DPH에서 ∠DPH$=180°-(90°+36°)=54°$

∴ ∠$x=$∠DPH$=54°$

12 답 ④, ⑤

④ 이웃하는 두 변의 길이가 같으므로 □ABCD는 마름모가 된다.

⑤ 두 대각선이 서로 수직이므로 □ABCD는 마름모가 된다.

13 답 ①, ④

② 두 대각선이 서로 수직이므로 □ABCD는 마름모가 된다.

③ ∠CBD$=$∠CDB에서 $\overline{\mathrm{CB}}=\overline{\mathrm{CD}}$, 즉 이웃하는 두 변의 길이가 같으므로 □ABCD는 마름모가 된다.

⑤ ∠ADO$=$∠CDO, ∠ADO$=$∠CBO(엇각)이므로 ∠CDO$=$∠CBO

따라서 △BCD는 $\overline{\mathrm{CB}}=\overline{\mathrm{CD}}$인 이등변삼각형이므로 이웃하는 두 변의 길이가 같은 □ABCD는 마름모가 된다.

14 답 80 cm²

△ABE와 △ADF에서

∠AEB$=$∠AFD$=90°$, $\overline{\mathrm{AE}}=\overline{\mathrm{AF}}$, ∠ABE$=$∠ADF

이므로 △ABE$\equiv$△ADF(ASA 합동) ∴ $\overline{\mathrm{AB}}=\overline{\mathrm{AD}}$

따라서 □ABCD는 이웃하는 두 변의 길이가 같으므로 마름모이다.

∴ $\overline{\mathrm{BC}}=\overline{\mathrm{AB}}=10$ cm ∴ □ABCD$=10\times8=80(\mathrm{cm}^2)$

14 여러 가지 사각형 (2)

워크북 23~24쪽

01 답 (1) 6 cm (2) $90°$ (3) $45°$

(1) $\overline{\mathrm{BD}}=\overline{\mathrm{AC}}=12$ cm이므로

$\overline{\mathrm{BO}}=\dfrac{1}{2}\overline{\mathrm{BD}}=\dfrac{1}{2}\times12=6(\mathrm{cm})$

(2) $\overline{\mathrm{AC}}\perp\overline{\mathrm{BD}}$이므로 ∠AOD$=90°$

(3) $\overline{\mathrm{AO}}=\overline{\mathrm{BO}}$이고 ∠AOB$=90°$이므로 △ABO에서

∠ABO$=\dfrac{1}{2}\times(180°-90°)=45°$

02 답 ⑤

⑤ $\overline{\mathrm{BO}}=\overline{\mathrm{CO}}$, ∠BOC$=90°$이므로 △OBC는 직각이등변삼각형이다.

03 답 25 cm²

$\overline{\mathrm{CO}}=\dfrac{1}{2}\overline{\mathrm{AC}}=\dfrac{1}{2}\overline{\mathrm{BD}}=5(\mathrm{cm})$

∴ △BCD$=\dfrac{1}{2}\times\overline{\mathrm{BD}}\times\overline{\mathrm{CO}}=\dfrac{1}{2}\times10\times5=25(\mathrm{cm}^2)$

04 답 100 cm²

△AEO와 △DFO에서

∠EAO$=$∠FDO$=45°$, $\overline{\mathrm{AO}}=\overline{\mathrm{DO}}$,

∠AOE$=90°-$∠AOF$=$∠DOF이므로

△AEO$\equiv$△DFO(ASA 합동) ∴ $\overline{\mathrm{DF}}=\overline{\mathrm{AE}}=4$ cm

따라서 $\overline{\mathrm{AD}}=6+4=10(\mathrm{cm})$이므로

□ABCD$=10\times10=100(\mathrm{cm}^2)$

05 답 $135°$

∠ADB$=45°$이고 $\overline{\mathrm{AE}}\,/\!/\,\overline{\mathrm{BD}}$이므로

∠EAD$=$∠ADB$=45°$ (엇각)

∴ ∠EAB$=$∠EAD$+$∠DAB$=45°+90°=135°$

06 답 $80°$

△AED와 △CED에서

$\overline{\mathrm{AD}}=\overline{\mathrm{CD}}$, ∠ADE$=$∠CDE$=45°$, $\overline{\mathrm{DE}}$는 공통

이므로 △AED$\equiv$△CED(SAS 합동)

∴ ∠ECD$=$∠EAD$=35°$

따라서 △ECD에서

∠BEC$=$∠ECD$+$∠EDC$=35°+45°=80°$

07 답 $24°$

△APD와 △CPD에서

$\overline{\mathrm{AD}}=\overline{\mathrm{CD}}$, ∠ADP$=$∠CDP$=45°$, $\overline{\mathrm{DP}}$는 공통

이므로 △APD$\equiv$△CPD(SAS 합동)

∴ ∠PCD$=$∠PAD

따라서 △DPC에서

∠PAD$=$∠PCD$=$∠BPC$-$∠PDC$=69°-45°=24°$

08 답 ②, ④

직사각형이 정사각형이 되려면 두 대각선이 서로 수직(②)이거나 이웃하는 두 변의 길이가 같아야(④) 한다.

09 답 ①, ③

마름모가 정사각형이 되려면 한 내각의 크기가 $90°$(④)이거나 두 대각선의 길이가 같아야(②, ⑤) 한다.

10 답 (1) 6 cm (2) 10 cm (3) $70°$ (4) $110°$

(1) $\overline{\mathrm{DC}}=\overline{\mathrm{AB}}=6$ cm

(2) $\overline{\mathrm{BD}}=\overline{\mathrm{AC}}=10$ cm

(3) ∠ABC=∠DCB=70°

(4) ∠BAD+∠ABC=180°이므로

∠BAD+70°=180° ∴ ∠BAD=110°

11 답 ③, ⑤

직사각형 (③), 정사각형 (⑤)은 한 쌍의 대변이 서로 평행하고, 밑변의 양 끝각의 크기가 같으므로 등변사다리꼴이라 할 수 있다.

12 답 90°

$\overline{AD}\,/\!/\,\overline{BC}$이므로 ∠DBC=∠ADB=45° (엇각)

△BCD에서 ∠x=180°−(80°+45°)=55°

∠ABC=∠DCB이므로 ∠y+45°=80° ∴ ∠y=35°

∴ ∠x+∠y=55°+35°=90°

13 답 39°

∠BOC=∠AOD=102° (맞꼭지각)

△ABC≡△DCB(SAS 합동)이므로 ∠ACB=∠DBC

즉, △OBC에서 ∠OBC=∠OCB이므로

∠DBC=∠OBC=$\frac{1}{2}$×(180°−102°)=39°

14 답 84°

$\overline{AD}\,/\!/\,\overline{BC}$이므로 ∠ADB=∠DBC=32° (엇각)

△ABD가 이등변삼각형이므로 ∠ABD=∠ADB=32°

이때 ∠ABC=32°+32°=64°이므로 ∠C=∠ABC=64°

△DBC에서 ∠BDC=180°−(32°+64°)=84°

15 답 4 cm

오른쪽 그림과 같이 점 D에서 $\overline{BC}$에 내린 수선의 발을 F라 하면

□AEFD는 직사각형이므로

$\overline{EF}=\overline{AD}=7$ cm

△ABE≡△DCF(RHA 합동)이므로 $\overline{BE}=\overline{CF}$

∴ $\overline{BE}=\frac{1}{2}×(15−7)=4$(cm)

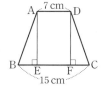

16 답 120°

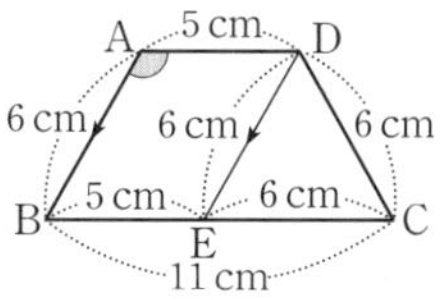

오른쪽 그림과 같이 점 D를 지나고 $\overline{AB}$에 평행한 직선이 $\overline{BC}$와 만나는 점을 E라 하면

□ABED는 평행사변형이다.

$\overline{BE}=\overline{AD}=5$ cm이므로

$\overline{EC}=\overline{BC}-\overline{BE}=11−5=6$(cm)

이때 $\overline{DE}=\overline{EC}=\overline{CD}$이므로 △DEC는 정삼각형이다.

따라서 ∠B=∠C=∠DEC=60°이므로

∠A=∠BED=180°−∠DEC=180°−60°=120°

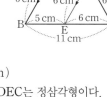

15 여러 가지 사각형 사이의 관계 워크북 25~26쪽

01 답 (1) 직사각형 (2) 마름모 (3) 직사각형 (4) 마름모

(5) 정사각형 (6) 정사각형

(6) ∠B=90°, $\overline{AC}\perp\overline{BD}$이므로 □ABCD는 정사각형이 된다.

02 답 ④

조건 (가), (나)에 의하여 □ABCD는 평행사변형이 된다.

조건 (다)에 의해 □ABCD는 직사각형,

조건 (라)에 의해 □ABCD는 정사각형이 된다.

03 답 ④, ⑤

④ 마름모가 되는 조건 ⑤ 직사각형이 되는 조건

04 답 ③, ⑤

③ 직사각형은 등변사다리꼴이지만 등변사다리꼴은 직사각형이 아닐 수도 있다.

⑤ 직사각형은 마름모가 아닐 수도 있다.

05 답 ㅁ, ㅂ

네 변의 길이가 같은 사각형(ㅁ, ㅂ)은 항상 두 대각선이 서로 수직이다.

06 답 ④, ⑤

두 대각선의 길이가 같은 사각형은 ④, ⑤이다.

07 답 ②

두 대각선의 길이가 같은 사각형은 ㄷ, ㅁ, ㅂ이므로 $x=3$

두 대각선이 서로 수직인 사각형은 ㄹ, ㅁ이므로 $y=2$

∴ $xy=3×2=6$

08 답 ①

평행사변형의 각 변의 중점을 연결하여 만든 사각형은 평행사변형이다.

09 답 ①

① 등변사다리꼴 − 마름모

10 답 ④

□EFGH는 직사각형이다.

④ 마름모의 성질

11 답 ②, ④

□EFGH는 마름모이다.

②, ④ 직사각형의 성질

12 답 25 cm²

정사각형의 각 변의 중점을 연결하여 만든 사각형은 정사각형이다. 즉, □EFGH는 한 변의 길이가 5 cm인 정사각형이므로 넓이는 5×5=25(cm²)

13 답 (1) 마름모 (2) 32 cm

(1) □EFGH는 등변사다리꼴의 각 변의 중점을 연결하여 만든 사각형이므로 마름모이다.

(2) □EFGH의 둘레의 길이는 4×8=32(cm)

16 평행선과 넓이 워크북 27~28쪽

01 답 24 cm²

$l\,/\!/\,m$이므로 △ABC=△DBC=$\frac{1}{2}$×8×6=24(cm²)

02 답 60 cm²

$\overline{AC}\,/\!/\,\overline{DE}$이므로 △ACD=△ACE

$\therefore \square ABCD = \triangle ABC + \triangle ACD = \triangle ABC + \triangle ACE$
$= 32 + 28 = 60(cm^2)$

03 답 $6\,cm^2$
$\overline{AE} \parallel \overline{DB}$이므로 $\triangle ABD = \triangle EBD$
$\therefore \triangle ABD = \triangle EBD = \triangle DEC - \triangle DBC$
$= 16 - 10 = 6(cm^2)$

04 답 $9\,cm^2$
$\overline{AC} \parallel \overline{DE}$이므로 $\triangle ACD = \triangle ACE$
$\therefore \square ABCD = \triangle ABC + \triangle ACD = \triangle ABC + \triangle ACE$
$= \triangle ABE = \frac{1}{2} \times (4+2) \times 3 = 9(cm^2)$

05 답 $9\,cm^2$
$\overline{AD} \parallel \overline{BC}$이므로 $\triangle PBC = \triangle ABC = 9\,cm^2$

06 답 ⑤
$\triangle BOC = \triangle ABC - \triangle AOB$
$= \triangle DBC - \triangle AOB = 30 - 12 = 18(cm^2)$

07 답 $15\,cm^2$
$\triangle ABP$와 $\triangle APC$에서 $\overline{BP} : \overline{PC} = 3 : 2$이고 높이가 같으므로 $\triangle ABP : \triangle APC = 3 : 2$
$\therefore \triangle ABP = \frac{3}{5} \triangle ABC = \frac{3}{5} \times 25 = 15(cm^2)$

08 답 $15\,cm^2$
$\overline{BM} = \overline{MC}$이므로 $\triangle AMC = \frac{1}{2} \triangle ABC$
또, $\overline{AP} : \overline{PM} = 5 : 3$이므로
$\triangle APC = \frac{5}{8} \triangle AMC = \frac{5}{8} \times \frac{1}{2} \triangle ABC$
$= \frac{5}{16} \triangle ABC = \frac{5}{16} \times 48 = 15(cm^2)$

09 답 $12\,cm^2$
$\overline{AC} \parallel \overline{DE}$이므로 $\triangle ACE = \triangle ACD$
$\triangle ABE = \triangle ABC + \triangle ACE = \triangle ABC + \triangle ACD$
$= \square ABCD = 36(cm^2)$
$\overline{BC} : \overline{CE} = 2 : 1$이므로
$\triangle ACD = \triangle ACE = \frac{1}{3} \triangle ABE = \frac{1}{3} \times 36 = 12(cm^2)$

10 답 $16\,cm^2$
$\overline{AE}$를 그으면 $\overline{BE} : \overline{EC} = 1 : 2$
이므로 $\triangle AEC = \frac{2}{3} \triangle ABC$
또, $\overline{AD} : \overline{DC} = 4 : 3$이므로
$\triangle DEC = \frac{3}{7} \triangle AEC$
$= \frac{3}{7} \times \frac{2}{3} \triangle ABC$
$= \frac{2}{7} \triangle ABC = \frac{2}{7} \times 56 = 16(cm^2)$

| 다른 풀이 | $\overline{BD}$를 그으면
$\overline{AD} : \overline{DC} = 4 : 3$이므로 $\triangle DBC = \frac{3}{7} \triangle ABC$
또, $\overline{BE} : \overline{EC} = 1 : 2$이므로
$\triangle DEC = \frac{2}{3} \triangle DBC = \frac{2}{3} \times \frac{3}{7} \triangle ABC = \frac{2}{7} \triangle ABC = \frac{2}{7} \times 56 = 16(cm^2)$

11 답 $36\,cm^2$
$\triangle ABP + \triangle PCD = \frac{1}{2} \square ABCD = \frac{1}{2} \times 120 = 60(cm^2)$
$\triangle ABP$와 $\triangle PCD$에서 $\overline{AP} : \overline{PD} = 2 : 3$이고 높이가 같으므로 $\triangle ABP : \triangle PCD = 2 : 3$
$\therefore \triangle PCD = \frac{3}{5} \times 60 = 36(cm^2)$

12 답 $20\,cm^2$
$\overline{AC} \parallel \overline{EF}$이므로 $\triangle ACE = \triangle ACF$
한편, $\triangle ACD = \frac{1}{2} \square ABCD = \frac{1}{2} \times 72 = 36(cm^2)$이고
$\overline{DF} : \overline{FC} = 4 : 5$이므로
$\triangle ACE = \triangle ACF = \frac{5}{9} \triangle ACD = \frac{5}{9} \times 36 = 20(cm^2)$

13 답 (1) $10\,cm^2$ (2) $15\,cm^2$ (3) $2 : 3$
(1) 점 P가 평행사변형 ABCD의 내부의 한 점이므로
$\triangle PDA + \triangle PBC = \frac{1}{2} \square ABCD = \frac{1}{2} \times 50 = 25(cm^2)$
$15 + \triangle PBC = 25$ $\therefore \triangle PBC = 10(cm^2)$
(2) $\triangle QBC = \frac{1}{2} \square ABCD = \frac{1}{2} \times 50 = 25(cm^2)$
$\therefore \triangle QBP = \triangle QBC - \triangle PBC = 25 - 10 = 15(cm^2)$
(3) $\triangle PBC$와 $\triangle QBP$에서
$\triangle PBC : \triangle QBP = 10 : 15 = 2 : 3$이고 높이가 같으므로
$\overline{CP} : \overline{PQ} = \triangle PBC : \triangle QBP = 2 : 3$

14 답 (1) $6\,cm^2$ (2) $6\,cm^2$ (3) $18\,cm^2$ (4) $32\,cm^2$
(1) $\overline{BO} : \overline{DO} = 3 : 1$이므로 $\triangle AOB : \triangle AOD = 3 : 1$
$\therefore \triangle AOB = 3\triangle AOD = 3 \times 2 = 6(cm^2)$
(2) $\triangle COD = \triangle ACD - \triangle AOD$
$= \triangle ABD - \triangle AOD = \triangle AOB = 6(cm^2)$
(3) $\overline{BO} : \overline{DO} = 3 : 1$이므로 $\triangle BOC : \triangle COD = 3 : 1$
$\therefore \triangle BOC = 3\triangle COD = 3 \times 6 = 18(cm^2)$
(4) $\square ABCD = \triangle AOD + \triangle AOB + \triangle COD + \triangle BOC$
$= 2 + 6 + 6 + 18 = 32(cm^2)$

15 답 ①
$\triangle ABD = \triangle ACD$이므로 $\triangle AOB = \triangle COD = 6\,cm^2$
$\triangle AOD : \triangle COD = 3 : 6 = 1 : 2$이므로
$\overline{AO} : \overline{CO} = 1 : 2$
$\therefore \triangle AOB : \triangle BOC = 1 : 2$
$\therefore \triangle ABC = \triangle AOB + \triangle BOC = \triangle AOB + 2\triangle AOB$
$= 3\triangle AOB = 3 \times 6 = 18(cm^2)$

단원 마무리 워크북 29~30쪽

01 13°	02 ④	03 ②, ⑤	04 ④	05 ①
06 ③	07 ①	08 ④	09 ②	10 ②
11 ④	12 ②	13 150°		
14 (1) △DBE, △FEC (2) 풀이 참조 (3) 40°				

01 ∠BAD=∠BCD이므로

$57°+∠x=125°$ $∴∠x=68°$

∠D+∠BCD=180°이므로

$∠y=180°-∠BCD=180°-125°=55°$

$∴∠x-∠y=68°-55°=13°$

02 ∠BCE=∠DCE, ∠DCE=∠BEC(엇각)이므로

∠BCE=∠BEC

따라서 △BCE는 $\overline{BC}=\overline{BE}$인 이등변삼각형이다.

$∴\overline{AE}=\overline{BE}-\overline{AB}=\overline{BC}-\overline{AB}=9-5=4(cm)$

03 ② 한 쌍의 대변이 서로 평행하고 그 길이가 같다.

⑤ 두 쌍의 대변이 각각 서로 평행하다.

04 (i) $\overline{AB}=\overline{DC}=\overline{CF}$이고, $\overline{AB}/\!/\overline{CF}$이므로 □ABFC는 평행사변형이다.

(ii) $\overline{AD}=\overline{BC}=\overline{CE}$이고, $\overline{AD}/\!/\overline{CE}$이므로 □ACED는 평행사변형이다.

(iii) □BFED에서 두 대각선은 서로 다른 것을 이등분하므로 □BFED는 평행사변형이다.

(i), (ii), (iii)에서 □ABCD를 제외한 평행사변형은 3개이다.

05 $△PDA+△PBC=\dfrac{1}{2}□ABCD=\dfrac{1}{2}×50=25(cm^2)$

이므로

$18+△PBC=25$ $∴△PBC=7\ cm^2$

06 $\overline{AD}/\!/\overline{BC}$이므로 ∠ADB=∠CBD(엇각)

∠ADB=∠ACB이므로 △OBC에서 ∠OBC=∠OCB

즉, △OBC는 $\overline{OB}=\overline{OC}$인 이등변삼각형이다.

$∴\overline{AC}=\overline{BD}$

따라서 □ABCD는 두 대각선의 길이가 같은 평행사변형이므로 직사각형이다.

07 오른쪽 그림과 같이 두 대각선의 교점을 O라 하면

△AEO≡△CEO(SSS 합동)

이므로 ∠AOE=∠COE=90°

$∴\overline{AC}⊥\overline{BD}$

따라서 □ABCD는 두 대각선이 서로 수직인 평행사변형이므로 마름모이다.

08 $\overline{OA}=\overline{OD}$이므로 △AOD에서 ∠ODA=∠OAD=36°

$∴∠COD=∠OAD+∠ODA=36°+36°=72°$

09 오른쪽 그림과 같이 점 A를 지나고 $\overline{DC}$에 평행한 직선을 그어 $\overline{BC}$와 만나는 점을 E라 하면

∠ABE=∠BEA=∠EAB=60°

즉, △ABE가 정삼각형이므로 $\overline{BE}=4\ cm$

$∴\overline{AB}=\overline{BE}=\overline{EC}=\overline{CD}=\overline{DA}=4\ cm$

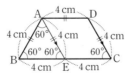

따라서 □ABCD의 둘레의 길이는

$\overline{AB}+\overline{BE}+\overline{EC}+\overline{CD}+\overline{DA}=4+4+4+4+4=20(cm)$

10 ① 직사각형 중에는 마름모가 아닌 것도 있다.

③ 마름모 중에는 정사각형이 아닌 것도 있다.

④ 직사각형 중에는 정사각형이 아닌 것도 있다.

⑤ 평행사변형은 등변사다리꼴이 아니다.

11 $\overline{AC}/\!/\overline{DE}$이므로 △ACD=△ACE

$∴□ABCD=△ABC+△ACD=△ABC+△ACE$

$=25+10=35(cm^2)$

12 $\overline{AF}/\!/\overline{DC}$이므로

$△DFC=△DBC=\dfrac{1}{2}□ABCD=\dfrac{1}{2}×48=24(cm^2)$

$∴△EFC=△DFC-△DEC=24-16=8(cm^2)$

13 △ABP가 정삼각형이므로

∠BAP=∠ABP=∠APB=60° ──────●

$∴∠PAD=∠PBC=90°-60°=30°$ ──────❷

△PAD에서 $\overline{AP}=\overline{AD}$이므로

$∠APD=\dfrac{1}{2}×(180°-30°)=75°$

△PBC에서 $\overline{BP}=\overline{BC}$이므로

$∠BPC=\dfrac{1}{2}×(180°-30°)=75°$ ──────❸

$∴∠CPD=360°-(60°+75°+75°)=150°$ ──────❹

단계	채점 기준	비율
●	∠APB의 크기 구하기	20 %
❷	∠PAD, ∠PBC의 크기 구하기	20 %
❸	∠APD, ∠BPC의 크기 구하기	30 %
❹	∠CPD의 크기 구하기	30 %

14 (1) △ABC와 △DBE에서

$\overline{AB}=\overline{DB}$, ∠ABC=60°-∠ABE=∠DBE,

$\overline{BC}=\overline{BE}$

이므로 △ABC≡△DBE(SAS 합동)

△ABC와 △FEC에서

$\overline{BC}=\overline{EC}$, ∠ACB=60°-∠ACE=∠FCE,

$\overline{AC}=\overline{FC}$

이므로 △ABC≡△FEC(SAS 합동)

따라서 △ABC와 합동인 삼각형은 △DBE, △FEC이다. ──────●

(2) (1)에 의해 $\overline{DA}=\overline{AB}=\overline{FE}$, $\overline{DE}=\overline{AC}=\overline{AF}$

즉, 두 쌍의 대변의 길이가 각각 같으므로 □AFED는 평행사변형이다. ──────❷

(3) ∠AFE=∠EFC-∠AFC=∠BAC-∠AFC

$=100°-60°=40°$ ──────❸

단계	채점 기준	비율
●	△ABC와 합동인 삼각형 찾기	50 %
❷	□AFED가 어떤 사각형인지 말하고, 그 이유 쓰기	30 %
❸	∠AFE의 크기 구하기	20 %

Ⅱ | 도형의 닮음과 피타고라스 정리

Ⅱ-1 | 도형의 닮음

1 닮은 도형

17 닮은 도형과 닮음의 성질
워크북 31쪽

01 답 ①, ⑤

정다각형은 모두 닮은 도형이고, 두 반원은 중심각의 크기가 $180°$로 같은 부채꼴이므로 닮은 도형이다.

따라서 항상 닮은 도형은 ①, ⑤이다.

02 답 4쌍

항상 닮은 도형인 것은 ㄱ, ㄴ, ㄷ, ㅁ의 4쌍이다.

03 답 $\overline{B'C'}$, $\angle C'$

04 답 (1) $2:3$ (2) 9 cm (3) $40°$

(1) $\triangle ABC$와 $\triangle A'B'C'$의 닮음비는
$\overline{BC}:\overline{B'C'}=8:12=2:3$

(2) $\overline{AB}:\overline{A'B'}=2:3$이므로 $6:\overline{A'B'}=2:3$
$2\overline{A'B'}=18$ ∴ $\overline{A'B'}=9$ cm

(3) $\angle B=\angle B'=40°$

05 답 (1) $5:3$ (2) 5 cm (3) $70°$

(1) $\square ABCD$와 $\square EFGH$의 닮음비는
$\overline{BC}:\overline{FG}=10:6=5:3$

(2) $\overline{AD}:\overline{EH}=5:3$이므로 $\overline{AD}:3=5:3$
$3\overline{AD}=15$ ∴ $\overline{AD}=5$ cm

(3) $\angle A=\angle E=120°$이므로 $\square ABCD$에서
$\angle B=360°-(120°+80°+90°)=70°$

06 답 ③

두 삼각기둥의 닮음비는 $\overline{AC}:\overline{A'C'}=4:10=2:5$
$\overline{AB}:\overline{A'B'}=2:5$에서 $x:6=2:5$이므로
$5x=12$ ∴ $x=\dfrac{12}{5}$
$\overline{BC}:\overline{B'C'}=2:5$에서 $y:8=2:5$이므로
$5y=16$ ∴ $y=\dfrac{16}{5}$
$\overline{CF}:\overline{C'F'}=2:5$에서 $z:12=2:5$이므로
$5z=24$ ∴ $z=\dfrac{24}{5}$
∴ $x+y+z=\dfrac{12}{5}+\dfrac{16}{5}+\dfrac{24}{5}=\dfrac{52}{5}$

07 답 12π cm

두 원뿔 A, B의 닮음비는 모선의 길이의 비와 같으므로
$8:12=2:3$
원뿔 A의 밑면의 반지름의 길이를 r cm라 하면
$r:9=2:3$, $3r=18$ ∴ $r=6$
따라서 원뿔 A의 밑면의 둘레의 길이는 $2\pi\times6=12\pi(\text{cm})$

2 삼각형의 닮음 조건

18 삼각형의 닮음 조건
워크북 32~33쪽

01 답 (1) ㄴ, SSS 닮음 (2) ㄷ, SAS 닮음 (3) ㄱ, AA 닮음

02 답 (1) $\triangle ABC$∽$\triangle EDC$, AA 닮음
(2) $\triangle ACO$∽$\triangle BDO$, SSS 닮음
(3) $\triangle ABC$∽$\triangle BDC$, SAS 닮음

(1) $\triangle ABC$와 $\triangle EDC$에서
$\angle CBA=\angle CDE=60°$, $\angle C$는 공통
이므로 $\triangle ABC$∽$\triangle EDC$(AA 닮음)

(2) $\triangle ACO$와 $\triangle BDO$에서
$\overline{AO}:\overline{BO}=\overline{CO}:\overline{DO}$
$=\overline{AC}:\overline{BD}$
$=1:2$
이므로 $\triangle ACO$∽$\triangle BDO$(SSS 닮음)

(3) $\triangle ABC$와 $\triangle BDC$에서
$\overline{BC}:\overline{DC}=\overline{AC}:\overline{BC}=2:1$, $\angle C$는 공통
이므로 $\triangle ABC$∽$\triangle BDC$(SAS 닮음)

03 답 ㄱ, ㄹ

ㄱ. $\triangle ABC$에서 $\angle C=180°-(75°+45°)=60°$이므로
$\angle D=75°$이면 $\angle A=\angle D$, $\angle C=\angle E$
∴ $\triangle ABC$∽$\triangle DFE$(AA 닮음)

ㄹ. $\angle C=\angle E$이고, $\overline{BC}:\overline{FE}=12:9=4:3$이므로
$\overline{AC}:\overline{DE}=4:3$이면
$\triangle ABC$∽$\triangle DFE$(SAS 닮음)

따라서 추가해야 할 조건으로 알맞은 것은 ㄱ, ㄹ이다.

04 답 5 cm

$\triangle ABE$와 $\triangle CDE$에서
$\overline{AE}:\overline{CE}=\overline{BE}:\overline{DE}=1:3$,
$\angle AEB=\angle CED$(맞꼭지각)
이므로 $\triangle ABE$∽$\triangle CDE$(SAS 닮음)
따라서 $\overline{AB}:\overline{CD}=1:3$이므로
$\overline{AB}:15=1:3$, $3\overline{AB}=15$ ∴ $\overline{AB}=5$ cm

05 답 (1) $\triangle ABC$∽$\triangle DBA$, SAS 닮음 (2) 15 cm

(1) $\triangle ABC$와 $\triangle DBA$에서
$\overline{AB}:\overline{DB}=\overline{BC}:\overline{BA}=3:2$, $\angle B$는 공통
이므로 $\triangle ABC$∽$\triangle DBA$(SAS 닮음)

(2) $\overline{AC}:\overline{DA}=3:2$이므로
$\overline{AC}:10=3:2$, $2\overline{AC}=30$ ∴ $\overline{AC}=15$ cm

06 답 ④

$\triangle ABC$와 $\triangle AED$에서
$\overline{AB}:\overline{AE}=\overline{AC}:\overline{AD}=3:1$, $\angle A$는 공통
이므로 $\triangle ABC$∽$\triangle AED$(SAS 닮음)
따라서 $\overline{BC}:\overline{ED}=3:1$이므로
$\overline{BC}:4=3:1$ ∴ $\overline{BC}=12$ cm

07 답 9 cm

△ABC와 △EBD에서

$\overline{AB}:\overline{EB}=\overline{BC}:\overline{BD}=3:2$, ∠B는 공통

이므로 △ABC∽△EBD(SAS 닮음)

따라서 $\overline{AC}:\overline{ED}=3:2$이므로 $\overline{AC}:6=3:2$

$2\overline{AC}=18$ ∴ $\overline{AC}=9$ cm

08 답 (1) △ABC∽△CBD, AA 닮음 (2) 5 cm

(1) △ABC와 △CBD에서

∠BAC=∠BCD, ∠B는 공통

이므로 △ABC∽△CBD(AA 닮음)

(2) $\overline{AB}:\overline{CB}=\overline{BC}:\overline{BD}$이므로

$\overline{AB}:6=6:4, 4\overline{AB}=36$ ∴ $\overline{AB}=9$ cm

∴ $\overline{AD}=\overline{AB}-\overline{BD}=9-4=5(cm)$

09 답 $\dfrac{9}{2}$ cm

△ABC와 △EAD에서

∠CBA=∠DAE(엇각), ∠BAC=∠AED(엇각)

이므로 △ABC∽△EAD(AA 닮음)

따라서 $\overline{AC}:\overline{ED}=\overline{AB}:\overline{EA}$이므로

$5:2=\overline{AB}:3, 2\overline{AB}=15$ ∴ $\overline{AB}=\dfrac{15}{2}$ cm

∴ $\overline{BE}=\overline{AB}-\overline{AE}=\dfrac{15}{2}-3=\dfrac{9}{2}(cm)$

10 답 ②

△ABE와 △DFE에서

∠ABE=∠DFE(엇각), ∠AEB=∠DEF(맞꼭지각)

이므로 △ABE∽△DFE(AA 닮음)

$\overline{AD}=\overline{BC}=10$ cm이므로

$\overline{DE}=\overline{AD}-\overline{AE}=10-6=4(cm)$

$\overline{AE}:\overline{DE}=\overline{AB}:\overline{DF}$이므로 $6:4=5:\overline{DF}$

$6\overline{DF}=20$ ∴ $\overline{DF}=\dfrac{10}{3}$ cm

11 답 (1) △DBE∽△ECF, AA 닮음 (2) $\dfrac{28}{5}$ cm

(1) △DBE와 △ECF에서

∠DBE=∠ECF=60°,

∠DEF=∠DAF=60° (접은 각)이므로

∠BED=180°−(60°+∠CEF)=∠CFE

∴ △DBE∽△ECF(AA 닮음)

(2) $\overline{CF}=\overline{AC}-\overline{AF}=12-7=5(cm)$

$\overline{EF}=\overline{AF}=7$ cm

따라서 $\overline{BE}:\overline{CF}=\overline{DE}:\overline{EF}$이므로 $4:5=\overline{DE}:7$

$5\overline{DE}=28$ ∴ $\overline{DE}=\dfrac{28}{5}$ cm

19 직각삼각형의 닮음　<small>워크북 34~35쪽</small>

01 답 3 cm

△ABC와 △EDC에서

∠ABC=∠EDC=90°, ∠C는 공통

이므로 △ABC∽△EDC(AA 닮음)

따라서 $\overline{AB}:\overline{ED}=\overline{AC}:\overline{EC}$이므로

$6:\overline{ED}=10:5, 10\overline{ED}=30$ ∴ $\overline{DE}=3$ cm

02 답 ③

△ABC와 △MBD에서

∠BAC=∠BMD=90°, ∠B는 공통

이므로 △ABC∽△MBD(AA 닮음)

따라서 $\overline{AB}:\overline{MB}=\overline{AC}:\overline{MD}$이므로

$24:13=10:\overline{MD}, 24\overline{MD}=130$ ∴ $\overline{MD}=\dfrac{65}{12}$ cm

03 답 6 cm

△ABD와 △ACE에서

∠ADB=∠AEC=90°, ∠A는 공통

이므로 △ABD∽△ACE(AA 닮음)

따라서 $\overline{AB}:\overline{AC}=\overline{AD}:\overline{AE}$이므로

$10:8=5:\overline{AE}, 10\overline{AE}=40$ ∴ $\overline{AE}=4$ cm

∴ $\overline{BE}=\overline{AB}-\overline{AE}=10-4=6(cm)$

04 답 $\dfrac{25}{4}$ cm

△DOE와 △DAB에서

∠DOE=∠DAB=90°, ∠EDO=∠BDA

이므로 △DOE∽△DAB(AA 닮음)

$\overline{DO}=\overline{BO}=5$ cm, $\overline{DA}=\overline{CB}=8$ cm,

$\overline{DB}=\overline{BO}+\overline{DO}=5+5=10(cm)$

따라서 $\overline{DO}:\overline{DA}=\overline{DE}:\overline{DB}$이므로

$5:8=\overline{DE}:10, 8\overline{DE}=50$ ∴ $\overline{DE}=\dfrac{25}{4}$ cm

05 답 ④

△ABE와 △ADF에서

∠AEB=∠AFD=90°, ∠B=∠D

이므로 △ABE∽△ADF(AA 닮음)

$\overline{AB}=\overline{DC}=10$ cm이고 $\overline{AB}:\overline{AD}=\overline{AE}:\overline{AF}$이므로

$10:12=\overline{AE}:9, 12\overline{AE}=90$ ∴ $\overline{AE}=\dfrac{15}{2}$ cm

| 다른 풀이 | $\overline{AC}$를 그으면 평행사변형

ABCD의 넓이는 △ABC와 △ACD

의 넓이의 합과 같으므로

$12\times\overline{AE}=\dfrac{1}{2}\times12\times\overline{AE}+\dfrac{1}{2}\times10\times9$

$12\overline{AE}=6\overline{AE}+45, 6\overline{AE}=45$ ∴ $\overline{AE}=\dfrac{15}{2}$ cm

06 답 6 cm

△AFE와 △DEC에서

∠EAF=∠CDE=90°,

∠AEF=90°−∠CED=∠DCE

이므로 △AFE∽△DEC(AA 닮음)

따라서 $\overline{AF}:\overline{DE}=\overline{AE}:\overline{DC}$이므로

$3:\overline{DE}=4:8, 4\overline{DE}=24$ ∴ $\overline{DE}=6$ cm

07 답 (1) 2 (2) 5 (3) $\dfrac{9}{4}$ (4) 25

(1) $\overline{AB}^2=\overline{BD}\times\overline{BC}$이므로

$4^2=x\times8,\ 8x=16$ $\therefore\ x=2$

(2) $\overline{AC}^2=\overline{CD}\times\overline{CB}$이므로

$6^2=4\times(4+x),\ 36=16+4x,\ 4x=20$ $\therefore\ x=5$

(3) $\overline{AD}^2=\overline{BD}\times\overline{CD}$이므로

$3^2=4\times x,\ 4x=9$ $\therefore\ x=\dfrac{9}{4}$

(4) $\overline{AB}\times\overline{AC}=\overline{BC}\times\overline{AD}$이므로

$20\times15=x\times12,\ 12x=300$ $\therefore\ x=25$

08 답 ③

$\overline{AB}^2=\overline{BH}\times\overline{BC}$이므로

$10^2=8\times\overline{BC}$ $\therefore\ \overline{BC}=\dfrac{25}{2}$ cm

$\therefore\ \overline{CH}=\overline{BC}-\overline{BH}=\dfrac{25}{2}-8=\dfrac{9}{2}$(cm)

09 답 11

$\overline{AD}^2=\overline{BD}\times\overline{CD}$이므로

$12^2=16\times y,\ 16y=144$ $\therefore\ y=9$

$\overline{AB}^2=\overline{BD}\times\overline{BC}$이므로

$x^2=16\times(16+9)=400=20^2$ $\therefore\ x=20\ (\because\ x>0)$

$\therefore\ x-y=20-9=11$

10 답 180 cm²

$\overline{AD}^2=\overline{BD}\times\overline{CD}$이므로

$12^2=\overline{BD}\times6,\ 6\overline{BD}=144$ $\therefore\ \overline{BD}=24$ cm

$\overline{BC}=\overline{BD}+\overline{CD}=24+6=30$(cm)

$\therefore\ \triangle ABC=\dfrac{1}{2}\times\overline{BC}\times\overline{AD}=\dfrac{1}{2}\times30\times12=180$(cm²)

11 답 ②

$\overline{AD}^2=\overline{AE}\times\overline{AC}$이므로 $\overline{AD}^2=9\times(9+16)=225=15^2$

$\therefore\ \overline{AD}=15$ cm $(\because\ \overline{AD}>0)$

$\overline{DC}^2=\overline{CE}\times\overline{CA}$이므로 $\overline{DC}^2=16\times(16+9)=400=20^2$

$\therefore\ \overline{DC}=20$ cm $(\because\ \overline{DC}>0)$

따라서 □ABCD의 둘레의 길이는

$2(\overline{AD}+\overline{DC})=2(15+20)=70$(cm)

12 답 (1) 15 cm (2) 20 cm (3) 12 cm

(1) $\overline{BC}=\overline{BD}+\overline{DC}=40+10=50$(cm)

점 M은 $\overline{BC}$의 중점이므로

$\overline{BM}=\dfrac{1}{2}\overline{BC}=\dfrac{1}{2}\times50=25$(cm)

$\therefore\ \overline{DM}=\overline{BD}-\overline{BM}=40-25=15$(cm)

(2) $\overline{AD}^2=\overline{BD}\times\overline{CD}$이므로 $\overline{AD}^2=40\times10=400=20^2$

$\therefore\ \overline{AD}=20$ cm $(\because\ \overline{AD}>0)$

(3) $\angle BAC=90°$이고, 점 M은 $\overline{BC}$의 중점이므로 점 M은 $\triangle ABC$의 외심이다.

$\therefore\ \overline{AM}=\overline{BM}=25$ cm

$\triangle AMD$에서

$\dfrac{1}{2}\times\overline{DM}\times\overline{AD}=\dfrac{1}{2}\times\overline{AM}\times\overline{DH}$이므로

$\dfrac{1}{2}\times15\times20=\dfrac{1}{2}\times25\times\overline{DH}$

$\therefore\ \overline{DH}=12$(cm)

단원 마무리
워크북 36~37쪽

01 ④ **02** ③ **03** ④ **04** ⑤ **05** ②

06 ③ **07** 3개 **08** ⑤ **09** ④ **10** ②

11 6 : 8 : 7

12 (1) 10 cm (2) 풀이 참조 (3) $\dfrac{15}{2}$ cm

01 항상 닮은 도형인 것은 ㄱ, ㄷ, ㄹ, ㅂ의 4개이다.

02 □ABCD와 □EFGH의 닮음비는

$\overline{BC}:\overline{FG}=12:8=3:2$

따라서 $\overline{AD}:\overline{EH}=3:2$이므로

$\overline{AD}:6=3:2,\ 2\overline{AD}=18$ $\therefore\ \overline{AD}=9$ cm

또한, $\angle B$에 대응하는 각은 $\angle F$이므로 $\angle B=\angle F=70°$

03 두 원뿔 A, B의 닮음비는 $10:15=2:3$

원뿔 B의 밑면의 반지름의 길이를 x cm라 하면

$8:x=2:3,\ 2x=24$ $\therefore\ x=12$

따라서 원뿔 B의 밑면의 둘레의 길이는

$2\pi\times12=24\pi$(cm)

04 $\triangle ABC$와 $\triangle DBA$에서

$\overline{AB}:\overline{DB}=\overline{BC}:\overline{BA}=3:2,\ \angle B$는 공통

이므로 $\triangle ABC\backsim\triangle DBA$(SAS 닮음)

따라서 $\overline{CA}:\overline{AD}=3:2$이므로

$15:\overline{AD}=3:2,\ 3\overline{AD}=30$ $\therefore\ \overline{AD}=10$ cm

05 □ABFD가 평행사변형이므로 $\overline{BF}=\overline{AD}=7$ cm

$\therefore\ \overline{FC}=\overline{BC}-\overline{BF}=13-7=6$(cm)

$\triangle AED$와 $\triangle CEF$에서

$\angle AED=\angle CEF$ (맞꼭지각), $\angle DAE=\angle FCE$ (엇각)

이므로 $\triangle AED\backsim\triangle CEF$(AA 닮음)

따라서 $\overline{AD}:\overline{CF}=\overline{AE}:\overline{CE}$이므로

$7:6=6:\overline{CE},\ 7\overline{CE}=36$ $\therefore\ \overline{CE}=\dfrac{36}{7}$ cm

06 $\triangle AED$와 $\triangle MEB$에서

$\angle AED=\angle MEB$ (맞꼭지각), $\angle EAD=\angle EMB$ (엇각)

이므로 $\triangle AED\backsim\triangle MEB$(AA 닮음)

닮음비는 $\overline{AD}:\overline{MB}=2:1$이고 $\overline{DE}:\overline{BE}=2:1$이므로

$\overline{BE}=\dfrac{1}{3}\overline{BD}=\dfrac{1}{3}\times27=9$(cm)

07 $\triangle ABC$와 $\triangle HEC$에서

$\angle BAC=\angle EHC=90°,\ \angle C$는 공통

이므로 $\triangle ABC\backsim\triangle HEC$(AA 닮음)

$\triangle ABC$와 $\triangle HBD$에서

$\angle BAC=\angle BHD=90°,\ \angle B$는 공통

이므로 $\triangle ABC\backsim\triangle HBD$ (AA 닮음)

$\triangle ABC$와 $\triangle AED$에서 $\angle BAC=\angle EAD=90°$

$\angle ABC=90°-\angle BDH=90°-\angle ADE=\angle AED$

이므로 $\triangle ABC\backsim\triangle AED$ (AA 닮음)

따라서 △ABC와 닮음인 삼각형은 △HEC, △HBD, △AED의 3개이다.

08 △ABD와 △CBE에서
∠ADB=∠CEB=90°, ∠B는 공통
이므로 △ABD∽△CBE(AA 닮음)
$\overline{BD}=9-3=6(cm)$이고 $\overline{AB}:\overline{CB}=\overline{BD}:\overline{BE}$이므로
$8:9=6:\overline{BE}$, $8\overline{BE}=54$ ∴ $\overline{BE}=\dfrac{27}{4}$ cm

09 △ABC와 △CDE에서
∠B=∠D=90°, ∠BAC=90°-∠BCA=∠DCE
이므로 △ABC∽△CDE(AA 닮음)
따라서 $\overline{AB}:\overline{CD}=\overline{BC}:\overline{DE}$이므로
$12:8=\overline{BC}:6$, $8\overline{BC}=72$ ∴ $\overline{BC}=9$ cm

10 $\overline{AC}^2=\overline{CD}\times\overline{CB}$이므로 $20^2=16\times\overline{CB}$
∴ $\overline{BC}=25$ cm ∴ $\overline{BD}=\overline{BC}-\overline{CD}=25-16=9(cm)$
$\overline{AD}^2=\overline{BD}\times\overline{CD}$이므로 $\overline{AD}^2=9\times16=144=12^2$
∴ $\overline{AD}=12$ cm $(∵ \overline{AD}>0)$
∴ $\triangle ABC=\dfrac{1}{2}\times\overline{BC}\times\overline{AD}=\dfrac{1}{2}\times25\times12=150(cm^2)$

11 ∠ACD+∠CAD=∠EDF에서 ∠ACD=∠BAE이므로
∠BAE+∠CAD=∠BAC=∠EDF ······ ㉠
또 ∠ABE+∠BAE=∠DEF에서
∠BAE=∠CBF이므로
∠ABE+∠CBF=∠ABC=∠DEF ······ ㉡
㉠, ㉡에서 △ABC∽△DEF(AA 닮음) ······ ❶
∴ $\overline{DE}:\overline{EF}:\overline{FD}=\overline{AB}:\overline{BC}:\overline{CA}$ ······ ❷
$=6:8:7$ ······ ❸

단계	채점 기준	비율
❶	△ABC∽△DEF임을 보이기	60 %
❷	$\overline{DE}:\overline{EF}:\overline{FD}=\overline{AB}:\overline{BC}:\overline{CA}$임을 알아내기	20 %
❸	$\overline{DE}:\overline{EF}:\overline{FD}$를 구하기	20 %

12 (1) ∠C'BD=∠CBD (접은 각), ∠PDB=∠CBD (엇각)
에서 ∠PBD=∠PDB이므로 △PBD는 $\overline{PB}=\overline{PD}$인
이등변삼각형이다. ······ ❶
따라서 점 Q는 $\overline{BD}$의 중점이므로
$\overline{BQ}=\dfrac{1}{2}\overline{BD}=\dfrac{1}{2}\times20=10(cm)$ ······ ❷
(2) △PBQ와 △DBC'에서
∠PQB=∠DC'B=90°, ∠PBQ=∠DBC'
이므로 △PBQ∽△DBC'(AA 닮음) ······ ❸
(3) $\overline{BQ}:\overline{BC'}=\overline{PQ}:\overline{DC'}$이므로
$10:16=\overline{PQ}:12$ ∴ $\overline{PQ}=\dfrac{15}{2}$ cm ······ ❹

단계	채점 기준	비율
❶	△PBD가 이등변삼각형임을 보이기	20 %
❷	$\overline{BQ}$의 길이 구하기	20 %
❸	△PBQ∽△DBC'임을 보이기	30 %
❹	$\overline{PQ}$의 길이 구하기	30 %

II-2 | 닮은 도형의 성질

1 평행선과 선분의 길이의 비

20 삼각형에서 평행선과 선분의 길이의 비 (1) 워크북 38~39쪽

01 답 ∠ADE, ∠A, AA, $\overline{BC}$

02 답 (1) 8 (2) $\dfrac{16}{5}$
(1) $\overline{AB}:\overline{AD}=\overline{BC}:\overline{DE}$이므로
$(6+3):6=12:x$, $9x=72$ ∴ $x=8$
(2) $\overline{AB}:\overline{AD}=\overline{AC}:\overline{AE}$이므로
$8:x=(4+6):4$, $10x=32$ ∴ $x=\dfrac{16}{5}$

03 답 10
$\overline{AB}:\overline{AD}=\overline{BC}:\overline{DE}$이므로
$9:x=12:8$, $12x=72$ ∴ $x=6$
$\overline{AB}:\overline{BD}=\overline{AC}:\overline{CE}$이므로
$9:(9-6)=12:y$, $9y=36$ ∴ $y=4$
∴ $x+y=6+4=10$

04 답 3 cm
△EDA에서 $\overline{AD}\,/\!/\,\overline{BF}$이므로 $\overline{EA}:\overline{EB}=\overline{AD}:\overline{BF}$
$(2+6):2=12:\overline{BF}$, $8\overline{BF}=24$ ∴ $\overline{BF}=3$ cm

05 답 8 cm
$\overline{BC}\,/\!/\,\overline{DE}$이므로 $\overline{AB}:\overline{AD}=\overline{BC}:\overline{DE}$
$(5+10):5=\overline{BC}:4$, $5\overline{BC}=60$ ∴ $\overline{BC}=12$ cm
□DBFE는 평행사변형이므로 $\overline{BF}=\overline{DE}=4$ cm
∴ $\overline{FC}=\overline{BC}-\overline{BF}=12-4=8(cm)$

06 답 (1) 15 (2) 2
(1) $\overline{AC}:\overline{AE}=\overline{BC}:\overline{DE}$이므로
$10:6=x:9$, $6x=90$ ∴ $x=15$
(2) $\overline{AD}:\overline{DB}=\overline{AE}:\overline{EC}$이므로
$(12-9):12=x:8$, $12x=24$ ∴ $x=2$
| 다른 풀이 (2) $\overline{AB}:\overline{AD}=\overline{AC}:\overline{AE}$이므로
$9:(12-9)=(8-x):x$, $24-3x=9x$ ∴ $x=2$

07 답 48
$\overline{AC}:\overline{AE}=\overline{AB}:\overline{AD}$이므로
$12:8=\overline{AB}:10$, $8\overline{AB}=120$ ∴ $\overline{AB}=15$
$\overline{AC}:\overline{AE}=\overline{BC}:\overline{DE}$이므로
$12:8=\overline{BC}:14$, $8\overline{BC}=168$ ∴ $\overline{BC}=21$
따라서 △ABC의 둘레의 길이는
$\overline{AB}+\overline{BC}+\overline{CA}=15+21+12=48$
| 다른 풀이 | △ABC∽△ADE(AA닮음)이고 둘레의 길이의 비는 닮음비
와 같으므로 △ABC의 둘레의 길이를 l이라 하면
$l:(\overline{AD}+\overline{DE}+\overline{EA})=\overline{AC}:\overline{AE}=12:8=3:2$
$l:(10+14+8)=3:2$, $2l=96$ ∴ $l=48$

08 답 4
$\overline{AB}:\overline{AD}=\overline{BC}:\overline{DE}$이므로
$9:6=x:4$, $6x=36$ ∴ $x=6$

$\overline{AF} : \overline{AB} = \overline{FG} : \overline{BC}$이므로

$(9+6) : 9 = y : 6$, $9y = 90$ $\quad \therefore y = 10$

$\therefore y - x = 10 - 6 = 4$

09 답 3 cm

△ABQ에서 $\overline{AQ} : \overline{AP} = \overline{BQ} : \overline{DP}$ ······ ㉠

△AQC에서 $\overline{AQ} : \overline{AP} = \overline{QC} : \overline{PE}$ ······ ㉡

㉠, ㉡에서 $\overline{BQ} : \overline{DP} = \overline{QC} : \overline{PE}$이므로

$5 : \overline{DP} = 10 : 6$, $10\overline{DP} = 30$

$\therefore \overline{DP} = 3$ cm

10 답 $x = 6$, $y = \dfrac{27}{5}$

△ABG에서 $\overline{AB} : \overline{AD} = \overline{BG} : \overline{DF}$이므로

$(x+9) : 9 = 5 : 3$, $3x + 27 = 45$

$3x = 18$ $\quad \therefore x = 6$

또, $\overline{BG} : \overline{DF} = \overline{AG} : \overline{AF} = \overline{GC} : \overline{FE}$이므로

$5 : 3 = 9 : y$, $5y = 27$ $\quad \therefore y = \dfrac{27}{5}$

11 답 (1) 풀이 참조 (2) 2

(1) △ADC에서 $\overline{DC} /\!/ \overline{FE}$이므로

$\overline{AF} : \overline{FD} = \overline{AE} : \overline{EC}$ ······ ㉠

△ABC에서 $\overline{BC} /\!/ \overline{DE}$이므로

$\overline{AE} : \overline{EC} = \overline{AD} : \overline{DB}$ ······ ㉡

㉠, ㉡에서 $\overline{AF} : \overline{FD} = \overline{AD} : \overline{DB}$

(2) $\overline{AF} : \overline{FD} = \overline{AD} : \overline{DB}$이므로

$\overline{AF} : \overline{FD} = 6 : 3 = 2 : 1$

$\therefore \overline{FD} = \dfrac{1}{3}\overline{AD} = \dfrac{1}{3} \times 6 = 2$

21 삼각형에서 평행선과 선분의 길이의 비 (2) 워크북 39쪽

01 답 ①, ④

① $\overline{AB} : \overline{AD} = \overline{AC} : \overline{AE} = 3 : 1$이므로 $\overline{BC} /\!/ \overline{DE}$

② $\overline{AB} : \overline{AD} \neq \overline{AC} : \overline{AE}$이므로 $\overline{BC}$와 $\overline{DE}$는 평행하지 않다.

③ $\overline{AD} : \overline{DB} \neq \overline{AE} : \overline{EC}$이므로 $\overline{BC}$와 $\overline{DE}$는 평행하지 않다.

④ $\overline{AB} : \overline{DB} = \overline{AC} : \overline{EC} = 5 : 2$이므로 $\overline{BC} /\!/ \overline{DE}$

⑤ $\overline{AB} : \overline{AD} \neq \overline{AC} : \overline{AE}$이므로 $\overline{BC}$와 $\overline{DE}$는 평행하지 않다.

따라서 $\overline{BC} /\!/ \overline{DE}$인 것은 ①, ④이다.

02 답 $\overline{AC} /\!/ \overline{DE}$

$\overline{AD} : \overline{DB} \neq \overline{AF} : \overline{FC}$이므로 $\overline{BC}$와 $\overline{DF}$는 평행하지 않다.

$\overline{BE} : \overline{EC} = \overline{BD} : \overline{DA} = 2 : 3$이므로 $\overline{AC} /\!/ \overline{DE}$

$\overline{CF} : \overline{FA} \neq \overline{CE} : \overline{EB}$이므로 $\overline{AB}$와 $\overline{FE}$는 평행하지 않다.

03 답 ④, ⑤

①, ②, ③ $\overline{AD} : \overline{DB} = \overline{AE} : \overline{EC} = 12 : 9 = 4 : 3$,

∠A는 공통이므로

△ABC ∽ △ADE (SAS 닮음) $\quad \therefore \overline{BC} /\!/ \overline{DE}$

④, ⑤ $\overline{BC} : \overline{DE} = \overline{AC} : \overline{AE} = (12+9) : 12 = 7 : 4$이므로

$20 : \overline{DE} = 7 : 4$, $7\overline{DE} = 80$ $\quad \therefore \overline{DE} = \dfrac{80}{7}$ cm

22 삼각형의 내각과 외각의 이등분선 워크북 40쪽

01 답 (1) $\dfrac{18}{5}$ (2) 6

(1) $6 : 5 = x : 3$, $5x = 18$ $\quad \therefore x = \dfrac{18}{5}$

(2) $12 : 8 = x : (10-x)$, $8x = 120 - 12x$

$20x = 120$ $\quad \therefore x = 6$

02 답 13

$\overline{AB} : \overline{AC} = \overline{BD} : \overline{CD}$이므로

$10 : 8 = x : 4$, $8x = 40$ $\quad \therefore x = 5$

$\overline{CE} /\!/ \overline{DA}$이므로 $\overline{BD} : \overline{DC} = \overline{BA} : \overline{AE}$

$5 : 4 = 10 : y$, $5y = 40$ $\quad \therefore y = 8$

$\therefore x + y = 5 + 8 = 13$

03 답 $\dfrac{32}{7}$ cm

$\overline{AB} : \overline{AC} = \overline{BD} : \overline{CD}$이므로

$\overline{AB} : 6 = 4 : 3$, $3\overline{AB} = 24$ $\quad \therefore \overline{AB} = 8$ cm

$\overline{AC} /\!/ \overline{ED}$이므로 $\overline{BA} : \overline{BE} = \overline{BC} : \overline{BD}$

$8 : \overline{BE} = (4+3) : 4$, $7\overline{BE} = 32$ $\quad \therefore \overline{BE} = \dfrac{32}{7}$ cm

04 답 (1) 5 (2) 12

(1) $8 : x = (6+10) : 10$, $16x = 80$ $\quad \therefore x = 5$

(2) $8 : 6 = (x+4) : x$, $6x + 24 = 8x$

$2x = 24$ $\quad \therefore x = 12$

05 답 $\dfrac{9}{2}$

$\overline{AD} /\!/ \overline{EC}$이므로 $\overline{BC} : \overline{BD} = \overline{CE} : \overline{DA}$

즉, $\overline{BC} : 12 = 2 : 8$, $8\overline{BC} = 24$ $\quad \therefore \overline{BC} = 3$

또, $\overline{AB} : \overline{AC} = \overline{BD} : \overline{CD}$이므로

$6 : \overline{AC} = 12 : (12-3)$, $12\overline{AC} = 54$ $\quad \therefore \overline{AC} = \dfrac{9}{2}$

06 답 24 cm

$\overline{AB} : \overline{AC} = \overline{BD} : \overline{CD}$이므로

$8 : 6 = 4 : \overline{CD}$, $8\overline{CD} = 24$ $\quad \therefore \overline{CD} = 3$ cm

또, $\overline{AB} : \overline{AC} = \overline{BE} : \overline{CE}$이므로

$8 : 6 = (7 + \overline{CE}) : \overline{CE}$, $8\overline{CE} = 42 + 6\overline{CE}$

$2\overline{CE} = 42$ $\quad \therefore \overline{CE} = 21$ cm

$\therefore \overline{DE} = \overline{CD} + \overline{CE} = 3 + 21 = 24$ (cm)

07 답 20 cm²

$\overline{BD} : \overline{CD} = \overline{AB} : \overline{AC} = 10 : 8 = 5 : 4$이므로

△ABD : △ACD = 5 : 4

$\therefore △ABD = \dfrac{5}{9}△ABC = \dfrac{5}{9} \times 36 = 20$ (cm²)

08 답 10 cm²

$\overline{BD} : \overline{CD} = \overline{AB} : \overline{AC} = 8 : 6 = 4 : 3$이므로

$\overline{BC} : \overline{CD} = 1 : 3$

$\therefore △ABC = \dfrac{1}{4}△ABD = \dfrac{1}{4} \times 40 = 10$ (cm²)

23 평행선 사이의 선분의 길이의 비 워크북 41~42쪽

01 답 $\overline{DG}$, $\overline{GC}$, $\overline{DE}$

△ACD에서 $\overline{AD}/\!\!/\overline{BG}$이므로

$\overline{AB}:\overline{BC}=\boxed{\overline{DG}}:\overline{GC}$ ...... ㉠

△DFC에서 $\overline{EG}/\!\!/\overline{FC}$이므로

$\overline{DE}:\overline{EF}=\overline{DG}:\boxed{\overline{GC}}$ ...... ㉡

㉠, ㉡에 의해 $\overline{AB}:\overline{BC}=\boxed{\overline{DE}}:\overline{EF}$이다.

02 답 ②, ④

② $\overline{AB}:\overline{BC}=\overline{DG}:\overline{GC}$

④ $\overline{DG}:\overline{GC}=\overline{DE}:\overline{EF}$이므로 $\overline{DG}:\overline{DE}=\overline{GC}:\overline{EF}$

03 답 (1) 10 (2) 4

(1) $12:8=15:x$, $12x=120$ ∴ $x=10$

(2) $8:x=6:3$, $6x=24$ ∴ $x=4$

04 답 9

$x:6=12:(12-4)$, $8x=72$ ∴ $x=9$

05 답 $x=\dfrac{24}{5}$, $y=\dfrac{15}{4}$

$3:5=x:8$, $5x=24$ ∴ $x=\dfrac{24}{5}$

$5:y=8:6$, $8y=30$ ∴ $y=\dfrac{15}{4}$

06 답 29

$3:6=4:x$, $3x=24$ ∴ $x=8$

$(3+6):6=y:7$, $6y=63$ ∴ $y=\dfrac{21}{2}$

∴ $x+2y=8+2\times\dfrac{21}{2}=8+21=29$

07 답 (1) 6 (2) 9

(1) $8:12=x:9$, $12x=72$ ∴ $x=6$

(2) $6:2=x:3$, $2x=18$ ∴ $x=9$

08 답 $x=16$, $y=8$

$x:24=20:30$, $30x=480$ ∴ $x=16$

$30:10=24:y$, $30y=240$ ∴ $y=8$

09 답 1

오른쪽 그림과 같이 세 직선 l, m,
n과 평행하도록 직선 p를 그으면

$8:6=x:4$, $6x=32$

∴ $x=\dfrac{16}{3}$

$6:y=4:5$, $4y=30$ ∴ $y=\dfrac{15}{2}$

∴ $3x-2y=3\times\dfrac{16}{3}-2\times\dfrac{15}{2}=16-15=1$

10 답 -2

$4:8=x:6$, $8x=24$ ∴ $x=3$

$4:(8+10)=y:15$, $18y=60$ ∴ $y=\dfrac{10}{3}$

$6:z=8:10$, $8z=60$ ∴ $z=\dfrac{15}{2}$

∴ $x+3y-2z=3+3\times\dfrac{10}{3}-2\times\dfrac{15}{2}=-2$

24 사다리꼴에서 평행 사이의 선분의 길이의 비 워크북 42~43쪽

01 답 $x=4$, $y=5$

△DBC에서 $x:10=2:(2+3)$, $5x=20$ ∴ $x=4$

△BDA에서 $3:y=\overline{BG}:\overline{BD}=\overline{CF}:\overline{CD}=3:(3+2)$

$3y=15$ ∴ $y=5$

02 답 $x=6$, $y=5$

$\overline{AD}=\overline{GF}=\overline{HC}=6$ ∴ $x=6$

$\overline{EG}=\overline{EF}-\overline{GF}=9-6=3$

△ABH에서 $\overline{AE}:\overline{AB}=\overline{EG}:\overline{BH}$이므로

$6:(6+4)=3:y$, $6y=30$ ∴ $y=5$

03 답 (1) 10 (2) 10

(1) 점 A를 지나고 $\overline{DC}$에 평행한
직선을 그어 $\overline{EF}$, $\overline{BC}$와의 교
점을 각각 G, H라 하면
$\overline{AD}=\overline{GF}=\overline{HC}=9$이므로
$\overline{BH}=\overline{BC}-\overline{HC}=12-9=3$

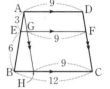

△ABH에서 $3:(3+6)=\overline{EG}:3$

$9\overline{EG}=9$ ∴ $\overline{EG}=1$

∴ $\overline{EF}=\overline{EG}+\overline{GF}=1+9=10$

(2) $\overline{AC}$를 그어 $\overline{EF}$와의 교점을
P라 하면 △ABC에서 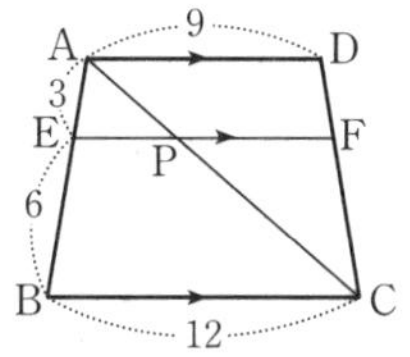
$3:(3+6)=\overline{EP}:12$
$9\overline{EP}=36$ ∴ $\overline{EP}=4$
△CDA에서
$\overline{PF}:\overline{AD}=\overline{CP}:\overline{CA}=6:(6+3)$이므로
$\overline{PF}:9=6:9$, $9\overline{PF}=54$ ∴ $\overline{PF}=6$
∴ $\overline{EF}=\overline{EP}+\overline{PF}=4+6=10$

04 답 10

오른쪽 그림과 같이 점 A를 지
나고 직선 p와 평행한 직선 q를
그으면 $4:10=(x-8):5$

$10x-80=20$

$10x=100$ ∴ $x=10$

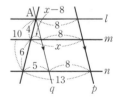

05 답 20 cm

오른쪽 그림과 같이 점 A를 지
나고 $\overline{DC}$에 평행한 직선을 그어
$\overline{EF}$, $\overline{BC}$와의 교점을 각각 G,
H라 하면

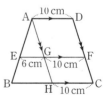

$\overline{AD}=\overline{GF}=\overline{HC}=10$ cm

$\overline{EG}=\overline{EF}-\overline{GF}=16-10=6$ (cm)

$\overline{AE}:\overline{EB}=3:2$이므로

△ABH에서 $\overline{AE}:\overline{AB}=\overline{EG}:\overline{BH}$이므로

$3:(3+2)=6:\overline{BH}$, $3\overline{BH}=30$ ∴ $\overline{BH}=10$ cm

∴ $\overline{BC}=\overline{BH}+\overline{HC}=10+10=20$ (cm)

06 답 (1) $\dfrac{12}{5}$ cm (2) $\dfrac{12}{5}$ cm (3) $\dfrac{24}{5}$ cm

△AOD∽△COB(AA 닮음)이므로

$\overline{AO}:\overline{CO}=\overline{AD}:\overline{CB}=4:6=2:3$

(1) △ABC에서 $2:(2+3)=\overline{EO}:6$

 $5\overline{EO}=12$ ∴ $\overline{EO}=\dfrac{12}{5}$ cm

(2) △CDA에서 $3:(3+2)=\overline{OF}:4$

 $5\overline{OF}=12$ ∴ $\overline{OF}=\dfrac{12}{5}$ cm

(3) $\overline{EF}=\overline{EO}+\overline{OF}=\dfrac{12}{5}+\dfrac{12}{5}=\dfrac{24}{5}$(cm)

07 답 (1) 15 cm (2) 3 cm (3) 12 cm

(1) △ABC에서 $12:(12+4)=\overline{EN}:20$

 $16\overline{EN}=240$ ∴ $\overline{EN}=15$ cm

(2) △BDA에서 $4:(4+12)=\overline{EM}:12$

 $16\overline{EM}=48$ ∴ $\overline{EM}=3$ cm

(3) $\overline{MN}=\overline{EN}-\overline{EM}=15-3=12$(cm)

08 답 10 cm

$\overline{AE}=2\overline{EB}$이므로 $\overline{AE}:\overline{EB}=2:1$

△ABC에서 $\overline{AE}:\overline{AB}=\overline{EN}:\overline{BC}$이므로

$2:3=\overline{EN}:27$, $3\overline{EN}=54$ ∴ $\overline{EN}=18$ cm

△BDA에서 $\overline{BE}:\overline{BA}=\overline{EM}:\overline{AD}$이므로

$1:3=\overline{EM}:24$, $3\overline{EM}=24$ ∴ $\overline{EM}=8$ cm

∴ $\overline{MN}=\overline{EN}-\overline{EM}=18-8=10$(cm)

09 답 (1) 2 : 3 (2) 2 : 5 (3) $\dfrac{36}{5}$ cm

(1) $\overline{AB}/\!/\overline{CD}$이므로

 $\overline{BE}:\overline{CE}=\overline{AB}:\overline{DC}=12:18=2:3$

(2) $\overline{CD}/\!/\overline{EF}$이므로

 $\overline{BF}:\overline{BD}=\overline{BE}:\overline{BC}=2:(2+3)=2:5$

(3) △BDC에서 $\overline{BF}:\overline{BD}=\overline{EF}:\overline{CD}$이므로

 $2:5=\overline{EF}:18$, $5\overline{EF}=36$ ∴ $\overline{EF}=\dfrac{36}{5}$(cm)

10 답 3 cm

$\overline{AB}/\!/\overline{CD}$이므로

$\overline{BE}:\overline{CE}=\overline{AB}:\overline{DC}=4:12=1:3$

△BDC에서 $\overline{EF}/\!/\overline{CD}$이므로 $\overline{BE}:\overline{BC}=\overline{EF}:\overline{CD}$

$1:(1+3)=\overline{EF}:12$, $4\overline{EF}=12$ ∴ $\overline{EF}=3$ cm

11 답 6 cm

$\overline{AB}/\!/\overline{CD}$이므로

$\overline{AE}:\overline{DE}=\overline{AB}:\overline{DC}=10:15=2:3$

△DBA에서 $\overline{DA}:\overline{AE}=\overline{DB}:\overline{BF}$이므로

$(3+2):2=15:\overline{BF}$, $5\overline{BF}=30$ ∴ $\overline{BF}=6$ cm

12 답 30 cm²

$\overline{AB}/\!/\overline{CD}$이므로 $\overline{BE}:\overline{CE}=\overline{AB}:\overline{DC}=6:12=1:2$

△BDC에서 $\overline{BE}:\overline{BC}=\overline{EF}:\overline{CD}$이므로

$1:3=\overline{EF}:12$, $3\overline{EF}=12$ ∴ $\overline{EF}=4$ cm

∴ △EBD$=\dfrac{1}{2}\times\overline{BD}\times\overline{EF}=\dfrac{1}{2}\times15\times4=30$(cm²)

---

2 삼각형의 두 변의 중점을 연결한 선분의 성질

25 삼각형의 두 변의 중점을 연결한 선분의 성질 워크북 44~45쪽

01 답 (1) 6 (2) 6

(1) $\overline{MN}=\dfrac{1}{2}\overline{BC}=\dfrac{1}{2}\times12=6$ ∴ $x=6$

(2) $\overline{BC}=2\overline{MN}=2\times3=6$ ∴ $x=6$

02 답 $x=8$, $y=75$

$\overline{MN}=\dfrac{1}{2}\overline{BC}=\dfrac{1}{2}\times16=8$ ∴ $x=8$

$\overline{MN}/\!/\overline{BC}$이므로 ∠ANM=∠ACB=75°(동위각)

∴ $y=75$

03 답 18

△ABC에서 $\overline{MN}=\dfrac{1}{2}\overline{BC}=\dfrac{1}{2}\times18=9$ ∴ $x=9$

△DBC에서 $\overline{PQ}=\dfrac{1}{2}\overline{BC}=\dfrac{1}{2}\times18=9$ ∴ $y=9$

∴ $x+y=9+9=18$

04 답 18 cm

△DEF의 둘레의 길이는

$\overline{DE}+\overline{EF}+\overline{FD}=\dfrac{1}{2}\overline{CA}+\dfrac{1}{2}\overline{AB}+\dfrac{1}{2}\overline{BC}$

　　　　　$=\dfrac{1}{2}(\overline{AB}+\overline{BC}+\overline{CA})=\dfrac{1}{2}\times36=18$(cm)

05 답 ④

④ △ADE∽△ABC이므로 $\overline{AD}:\overline{AB}=\overline{DE}:\overline{BC}$

06 답 (1) $x=6$, $y=10$ (2) $x=14$, $y=8$

(1) $\overline{AN}=\overline{NC}=6$ ∴ $x=6$

 $\overline{BC}=2\overline{MN}=2\times5=10$ ∴ $y=10$

(2) $\overline{NC}=\overline{AN}=7$이므로 $x=7+7=14$

 $\overline{MN}=\dfrac{1}{2}\overline{BC}=\dfrac{1}{2}\times16=8$ ∴ $y=8$

07 답 24 cm

$\overline{AD}=\overline{DB}$, $\overline{BC}/\!/\overline{DE}$이므로 $\overline{AE}=\overline{EC}$, $\overline{DE}=\dfrac{1}{2}\overline{BC}$

따라서 △ADE의 둘레의 길이는

$\overline{AD}+\overline{DE}+\overline{EA}=\dfrac{1}{2}\overline{AB}+\dfrac{1}{2}\overline{BC}+\dfrac{1}{2}\overline{CA}$

　　　　　$=\dfrac{1}{2}(\overline{AB}+\overline{BC}+\overline{CA})=\dfrac{1}{2}\times48=24$(cm)

08 답 7 cm

△ABC에서 $\overline{AD}=\overline{DB}$, $\overline{BC}/\!/\overline{DE}$이므로

$\overline{AE}=\overline{EC}$, $\overline{DE}=\dfrac{1}{2}\overline{BC}$

즉, $\overline{DE}=\dfrac{1}{2}\overline{BC}=\dfrac{1}{2}\times14=7$(cm)이고 □DBFE는 평행

사변형이므로 $\overline{BF}=\overline{DE}=7$ cm

09 답 (1) 4 cm (2) 8 cm

(1) △EGF와 △DGC에서

 ∠EFG=∠DCG(엇각),

 ∠EGF=∠DGC(맞꼭지각), $\overline{GF}=\overline{GC}$

이므로 △EGF≡△DGC (ASA 합동)
∴ $\overline{EF}=\overline{DC}=4\,cm$

(2) △ABC에서 $\overline{AE}=\overline{EB}$, $\overline{EF}\,/\!/\,\overline{BC}$이므로
$\overline{BC}=2\overline{EF}=2\times4=8\,(cm)$

10 달 2 cm

△ABC에서 $\overline{AM}=\overline{MB}$, $\overline{AN}=\overline{NC}$이므로
$\overline{BC}\,/\!/\,\overline{MN}$, $\overline{MN}=\dfrac{1}{2}\overline{BC}=\dfrac{1}{2}\times12=6\,(cm)$

△BDA에서 $\overline{AM}=\overline{MB}$, $\overline{AD}\,/\!/\,\overline{MP}$이므로
$\overline{MP}=\dfrac{1}{2}\overline{AD}=\dfrac{1}{2}\times8=4\,(cm)$
∴ $\overline{PN}=\overline{MN}-\overline{MP}=6-4=2\,(cm)$

11 달 12 cm

△ABF에서 $\overline{AD}=\overline{DB}$, $\overline{AE}=\overline{EF}$이므로
$\overline{BF}\,/\!/\,\overline{DE}$, $\overline{BF}=2\overline{DE}=2\times8=16\,(cm)$

△CED에서 $\overline{EF}=\overline{FC}$, $\overline{DE}\,/\!/\,\overline{GF}$이므로
$\overline{GF}=\dfrac{1}{2}\overline{DE}=\dfrac{1}{2}\times8=4\,(cm)$
∴ $\overline{BG}=\overline{BF}-\overline{GF}=16-4=12\,(cm)$

12 달 15 cm

△AED에서 $\overline{AG}=\overline{GD}$, $\overline{ED}\,/\!/\,\overline{FG}$이므로
$\overline{ED}=2\overline{FG}=2\times5=10\,(cm)$

△BCF에서 $\overline{BD}=\overline{DC}$, $\overline{CF}\,/\!/\,\overline{DE}$이므로
$\overline{CF}=2\overline{ED}=2\times10=20\,(cm)$
∴ $\overline{CG}=\overline{CF}-\overline{FG}=20-5=15\,(cm)$

13 달 8 cm

△ADG에서 $\overline{AE}=\overline{ED}$이고 $\overline{DG}\,/\!/\,\overline{EF}$이므로
$\overline{EF}=\dfrac{1}{2}\overline{DG}$

△CFB에서 $\overline{BD}=\overline{DC}$이고 $\overline{BF}\,/\!/\,\overline{DG}$이므로 $\overline{BF}=2\overline{DG}$

이때 $\overline{BE}+\overline{EF}=\overline{BF}$이므로
$12+\dfrac{1}{2}\overline{DG}=2\overline{DG}$, $\dfrac{3}{2}\overline{DG}=12$ ∴ $\overline{DG}=8\,cm$

14 달 $\dfrac{5}{2}$ cm

$\overline{BF}:\overline{FC}=3:2$이므로 $\overline{FC}=\dfrac{2}{5}\overline{BC}$

△ABC에서 $\overline{AD}=\overline{DB}$, $\overline{AE}=\overline{EC}$이므로
$\overline{DE}=\dfrac{1}{2}\overline{BC}$, $\overline{BC}\,/\!/\,\overline{DE}$

∴ $\overline{DG}:\overline{CG}=\overline{ED}:\overline{FC}=\dfrac{1}{2}\overline{BC}:\dfrac{2}{5}\overline{BC}=5:4$

따라서 $\overline{DG}:2=5:4$이므로
$4\overline{DG}=10$ ∴ $\overline{DG}=\dfrac{5}{2}\,cm$

15 달 5 cm

오른쪽 그림과 같이 점 D를 지나고 $\overline{BF}$에 평행한 직선이 $\overline{AC}$와 만나는 점을 G라 하면
△CFB에서
$\overline{CD}=\overline{DB}$, $\overline{BF}\,/\!/\,\overline{DG}$이므로

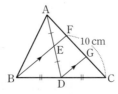

$\overline{CG}=\overline{GF}=\dfrac{1}{2}\overline{CF}=\dfrac{1}{2}\times10=5\,(cm)$

△ADG에서 $\overline{AE}=\overline{ED}$, $\overline{EF}\,/\!/\,\overline{DG}$이므로
$\overline{AF}=\overline{FG}=5\,cm$

16 달 2 cm

오른쪽 그림과 같이 점 A를 지나고 $\overline{BC}$에 평행한 직선이 $\overline{DE}$와 만나는 점을 F라 하자.
△AMF와 △CME에서
$\overline{AM}=\overline{CM}$,
∠AMF=∠CME(맞꼭지각),
∠FAM=∠ECM(엇각)
이므로 △AMF≡△CME (ASA 합동)
∴ $\overline{CE}=\overline{AF}=\dfrac{1}{2}\overline{BE}=\dfrac{1}{2}\times4=2\,(cm)$

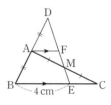

26 사각형의 각 변의 중점을 연결하여 만든 사각형 워크북 46쪽

01 달 (1) 평행사변형 (2) 22 cm

(1) △ABD에서 $\overline{EH}=\dfrac{1}{2}\overline{BD}$, $\overline{BD}\,/\!/\,\overline{EH}$ ····· ㉠

△CDB에서 $\overline{FG}=\dfrac{1}{2}\overline{BD}$, $\overline{BD}\,/\!/\,\overline{FG}$ ····· ㉡

㉠, ㉡에서 $\overline{EH}=\overline{FG}$, $\overline{EH}\,/\!/\,\overline{FG}$
따라서 한 쌍의 대변이 서로 평행하고 그 길이가 같으므로 □EFGH는 평행사변형이다.

(2) $\overline{EF}=\overline{HG}=\dfrac{1}{2}\overline{AC}=\dfrac{1}{2}\times12=6\,(cm)$

$\overline{EH}=\overline{FG}=\dfrac{1}{2}\overline{BD}=\dfrac{1}{2}\times10=5\,(cm)$

따라서 □EFGH의 둘레의 길이는
$2\overline{EF}+2\overline{EH}=2(\overline{EF}+\overline{EH})=2\times(6+5)=22\,(cm)$

02 달 32 cm

오른쪽 그림과 같이 $\overline{AC}$를 그으면
□ABCD가 직사각형이므로
$\overline{AC}=\overline{BD}=16\,cm$

$\overline{PS}=\overline{QR}=\dfrac{1}{2}\overline{BD}=\dfrac{1}{2}\times16=8\,(cm)$

$\overline{PQ}=\overline{SR}=\dfrac{1}{2}\overline{AC}=\dfrac{1}{2}\times16=8\,(cm)$

따라서 □PQRS의 둘레의 길이는 $4\times8=32\,(cm)$

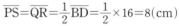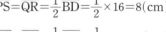

03 달 64 cm

오른쪽 그림과 같이 $\overline{BD}$를 그으면
□ABCD가 등변사다리꼴이므로
$\overline{BD}=\overline{AC}=32\,cm$

$\overline{PQ}=\overline{SR}=\dfrac{1}{2}\overline{AC}=\dfrac{1}{2}\times32$
$=16\,(cm)$

$\overline{PS}=\overline{QR}=\dfrac{1}{2}\overline{BD}=\dfrac{1}{2}\times32=16\,(cm)$

따라서 □PQRS의 둘레의 길이는 $4\times16=64\,(cm)$

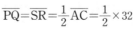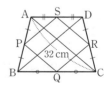

04 답 15 cm²

□ABCD가 마름모이므로 $\overline{AC} \perp \overline{BD}$ ······ ㉠

삼각형의 두 변의 중점을 연결한 선분의 성질에 의해

$\overline{EH} /\!/ \overline{BD} /\!/ \overline{FG}$, $\overline{EF} /\!/ \overline{AC} /\!/ \overline{HG}$

이므로 ㉠에 의해 □EFGH는 직사각형이다.

△ABD에서 $\overline{EH} = \frac{1}{2}\overline{BD} = \frac{1}{2} \times 10 = 5$(cm)

△BCA에서 $\overline{EF} = \frac{1}{2}\overline{AC} = \frac{1}{2} \times 6 = 3$(cm)

∴ □EFGH $= \overline{EH} \times \overline{EF} = 5 \times 3 = 15$(cm²)

05 답 $x=3$, $y=5$

△BDA에서 $\overline{BE} = \overline{EA}$, $\overline{EG} /\!/ \overline{AD}$이므로

$\overline{EG} = \frac{1}{2}\overline{AD} = \frac{1}{2} \times 6 = 3$ ∴ $x=3$

△DBC에서 $\overline{DG} = \overline{GB}$, $\overline{BC} /\!/ \overline{GF}$이므로

$\overline{GF} = \frac{1}{2}\overline{BC} = \frac{1}{2} \times 10 = 5$ ∴ $y=5$

06 답 10 cm

$\overline{AD} /\!/ \overline{BC}$, $\overline{AM} = \overline{MB}$, $\overline{DN} = \overline{NC}$이므로

$\overline{AD} /\!/ \overline{MN} /\!/ \overline{BC}$

△BDA에서 $\overline{MP} = \frac{1}{2}\overline{AD} = \frac{1}{2} \times 6 = 3$(cm)

∴ $\overline{MQ} = \overline{MP} + \overline{PQ} = 3 + 2 = 5$(cm)

따라서 △ABC에서 $\overline{BC} = 2\overline{MQ} = 2 \times 5 = 10$(cm)

07 답 (1) 10 (2) 2

(1) $\overline{AD} /\!/ \overline{BC}$, $\overline{AM} = \overline{MB}$, $\overline{DN} = \overline{NC}$이므로

$\overline{AD} /\!/ \overline{MN} /\!/ \overline{BC}$

△ABC에서 $\overline{MQ} = \frac{1}{2}\overline{BC} = \frac{1}{2} \times 12 = 6$

△CDA에서 $\overline{QN} = \frac{1}{2}\overline{AD} = \frac{1}{2} \times 8 = 4$

∴ $\overline{MN} = \overline{MQ} + \overline{QN} = 6 + 4 = 10$

(2) △BDA에서 $\overline{MP} = \frac{1}{2}\overline{AD} = \frac{1}{2} \times 8 = 4$이므로

$\overline{PQ} = \overline{MQ} - \overline{MP} = 6 - 4 = 2$

08 답 8 cm

$\overline{AD} /\!/ \overline{BC}$, $\overline{AM} = \overline{MB}$, $\overline{DN} = \overline{NC}$이므로 $\overline{AD} /\!/ \overline{MN} /\!/ \overline{BC}$

△ABC에서 $\overline{MQ} = \frac{1}{2}\overline{BC} = \frac{1}{2} \times 16 = 8$(cm)

$\overline{MP} = \overline{PQ}$이므로 $\overline{MP} = \frac{1}{2}\overline{MQ} = \frac{1}{2} \times 8 = 4$(cm)

따라서 △BDA에서 $\overline{AD} = 2\overline{MP} = 2 \times 4 = 8$(cm)

3 삼각형의 무게중심

27 삼각형의 중선과 무게중심 워크북 47~48쪽

01 답 (1) 24 cm² (2) 17 cm²

(1) △ABC $= 2$△ABD $= 2 \times 12 = 24$(cm²)

(2) △ADC $= \frac{1}{2}$△ABC $= \frac{1}{2} \times 34 = 17$(cm²)

02 답 7 cm²

△PMC $= \frac{1}{2}$△AMC $= \frac{1}{2} \times \frac{1}{2}$△ABC

$= \frac{1}{4}$△ABC $= \frac{1}{4} \times 28 = 7$(cm²)

03 답 4 cm

△ABC $= \frac{1}{2} \times \overline{BC} \times 5 = 20$이므로 $\overline{BC} = 8$ cm

∴ $\overline{CD} = \frac{1}{2}\overline{BC} = \frac{1}{2} \times 8 = 4$(cm)

04 답 4 cm²

△ABM $=$ △AMC $= \frac{1}{2}$△ABC $= \frac{1}{2} \times 18 = 9$(cm²)

△PBM $=$ △PMC이므로

△ABP $=$ △ABM $-$ △PBM

$=$ △AMC $-$ △PMC $=$ △APC $= 5$ cm²

∴ △PBM $=$ △ABM $-$ △ABP $= 9 - 5 = 4$(cm²)

05 답 (1) 3 (2) 8

(1) $\overline{BD}$가 △ABC의 중선이므로

$\overline{CD} = \frac{1}{2}\overline{AC} = \frac{1}{2} \times 6 = 3$ ∴ $x=3$

(2) $\overline{AG} : \overline{GD} = 2 : 1$이므로 $\overline{AD} : \overline{AG} = 3 : 2$

∴ $\overline{AG} = \frac{2}{3}\overline{AD} = \frac{2}{3} \times 12 = 8$ ∴ $x=8$

06 답 $x=9$, $y=5$

$\overline{AD}$가 △ABC의 중선이므로

$\overline{CD} = \frac{1}{2}\overline{BC} = \frac{1}{2} \times 18 = 9$ ∴ $x=9$

$\overline{AG} : \overline{GD} = 2 : 1$이므로 $10 : y = 2 : 1$ ∴ $y=5$

07 답 9π cm

$\overline{AG}$를 지름으로 하는 원의 둘레의 길이가 18π cm이므로

$\overline{AG} = 18$ cm

이때 $\overline{AG} : \overline{GD} = 2 : 1$이므로 $\overline{GD} = \frac{1}{2}\overline{AG} = 9$(cm)

따라서 $\overline{GD}$를 지름으로 하는 원의 둘레의 길이는

$2\pi \times \frac{9}{2} = 9\pi$(cm)

08 답 4 cm

점 G가 △ABC의 무게중심이므로

$\overline{GD} = \frac{1}{3}\overline{AD} = \frac{1}{3} \times 18 = 6$(cm)

점 G′이 △GBC의 무게중심이므로

$\overline{GG'} = \frac{2}{3}\overline{GD} = \frac{2}{3} \times 6 = 4$(cm)

09 답 27 cm

점 G′이 △GBC의 무게중심이므로

$\overline{GG'} = \frac{2}{3}\overline{GD}$, $6 = \frac{2}{3}\overline{GD}$ ∴ $\overline{GD} = 9$ cm

점 G가 △ABC의 무게중심이므로

$\overline{AD} = 3\overline{GD} = 3 \times 9 = 27$(cm)

10 답 (1) 9 cm (2) 18 cm

(1) 점 G가 △ABC의 무게중심이므로 $\overline{BG} : \overline{GM} = 2 : 1$에서

$\overline{BM} = 3\overline{GM} = 3 \times 3 = 9$(cm)

(2) 점 M은 직각삼각형 ABC의 빗변의 중점이므로
△ABC의 외심이다. 즉 $\overline{AM}=\overline{BM}=\overline{CM}$이므로
$\overline{AC}=2\overline{AM}=2\overline{BM}=2\times9=18(cm)$

11 답 4 cm

오른쪽 그림과 같이 $\overline{CG}$의 연장선이 $\overline{AB}$
와 만나는 점을 M이라 하면 점 M은
△ABC의 외심이므로
$\overline{CM}=\overline{AM}=\overline{BM}$
$\overline{CM}=\dfrac{1}{2}\overline{AB}=\dfrac{1}{2}\times12=6(cm)$
∴ $\overline{CG}=\dfrac{2}{3}\overline{CM}=\dfrac{2}{3}\times6=4(cm)$

12 답 9 cm

$\overline{BG}:\overline{GF}=2:1$이므로 $\overline{GF}=\dfrac{1}{2}\overline{BG}=\dfrac{1}{2}\times12=6(cm)$
∴ $\overline{BF}=\overline{BG}+\overline{GF}=12+6=18(cm)$
△CFB에서 $\overline{CE}=\overline{EF}$, $\overline{CD}=\overline{DB}$이므로 삼각형의 두 변
의 중점을 연결한 선분의 성질에 의해
$\overline{DE}=\dfrac{1}{2}\overline{BF}=\dfrac{1}{2}\times18=9(cm)$

13 답 8 cm

점 D가 $\overline{AC}$의 중점이므로 △CAE에서 삼각형의 두 변의
중점을 연결한 선분의 성질에 의해
$\overline{AE}=2\overline{DF}=2\times6=12(cm)$
$\overline{AG}:\overline{GE}=2:1$이므로 $\overline{AG}=\dfrac{2}{3}\overline{AE}=\dfrac{2}{3}\times12=8(cm)$

14 답 $\dfrac{10}{3}$ cm

$\overline{BD}=\overline{DC}$이므로 $\overline{BD}=\dfrac{1}{2}\overline{BC}=\dfrac{1}{2}\times10=5(cm)$
△ABD에서 $\overline{AG}:\overline{GD}=2:1$이고 $\overline{BD}/\!/\overline{EG}$이므로
$\overline{EG}:\overline{BD}=\overline{AG}:\overline{AD}=2:3$
즉, $\overline{EG}:5=2:3$, $3\overline{EG}=10$ ∴ $\overline{EG}=\dfrac{10}{3}$ cm

15 답 2 cm

삼각형의 두 변의 중점을 연결한 선분의 성질에 의해
$\overline{BC}/\!/\overline{DE}$이므로
$\overline{AD}:\overline{DB}=\overline{AP}:\overline{PM}$ ∴ $\overline{PM}=\overline{AP}=6$ cm
∴ $\overline{AM}=\overline{AP}+\overline{PM}=6+6=12(cm)$
점 G는 △ABC의 무게중심이므로
$\overline{AG}=\dfrac{2}{3}\overline{AM}=\dfrac{2}{3}\times12=8(cm)$
∴ $\overline{PG}=\overline{AG}-\overline{AP}=8-6=2(cm)$

16 답 6 cm

$\overline{AE}$, $\overline{AF}$가 각각 △ABD, △ADC의 중선이고
$\overline{BD}=\overline{DC}$이므로
$\overline{BE}=\overline{ED}=\overline{DF}=\overline{FC}=\dfrac{1}{4}\times18=\dfrac{9}{2}(cm)$
∴ $\overline{EF}=\overline{ED}+\overline{DF}=2\overline{ED}=2\times\dfrac{9}{2}=9(cm)$
△AEF에서 $\overline{AG}:\overline{GE}=\overline{AG'}:\overline{G'F}=2:1$이므로
$\overline{EF}/\!/\overline{GG'}$

$\overline{AG}:\overline{AE}=\overline{GG'}:\overline{EF}=2:3$이므로
$\overline{GG'}:9=2:3$, $3\overline{GG'}=18$ ∴ $\overline{GG'}=6$ cm

28 삼각형의 무게중심과 넓이 워크북 49~50쪽

01 답 (1) 14 cm² (2) 14 cm² (3) 42 cm²

(1) △GAB=2△GAD=2×7=14(cm²)
(2) □ADGF=△GAD+△GAF
$\quad\quad\quad$=2△GAD=2×7=14(cm²)
(3) △ABC=6△GAD=6×7=42(cm²)

02 답 (1) 5 cm² (2) 10 cm² (3) 30 cm²

△GCE=△GCF이므로 □GECF=2△GCE
∴ △GCE=$\dfrac{1}{2}$□GECF=$\dfrac{1}{2}\times10=5(cm^2)$
(1) △GBE=△GCE=5 cm²
(2) △GCA=2△GCE=2×5=10(cm²)
(3) △ABC=6△GCE=6×5=30(cm²)

03 답 ④

오른쪽 그림과 같이 삼각형의 넓이
는 세 중선에 의하여 6등분되므로
색칠한 부분의 넓이의 합은
$\dfrac{4}{6}$△ABC=$\dfrac{2}{3}\times90=60(cm^2)$

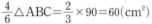
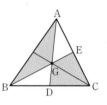

04 답 ②

점 D가 $\overline{BC}$의 중점이므로
△ADC=$\dfrac{1}{2}$△ABC=$\dfrac{1}{2}\times36=18(cm^2)$
$\overline{AF}:\overline{FC}=\overline{AG}:\overline{GD}=2:1$이므로
△ADF=$18\times\dfrac{2}{2+1}=18\times\dfrac{2}{3}=12(cm^2)$

05 답 20 cm²

△ABC가 이등변삼각형이므로 $\overline{AD}\perp\overline{BC}$이고 $\overline{BD}=\overline{CD}$
∴ $\overline{BC}=2\overline{BD}=2\times5=10(cm)$
또, $\overline{AG}:\overline{GD}=8:4=2:1$이므로 점 G는 △ABC의 무
게중심이다.
오른쪽 그림과 같이 $\overline{CG}$를 그으면
□GDCE=△GCD+△GCE
$\quad\quad\quad=\dfrac{1}{6}$△ABC+$\dfrac{1}{6}$△ABC
$\quad\quad\quad=\dfrac{1}{3}$△ABC
$\quad\quad\quad=\dfrac{1}{3}\times\left(\dfrac{1}{2}\times10\times12\right)$
$\quad\quad\quad=20(cm^2)$

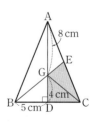

06 답 ③

△BDG=$\dfrac{1}{6}$△ABC=$\dfrac{1}{6}\times48=8(cm^2)$
∴ △BDE=$\dfrac{1}{2}$△BDG=$\dfrac{1}{2}\times8=4(cm^2)$

07 답 (1) 6 cm² (2) 12 cm² (3) 9 cm²

두 중선 BN, CM의 교점 G는 △ABC의 무게중심이다.

(1) △MBG : △MGN=$\overline{BG}$: $\overline{GN}$=2 : 1이므로

　△MBG : 3=2 : 1　∴ △MBG=6(cm²)

(2) △MBG : △GBC=$\overline{MG}$: $\overline{GC}$=1 : 2이므로

　6 : △GBC=1 : 2　∴ △GBC=12(cm²)

(3) $\overline{AM}$=$\overline{MB}$이므로

　△AMN=△MBN=△MBG+△MGN

　　　　＝6+3=9(cm²)

08 🔲 ⑤

오른쪽 그림과 같이 $\overline{AG}$를 그으면
색칠한 부분의 넓이는

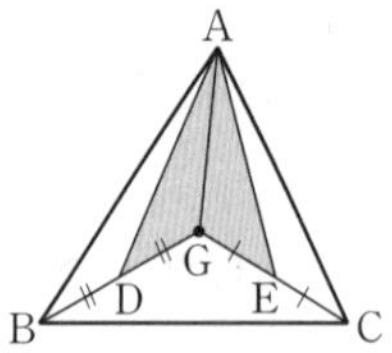

△ADG+△AEG

＝$\frac{1}{2}$△ABG+$\frac{1}{2}$△ACG

＝$\frac{1}{2}$×$\frac{1}{3}$△ABC+$\frac{1}{2}$×$\frac{1}{3}$△ABC

＝$\frac{1}{3}$△ABC=$\frac{1}{3}$×15=5(cm²)

09 🔲 (1) 12 cm²　(2) 4 cm²

(1) △GBM=$\frac{1}{6}$△ABC=$\frac{1}{6}$×72=12(cm²)

(2) $\overline{GG'}$: $\overline{G'M}$=2 : 1이므로

　△G'BM=$\frac{1}{3}$△GBM=$\frac{1}{3}$×12=4(cm²)

29 평행사변형에서 삼각형의 무게중심의 응용　워크북 50~51쪽

01 🔲 ③

평행사변형의 대각선은 서로 다른 것을 이등분하므로
$\overline{AO}$=$\overline{CO}$, $\overline{BO}$=$\overline{DO}$

즉, $\overline{BO}$, $\overline{DO}$는 각각 △ABC, △ACD의 중선이므로 두 점 P, Q는 각각 △ABC, △ACD의 무게중심(④, ⑤)이다.

∴ $\overline{BP}$=$\frac{2}{3}\overline{BO}$=$\frac{1}{3}\overline{BD}$ (①), $\overline{DQ}$=$\frac{2}{3}\overline{DO}$=$\frac{1}{3}\overline{BD}$

즉, $\overline{BP}$=$\overline{DQ}$이고, $\overline{PQ}$=$\overline{PO}$+$\overline{QO}$=$\frac{1}{3}\overline{BO}$+$\frac{1}{3}\overline{DO}$=$\frac{1}{3}\overline{BD}$

이므로 $\overline{BP}$=$\overline{PQ}$=$\overline{QD}$ (③)

또, △BCD에서 삼각형의 두 변의 중점을 연결한 선분의 성질에 의해 $\overline{BD}$=2$\overline{MN}$ (②)

따라서 옳지 않은 것은 ③이다.

02 🔲 6 cm

오른쪽 그림과 같이 대각선 AC를
긋고, 두 대각선의 교점을 O라 하면
점 P는 △ABC의 무게중심이므로

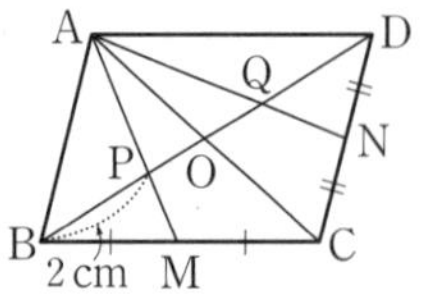

$\overline{PO}$=$\frac{1}{2}\overline{BP}$=$\frac{1}{2}$×2=1(cm)

∴ $\overline{BO}$=$\overline{BP}$+$\overline{PO}$=2+1=3(cm)

∴ $\overline{BD}$=2$\overline{BO}$=2×3=6(cm)

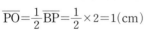

03 🔲 ②

평행사변형의 대각선은 서로 다른 것을 이등분하므로 $\overline{DO}$
는 △ACD의 중선이다.

따라서 점 E는 △ACD의 무게중심이므로

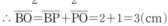

$\overline{OE}$=$\frac{1}{3}\overline{OD}$=$\frac{1}{3}$×$\frac{1}{2}\overline{BD}$=$\frac{1}{6}\overline{BD}$=$\frac{1}{6}$×24=4(cm)

04 🔲 9 cm

오른쪽 그림과 같이 대각선 AC
를 긋고, 두 대각선의 교점을 O
라 하면 $\overline{AO}$=$\overline{CO}$이므로 두 점
P, Q는 각각 △ABC, △ACD
의 무게중심이다.

따라서 $\overline{BP}$=$\overline{PQ}$=$\overline{QD}$이므로

$\overline{PQ}$=$\frac{1}{3}\overline{BD}$=$\frac{1}{3}$×27=9(cm)

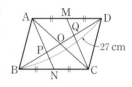

05 🔲 ③

△CDB에서 삼각형의 두 변의 중점을 연결한 선분의 성질
에 의해 $\overline{BD}$=2$\overline{MN}$=2×15=30(cm)

오른쪽 그림과 같이 $\overline{AC}$를 그으면
두 점 P, Q는 각각 △ABC,
△ACD의 무게중심이므로

$\overline{BP}$=$\overline{PQ}$=$\overline{QD}$

∴ $\overline{PQ}$=$\frac{1}{3}\overline{BD}$=$\frac{1}{3}$×30=10(cm)

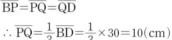
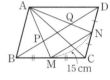

06 🔲 (1) 36 cm²　(2) 18 cm²　(3) 12 cm²　(4) 12 cm²

(1) △ABC=$\frac{1}{2}$□ABCD=$\frac{1}{2}$×72=36(cm²)

(2) $\overline{AO}$=$\overline{CO}$이므로

　△ABO=$\frac{1}{2}$△ABC=$\frac{1}{2}$×36=18(cm²)

(3) 점 P는 △ABC의 무게중심이므로 $\overline{BP}$: $\overline{PO}$=2 : 1

　∴ △ABP=$\frac{2}{3}$△ABO=$\frac{2}{3}$×18=12(cm²)

(4) 두 점 P, Q는 각각 △ABC, △ACD의 무게중심이므로

　$\overline{BP}$=$\overline{PQ}$=$\overline{QD}$　∴ △APQ=△ABP=12 cm²

07 🔲 4 cm²

점 G는 △ACD의 무게중심이므로

△GDE=$\frac{1}{6}$△ACD=$\frac{1}{6}$×$\frac{1}{2}$□ABCD

　　　＝$\frac{1}{12}$□ABCD=$\frac{1}{12}$×48=4(cm²)

08 🔲 ④

오른쪽 그림과 같이 대각선 BD를
긋고, 두 대각선의 교점을 O라 하
면 두 점 P와 Q는 각각 △ABD
와 △DBC의 무게중심이다.

△ABD에서

□MPOD=△POD+△MPD

　　　　＝$\frac{1}{6}$△ABD+$\frac{1}{6}$△ABD=$\frac{1}{3}$△ABD

　　　　＝$\frac{1}{3}$×$\frac{1}{2}$□ABCD=$\frac{1}{6}$□ABCD

△DBC에서

△DOQ=$\frac{1}{6}$△DBC=$\frac{1}{6}$×$\frac{1}{2}$□ABCD=$\frac{1}{12}$□ABCD

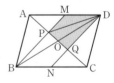

$$\therefore \square MPQD = \square MPOD + \triangle DOQ$$
$$= \frac{1}{6}\square ABCD + \frac{1}{12}\square ABCD = \frac{1}{4}\square ABCD$$
$$\therefore \square ABCD = 4\square MPQD = 4 \times 10 = 40(\text{cm}^2)$$

09 답 18 cm²

오른쪽 그림과 같이 대각선 BD를 긋고, 두 대각선의 교점을 O라 하면 점 G는 △ABD의 무게중심이므로 $\overline{AG}:\overline{GO}=2:1$

점 H는 △BCD의 무게중심이므로 $\overline{CH}:\overline{HO}=2:1$

이때 직사각형의 두 대각선은 서로 다른 것을 이등분하므로 $\overline{AO}=\overline{CO}$, $\overline{AG}:\overline{GH}:\overline{HC}=2:(1+1):2=1:1:1$

이므로 $\overline{AG}=\overline{GH}=\overline{HC}$

$$\therefore \triangle GBH = \frac{1}{3}\triangle ABC = \frac{1}{3} \times \frac{1}{2} \times 12 \times 9 = 18(\text{cm}^2)$$

4 닮은 도형의 넓이와 부피

30 닮은 도형의 넓이의 비와 부피의 비 워크북 52~53쪽

01 답 (1) 3 : 4　(2) 3 : 4　(3) 9 : 16　(4) 32 cm²

(1) △ABC와 △DEF의 닮음비는
　$\overline{BC}:\overline{EF}=9:12=3:4$
(2) 둘레의 길이의 비는 닮음비와 같으므로 3 : 4이다.
(3) 넓이의 비는 $3^2:4^2=9:16$
(4) △ABC : △DEF=9 : 16이므로
　$18 : \triangle DEF=9 : 16$, $9\triangle DEF=288$
　$\therefore \triangle DEF=32$ cm²

02 답 ③

△ABC∽△DBE(AA 닮음)이고 닮음비는
$\overline{BC}:\overline{BE}=(6+4):6=5:3$
따라서 넓이의 비는 $5^2:3^2=25:9$이므로
△ABC : △DBE=25 : 9, 즉 50 : △DBE=25 : 9
$25\triangle DBE=450$　$\therefore \triangle DBE=18$ cm²

03 답 16 cm²

△AOD∽△COB(AA 닮음)이고 닮음비는
$\overline{AD}:\overline{CB}=8:12=2:3$
따라서 넓이의 비는 $2^2:3^2=4:9$이므로
△AOD : △COB=4 : 9, 즉 △AOD : 36=4 : 9
$9\triangle AOD=144$　$\therefore \triangle AOD=16$ cm²

04 답 9 cm²

△ADE∽△AFG∽△ABC(AA 닮음)이고 닮음비는
$\overline{AD}:\overline{AF}:\overline{AB}=1:2:3$
△ADE : △AFG : △ABC=$1^2:2^2:3^2$=1 : 4 : 9
△ADE : □DFGE : □FBCG=1 : (4−1) : (9−4)
$= 1 : 3 : 5$
$$\therefore \square DFGE = \frac{3}{9}\triangle ABC = \frac{1}{3} \times 27 = 9(\text{cm}^2)$$

05 답 150π cm²

두 원뿔 A, B의 닮음비가 6 : 10=3 : 5이므로 겉넓이의 비는 $3^2:5^2=9:25$이다.
따라서 두 원뿔 A, B의 옆넓이의 비도 9 : 25이므로
54π : (원뿔 B의 옆넓이)=9 : 25
$\therefore$ (원뿔 B의 옆넓이)=150π cm²

06 답 144π cm²

두 구의 닮음비가 3 : 4이므로 겉넓이의 비는
$3^2:4^2=9:16$이다.
(작은 구의 겉넓이) : 256π=9 : 16
$\therefore$ (작은 구의 겉넓이)=144π cm²

07 답 (1) 4 : 9　(2) 8 : 27

두 정사면체 A, B의 닮음비는 4 : 6=2 : 3
(1) $2^2:3^2=4:9$　(2) $2^3:3^3=8:27$

08 답 9 : 16

부피의 비가 27 : 64=$3^3:4^3$이므로 닮음비는 3 : 4이다.
따라서 겉넓이의 비는 $3^2:4^2=9:16$이다.

09 답 8번

작은 비커와 큰 비커의 부피의 비가 $1^3:2^3=1:8$이므로 작은 비커로 8번 부어야 한다.

10 답 125개

큰 쇠구슬의 지름은 10 cm, 작은 쇠구슬의 지름은 2 cm이므로 두 쇠구슬의 닮음비는 10 : 2=5 : 1이다.
따라서 부피의 비는 $5^3:1^3=125:1$이므로 반지름의 길이가 1 cm인 쇠구슬을 최대 125개까지 만들 수 있다.

11 답 32π cm³

두 원뿔 A, B의 닮음비는 6 : 9=2 : 3이므로 부피의 비는 $2^3:3^3=8:27$이다.
(원뿔 A의 부피) : 108π=8 : 27
$\therefore$ (원뿔 A의 부피)=32π cm³

12 답 7배

전체 높이의 $\frac{1}{2}$까지 채운 물의 높이와 그릇의 높이의 비가 1 : 2이므로 부피의 비는 $1^3:2^3=1:8$이다.
$\therefore$ (물의 부피) : (더 부어야 하는 물의 부피)=1 : (8−1)
$= 1 : 7$
따라서 지금 들어 있는 물의 양의 7배를 더 부어야 한다.

13 답 24π cm³

그릇의 높이와 채운 물의 높이의 닮음비는
(그릇의 높이) : (물의 높이)=3 : 2이므로 부피의 비는
$3^3:2^3=27:8$이다.
이때 물의 부피를 V cm³라 하면
81π : V=27 : 8, $27V$=648　$\therefore V=24\pi$

14 답 1 : 7 : 19

작은 정사뿔 ㉮, 중간 정사뿔 (㉮+㉯),

큰 정사각뿔 (㉮＋㉯＋㉰)은 모두 닮은 도형이고, 닮음비가 $1 : 2 : 3$이므로 부피의 비는 $1^3 : 2^3 : 3^3 = 1 : 8 : 27$이다.

∴ (㉮의 부피) : (㉯의 부피) : (㉰의 부피)

$= 1 : (8-1) : (27-8) = 1 : 7 : 19$

31 닮음의 활용

워크북 54~55쪽

01 답 35 m

$\triangle CDE \backsim \triangle CAB$(AA 닮음)이므로

$\overline{CD} : \overline{CA} = \overline{DE} : \overline{AB}$, 즉, $12 : (12+18) = 14 : \overline{AB}$

$12\overline{AB} = 420$ ∴ $\overline{AB} = 35$ m

02 답 60 m

$\triangle APB \backsim \triangle DPC$(AA 닮음)이므로

$\overline{AB} : \overline{DC} = \overline{BP} : \overline{CP}$, 즉 $\overline{AB} : 9 = 80 : 12$

$12\overline{AB} = 720$ ∴ $\overline{AB} = 60$ m

03 답 ⑤

나무의 높이를 x m라 하면

$3 : (3+5) = 1.5 : x$, $3x = 12$ ∴ $x = 4$

따라서 나무의 높이는 4 m이다.

04 답 12 m

$\triangle ABC \backsim \triangle EDC$(AA 닮음)이므로

$\overline{AB} : \overline{ED} = \overline{BC} : \overline{DC}$, 즉 $\overline{AB} : 1.5 = 16 : 2$

$2\overline{AB} = 24$ ∴ $\overline{AB} = 12$ m

05 답 50 m

$\overline{BC} = 20(m) = 2000(cm)$이고

$\triangle ABC \backsim \triangle EFG$, $\triangle ACD \backsim \triangle EGH$(AA 닮음)이므로 닮음비는 $2000 : 1$이다.

(건물의 높이) $: 2.5 = 2000 : 1$

∴ (건물의 높이) $= 5000(cm) = 50(m)$

06 답 10 m

오른쪽 그림과 같이 담벼락에 드리워진 그림자가 지면에 있다고 생각할 때의 그림자의 끝을 E라 하면 점 E는 $\overline{AD}$와 $\overline{BC}$의 연장선이 만나는 점이다.

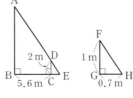

나무 막대를 $\overline{FG}$, 나무 막대의 그림자의 끝을 H라 하면

$\triangle ABE \backsim \triangle DCE \backsim \triangle FGH$(AA 닮음)

$\triangle DCE$와 $\triangle FGH$에서 $\overline{DC} : \overline{FG} = \overline{CE} : \overline{GH}$이므로

$2 : 1 = \overline{CE} : 0.7$ ∴ $\overline{CE} = 1.4$ m

또, $\triangle ABE$와 $\triangle FGH$에서 $\overline{AB} : \overline{FG} = \overline{BE} : \overline{GH}$이므로

$\overline{AB} : 1 = (5.6+1.4) : 0.7$, $0.7\overline{AB} = 7$ ∴ $\overline{AB} = 10$ m

07 답 ③

(실제 거리) $=$ (지도에서의 길이) $\div$ (축척) $= 5 \div \dfrac{1}{10000}$

$= 5 \times 10000 = 50000(cm) = 500(m)$

08 답 (1) $\dfrac{1}{500000}$ (2) 45 km (3) 4.8 cm

$10\ km = 10000\ m = 1000000\ cm$이므로

(1) (축척) $= \dfrac{2}{1000000} = \dfrac{1}{500000}$

(2) (실제 거리) $=$ (지도에서의 길이) $\div$ (축척)

$= 9 \div \dfrac{1}{500000} = 9 \times 500000$

$= 4500000(cm) = 45000(m) = 45(km)$

(3) $24\ km = 2400000\ cm$이므로

(지도에서의 길이) $=$ (실제 거리) $\times$ (축척)

$= 2400000 \times \dfrac{1}{500000} = 4.8(cm)$

09 답 90 km

(실제 거리) $= 3.6 \div \dfrac{1}{2500000} = 3.6 \times 2500000$

$= 9000000(cm) = 90000(m) = 90(km)$

10 답 ④

실제 가로의 길이는 $1.5 \times 20000 = 30000(cm) = 300(m)$

실제 세로의 길이는 $1.1 \times 20000 = 22000(cm) = 220(m)$

따라서 실제 둘레의 길이는 $2 \times (300+220) = 1040(m)$

11 답 0.2 km²

땅의 실제 가로의 길이는

$4 \div \dfrac{1}{10000} = 4 \times 10000$

$= 40000(cm) = 400(m) = 0.4(km)$

땅의 실제 세로의 길이는

$5 \div \dfrac{1}{10000} = 5 \times 10000$

$= 50000(cm) = 500(m) = 0.5(km)$

따라서 땅의 실제 넓이는 $0.4 \times 0.5 = 0.2(km^2)$

| 다른 풀이 | 지도에서 땅의 넓이는 $4 \times 5 = 20(cm^2)$

지도와 실제 땅의 닮음비가 $1 : 10000$이므로

넓이의 비는 $1 : 1000000000$이다.

따라서 땅의 실제 넓이는

$20 \times 100000000 = 2000000000(cm^2) = 200000(m^2) = 0.2(km^2)$

12 답 0.5 km

$\triangle ABC \backsim \triangle ADE$(AA 닮음)이므로

$\overline{AB} : \overline{AD} = \overline{BC} : \overline{DE}$, 즉 $\overline{AB} : (\overline{AB}+1) = 2.5 : 3$

$3\overline{AB} = 2.5\overline{AB} + 2.5$, $0.5\overline{AB} = 2.5$ ∴ $\overline{AB} = 5$ cm

따라서 두 지점 A, B 사이의 실제 거리는

$5 \div \dfrac{1}{10000} = 5 \times 10000$

$= 50000(cm) = 500(m) = 0.5(km)$

단원 마무리

워크북 56~57쪽

01 ③	02 $\dfrac{3}{2}$	03 12 cm	04 ②	05 $\dfrac{15}{4}$ cm
06 ③	07 ①	08 ②	09 ④	10 ①
11 ⑤	12 7 m	13 5 cm²	14 16 cm²	

01 $\overline{FC}=\overline{DE}=6$이므로 $\overline{BC}=\overline{BF}+\overline{FC}=9+6=15$
$\overline{BC}/\!/\overline{DE}$이므로 $\overline{AE}:\overline{AC}=\overline{DE}:\overline{BC}$
$x:(x+6)=6:15$
$15x=6x+36$, $9x=36$ ∴ $x=4$

02 $\overline{BC}/\!/\overline{DE}$이므로
$\overline{EA}:\overline{CA}=\overline{DE}:\overline{BC}=6:9=2:3$
이때 $\overline{EA}=\dfrac{2}{5}\overline{EC}$이고 $\overline{EN}=\overline{CN}=\dfrac{1}{2}\overline{EC}$이므로
$\overline{AN}=\overline{EN}-\overline{EA}=\dfrac{1}{2}\overline{EC}-\dfrac{2}{5}\overline{EC}=\dfrac{1}{10}\overline{EC}$
∴ $\overline{EA}:\overline{AN}=\dfrac{2}{5}\overline{EC}:\dfrac{1}{10}\overline{EC}=4:1$
또, $\overline{DE}/\!/\overline{MN}$이므로 $\overline{EA}:\overline{AN}=\overline{ED}:\overline{MN}$
$4:1=6:\overline{MN}$, $4\overline{MN}=6$ ∴ $\overline{MN}=\dfrac{3}{2}$

03 $\overline{AC}:\overline{AB}=\overline{CD}:\overline{BD}$이므로
$\overline{AC}:8=(6+12):12$, $12\overline{AC}=144$ ∴ $\overline{AC}=12$ cm

04 $2:(2+4)=x:8$, $6x=16$ ∴ $x=\dfrac{8}{3}$
$4:(4+2)=y:6$, $6y=24$ ∴ $y=4$
∴ $x+y=\dfrac{8}{3}+4=\dfrac{20}{3}$

05 $\triangle ABE\backsim\triangle CDE$(AA 닮음)이므로
$\overline{BE}:\overline{DE}=\overline{AB}:\overline{CD}=10:6=5:3$
∴ $\overline{BE}:\overline{BD}=5:8$
$\triangle BCD$에서 $\overline{BE}:\overline{BD}=\overline{EF}:\overline{DC}$이므로
$5:8=\overline{EF}:6$, $8\overline{EF}=30$ ∴ $\overline{EF}=\dfrac{15}{4}$ cm

06 $\overline{BC}/\!/\overline{MN}$, $\overline{BC}/\!/\overline{PQ}$이므로 $\overline{MN}/\!/\overline{PQ}$ (②)
$\overline{MN}=\dfrac{1}{2}\overline{BC}$, $\overline{PQ}=\dfrac{1}{2}\overline{BC}$ (④)이므로 $\overline{MN}=\overline{PQ}$ (①)
∴ $\overline{MN}+\overline{PQ}=\dfrac{1}{2}\overline{BC}+\dfrac{1}{2}\overline{BC}=\overline{BC}$ (⑤)
따라서 옳지 않은 것은 ③이다.

07 오른쪽 그림과 같이 $\overline{AC}$와 $\overline{BD}$를
그으면 $\triangle BCA$와 $\triangle ABD$에서
각각 삼각형의 두 변의 중점을 연
결한 선분의 성질에 의하여
$\overline{AC}=2\overline{PQ}$, $\overline{BD}=2\overline{PS}$
□PQRS는 직사각형이므로 $\overline{SR}=\overline{PQ}$, $\overline{QR}=\overline{PS}$
∴ $\overline{AC}+\overline{BD}=2\overline{PQ}+2\overline{PS}$
$=\overline{PQ}+\overline{SR}+\overline{PS}+\overline{QR}=24(cm)$

08 두 점 M, N이 각각 $\overline{AB}$, $\overline{DC}$의 중점이므로
$\overline{AD}/\!/\overline{MN}/\!/\overline{BC}$
$\triangle ABC$에서 $\overline{AM}=\overline{MB}$이고 $\overline{MF}/\!/\overline{BC}$이므로
$\overline{MF}=\dfrac{1}{2}\overline{BC}=\dfrac{1}{2}\times12=6(cm)$
$\triangle BDA$에서 $\overline{BM}=\overline{MA}$이고 $\overline{ME}/\!/\overline{AD}$이므로

$\overline{ME}=\dfrac{1}{2}\overline{AD}=\dfrac{1}{2}\times4=2(cm)$
∴ $\overline{EF}=\overline{MF}-\overline{ME}=6-2=4(cm)$

09 $\overline{BM}=\overline{MD}$, $\overline{DN}=\overline{NC}$이므로
$\overline{MN}=\overline{MD}+\overline{DN}=\dfrac{1}{2}(\overline{BD}+\overline{DC})=\dfrac{1}{2}\overline{BC}$
$=\dfrac{1}{2}\times24=12(cm)$
$\triangle AMN$에서 $\overline{AG}:\overline{AM}=\overline{AG'}:\overline{AN}=2:3$
이므로 $\overline{MN}/\!/\overline{GG'}$
따라서 $\overline{AG}:\overline{AM}=\overline{GG'}:\overline{MN}$이므로
$2:3=\overline{GG'}:12$, $3\overline{GG'}=24$ ∴ $\overline{GG'}=8$ cm

10 $\triangle GBD=\dfrac{1}{2}\triangle GBC=\dfrac{1}{2}\times18=9(cm^2)$
점 G가 $\triangle ABC$의 무게중심이므로 $\overline{AG}:\overline{GD}=2:1$
∴ $\triangle ABD=3\triangle GBD=3\times9=27(cm^2)$

11 $\triangle ADE\backsim\triangle ABC$(AA 닮음)이고 닮음비는
$\overline{AD}:\overline{AB}=6:(6+3)=2:3$
∴ $\triangle ADE:\triangle ABC=2^2:3^2=4:9$
즉, $24:\triangle ABC=4:9$이므로
$4\triangle ABC=216$ ∴ $\triangle ABC=54$ cm^2
∴ □DBCE=$\triangle ABC-\triangle ADE=54-24=30(cm^2)$

12 $\triangle ABC\backsim\triangle DEF$(AA 닮음)이므로
$\overline{AB}:\overline{DE}=\overline{BC}:\overline{EF}$
즉, $\overline{AB}:1=5.6:0.8$ ∴ $\overline{AB}=7$ m

13 $\triangle CGF=\dfrac{1}{6}\triangle ABC=\dfrac{1}{6}\times60=10(cm^2)$ ……… ❶
$\overline{CG}:\overline{GD}=2:1$이므로 $\triangle CGF:\triangle DGF=2:1$ ……… ❷
∴ $\triangle DGF=\dfrac{1}{2}\triangle CGF=\dfrac{1}{2}\times10=5(cm^2)$ ……… ❸

단계	채점 기준	비율
❶	△CGF의 넓이 구하기	40 %
❷	△CGF와 △DGF의 넓이의 비 구하기	30 %
❸	△DGF의 넓이 구하기	30 %

14 $\overline{CO}$, $\overline{DE}$가 $\triangle DBC$의 중선이므로 점 F는 $\triangle DBC$의 무게중심이다. ……… ❶
오른쪽 그림과 같이 $\overline{BF}$를 그으면
색칠한 부분의 넓이는
$\triangle OBF+\triangle FBE$
$=\dfrac{1}{6}\triangle DBC+\dfrac{1}{6}\triangle DBC$
$=\dfrac{1}{3}\triangle DBC$ ……… ❷
$=\dfrac{1}{3}\times\dfrac{1}{2}\times12\times8=16(cm^2)$ ……… ❸

단계	채점 기준	비율
❶	점 F가 △DBC의 무게중심임을 보이기	40 %
❷	색칠한 부분의 넓이를 두 삼각형의 넓이로 나타내기	40 %
❸	색칠한 부분의 넓이 구하기	20 %

Ⅱ-3 | 피타고라스 정리

1 피타고라스 정리

32 피타고라스 정리
워크북 58~59쪽

01 탭 (1) 5 (2) 6

(1) $x^2=4^2+3^2=25$ ∴ $x=5$ (∵ $x>0$)

(2) $10^2=x^2+8^2$, $x^2=36$ ∴ $x=6$ (∵ $x>0$)

02 탭 2.6 m

사다리의 길이를 x m라 하면

$x^2=1^2+2.4^2=6.76$ ∴ $x=2.6$ (∵ $x>0$)

따라서 이 사다리의 길이는 2.6 m이다.

03 탭 28 cm²

△ABC가 직각삼각형이므로

$\overline{AC}^2=\overline{BC}^2-\overline{AB}^2=8^2-6^2=28$

∴ □ACDE$=\overline{AC}^2=28$ cm²

04 탭 52

△AMC에서 $\overline{MC}^2=5^2-4^2=25-16=9$

∴ $\overline{MC}=3$ (∵ $\overline{MC}>0$)

$\overline{BM}=\overline{MC}$이므로 $\overline{BC}=2\overline{MC}=2\times3=6$

△ABC에서 $\overline{AB}^2=6^2+4^2=36+16=52$

05 탭 41

△ABC에서 $\overline{BC}^2=13^2-5^2=169-25=144$

∴ $\overline{BC}=12$ cm (∵ $\overline{BC}>0$)

$\overline{CD}=\overline{BC}-\overline{BD}=12-8=4$(cm)

△ADC에서 $\overline{AD}^2=5^2+4^2=25+16=41$

06 탭 ③

△ABC에서 $\overline{AC}^2=3^2+2^2=9+4=13$

△ACD에서 $x^2=\overline{AC}^2-1^2=13-1=12$

07 탭 54

△ABD에서 $x^2=5^2-4^2=25-16=9$

△ADC에서 $y^2=x^2+6^2=9+36=45$

∴ $x^2+y^2=9+45=54$

08 탭 54 cm²

△ABC에서 $\overline{BC}^2=13^2-5^2=169-25=144$

∴ $\overline{BC}=12$ (∵ $\overline{BC}>0$)

△BCD에서 $\overline{CD}^2=15^2-12^2=81$

∴ $\overline{CD}=9$ (∵ $\overline{CD}>0$)

∴ △BDC$=\dfrac{1}{2}\times\overline{BC}\times\overline{CD}=\dfrac{1}{2}\times12\times9=54$(cm²)

09 탭 8 cm

꼭짓점 A에서 $\overline{BC}$에 내린

수선의 발을 H라 하면

△ABH에서

$\overline{AH}=\overline{DC}=4$ cm이므로

$\overline{BH}^2=5^2-4^2=25-16=9$ ∴ $\overline{BH}=3$ (∵ $\overline{BH}>0$)

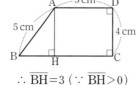

∴ $\overline{BC}=\overline{BH}+\overline{HC}=3+5=8$(cm)

10 탭 44

$\overline{BD}$를 그으면 △ABD에서

$\overline{BD}^2=8^2+4^2=64+16=80$

△BCD에서

$x^2=\overline{BD}^2-6^2$

$=80-36=44$

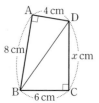

11 탭 $\dfrac{15}{2}$

$\overline{AP}=\overline{AD}=15$이므로 △ABP에서

$\overline{BP}^2=15^2-12^2=81$ ∴ $\overline{BP}=9$ (∵ $\overline{BP}>0$)

∴ $\overline{PC}=\overline{BC}-\overline{BP}=15-9=6$

△ABP∽△PCQ(AA 닮음)이므로

$12:6=15:\overline{PQ}$ ∴ $\overline{PQ}=\dfrac{15}{2}$

12 탭 $\dfrac{25}{4}$

∠FBD=∠DBC(접은 각)

　　　=∠FDB(엇각)

이므로 $\overline{FB}=\overline{FD}$

$\overline{BD}^2=8^2+6^2=100$

∴ $\overline{BD}=10$ (∵ $\overline{BD}>0$)

$\overline{FD}=x$라 하면 $\overline{BF}=\overline{FD}=x$

점 F에서 $\overline{BD}$에 내린 수선의 발을 M이라 하면

△FBM∽△DBC(AA 닮음)이므로

$x:10=5:8$, $8x=50$ ∴ $x=\dfrac{25}{4}$

33 피타고라스 정리의 설명 (1)
워크북 59쪽

01 탭 5 cm

□BFGC=□ADEB+□ACHI=15+10=25(cm²)

□BFGC$=\overline{BC}^2=25$ cm²이므로

$\overline{BC}=5$ cm (∵ $\overline{BC}>0$)

02 탭 13 : 4

$\overline{AC}:\overline{AB}=2:3$이므로

$S_2:S_3=\overline{AC}^2:\overline{AB}^2=2^2:3^2=4:9$

$S_1=S_2+S_3$이므로 $S_1:S_2=(4+9):4=13:4$

| 다른 풀이 | $\overline{AC}=2k$, $\overline{AB}=3k$ ($k>0$)라 하면

$\overline{BC}^2=(2k)^2+(3k)^2=13k^2$

∴ $S_1:S_2=\overline{BC}^2:\overline{AC}^2=13k^2:4k^2=13:4$

03 탭 24

△EBC와 △ABF에서

$\overline{EB}=\overline{AB}$, $\overline{BC}=\overline{BF}$, ∠EBC$=90°+$∠ABC$=$∠ABF

이므로 △EBC≡△ABF(SAS 합동)

∴ △EBC$=$△ABF$=$△LBF$=\dfrac{1}{2}$□BFML

$\qquad\qquad=\dfrac{1}{2}\times48=24$

34 피타고라스 정리의 설명 (2) 워크북 60쪽

01 답 58 cm²

□ABCD의 넓이가 100 cm²이므로

$\overline{AB}^2=100$ ∴ $\overline{AB}=10$ cm (∵ $\overline{AB}>0$)

△AEH≡△BFE≡△CGF≡△DHG(SAS 합동)이므로 □EFGH는 정사각형이다.

즉, $\overline{AE}=\overline{AB}-\overline{BE}=10-7=3$(cm)

△AEH에서 $\overline{EH}^2=7^2+3^2=49+9=58$

따라서 □EFGH는 정사각형이므로

□EFGH=$\overline{EH}^2=58$(cm²)

02 답 28 cm

□EFGH의 넓이가 25 cm²이므로

$\overline{EH}^2=25$ ∴ $\overline{EH}=5$ cm (∵ $\overline{EH}>0$)

△AEH에서 $\overline{AE}^2=5^2-4^2=9$ ∴ $\overline{AE}=3$ (∵ $\overline{AE}>0$)

∴ $\overline{AB}=\overline{AE}+\overline{BE}=3+4=7$(cm)

따라서 □ABCD의 둘레의 길이는 $4\times7=28$(cm)

03 답 144 cm²

△AEH≡△BFE≡△CGF≡△DHG(SAS 합동)이므로 □EFGH는 정사각형이다.

$\overline{BE}=x$ cm라 하면 △EBF에서

$x^2+x^2=72$, $x^2=36$ ∴ $x=6$ (∵ $x>0$)

∴ $\overline{AB}=2\overline{BE}=2\times6=12$(cm)

따라서 □ABCD의 넓이는 $\overline{AB}^2=12^2=144$(cm²)

35 직각삼각형이 되는 조건 워크북 60쪽

01 답 ③, ④

① $2^2+2^2=8\neq2^2=4$이므로 직각삼각형이 아니다.

② $2^2+4^2=20\neq6^2=36$이므로 직각삼각형이 아니다.

③ $5^2+12^2=169=13^2$이므로 직각삼각형이다.

④ $6^2+8^2=100=10^2$이므로 직각삼각형이다.

⑤ $7^2+9^2=130\neq12^2=144$이므로 직각삼각형이 아니다.

따라서 직각삼각형인 것은 ③, ④이다.

02 답 ①

∠C가 직각이려면 $25^2=x^2+24^2$이므로

$x^2=25^2-24^2=625-576=49$ ∴ $x=7$ (∵ $x>0$)

03 답 15

가장 긴 변의 길이가 x cm이므로

$x^2=9^2+12^2=225$ ∴ $x=15$ (∵ $x>0$)

2 피타고라스 정리와 도형의 성질

36 삼각형의 변의 길이와 각의 크기 사이의 관계 워크북 61쪽

01 답 3, 4, 5, 6, 7, 8, 9

삼각형의 세 변의 길이 사이의 관계에서

$8-6<x<8+6$ ∴ $2<x<14$ ······ ㉠

∠A가 예각이므로 $x^2<8^2+6^2$, $x^2<100$

그런데 $x>0$이므로 $0<x<10$ ······ ㉡

㉠, ㉡에 의하여 $2<x<10$

따라서 가능한 자연수 x의 값은 3, 4, 5, 6, 7, 8, 9이다.

02 답 $15<x<21$

삼각형의 세 변의 길이 사이의 관계에서

$12-9<x<12+9$ ∴ $3<x<21$ ······ ㉠

∠C가 둔각이므로 $x^2>9^2+12^2$, $x^2>225$

그런데 $x>0$이므로 $x>15$ ······ ㉡

㉠, ㉡에 의하여 $15<x<21$

03 답 $12<x<13$

$x>12$이고, 삼각형의 세 변의 길이 사이의 관계에서

$12<x<12+5$ ∴ $12<x<17$ ······ ㉠

∠A가 예각이고 가장 긴 변의 길이가 x이므로

$x^2<5^2+12^2$, $x^2<169$

그런데 $x>0$이므로 $0<x<13$ ······ ㉡

㉠, ㉡에 의하여 $12<x<13$

04 답 $12<x<15$

$x>12$이고, 삼각형의 세 변의 길이 사이의 관계에서

$12<x<12+9$ ∴ $12<x<21$ ······ ㉠

가장 긴 변의 길이가 x이므로 예각삼각형이 되려면

$x^2<9^2+12^2$, $x^2<225$

그런데 $x>0$이므로 $0<x<15$ ······ ㉡

㉠, ㉡에서 $12<x<15$

05 답 $2<a<6$

삼각형의 세 변의 길이 사이의 관계에서

$10-8<a<10+8$ ∴ $2<a<18$ ······ ㉠

∠C>90°이고, 가장 긴 변의 길이가 10 cm이므로

$10^2>a^2+8^2$, $a^2<36$

그런데 $a>0$이므로 $0<a<6$ ······ ㉡

㉠, ㉡에 의하여 $2<a<6$

06 답 $17<x<23$

$x>15$이고 삼각형의 세 변의 길이 사이의 관계에서

$15<x<15+8$ ∴ $15<x<23$ ······ ㉠

가장 긴 변의 길이가 x이므로 $x^2>8^2+15^2$, $x^2>289$

그런데 $x>0$이므로 $x>17$ ······ ㉡

㉠, ㉡에 의하여 $17<x<23$

07 답 ④

① $2^2+3^2<4^2$이므로 둔각삼각형이다.

② $3^2+4^2=5^2$이므로 직각삼각형이다.

③ $6^2+10^2<12^2$이므로 둔각삼각형이다.

④ $5^2+6^2>7^2$이므로 예각삼각형이다.

⑤ $4^2+7^2<9^2$이므로 둔각삼각형이다.

따라서 예각삼각형인 것은 ④이다.

08 답 2개

예각삼각형 ➡ (1, 2, 2), (5, 6, 7), (5, 7, 8)

직각삼각형 ➡ (3, 4, 5), (6, 8, 10), (12, 16, 20),
(8, 15, 17)
둔각삼각형 ➡ (2, 2, 3), (2, 4, 5)
따라서 둔각삼각형인 것은 2개이다.

37 피타고라스 정리와 직각삼각형의 성질 워크북 62쪽

01 답 36
$\overline{AB}^2 = \overline{BH} \times \overline{BC}$이므로 $6^2 = x \times 9$, $x = 4$ ∴ $x^2 = 16$
△ABH에서 $y^2 = 6^2 - 4^2 = 20$ ∴ $x^2 + y^2 = 16 + 20 = 36$

02 답 ④
△ABC에서 $\overline{BC}^2 = 6^2 + 8^2 = 100$이므로
$\overline{BC} = 10$ cm ($\because \overline{BC} > 0$)
$\overline{AC}^2 = \overline{CH} \times \overline{CB}$이므로
$6^2 = \overline{CH} \times 10$ ∴ $\overline{CH} = \dfrac{18}{5}$ cm

03 답 $\dfrac{16}{5}$
점 M은 직각삼각형 ABC의 외심이므로
$\overline{AM} = \overline{BM} = \overline{CM}$ ∴ $\overline{AM} = \dfrac{1}{2}\overline{BC} = \dfrac{1}{2} \times (8+2) = 5$
△ABC에서 $\overline{AH}^2 = \overline{BH} \times \overline{CH}$이므로
$\overline{AH}^2 = 8 \times 2 = 16$ ∴ $\overline{AH} = 4$ ($\because \overline{AH} > 0$)
△AMH에서 $\overline{AH}^2 = \overline{AQ} \times \overline{AM}$이므로
$4^2 = x \times 5$ ∴ $x = \dfrac{16}{5}$

04 답 $\dfrac{60}{13}$ cm
△ABC에서 $\overline{BC}^2 = 5^2 + 12^2 = 169$
∴ $\overline{BC} = 13$ ($\because \overline{BC} > 0$)
$\overline{AB} \times \overline{AC} = \overline{BC} \times \overline{AH}$이므로
$5 \times 12 = 13 \times \overline{AH}$ ∴ $\overline{AH} = \dfrac{60}{13}$ cm

05 답 116
$\overline{BE}^2 + \overline{CD}^2 = \overline{DE}^2 + \overline{BC}^2 = 4^2 + 10^2 = 116$

06 답 58
$\overline{DE}^2 + \overline{BC}^2 = \overline{BE}^2 + \overline{CD}^2$이므로
$4^2 + x^2 = 7^2 + 5^2$ ∴ $x^2 = 58$

07 답 ③
△ABC에서 $\overline{AB}^2 = 6^2 + 8^2 = 100$
∴ $\overline{AB} = 10$ ($\because \overline{AB} > 0$)
$\overline{AB}^2 + \overline{DE}^2 = \overline{AD}^2 + \overline{BE}^2$이므로
$\overline{AD}^2 - \overline{DE}^2 = \overline{AB}^2 - \overline{BE}^2 = 10^2 - 8^2 = 36$

38 피타고라스 정리와 사각형의 성질 워크북 63쪽

01 답 73
△AOD에서 $x^2 = 5^2 - 3^2 = 16$
$\overline{AB}^2 + \overline{CD}^2 = \overline{AD}^2 + \overline{BC}^2$이므로

$y^2 + 6^2 = 5^2 + 10^2$ ∴ $y^2 = 89$
∴ $y^2 - x^2 = 89 - 16 = 73$

02 답 24
△ABO에서 $\overline{AB}^2 = 2^2 + 2^2 = 8$
$\overline{AB}^2 + \overline{CD}^2 = \overline{AD}^2 + \overline{BC}^2$이므로
$8 + 5^2 = \overline{AD}^2 + 3^2$ ∴ $\overline{AD}^2 = 24$

03 답 61
△AOD에서 $\overline{AD}^2 = 4^2 + 3^2 = 25$
$\overline{AB}^2 + \overline{CD}^2 = \overline{AD}^2 + \overline{BC}^2$이므로
$\overline{AB}^2 + \overline{CD}^2 = 25 + 6^2 = 61$

04 답 ③
□ABCD의 두 대각선이 서로 직교하므로
$\overline{AD}^2 + \overline{BC}^2 = \overline{AB}^2 + \overline{DC}^2$
□ABCD는 등변사다리꼴이므로 $\overline{AB} = \overline{DC}$
즉, $\overline{AD}^2 + \overline{BC}^2 = 2\overline{AB}^2$, $6^2 + 10^2 = 2\overline{AB}^2$
∴ $\overline{AB}^2 = 68$

05 답 ④
$\overline{AP}^2 + \overline{CP}^2 = \overline{BP}^2 + \overline{DP}^2$이므로
$5^2 + 3^2 = 4^2 + \overline{DP}^2$ ∴ $\overline{DP}^2 = 18$

06 답 61
$\overline{AP}^2 + \overline{CP}^2 = \overline{BP}^2 + \overline{DP}^2$이므로
$\overline{AP}^2 + \overline{CP}^2 = 5^2 + 6^2$ ∴ $\overline{AP}^2 + \overline{CP}^2 = 61$

07 답 ④
$\overline{AP}^2 + \overline{CP}^2 = \overline{BP}^2 + \overline{DP}^2$이므로
$\overline{AP}^2 + 6^2 = \overline{BP}^2 + 7^2$ ∴ $\overline{AP}^2 - \overline{BP}^2 = 49 - 36 = 13$

08 답 $\dfrac{193}{25}$
$\overline{AC}^2 = 4^2 + 3^2 = 25$ ∴ $\overline{AC} = 5$ ($\because \overline{AC} > 0$)
$\overline{AD} \times \overline{DC} = \overline{AC} \times \overline{DP}$이므로
$4 \times 3 = 5 \times \overline{DP}$ ∴ $\overline{DP} = \dfrac{12}{5}$
$\overline{CD}^2 = \overline{CP} \times \overline{CA}$이므로
$3^2 = \overline{CP} \times 5$ ∴ $\overline{CP} = \dfrac{9}{5}$, $\overline{AP} = 5 - \dfrac{9}{5} = \dfrac{16}{5}$
$\overline{AP}^2 + \overline{CP}^2 = \overline{BP}^2 + \overline{DP}^2$이므로
$\left(\dfrac{16}{5}\right)^2 + \left(\dfrac{9}{5}\right)^2 = \overline{BP}^2 + \left(\dfrac{12}{5}\right)^2$
∴ $\overline{BP}^2 = \dfrac{337}{25} - \dfrac{144}{25} = \dfrac{193}{25}$

39 피타고라스 정리를 이용한 직각삼각형과 원 사이의 관계 워크북 64쪽

01 답 18π
△ABC가 직각삼각형이므로
$P + Q = R$ ∴ $R = 10\pi + 8\pi = 18\pi$

02 답 12 cm
$\overline{AB}$가 지름인 반원의 넓이는 $50\pi - 32\pi = 18\pi$(cm²)
따라서 이 반원의 반지름의 길이를 r cm라 하면

$\dfrac{1}{2} \times \pi r^2 = 18\pi, \ r^2 = 36$　∴ $r = 6 \ (\because r > 0)$

∴ $\overline{AB} = 2r = 12 \,(\text{cm})$

03 답 $8\pi \ \text{cm}^2$

(두 반원의 넓이의 합) = ($\overline{AB}$를 지름으로 하는 반원의 넓이)

$$= \dfrac{1}{2} \times \pi \times 4^2 = 8\pi \,(\text{cm}^2)$$

| 다른 풀이 | (두 반원의 넓이의 합) $= \dfrac{\pi}{2} \times \left(\dfrac{1}{2}\overline{BC}\right)^2 + \dfrac{\pi}{2} \times \left(\dfrac{1}{2}\overline{AC}\right)^2$

$$= \dfrac{\pi}{8}\left(\overline{BC}^2 + \overline{AC}^2\right)$$
$$= \dfrac{\pi}{8}\overline{AB}^2 = \dfrac{\pi}{8} \times 64 = 8\pi \,(\text{cm}^2)$$

04 답 $25\pi \ \text{cm}^2$

$\overline{AB} = 2\overline{BP} = 8 \ \text{cm}$, $\overline{AC} = 2\overline{AR} = 6 \ \text{cm}$이므로

$\overline{BC}^2 = 8^2 + 6^2 = 100$　∴ $\overline{BC} = 10 \ \text{cm} \ (\because \overline{BC} > 0)$

세 반원의 넓이의 합은 $\overline{BC}$를 지름으로 하는 반원의 넓이의
2배와 같으므로

$$2 \times \left\{\dfrac{1}{2} \times \pi \times 5^2\right\} = 25\pi \,(\text{cm}^2)$$

05 답 $30 \ \text{cm}^2$

(색칠한 부분의 넓이) $= \triangle ABC + \triangle ABC = 2\triangle ABC$

$$= 2 \times \left(\dfrac{1}{2} \times 6 \times 5\right) = 30 \,(\text{cm}^2)$$

06 답 (1) 풀이 참조　(2) $96 \ \text{cm}^2$

(1) $\overline{AC} = 2b$, $\overline{BC} = 2a$, $\overline{AB} = 2c$라 하면

$(2b)^2 + (2a)^2 = (2c)^2$이므로

$4b^2 + 4a^2 = 4c^2$　∴ $b^2 + a^2 = c^2$　$\cdots\cdots$ ㉠

따라서 색칠한 부분의 넓이는

$\triangle ABC +$ (중간 반원의 넓이) + (작은 반원의 넓이)

　　　　　　　　　　　　 − (큰 반원의 넓이)

$$= \dfrac{1}{2} \times 2b \times 2a + \dfrac{\pi}{2}b^2 + \dfrac{\pi}{2}a^2 - \dfrac{\pi}{2}c^2$$
$$= 2ab \ (\because ㉠) = \triangle ABC$$

(2) $\triangle ABC$에서 $\overline{AC}^2 = 20^2 - 12^2 = 256$

∴ $\overline{AC} = 16 \ \text{cm} \ (\because \overline{AC} > 0)$

∴ (색칠한 부분의 넓이) $= \triangle ABC$

$$= \dfrac{1}{2} \times 16 \times 12 = 96 \,(\text{cm}^2)$$

07 답 $\left(\dfrac{25}{2}\pi - 24\right) \text{cm}^2$

$\triangle ABC$에서 $\overline{AB}^2 = 10^2 - 8^2 = 36$

∴ $\overline{AB} = 6 \ \text{cm} \ (\because \overline{AB} > 0)$

∴ (색칠한 부분의 넓이) $= \dfrac{1}{2} \times \pi \times 5^2 - \dfrac{1}{2} \times 6 \times 8$

$$= \dfrac{25}{2}\pi - 24 \,(\text{cm}^2)$$

08 답 $(\pi - 2) \ \text{cm}^2$

$\triangle ABC$에서 $\overline{BC}^2 = 2^2 + 2^2 = 8$

∴ (색칠한 부분의 넓이) $= \dfrac{1}{2} \times \pi \times \left(\dfrac{1}{2}\overline{BC}\right)^2 - \dfrac{1}{2} \times 2 \times 2$

$$= \dfrac{\pi}{8}\overline{BC}^2 - 2 = \dfrac{\pi}{8} \times 8 - 2$$
$$= \pi - 2 \,(\text{cm}^2)$$

단원 마무리　　　워크북 65~66쪽

01 ②	02 56	03 ②	04 64	05 32
06 ④	07 8 cm	08 ⑤	09 $\dfrac{50}{3}$	10 25
11 14	12 50	13 17 cm	14 6	15 117

01 $\triangle ABD$에서 $x^2 = 17^2 - 15^2 = 289 - 225 = 64$

$\triangle ADC$에서 $y^2 = 10^2 - x^2 = 100 - 64 = 36$

∴ $x^2 - y^2 = 64 - 36 = 28$

02 오른쪽 그림과 같이 $\overline{AG}$의 연장선
이 $\overline{BC}$와 만나는 점을 D라 하면

$\overline{AD} = 3 \times \dfrac{3}{2} = \dfrac{9}{2} \,(\text{cm})$

이때 점 D는 직각삼각형 ABC의 외심이므로

$\overline{AD} = \overline{BD} = \overline{CD}$　∴ $\overline{BC} = 2\overline{AD} = 2 \times \dfrac{9}{2} = 9 \,(\text{cm})$

$\triangle ABC$에서 $x^2 = \overline{BC}^2 - \overline{AC}^2 = 9^2 - 5^2 = 56$

03 $\triangle CDO$에서 $\overline{OD}^2 = 5^2 - 4^2 = 9$

∴ $\overline{OD} = 3 \ \text{cm} \ (\because \overline{OD} > 0)$

$\overline{OA} = \overline{OC} = 5 \ \text{cm}$이므로

$\overline{AD} = \overline{OA} - \overline{OD} = 5 - 3 = 2 \,(\text{cm})$

04 $\triangle ABC$에서 $\overline{AC}^2 = \overline{AB}^2 + \overline{BC}^2 = 16 + 16 = 32$

$\triangle ACD$에서 $\overline{AD}^2 = \overline{AC}^2 + \overline{CD}^2 = 32 + 16 = 48$

$\triangle ADE$에서 $\overline{AE}^2 = \overline{AD}^2 + \overline{DE}^2 = 48 + 16 = 64$

05 꼭짓점 A에서 $\overline{BC}$에 내린 수선의 발을 H라 하면

$\overline{BH} = \dfrac{1}{2} \times (11 - 5) = 3$

$\triangle ABH$에서 $\overline{AH}^2 = 5^2 - 3^2 = 16$

∴ $\overline{AH} = 4 \ (\because \overline{AH} > 0)$

따라서 등변사다리꼴 ABCD의 넓이는

$$\dfrac{1}{2} \times (5 + 11) \times 4 = 32$$

06 $\triangle AGC \equiv \triangle HBC$ (SAS 합동)이므로

$\triangle ACH = \triangle HBC = \triangle AGC = \triangle LGC = \triangle LMG$

∴ □ACHI $= 2\triangle ACH = 2\triangle HBC = 2\triangle AGC$

$$= 2\triangle LGC = 2\triangle LMG = \square LMGC$$

07 $\triangle AEH \equiv \triangle BFE \equiv \triangle CGF \equiv \triangle DHG$이므로

□EFGH는 정사각형이다.

□EFGH의 넓이가 $289 \ \text{cm}^2$이므로

$\overline{EH}^2 = 289$　∴ $\overline{EH} = 17 \ \text{cm} \ (\because \overline{EH} > 0)$

$\triangle AEH$에서 $\overline{AH}^2 = \overline{EH}^2 - \overline{AE}^2 = 17^2 - 15^2 = 64$이므로

$\overline{AH} = 8 \ \text{cm} \ (\because \overline{AH} > 0)$

08 ⑤ $a^2 < b^2 + c^2$이면 $\angle A < 90°$이다. 그러나 $\triangle ABC$는 $\angle B$
와 $\angle C$의 크기에 따라 직각삼각형이나 둔각삼각형이 될
수도 있으므로 반드시 예각삼각형이라 할 수 없다.

09 △ABD에서

$\overline{BD}^2=5^2-3^2=16$ ∴ $\overline{BD}=4$ (∵ $\overline{BD}>0$)

$\overline{AB}^2=\overline{AD}\times\overline{AC}$이므로 $5^2=3\times\overline{AC}$ ∴ $\overline{AC}=\dfrac{25}{3}$

∴ △ABC$=\dfrac{1}{2}\times\overline{AC}\times\overline{BD}=\dfrac{1}{2}\times\dfrac{25}{3}\times4=\dfrac{50}{3}$

10 △DBE에서 $\overline{DE}^2=1^2+2^2=5$

△ABC에서 $\overline{AB}=2\overline{BD}=2$, $\overline{BC}=2\overline{BE}=4$이므로

$\overline{AC}^2=2^2+4^2=20$

∴ $\overline{AE}^2+\overline{CD}^2=\overline{AC}^2+\overline{DE}^2=20+5=25$

11 $\overline{AB}^2+\overline{CD}^2=\overline{AD}^2+\overline{BC}^2$이므로

$3^2+5^2=\overline{AD}^2+4^2$ ∴ $\overline{AD}^2=18$

△AOD에서

$\overline{OD}^2=\overline{AD}^2-\overline{AO}^2=18-4=14$

12 △PCD에서 $\overline{DP}^2=6^2-5^2=11$

$\overline{AP}^2+\overline{CP}^2=\overline{BP}^2+\overline{DP}^2$이므로

$6^2+5^2=\overline{BP}^2+11$ ∴ $\overline{BP}^2=50$

13 (색칠한 부분의 넓이)$=$△ABC$=\dfrac{1}{2}\times8\times\overline{AC}=60$

∴ $\overline{AC}=15$ cm

△ABC에서 $\overline{BC}^2=8^2+15^2=289$

∴ $\overline{BC}=17$ cm (∵ $\overline{BC}>0$)

14 △BCP에서 $\overline{CP}^2=15^2-12^2=81$이므로

$\overline{CP}=9$ (∵ $\overline{CP}>0$) ∴ $\overline{DP}=12-9=3$ ┈┈┈┈ ❶

△BCP와 △QDP에서

∠BPC$=$∠QPD(맞꼭지각), ∠BCP$=$∠QDP$=90°$

이므로 △BCP∽△QDP(AA 닮음) ┈┈┈┈ ❷

따라서 $\overline{CP}:\overline{DP}=\overline{BC}:\overline{QD}$이므로

$9:3=12:\overline{QD}$, $9\overline{QD}=36$ ∴ $\overline{QD}=4$ ┈┈┈┈ ❸

∴ △DPQ$=\dfrac{1}{2}\times\overline{QD}\times\overline{DP}=\dfrac{1}{2}\times4\times3=6$ ┈┈┈┈ ❹

단계	채점 기준	비율
❶	$\overline{DP}$의 길이 구하기	30 %
❷	△BCP∽△QDP임을 알기	20 %
❸	$\overline{QD}$의 길이 구하기	30 %
❹	△DPQ의 넓이 구하기	20 %

15 △ABP에서

$\overline{BP}^2=13^2-12^2=25$ ∴ $\overline{BP}=5$ (∵ $\overline{BP}>0$) ┈┈┈ ❶

$\overline{AP}=\overline{CP}$이므로 $\overline{BC}=\overline{BP}+\overline{CP}=5+13=18$ ┈┈┈ ❷

△ABC에서 $\overline{AC}^2=12^2+18^2=468$ ┈┈┈ ❸

$\overline{AQ}=\dfrac{1}{2}\overline{AC}$이므로 $\overline{AQ}^2=\dfrac{1}{4}\overline{AC}^2=\dfrac{1}{4}\times468=117$ ❹

단계	채점 기준	비율
❶	$\overline{BP}$의 길이 구하기	30 %
❷	$\overline{BC}$의 길이 구하기	20 %
❸	$\overline{AC}^2$의 값 구하기	30 %
❹	$\overline{AQ}^2$의 값 구하기	20 %

Ⅲ | 확률

Ⅲ-1 | 경우의 수

1 경우의 수

40 경우의 수 (1)

워크북 67쪽

01 답 (1) 3 (2) 2 (3) 5

(3) $3+2=5$

02 답 20

$14+6=20$

03 답 (1) 4 (2) 5

(1) 홀수의 눈이 나오는 경우는 1, 3, 5의 3가지이고, 2의 눈이 나오는 경우는 1가지이므로 구하는 경우의 수는

$3+1=4$

(2) 4의 약수의 눈이 나오는 경우는 1, 2, 4의 3가지이고, 5 이상의 눈이 나오는 경우는 5, 6의 2가지이므로 구하는 경우의 수는 $3+2=5$

04 답 (1) 7 (2) 10

(1) 나오는 눈의 수의 합이 4인 경우는 (1, 3), (2, 2), (3, 1)의 3가지이고, 9인 경우는 (3, 6), (4, 5), (5, 4), (6, 3)의 4가지이므로 구하는 경우의 수는 $3+4=7$

(2) 나오는 눈의 수의 차가 3이 되는 경우는 (1, 4), (2, 5), (3, 6), (4, 1), (5, 2), (6, 3)의 6가지이고, 차가 4가 되는 경우는 (1, 5), (2, 6), (5, 1), (6, 2)의 4가지이므로 구하는 경우의 수는 $6+4=10$

05 답 ④

4의 배수가 적힌 공이 나오는 경우는 4, 8, 12, 16, 20의 5가지이고, 소수가 적힌 공이 나오는 경우는 2, 3, 5, 7, 11, 13, 17, 19의 8가지이므로 구하는 경우의 수는 $5+8=13$

06 답 3개

(ⅰ) $a=1$, 2일 때, 만족시키는 b의 값은 없다.

(ⅱ) $a=3$일 때, $b=6$

(ⅲ) $a=4$일 때, $b=4$

(ⅳ) $a=5$일 때, $b=2$

(ⅴ) $a=6$일 때, 만족시키는 b의 값은 없다.

(ⅰ)~(ⅴ)에서 주어진 방정식을 만족시키는 순서쌍은 (3, 6), (4, 4), (5, 2)의 3개이다.

07 답 3

사용하는 동전의 개수를 표로 나타내면 다음과 같다.

100원짜리(개)	2	1	0
50원짜리(개)	0	2	4

따라서 200원을 지불하는 경우의 수는 3이다.

08 답 6

사용하는 동전의 개수를 표로 나타내면 다음과 같다.

500원짜리(개)	2	2	2	1	1	1
100원짜리(개)	0	1	2	4	5	6
50원짜리(개)	4	2	0	6	4	2

따라서 1200원을 지불하는 경우의 수는 6이다.

41 경우의 수 (2) 워크북 68쪽

01 답 8

$2 \times 4 = 8$

02 답 (1) 36　(2) 30

(1) 정상까지 올라가는 등산로는 6가지, 정상에서 내려오는 등산로도 6가지이므로 구하는 경우의 수는

$6 \times 6 = 36$

(2) 정상까지 올라가는 등산로는 6가지, 정상에서 내려오는 등산로는 올라간 등산로를 제외한 5가지이므로 구하는 경우의 수는

$6 \times 5 = 30$

03 답 13

A 마을에서 B 마을을 지나 C 마을로 가는 경우의 수는

$3 \times 4 = 12$

A 마을에서 B 마을을 지나지 않고 C 마을로 가는 경우의 수는 1

따라서 구하는 경우의 수는 $12 + 1 = 13$

04 답 15

빵을 고르는 경우의 수는 5이고, 각각에 대하여 음료수를 고르는 경우의 수가 3이므로 구하는 경우의 수는

$5 \times 3 = 15$

05 답 27

상우, 윤호, 혜옥이가 각각 가위, 바위, 보의 3가지를 낼 수 있으므로 구하는 경우의 수는

$3 \times 3 \times 3 = 27$

06 답 (1) 36　(2) 9

(1) $6 \times 6 = 36$

(2) (홀수)$\times$(홀수)$=$(홀수)이고, 주사위 한 개가 홀수의 눈이 나오는 경우는 1, 3, 5의 3가지이므로 구하는 경우의 수는 $3 \times 3 = 9$

07 답 8

동전이 서로 같은 면이 나오는 경우는 (앞면, 앞면), (뒷면, 뒷면)의 2가지이고, 주사위 한 개가 6의 약수의 눈이 나오는 경우는 1, 2, 3, 6의 4가지이므로 구하는 경우의 수는

$2 \times 4 = 8$

08 답 96

동전 한 개를 던질 때 일어나는 모든 경우의 수는 2, 주사위 한 개를 던질 때 일어나는 모든 경우의 수는 6이므로

$a = 2 \times 2 \times 6 = 24$, $b = 2 \times 6 \times 6 = 72$

$\therefore a + b = 24 + 72 = 96$

2 여러 가지 경우의 수

42 한 줄로 세우는 경우의 수 워크북 69~70쪽

01 답 (1) 6　(2) 24

(1) $3 \times 2 \times 1 = 6$

(2) $4 \times 3 \times 2 \times 1 = 24$

02 답 120

5명을 한 줄로 세우는 경우의 수와 같으므로 구하는 경우의 수는

$5 \times 4 \times 3 \times 2 \times 1 = 120$

03 답 720가지

6명을 한 줄로 세우는 경우와 같으므로 구하는 경우의 수는

$6 \times 5 \times 4 \times 3 \times 2 \times 1 = 720$

04 답 ③

(i) e□□□의 꼴 : $3 \times 2 \times 1 = 6$

(ii) ne□□의 꼴 : $2 \times 1 = 2$

따라서 noet는 9번째에 나오므로 note는 10번째에 나온다.

05 답 (1) 20　(2) 60

(1) 5명 중 2명을 뽑아 한 줄로 세우는 경우의 수와 같으므로 구하는 경우의 수는 $5 \times 4 = 20$

(2) 5명 중 3명을 뽑아 한 줄로 세우는 경우의 수와 같으므로 구하는 경우의 수는 $5 \times 4 \times 3 = 60$

06 답 ⑤

7가지의 색 중에서 3가지를 뽑아 한 줄로 세우는 경우의 수와 같으므로 구하는 경우의 수는

$7 \times 6 \times 5 = 210$

07 답 (1) 24　(2) 6　(3) 12

(1) b를 제외한 나머지 4개를 한 줄로 나열하는 경우의 수와 같으므로 구하는 경우의 수는

$4 \times 3 \times 2 \times 1 = 24$

(2) a, e를 제외한 나머지 3개를 한 줄로 나열하는 경우의 수와 같으므로 구하는 경우의 수는

$3 \times 2 \times 1 = 6$

(3) b, d를 제외한 나머지 3개를 한 줄로 나열하는 경우의 수는 $3 \times 2 \times 1 = 6$

이때 b, d의 자리를 바꾸는 경우의 수가 2이므로 구하는 경우의 수는 $6 \times 2 = 12$

08 답 48

(i) 국어 교과서가 맨 앞에 오는 경우
: 나머지 4권의 교과서를 한 줄로 꽂는 경우의 수와 같
으므로 그 경우의 수는
$4 \times 3 \times 2 \times 1 = 24$

(ii) 영어 교과서가 맨 앞에 오는 경우
: 나머지 4권의 교과서를 한 줄로 꽂는 경우의 수와 같
으므로 그 경우의 수는
$4 \times 3 \times 2 \times 1 = 24$

(i), (ii)에서 구하는 경우의 수는 $24 + 24 = 48$

09 답 (1) 48 (2) 36

(1) a, c를 하나로 묶어서 생각하면 4개를 한 줄로 나열하는
경우의 수는 $4 \times 3 \times 2 \times 1 = 24$
이때 a, c가 자리를 바꾸는 경우의 수는 2
따라서 구하는 경우의 수는 $24 \times 2 = 48$

(2) a, c, e를 하나로 묶어서 생각하면 3개를 한 줄로 나열하
는 경우의 수는 $3 \times 2 \times 1 = 6$
이때 a, c, e가 자리를 바꾸는 경우의 수는 $3 \times 2 \times 1 = 6$
따라서 구하는 경우의 수는 $6 \times 6 = 36$

10 답 144

남학생 3명을 하나로 묶어서 생각하면 4명이 한 줄로 서는
경우의 수는
$4 \times 3 \times 2 \times 1 = 24$
이때 남학생 3명이 자리를 바꾸는 경우의 수는
$3 \times 2 \times 1 = 6$
따라서 구하는 경우의 수는 $24 \times 6 = 144$

11 답 12

4명이 한 줄로 서는 경우의 수는 $4 \times 3 \times 2 \times 1 = 24$
준석이와 경민이가 서로 떨어져 서는 경우는 모든 경우의
수에서 두 사람이 이웃하여 서는 경우의 수를 뺀 것과 같다.
준석이와 경민이가 이웃하여 서는 경우의 수는
$(3 \times 2 \times 1) \times 2 = 12$
따라서 구하는 경우의 수는 $24 - 12 = 12$

12 답 ④

국어 참고서 2권, 영어 참고서 4권을 각각 하나로 묶어서
생각하면 2권을 한 줄로 꽂는 경우의 수는 $2 \times 1 = 2$
국어 참고서 2권의 자리를 바꾸는 경우의 수는 $2 \times 1 = 2$
영어 참고서 4권의 자리를 바꾸는 경우의 수는
$4 \times 3 \times 2 \times 1 = 24$
따라서 구하는 경우의 수는 $2 \times 2 \times 24 = 96$

43 | 정수를 만드는 경우의 수   워크북 70쪽

01 답 (1) 42개 (2) 210개

(1) $7 \times 6 = 42$(개)

(2) $7 \times 6 \times 5 = 210$(개)

02 답 (1) 81개 (2) 648개

(1) 십의 자리에는 0을 제외한 9개, 일의 자리에는 십의 자
리에서 사용한 숫자를 제외한 9개의 숫자가 올 수 있으
므로 구하는 정수의 개수는 $9 \times 9 = 81$(개)

(2) 백의 자리에는 0을 제외한 9개, 십의 자리에는 백의 자
리에서 사용한 숫자를 제외한 9개, 일의 자리에는 백의
자리와 십의 자리에서 사용한 숫자를 제외한 8개의 숫
자가 올 수 있으므로 구하는 정수의 개수는
$9 \times 9 \times 8 = 648$(개)

03 답 10개

23 이상인 정수이므로 십의 자리에 올 수 있는 숫자는 2, 3,
4이다.

(i) 2□의 꼴 : 23, 24의 2개

(ii) 3□의 꼴 : 30, 31, 32, 34의 4개

(iii) 4□의 꼴 : 40, 41, 42, 43의 4개

(i), (ii), (iii)에서 구하는 정수의 개수는 $2 + 4 + 4 = 10$(개)

04 답 ④

짝수이려면 일의 자리의 숫자가 0 또는 2 또는 4이어야 한
다.

(i) □□□□0의 꼴 : $4 \times 3 \times 2 \times 1 = 24$(개)

(ii) □□□□2의 꼴 : $3 \times 3 \times 2 \times 1 = 18$(개)

(iii) □□□□4의 꼴 : $3 \times 3 \times 2 \times 1 = 18$(개)

(i), (ii), (iii)에서 구하는 짝수의 개수는
$24 + 18 + 18 = 60$(개)

44 | 대표를 뽑는 경우의 수   워크북 71쪽

01 답 (1) 42 (2) 210

(1) 7명 중에서 자격이 다른 대표 2명을 뽑는 경우의 수이므로
$7 \times 6 = 42$

(2) 7명 중에서 자격이 다른 대표 3명을 뽑는 경우의 수이므로
$7 \times 6 \times 5 = 210$

02 답 12

연아를 제외한 나머지 4명 중에서 자격이 다른 대표 2명을
뽑는 경우의 수이므로 $4 \times 3 = 12$

03 답 (1) 28 (2) 56

(1) $\dfrac{8 \times 7}{2} = 28$

(2) $\dfrac{8 \times 7 \times 6}{3 \times 2 \times 1} = 56$

04 답 15번

6명 중에서 자격이 같은 대표 2명을 뽑는 경우의 수와 같으
므로 모두 $\dfrac{6 \times 5}{2} = 15$(번)의 시합이 이루어진다.

05 답 10

5개 중에서 자격이 같은 3개를 뽑는 경우의 수와 같으므로
구하는 경우의 수는 $\dfrac{5 \times 4 \times 3}{3 \times 2 \times 1} = 10$

06 답 120

여학생 4명 중에서 자격이 같은 2명을 뽑는 경우의 수이므로
$$\frac{4\times3}{2}=6 \qquad \cdots\cdots \text{㉠}$$
남학생 6명 중에서 자격이 같은 3명을 뽑는 경우의 수이므로
$$\frac{6\times5\times4}{3\times2\times1}=20 \qquad \cdots\cdots \text{㉡}$$
㉠, ㉡에서 구하는 경우의 수는 $6\times20=120$

07 답 (1) 21개 (2) 35개

(1) 7개의 점 중에서 순서에 관계없이 2개의 점을 연결하여 만들 수 있는 선분의 개수는
$$\frac{7\times6}{2}=21(\text{개})$$

(2) 7개의 점 중에서 순서에 관계없이 3개의 점을 연결하여 만들 수 있는 삼각형의 개수는
$$\frac{7\times6\times5}{3\times2\times1}=35(\text{개})$$

08 답 ②

6개의 점 중에서 순서에 관계없이 3개의 점을 연결하여 만들 수 있는 삼각형의 개수는 $\dfrac{6\times5\times4}{3\times2\times1}=20(\text{개})$

이때 한 직선 위에 있는 세 점 A, B, C로는 삼각형을 만들 수 없으므로 세 점 A, B, C를 선택하는 경우는 제외해야 한다. 따라서 구하는 삼각형의 개수는
$20-1=19(\text{개})$

단원 마무리 워크북 72~73쪽

01 ③	02 ②	03 ⑤	04 ②	05 ③
06 ②	07 ①	08 ②	09 ③	10 ②
11 ②	12 20	13 16개	14 96가지	15 9명

01 두 개의 주사위의 눈의 수의 합이 5의 배수인 경우는 두 눈의 수의 합이 5 또는 10인 경우이다.

두 눈의 수의 합이 5인 경우는 (1, 4), (2, 3), (3, 2), (4, 1)의 4가지

두 눈의 수의 합이 10인 경우는 (4, 6), (5, 5), (6, 4)의 3가지

따라서 구하는 경우의 수는 $4+3=7$

02 $a=6+2=8$, $b=7\times2=14$
$\therefore a+b=8+14=22$

03 ① 나오는 눈의 수가 같은 경우는 (1, 1), (2, 2), (3, 3), (4, 4), (5, 5), (6, 6)의 6가지이므로 그 경우의 수는 6

② 나오는 눈의 수가 다른 경우의 수는 모든 경우의 수에서 나온 눈의 수가 같은 경우의 수를 뺀 것이므로
$36-6=30$

③ 나오는 눈의 수의 합이 6인 경우는 (1, 5), (2, 4), (3, 3), (4, 2), (5, 1)의 5가지이므로 그 경우의 수는 5

④ 나오는 눈의 수의 차가 1인 경우는 (1, 2), (2, 3), (3, 4), (4, 5), (5, 6), (6, 5), (5, 4), (4, 3), (3, 2), (2, 1)의 10가지이므로 그 경우의 수는 10

⑤ 나오는 눈의 수의 곱이 8인 경우는 (2, 4), (4, 2)의 2가지이므로 그 경우의 수는 2

따라서 경우의 수가 가장 작은 것은 ⑤이다.

04 5의 배수가 나오는 경우는 5, 10, 15, 20의 4가지
16의 약수가 나오는 경우는 1, 2, 4, 8, 16의 5가지
따라서 구하는 경우의 수는 $4+5=9$

05 가위바위보를 내는 경우를 (지영, 수빈, 영주)로 나타낼 때, 지영이가 이기는 경우는
(가위, 가위, 보), (가위, 보, 가위), (가위, 보, 보),
(바위, 바위, 가위), (바위, 가위, 바위), (바위, 가위, 가위),
(보, 보, 바위), (보, 바위, 보), (보, 바위, 바위)
의 9가지이므로 구하는 경우의 수는 9이다.

06 50원짜리, 100원짜리, 500원짜리 동전으로 1750원을 지불하는 방법을 표로 나타내면 다음과 같다.

500원짜리(개)	3	3	3	2
100원짜리(개)	2	1	0	5
50원짜리(개)	1	3	5	5

따라서 구하는 경우의 수는 4이다.

07 모든 경우의 수는 $6\times6=36$
3의 배수의 눈이 나오는 경우는 3, 6의 2가지이므로 주사위 두 개 모두 3의 배수가 아닌 눈이 나오는 경우의 수는
$4\times4=16$
따라서 적어도 하나는 3의 배수의 눈이 나오는 경우의 수는
(모든 경우의 수)
$-$(두 개 모두 3의 배수가 아닌 눈이 나오는 경우의 수)
$=36-16=20$

08 B의 자리는 정해졌으므로 제외하고 C, D를 하나로 묶어서 생각하면 4명이 한 줄로 서는 경우의 수는
$4\times3\times2\times1=24$
이때 C, D가 자리를 바꾸는 경우의 수는 2
따라서 구하는 경우의 수는 $24\times2=48$

09 홀수이려면 일의 자리의 숫자가 1 또는 3이어야 한다.
(ⅰ) □1의 꼴 : 21, 31, 41의 3개
(ⅱ) □3의 꼴 : 13, 23, 43의 3개
(ⅰ), (ⅱ)에서 구하는 홀수의 개수는 $3+3=6(\text{개})$

10 300 미만인 정수는 백의 자리 숫자가 1 또는 2이어야 한다.
(ⅰ) 1□□의 꼴 : $4\times3=12(\text{개})$
(ⅱ) 2□□의 꼴 : $4\times3=12(\text{개})$
(ⅰ), (ⅱ)에서 구하는 정수의 개수는 $12+12=24(\text{개})$

11 윷가락 4개 중에서 등(또는 배) 2개를 뽑으면 된다. 즉, 4개 중에서 자격이 같은 2개를 뽑는 경우의 수이므로

$$\frac{4 \times 3}{2} = 6$$

12 명수는 반드시 반장이 되므로 나머지 5명의 학생 중에서 부반장 1명과 총무 1명을 뽑으면 된다.

따라서 구하는 경우의 수는 $5 \times 4 = 20$

13 6개의 점 중에서 순서에 관계없이 3개의 점을 연결하여 만들 수 있는 삼각형의 개수는

$$\frac{6 \times 5 \times 4}{3 \times 2 \times 1} = 20(개)$$

직선 m 위의 4개의 점은 한 직선 위에 있으므로 이들로는 삼각형을 만들 수 없다. 즉, 4개의 점 중에서 순서에 관계없이 3개의 점을 선택하는 경우의 수는

$$\frac{4 \times 3 \times 2}{3 \times 2 \times 1} = 4(개)$$

따라서 만들 수 있는 삼각형의 개수는 $20 - 4 = 16(개)$

| 다른 풀이 | (i) 직선 l 위의 한 점과 직선 m 위의 두 점을 이어서 만드는 경우: $2 \times \dfrac{4 \times 3}{2} = 12(개)$

(iii) 직선 l 위의 두 점과 직선 m 위의 한 점을 이어서 만드는 경우: $1 \times 4 = 4(개)$

(i), (iii)에서 만들 수 있는 삼각형의 개수는
$12 + 4 = 16(개)$

14 A, B, C, D, E의 순서로 색을 칠하면
A에 칠할 수 있는 색은 4가지,
B에 칠할 수 있는 색은 A에 칠한 색을 제외한 3가지,
C에 칠할 수 있는 색은 A, B에 칠한 색을 제외한 2가지,
D에 칠할 수 있는 색은 A, C에 칠한 색을 제외한 2가지,
E에 칠할 수 있는 색은 C, D에 칠한 색을 제외한 2가지이다. ……❶

따라서 구하는 경우의 수는 $4 \times 3 \times 2 \times 2 \times 2 = 96(가지)$ … ❷

단계	채점 기준	비율
❶	A, B, C, D, E에 칠할 수 있는 색의 가짓수 구하기	각 15 %
❷	서로 다른 색을 칠하는 경우의 수 구하기	25 %

15 모둠원의 수를 n명이라 하면 악수한 총 횟수는 n명 중에서 자격이 같은 2명을 뽑는 경우의 수와 같으므로 $\dfrac{n(n-1)}{2}$ ……❶

악수가 총 36번 이루어졌으므로

$$\frac{n(n-1)}{2} = 36 \cdots \cdots ❷$$

$n(n-1) = 72 = 9 \times 8 \qquad \therefore n = 9$

따라서 희선이네 모둠원은 모두 9명이다.

단계	채점 기준	비율
❶	악수한 횟수를 모둠원의 수에 대한 식으로 나타내기	40 %
❷	희선이네 모둠원이 모두 몇 명인지 구하기	60 %

III-2 | 확률의 계산

1 확률의 뜻과 성질

45 확률의 뜻
워크북 74쪽

01 답 $\dfrac{1}{6}$

전체 30일 중에서 월요일이 5일 있으므로 구하는 확률은

$$\frac{5}{30} = \frac{1}{6}$$

02 답 $\dfrac{1}{9}$

모든 경우의 수는 $6 \times 6 = 36$

두 눈의 수의 합이 9인 경우는 $(3, 6), (4, 5), (5, 4),$

$(6, 3)$의 4가지이므로 구하는 확률은 $\dfrac{4}{36} = \dfrac{1}{9}$

03 답 (1) $\dfrac{1}{4}$ (2) $\dfrac{3}{8}$

모든 경우의 수는 $2 \times 2 \times 2 \times 2 = 16$

(1) 앞면이 1개 나오는 경우

(앞, 뒤, 뒤, 뒤), (뒤, 앞, 뒤, 뒤), (뒤, 뒤, 앞, 뒤),

(뒤, 뒤, 뒤, 앞)의 4가지이므로 구하는 확률은 $\dfrac{4}{16} = \dfrac{1}{4}$

(2) 앞면이 2개 나오는 경우

(앞, 앞, 뒤, 뒤), (앞, 뒤, 앞, 뒤), (앞, 뒤, 뒤, 앞),

(뒤, 앞, 앞, 뒤), (뒤, 앞, 뒤, 앞), (뒤, 뒤, 앞, 앞)

의 6가지이므로 구하는 확률은 $\dfrac{6}{16} = \dfrac{3}{8}$

04 답 8

주머니 속에 들어 있는 바둑돌 전체의 개수는 $(x+4)$이고, 흰 바둑돌이 나올 확률이 $\dfrac{1}{3}$이므로 $\dfrac{4}{x+4} = \dfrac{1}{3}$

즉, $x + 4 = 12 \qquad \therefore x = 8$

05 답 $\dfrac{1}{4}$

모든 경우의 수는 $6 \times 6 = 36$

$3x - y \le 2$, 즉 $y \ge 3x - 2$를 만족하는 순서쌍 (x, y)는

$(1, 1), (1, 2), (1, 3), (1, 4), (1, 5), (1, 6),$

$(2, 4), (2, 5), (2, 6)$의 9개

따라서 구하는 확률은 $\dfrac{9}{36} = \dfrac{1}{4}$

06 답 ③

9명 중에서 청소 당번 2명을 뽑는 경우의 수는

$$\frac{9 \times 8}{2} = 36$$

남학생 6명 중에서 청소 당번 2명을 뽑는 경우의 수는

$\dfrac{6 \times 5}{2} = 15$이므로 구하는 확률은 $\dfrac{15}{36} = \dfrac{5}{12}$

07 답 ①

A, B, C, D, E가 한 줄로 서는 경우의 수는

$5 \times 4 \times 3 \times 2 \times 1 = 120$

A와 B가 이웃하여 서는 경우의 수는

$(4 \times 3 \times 2 \times 1) \times 2 = 48$

따라서 구하는 확률은 $\dfrac{48}{120} = \dfrac{2}{5}$

08 탑 $\dfrac{1}{5}$

만들 수 있는 두 자리의 자연수의 개수는 $5 \times 4 = 20$(개)

20 이하의 자연수는 12, 13, 14, 15의 4개

따라서 구하는 확률은 $\dfrac{4}{20} = \dfrac{1}{5}$

46 확률의 성질　워크북 75쪽

01 탑 (1) 1　(2) 0

(1) 6 이하의 눈이 나오는 경우는 1, 2, 3, 4, 5, 6의 6가지이

므로 구하는 확률은 $\dfrac{6}{6} = 1$

(2) 7의 눈은 나올 수 없으므로 구하는 확률은 $\dfrac{0}{6} = 0$

02 탑 ④

④ $q=1$이면 $p=0$이므로 사건 A는 절대로 일어나지 않는다.

03 탑 ④

각각의 확률은 다음과 같다.

① $\dfrac{5}{6}$　② 0　③ 0　④ 1　⑤ $\dfrac{1}{4}$

따라서 확률이 1인 것은 ④이다.

04 탑 $\dfrac{43}{50}$

불량품이 나올 확률은 $\dfrac{7}{50}$이므로 구하는 확률은

$1 - \dfrac{7}{50} = \dfrac{43}{50}$

05 탑 $\dfrac{4}{5}$

5의 배수는 5, 10, 15, 20, 25의 5개이므로 5의 배수가 적

힌 구슬이 나올 확률은 $\dfrac{5}{25} = \dfrac{1}{5}$

따라서 구하는 확률은 $1 - \dfrac{1}{5} = \dfrac{4}{5}$

06 탑 (1) 16　(2) $\dfrac{1}{16}$　(3) $\dfrac{15}{16}$

(1) $2 \times 2 \times 2 \times 2 = 16$

(2) 모두 뒷면이 나오는 경우는 1가지이므로 $\dfrac{1}{16}$

(3) (적어도 하나는 앞면이 나올 확률)

　$= 1 - $(모두 뒷면이 나올 확률)

　$= 1 - \dfrac{1}{16} = \dfrac{15}{16}$

07 탑 ⑤

답을 쓰는 모든 경우의 수는 $2 \times 2 \times 2 = 8$

세 문제를 모두 틀리는 경우는 1가지이므로 모두 틀릴 확률

은 $\dfrac{1}{8}$이므로 $1 - $(세 문제를 모두 틀릴 확률)$= 1 - \dfrac{1}{8} = \dfrac{7}{8}$

08 탑 $\dfrac{9}{14}$

모든 경우의 수는 $\dfrac{8 \times 7}{2} = 28$

여학생 5명 중에서 대표 2명을 뽑는 경우의 수는

$\dfrac{5 \times 4}{2} = 10$이고, 그 확률은 $\dfrac{10}{28} = \dfrac{5}{14}$

따라서 적어도 한 명은 남학생이 뽑힐 확률은

$1 - $(2명 모두 여학생이 뽑힐 확률)$= 1 - \dfrac{5}{14} = \dfrac{9}{14}$

2 확률의 계산

47 확률의 계산 (1)　워크북 76~77쪽

01 탑 (1) $\dfrac{3}{10}$　(2) $\dfrac{1}{10}$　(3) $\dfrac{2}{5}$

(1) 3의 배수는 3, 6, 9, 12, 15, 18의 6개이므로 구하는 확률

은 $\dfrac{6}{20} = \dfrac{3}{10}$

(2) 7의 배수는 7, 14의 2개이므로 구하는 확률은 $\dfrac{2}{20} = \dfrac{1}{10}$

(3) 3의 배수 또는 7의 배수가 적힌 카드를 뽑을 확률은

　$\dfrac{3}{10} + \dfrac{1}{10} = \dfrac{4}{10} = \dfrac{2}{5}$

02 탑 ③

만들 수 있는 두 자리의 자연수의 개수는 $4 \times 4 = 16$(개)

12 이하인 수는 10, 12의 2개이므로 12 이하일 확률은

$\dfrac{2}{16} = \dfrac{1}{8}$

32 이상인 수는 32, 34, 40, 41, 42, 43의 6개이므로 32 이

상일 확률은 $\dfrac{6}{16} = \dfrac{3}{8}$

따라서 구하는 확률은 $\dfrac{1}{8} + \dfrac{3}{8} = \dfrac{4}{8} = \dfrac{1}{2}$

03 탑 $\dfrac{7}{15}$

6명 중에서 대표 2명을 뽑는 경우의 수는 $\dfrac{6 \times 5}{2} = 15$

2명 모두 남학생이 뽑히는 경우의 수는 1이므로 그 확률은

$\dfrac{1}{15}$

2명 모두 여학생이 뽑히는 경우의 수는 $\dfrac{4 \times 3}{2} = 6$이므로 그

확률은 $\dfrac{6}{15}$

따라서 구하는 확률은 $\dfrac{1}{15} + \dfrac{6}{15} = \dfrac{7}{15}$

04 탑 $\dfrac{5}{8}$

모든 경우의 수는 $2 \times 2 \times 2 \times 2 = 16$

도가 나오는 경우는 (배, 등, 등, 등), (등, 배, 등, 등),

(등, 등, 배, 등), (등, 등, 등, 배)의 4가지이므로 그 확률은

$\dfrac{4}{16} = \dfrac{1}{4}$

개가 나오는 경우는 (배, 배, 등, 등), (배, 등, 배, 등),
(배, 등, 등, 배), (등, 배, 배, 등), (등, 배, 등, 배),
(등, 등, 배, 배)의 6가지이므로 그 확률은 $\frac{6}{16}=\frac{3}{8}$

따라서 구하는 확률은 $\frac{1}{4}+\frac{3}{8}=\frac{5}{8}$

05 답 (1) $\frac{2}{3}$ (2) $\frac{1}{2}$ (3) $\frac{1}{3}$

(1) 6의 약수의 눈이 나오는 경우는 1, 2, 3, 6의 4가지이므
로 구하는 확률은 $\frac{4}{6}=\frac{2}{3}$

(2) 소수의 눈이 나오는 경우는 2, 3, 5의 3가지이므로 구하
는 확률은 $\frac{3}{6}=\frac{1}{2}$

(3) 첫 번째에는 6의 약수의 눈이 나오고, 두 번째에는 소수
의 눈이 나올 확률은 $\frac{2}{3}\times\frac{1}{2}=\frac{1}{3}$

06 답 $\frac{3}{25}$

내일과 모레 이틀 연속 비가 올 확률은 $\frac{2}{5}\times\frac{3}{10}=\frac{3}{25}$

07 답 $\frac{1}{9}$

모든 경우의 수는 $3\times3=9$

가위바위보를 내는 경우를 (미영, 도현)으로 나타낼 때,
비기는 경우는 (가위, 가위), (바위, 바위), (보, 보)의 3가지
이므로 비길 확률은 $\frac{3}{9}=\frac{1}{3}$

도현이가 이기는 경우는 (가위, 바위), (바위, 보),
(보, 가위)의 3가지이므로 도현이가 이길 확률은 $\frac{3}{9}=\frac{1}{3}$

따라서 구하는 확률은 $\frac{1}{3}\times\frac{1}{3}=\frac{1}{9}$

08 답 (1) $\frac{2}{3}$ (2) $\frac{4}{15}$

(1) $1-\frac{1}{3}=\frac{2}{3}$

(2) $\left(1-\frac{1}{3}\right)\times\frac{2}{5}=\frac{2}{3}\times\frac{2}{5}=\frac{4}{15}$

09 답 $\frac{41}{56}$

A 주머니에서 검은 공을 꺼낼 확률은 $\frac{3}{7}$, B 주머니에서 검
은 공을 꺼낼 확률은 $\frac{5}{8}$이므로 두 주머니에서 모두 검은 공
을 꺼낼 확률은

$\frac{3}{7}\times\frac{5}{8}=\frac{15}{56}$

따라서 적어도 하나는 흰 공을 꺼낼 확률은

$1-$(모두 검은 공을 꺼낼 확률)$=1-\frac{15}{56}=\frac{41}{56}$

10 답 $\frac{11}{21}$

둘 중 한 사람이라도 약속 장소에 나가지 않으면 두 사람은
만날 수 없다. 따라서 두 사람이 만나지 못할 확률은 적어
도 한 사람이 약속 장소에 나가지 않을 확률과 같다.

민규와 유미가 약속 장소에 나갈 확률은 각각

$1-\frac{2}{7}=\frac{5}{7}$, $1-\frac{1}{3}=\frac{2}{3}$

이므로 두 사람이 만날 확률은 $\frac{5}{7}\times\frac{2}{3}=\frac{10}{21}$

따라서 두 사람이 만나지 못할 확률은

$1-$(두 사람이 만날 확률)$=1-\frac{10}{21}=\frac{11}{21}$

11 답 $\frac{25}{28}$

게임에서 지는 경우는 두 사람 모두 공을 넣지 못하는 경우
이므로 그 확률은

$\left(1-\frac{4}{7}\right)\times\left(1-\frac{3}{4}\right)=\frac{3}{7}\times\frac{1}{4}=\frac{3}{28}$

따라서 게임에서 이길 확률은

$1-$(게임에서 질 확률)$=1-\frac{3}{28}=\frac{25}{28}$

12 답 (1) $\frac{9}{32}$ (2) $\frac{5}{32}$ (3) $\frac{7}{16}$

(1) $\frac{3}{8}\times\frac{6}{8}=\frac{9}{32}$ (2) $\frac{5}{8}\times\frac{2}{8}=\frac{5}{32}$

(3) $\frac{9}{32}+\frac{5}{32}=\frac{14}{32}=\frac{7}{16}$

13 답 $\frac{1}{4}$

세 개 모두 앞면이 나올 확률은 $\frac{1}{2}\times\frac{1}{2}\times\frac{1}{2}=\frac{1}{8}$

세 개 모두 뒷면이 나올 확률은 $\frac{1}{2}\times\frac{1}{2}\times\frac{1}{2}=\frac{1}{8}$

따라서 구하는 확률은 $\frac{1}{8}+\frac{1}{8}=\frac{2}{8}=\frac{1}{4}$

14 답 ①

A 문제만 맞힐 확률은 $\frac{3}{4}\times\left(1-\frac{4}{5}\right)=\frac{3}{4}\times\frac{1}{5}=\frac{3}{20}$

B 문제만 맞힐 확률은 $\left(1-\frac{3}{4}\right)\times\frac{4}{5}=\frac{1}{4}\times\frac{4}{5}=\frac{1}{5}$

따라서 구하는 확률은 $\frac{3}{20}+\frac{1}{5}=\frac{7}{20}$

15 답 $\frac{5}{18}$

첫 번째에 2의 눈이 나오고, 두 번째에 2 이외의 눈이 나올
확률은 $\frac{1}{6}\times\frac{5}{6}=\frac{5}{36}$

첫 번째에 2 이외의 눈이 나오고, 두 번째에 2의 눈이 나올
확률은 $\frac{5}{6}\times\frac{1}{6}=\frac{5}{36}$

따라서 구하는 확률은 $\frac{5}{36}+\frac{5}{36}=\frac{10}{36}=\frac{5}{18}$

16 답 $\frac{41}{49}$

토요일에 눈이 오고 일요일에 눈이 오지 않을 확률은

$\frac{1}{7}\times\left(1-\frac{1}{7}\right)=\frac{1}{7}\times\frac{6}{7}=\frac{6}{49}$

토요일에 눈이 오지 않고 일요일에도 눈이 오지 않을 확률은

$\left(1-\frac{1}{7}\right)\times\left(1-\frac{1}{6}\right)=\frac{6}{7}\times\frac{5}{6}=\frac{5}{7}$

따라서 구하는 확률은 $\frac{6}{49}+\frac{5}{7}=\frac{41}{49}$

01 답 $\dfrac{9}{49}$

첫 번째에 검은 공이 나올 확률은 $\dfrac{3}{7}$이고, 두 번째에 검은 공이 나올 확률도 $\dfrac{3}{7}$이므로 구하는 확률은 $\dfrac{3}{7} \times \dfrac{3}{7} = \dfrac{9}{49}$

02 답 $\dfrac{4}{25}$

첫 번째에 당첨 제비를 뽑을 확률은 $\dfrac{2}{10} = \dfrac{1}{5}$이고, 두 번째에 당첨 제비를 뽑지 않을 확률은 $\dfrac{8}{10} = \dfrac{4}{5}$이므로 구하는 확률은 $\dfrac{1}{5} \times \dfrac{4}{5} = \dfrac{4}{25}$

03 답 (1) $\dfrac{1}{4}$ (2) $\dfrac{1}{5}$

(1) 첫 번째, 두 번째에 모두 홀수를 뽑을 확률이 $\dfrac{3}{6} = \dfrac{1}{2}$이므로 구하는 확률은 $\dfrac{1}{2} \times \dfrac{1}{2} = \dfrac{1}{4}$

(2) 첫 번째에 홀수를 뽑을 확률은 $\dfrac{3}{6} = \dfrac{1}{2}$

남은 카드는 5장에서 홀수는 2장이므로 두 번째에 홀수를 뽑을 확률은 $\dfrac{2}{5}$

따라서 구하는 확률은 $\dfrac{1}{2} \times \dfrac{2}{5} = \dfrac{1}{5}$

04 답 $\dfrac{5}{12}$

2개 모두 불량품이 아닐 확률은 $\dfrac{7}{9} \times \dfrac{6}{8} = \dfrac{7}{12}$

따라서 적어도 한 개의 제품이 불량품일 확률은

1－(2개 모두 불량품이 아닐 확률)$= 1 - \dfrac{7}{12} = \dfrac{5}{12}$

05 답 $\dfrac{3}{5}$

유리가 검은 공을 꺼내는 경우는 다음과 같다.

(i) 진수가 흰 공을 꺼낼 때: 진수가 흰 공을 꺼낼 확률은 $\dfrac{4}{10}$이고, 검은 공은 그대로 6개가 들어 있으므로 유리가 검은 공을 꺼낼 확률은 $\dfrac{4}{10} \times \dfrac{6}{9} = \dfrac{4}{15}$

(ii) 진수가 검은 공을 꺼낼 때: 진수가 검은 공을 꺼낼 확률은 $\dfrac{6}{10}$이고, 검은 공은 5개가 남았으므로 유리가 검은 공을 꺼낼 확률은 $\dfrac{6}{10} \times \dfrac{5}{9} = \dfrac{1}{3}$

(i), (ii)에서 구하는 확률은 $\dfrac{4}{15} + \dfrac{1}{3} = \dfrac{9}{15} = \dfrac{3}{5}$

06 답 $\dfrac{3}{5}$

남길이가 이기는 경우는 다음과 같다.

(i) 남길이가 첫 번째에 당첨 제비를 뽑는 경우 구하는 확률은 $\dfrac{2}{5}$

(ii) 남길이가 세 번째에 당첨 제비를 뽑는 경우 구하는 확률은 $\dfrac{3}{5} \times \dfrac{2}{4} \times \dfrac{2}{3} = \dfrac{1}{5}$

(i), (ii)에서 구하는 확률은 $\dfrac{2}{5} + \dfrac{1}{5} = \dfrac{3}{5}$

07 답 $\dfrac{5}{9}$

전체 과녁의 넓이는 $\pi \times 3^2 = 9\pi \, (\text{cm}^2)$

8점에 해당하는 부분의 넓이는

$\pi \times 3^2 - \pi \times 2^2 = 9\pi - 4\pi = 5\pi \, (\text{cm}^2)$

따라서 8점을 얻을 확률은 $\dfrac{5\pi}{9\pi} = \dfrac{5}{9}$

08 답 $\dfrac{5}{8}$

2의 배수는 2, 4, 6, 8의 4개이므로 2의 배수가 적힌 부분을 맞힐 확률은 $\dfrac{4}{8}$이고, 5의 배수는 5의 1개이므로 5의 배수가 적힌 부분을 맞힐 확률은 $\dfrac{1}{8}$이다.

따라서 구하는 확률은 $\dfrac{4}{8} + \dfrac{1}{8} = \dfrac{5}{8}$

09 답 $\dfrac{20}{81}$

소수는 2, 3, 5, 7의 4개이므로 소수가 적힌 부분을 맞힐 확률은 $\dfrac{4}{9}$이고, 12의 약수는 1, 2, 3, 4, 6의 5개이므로 12의 약수가 적힌 부분을 맞힐 확률은 $\dfrac{5}{9}$이다.

따라서 구하는 확률은 $\dfrac{4}{9} \times \dfrac{5}{9} = \dfrac{20}{81}$

단원 마무리   워크북 79~80쪽

01 ②	02 ①, ⑤	03 ④	04 $\dfrac{5}{12}$	05 ③
06 ②	07 ③	08 ⑤	09 $\dfrac{29}{30}$	10 ③
11 $\dfrac{16}{45}$	12 $\dfrac{3}{10}$	13 (1) $\dfrac{1}{25}$ (2) $\dfrac{9}{25}$		14 $\dfrac{1}{9}$

01 전체 학생 수는 $12+16+7+5 = 40$(명)

혈액형이 AB형인 학생 수는 7명

따라서 뽑힌 학생의 혈액형이 AB형일 확률은 $\dfrac{7}{40}$이다.

02 ② 1이 적힌 구슬이 나올 확률은 $\dfrac{1}{5}$이다.

③ 2가 적힌 구슬이 나올 확률은 $\dfrac{1}{5}$이다.

④ 5 이상의 수는 5의 1개이므로 5 이상의 수가 적힌 구슬이 나올 확률은 $\dfrac{1}{5}$이다.

따라서 옳은 것은 ①, ⑤이다.

03 모든 경우의 수는 $6 \times 6 \times 6 = 216$

모두 같은 눈이 나오는 경우는 (1, 1, 1), (2, 2, 2), …, (6, 6, 6)의 6가지이므로 구하는 확률은 $\dfrac{6}{216} = \dfrac{1}{36}$

04 모든 경우의 수는 $6 \times 6 = 36$, $\dfrac{x}{y} < 1$에서 $x < y$이다.

(i) $x=1$일 때, y는 2, 3, 4, 5, 6의 5가지

(ii) $x=2$일 때, y는 3, 4, 5, 6의 4가지

(iii) $x=3$일 때, y는 4, 5, 6의 3가지

(iv) $x=4$일 때, y는 5, 6의 2가지

(v) $x=5$일 때, y는 6의 1가지

(i)~(v)에서 $x<y$인 경우의 수는 $5+4+3+2+1=15$

따라서 구하는 확률은 $\dfrac{15}{36}=\dfrac{5}{12}$

05 모든 경우의 수는 $2\times2\times2=8$

동전의 앞면이 나오는 횟수를 a번, 뒷면이 나오는 횟수를 b번이라 하면 동전을 3번 던지므로 $a+b=3$ ······ ㉠

점 P가 -1인 점에서 출발하여 2인 점까지 오려면 오른쪽으로 3만큼 이동해야 하므로 $2a-b=3$ ······ ㉡

㉠, ㉡을 연립하여 풀면 $a=2$, $b=1$

따라서 동전의 앞면이 2번, 뒷면이 1번 나와야 한다.

이를 만족하는 경우는 (앞, 앞, 뒤), (앞, 뒤, 앞), (뒤, 앞, 앞)의 3가지이므로 구하는 확률은 $\dfrac{3}{8}$

06 모든 경우의 수는 $2\times2\times2\times2=16$

(i) 동전의 앞면이 1번 나오는 경우

(앞, 뒤, 뒤, 뒤), (뒤, 앞, 뒤, 뒤), (뒤, 뒤, 앞, 뒤),

(뒤, 뒤, 뒤, 앞)의 4가지이므로 이때의 확률은 $\dfrac{4}{16}$

(ii) 동전의 앞면이 4번 나오는 경우

(앞, 앞, 앞, 앞)의 1가지이므로 이때의 확률은 $\dfrac{1}{16}$

(i), (ii)에서 구하는 확률은 $\dfrac{4}{16}+\dfrac{1}{16}=\dfrac{5}{16}$

07 A, B, C, D의 4명을 한 줄로 세우는 경우의 수는

$4\times3\times2\times1=24$

3명을 뽑아 한 줄로 세울 때,

(i) B가 맨 앞에 서는 경우의 수는 B를 제외한 3명 중에서 2명을 뽑아 한 줄로 세우는 경우의 수와 같으므로

$3\times2=6$

따라서 이때의 확률은 $\dfrac{6}{24}=\dfrac{1}{4}$

(ii) D가 맨 앞에 서는 경우의 수는 D를 제외한 3명 중에서 2명을 뽑아 한 줄로 세우는 경우의 수와 같으므로

$3\times2=6$

따라서 이때의 확률은 $\dfrac{6}{24}=\dfrac{1}{4}$

(i), (ii)에서 구하는 확률은 $\dfrac{1}{4}+\dfrac{1}{4}=\dfrac{1}{2}$

08 첫 번째에 검은 공이 나올 확률은 $\dfrac{5}{9}$

두 번째에 흰 공이 나올 확률은 $\dfrac{4}{9}$

따라서 구하는 확률은 $\dfrac{5}{9}\times\dfrac{4}{9}=\dfrac{20}{81}$

09 (참새가 총에 맞을 확률)

$=1-$(세 명 모두 참새를 맞히지 못할 확률)

$=1-\left(1-\dfrac{2}{3}\right)\times\left(1-\dfrac{3}{5}\right)\times\left(1-\dfrac{3}{4}\right)$

$=1-\dfrac{1}{3}\times\dfrac{2}{5}\times\dfrac{1}{4}=1-\dfrac{1}{30}=\dfrac{29}{30}$

10 (i) 지훈이는 성공하고 태희는 실패할 확률

$\dfrac{5}{7}\times\left(1-\dfrac{7}{9}\right)=\dfrac{5}{7}\times\dfrac{2}{9}=\dfrac{10}{63}$

(ii) 지훈이는 실패하고 태희는 성공할 확률은

$\left(1-\dfrac{5}{7}\right)\times\dfrac{7}{9}=\dfrac{2}{7}\times\dfrac{7}{9}=\dfrac{14}{63}$

(i), (ii)에서 구하는 확률은 $\dfrac{10}{63}+\dfrac{14}{63}=\dfrac{24}{63}=\dfrac{8}{21}$

11 (i) 규현이는 당첨되고 국진이는 낙첨되지 않을 확률

$\dfrac{2}{10}\times\dfrac{8}{9}=\dfrac{8}{45}$

(ii) 규현이는 당첨되지 않고 국진이는 당첨될 확률

$\dfrac{8}{10}\times\dfrac{2}{9}=\dfrac{8}{45}$

(i), (ii)에서 구하는 확률은 $\dfrac{8}{45}+\dfrac{8}{45}=\dfrac{16}{45}$

12 왼쪽 과녁에서 홀수는 1, 3, 5, 7이므로 홀수가 적힌 부분을 맞힐 확률은 $\dfrac{1}{2}$, 오른쪽 과녁에서 홀수는 1, 3, 5이므로 홀수가 적힌 부분을 맞힐 확률은 $\dfrac{3}{5}$

따라서 구하는 확률은 $\dfrac{1}{2}\times\dfrac{3}{5}=\dfrac{3}{10}$

13 (1) 각 문제를 맞힐 확률은 $\dfrac{1}{5}$이다. ······ ❶

따라서 두 문제 모두 맞힐 확률은

$\dfrac{1}{5}\times\dfrac{1}{5}=\dfrac{1}{25}$ ······ ❷

(2) 각 문제를 틀릴 확률은 $1-\dfrac{1}{5}=\dfrac{4}{5}$이므로 두 문제 모두 틀릴 확률은 $\dfrac{4}{5}\times\dfrac{4}{5}=\dfrac{16}{25}$ ······ ❸

따라서 적어도 한 문제는 맞힐 확률은

$1-\dfrac{16}{25}=\dfrac{9}{25}$ ······ ❹

단계	채점 기준	비율
❶	각 문제를 맞힐 확률 구하기	20 %
❷	두 문제 모두 맞힐 확률 구하기	30 %
❸	두 문제 모두 틀릴 확률 구하기	30 %
❹	적어도 한 문제는 맞힐 확률 구하기	20 %

14 점 P가 점 A에 놓이려면 주사위의 눈이 3 또는 6이 나와야 하므로 첫 번째에 점 P가 점 A에 놓일 확률은

$\dfrac{2}{6}=\dfrac{1}{3}$ ······ ❶

점 A에 놓인 점 P가 점 B에 놓이려면 주사위의 눈이 1 또는 4가 나와야 하므로 두 번째에 점 P가 점 B에 놓일 확률은

$\dfrac{2}{6}=\dfrac{1}{3}$ ······ ❷

따라서 구하는 확률은 $\dfrac{1}{3}\times\dfrac{1}{3}=\dfrac{1}{9}$ ······ ❸

단계	채점 기준	비율
❶	점 P가 점 A에 놓일 확률 구하기	40 %
❷	점 P가 점 B에 놓일 확률 구하기	40 %
❸	점 P가 첫 번째는 점 A, 두 번째는 점 B에 놓일 확률 구하기	20 %